AF607671

ESTUDIOS DARWINISTAS
desde las Islas Canarias

ESTUDIOS DARWINISTAS
desde las Islas Canarias

Miguel Ángel Puig-Samper, Consuelo Naranjo Orovio,
Manuel de Paz Sánchez y Rosaura Ruiz Gutiérrez (eds.)

Ediciones Doce Calles
Universidad de La Laguna

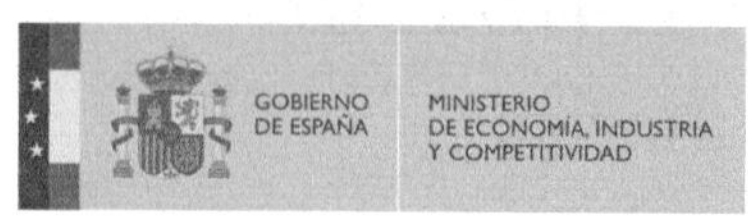

Este libro se ha realizado con la colaboración de los proyectos "Ciencia, racismo y colonialismo visual" (Visual Race), dirigido por Miguel Ángel Puig-Samper (Instituto de Historia-CSIC), Ref. PID2020-112730GB-I00, financiado por MCIN/ AEI/10.13039/501100011033, y el proyecto "Connected Worlds: The Caribbean, Origin of Modern World". This project has received funding from the European Union´s Horizon 2020 research and innovation programme under the Marie Sklodowska Curie grant agreement Nº 823846. This project is directed by professor Consuelo Naranjo Orovio (Instituto de Historia-CSIC).

Imagen de cubierta y contracubierta: *Historia Natural de las Islas Canarias*, Philip Barker Webb y Sabino Berthelot.

Edición al cuidado de Ediciones Doce Calles
ISBN: 978-84-9744-478-1
Depósito legal: M-22196-2024

Impreso en España

SUMARIO

PRÓLOGO

Presentamos una obra que reúne parte de las ponencias presentadas al X Coloquio Internacional sobre «Darwinismo en Europa, América Latina y el Caribe» (La Laguna 8-11 de febrero de 2023). Tras un proceso de selección, el resultado es este libro de *Estudios Darwinistas desde las Islas Canarias.* La reunióm se realizó en la Universidad de La Laguna (sede de Guajara), ubicada en Tenerife, en las islas Canarias, gracias al ímpetu personal de Manuel de Paz Sánchez y el equipo local formado por Francisco Pomares, Manuel Hernández, Ángel Dámaso Luis León y al apoyo decidido del Ayuntamiento de San Cristóbal de La Laguna. Hemos tenido el apoyo del Instituto de Historia del CSIC y de los proyectos *Connected Worlds: The Caribbean, Origin of Modern World* y *Ciencia, Racismo y Colonialismo Visual.*

En el Coloquio contamos con la destacada presencia de la profesora Françoise Moulin-Civil (CY Cergy Paris Université y presidenta del Institute des Amériques), que presidió la inauguración, y de nuestro colega Armando García González (Biblioteca Darwiniana), que pronunció la conferencia plenaria con el tema de «Evolucionismo y Literatura». La reunión sigue la estela de las ediciones anteriores de nuestros encuentros científicos en Cancún, México (1996), Jaraíz de la Vera, España (2001), Manaos, Brasil (2004), Ciudad de México (2009), Valdivia, Chile (2013), Puerto Ayora, Galápagos, Ecuador (2015), La Plata, Argentina (2016), Las Palmas de Gran Canaria, España (2018) y Morelia, México (2019).

Para nuestra red evolucionista era importante situar la sede de nuestro congreso en la ciudad de San Cristóbal de La Laguna, una ciudad monumental declarada Patrimonio de la Humanidad. Además, la isla de Tenerife tiene además algunas joyas naturales como el bosque de laurisilva de las Mercedes, un lugar mágico de la isla y el Teide, un volcán famoso por la ascensión de Alexander von Humboldt y otros científicos. Recordamos además la tristeza de Charles Darwin, cuando el 6 de enero de 1832 no pudo desembarcar del *Beagle* en esta isla maravillosa, sobre la que había leído tanto, por una epidemia que le impidió soñar sobre la cima del volcán, el Pico. Darwin llegó a escribir en su *Diario del viaje de un naturalista alrededor del mundo*:

> El 6 de enero llegamos a Tenerife, pero se nos prohibió desembarcar, por temor a que lleváramos el cólera; a la mañana siguiente vimos salir el Sol tras el escarpado perfil de la isla de Gran Canaria, e iluminar súbitamente el pico de Tene-

> rife, en tanto las regiones más bajas permanecían ocultas por las nubes. Este fue el primero de una serie de días deliciosos e inolvidables.

También recordamos en la celebración de nuestra reunión la ascensión al pico de Tenerife de otro famoso evolucionista, Ernst Haeckel, en 1866, con la entrega de la edición de Manuel Hernández González, profesor de la Universidad de La Laguna, del texto del biólogo alemán. Como indica el profesor Hernández, la obra de Haeckel contribuyó de forma significativa al conocimiento y difusión de la geografía isleña en el mundo germánico siguiendo la estela de sus predecesores Humbodlt y Buch.

La historia de nuestra Red se inicia en agosto de 1993, en el XIXth Congress International of History of Science, realizado en Zaragoza (España). Fue allí donde se dio la unión de investigadores de Europa y América, quienes decidimos crear una red para el estudio del evolucionismo y las ciencias biológicas, vinculada a la Sociedad Latinoamericana de Historia de las Ciencias y de la Tecnología. Como indicamos en libros anteriores, la importancia del darwinismo en los ámbitos científicos, políticos, sociales y filosóficos es la razón principal que nos llevó, en 1997, a realizar el Primer «Coloquio sobre la Recepción del Darwinismo en Iberoamérica: un análisis comparativo».

Gracias a los coloquios sobre darwinismo, en 2018 se fundó la Red Internacional de Historia de la Biología y la Evolución (RIHBE), en la que participan expertos de Argentina, Brasil, Chile, Ecuador, España, Estados Unidos, Francia, Italia, México, Panamá y Portugal. La RIHBE tiene como objeto de estudio las teorías biológicas y evolutivas, desde un horizonte amplio que va desde el análisis filosófico de las ideas evolucionistas hasta la historia de la ciencia, en sus facetas social y cultural, y la aplicación didáctica del conocimiento. Históricamente, cada uno de los coloquios ha producido un libro. La serie que conforman es un importante referente para el estudio del evolucionismo en el mundo y da cuenta de la importancia y el impacto del darwinismo de manera global. En cuanto a su metodología las investigaciones realizadas por los miembros de la red presentan variaciones propias de su formación disciplinar, pero privilegian el análisis teórico-conceptual y diversas construcciones historiográficas, aunque incluyen también avances importantes en temas de enseñanza y el cruce disciplinar entre la biología y otras ramas del conocimiento.

El libro abre sus páginas con una reflexión general sobre la historia de las ciencias naturales en América Latina durante el siglo XIX, continuación sintética de otras aportaciones anteriores de dos de los editores. Asimismo, hay un tema de gran interés para los estudios canarios como es el examen de casos en las Islas Canarias. Entre estos, las contribuciones de Álvaro Girón Sierra y María José Betancor Gómez sobre el caso de René Verneau y la pluralidad racial del Archipiélago Canario, la de Marcos Sarmiento Pérez y Claudio Moreno-Medina al estudiar a algunos evolucionistas alemanes en Tenerife, el trabajo de A. José Farrujia de la Rosa, que analiza la cosificación de los indígenas canarios y la de Carmen Naranjo Santana sobre el darwinismo en La Palma.

Como en otras ocasiones hay un apartado amplio dedicado al estudio del evolucionismo en España con autores ya conocidos en nuestra red y otros que se han incorporado en este coloquio de La Laguna. En el primer caso se encuentra Carmen

Ortiz que nos acerca su investigación sobre el evolucionismo cultural en la antropología española, Luis Calvo que estudia el positivismo y el darwinismo en el caso de Cataluña y Alberto Gomis, dando cuenta de su proyecto sobre un diccionario del darwinismo en España. En el segundo caso podemos ver las contribuciones científicas de Agustí Camós sobre la figura y la obra de Francisco Mª Tubino, la de Alba Lérida y José Mª López Sánchez sobre el darwinismo social en la empresa colonial en África y la más contemporánea de Juanma Sánchez Arteaga sobre la obra evolucionista de Pere Alberch.

Asimismo, la presencia de estudios mexicanos es patente como en otras ocasiones. Así, encontramos investigaciones sobre la herpetología en la revista *La Naturaleza,* por Javier A. Guillén, Carlos Pérez Malváez, Fabiola Juárez-Barrera *et al.*, el trabajo sobre Darwinismo y fotografía etnoantropológica en el primer curso de Etnología en México, 1906, de Miguel García Murcia, y la historia de la enseñanza de la Biología en el México de los años cuarenta de Patricia Duarte Sánchez. En la misma dirección de estudios nacionales relacionados con el darwinismo, el libro presenta otros casos como el realizado por Armando García González, que investiga la relación entre literatura y evolucionismo en Cuba, el de Brasil en el trabajo de Heloisa Maria Bertol Domingues y Magali Romero Sá sobre las bromelias estudiadas por el científico alemán Fritz Müller, y el capítulo de César A. Villarreal dedicado al análisis de la influencia del evolucionismo europeo en la investigación biológica en el Panamá del siglo XX.

Hay también un bloque de textos que puede llamar la atención por investigar las relaciones entre la religión y las teorías evolucionistas. Entre ellos, el de Jesús Ignacio Catalá-Gorgues, sobre las posturas ante la evolución en la teología católica de entreguerras, el de Mercè Prats sobre la impulsión evolucionista de Teilhard de Chardin, el capítulo conjunto de Isabel Rey y Alberto Gomis sobre Ángel Cabrera, el Creador y Darwin, y el de Nelio Bizzo, Lucas Marino Vivot y Leonardo Augusto Luvison Araújo sobre negacionismo, religión y moralidad en la enseñanza de la evolución.

Otro apartado importante en el libro es el de las contribuciones de carácter más teórico, entre ellos los de Héctor A. Palma y Débora Infante con el sugerente título de «El darwinismo social nunca existió», el de Fabiola Juárez Barrera, A. Alfredo Bueno Hernández, David Nahum Espinosa Organista y Carlos Pérez Malváez sobre la influencia del darwinismo en la biogeografía y el de Francisco Pelayo sobre Paleoantropología y arte: las primeras reconstrucciones de ejemplares fósiles humanos (1838-1939).

En definitiva, nos encontramos ante una nueva aportación sobre estudios sobre Darwinismo en Europa, América Latina y el Caribe que incrementa los trabajos que hemos publicado en los últimos treinta años y que ya constituyen una auténtica biblioteca de estudios históricos sobre evolucionismo.

Madrid-La Laguna, 30 de julio de 2024
Los editores

LA HISTORIA DE LAS CIENCIAS NATURALES EN AMÉRICA LATINA DURANTE EL SIGLO XIX, UNA APROXIMACIÓN[1]

Miguel Ángel Puig-Samper y
Consuelo Naranjo Orovio
Instituto de Historia. CSIC

La historia de las ciencias naturales en América Latina durante el siglo XIX tiene una evolución asimétrica en el tiempo y en el espacio, debido a las diversas situaciones vividas por los territorios en su evolución política y social. La historia natural aglutinaba todos los conocimientos sobre el mundo natural, con el paradigma de Plinio como referencia. En los primeros años del siglo XIX este tipo de conocimientos sobre la naturaleza tenía como referencia los trabajos de Alexander von Humboldt. Esta fue una figura imprescindible en el tránsito de la Ilustración a la época romántica y con un gran impacto en América Latina, tanto por sus publicaciones como por la influencia en los naturalistas europeos y criollos que estudiaban la naturaleza americana. La aparición en 1859 del *Origen de las especies* de Charles Darwin dio lugar al surgimiento de la biología contemporánea, cuya relevancia varió mucho entre los países latinoamericanos. El estudio de la circulación de estas nuevas ideas, su asimilación y confrontación, la lucha ideológica y las prácticas científicas nos permitirán comprender la evolución de las Ciencias Naturales en América Latina. En 2018 ya hicimos una primera revisión del panorama evolutivo en América Latina (Puig-Samper, 2018), luego completado al año siguiente en una monografía más global sobre el evolucionismo (Puig-Samper, 2019). Ahora nos proponemos plantear de manera general cómo fue

[1] Este trabajo se ha realizado en el contexto del proyecto europeo *Connected Worlds: The Caribbean, Origin of Modern World.* This project has received funding from the European Union´s Horizon 2020 research and innovation programme under the Marie Sklodowska Curie grant agreement Nº 823846.

la historia de las ciencias naturales en el mismo ámbito geográfico indicando algunas semejanzas y diferencias, intentando evitar el enfoque eurocentrista y difusionista de la ciencia al analizar los saberes en América Latina, tal como propusieron Gorbach y López Beltrán (2008).

LA HISTORIA NATURAL EN MÉXICO: APROPIACIÓN DEL TERRITORIO, MUSEOS, SOCIEDADES Y EVOLUCIÓN

En México hubo una «gloriosa» etapa en algunas disciplinas en la época colonial, descrita por Humboldt en su *Ensayo Político*, al alabar la Escuela de Minería, en la que él mismo trabajó junto a Andrés Manuel del Río o Fausto de Elhúyar (Uribe Salas, 2006 y 2018; Castillo Martos, 2021). También se pueden mencionar los progresos de la botánica y la historia natural debidos a las expediciones científicas y al establecimiento de un Museo de Historia Natural por José Longinos Martínez en México y otro en Guatemala o un Jardín Botánico en el Palacio Virreinal por iniciativa de Martín de Sessé y con una cátedra dirigida por Vicente Cervantes, en la que se formaron numerosos naturalistas mexicanos como José Mariano Mociño (Maldonado, 2000 y 2001; Zamudio, 2002; San Pío & Puig-Samper, 2000).

Pasados unos años difíciles para la construcción del Estado mexicano en su proceso de independencia, hay que destacar el proyecto de Lucas Alamán de crear un Museo Nacional como una parte fundamental de un programa de educación pública y defensa del patrimonio mexicano, en el que incluía los papeles de Lorenzo Boturini, los del Seminario de Minería, los de las expediciones de Guillermo Dupaix y el dibujante Luciano Castañeda a Palenque y otros lugares, etc. La creación efectiva se produjo por un decreto de Guadalupe Victoria en 1825, que ocupó en principio el Salón de Matemáticas y el patio de la Universidad (Achim, 2011). Su primer director fue Ignacio Cubas, conocido por su labor en la Junta de Antigüedades, quien se ocupó de adquirir antigüedades mexicanas y toda clase de objetos de historia natural. Pocos meses después se hacía cargo el presbítero Isidro Icaza, quien redacto el reglamento de la nueva institución, que marcaba como objetivo general el conocimiento de la población primitiva de México (monumentos, estatuas, pinturas, jeroglíficos, medallas, lápidas, inscripciones, etc.), el estudio del origen y progreso de las ciencias, las producciones de los tres reinos de la naturaleza y las propiedades del suelo y del clima. En realidad, un gabinete de historia natural y curiosidades, al estilo de los establecidos en la Europa ilustrada, pero ahora más dedicado al mundo mexicano que quería construir el nuevo Estado, aunque sin olvidar las curiosidades de otros mundos, como por ejemplo las colecciones de pájaros africanos de Jean-Henri Baradère.

Por aquella época también se había logrado la creación en Puebla de una Academia Médico Quirúrgica impulsada por Antonio de la Cal, el fundador del Jardín Botánico en Puebla de los Ángeles (1808), con la colaboración de Vicente Cervantes. En este ámbito se produjo la publicación en 1825 por Julián Cervantes, hijo del anterior, de unas *Tablas Botánicas* y en 1832 el propio Antonio de la Cal publicaba una *Materia*

Médica Indígena, abriendo los estudios de geografía botánica y médica a todo el territorio nacional (Huerta & Alarcón, 2014).

Tras esta etapa, José Alfredo Uribe (2015) destaca la aparición de una figura relevante para la consolidación de la minería, la geología y la historia natural, como fue la de Antonio del Castillo. Este había sustituido a Andrés Manuel del Río en la clase de mineralogía del Colegio de Minería en 1847 y cambió los contenidos teóricos de la disciplina y la práctica científica de la misma al seguir los postulados de Charles Lyell. Además, participó de forma directa en la defensa de un programa de reconocimiento del territorio nacional mexicano y en la creación en 1853 del Colegio Nacional de Agricultura. Asimismo, Castillo fue director en 1886 de la Comisión Geológica, luego transformada a Instituto Geológico, que se encargó de organizar las colecciones paleontológicas mexicanas, entre otras las del propio del Castillo y las de Mariano Bárcena, que ya desde 1869 habían realizado estudios sobre los fósiles mexicanos (Morelos Rodríguez, 2012).

Un hito importante fue la creación en 1868 de la Sociedad Mexicana de Historia Natural, de la que fue presidente el propio Antonio del Castillo, constituida por eminentes naturalistas como Alfonso Herrera, Francisco Cordero, Manuel Urbina, Manuel María Villada, José Joaquín Arriaga, etc. (Guevara Fefer, 2002). Esta sociedad científica en un breve tiempo logró fundar la revista *La Naturaleza*, dirigida por Manuel M. Villada, que tuvo tres series entre 1869 y 1914, con contenidos muy variados y reproducción de algunos autores mexicanos «clásicos» como Alzate, Vicente Cervantes, Clavigero o Mociño, autores extranjeros de relieve como A. von Humboldt, Weismann, Virchow, H. de Saussure, J. Lubock, Desfontaines, De Candolle, Le Bon, Agassiz, etc. Entre los contemporáneos aparecían los naturalistas mexicanos que marcaron esta época en la Historia Natural, como Pablo de la Llave, Eugenio Dugès, Alfredo Dugès, Alfonso L. Herrera, Antonio del Castillo, Manuel M. Villada, Mariano Bárcena, Fernando Altamirano, José Mª Velasco, J. Galindo, Manuel Urbina, Jesús Sánchez, J. N. Rovirosa, José Ramírez, Antonio Peñafiel, etc. (Beltrán, 1948, 145 171).

Hay que hacer un paréntesis en la descripción de cómo fue la institucionalización de la Historia Natural mexicana y las corrientes de pensamiento que circulaban en el siglo XIX por un hecho político que sucedió en México en los años sesenta: la intervención francesa para coronar un emperador, Maximiliano de Habsburgo, por orden de Napoleón III. Lo curioso de esta intervención colonialista europea es que los franceses, de forma parecida a lo que ya había sucedido en Egipto con la creación de una comisión científica por parte de Napoleón I, constituyeron en París en febrero de 1864 una comisión para el estudio del territorio y sus recursos naturales: la *Commission Scientifique du Mexique* (Ramírez Sevilla & Ledesma-Mateos, 2013) que publicaba sus resultados en París en los *Archives de la Commission Scientifique du Mexique*. Entre los objetivos marcados figuraba hacer una exploración científica del territorio mexicano, estudiando su geografía, su constitución geológica y mineralógica, la descripción de especies animales y vegetales, el estudio de los fenómenos atmosféricos, las razas, sus monumentos, su historia, etc.

La organización de la Comisión se tradujo en la creación de cuatro comités, de los que nos interesa destacar el primero, dedicado a las ciencias naturales y médicas.

Estaba presidido por Henri Milne Edwards, catedrático en el Museo de Historia Natural de París, con una vicepresidencia ocupada por Jean-Louis Armand de Quatrefages, profesor de antropología, y la colaboración de Joseph Decaisne, botánico, Charles Sainte-Claire Deville, geólogo, y el barón Larrey, médico destacado de la Academia de Medicina. Este comité propuso unas *Instrucciones* para el estudio de antropología, zoología, botánica, mineralogía, paleontología, geología y medicina.

En paralelo el general Bazaine creó otra Comisión Científica, Literaria y Artística de México, con diez secciones, en abril de 1864, tal como indicaba el periódico *El Pájaro Verde*, y publicaba sus resultados en el *Boletín de la Sociedad Mexicana de Geografía y Estadística* y en la *Gaceta Médica de México*. La relación entre ambas comisiones científicas se ha puesto en duda al observar que la primera atendía exclusivamente a los intereses coloniales franceses y la segunda mostraba cierta colaboración entre la élite conservadora mexicana y algunos elementos militares franceses. En este contexto sitúa Miguel García Murcia (2017) la aparición de la antropología en México con la redacción en París en 1862 de unas *Instrucciones etnológicas para México* y dos años después con la creación de una sección con objetivos antropológicos en la Comisión Científica, Literaria y Artística de México. La continuidad de este tipo de estudios la marcó el Museo Nacional, en el que se colocaron colecciones etnológicas y de antropología física, especialmente craneológicas y osteológicas, por impulso de su director Jesús Sánchez y la reorganización de una sección antropológica a cargo de Alfonso L. Herrera y Ricardo E. Cicero, tras un Congreso Internacional de Americanistas celebrado en México en 1895. Cinco años antes habían presentado en otro Congreso de Americanistas, celebrado en París, estudios de carácter antropológico Ignacio Manuel Altamirano, Manuel Bárcena y Antonio del Castillo en relación a las características de las «razas» mexicanas, un tema persistente en la antropología mexicana, sin duda influida por las corrientes norteamericanas y europeas.

Pasada la época de la intervención francesa, hay que destacar la obra de Alfredo Dugès, profesor de Historia Natural en Guanajuato y creador de un Museo de Historia Natural en el edificio principal del Colegio del Estado, quien en su *Programa de un Curso de Zoología* (1878) y en sus *Elementos de Zoología* (1884), seguía combinando las ideas transformistas de Lamarck con la teoría de la selección natural en la concurrencia vital darwiniana, aunque la misma Rosaura Ruiz ya explica cómo sus críticas a la teoría darwiniana desde una posición positivista nos hace pensar en un anti-darwinista moderado, que aceptaba algunas de las ideas del sabio inglés. Así, Dugès se oponía a la idea de una variabilidad ilimitada en la Naturaleza, e interpretaba que las interrupciones en el registro fósil se oponían al evolucionismo progresivo y al origen simio del hombre. Además, se mostró muy crítico con la ley biogenética de Haeckel, y en conclusión nos dejó una opinión favorable y ambigua al considerar la teoría darwiniana como una hipótesis científica atractiva pero no demostrada en aquel momento, algo en lo que se unió a otros positivistas y científicos como José María Velasco, quien criticó algunas ideas evolucionistas de Weismann en sus trabajos sobre el ajolote, uno de ellos publicado en 1879 en *La Naturaleza*, tras haberlo expuesto un año antes en la Sociedad Mexicana de Historia Natural (Zamudio, 2014).

En el terreno de la exploración del territorio para cartografiar el nuevo estado mexicano se creó en 1878 la Comisión Geográfica Exploradora, con la idea de sustituir los antiguos mapas coloniales y los creados en los gabinetes sobre la base de los antiguos mapas. En relación a las Ciencias de la Tierra, Uribe (2015) destaca la creación en 1888 de la Comisión Geológica, encargada de estudiar los recursos del país, y su transformación a Instituto Geológico Nacional a partir de 1891, cumpliendo un viejo anhelo de Antonio del Castillo, sustituido cuatro años después por su discípulo José Guadalupe Aguilera, quien impulsó la creación en 1904 de la Sociedad Geológica Mexicana. En el mismo año que la Comisión Geológica se creó el Instituto Médico Nacional por Fernando Altamirano, con el fin de continuar las investigaciones de la herbolaria tradicional mexicana y desarrollar una farmacología nacional.

Rosaura Ruiz (1987) indica, al comentar la debilidad de la biología en el país en la época de Darwin, que el único libro darwinista publicado en el siglo XIX en México fue el de Alfonso L. Herrera, *Recueil des lois de la biologie générale* (1897), que realmente era una lectura positivista para traducir a leyes biológicas *El origen de las especies* de Darwin. Herrera, que desarrollaba su labor en el Museo Nacional, estuvo muy influenciado por Haeckel y planteó un evolucionismo al estilo de este pensador, sin contradicciones aparentes entre las teorías de Lamarck y Darwin, a los que reconoce junto a otros autores como Étienne Geoffroy Saint-Hilaire, Lorenzo Oken, Charles Lyell y Alfred R. Wallace, con quien tuvo cierta correspondencia en 1892. Según una carta que Herrera escribió a Ernst Haeckel en 1895 desde el Museo Nacional, este le había influido por la lectura de sus obras *Historia de la creación y de los seres organizados según las leyes naturales* y *Antropogenia, o Historia de la evolución humana*, que le habían llevado, además, a ser un crítico extremo de la taxonomía para defender los auténticos «estudios biológicos» en un trabajo que envió al sabio de Jena, titulado «Hérésies taxinomistes». Herrera consideraba que había que seguir el camino abierto por el propio Haeckel, y por Darwin, Wallace y Huxley, dejando los trabajos de clasificación a los auxiliares de los museos.

Posteriormente, en otra carta escrita en 1906, Herrera enviaba su trabajo de *Biologie et plasmogenie* a Haeckel y manifestaba la total influencia sobre esta obra de ideas como el monismo, el peculiar darwinismo haeckeliano, o la unidad del mundo orgánico e inorgánico. Herrera desarrollaba la idea de que la plasmogenia debía estudiar la unidad de los fenómenos del universo, desde el origen del protoplasma hasta las analogías con todos los fenómenos del cosmos. Esta nueva ciencia, tan haeckeliana, incluiría por tanto desde la biología, la física, la química, la astronomía y la geología, hasta llegar a la sociología y la filosofía. En la práctica, esta concepción haeckeliana de la evolución llevó a Herrera a investigar el origen de la vida con experimentos notables, pero le separó de la búsqueda darwiniana del origen de las especies. Además, Herrera, que fue ayudante naturalista en el Museo Nacional y desde 1909 jefe de la Sección de Biología del Instituto Médico Nacional, escribió en 1895 «Les musées de l'avenir», en el que exponía la necesidad de crear un museo en el que hubiera salas que respondieran a cuestiones relevantes de la biología y no tanto a la clasificación. En la década de los setenta, como en otros países, se discute la teoría darwinista entre las élites positivistas y católicas, para ser utilizada políticamente después por los ideólogos del Porfiriato, como Justo Sierra o Emilio Rabasa, y después por algún revolucionario como Andrés Molina Enríquez. En sentido más general, como evolucionista destaca el trabajo de José Ramírez en su ensayo *Origen teratológico de las variedades, razas y especies* (1876), donde reproduce algunas ideas de Ernst Haeckel sobre adaptación y formación de variedades biológicas que luego derivan a nuevas especies, ya presentes en la *Historia de la creación* del sabio alemán, en una mezcla de ideas darwinistas y lamarckistas, que luego aparecerán también en otros trabajos mexicanos como el de Francisco Patiño sobre las plantas carnívoras publicado en 1876.

En el plano ideológico encontramos un debate frontal entre los evolucionistas y el pensamiento tradicionalista católico y conservador, representado en muchos casos por obispos y políticos conservadores. Además, en algunos casos el positivismo comtiano también se mostró reacio a aceptar el darwinismo como teoría científica, aunque sí lo consideró en algunos casos como una hipótesis interesante para interpretar la Naturaleza y su origen frente al dogma religioso. Algo mucho más aceptable para el pensamiento positivista spenceriano, siempre evolucionista y partidario de la competición en la lucha por la vida, lo cual era además utilizable en el terreno político. Un caso interesante de la posible aplicación del evolucionismo a la sociedad fue el de Gabino Barreda y su Sociedad Metodófila, fundada en 1877 en México para aplicar las teorías científicas a los problemas políticos y sociales. Barreda había sido discípulo de Comte en 1848 y su obsesión era implantar las ideas de orden y progreso en la sociedad mexicana, lo que intentará en su colaboración con Benito Juárez y la fundación de la Escuela Nacional Preparatoria, en la que se incluyeron conocimientos generales, pero también estudios de zoología o botánica. Finalmente, la divisa se convertirá en *Libertad, Orden y Progreso*, siempre con una idea de progreso social basado en un orden regido por la ciencia, algo muy presente en los discursos del Porfiriato, como los de Justo Sierra –claramente spenceriano– o Emilio Rabasa.

LA HISTORIA NATURAL EN EL CONO SUR. ARGENTINA, CHILE Y URUGUAY

La Historia Natural fue, en opinión de Miguel de Asúa (2010), una de las ciencias que tuvo mayor desarrollo en el Río de la Plata durante los tiempos de la Independencia. Esto fue así por varios factores: la presencia de exploradores y científicos extranjeros que impulsaron la investigación científico natural desde los tiempos coloniales, como fueron Félix Azara, Tadeo Haenke, Aimé Bonpland, quien también impulsó la creación de un gabinete de historia natural en Corrientes en 1852- y Alcides d'Orbigny como expedicionarios. También hay que destacar la figura de Carlos Germán Conrado Burmeister, como director de un museo relevante como lo fue el de Buenos Aires, cuyas raíces se encuentran en la supuesta fundación en la Biblioteca Pública en 1812 de un Museo por orden de Bernardino Rivadavia. Respecto a la divulgación de conocimientos en el campo de la Historia Natural hay que indicar la importancia de al menos dos periódicos: el *Telégrafo Mercantil*, creado en 1801 por Francisco A. Cabello y Mesa y *El Correo de Comercio*, fundado por Manuel Belgrano en 1810. A estos factores hay que sumar el desarrollo de otros museos de Historia Natural, como el de La Plata o los de los Colegios regionales, así como por la actividad científica de un importante grupo de clérigos naturalistas liderados por Dámaso Larrañaga (Mañé Garzón, 2005) y por personajes de relieve internacional como Florentino Ameghino. (Babini, 1986).

Tras el fracaso parcial de algunas iniciativas de Rivadavia, entre ellas la contratación para un gabinete de historia natural del italiano Pedro Carta Molino, después de la instalación de un museo en el convento de Santo Domingo, y de la caída de Rosas, se reorganizaron los estudios universitarios en 1852. Dos años más tarde se constituyó la Asociación de Amigos de la Historia Natural del Plata, con la idea de impulsar el Museo Público de Buenos Aires, con hombres como José Barros, Francisco Javier Muñiz -el corresponsal de Darwin-, Manuel R. Trelles y Domingo Faustino Sarmiento, quien tuvo una gran importancia en el desarrollo científico y en la creación de una Escuela de Minas en San Juan. Con la llegada a la presidencia de Bartolomé Mitre se reactivó la ciencia y la cultura argentina, así como la Universidad. Se reinició además la exploración del territorio con la obra de Víctor Martín de Moussy *Descripción geográfica y estadística de la Confederación Argentina* (París, 1860-73) y se contrató al ingeniero Francisco Ignacio Rickard como profesor de química y para el estudio de la minería argentina. Asimismo, se creó en 1866 la Sociedad Paleontológica de Buenos Aires, un hito en este tipo de estudios iniciados por médicos paleontólogos como Francisco Javier Muñiz y Teodor Miguel Vilardebó (Onna, 2000).

En Argentina el darwinismo en sentido estricto se desarrollará en la década de los setenta, combinado con el positivismo spenceriano. Aparece una primera polémica directa con Darwin en los años sesenta por el joven William Henry Hudson, residente en Quilmes, que parece aceptar la filosofía evolucionista en abstracto, pero critica la selección natural como concepto explicativo, sobre todo al analizar el caso de un pájaro carpintero de las pampas puesto como ejemplo por Darwin, al que denunció en los *Proceedings of the Zoological Society* de Londres en 1870, y al que el propio Darwin tuvo que responder. Sobre el papel de algunos científicos europeos radicados en América Latina, hay que decir que hubo posiciones enfrentadas. El paladín del antidarwinismo en Buenos Aires era en estos años setenta el científico alemán Burmeister, director desde 1862 del Museo Público por expresa invitación de Bartolomé Mitre a sugerencia de Sarmiento (Lascano González, 1980; Lopes, 2000). El sabio germano supo aprovechar además las colecciones formadas por el ingeniero de minas francés Augusto Bravard en el Museo de Paraná, que había dirigido desde 1858 hasta su muerte en 1861. Bravard había sustituido en el cargo de director del Museo Nacional de Paraná al belga Alfredo Marbais Du Graty, un militar al servicio de la Confederación Argentina y redactor de *El Nacional Argentino*, que hizo un gran esfuerzo en demostrar las riquezas del territorio argentino en la Exposición Universal de París de 1855 y en otras exhibiciones europeas (Podgorny & Lopes, 2008).

Burmeister era muy conocido por su *Historia de la creación* publicada en 1843, en una de cuyas ediciones desprecia la teoría darwinista como hipotética y dogmática, muy alejada según él de la ciencia empírica por carecer de pruebas positivas. Respecto a las diferencias entre el hombre y el mono Burmeister sugería que estas diferencias específicas eran invariables. En los primeros momentos de su estadía en Buenos Aires fue muy criticado desde algunas revistas como *El Mosquito*, que se reía de su falta de dominio del idioma, pero la realidad de sus conocimientos se impuso con la aparición de notables trabajos de Historia Natural. En 1864 aparecían los *Anales del Museo Público de Buenos Aires*, considerados como la primera publicación científica del país (Castelló & Piacentino, 2015; Sauro, 2000) y Carlos Imperiale ocupaba la cátedra de historia natural en la Facultad de Medicina. Burmeister fue también el artífice de la creación de instituciones científicas en Córdoba y de la llegada de profesores alemanes a la Argentina, como los botánicos Pablo G. Lorentz, Jorge Hyeronimus y Federico Kurtz, el zoólogo H. Weyenberg o geólogos como Adolfo Doering, Alfredo Stelzner, etc. El sabio alemán contó en el Museo con la ayuda de Luis Jorge Fontana desde 1868, aunque este naturalista luego fue más conocido por sus expediciones en el territorio argentino y sus posiciones como gobernante en el Chaco y el Chubut (Camacho, 1971).

Aun con este importante contradictor de la teoría evolutiva, Darwin fue propuesto en 1877 como socio honorario de la Sociedad Científica Argentina y un año después recibía un nombramiento similar por la Academia Nacional de Ciencias en Córdoba. Además, en Argentina se produce el nacimiento y desarrollo de la mentalidad evolucionista en la élite intelectual y política en el marco de una ideología estructuralmente superior como la del progreso, muy ligada a la filosofía de Spencer que establece este progreso casi como una ley universal en una especie de religión secular. Un progreso evolutivo articulado ideológicamente en la clave de una matriz intensamente biologista, característico del positivismo latinoamericano, que más tarde evolucionó hacia las discusiones sobre la eugenesia y sus aplicaciones biopolíticas prácticas (Miranda & Vallejo, 2005; Vallejo & Miranda, 2010).

Un caso curioso en el que merece la pena detenerse brevemente es el de Domingo Faustino Sarmiento, quien en 1882, con motivo de la muerte de Darwin, pronunció un discurso en el Teatro Nacional ante los miembros del Círculo Médico, que comenzó con la argentinización de Darwin, quien a fin de cuentas había elaborado su famosa teoría tras el viaje del *Beagle*, con el que había transitado por el Estrecho y la Tierra del Fuego, además de una importante parada en las pampas, en las que había recogido sus importantes fósiles de la fauna antediluviana. Sarmiento, que había llegado a conocer a la tripulación del buque comandado por Fitz Roy, apuntaba: «¿Por qué no habremos de asociarnos a los que en el resto del mundo tributan homenaje a la memoria de Darwin, si todavía están frescos los rastros que marcan su paso por nuestro territorio, y es uno de nuestros propios sabios?»

Dudaba Sarmiento, lector de Spencer, de la teoría fundamental de Darwin por las opiniones contrarias de su sabio Burmeister; pero tras citar a Agassiz y Lyell, se mostraba partidario del sabio inglés, que según él había explicado la variabilidad de las formas orgánicas tras su paso por las Galápagos, y de la teoría evolutiva, incluyendo la explicación de la selección sexual, ya que él mismo necesitaba «reposar sobre un principio armonioso y bello a la vez, a fin de acallar la duda, que es el tormento del alma». Sin embargo, en relación con el origen del hombre parece que Sarmiento fue más cauto y no se atrevió a pronunciarse de manera más clara, «para no salir de su terreno trillado», como él mismo confesaba, aunque se deja ver su visión evolutiva al hablar de Darwin, los descubrimientos prehistóricos y el parentesco del hombre con otros primates.

Es muy interesante ver cómo Sarmiento estuvo obsesionado por argentinizar la teoría evolutiva de Darwin, dado que el sabio inglés comenzó sus estudios en las pampas, estudiando la variabilidad y los fósiles. También Ameghino argentinizaba el origen del hombre americano y los ganaderos argentinos demostraban en la práctica la validez de la selección natural mediante su selección artificial, que había llegado a producir la *oveja argentífera*, argentina y que además daba plata. Llegaba a decir que «los inteligentes criadores de ovejas son unos darwinistas consumados y sin rivales en el arte de *variar las especies*.»

Los naturalistas destacados de la época fueron Florentino Ameghino, que había «aumentado» la antigüedad del hombre, tras los primeros datos de Juan Ramorino. Este fue un gran naturalista y profesor de historia natural, que sustituyó a otro naturalista italiano, Pellegrino Strobel, en las clases de historia natural del Preparatorio universitario; Francisco P. Moreno, explorador de la Patagonia, y Eduardo Ladislao Holmberg; este último, colaborador de la *Revista Literaria* y miembro del Círculo Científico Literario, «el niño mimado de Sarmiento», publicaba en Buenos Aires en 1875 una obra de ficción titulada *Dos partidos en lucha. Fantasía científica*, donde aprovecha para atacar el antidarwinismo de Burmeister, quien, por otra parte, había desdeñado los descubrimientos de Ameghino en 1873, y establecer en una especie de teatro científico –con presencia del mismísimo Darwin y de Sarmiento– el triunfo del evolucionismo. En el campo de la institucionalización de la botánica habrá que espera al final del siglo para que Carlos Tays lograra en 1892 la creación de un Jardín Botánico en Buenos Aires en unos terrenos cercanos al Jardín Zoológico que dirigía Holmberg y al Parque Tres de Febrero (del Pino, 2003). Ameghino será una gran figura científica desde su *Filogenia*, publicada en 1884, hasta su conferencia «Mi credo» ya en 1906, siempre intentando dar una visión de un cosmos en continua evolución progresiva y muy ligado a la conocida ley biogenética universal haeckeliana (Mercante, 1911).

Francisco Moreno había tenido un gran reconocimiento europeo y en la Sociedad Científica Argentina, creada en 1872, al ser nombrado director de un Museo en el seno de la misma tres años después, aunque poco después sería sustituido por Carlos Berg. Esta sociedad científica se empeñó en hacer exposiciones que mostraran la riqueza natural del país y colecciones antropológicas muy centradas en una orientación raciológica, con una clara influencia de la Escuela de Paul Broca. Berg ocupaba en 1875 el cargo de profesor de Historia Natural del Colegio Nacional de Buenos Aires, con la idea de seguir formando gabinetes de historia natural, tal como se haría en otros Colegios Nacionales, como en Tucumán en 1877, bajo la dirección del italiano Inocencio Liberani. Estos colegios nacionales habían surgido a imitación de los liceos franceses durante la presidencia de Bartolomé Mitre y entre los destacados encontramos además de los ya mencionados, el Colegio Monserrat de Córdoba (1854) y el Colegio del Uruguay fundado hacia 1849, fue en 1864 cuando se decretó la creación de Colegios Nacionales en Tucumán, San Juan, Mendoza, Salta y Catamarca. Años más tarde aparecerían los de San Luis, Jujuy, Santiago del Estero, Corrientes, La Rioja y Rosario. Fueron instituciones preparatorias para la Universidad con colecciones, bibliotecas e instrumentos científicos europeos de alto nivel para sus gabinetes. Como han estudiado García & Mayoni (2019), los gabinetes de Historia Natural de los Colegios Nacionales, que reunían colecciones de geología, zoología y botánica, formadas por los alumnos y otras importadas, tuvieron una cierta importancia en la educación científica argentina en el siglo XIX.

En este mismo año se produjo la donación de las colecciones arqueológicas, antropológicas y de ciencias naturales de Francisco Moreno a la provincia de Buenos Aires para crear un Museo Arqueológico y Antropológico con colecciones craneológicas indígenas, una momia de la Patagonia, cráneos donados por Paul Broca y Armand de Quatrefages, objetos prehistóricos donados por el Museo de Copenhague, 400 objetos de los indígenas de ese momento del Gran Chaco, Salta, Pampas, Patagonia, Brasil y Bolivia, colecciones de historia natural, fósiles, etc.

Con la capitalidad de La Plata surge el Museo de La Plata con varias inauguraciones en los años 80 como un símbolo de la victoria sobre la barbarie, cuyos restos serían mostrados en las vitrinas del nuevo museo, y monumento al futuro que llegaba a la Argentina (Podgorny & Lopes, 2008, p.178). Era la época de la vuelta de Florentino Ameghino de París a Córdoba y los inicios de una fuerte actividad en el territorio argentino, con pugnas importantes contra Burmeister y alianzas con otros naturalistas como los hermanos Adolfo y Oscar Doering, hasta llegar a una buena posición en el nuevo Museo de La Plata con el apoyo de Francisco Moreno para exhibir «el desierto en una vitrina» (Podgorny & Lopes, 2008).

La Historia Natural en Chile estuvo marcada por la presencia de tres naturalistas: Claudio Gay, Ignacio Domeyko y Rodulfo Philippi. Como ha indicado Sagredo (2012), Claudio Gay contribuyó al proceso de organización republicana y consolidación de la nación por sus aportes en historia, conocimiento del territorio, del mundo natural y cultural de Chile. La *Historia Física y Política de Chile* de Gay supuso el punto de arranque general del estudio del territorio con un inventario del país que permitía la explotación de los recursos naturales y una descripción de la cultura propia.

El primer científico que pudo haber introducido a Darwin en Chile fue el profesor polaco Ignacio Domeyko, quien llegó en 1838 contratado para impartir clases de mineralogía y de química, y 30 años más tarde fue rector de la Universidad; fue reconocido por el propio Darwin en sus *Observaciones geológicas de América del Sur,* aunque quizá por sus creencias religiosas no llegó a comentar la obra del naturalista británico. Su mirada como geólogo fue imprescindible para comprender la importancia de los Andes y sus riquezas, así como la de la Araucanía, una región siempre difícil de controlar por la nueva nación.

En 1866 el médico alemán residente en Chile Rodulfo Philippi publicó unos *Elementos de historia natural* en los que exponía las ideas de Darwin dudando de ellas, lo que no fue obstáculo para recibir una avalancha de críticas antidarwinistas que le acusaron de afirmar que el hombre provenía del mono, como relata el historiador Diego Barros Arana. Philippi, director del Museo de Historia Natural de Santiago y profesor de Botánica y Zoología, fue además el primer explorador científico del desierto de Atacama y con ello completó el conocimiento de la geografía del país. Con 72 años todavía exclamaba «Nada más sublime, nada más religioso que el estudio de la naturaleza», en una frase muy humboldtiana.

Como apunta Sagredo (2010), con sus descripciones de usos, costumbres, comportamientos y formas de actuar y pensar de los habitantes de entre San Pedro de Atacama y Chiloé, en el litoral, en el valle central y en los transversales, así como en las planicies del sur, estos tres naturalistas apuntalaron los principales factores de la nacionalidad chilena al estudiar los recursos naturales, las mentalidades, las formas de religiosidad popular, el mundo cultural, sus imágenes, etc.

En el caso chileno, la *Revista Médica de Chile* fue la primera publicación en acoger claramente las doctrinas darwinianas. En 1872 el cirujano Adolfo Valderrama expuso la evolución del hombre, en tanto que dos años después Pedro Candia Salgado escribía en torno a la generación espontánea y las ideas de Darwin, especialmente sobre el gradualismo evolutivo. En 1877, el profesor Valentín Letelier Madariaga dio unas conferencias sobre «El hombre antes de la historia», en las que defiende la antigüedad del ser humano y cita a Büchner, y Jenaro Abásolo publicó *La personalité*, valorando las aportaciones de Darwin. Un año más tarde el médico Serapio Lois Cañas pronunció sendas conferencias sobre «Fases históricas de la noción de la vida» e «Historia de las teorías biológicas», publicadas por *El Atacama*. En 1879 hubo otra reacción antidarwinista, estudiada por Tamayo, por parte del médico polaco Juan José Bruner y del ingeniero Daniel Barros Grez, que publicó *Excepciones de la Naturaleza*, como una defensa del creacionismo. Ya en 1887-1889 se publicaron los *Elementos de filosofía positiva* de Juan Serapio Lois, que comenta positivamente la evolución biológica, en tanto que en 1888 el agrónomo Luis Arrieta publicaba *Algo sobre el hombre*, con ideas evolucionistas, y Alberto Liptay hacía un elogio de las ideas de Darwin, Huxley y Haeckel en su obra *El darwinismo*. ¿Cuál *es la posición del hombre en el universo?*

En Uruguay la discusión darwiniana se remonta a 1874 (Glick, 1989; Cheroni, 1999). Los primeros difusores fueron José Pedro Varela y Ángel Floro Costa en 1875-1876. Parece que la discusión positivista de Darwin fue la segunda, ya que antes se debatió entre los estancieros que fundaron la Asociación Rural del Uruguay en 1871. Domingo Ordoñana, un antidarwinista, fomentó allí la «ganadería agronómica», en el seno de la cual prosperó la difusión de la teoría darwiniana y la confrontación entre los partidarios de la selección natural del ganado y los que propugnaban la selección artificial para acelerar el proceso evolutivo, algo similar a lo que hemos visto en Argentina. Un caso especial fue el del bilbaíno emigrado a Uruguay José Arechavaleta, considerado el fundador de la biología moderna en ese país. Fue claramente seguidor de Haeckel e impartió los nuevos conocimientos de taxonomía de acuerdo con los criterios haeckelianos, siguiendo la ley biogenética de Haeckel y Müller. Además, se consideró descubridor de un *Bathybius*, un organismo simple protoplasmático y sin núcleo, que apoyaba las hipótesis del sabio de Jena.

LA HISTORIA NATURAL EN ECUADOR, COLOMBIA, PANAMÁ Y VENEZUELA

En 1871 el jesuita alemán Theodor Wolf –que había llegado a Ecuador en 1862– difundió el darwinismo y las ideas geológicas de Lyell mediante sus cursos de geología y paleontología en la Escuela Politécnica de Quito, en un intento de conciliar la ciencia y la religión, lo que encajaba muy bien con las ideas del gobierno modernizador y católico de Gabriel García Moreno. En 1874 sus discusiones con la ortodoxia católica le separaron de la orden jesuita y de la Escuela Politécnica, dirigiéndose entonces a Guayaquil y luego a las islas Galápagos. Como han indicado Cuvi et al. (2014), Wolf intentaba materializar un proyecto nacional en el que la ciencia y la religión iban unidas. En 1875 logró uno de sus sueños, viajar a las islas Galápagos, justo en el momento en que el presidente de la República era asesinado y la universidad entraba en declive. Poco después Wolf ocupaba el cargo de Geólogo del Estado, en el que estuvo hasta 1892, año en el que publicó en Leipzig su *Geografía y Geología del Ecuador*.

En Colombia la institucionalización de las ciencias naturales a través de un museo de historia natural vino de la mano de Francisco A. Zea y su proyecto de reorganización de la Expedición Botánica, en la que tenía como modelo el Museo de Historia Natural de París, que conocía a la perfección. El encargado de organizar este museo y la Escuela de Minas fue el ingeniero Mariano Rivero, graduado en París y capaz de organizar el material necesario para crear estas instituciones. Para su equipo contó con la colaboración de Jean Baptiste Boussingault, ingeniero de minas graduado en la Escuela de Minas de Saint-Étienne, que fue contratado por cuatro años para dar clases de mineralogía y química, así como para organizar el museo y la Escuela de Minas. Para las cátedras de fisiología y anatomía comparada se contrató al médico naturalista François D. Roulin y como taxidermistas se contrató a dos expertos del Muséum de París, Jacques Bourdon y Joustine-Marie Goudot. A ellos se añadió José Mª Céspedes como aficionado a la botánica. El decreto de creación de estas dos instituciones se firmó en 1823 y olvidaba por completo la tradición naturalista colombiana. Un año después se abría el Museo de Historia Natural en la antigua casa de la Expedición Botánica con asistencia del vicepresidente Santander. Los miembros de la Comisión exploraron diferentes zonas del país con objeto de identidicar las minas, especialmente las de oro, y localizar zonas arqueológicas. En los años treinta ya no funcionaba la comisión y parte de sus trabajos esperaron a ser conocido al año 1849, cuando fueron recopilados por Joaquín Acosta. Con la retirada de Rivero del Museo en 1825 se produjo el declive para convertirse en un almacén de curiosidades, aunque tuvo un pequeño renacer a mediadas de siglo, con los envíos de la Comisión Corográfica. En 1867 se integró en la Escuela de Ciencias Naturales de la Universidad Nacional, pero la situación de escasez de medios y desorganización no varió demasiado (Restrepo, Arboleda & Bejarano, 1993).

En la nueva Escuela hubo algunos profesores que pudieron enseñar los primeros rudimentos de botánica. Por ejemplo, encontramos al profesor universitario Francisco Bayón, que enseñó desde Geografía botánica hasta una especie de filosofía de la botánica, algo similar a lo que sucedió con Fidel Pombo, quien enseñaba Filosofía zoológica, y destacaba la figura y la obra de Lamarck, además de enseñar Anatomía comparada con un tema sobre el origen del hombre. Asimismo, el catedrático de geología y paleontología, José Mª González Benito, explicaba la formación de los fósiles y los procesos de consolidación de la corteza terrestre. El suizo Ernest Röthlisberger, profesor de historia universal y filosofía, explicaba en la Universidad Nacional en los años setenta los sistemas de Laplace y Darwin con total naturalidad, siendo criticado duramente desde las filas conservadoras, que poco después tomarán las riendas del Estado y revertirán el proceso de secularización y universalización de la enseñanza pública iniciado pocos años antes. Como podemos ver, en varios países del mundo hispánico la presencia del lamarckismo en estos primeros años de la recepción evolucionista fue frecuente.

El darwinismo, recibido con entusiasmo en Colombia durante los años setenta y los primeros ochenta, se convirtió en objeto de ácidos debates en la Universidad colombiana a finales del siglo XIX (Restrepo Forero & Becerra Ardila, 1995). Con los cambios políticos que se produjeron después de 1886, la llamada *Regeneración*, se revirtió el proceso de secularización de los liberales, algo que enfrentó en dos bandos irreconciliables a los intelectuales colombianos. Los liberales usaron el darwinismo y el positivismo spenceriano, que para ellos formaban una misma teoría científica, para trazar una frontera entre ciencia y religión. Los conservadores atacaron duramente el darwinismo y el positivismo y se opusieron a este intento de naturalizar los discursos sobre la sociedad, el hombre y la moral. La polémica se desarrolla en un mundo universitario donde el evolucionismo y sus consecuencias políticas y sociales fueron cuestiones muy sensibles en la época. Un caso interesante fue el del antiguo director del Instituto nacional de Agricultura, Juan de Dios Carrasquilla, que presentó en 1888 un discurso sobre la importancia de las ciencias naturales en la civilización y el progreso, con una defensa cerrada del evolucionismo, muy contestado desde los círculos conservadores opuestos a Darwin y sus ideas.

También en los discursos de algunos intelectuales, como el liberal Salvador Camacho Roldán, analizado por Olga Restrepo Forero (2013), encontramos que hizo una defensa del mestizaje en los debates sobre la raza suscitados por las discusiones europeas sobre la posible degeneración de estas mezclas «raciales», basándose en las ideas de Darwin y Spencer. Para Camacho y otros intelectuales colombianos, como José María Samper, el tema de las razas y el mestizaje eran un problema central en la comprensión de las nuevas naciones en América Latina.

De la misma manera, el darwinismo fue introducido en Venezuela en la década de los setenta en la Universidad Central. En 1874, a la vez que se fundaba un Museo Nacional, se creaba una cátedra de Historia Natural y otra de Historia Universal. La primera la ocupó el alemán Adolfo Ernst y la segunda Rafael Villavicencio, divulgadores del positivismo en Venezuela. Ernst era uno de los fundadores de la Sociedad de Ciencias Físicas y Naturales de Caracas y además, como director del Museo Nacional, divulgó las teorías de Darwin y Haeckel. Rafael Villavicencio, médico, farmacéutico y miembro de las academias venezolanas de Historia, de la Lengua y de Medicina, fue rector de la Universidad en 1895 y 1898. Tenía una gran influencia comtiana como positivista, aunque en contra de lo que se suele generalizar fue darwiniano convencido y creía que Darwin había probado con hechos positivos su teoría en el plano biológico, algo que debía trascender al plano social y filosófico. Entre sus discípulos destacó el positivista Luis Razetti, que en 1904 pronunció una conferencia explicando la doctrina de la descendencia de Lamarck y Darwin, que encendió una fuerte polémica con los círculos católicos. La incorporación a la actividad científica del darwinismo en Venezuela tuvo que esperar mucho tiempo.

Un caso particular, recientemente estudiado por Villarreal & de Gracia (2017) es el de Panamá, país en el que la recepción y circulación de las ideas evolucionistas se vio retardado por la influencia norteamericana, en particular la difusión de la obra anti-darwinista del científico suizo asentado en Estados Unidos Louis Agassiz, asunto analizado en el diario *La Estrella de Panamá*, perió dico nacido en 1849.

LA HISTORIA NATURAL EN PERÚ Y BOLIVIA

Como ha señalado Marcos Cueto (1989), la sociedad peruana vivió a comienzos del siglo XIX una época marcada por las tensiones, las guerras civiles y las crisis económicas, sin muchas condiciones para el desarrollo de la ciencia y de la cultura. Esto provocó que la Universidad de San Marcos funcionara de manera irregular durante grandes períodos, sin figuras de relieve, con la excepción de Mariano Rivero y Ustáriz, más ligado al mundo científico europeo que al peruano. Rivero, nombrado director de Minería, Agricultura, Instrucción Pública y Museos en 1826, publicó un *Memorial de Ciencias Naturales* en 1827-28, junto a Nicolás de Piérola. La Universidad resurgió en 1851 con la fusión del Real Convictorio de San Carlos y otros colegios de origen colonial, y con la ley de 1876 la Universidad de San Marcos revivió de forma más real hasta que tres años más tarde llegó el desastre con la Guerra del Pacífico. Hubo algunas sociedades científicas como la de Amantes del Saber (1881) o la Sociedad Geográfica de Lima (1886) que también contribuyeron al despertar de la atención a la ciencia por la sociedad peruana.

Como en otros países, también Perú contó con un explorador europeo de su territorio que, en cierta medida, contribuyó al conocimiento de sus recursos naturales y a la autoidentificación de la nación. Eduard Poepping, tras unas cuantas estancias en La Habana, Estados Unidos y Chile, estudió durante tres años la flora y la fauna amazónicas y en 1835-36 publicó en Leipzig su *Viaje en Chile, Perú y por el Río Amazonas durante los años 1826-1832* (Sanhueza, 2010).

Entre los científicos extranjeros residentes en Perú parece ser que el más relevante en cuanto a la difusión del darwinismo fue Antonio Raimondi, quien además de recorrer el país para estudiar los recursos del territorio peruano durante 19 años y mantener una activa red científica con hombres como Philippi o Domeyko, publicó en 1857 unos *Elementos de Botánica aplicada a la medicina y a la industria*, con citas explícitas a Lamarck, y en 1874 una obra titulada *El Perú*, en la que citaba a Darwin y explicaba brevemente la polémica evolucionista (Seiner Lizárraga, 2010). Sus ideas fueron difundidas posteriormente por su discípulo en San Marcos, el médico y naturalista Miguel Colunga, encargado de las cátedras de Historia natural médica, de Zoología y de Botánica, en las que explicó el sistema de clasificación de Lamarck.

Si en el Perú hablamos de la importancia de la presencia de científicos europeos en el conocimiento del país, en Bolivia encontramos la imponente figura de Alcides d'Orbigny, quien recorrió el territorio boliviano entre 1830 y 1833 realizando investigaciones en historia natural, paleontología, antropología, climatología y geología. Algunas de estas pesquisas científicas en Bolivia tendrían cierta continuidad con las expediciones de José Agustín Diego Palacios en 1843-44 y del conde de Castelnau en

1845, que contó con la colaboración del médico-botánico inglés Hugo A. Weddell, (Condarco Morales, 1978).

Parece que el primer texto evolucionista conocido en Bolivia fue el de León A. Dumont, *Haeckel y la teoría de la evolución en Ale mania*, traducido en 1877 en La Paz, cuatro años después de su edición original en París. En 1892 el médico Belisario Díaz Romero publicó un artículo sobre «La teoría de Darwin y su importancia científica en la actualidad», que tuvo impacto en el mundo ideológico más que en la práctica científica; unos años antes había publicado un texto sobre las plantas carnívoras con clara resonancia darwinista, aunque sabemos que era más bien un haeckeliano crítico. Entre las instituciones receptoras en Bolivia, Arturo Argueta (2009) señala el Círculo Literario de La Paz, fundado por Agustín Aspiazu –masón, diputado y fundador del Partido Radical– en 1876, en cuya revista se había publicado la obra de Dumont sobre Haeckel, el sabio alemán que fue más darwinista que Darwin, según la opi nión de algunos autores, por su pretensión de extender la evolución al mundo inorgánico. Del mismo Círculo procedía Benjamín Fernández, el «Comte boliviano», antispenceriano fundador del Liceo Libertad en Sucre y maestro de Samuel Oropeza, pensador positivista ecléctico, con influencias de Comte, Littré y Spencer, que intentó crear una teoría orgánica del Estado basada en ideas evolucionistas –especialmente siguiendo a Lamarck y a Haeckel– en sus *Estudios de ciencia moderna* en 1899, pero que al hablar del origen del hombre solo consideró la teoría de Darwin como una hipótesis importante sin darle mayor categoría.

LA HISTORIA NATURAL EN BRASIL

Un hito importante para la Historia Natural en Brasil fue la creación en 1808 del *Jardim Botanico do Rio de Janeiro* tanto para el estudio de las especies vegetales brasileñas como para aclimatar especies foráneas (Barbosa Rodrigues, 1908). Diez años más tarde se fundaba el Museo Nacional, que reunía unas ricas colecciones botánicas, zoológicas, geológicas, paleontológicas y etnológicas que llegaban a los 64 mil especímenes. Estas colecciones fueron estudiadas con los métodos tradicionales de la historia natural hasta que llegó el nuevo paradigma darwiniano en los años sesenta. En 1876 fue además reestructurado con varias secciones especializadas para el estudio de la flora, la fauna, la gea y la historia natural de los aborígenes. También consiguió publicar unos *Archivos do Museu Nacional* para comunicar los descubrimientos científicos brasileños, en la época de Ladislau Netto como director (1875-1893). Netto fue además miembro corresponsal de la Sociedad Científica Argentina desde 1876 y tenía un perfil similar a Francisco P. Moreno, el promotor del Museo de La Plata. En 1882 organizó una Exposición Antropológica Brasileña para expresar sus intereses científicos y como prueba de originalidad nacional frente a su competidores y colegas argentinos: Burmeister, Moreno y Ameghino (Lopes, 2000).

En el caso de Brasil hay que comentar que, como en otros países americanos, la controversia tras la publicación del *Origen de las especies* se produjo tanto en los medios científicos como en el mundo intelectual (Domingues, Sá, Puig-Samper & Ruiz, 2009). En el primer plano es muy interesante observar las discusiones en torno a temas relacionados con la propia idea de evolución, la cuestión siempre espinosa del origen de la humanidad y su relación con el mundo animal, y las razas humanas, algunos de los ejes que orientaban las ciencias naturales en las últimas décadas del siglo XIX (Domingues, Sá & Glick. 2003). Es cierto que en Brasil encontramos darwinistas convencidos como el alemán residente en Desterro, Fritz Müller, un corresponsal de Darwin en estas latitudes y uno de sus principales valedores con la publicación de su *Für Darwin* (1863), o naturalistas como João Joaquim Pizarro, y otros menos entusiastas y ambiguos como Ladislau Netto, tibiamente transformista y a veces muy crítico con la obra botánica de Darwin, o manifiestamente haeckeliano. Pero también hubo importantes resistencias a las tesis darwinianas comenzando por el propio emperador Pedro II, que compartía las ideas antidarwinistas de Quatrefages, tal como expresaba en la correspondencia que mantuvo con el sabio francés. En la misma línea encontramos a los naturalistas del Museo Nacional, João Baptista de Lacerda y Rodrigues Peixoto, ensalzados en aquella época por los antropólogos positivistas franceses por sus trabajos craneométricos sobre los indios brasileños y los realizados sobre los fósiles encontrados en las décadas anteriores por el científico danés Peter Wilhelm Lund.

También hay que destacar los cursos que se desarrollaron en los años setenta en el Museo Nacional de Rio de Janeiro, que sirvieron de plataforma pública a los debates sobre el darwinismo en Brasil. Como defensor del darwinismo destaca la figura del médico Augusto C. de Miranda Azevedo, quien expuso las tesis evolucionistas con el sesgo del monismo de Haeckel, siendo muy crítico con Louis Agassiz y Cuvier por sus posiciones fijistas. Desarrolló sus ideas en 1875 en ciclos de conferencias sobre el pasado, el presente y el futuro del darwinismo, sus leyes fundamentales, la aplicación de la doctrina darwinista a la humanidad, etc. Un año después entraba en escena Antonio Felício dos Santos, que se mostraba un ardiente defensor de Darwin y Haeckel, en tanto que poco después aparecía Sylvio Romero como el más importante seguidor brasileño de Herbert Spencer y defensor de la evolución social de Brasil (Gualtieri, 2002).

LA HISTORIA NATURAL EN EL CARIBE: CUBA Y PUERTO RICO

El siglo XIX constituyó un período decisivo para la consolidación de las ciencias en Cuba, tras la fundación en 1861 de la Real Academia de Ciencias Médicas, Físicas y Naturales de La Habana, institución que acogió a las figuras más sobresalientes de la vida científica de la Isla. «El espíritu de asociación fue en el siglo XIX cubano un tema recurrente en periódicos, revistas, discursos y empresas de variada índole. La aparición de sociedades con fines diversos, económicos, políticos, sociales, religiosos y culturales, muchas establecidas formalmente y otras de carácter informal, se inició con lentitud desde fechas tan tempranas como fines del siglo XVIII. Sin embargo, fue a partir de 1878 cuando ese movimiento alcanzaría su verdadero esplendor, gracias a una situación política mucho más favorable y la concesión de inéditas libertades de asociación y de reunión tras la firma del Convenio del Zanjón que puso fin a la Guerra de los Diez Años. En medio de ese contexto, sociedades de beneficencia, instrucción y recreo, deportivas, socorros mutuos, de obreros o de burgueses, cuerpos de bomberos, centros regionales, casinos, liceos, círculos y ateneos se multiplicaron en la capital y a lo largo de la Isla. La actividad científica no fue ajena a ese fenómeno, ni a su menor o mayor influencia dentro de los límites impuestos por la condición colonial (Funes Monzote, 2004).

El 28 de mayo de 1817, nombrado Alejandro Ramírez director de la Sociedad Económica, se dirigió al Capitán General de Cuba, José Cienfuegos, para solicitarle el terreno situado junto al Campo de Marte, a orillas de la Zanja Real, con objeto de instalar allí el nuevo Jardín Botánico, cuyo plano levantó el Brigadier Francisco Lemaur. Inmediatamente quedó aprobado el proyecto con un director habanero, José Antonio de la Ossa, naturalista que en la primera estancia de Alejandro de Humboldt en Cuba se dedicaba al periodismo activo como redactor de *El Substituto del Regañón* (1801). El profesor Ramón de la Sagra estaría llamado a sustituir a José Antonio de la Ossa en el Jardín Botánico y a dar un claro giro a los estudios de la botánica cubana hacia las investigaciones agrícolas. La Sagra, muy influenciado por el modelo del Real Jardín Botánico de Madrid, proponía que la distribución que debía darse al jardín habanero debía estar dirigida a la enseñanza de la ciencia, el cultivo y la aclimatación, especialmente a la primera, considerando que en el Jardín Botánico , el jardín y la cátedra debían presentar un plan uniforme y regular, plan emanado de un solo origen, sujeto a los mismos principios, dirigido à un solo fin. En el plan general de distribución del Jardín, Ramón de la Sagra resaltaba la *escuela* y el *conservatorio* como las partes fundamentales.

La apertura pública de la cátedra de botánica agrícola tuvo lugar el 10 de octubre de 1824, aunque quizá el paso más importante fue dado en el año de 1829 para la consecución de las ideas de La Sagra con la aprobación de una *Institución Agrónoma* en La Habana, que según el naturalista cumpliría dos funciones precisas: de un lado serviría para experimentar cultivos, ensayar instrumentos, procederes y prácticas agrarias sancionadas en otros países y de otro, cumpliría el objetivo tan deseado por los hacendados de educar a jóvenes en los fundamentos y prácticas de cultivo, en el régimen económico de las fincas y en «todos los ramos que supone la profesión de labrador en la isla de Cuba. Además, la real orden de aprobación del nuevo centro, que se situó en los terrenos conocidos como Molinos del Rey, tenía muy presente la necesidad de introducir en la Isla la enseñanza agrícola como una importante fuente de conocimientos útiles, ya que su falta era una de las causas principales del atraso de casi todos los ramos de la agricultura y la industria rural. Estos planes quedaron interrumpidos por su partida hacia España en 1835, por lo que la institucionalización de los estudios agrícolas en Cuba tuvo que esperar hasta 1881, año en el que se creó la Escuela de Agricultura del Círculo de Hacendados de La Habana (Fernández Prieto, 2008), en tanto que el Jardín Botánico de La Habana fue decayendo en su actividad durante el resto del siglo XIX, aunque ya desde un primer traslado a la Quinta de Los Molinos por haberse establecido la estación de ferrocarril en su primera ubicación se preveía que la fuerza de la técnica desplazaría a la ciencia más básica (Puig-Samper & Valero, 2000). Hay que recordar brevemente que el ferrocarril cubano, cuya primera línea fue entre La Habana y Bejucal, fue el primero establecido en territorio español en el año de 1837 con la idea de enlazar el área azucarera de Güines con el puerto de la capital cubana para luego extenderse por la Isla durante todo el siglo, lo que unido al desarrollo de la máquina de vapor en los nuevos ingenios supuso una revolución en la producción cubana (Zanetti Lecuona & García Álvarez, 1987).

La Real Academia de Ciencias Médicas, Físicas y Naturales de la Habana, creada por un decreto de la reina Isabel II en 1860 y fundada efectivamente el 19 de mayo de 1861, bajo la presidencia de Nicolás J. Gutiérrez, que había luchado desde 1826 para su creación, fue la institución que marcó el desarrollo de la ciencia en Cuba durante el siglo XIX y gran parte del XX. Estuvo compuesta fundamentalmente por médicos, farmacéuticos y naturalistas, tanto peninsulares como criollos. Como han señalado García González y Fernández Prieto (2009), la Academia se dedicó más a la recepción de la ciencia internacional y su difusión que a la investigación científica, aunque albergó en su seno a algunos científicos destacados como los peninsulares Manuel Fernández de Castro, Claudio Delgado, José Benjumeda, Gastón Alonso y Cuadrado, o al propio Santiago Ramón y Cajal que fue miembro correspondiente de la institución; y a los criollos Felipe Poey, Juan Vilaró, Luis Montané, Antonio y Arístides Mestre y Carlos J. Finlay. En la Academia de Ciencias se debatió el darwinismo desde 1868 por Francisco de Frías y Jacott, II Conde de Pozos Dulces, sólo un año antes había sido expuesta en España (Pruna & García González, 1989) y en 1881 se discutió la teoría de Carlos J. Finlay sobre el agente transmisor de la fiebre amarilla. Sus *Anales* (1864-1961) constituyeron un importante medio de difusión de las ideas científicas en Cuba, ocupándose indistintamente de temas médicos que de ciencia básica o aplicada. Sabemos que el asociacionismo científico fue otro importante medio para difundir las ideas científicas y fomentar el progreso de la ciencia en la isla de Cuba (Funes Monzote 2004). La Sociedad Antropológica de la Isla de Cuba fundada en 1877 como una sociedad correspondiente de la Sociedad Antropológica Española, fue una de las más activa desde su creación y sin duda ayudó a consolidar esta disciplina en la Isla (Rivero de la Calle 1966; García González 1988; García González 2008). Tuvo su sede en la Real Academia de Ciencias Médicas, Físicas y Naturales de La Habana, siendo sus primeros impulsores Luis Delmas, Juan Santos Fernández, Gabriel Pichardo y Vicente de la Guardia que constituyeron una comisión para fomentar en la isla los estudios antropológicos. La Sociedad fundó un Museo especialmente con las colecciones antropológicas y arqueológicas de Montané y de Carlos de la Torre. Fueron presidentes de la Sociedad Antropológica Felipe Poey (1877-1878), Antonio Mestre (1878-1879), Enrique José Varona (1879-1884), José Manuel Mestre (1884-1886), Antonio Bachiller y Morales (1886-1888), Luis Montané y Dardé (1888-1889) y Juan Santos Fernández (1889-1892). Pero las difíciles condiciones económicas y políticas que precedieron a la guerra del 95 la condenaron a desaparecer. La Sociedad se dedicó a la antropología en un sentido muy amplio y aunque es evidente su inclinación hacia la antropología física o biológica por la influencia francesa de la escuela de Paul Broca, los asuntos de etnología, etnografía, arqueología y sociología estuvieron muy presentes en sus discusiones (Rangel Rivero, 2012).

Las Ciencias Naturales en Cuba durante el siglo XIX estuvieron marcadas definitivamente por la figura y la obra de Felipe Poey Aloy (1799-1891), formado en la zoología francesa cuveriana y que ya en 1832 publicó una relevante obra de entomología, *Centuria de los Lepidópteros de la Isla de Cuba*. Entre 1851 y 1858 publicó unas

Memorias sobre la Historia Natural de la Isla de Cuba, poco después participaba en las encendidas discusiones sobre el evolucionismo y colaboraba con algunos artículos en la Sociedad Española de Historia Natural, pero la culminación de su carrera tuvo lugar con la presentación en la Exposición Universal de Ámsterdam, en 1883, su *Ictiología Cubana*, que recibió la medalla de oro y fue comprada por el gobierno español para una futura edición que nunca llegó (González, 1999). Con el sabio Poey colaboró también el sevillano Miguel Rodríguez Ferrer, autor de la obra *Naturaleza y civilización de la grandiosa Isla de Cuba* (1876-1887), quien realizó algunas excavaciones arqueológico-antropológicas en la parte oriental de Cuba, en la cueva del Indio cerca de la punta de Maisí, buscando al hombre primitivo habitante de la Isla, encontrando unos restos óseos que en parte donó al Museo de la Universidad de La Habana y en parte al Museo Nacional de Ciencias Naturales de Madrid (Rivero de la Calle & Puig-Samper, 1992).

A la figura de Poey hay que añadir la presencia en Cuba desde 1839 de un grupo de naturalistas alemanes, que seguían las huellas de Alexander von Humboldt en el estudio de la naturaleza americana: Eduard Otto, Luis Pfeiffer y Juan Cristóbal Gundlach. Gundlach era miembro corresponsal de la Sociedad de Historia Natural de Kassel, y con sus colecciones confeccionó un importante Museo de historia natural. Sus aportaciones en zoología se publicaron en varias obras: *Contribución a la Ornitología Cubana* (1876), *Contribución a la erpetología (sic) cubana* (1880), *Contribución a la entomología cubana* (1881). Luis Pfeiffer y Eduard Otto efectuaron varias exploraciones durante su estancia en Cuba, colectando muchos especímenes y realizando numerosas herborizaciones. Pfeiffer publicó varias obras sobre malacología cubana. En los estudios de ornitología destacó Juan Lembeye que publicó un libro sobre las aves de Cuba, con ilustraciones similares a las muy conocidas de John James Audubon.

Quizá, junto a la medicina, fueron las ciencias naturales las que tuvieron un mayor desarrollo en Cuba en esta época. En cuanto a la labor científica de la Universidad de la Habana, hay que mencionar que la enseñanza de la zoología estuvo a cargo, primero de Felipe Poey y más tarde de Juan Vilaró y Carlos de la Torre, en tanto que la cátedra de antropología era desempeñada por Felipe Poey hasta que en 1899 la desempeñó Luis Montané y la de Paleontología Estratigráfica era ocupada por Francisco Vidal y Careta. La cátedra de Fitografía y Geografía botánica estuvo ocupada en primer lugar por el peninsular José Planellas y Llanos y más tarde por José Eduardo Ramos Machado y Manuel Gómez de la Maza sucesivamente (Pelayo López, 2001).

El mejor precedente al hablar de transformismo fue el de Felipe Poey, quien intervino en la polémica entre las ideas de Cuvier y de Étienne Geoffroy Saint-Hilaire, al parecerle las de este último algo exagera– das en cuanto a la posible transformación de las especies, lo que subrayó en 1861 en un «Discurso sobre la unidad de la especie humana», aunque más tarde cambió totalmente esa posición en la discusión mantenida en la Academia de Ciencias de La Habana en 1868, donde se mostró favorable a una posible explicación darwinista en contra de la opinión de Francisco de Frías y Jacott. En la misma institución hubo en 1870 un encendido debate en torno a la memoria antidarwinista sobre el origen del hombre del médico catalán José de Letamendi, enviada para su ingreso como correspondiente en la Academia.

La Sociedad Antropológica de la Isla de Cuba, fundada en 1877 y filial de la española, también sirvió como vía de entrada del darwinismo, sobre todo por el impulso de Luis Montané, discípulo del antropólogo francés Paul Broca, siempre más cercano a las tesis transformistas de Lamarck, aunque recono cía el mérito de Darwin y Wallace.

En cuanto a lo sucedido en Puerto Rico en el campo de la historia natural y algunas de sus especialidades como la botánica, tenemos que recordar el paso de dos expediciones a finales del siglo XVIII, la de Martín de Sessé con José Estévez (1796-99) y la famosa del capitán Nicolás Baudin, en la que se encontraba embarcado el naturalista André Pierre Ledru (1797-98).

Aunque hubo algunas aportaciones anteriores al siglo XIX en algunos campos como la minería y la agricultura (Rigau, 2012), las primeras colecciones locales de historia natural en el siglo XIX fueron las constituidas por José María Vargas y Domingo Bello y Espinosa. Ambos personajes se revelaron como botánicos en la isla de Puerto Rico. A ellos se deben los primeros registros de la flora en el siglo XIX. El primero era un médico venezolano que llegó a Puerto Rico en 1817 y se integró en la Sociedad Económica de Amigos del País, fundada por el Intendente Alejandro Ramírez. Desde esta sociedad impulsó proyectos científicos como la creación de una cátedra de medicina y de un jardín botánico, además de otros de carácter agrícola e industrial. Además, realizó una colección botánica en Puerto Rico, fruto de sus excursiones con el botánico francés Louis Plée, pero en 1825 se volvió a su tierra natal para hacerse cargo del rectorado de la Universidad de Caracas por orden expresa de Bolívar.

Domingo Bello y Espinosa, abogado y naturalista canario, llegó a la Isla en 1848 y se asentó en Mayagüez como representante del empresario alemán Leopoldo Krug, a quien animó a estudiar la flora y la fauna de Puerto Rico. Entre 1881 y 1883 publicó uno de sus primeros estudios de la flora puertorriqueña *Apuntes para la Flora de Puerto Rico*, siempre patrocinado por Krug. Gracias a este último pudo conocer a otro naturalista alemán, Juan C. Gundlach, quien residía habitualmente en Cuba. Asimismo, mantuvo amistad con el farmacéutico Tomás Blanco y el médico naturalista Agustín Stahl (Gutiérrez del Arroyo, 1976). Eugenio Santiago et al. descubrieron hace unos años dos tomos manuscritos de Bello en el Museo Municipal de Bellas Artes de Santa Cruz de Tenerife, que incluía algunas láminas botánicas (Santiago-Valentín, Sánchez-Pinto & Ortega, 2013).

Un caso particular de científico destacado por la historiografía puertorriqueña es el del médico ya mencionado Agustín Stahl, un médico hijo de alemanes formado en la Universidad Carolina de Praga. Fue un estudioso de varias disciplinas de historia natural, como la botánica, la zoología, la arqueología o la antropología y mantuvo una activa red de corresponsales entre los que se encontraban Felipe Poey, Ramón de la Sagra, Rafael Arango y Juan Cristóbal Gundlach. Escribió en 1882 un *Catálogo del gabinete zoológico* con la idea de formar un Museo de Historia Natural en Puerto Rico y unos *Estudios sobre la flora de Puerto Rico* (1883-1888), que además de las descripciones estaba acompañada de una rica colección de acuarelas botánicas.

María Teresa Cortés en un interesante artículo describe en profundidad a estos naturalistas que intentaron hacer las primeras investigaciones en historia natural en Puerto Rico. Piensa además que el norteamericano Jorge Látimer y los puertorriqueños José Julián Acosta y Agustín Stahl, hicieron esfuerzos individuales para propiciar el nacimiento de una pequeña comunidad científica con lazos estrechos otros países (Cortés Zavala, 2019).

Aunque el impacto del darwinismo en la práctica científica de los naturalistas en América Latina fue escaso en un primer momento, hay que decir que el darwinismo influyó en la actividad taxonómica de los naturalistas y contribuyó a cambiar el esquema cuvierista de la naturaleza y en dar una mayor atención a la variabilidad en un momento en el que la historia natural se transformaba en la nueva Biología ya en los albores del siglo XX, cuando empezaba a gestarse la nueva teoría sintética de la evolución.

BIBLIOGRAFÍA

ACHIM, Miruna (2011), «Setenta pájaros africanos por antigüedades mexicanas. O, cómo construir un museo nacional, México, 1828», en Miruna Achim y Aimer Granados (eds.), *Itinerarios e intercambios en la historia intelectual de México*, pp. 31-60. México: UAM.

ARGUETA VILLAMAR, Arturo (2009), *El darwinismo en Iberoamérica: Bolivia y México*, Madrid: Los Libros de la Catarata.

ASÚA, Miguel de (2010), *La ciencia de Mayo.La cultura científica en el Río de la Plata, 1800*-1820, Buenos Aires: FCE.

BELTRÁN, Enrique (1948), «*La Naturaleza*, periódico científico de la Sociedad Mexicana de Historia Natural, 1869-1914. Reseña bibliográfica e índice general», *Revista de la Sociedad Mexicana de Historia Natural*, IX (1-2), pp. 145-174.

BABINI, José (1986), *Historia de la ciencia en la Argentina*, Buenos Aires: Solar.

BARBOSA RODRIGUES, J. (1908), *O Jardim Botanico do Rio de Janeiro. Uma lembrança do 1º Centenario, 1808-1908,* Río de Janeiro: Officinas da Renascença.

CAMACHO, Horacio H. (1971), *Las Ciencias Naturales en la Universidad de Buenos Aires,* Buenos Aires: Editorial Universitaria.

CASTELLÓ, Hugo P. & Gabriela L. M. Piacentino (2015), «La publicación científica más antigua y prestigiosa del Museo Argentino de Ciencias Naturales *Bernardino Rivadavia* en sus 201 años de historia», *Historia* Natural, Tercera Serie, vol. 5 (1): 125-143.

CASTILLO MARTOS, Manuel (2021), *Andrés Manuel del Río Fernández*. México: AHMMAC.

CHERONI, Alción (1999), «Darwin en el reino de las vacas. Dos opositores al darwinismo en el Uruguay: Domingo Ordoñana y Mariano Soler», en Thomas Glick, Rosaura Ruiz y Miguel Ángel Puig-Samper (eds.), *El darwinismo en España e Iberoamérica,* 171-185. Madrid: Doce Calles.

CONDARCO MORALES, Ramiro (1978), *Historia del saber y la ciencia en Bolivia*, La Paz: Academia Nacional de Ciencia de Bolivia.

CORTÉS ZAVALA, María Teresa (2019), «Los inicios del coleccionismo y la Historia Natural en Puerto Rico. Un recorrido por el siglo XIX», en Marcos Sarmiento et al. (eds.), *Reflexiones sobre Darwinismo desde las Islas Canarias*. pp. 425-450. Madrid: Doce Calles.

CUETO, Marcos (1989). *Excelencia científica en la periferia*, Lima: Grade/Concytec.

CUVI, Nicolás et al. (2014), La circulación del darwinismo en el Ecuador (1870-1874. *Procesos: revista ecuatoriana de historia*, 39: pp. 115-142.

DOMINGUES, Heloisa B., Magali R. Sá & Thomas F. Glick (2003), *A recepçao do Darwinismo no Brasil*, Río de Janeiro: Fiocruz.

Domingues, Heloisa B., Magali R. Sá, Miguel Ángel Puig-Samper & Rosaura Ruiz (eds.). (2009), *Darwinismo, meio ambiente, sociedade,* Río de Janeiro: Via Lettera/MAST.

Fernández Prieto, Leída (2008), *Espacio de poder, ciencia y agricultura en Cuba: el Círculo de Hacendados, 1878-1917*, Sevilla: CSIC.

Funes Monzote, Reinaldo (2004), *El despertar del asociacionismo científico en Cuba (1876-1920)*, Madrid: CSIC.

García, Susana V. & María Gabriela Mayoni (2019), «Los museos y gabinetes de ciencias en los colegios nacionales de la Argentina (1870-1880)», *Boletín del Instituto de Historia Argentina y Americana «Dr. Emilio Ravignani»*, Tercera Serie, 50, pp.135-162.

García González, Armando (1988) *Actas y Resúmenes de Actas de la Sociedad Antropológica de la isla de Cuba en publicaciones periódicas del siglo* xix, La Habana: Editorial Academia.

García González, Armando (2008) *El estigma del color. Saberes y prejuicios sobre las razas en la ciencia hispano-cubana del siglo* xix, 2 vols. Santa Cruz de Tenerife: Idea.

García González, Armando y Leida Fernández Prieto (2009), «Ciencia», en Consuelo Naranjo Orovio (ed.), *Historia de Cuba*, Madrid, pp. 475-504. Madrid: Doce Calles.

García Murcia, Miguel (2017), *La emergencia de la antropología física en México*, México: IMAH.

Glick, Thomas F. (1989), *Darwin y el darwinismo en el Uruguay y en América Latina,* Montevideo: Universidad de la República.

González, Rosa Mª (1999), *Felipe Poey. Estudio biográfico.* La Habana: Editorial Academia.

Gorbach, Frida y Carlos López Beltrán (2008), *Saberes locales. Ensayos sobre historia de la ciencia en América Latina*, Zamora, México: El Colegio de Michoacán.

Gualtieri, Regina Cândida Ellero (2002), «Caminhos do evolucionismo no Brasil» en Miguel Ángel Puig-Samper, Rosaura Ruiz & Andrés Galera (eds.), *Evolucionismo y Cultura*, pp. 367-390. Madrid: Doce Calles.

Guevara Fefer, Rafael (2002), *Los últimos años de la Historia Natural y los primeros días de la Biología en México.* Mexico:Instituto de Biologia, UNAM.

Gutiérrez del Arroyo, Isabel (1976), *El Dr. Agustín Stahl, hombre de ciencia: perspectiva humanística.* San Juan: Facultad de Humanidades de la Universidad de Puerto Rico.

Huerta, Ana Mª y Flora E. Alarcón (2014), «Mapas botánicos desde Puebla a través de la obra de Antonio de la Cal y Bracho, 1832», en Luz Fernanda Azuela Bernal y Rodrigo Vera y Ortega (eds.), *Espacios y prácticas de la Geografía y la Historia Natural de México (1821-1940)*, 3, pp. 7-60. México: Instituto de Geografía, UNAM.

Lascano González, A. (1980) *El Museo de Ciencias Naturales de Buenos Aires*, Buenos Aires: Ediciones culturales argentinas.

Lopes, Maria Margaret (2000), «Nobles rivales: estudios comparados entre el Museo Nacional de Río de Janeiro y el Museo Público de Buenos Aires», in *La ciencia en Argentina entre siglos*, M. Montserrat (comp.), pp. 278-296. Buenos Aires: Manantial.

Maldonado, J. Luis (2000), «El primer Gabinete de Historia Natural de México y el reconocimiento del Noroeste novohispano», *Estudios de historia novohispana* 21, pp. 49-66.

Maldonado, J. Luis (2001), *Las huellas de la razón: la expedición científica en Centroamérica (1795-1803)*, Madrid: CSIC.

Mañé Garzón, Fernando (2005), *Historia de la Ciencia en el Uruguay.* III: pp. 101-127, Montevideo: Universidad de la República.

Mercante, Víctor (1911), Florentino Ameghino: su vida y sus obras. *Archivos de Pedagogía*, 9 (26): pp. 93-132.

MIRANDA, Marisa & Gustavo Vallejo (comps.) (2005), *Darwinismo social y eugenesia en el mundo latino*, Buenos Aires: Siglo XXI.

MORELOS RODRÍGUEZ, Lucero (2012), *La geología mexicana en el siglo* XIX, Morelia, México: Secretaría de Cultura de Michoacán/ Plaza y Valdés.

ONNA, Alberto F. (2000), «Estrategias de visualización y legitimación de los primeros paleontólogos en el Río de la Plata durante la primera mitad del siglo XIX: Francisco Javier Muñiz y Teodoro Miguel Vilardebó», en M. Montserrat (comp.), *La ciencia en Argentina entre siglos*, pp. 53-70. Buenos Aires: Manantial.

PELAYO LÓPEZ, Francisco (2001), «Construir y controlar la ciencia. El fomento oficial de las ciencias naturales en Cuba durante la segunda mitad del siglo XIX», *Ibero-Americana Pragensia, Supplementum* 9: pp. 145-155.

PINO, Diego A. del. (2003), *Historia del Jardín Botánico*, Buenos Aires: Ediciones Turísticas.

PODGORNY, Irina & Maria Margaret Lopes (2008), *El desierto en una vitrina. Museos e historia natural en la Argentina, 1810-1890*, México: Limusa.

PRUNA, Pedro M. & Armando García González (1989), *Darwinismo y sociedad en Cuba. Siglo XIX,* Madrid: CSIC.

PUIG-SAMPER, Miguel Ángel y Luis Maldonado Polo (1991), «La expedición de Sessé en Cuba y Puerto Rico», *Asclepio*, 43 (2): pp. 181-198.

PUIG-SAMPER, Miguel Ángel & Mercedes Valero (2000), *Historia del Jardín Botánico de La Habana*, Aranjuez: Doce Calles.

PUIG-SAMPER, Miguel Ángel (2018), «La recepción del evolucionismo en el mundo hispánico, una revisión comparada», en Gustavo Vallejo, Marisa Miranda, Rosaura Ruiz y Miguel Á. Puig-Samper (eds.), *Darwin y el darwinismo desde el sur del sur*, Madrid, Doce Calles-CONICET-Universidad de Quilmes-UNAM, pp. 15-31.

PUIG-SAMPER, Miguel Ángel (2019), *Historia mínima de El Evolucionismo*, Ciudad de México, El Colegio de México.

RAMÍREZ SEVILLA, Rosaura e Ismael Ledesma-Mateos (2013), «La Commission Scientifique du Mexique: una aventura colonialista trunca», *Relac. Estud. hist. soc.* [online], vol.34, n.134, pp. 303-347.

RANGEL RIVERO, Armando (2012), *Antropología en Cuba. Orígenes y desarrollo*, La Habana: Fundación Fernando Ortiz.

RESTREPO FORERO, Olga (2013), «Trópicos, mestizaje y aclimatación: Leyes naturales y hechos científicos en el discurso darwinista colombiano», en Rosaura Ruiz, Miguel Ángel Puig-Samper y Graciela Zamudio (eds.), *Darwinismo, biología y sociedad*. pp. 377-398. México-Madrid: UNAM-Doce Calles.

RESTREPO FORERO, Olga, Luis Carlos Arboleda & Jesús A. Bejarano (1993), *Historia Social de la Ciencia en Colombia. Tomo III, Historia Natural y Ciencias Agropecuarias*, Bogotá: Colciencias.

RESTREPO FORERO, Olga & Diego Becerra Ardila (1995), «El darwinismo en Colombia. Naturaleza y sociedad en el discurso de la ciencia», *Revista de la Academia Colombiana de Ciencias Exactas, Físicas y Naturales,* 19: pp. 547-568.

RIGAU, José G. (2012) «Historia de la ciencia en Puerto Rico» en Luis E. González Vales & Mª Dolores Luque (eds.), *Historia de Puerto Rico*, pp. 635-658. Madrid: Doce Calles.

RIVERO DE LA CALLE, Manuel (1966), *Actas. Sociedad Antropológica de la isla de Cuba*, La Habana: Comisión Nacional Cubana de la UNESCO.

RIVERO DE LA CALLE, Manuel & Miguel Ángel Puig-Samper (1992), Aportes de Miguel Rodríguez Ferrer a la antropología cubana, *Revista de Indias*, LII, 194: pp. 195-201.

Ruiz, Rosaura (1987), *Positivismo y evolución: introducción del darwinismo en México, México: UNAM.*

Sagredo Baeza, Rafael (2010), «Ciencia, historia y arte como política. El Estado y la *Historia Física y Política de Chile* de Claudio Gay», en Rafael Sagredo (ed.), *Ciencia -Mundo. Orden republicano, arte y nación en América*, pp. 165-233. Santiago de Chile: Centro de Investigaciones Diego Barros Arana/Editorial Universitaria.

Sagredo Baeza, Rafael (2012), *La ruta de los naturalistas. Las huellas de Gay, Domeyko y Philippi*, Santiago de Chile: Max Donoso Saint.

Sanhueza, Carlos (2010), «Eduard Poepping: en busca del hombre tropical en la América Latina del siglo xix», en Rafael Sagredo Baeza (ed.), *Ciencia-Mundo. Orden republicano, arte y nación en América*, 147-164. Santiago de Chile: Centro de Investigaciones Diego Barros Arana/Editorial Universitaria.

San Pío, Pilar & Miguel Ángel Puig-Samper (eds.) (2000), *El Águila y el nopal. La expedición de Sessé y Mociño a Nueva España*, Barcelona: Lunwerg.

Santiago-Valentín, Eugenio, Lázaro Sánchez-Pinto & Javier F. Ortega (2013) «Domingo Bellos y Espinosa. Desde Canarias a las Antillas. Estudios de la flora de Puerto Rico en el siglo xix», *Makaronesia. Boletín de la Asociación de Amigos del Museo de la Naturaleza y el Hombre*, 15: pp. 162-175.

Sauro, Sandra (2000), «El Museo Berbardino Rivadavia, institución fundante de las ciencias naturales en la Argentina del siglo xix, en Marcelo Montserrat (comp.), *La ciencia en Argentina entre siglos*, pp. 329-344. Buenos Aires: Manantial.

Seiner Lizárraga, Lizardo (2010), «Antonio Raimondi en el Perú: viajes, obra científica y redes de influencia en la periferia, 1851-1890», en Rafael Sagredo Baeza (ed.), *Ciencia-Mundo. Orden republicano, arte y nación en América*, pp. 255-280. Santiago de Chile: Centro de Investigaciones Diego Barros Arana/Editorial Universitaria.

Texera Arnal, Yolanda (1995), Adolfo Ernst y la Sociedad de Ciencias Físicas y Naturales de Caracas,1867-1878, *Llull*, 18: pp. 653-665.

Uribe Salas, José Alfredo (2006), «Labor de Andrés Manuel del Río en México: profesor en el Real Seminario de Minería e innovador tecnológico en minas y ferrerías», *Asclepio*, Salas 58 (2): pp. 231-260.

Uribe Salas, José Alfredo (2015), *Los albores de la geología en México*, Morelia: UMSNH.

Uribe Salas, José Alfredo (2018), «Ciencia y filosofía. Dos facetas en la vida de Andrés Manuel del Ríos», *Saberes. Revista de historia de las ciencias y las humanidades*, 1 (3): oct-29. https://www.saberesrevista.org/ojs/index.php/saberes/article/view/87.

Vallejo, Gustavo y Marisa Miranda (2010), *Derivas de Darwin*, Buenos Aires: Siglo xxi.

Villarreal, César y Guillermina Itzel de Gracia (2017), «La recepción inicial del darwinismo por el Panamá decimonónico: una respuesta paradójica», *Societas. Rev. Soc. Humanist.*, Panamá, 19 (2): pp. 107-147.

Zamudio, Graciela (2002), «El Real Jardín Botánico del Palacio Virreinal de la Nueva España», *Ciencias,* 68: pp. 22-27.

Zamudio, Graciela (2014), «Alfredo Dugès (1826-1910). Su práctica», en Luz Fernanda Azuela Bernal y Rodrigo Vega y Ortega (eds.), *Espacios y prácticas de la Geografía y la Historia Natural en México (1821-1940)*, México: Instituto de Geografía, UNAM, pp. 87-104.

Zanetti Lecuona, Óscar & Alejandro García Álvarez (1987) *Caminos para el azúcar*, La Habana: Editorial de Ciencias Sociales.

RENÉ VERNEAU Y LA PLURALIDAD RACIAL DEL ARCHIPIÉLAGO CANARIO: MONOGENISMO, EVOLUCIONISMO, COLONIALISMO Y RAZA (1878-1938)[1]

Álvaro Girón Sierra
Institución Milá y Fontanals de Investigación en Humanidades

María José Betancor Gómez
Universidad de Las Palmas de Gran Canaria

El presente capítulo de libro trata temas que han sido estudiados con profundidad por autores como Fernando Estévez, José Farrujia, Carmen Ortíz, y Roberto Gil Hernández, entre otros (Estevez, 2001; Farrujia, 2014; Gil Hernández, 2020; Ortiz, 2006). Conviene, por tanto, hacer una aclaración previa, si se quiere justificativa, sobre la originalidad de nuestra aportación. No buscamos entrar a fondo en todos los detalles del debate, no es un capítulo de libro con pretensión exhaustiva, ni desde el punto de vista historiográfico ni desde el punto de vista de las fuentes primarias. Se trata, más bien, de entrar en algunas de las claves por las que el antropólogo René Verneau (1852-1938), uno de los referentes en todo lo relacionado con el pasado prehispánico del Archipiélago Canario, veía la cuestión de su supuesta pluralidad racial de una manera, y no de otra. Se trata de profundizar en algunos de los debates intelectuales y científicos que pueden contribuir a explicar por qué dijo lo que dijo. Y entre esas claves está el evolucionismo. O más exactamente, cómo Verneau intentó hacer compatible monogenismo, aclimatación, migraciones, mestizaje, transformismo y gestión colonial.

¿Y por qué René Verneau? Ahí entramos en algunas de las cuestiones que ha suscitado nuestra línea actual de trabajo. Se trata de una línea de investigación enmar-

[1] Queremos agradecer la ayuda del Museo Canario sin la cual este capítulo de libro no hubiera sido posible. El artículo se enmarca dentro del Proyecto: «Ciencia, Racismo y Colonialismo Visual. Visual Race. Referencia: PID2020-112730GB-100», financiado por el Ministerio de Ciencia e Innovación.

cada dentro del proyecto «Ciencia, Racismo y Colonialismo Visual» en el que actualmente trabajamos. El trabajo intenta investigar el rol que tuvo el Museo Canario (Las Palmas de Gran Canaria), una institución, como se sabe, centrada en los orígenes de los prehispánicos canarios. Además, su ímpetu inicial tiene no poco que ver con un intento de construcción de una identidad canaria basada en el estudio del pasado profundo del Archipiélago. Todo ello dentro de un proceso de gran escala geográfica que alcanzaba a toda Europa: la construcción de discursos político-científicos que fundamentaban las raíces de la nación en lo ancestral y lo biológico (McMahon, 2016 y 2019). Es una historia que, como todas las historias, es local, pero que no tiene nada de localista. Poner el foco en el Museo Canario permite estudiar a fondo el enlace entre la ciencia de las razas, el colonialismo, la construcción de identidades nacionales y su representación visual (Girón y Betancor, 2023). Es una historia en la que intervienen varios personajes. Uno de ellos es el alma mater del Museo, Gregorio Chil y Naranjo (1831-1901). Otro de los personajes principales es René Verneau, quien, como es sabido, tuvo un papel determinante en la reorganización de la colección antropológica del Museo Canario en varias estancias durante los años 1920s y 1930s (De las Barras Aragón, 1926: 220-221; Verneau, 2003: 13-14). En cierta forma, la historia inicial de la institución se podría condensar en esas dos figuras eminentes. Sin embargo, el análisis de la documentación nos revela algo más complejo que una visión hagiográfica o una mera sucesión de grandes personajes. (Fig.1)

Fig.1. Retrato de plano medio realizado al Doctor René Verneau mientras efectuaba mediciones a un cráneo. El fotógrafo Teodoro Maisch realizó entre 1925 y 1935 dicho retratro. Maisch fotografió exhaustivamente el Museo Canario durante esos años. Verneau estuvo reorganizando la colección antropológica del Museo Canario durante varias estancias durante los años 1920s-1930s: Doctor René Verneau trabajando con cráneos, Fondo fotográfico Teodoro Maisch, Archivo del Museo Canario (Las Palmas de Gran Canaria), AMC/FFTM-000238.

UN INTERÉS TEMPRANO: FRANCIA, ÁFRICA DEL NORTE Y LA «RAZA» CRO-MAGNON

Pero el interés es más temprano. Es, de hecho, anterior a la propia fundación del Museo Canario. El 26 de marzo de 1877, el gran prohombre de la Sociedad de Antropología de París, Paul Broca (1824-1880), envía una carta a Gregorio Chil y Naranjo. En ella, presenta a un joven, René Verneau, quien va a realizar una estancia de investigación en el Archipiélago[2]. Se trataba del ayudante, de su amigo y rival, el gran hombre de la antropología en el Museo Natural de París, Jean Louis Armand de Quatrefages (1810-1892). Al mes siguiente, es el propio Quatrefages quien escribe a Chil. Le comenta que Verneau es un «preparador» de la cátedra de Antropología. En teoría, se vería forzado a ir a Canarias por problemas de salud, y aprovecha el viaje para hacer investigaciones de diversas materias. Va respaldado: el gobierno y el Museo le dan «misiones oficiales». Quatrefages dice tener una muy buena relación con el joven Verneau, por sus excelentes cualidades, por su saber, por su modestia que Chil «apreciará rápidamente». Le agradece de antemano la ayuda y los consejos que pueda dar a Verneau[3].

En realidad, Verneau era enviado por el Ministerio de Instrucción Pública con un doble propósito: coleccionar todo tipo de objetos de Historia Natural (Hamy, 1889: 156). Pero también, sobre todo, verificar «materialmente» una hipótesis sostenida por Ernest Hamy (1842-1908), discípulo predilecto de Quatrefages. Hamy sostenía que existía una relación estrecha entre el hombre de Cro-Magnon, antiguas poblaciones del noroeste de África y los aborígenes canarios (Blanckaert, 2022: 94). Hipótesis que, sobre el papel, encajaba bien con los intentos de racionalizar y legitimar la expansión colonial francesa en el Norte de África. La conclusión de Verneau era que los restos humanos existentes de los prehispánicos canarios no sólo apoyaban dicha hipótesis, sino que existían en la actualidad, al igual que en el Norte de África o el País Vasco, poblaciones que recordaban por sus rasgos físicos, fundamentalmente craneológicos, a la antigua raza «cuaternaria» (Verneau, 1886: 22-24).

A este argumento básico añadió algo que ocasionó una fuerte polémica. En fecha tan temprana como 1878, afirmaba que en la población canaria anterior a la Conquista castellana existían otros elementos raciales, en el que destacaba el *elemento semítico* (Verneau, 1878). Y no sólo eso, pensaba que la presencia actual de la «raza cuaternaria» en las Islas no era uniforme. Éste era un motivo de disenso importante con Gregorio Chil y Naranjo. El grancanario defendía la unidad profunda del sustrato racial del archipiélago. El debate no tuvo una dimensión puramente verbal. Verneau hizo uso del aparato gráfico que pretendía visualizar dicha «pluralidad». Era, en fin, un asunto que obsesionó a Verneau hasta al final de su vida. En una nota necrológica aparecida en 1938 con ocasión de su fallecimiento, se menciona que estaba en pleno

[2] *Carta de Paul Broca a Gregorio Chil y Naranjo*, 26 de marzo de 1877, Fondo Gregorio Chil y Naranjo, Archivo del Museo Canario (Las Palmas de Gran Canaria), AMC/GCh-0273.

[3] *Carta de Jean Louis Armand de Quatrefages a Gregorio Chil y Naranjo*, 3 de abril de 1877, Fondo Gregorio Chil y Naranjo, Archivo del Museo Canario (Las Palmas de Gran Canaria), AMC/GCh-0277.

proceso de elaboración de un trabajo de síntesis sobre la cuestión que ha quedado inédito (Vallois, 1938:387).

Más allá de matizar una historia demasiado rosada de las relaciones entre Verneau, Gregorio Chil y el Museo Canario, nos interesa situar las tesis de Verneau dentro de su contexto intelectual. La hipótesis que defendemos es que esta contribución específica de Verneau sólo se puede entender dentro del encuadramiento de una Escuela, la encabezada por Armand de Quatrefages. La preocupación por la hipotética diseminación de la raza de Cro-Magnon sólo se puede entender desde la problemática biogeográfica propia del monogenismo. Para los monogenistas, las migraciones son fundamentales para entender cómo, desde un núcleo relativamente pequeño, la humanidad ha venido a poblar todos los rincones del globo, archipiélagos incluidos. Este tipo de problemas, extendido al conjunto de los seres vivos, preocupaban, como sabemos, a Charles Darwin. También es sabido, sin embargo, que Quatrefages se declaró en contra del darwinismo. Verneau, por su parte, se decantó por un cauto transformismo que a medida que pasa el tiempo se hace cada vez más explícito. De hecho, su versión de la génesis racial remite a una perspectiva explícitamente neolamarckiana, en la que la interacción entre la influencia del medio y la acumulación de caracteres vía herencia, ocupaba un lugar principal (Verneau, 1931a: 3-5). Y es esa perspectiva neolamarckiana, la que se constituyó en uno de los fundamentos de su particular versión de la paleontología humana.

Desde otro punto de vista, las tesis monogenistas tenían otra utilidad de carácter más político. Encajaban mejor con la «misión civilizadora de Francia», su bien conocida justificación del colonialismo. Según la mayoría de los monogenistas, Verneau incluido, no había dudas de que los europeos acabarían por aclimatarse a climas tropicales, al contrario de lo que opinaban célebres poligenistas como Paul Broca. Pensaban que, hasta cierto, punto, las llamadas «razas inferiores» eran susceptibles de progreso, es decir, eran susceptibles de «domesticación», de someterse a la disciplina del trabajo. No sólo se trataba de legitimación, sino de gestión científica de la colonia. Es en este sentido, en el que se entiende mejor la obsesiva cartografía racial de Verneau en el Archipiélago. Se partía de la misma plantilla mental, aunque el Archipiélago Canario no fuera formalmente una colonia francesa. Como en Argelia, se trataba de identificar a los elementos raciales susceptibles de ser asimilados, y ver cuáles eran los potencialmente refractarios.

EL JOVEN MÉDICO BAJO EL MANTO PROTECTOR DE QUATREFAGES: MONOGENISMO Y EVOLUCIÓN

René Vernau comenzó en 1869 sus estudios de Medicina en París. Prácticamente desde el comienzo, asistía al curso libre que Ernest Hamy impartía en la Sorbona sobre antropología prehistórica. Seducido por esa ciencia nueva, se presentó a Paul Broca quien le acogió en su laboratorio. A la vez, seguía también las lecciones que impartía Quatrefages en el Museo de Historia Natural. A este último, le llamó la atención el joven alumno, y la asiduidad con la que tomaba notas. Una plaza de preparador del Museo quedó libre en 1873, y Quatrefages se la ofreció a Verneau quien aceptó sin dudar (Vallois, 1938: 381). Después de unos comienzos difíciles, Verneau acabó por consolidar su posición profesional, siempre en la órbita del Museo de Historia Natural, y tuvo un papel central en la respetada revista *l'Anthropologie* (Staum, 2011: 61; Conklin, 2013: 63)

Ello tuvo sus consecuencias. Verneau tuvo que lidiar con un maestro, Armand de Quatrefages que había mostrado una feroz oposición al evolucionismo, muy en particular con la perspectiva desarrollada por Darwin (Staum, 2011: 57). Verneau se manifestó con cautela en su libro *Les races humaines* de 1890. En el texto, aunque rechaza la tesis de su maestro de la existencia de un «reino humano» (Verneau, 1890a: 3) que se segregaría nítidamente del resto de los animales, al poseer de manera exclusiva moralidad y religiosidad, Verneau describía las tesis transformistas con singular asepsia. Sin embargo, el propio texto delata al criptotransformista. Él se veía en la obligación de visibilizar cómo monogenismo y transformismo eran caras de una misma moneda. Y para ello, Verneau hizo una significativa descripción del monogenista:

«El hombre para él es un ser esencialmente variable, como el resto de seres organizados y vivientes: sus caracteres se modifican bajo la influencia de las condiciones de existencia, y como aquellas, han sufrido profundas modificaciones desde la aparición de la especie humana; el tipo primitivo de la humanidad debía ser bien diferente del de las razas actuales. Este hombre primitivo, menos perfeccionado que el hombre de nuestros días, se aproximaría en consecuencia, a los animales que vienen detrás de nosotros. Se remonta así a un tipo humano primitivo muy próximo de los simios antropomorfos del que él ha podido derivar. Es, en suma, la verdadera teoría de Darwin.» (Verneau, 1890a: 15)

Esta afirmación de Verneau hay que entenderla en su contexto. Los poligenistas habían tenido, según él, un verdadero éxito en crear una suerte de afinidad electiva entre poligenismo y evolucionismo. La referencia al darwinismo no es inocente. Permitía reforzar la idea de que había un monogenismo que estaba lejos de cualquier adherencia religiosa y que se expresaba en términos de discurso científico (Livingstone, 2008: 122-125). Todo ello tenía una derivada local importante. Los rivales estaban cerca. La Escuela de Broca se declaraba abiertamente poligenista. Verneau estaba muy interesado en mostrar su afiliación al monogenismo cerrado que definía, entre otras cosas, a la Escuela del Museo de Historia Natural. Afirmar la unidad de la especie humana, venía acompañada de otro rasgo: asumir una plasticidad de la especie humana mayor que la de unos poligenistas que veían a los grandes troncos raciales como especies distintas. Pero conviene no engañarse. Los monogenistas del Museo de Historia Natural de París tenían más fe en la capacidad de aclimatación de las distintas razas humanas y no tenían tantos problemas con el mestizaje, pero pensaban que la capacidad de progreso de las diferentes razas humanas era disimétrica. La «raza negra» podría hipotéticamente progresar en sus propios términos, pero no llegaría jamás al nivel de los europeos (Staum, 2011: 65).

Ello tiene una implicación colonial importante. No eran pocos los poligenistas que tenían reticencias con respecto a la expansión colonial de Francia. Dudaban mucho de la posibilidad de aclimatación de los europeos, y, más aún, pensaban que el mestizaje entre razas disímiles, es decir, especies diferentes, llevaba a la degeneración humana. Los monogenistas no compartían esas dudas. Los europeos, después de soportar una fase inicial de alta morbilidad y mortalidad, acabarían adaptándose al nuevo clima.

Y el mestizaje era no sólo posible, sino deseable: permitía acortar los plazos de ese período de adaptación. El mestizaje, en fin, promovería una forma de «humanidad superior», pero no eliminaría en absoluto la diferencia entre las «razas inferiores» y las «superiores» (Staum, 2011: 73-76; Blanckaert, 2009: 351-352; Verneau, 1890a: 43).

No es extraño, por tanto, que Verneau participara activamente en la gestión científica de las colonias (Leprun, 1989: 123). Y aquí hay un registro interesante. Para él, no todos los elementos raciales eran igualmente amoldables. Ésta era una preocupación compartida por políticos y gestores coloniales. Había que determinar cuáles eran los socios «no europeos» susceptibles de colaborar con la «misión civilizadora» (Staum, 2011: 78-79). Es en este sentido, a partir del cual se entiende mejor la obsesiva cartografía racial de Verneau del Archipiélago Canario. Como hemos dicho, se partía de la misma plantilla mental, aunque el Archipiélago no fuera formalmente una colonia francesa. Como en Argelia, se trataba de identificar a los elementos raciales susceptibles de ser asimilados, y ver cuáles eran potencialmente refractarios. Y aquí hay un registro interesante. Verneau, conspicuo antisemita, pensaba, por ejemplo, que en Argelia los árabes eran «refractarios», mientras que los bereberes eran «la raza del futuro» (Verneau, 1890a: 557-558; Malbot y Verneau, 1897: 14).

MONOGENISMO APLICADO: LA GRAN MIGRACIÓN DE LA RAZA «BLANCA» CRO-MAGNON

En el caso concreto de Canarias, el poblamiento primitivo de las Islas entronca con la gran pregunta del monogenismo: ¿cómo desde un foco geográficamente reducido ha conseguido la humanidad poblar hasta el último rincón del planeta? La respuesta del *establishment* del Museo de Historia Natural de París, para este rincón del globo, tiene que ver con la expansión de la raza Cro-Magnon. Es la línea de investigación que Ernest Hamy (1842-1908) había abierto (Blanckaert, 2022: 95) y que apoyaba Armand de Quatrefages. Según Quatrefages, los restos de los esqueletos enterrados en el refugio de Cro-Magnon fueron depositados en ese Museo, donde fueron objeto de diversos estudios. Uno de los más notables fue el de Hamy, quien destacó «la extrema semejanza existente entre la cabeza ósea de esta raza cuaternaria y la de los raros especímenes de Guanches que existían entonces en París (1871-1873)». Hamy encontró, además, el mismo tipo humano en otras poblaciones, entre otras las de la Kabilia (Quatrefages, 1887a: 559-560).

La difusión de esa *raza fósil* europea desde el sur de Europa hasta el Norte de África, y de ahí a Canarias, la explicaba la glaciación. De la misma manera que «algunos mamíferos» tuvieron que desplazarse, así lo hicieron los humanos. Ello explica su presencia actual, «errática y por atavismo en Europa, su existencia más frecuente, más francamente acusada, en el noroeste de África y en las islas donde se encuentra al abrigo del mestizaje (Quatrefages y Hamy, 1874: 265-266)». Verneau tenía otra idea referente a qué impulso la gran migración. Según él, al final de la Época Cuaternaria, nuevos pueblos vinieron a disputar el territorio a los trogloditas. Es en este momento en el que los Cro-Magnon debieron emigrar en gran número, fundamentalmente, aunque no exclusivamente, en dirección sur (Verneau, 1886: 13). La contribución fundamental de Verneau, más allá de la teoría, fue ofrecer confirmación material a esa tesis. No sólo en forma de restos óseos del pasado profundo. También se trataba de obtener información de los datos antropométricos de la población en vivo, cosa que hizo en el Archipiélago Canario (Grasset, 2021: 316-319; Verneau, 1887; Verneau, 1890b: 130).

Verneau participaba de un concepto muy idealizado de la raza Cro-Magnon. Sostenía, por ejemplo, que poseía un físico dotado de «verdadera belleza». Además, en su opinión, era una raza tan bien conformada, dotada de un cráneo tan voluminoso y, por tanto, de un cerebro tan desarrollado, que no podía ser otra cosa sino una raza inteligente que había tenido un importante papel en la historia de la humanidad. Ello se manifestaba, por ejemplo, en el terreno «industrial», donde se habían producido importantes «modificaciones». Los Cro-Magnon habían producido multitud de instrumentos de silex, y una cantidad no menos importante de útiles bastante sofisticados, como eran los anzuelos, a partir de los huesos y cuernos de los renos que cazaban (Verneau, 1890b: 129-131). Pero lo verdaderamente sorprendente son las verdaderas cumbres artísticas que llegaron a alcanzar. Las pinturas rupestres de animales denotan no sólo un espíritu de observación singularmente preciso, sino, sobre todo, «un verdadero sentimiento del arte» (Verneau, 1931a: 31-32). Este marcado carácter perfectible se hacía posible porque se vinculaba a la raza Cro-Magnon con el tronco racial blanco sin ningún tipo de duda. De hecho, el trabajo que Verneau estaba realizando con la población canaria «en vivo» sirvió para justificar esa aserción. En palabras de Armand de Quatrefages:

«Aquí una vez más la historia de las poblaciones actuales justifica esta conclusión que se deriva del examen craneológico. Las observaciones de M. Hamy, los estudios en profundidad de M. Verneau, han puesto fuera de toda duda la identidad étnica de los trogloditas de la Vézère y los Guanches. Basta, para convencernos, comparar la cabeza ósea del anciano de Cro-Magnon (...) y la de los indígenas de Gran Canaria (...). Sin embargo, de los detalles que se remontan a la época de la Conquista así como aquellos recogidos por M. Verneau, resulta claramente que estos últimos eran verdaderos Blancos (Quatrefages, 1887b: 304)». (Fig 2.)

Fig. 21. — Homme et femme de Cro-Magnon, d'après la reconstitution qui en a été faite pour l'Exposition universelle de 1889.

Fig. 2. Grabado que recoge parcialmente la reconstrucción escultórica que se realizó en la Exposición Universal de 1889 (París) representando a los hombres de Cro-Magnon. Verneau suscribía la imagen idealizada que su maestro, Armand de Quatrefages, tenía de ellos citándole expresamente. Según Quatrefages esa raza «magnífica» poseía una «verdadera belleza». Tenía una «alta estatura, músculos potentes, una constitución atlética»: Verneau, René(1890b), L'enfance De l'humanité. I - L'âge De Pierre, París, Hachette et Cie, p. 129.

CONFLICTOS. EL DEBATE SOBRE LA PLURALIDAD RACIAL DEL ARCHIPIÉLAGO Y EL EXPOLIO COLONIAL DEL PATRIMONIO CANARIO

Sin embargo, el retrato que Verneau hizo de la población anterior a la Conquista introducía un elemento que impulsó un acalorado debate. En concreto, el de si existía, o no, una *unidad racial* de los prehispánicos que abarcara al conjunto del Archipiélago. De hecho, Verneau fue quién más desarrolló el argumento de la pluralidad de razas existentes en las Islas Canarias antes de la Conquista castellana. Lo hizo saber desde 1878, poco después de comenzar sus exploraciones en las Islas. Para él, los guanches, aquellos a los que se vinculaba con la presunta raza fósil europea, predominaban fundamentalmente en Tenerife, siendo muy notable el elemento «semítico» en Gran Canaria (Verneau, 1878. pp. 430-432). El francés, en los años posteriores, buscó la polémica abiertamente. Responsabilizó de la confusión en el estudio de la antropología de las Islas Canarias a los «autores modernos», aquellos que habían aplicado indistintamente el nombre de «guanches» a los habitantes de todas las islas del Archipiélago (Verneau, 1887b: 576). O dicho de otra manera, el joven Verneau, haciendo gala de sus relucientes conocimientos antropométricos, reducía a bibliófilos de las crónicas de la Conquista, a nombres como Sabin Berthelot (Verneau, 1881) o Gregorio Chil y Naranjo.

El foco, en realidad, se puso sobre todo en Chil y Naranjo. No se limitó a expresar su discrepancia sobre la afirmación del canario de que «el elemento rubio» dominaba en las Islas antes de la llegada de los castellanos, sino que también ridiculizó sus ideas sobre la «bella prestancia y fisionomía agradable» de los antiguos guanches, aduciendo que no había encontrado en su obra, se refería a los *Estudios históricos*[4], una «sola medida» en la que apoyar dichas afirmaciones. Y cuando entraba en el análisis de los cráneos, la conclusión era demoledora: «No discutiremos las aserciones, a nuestra vista erróneas, que se encuentran en cada página de su libro» (Verneau, 1887, pp. 579, 584 y 588-589). En todo caso, e independientemente del poco aprecio intelectual que Verneau mostraba respecto a Gregorio Chil y Naranjo, el rechazo visceral de Chil a la pluralidad de las razas trascendía las cuestiones personales. La pluralidad racial arruinaba su idea de un elemento étnico único que vertebrara el pasado profundo de las Islas del Archipiélago, y muy probablemente su presente y su futuro. Era el verdadero eje sobre el que apoyaba su visión de la identidad canaria. Y la colisión no se circunscribió a Verneau o al Museo de Historia Natural de París. Es el propio gran mentor de Chil, Paul Broca, el que fue objeto del ataque de Chil:

«La teoría de creer en la diversidad de razas en estas islas, por tales o cuales diferencias en su organismo, ha dado lugar a juicios encontrados entre los antropologistas, y, tal vez a entorpecer la solución del verdadero origen de sus primitivos habitantes. Por mi parte, y salvo la opinión de autorizados sabios, yo no he encontrado esas diferencias que determinan las distintas razas, y aún encuentro violenta la conclusión del profesor Broca, que parece prescindir de ciertos caracteres que fijan la unidad,

[4] Se refiere a: Chil y Naranjo, Gregorio (1876), *Estudios históricos, climatológicos y patológicos de las Islas Canarias*, Las Palmas de Gran Canaria: Isidro Miranda, Impresor-Editor.

para buscar otros que de algún modo indiquen la variedad. No parece que se procura investigar la verdad por medio del examen y del estudio; sino que se buscan pruebas con que de algún modo legalizar una idea preconcebida (Chil y Naranjo, 1880: 279)».

Pero los requerimientos de la antropología positivista exigían una fuerte evidencia material a la hora de acreditar una teoría. Verneau se convirtió en un voraz coleccionista en nombre del Museo de Historia Natural de París. Ernest Hamy, en una elogiosa reseña de 1889 del informe que Verneau había elaborado dos años antes de sus actividades en Canarias, hablaba de la colección antropológica que él había podido reunir en los cinco años que estuvo en el Archipiélago. Mencionaba, ni más ni menos, 9 esqueletos, 395 cráneos, 72 caderas, llegando Verneau a medir cerca de 3000 huesos largos. A lo que hay que añadir numerosos objetos de etnografía que le habrían permitido contrastar los resultados obtenidos a través de la antropología anatómica (Hamy, 1889: 156-157). Hay que tener en cuenta que antes de los años 1880, las instituciones parisinas tenían colecciones muy incompletas de cráneos de prehispánicos canarios.

Pero esta voraz labor extractiva tuvo un precio: la colisión con una institución, el Museo Canario, que tenía desde el principio, como una de sus misiones fundacionales, la preservación del patrimonio de las Islas. Desde el punto de vista del Museo, Verneau representaba oportunidades, pero también amenazas. El que un discípulo directo de una celebridad científica como Quatrafages se relacionara con el Museo Canario, obviamente redundaba en el prestigio internacional de la institución. Pero no era menos obvio que Verneau estaba expoliando las Islas Canarias en beneficio propio y del Museo de Historia Natural de París (Betancor, 2017: 141-142). A pesar de contar con fuertes apoyos dentro del propio Museo, fundamentalmente Diego Ripoche (Ortiz, 2019), quien ya estaba enviando objetos al Museo de Historia Natural de París desde los años 1880 (Hamy, 1889: 157), el conflicto acabó por estallar. El asunto no se reducía a la explotación colonial del patrimonio del Archipiélago. La competencia por los restos humanos también se establecía entre las instituciones parisinas. Verneau participó activamente en un pleito sobre la propiedad de un esqueleto de prehispánico canario que Gregorio Chil y Naranjo habría regalado a Paul Broca[5]. Los intereses del Museo de Historia Natural y el Laboratorio de Broca no eran necesariamente coincidentes.

De manera muy significativa, las tensiones no se limitaron a los objetos o a los restos humanos. También tuvieron una especial virulencia los conflictos con respecto a los dispositivos de representación. Ello se manifestó claramente cuando el Conservador del Museo, Víctor Grau-Bassas, acusó a Verneau del robo de sus dibujos (Betancor, 2018: 2024-205). En esto, Verneau era, a la vez, trabajador y voraz. Según Hamy, Verneau, habría dibujado o «moldeado» piezas originales pertenecientes a establecimientos como los Museos de Santa Cruz de Tenerife y el Museo Canario. El número de los dibujos era apabullante: habla de cerca de mil. El dibujo tenía un valor documental valiosísimo, era una forma de obtener, en palabras del propio Hamy, «las informaciones más abundantes y más exactas (Hamy, 1889:157)». Pero no sólo se

[5] *Carta de Paul Topinard a Gregorio Chil y Naranjo*, 21 de diciembre de 1881, Fondo Gregorio Chil y Naranjo, Archivo del Museo Canario (Las Palmas de Gran Canaria), AMC/GCh-0397.

trataba de documentar. Sino de evidenciar y exhibir. Verneau, con el tiempo, acompañó sus trabajos de divulgación, de un enorme aparato gráfico en el que la jerarquía racial tenía un papel eminente. Y ahí entraba de manera muy singular la fotografía, incluso cuando no se tenían los medios de reproducirlas en los volúmenes de manera directa. Quatrefages, cuando habla de las ilustraciones que acompañaban al libro de Verneau, *Les races humaines* de 1890, elogiaba que las litografías dedicadas a tipos raciales tomaran como base la fotografía. Lo que se pretendía desde una perspectiva de «objetividad mecánica» era evitar a toda costa que el científico imponga sus propias proyecciones a la naturaleza, poner freno a la subjetividad y a las «tentaciones estéticas» (Daston y Galison, 2007: 131 y 150):

«Casi todos los tipos de raza se copiaron de fotografías, que pertenecen a la colección del Museo de Historia Natural. Tenemos así la seguridad de tener ante nuestros ojos una reproducción exacta de estas poblaciones lejanas, y ya no retratos más o menos alterados, incluso por los dibujantes más concienzudos, que, acostumbrados a reproducir los rasgos de los europeos, se dejan llevar involuntariamente por sus recuerdos (Quatrefages, 1890: XII)» (Fig 3.)

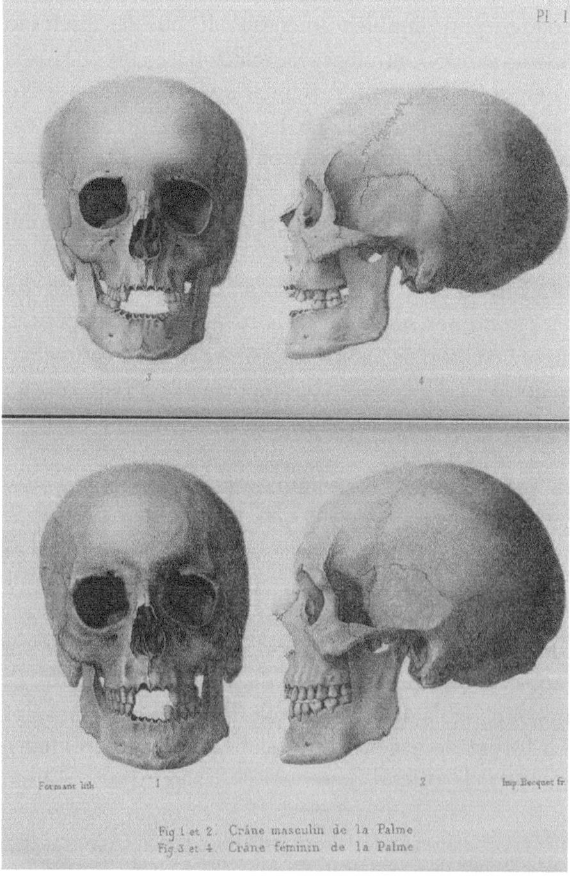

Fig.3. René Verneau afirmaba, cosa muy discutida, la «pluralidad racial» del Archipiélago Canario incluso antes de la Conquista, hablando expresamente de la presencia de un elemento «semítico» en varias Islas del Archipiélago. Las planchas tenían, intencionadamente, una calidad «fotográfica», es decir, pretendidamente «objetiva». En este caso, en la figura 1 y 2, aparece un cráneo masculino de frente y de perfil, procedente de San Juan Belmaco (La Palma) y perteneciente a la Colección Verneau. Según él, esta pieza se alejaba del tipo guanche y se acercaba singularmente al tipo árabe. La figura 3 y 4, también de San Juan Belmaco y de la misma colección, es un cráneo femenino. Para Verneau "la cara es enteramente semítica"; VERNEAU, René (1887) «Rapport sur une mission scientifique dans l'Archipel Cannarien». Archives des missions scientifiques et litteraires, Serie 3, Tomo XIII, 569-817, pp. 816-817.

A la hora de evidenciar la tesis de la pluralidad de las razas existentes en el Archipiélago, Verneau acompañaba sus textos con una sólida evidencia gráfica: cráneos de guanches auténticos, mestizos, y semitas más o menos puros, apoyaban de manera decisiva su tesis principal sobre la pluralidad de las razas en el Archipiélago. Sin embargo, Verneau estuvo muy lejos de limitarse a reproducir imágenes de cráneos o huesos largos. Estuvo muy interesado en los grabados y la fotografía «tipológica», donde la dimensión artística ocupaba un papel que desbordaba la supuesta asepsia positivista. En el caso del Archipiélago Canario, hizo un uso muy liberal de los dibujos «etnológicos» de Víctor Grau-Bassas, auxiliado por conocidos ilustradores como Paul Mewart (Castillo, 2022: 14-15). De esta manera, Verneau contribuyó a un proceso en marcha: la definición visual del «tipo canario» (Ascanio, 2008) (Fig.4).

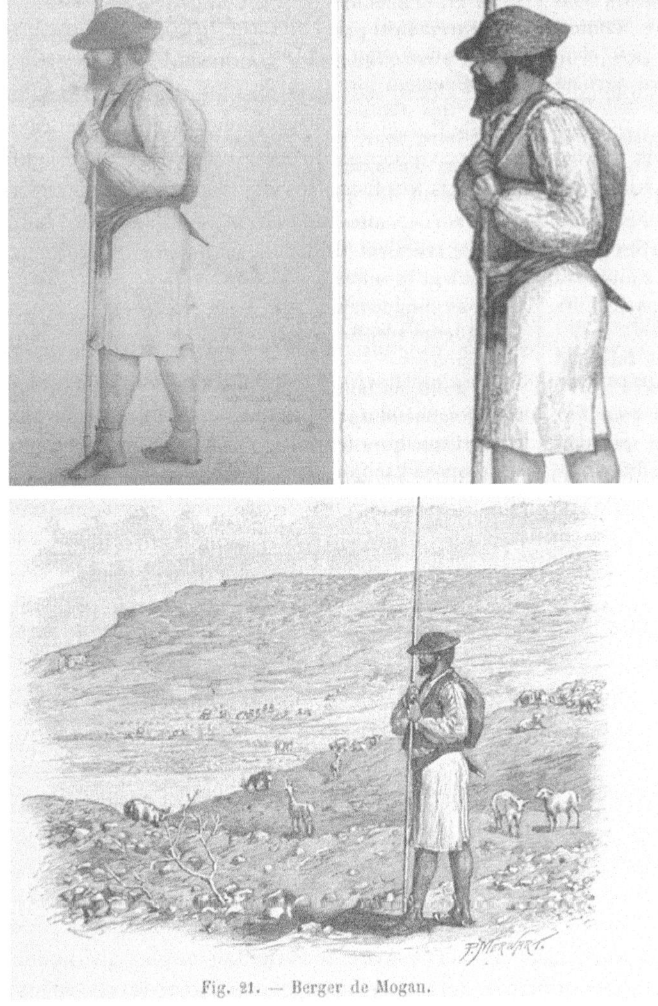

Figura 4. Dibujo y sendos grabados de un pastor de Mogán (Gran Canaria). El primer dibujo, esquina superior izquierda, fue llevado a cabo en 1886. Procede de una carpeta de dibujos realizado en partes remotas de Gran Canaria por el Conservador del Museo Canario, Víctor Grau–Bassas (Víctor Grau-Bassas, Carpeta de dibujos. Libro 1, p, 53. Archivo del Museo Canario (Las Palmas de Gran Canaria, AMC, Fondo Víctor Grau-Bassas). El segundo, en la parte derecha, es un grabado prácticamente idéntico aparecido, sin citar la fuente, en un libro de René Verneau (Verneau, René (1890a), Les races humaines, París, Librairie J-B Baillière et Fils, p 489). Y el tercer grabado, en la parte inferior de la ilustración, fue publicado también en un libro de René Verneau, pero con modificaciones artísticas introducidas por el conocido ilustrador Paul Mewart (Verneau, René, (1891), Cinq années de séjour aux Iles Canaries, Paris, A. Hennuyer, 1891, p. 215).

CONCLUSIÓN

Toda la detallada cartografía racial del pasado profundo de las Islas Canarias del que hablamos en este capítulo de libro, no implicaba que Verneau viera al Archipiélago fuera de las coordenadas de la civilización europea del siglo XIX. A pesar de la persistencia entre los habitantes del Archipiélago, de individuos que recordaban por su contextura física a los antiguos cazadores de renos de Cro-Magnon, esta impronta racial se circunscribía exclusivamente a lo físico. Según Verneau, la Conquista no supuso un exterminio físico total, pero sí la desaparición de la «nación» en el sentido cultural. En sus propias palabras:

«Cuando los europeos iniciaron la conquista de las Islas Canarias, los guanches lucharon enérgicamente para salvar la independencia de su patria. Obligados a someterse tras una gloriosa resistencia que duró más de medio siglo, los desafortunados isleños no se aliaron voluntariamente con sus conquistadores. Encontraron asilo en las escarpadas montañas que se elevan a cada paso en el archipiélago, abandonando a los recién llegados la parte norte de cada isla. Poco a poco tuvieron que aceptar las leyes, costumbres, lengua y religión de los conquistadores; se puede decir que los guanches habían desaparecido, pero esto no es absolutamente cierto. Como nación, los guanches ya no existen, pero en el archipiélago canario sigue habiendo un buen número de sus descendientes. Sólo en Tenerife, he encontrado pueblos casi enteros habitados por individuos cuyas características físicas los vinculan completamente a la antigua población. Se creen hidalgos puros ¿No son ciudadanos españoles? ¿No hablan la lengua castellana? ¿No son fervientes católicos? No les digas que corre sangre guanche por sus venas; les dejarías incrédulos. Los guanches actuales están, por tanto, totalmente españolizados y sólo interesan al antropólogo por sus características físicas (Verneau, 1890a: 489)»

Verneau está describiendo no sólo los efectos de un sangriento hecho de armas, sino un proceso de total aculturación ¿Estaba dejando atrás la biología y dando una preeminencia a los factores culturales? No creemos, sin embargo, que lo biológico desapareciera de la mente de Verneau. El antropólogo francés pensaba en términos de una población muy mezclada en la que los cimientos raciales estaban asentados sobre la antigua raza Cro-Magnon. Pero todos esos elementos étnicos, salvo minúsculas excepciones, estaban sólidamente asentados sobre el tronco racial blanco incluso antes de la Conquista. Y aquí entra en juego el lamarckismo disimétrico: la población canaria estaba formada sobre un sustrato racial esencialmente blanco, es decir, perfectible, capaz de asimilar las innovaciones que trae el progreso. Según él, ciudades como Las Palmas, enteramente «europeas», eran una prueba irrefutable de ello (Verneau, 1891: 200-201).

La segunda variable es todavía más interesante, la antigua raza Cro-Magnon, también es susceptible de ese «progreso» desde estadios rudimentarios. Como dice de manera muy contundente en un libro de divulgación: «esta interesante raza no merece ser calificada como primitiva: los progresos que ella ha llevado a cabo permiten prever la aparición de nuevos progresos que producirán cambios profundos en la existencia de la Humanidad (Verneau, 1931a: 32)». No cabe duda, en todo caso, de que Verneau sostenía una perspectiva en la que la raza ocupaba un lugar central que trascendía el dominio de lo físico. En un libro publicado en 1908 sobre las diferencias raciales en las mujeres, habla de una «distancia racial» aparentemente tan amplia, que puede hacer dudar de los dos grandes principios del monogenismo, la unidad de la especie humana y su origen común:

«En ocasiones las diferencias son tales que uno se llega a preguntar si mujeres tan alejadas una de las otras, como la Europea y la Australiana, por ejemplo, pueden haber tenido un origen común. Pero se llega a la constatación de que los extremos están ligados por una multitud de tipos intermedios. Cualquiera que sea el carácter que se busque, es fácil de seguir su evolución desde las razas más inferiores hasta las razas superiores (...) La Australiana, la Bosquimana, la Negrita, la Negrilla son tipos arcaicos que condiciones especiales han impedido evolucionar, mientras que la mujer blanca representa hoy en día el estadio más avanzado (Perrier y Verneau, 1908: 511)».

También las «supervivencias» del pasado ancestral, es decir, racial, tenían un peso que iba bastante más allá de lo físico. Al referirse a la población actual de México hacía un comentario que no deja lugar a dudas. Según él, «en el fondo, el Mexicano moderno ofrece los rasgos morales de sus ancestros; no hace falta arañar mucho para encontrar al Piel Roja (Verneau, 1890a: 746)». La plasticidad humana, en personajes como Verneau tiene limitaciones sobre todo en lo que él veía como «razas inferiores». El monogenismo lamarckiano de Verneau tenía poco de benevolente. Éste es el Verneau que había rechazado las críticas de Franz Boas respecto al uso y abuso del ángulo cefálico (Staum, 2011: 62). El que estaba clasificando cráneos en el Museo Canario en los años 1920s y 1930s, décadas después de que se hubiera desencadenado la crisis de la antropometría (Blanckaert, 2001). El mismo que en 1931 publicó un extenso libro de divulgación en la editorial Larousse sobre las razas humanas, haciendo uso de un formidable aparato visual encaminado a educar el ojo en términos de jerarquía racial (Verneau, 1931a). El acreditado paleontólogo humano que representaba a los indígenas australianos como una suerte de supervivencia de la «raza Neandertal» (Verneu, 1931b: 113). Las preguntas que nos podemos hacer, a partir de ahora, no se refieren exclusivamente a Verneau. Tienen que ver con el posible impacto de una visión profundamente racializada de la diversidad humana que se interna plenamente en el siglo XX, no sólo en los medios académicos, sino, sobre todo, más allá de ellos. (Fig. 5)

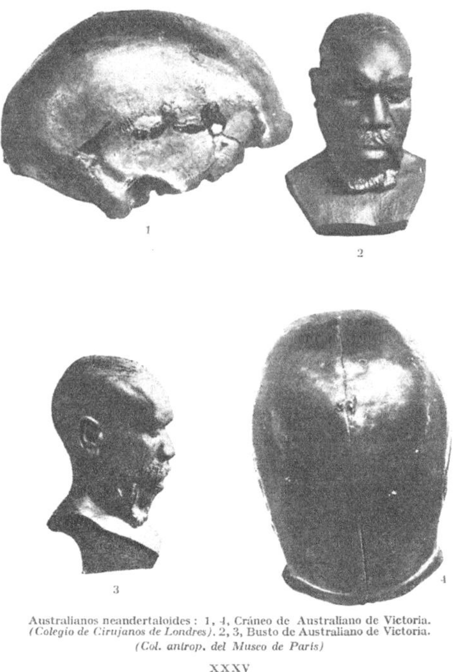

Fig. 5. René Verneau veía a los indígenas australianos como pervivencia de la «raza Neanderthal». Y lo hacía ver «gráficamente» haciendo uso de fotos de las colecciones británicas y francesas de moldes y cráneos: Verneau, René (1931b), Los orígenes de la humanidad, Barcelona, Labor, p. XXXV de la sección de ilustraciones.

BIBLIOGRAFÍA

Ascanio Sánchez, Cármen (2008), «La representación visual y la construcción de estereotipos culturales. El ejemplo de La Atalaya de Santa Brígida (Gran Canaria)», *XVII Coloquio de Historia Canario-Americana. V Centenario de la muerte de Cristóbal Colón*, pp. 1928-1947.

De Las Barras Aragón, Franciso (1926), «Notas de una breve excursión a las Islas Canarias», *Actas y Memorias. Sociedad Española de Antropología, Etnografía y Prehistoria*, Año 5, Vol.5, pp. 211-239.

Betancor Gómez, María José (2017), «Una biografía científica atravesando tres ciudades: Víctor Grau-Bassas en Barcelona, Las Palmas y La Plata», en Álvaro Girón; Oliver Hochadel; Gustavo Vallejo (eds.), *Saberes trasatlánticos: Barcelona y Buenos Aires: conexiones, confluencias, comparaciones (1850-1940)*, Madrid, Doce Calles, pp. 133-157.

–(2018), «Discutibles periferias: Víctor Grau-Bassas (1847-1918) y la infraestructura transnacional. Darwinismo entre Las Palmas y La Plata», en Gustavo Vallejo; Marisa Miranda; Rosaura Ruíz Gutiérrez; Miguel Ángel Puig-Samper (eds.), *Darwin y el darwinismo desde el sur del sur*, Madrid, Doce Calles, pp. 195-210.

Blanckaert, Claude (2001), «La crise de l'Anthropométrie: Des arts anthropotechniques aux dérives militantes (1860-1920)», en Claude Blanckaert (dir.), *Les politiques de l'Anthropologie. Discours et pratiques en France (1860-1940)*, París, L'Harmmatan, pp. 95-172.

–(2009), *De la race à l'évolution. Paul Broca et l'anthropologie française (1850-1900)*, Paris, L'Harmattan.

–(2022), «« Un autre monde ethnique » : L'homme de Cro-Magnon, l'idée de progrès et les dialectiques de la modernité en préhistoire», *Revue d'histoire des sciences*, Vol. 75, nº1, pp. 71-104.

Castillo, Francisco Javier (2022), «Notas de literatura de viaje e imagen insular. Las ilustraciones de E. H. Fitchew y Paul Merwart», *Anuario de Estudios Atlánticos*, nº 68, pp. 1-22.

Chil y Naranjo, Gregorio (1876), *Estudios históricos, climatológicos y patológicos de las Islas Canarias*, Las Palmas de Gran Canaria, Isidro Miranda, Impresor-Editor.

–(1880), *Estudios Históricos, Climatológicos y Patológicos de las Islas Canarias. Primera parte. Historia*, Tomo Segundo, Las Palmas de Gran Canaria, Imprenta de La Atlántida.

Conklin, Alice. L. (2013), *In the Museum of Man. Race, Anthropology, and Empire in France*, Ithaca, Cornell University Press.

Daston, Lorraine; Galison, Peter (2007), *Objectivity*, Nueva York, Zone Books.

Estévez, Fernando (2001), «Determinar la raza, imaginar la nación: el paradigma raciológico en la obra de Chil y Naranjo», *El Museo Canario*, nº 56, pp. 329-348.

Farrujia de la Rosa, José (2014), *An Archeology of the Margins. Colonialism, Amazighty and Heritage Management in the Canary Islands*, Nueva York, Springer.

Gil Hernández, Roberto (2020), «El Siglo de la Raza. Hacia una genealogía descolonial del pensamiento antropológico canario del siglo xix», *ACL. Revista de la Academia Canaria de la Lengua*, nº 1, pp. 1-8.

Girón, Álvaro; Betancor, María José (2023), «The Canary Museum: from transnational trade of human remains to the visual representations of race (1879-1900)», *Culture&History Digital History*, 12(1).

GRASSET, Arthur Jean-Philibert (2021), *Apuntes de viajes. Excursiones en las costas de Marruecos y las islas Canarias, durante los años 1877, 1878, 1879 y 1881*, San Cristobal de La Laguna, Instituto de Estudios Canarios.

HAMY, Ernest (1889), «*Comptes rendus et analyses. Livres et Brochures. Verneau. Rapport sur une mission scientifique dans l'archipel canarien*», *Revue d'ethnographie*, Vol.7, pp. 156-162.

LEPRUN, Sylviane (1989), «Paysages de la France exterieure: la mise en scène des colonies a l'Exposition du centenaire», *Le Mouvement social: bulletin trimestriel de l'Institut français d'histoire sociale*, nº 149, pp. 99-128.

LIVINGSTONE, David N. (2008), *Adam's Ancestors. Race, religión & the Politics of Human Origins*, Baltimore, The John Hopkins University Press.

MALBOT, Henri y VERNEAU, René (1897), «Les Chaouïas et la trépanation du crâne dans l'Aurès», *L'Anthropologie*, Tomo VIII, pp. 1-18 & 174-204.

MCMAHON, Richard (2016), *The Races of Europe. Construction of National Identities and the Social Sciences*, Londres, Palgrave-Macmillan.

–(2019), «Transnational Networks, Transnational Narratives. Scientific Race Classifications and National Identities, en Richard McMahon (ed.), *National Races. Transnational Power Struggles in the Sciences and Politics of Human Diversity*, Lincoln, University of Nebraska Press, pp. 31-68.

ORTIZ, Carmen. (2006), «Guanchismo y nacionalismo en las sociedades científicas canarias de fines del siglo XIX», *Revista de estudios generales de la Isla de La Palma*, 2, pp. 379-394.

–(2019), «Localismo e internacionalismo: Diego Ripoche y Torrens, y el patrimonio canario», en Marcos Sarmiento; Rosaura Ruíz Gutiérrez; Mari Carmen Naranjo; María José Betancor; José Alfredo Uribe (eds.), *Reflexiones sobre darwinismo desde las Islas Canarias*, Madrid, Ediciones Doce Calles, pp. 99-127.

PERRIER, Edmond; VERNEAU, René (1908), *La femme dans la nature, dans les moeurs, dans la légende, dans la société : tableau de son évolution physique et psychique / ouvrage publié... sous la direction de M. Edmond Perrier,... ; avec la collaboration de M. le Dr. Verneau*, París, Bong et Cie.

QUATREFAGES, Jean Louis Armand (1887a), «Rapport sur une mission scientifique dans l'Archipel Cannarien», *Archives des missions scientifiques et litteraires*, Serie 3, Tomo XIII, pp. 569-817.

–(1887b), *Histoire générale des races humaines. Introduction à l'étude des races humaines*, París, A. Hennuyer.

–(1890) «Prèface» en Verneau, René (1890a), *Les races humaines*, París, Librairie J-B Baillière et Fils, pp. I-XII.

QUATREFAGES, Jean Louis Armand; HAMY, Ernest (1874), «La race de Cro-Magnon dans l'espace et dans le temps», *Bulletins et Mémoires de la Société d'Anthropologie de Paris*, Sesión del 2 de abril de 1874, pp. 260-266.

STAUM, Martin S. (2011), *Nature and Nurture in French Social Sciences, 1859-1914 and Beyond*, Montreal, Mc Gill, Queen's University Press.

VALLOIS, Henri Victor (1938), «René Verneau», *L'Antrhopologie*, Vol. 39, pp. 380-387.

VERNEAU, René Verneau, R. (1878), «De la pluralité des races anciennes de l'archipel canarien», *Bulletins et Mémoires de la Société d'Anthropologie de Paris*, Serie 3, Tomo I, pp. 429-436.

–(1881), «Rapport sur l'ouvrage de Sabin Berthelot intitulé «Antiquités Canariennes», *Bulletins de la Société d'anthropologie de Paris*, Serie 3, Tomo IV, pp- 320-329.
–(1886), «La race de Cro-Magnon. Ses migrations, ses descendants», *Revue d'anthropologie*, Serie 3, Tomo I, pp. 10-24.
–(1887a), «La taille des anciens habitants des Iles. Canaries», *Revue d'Anthropologie*, Serie 3, Tomo 2, pp. 541- 657.
–(1887b), «Rapport sur une mission scientifique dans l'Archipel Cannarien», *Archives des missions scientifiques et litteraires*, Serie 3, Tomo XIII, pp. 569-817.
–(1890a), *Les races humaines*, París, Librairie J-B Baillière et Fils.
–(1890b), *L'enfance De l'humanité. I - L'âge De Pierre*, París, Hachette et Cie.
–(1891), *Cinq années de séjour aux Iles Canaries*, Paris, A. Hennuyer.
–(1931a), *L'homme. Races et coutumes. Histoire naturelle illustrée*, Paris, Larousse.
–(1931b), *Los Orígenes de la Humanidad*, Barcelona-Buenos Aires, Labor.
–(2003), *Cinco años de estancia en las Islas Canarias*, La Orotava (Tenerife), Editorial Benchomo.

TRES DESTACADOS EVOLUCIONISTAS ALEMANES EN TENERIFE (1901-1912)

Marcos Sarmiento Pérez y Claudio Moreno-Medina
Universidad de Las Palmas de Gran Canaria
marcos.sarmiento@ulpgc.es; claudio.moreno@ulpgc.es

INTRODUCCIÓN

Como es bien sabido, las Islas Canarias, en general, y Tenerife, en particular, tuvieron un papel relevante en el desarrollo de la historia de la ciencia en el siglo XIX, particularmente en la botánica, la geología y la zoología. En lo que al ámbito germanoparlante se refiere, la breve estancia de Humboldt en Tenerife en junio de 1799 de camino hacia América supuso un punto de inflexión: una miríada de naturalistas vino luego a investigar en las islas, o a pasar algún tiempo en ellas por razones de descanso o de salud, tras haber leído *Viaje a las regiones equinocciales del Nuevo Continente* –originalmente en la versión francesa (Humboldt, 1814)–, cuyos capítulos I y II del Libro Primero recogen las vivencias del sabio prusiano en Canarias. El hermoso relato sobre su subida al Teide motivó especialmente primero a Darwin (Wulf, 2016: 277-278) y luego también a Haeckel (Haeckel, 1870: 2-3; Haeckel, C. G., 1859).

Unos sesenta años después, la narración del propio Haeckel sobre su épico ascenso al pico de Tenerife en noviembre de 1866 tuvo muy pronto considerable resonancia en Alemania (Haeckel, C. G., 1866), pues no sólo se editó dos veces (Haeckel, 1870, 1923), sino que el darwinista alemán lo difundió en varias conferencias al respecto (Haeckel, 1868; Haeckel, K., 1869). Su marcado efecto propagandístico reimpulsó el interés de numerosos naturalistas para venir a Tenerife, entre ellos también algunos de evidente convicción darwinista. Al interés por visitar la isla se unía, además, el hecho de que ya a finales del siglo XIX ofrecía numerosos atractivos añadidos a la investigación de la naturaleza: posibilidad de estudiar la prehistoria e historia del archipiélago –en gran medida en el contexto del evolucionismo–, el Teide se había consolidado como imán turístico, la benigna climatología canaria contrarrestaba la severidad de los inviernos europeos y el alojamiento y el transporte, este último tanto desde fuera como dentro de la isla, habían mejorado significativamente.

En aquel contexto, motivado sin duda por el propio Haeckel y por su relato de la subida al Teide, en los meses de marzo-abril de 1894 estuvo en Tenerife el geógrafo, especialista en política colonial y editor alemán Hans Meyer (1858-1929), que tres años antes se había casado con una hija de Haeckel, Elisabeth Charlotte Emma (Haeckel, 1891; Schmitthenner, 1930: 136). En La Orotava se encontró Meyer con el suizo Hermann Wildpret, hasta hacía poco jardinero mayor del Jardín botánico de aquella localidad y años atrás acompañante del sabio de Jena en su excursión al pico. La obra que Meyer publicó a raíz de aquella estancia, *La isla de Tenerife* (*Die Insel Tenerife*, 1896), concebida como guía de fácil manejo y compendio de la naturaleza tinerfeña para lectores con formación en ciencias naturales (Meyer, 1896: III), se convirtió de inmediato en texto de referencia para germanoparlantes que visitaban la isla. Por otro lado, el encuentro de Meyer con Wildtpret reavivó el contacto de este con Haeckel mediante intercambio epistolar entre 1901-1908 (cf. Sarmiento Pérez, 2024), y a partir de entonces, el propio Haeckel recomendaba a sus allegados viajar a Tenerife, especialmente si perseguían descansar o reponer la salud, incluyendo entre sus recomendaciones la lectura de la obra de Meyer (cf. Haeckel, 1912 a, b, c, d, e; Semon, 1912).

A la vista de lo expuesto, y atendiendo al lugar de celebración del *X Coloquio Internacional sobre Darwinismo en Europa, América Latina y el Caribe*, centramos aquí la atención en tres destacados darwinistas alemanes que estuvieron en las Canarias –mayormente en Tenerife– en los primeros años del siglo XX: el geobotánico y editor Adolf Engler, el zoólogo, librepensador e historiador del darwinismo Walther May y el físicoquímico, filósofo natural y monista Wilhelm Ostwald. De ellos bosquejamos fundamentalmente su relación con el darwinismo y su estancia en Canarias, que, directa o indirectamente, estuvo influenciada por Haeckel y la obra de Meyer.

ADOLF ENGLER (1844-1930)

Después de Haeckel, el darwinista alemán de mayor envergadura de cuantos visitaron Tenerife fue Adolf Engler, cuyo logro más destacado en el ámbito que nos ocupa fue probablemente la consolidación de la recepción del darwinismo entre los botánicos alemanes. Este logro lo alcanzó fundamentalmente ya con su obra más característica (*Versuch einer Entwicklungsgeschichte der Pflanzenwelt,...*, 1879), que supuso la consumación de la geobotánica con el espíritu evolucionista de la biología moderna (Diels, 1931: XII). Recordemos que, a diferencia de los zoólogos, que sí la aceptaron pronto, en la primera fase de la recepción del darwinismo en la botánica alemana, exceptuando a Schleiden, solo se manifestaron realmente los opositores. En este sentido, pese a que la relevancia del principio de la evolución y de la selección había quedado planteada también para esta disciplina desde 1860 en *Flora Tasmaniae* de Hooker (Junker, 2011), aún en 1866 se quejaba Haeckel en su *Morfología General* de la actitud fría, cuando no negativa, de la gran mayoría de los botánicos germanos hacia la teoría de la selección darwiniana.

Y llevaba razón el aún joven darwinista alemán, pues no fue hasta después de la publicación de *Entstehung und Begriff der Naturhistorischen Art* de Carl von Nägeli en 1865 –en la que se defendía expresamente la evolución de las especies y la teoría de la selección, aunque todavía confrontándola con un mecanismo alternativo–, cuando los botánicos germanos iniciaron el debate sobre la teoría de Darwin. Nägeli había estudiado medicina y biología en Zúrich con Oken y Heer, botánica en Ginebra con De Candolle y trabajado con Schleiden en Jena. Fue luego, ya como profesor de botánica en la Universidad de Múnich y director del Jardín botánico de aquella ciudad desde 1857, cuando recondujo a Engler hacia el darwinismo. En efecto, tras su llegada desde Breslau a la Universidad de la capital bávara en 1871 como conservador de las colecciones botánicas, este botánico sistemático cambió gradualmente su inicial visión de un origen politópico de las especies –es decir, que se presentan en dos o más áreas separadas poco distintas bajo la influencia de las condiciones externas– hacia la perspectiva darwiniana (Engler, 1872: 30; Diels, 1931: I). No obstante, entre la publicación de Nägeli y los dos primeros trabajos de Engler (1872 y 1874) ya con una actitud favorable al darwinismo, la revolucionaria teoría se vio reconocida en Alemania con las importantes publicaciones de J. Sachs (1868) y W. Hofmeister (1868), que, como certeramente destaca Junker (2011), a finales de aquella década dejaron prácticamente resuelta la recepción de la teoría de la evolución en la botánica.

Engler pasó en las Canarias seis semanas entre mediados de marzo y finales de abril de 1901. De su estancia solo dejó algunas informaciones sueltas, pero sí se hicieron eco de ella varios periódicos tinerfeños de aquel momento (Información, 1901; Auxilio, 1901, Crónica, 1901). Si no directamente a través de Haeckel, con quien trató de «guardar las distancias», como deja entrever su lacónica correspondencia (Engler, 1894, 1901, 1902, 1914), sí es muy probable que en su decisión de venir a Tenerife influyera la obra de Meyer, de la que toma informaciones para algunos de sus trabajos (cf. Engler, 1910: 837, 860). Para entonces tenía 55 años y gozaba de enorme prestigio: dirigía el Jardín y Museo Botánico de Berlín, ostentaba la cátedra de geobotánica en la Universidad Friedrich-Wilhelm de aquella ciudad y editaba la prestigiosa revista *Botanische Jahrbücher für Systematik, Pflanzengeschichte und Pflanzengeographie*, que había fundado en 1880 y que fue pionera en la inclusión de la fitogeografía entre sus especialidades (Diels, 1931). Dicho sea de paso, en ella publicaron muchos de los botánicos germanoparlantes que investigaron en el archipiélago canario a finales del siglo XIX y en los primeros años del XX (C. Bolle, H. Christ, J. Bornmüller, M. Rikli, O. Burchard, etc.).

Durante su estancia en el archipiélago, Engler hizo exhaustivos recorridos en Gran Canaria y, a partir del 25 marzo, en Tenerife, La Palma, La Gomera y El Hierro. No llegó a estar, sin embargo, en Lanzarote, Fuerteventura, La Graciosa y Lobos (conocidas en la Antigüedad como las Purpurarias). Su investigación sobre la flora canaria quedó recogida mayormente en el cap. 5, apdo. 67 del volumen dedicado a la vegetación de África (*Die Pflanzenwelt Afrikas, insbesondere seiner tropischen Gebiet*, 1910: 822-866). No obstante, ya en la obra de 1879, mencionada más arriba y que constituye un intento de vincular las actuales relaciones fitogeográficas a la historia de los cambios geológicos, Engler (1879: 71-83) tomó en consideración la flora de las Canarias en el contexto de la Macaronesia basándose aún en informaciones de otros autores, fundamentalmente de Webb & Berthelot (1840) y Hooker (1878). Posteriormente, al tratar la afinidad florística entre África tropical y América, tuvo ya en cuenta sus propias observaciones en el archipiélago –o informaciones de Webb & Berthelot (1840) y Bolle (1892), entre otros autores, para las islas que no visitó– cuando planteó la hipótesis de un continente brasileño-etíope hundido, o la existencia de grandes islas entre estos dos continentes si es que no había existido entre ellos una conexión continental completa (Engler, 1905: 228-229).

Cabe añadir que, para explicar la evolución filogenética y la distribución actual de las plantas, Engler partió fundamentalmente de los estudios paleobotánicos de Heer. De esta forma, por ejemplo, citó evidencias fósiles de parientes de plantas aún existentes de Japón que se daban en Sajalín suponiendo que el clima de Japón en el Mioceno habría sido similar al de la actualidad de Asia suroriental y que había permitido una vegetación análoga (Heer, 1878; cf. también Rehder, 1937, Boufford and Spongberg, 1983). Sin embargo, Engler no se limitó, como había hecho De Candolle, a los datos de la geología, sino que, otorgando un determinado papel a la interpretación filogenética de los fenómenos botánicos en el sentido de Hooker y Bentham, logró una fundamentación genética más profunda de la geobotánica, creando el primer sistema admitido como filogenético, que recogió en su obra *Syllabus der Planzenfamilien* (1892). No está de más recordar, por último, que Engler fue uno de los precursores en emplear el término Macaronesia referido a los archipiélagos de Canarias, Azores y Madeira (1879: 71-81).

WALTHER MAY (1868-1926)

El segundo de nuestros personajes, Walther May, tuvo una peculiar relación con el darwinismo. Ya a los 16 años se carteaba con Haeckel (Mayer, 1987: 483) y con apenas 17, en 1885, «predicaba el evangelio del monismo» en el patio del colegio y estimulaba entre sus compañeros la idea de una «asociación escolar monista» (May, 1914: 275). Su admiración por la filosofía haeckeliana provenía de su temprana lectura de la *Historia natural de la creación*. Sin embargo, su ideal monista se derrumbó cuando posteriormente leyó directamente a Darwin y, sobre todo, la otra popular obra de Haeckel *Los enigmas del universo*. Consecuentemente, a los 23 años se consideraba a sí mismo un disidente del monismo, rehusando, por ejemplo, firmar la fundación de la Liga Monista cuando los cofundadores se lo pidieron en 1904 por considerarla peligrosamente dogmatizante (May, 1914: 275, 281-282). Como es sabido, la Liga se fundaría dos años después, en 1906.

No menos singular fue, por otro lado, su relación personal con Haeckel, que se había iniciado cuando cursaba sus estudios superiores en Leipzig y, debido a su ideas socialistas y actividades «revolucionarias», fue expulsado de aquella universidad, condenado a pena de reclusión por algún tiempo e imposibilitado para acceder a otras universidades alemanas. Un tío de May, en cuya imprenta de Berlín hubo de trabajar como corrector, impulsado por el excepcional interés del joven por las ideas evolucionistas, escribió a Haeckel solicitándole ayuda. El sabio de Jena se desplazó personalmente a la capital prusiana y ofreció a May la posibilidad de retomar los estudios en la Universidad de Jena con una las becas de la fundación MENDE que el propio Haeckel gestionaba (Haeckel y Liebmann, 1892). Fue así, pues, cómo entre 1895-1898 estudió zoología, botánica y mineralogía, se doctoró y poco después ingresó como ayudante del zoólogo forestal Otto Nüsslin, conocido de Haeckel, en el Instituto Zoológico de la Escuela Técnica Superior de Karlsruhe, se habilitó en zoología e impartió clases sobre «la vida y obra de Darwin». Bajo la protección de Nüsslin, May encontró una acogida propicia y desde el gobierno se lo vio ahora con una perspectiva más liberal que en la vieja universidad.

Walther May estuvo en las Canarias de mediados de noviembre de 1907 hasta finales de marzo de 1908, en compañía de su hermana Clara, con una subvención de la Fundación Kettner y del gobierno. Aunque Haeckel (1906) le había recomendado La Orotava, May, influenciado también por los relatos del botánico y ornitólogo berlinés Carl Bolle, decidió pasar la mayor parte de su tiempo en La Gomera, con algunos días en La Palma y solo otros pocos al inicio y al final de la estancia en Tenerife, argumentando que el norte tinerfeño le resultaba excesivamente civilizado (May, 1908).

En La Gomera se estableció May en San Sebastián, donde conoció y mantuvo contacto con el médico gomero Manuel Macía Fuertes, que había estudiado en la Universidad de Barcelona y luego en Montpelier y París con el neurólogo francés Jean-Martin Cahrcot (Macía Armas, 2008: 45-46; Chesa Ponce, 2015: 99) y que –ironías de la vida– poseía un ejemplar de *Historia natural de la creación*. Imitando lo que Haeckel había hecho en 1866 en Lanzarote, alquiló una casa en la capital gomera y montó un pequeño laboratorio equipado con el pertinente instrumental, y, conforme a lo estudiado en Jena, centró sus investigaciones en zoología, botánica y mineralogía. Sobre aquella estancia y sus resultados impartió una vez de vuelta en Alemania varias conferencias (Mayer, 1987: 493) y publicó un extenso relato que incluye los listados de las muestras de sus tres disciplinas que colectó en la isla (May, 1912).

De forma general, la actividad científico-académica de May se mantuvo en torno a la botánica sistemática y la historiografía del darwinismo. En este segundo contexto, por ejemplo, visitó varias localidades inglesas en 1902 siguiendo las huellas de Darwin, sobre cuya teoría no solo impartió clases en Karlsruhe, sino numerosas conferencias en otras ciudades, incluso en el contexto de la Liga Monista. Algunas de aquellas pláticas versaron sobre Darwin y Lamarck, el 100 aniversario de Darwin, la relación Darwin-Haeckel, pero también sobre Goethe y Humboldt. Como difusor del darwinismo, también publicó trabajos historiográficos sobre Lamarck, Darwin, Haeckel y otros evolucionistas (Mayer, 1987). Sobre el darwinista alemán escribió incluso una biografía (May, 1909), que, como él mismo le explicaba (May, 1907), había surgido de sus conferencias impartidas en la Escuela Técnica Superior de Karlsruhe, sin pretender sobreenaltecer su persona, sino presentar histórica y objetivamente su obra y su influencia en las corrientes intelectuales de aquel momento histórico. En efecto, May, que se identificaba con la visión darwiniana, admiraba de Haeckel no su enfoque científico, sino la fuerza que había creado su obra y su entusiasmo por lo verdadero y hermoso. Haeckel, empero, «el hombre que le tendió la mano y lo salvó cuando estaba a punto de hundirse», nunca se lo tomó a mal y siempre lo respetó (May, 1914). De hecho, mantuvieron el contacto epistolar hasta la muerte del sabio de Jena en 1919.

WILHELM OSTWALD (1853-1932)

La vinculación del físicoquímico alemán Wilhelm Ostwald con el monismo haeckeliano –es decir, con aquella visión uniforme del mundo y acorde con las leyes de la naturaleza, basada exclusivamente en el reconocimiento de la mera ciencia– vino fundamentalmente a través de su ingreso en la Liga Monista en 1911. No obstante, aunque él mismo expone en su biografía que hasta entonces solo conocía realmente el nombre y la orientación general de la Liga (Ostwald, 1927: III, 25), en realidad llevaba algunos años en contacto con ella: antes de 1909 había impartido conferencias en algunos grupos monistas del este de Alemania, en la revista de la Liga (*Monismus*) se lo percibía como potencial librepensador, se recibía con sumo interés su filosofía natural y su teoría energética y se publicaban reseñas muy positivas de sus libros (Neef, 2009). En cuanto a su conocimiento sobre Haeckel, Ostwald sí tenía claro desde hacía tiempo que parte del extraordinario éxito de *Los enigmas del universo* residía en su considerable contenido de dogmatismo, no obstante, de carácter científico, no religioso.

En 1910, la Liga pasaba por momentos bajos y Haeckel pensó que la figura de un investigador reconocido la ayudaría a recuperar el prestigio. Había conocido a Ostwald en Leipzig poco después de que este obtuviera el premio Nobel de Química en 1909, y le expresó su deseo de que asumiera la dirección de la Liga. Dadas las circunstancias antes indicadas, la invitación cayó en terreno abonado, pues, además, en 1906 Ostwald había renunciado voluntaria y anticipadamente a la cátedra que había ostentado en la Universidad de Leipzig desde 1887 y centraba ahora su actividad mayormente en publicar, dictar conferencias o, si acaso, impartir clases a título particular. Aceptó el reto con la idea de procurar una concepción científica del mundo y, poco después, en el primer congreso internacional del Monismo en Hamburgo fue elegido para presidir la Liga. En sus palabras de salutación expuso que con el auge económico experimentado en Alemania desde 1871 se había generalizado también la conciencia de que el hombre ya no solo vivía de pan, sino que necesitaba alimentar al espíritu y al intelecto. Este «alimento» no podía encontrarlo ya en las viejas formas de la tradición eclesiástica sino en la ciencia (Ostwald, 1927, III: 25). Y precisamente aquí radicaba la tarea de la Liga Monista: hacer valer a la ciencia como fuente de toda concepción del mundo.

Entre sus primeras iniciativas como presidente, Ostwald asumió la edición de la revista de la Liga, y puso en marcha la publicación de sus populares «sermones dominicales monistas» (*Monistische Sonntagspredigten*) (Haeckel, 1913: 25; Neef, 2009: 40). Él mismo se comprometió a escribir semanalmente uno de aquellos artículos, de unas 8 páginas, para difundir internacional y regularmente las ideas de la Liga y lograr que el interés y la comprensión del movimiento monista llegase a los más amplios círculos educativos. Algunos meses después, en abril de 1912, reemplazando a *Monismus*, se inició la publicación de *Das monistische Jahrhundert* que ahora incorporaba los sermones dominicales a modo de suplemento.

Paralelamente a su actividad en la presidencia de la Liga y en otras asociaciones de librepensadores, Ostwald continuaba con sus proyectos anteriores, entre los que destacaba el que había creado en 1909, *Die Brücke* (El Puente), que perseguía fomentar internacionalmente la eficiencia científica. Para ello se proponía, por ejemplo, promover el esperanto como única lengua de los congresos científicos internacionales, estandarizar los formatos en las publicaciones o crear una base documental con todas las publicaciones científicas, de manera que el potencial usuario pudiera localizar fácilmente la información deseada. De esta manera se maximizaría también el eficiente uso de la energía (Holt, 1977).

Llegado el otoño de 1912, considerando el enorme desgaste que sufría debido a sus múltiples e intensas actividades, decidió autorecetarse un periodo de reposo absoluto. Escribió media docena de sermones monistas de reserva y, estimulado por los relatos de Haeckel, se fue a Tenerife con su hija Grete a tomar baños de mar y a pintar (Ostwald, 1953: 152). Durante unas seis semanas, en octubre-noviembre, mayormente en la localidad norteña de La Orotava, felizmente alojados en el Orotava Grand Hotel (más conocido como Hotel Martianez), disfrutaron del Atlántico en todo su esplendor. Allí se volcó el laureado químico también en la pintura, estrechamente vinculada a su actividad científica, con el paisaje como elemento dominante y que a menudo utilizaba como terapia (Hansel, 2006). En referencia a aquella estancia le decía Haeckel (1912d) al poco de haber dejado la isla: «He pensado a menudo en Usted al rememorar los encantos de la naturaleza subtropical que yo mismo aprecié 46 años atrás en las costas y montañas volcánicas de Tenerife; ¡añorará Usted ahora más de una vez el insuperable clima y los deliciosos baños en el mar!» En efecto, años más tarde, ya en el ocaso de su vida recordaba Ostwald aún con gozo aquellas semanas soleadas (Ostwald, 1927: III, 446).

En La Orotava coincidió Ostwald con el biólogo, antiguo alumno y amigo de Haeckel, Richard Hertwig, que, acompañado de su esposa e hija, vino a la isla también con el propósito de recuperarse de la extenuante tarea como rector de la Universidad de Múnich, en la que ostentaba la cátedra de zoología (Ostwald, 1927: III, 449), y que colaboró en el cuidado de los monos de la estación primatológica establecida en La Orotava aquel mismo año (cf. Teuber, 1994). Juntos visitaron reiteradamente el Jardín botánico que en tiempos de Haeckel e incluso durante la estancia de Hans Meyer aún «dirigía» el popular jardinero suizo Hermann Wildpret.

Desde su presidencia de la Liga Monista, Ostwald predicó contra el misticismo y la religión difundiendo la idea de que solo la ciencia podía dirigir nuestra propia energía hacia actividades altruistas y beneficiosas. En esta línea fomentó el darwinismo social, la eugenesia y la eutanasia como elecciones voluntarias destinadas a evitar el sufrimiento. Su capacidad, como la de la propia organización monista, menguó ya poco antes de estallar la Primera Guerra Mundial (Neef, 2009). Cabe recordar que el farmacéutico, químico y físico español Enrique Moles Ormella fue algún tiempo estudiante de Ostwald en Leipzig en 1910 pensionado por la Junta de Ampliación de Estudios e Investigaciones Científicas (Hardisson de la Torre et al., 2014).

CONSIDERACIONES FINALES

Ya a la vuelta del siglo, la subida al Teide (3715 m) resultaba más llevadera que cuando la hizo Haeckel en noviembre de 1866, pues en 1891 se había construido un refugio en la zona denominada Altavista (3270 m) que permitía pernoctar con cierta comodidad. Aquella iniciativa del fotógrafo inglés afincado en Tenerife George Graham-Toler contribuyó notablemente a la mejora de la industria turística en la isla y convirtió la excursión al pico en uno de sus mayores atractivos. Sin embargo, ninguno de nuestros personajes subió a la cúspide: Engler, que hizo exhaustivos recorridos por la isla (Engler, 1910), no menciona haber pasado de Las Cañadas; May vio el pico en numerosas ocasiones desde La Gomera, pero sólo pasó una noche en La Orotava (1912: 215), y Ostwald no se atrevió a subirlo por el esfuerzo que conllevaba, pues, aunque se podía subir en mulo, el cono final había que andarlo a pie. Sí lo hizo, no obstante, su hija Grete, que, curiosamente –a diferencia de Humboldt, que desde el borde del cráter disfrutó el amanecer y la salida del sol, o de Haeckel, que gozó del mediodía–, alcanzó la cima al atardecer, presenció la puesta del sol y regresó al refugio a la luz de la luna llena (Ostwald, 1953: 154).

Engler, May y Ostwald integraron el sinfín de viajeros científicos germanoparlantes que visitaron Tenerife antes de 1914 y, una vez más, pusieron de manifiesto el papel de la isla macaronésica en la historia de la ciencia, en la circulación del conocimiento en Europa y en la historiografía del darwinismo. Cada uno a su manera evidenció, asimismo, la relevancia del binomio ciencia-turismo para Tenerife en el paso del siglo XIX al XX, a cuyo fomento habían contribuido de forma muy especial los relatos y las recomendaciones de Humboldt y de Haeckel. No deja de ser curioso, por ejemplo, que el darwinista alemán recriminase aún en 1912 a su amigo Paul von Rottenburg el no haber viajado aquel año a Tenerife en vez de a Glasgow para descansar y reponer la salud (Haeckel, 1912d).

A partir del verano de 1914, las adversidades derivadas de la guerra y la posguerra dificultaron los viajes a ultramar desde Alemania y, consecuentemente, se interrumpió también el flujo de visitantes a Canarias. Meyer, por ejemplo, que siempre quiso volver a Tenerife, no lo logró hasta 1929, ya jubilado y poco antes de fallecer. Luego, una vez superados los inconvenientes de la contienda mundial, cambió también la concepción del pequeño espacio isleño que Tenerife había representado en el imaginario europeo desde la visita de Humboldt.

BIBLIOGRAFÍA

«Auxilio», *La Opinión: periódico liberal-conservador*, Santa Cruz de Tenerife, 20 de marzo de 1901, consultado en https://jable.ulpgc.es.

BOLLE, Carl (1892), «Florula insularum olim Purpurariarum, nunc Lanzarote et Fuerteventura cum minoribus Isleta de Lobos et La Graciosa in Archipielago canariensi», *Botanische Jahrbücher für Systematik, Pflanzengeschichte und Pflanzengeographie*, 14, pp. 230-257.

BOUFFORD, David E. and SPONGBERG, Stephen A. (1983), «Eastern Asian-Eastern North American Phytogeographical Relationships-A History From the Time of Linnaeus to the Twentieth Century», *Annals of the Missouri Botanical Garden*, 70 (3), pp. 423-439.

CHESA PONCE, Nicolás (2015), *La Medicina en Canarias en el siglo XIX. Médicos canarios formados en Francia*, Madrid, Mercurio.

«Crónica», *Diario de Tenerife: periódico de intereses generales, noticias y anuncios*, Santa Cruz de Tenerife, 30 abril de 1901, consultado en https://jable.ulpgc.es.

DIELS, Ludwig (1931), «Zum Gedächtnis von Adolf Engler», *Botanische Jahrbücher für Systematik, Pflanzengeschichte und Pflanzengeographie*, 64, pp. I-LVI.

ENGLER, Adolf (1872), *Monographie der Gattung* Saxifraga L. *mit besonderer Berücksichtigung der geographischen Verhältnisse*, Breslau, Kern.

–(1874), «Studien über die Verwandtsehaftsverhaltnisse der Rutaceae, Simambaceae und Burseraceae nebst Beitragen zur Anatomie und Systematik dieser Familien», *Abhandlungen Naturforschenden Gesellschaft zu Halle*, 13 (2), pp. 112-158.

–(1879), *Versuch einer Entwicklungsgeschichte der Pflanzenwelt, inbesondere der Florengebiete seit der Tertiarperiode. I. Theil, Die extratropischen Gebiete der nordlichen Hemisphare*, Leipzig, Wilhelm Engelmann.

–(1892), *Syllabus der Pflanzenfamilien*, Berlin, Gebrüder Borntraeger.

–(1894), Carta de Adolf Engler a Ernst Haeckel, Berlin, 18 de noviembre de 1894, EHA Jena, A 3034.

–(1901), Carta de Adolf Engler a Ernst Haeckel, Berlin, 31 de octubre de 1901, EHA Jena, A 3035.

–(1902), Carta de Adolf Engler an Ernst Haeckel, Dahlem bei Steglitz, 22 de marzo de 1902, EHA Jena, A 3036.

–(1905), «Über floristische Verwandtschaft zwischen dem tropischen Afrika und Amerika: sowie über die Annahme eines versunkenen brasilianisch-äthiopischen Continents», *Sitzungsberichte der königlichen preußischen Akademie der Wissenschaften*, pp. 180-231.

–(1910), *Die Pflanzenwelt Afrikas, insbesondere seiner tropischen Gebiete*, I. Band, 2. Hälfte, 5. Kapitel: Das Afrika benachbarte Makaronesien. 67. Kanarische Inslen (Die Purpurarien, Gran Canaria, Tenerife, Palma, Gomera, Hierro), Leipzig, Wilhelm Engelmann, pp. 822-866.

–(1914), Telegrama de Adolf Engler a Ernst Haeckel, Berlin, 16 de febrero de 1914, EHH Jena, A 49711.

HAECKEL, Carl Gottlob (1859), Carta de Carl Gottlob Haeckel a Ernst Haeckel, 25 octubre de 1859, EHA Jena, A 35875.

–Carl Gottlob (1866), Carta de Carl Gottlob Haeckel a Ernst Haeckel, 28 diciembre de 1866, EHA Jena, A 35958.

HAECKEL, Ernst (1866), *Generelle Morphologie der Organismen*, 2 vols., Berlin, Georg Reimer.

–(1868), Carta de Ernst Haeckel a Charlotte Haeckel, 24 enero de 1868, EHA Jena, A 38706.

–(1870), «Eine Besteigung des Pik von Teneriffa», *Zeitschrift der Gesellschaft für Erdkunde zu Berlin*, 5, pp. 1-28.

–(1891), Carta de Ernst Haeckel a Karl Haeckel, Jena, 10 de febrero de 1891, EHA Jena A 47485.

–(1906), Carta de Ernst Haeckel an Walther May, Jena, 14 de octubre de 1906, EHA Jena, A 33410.

–(1912a), Carta de Ernst Haeckel a Richard Semon, Jena, 2 de enero de 1912, EHH Jena, A 32680.

HAECKEL, Ernst (1912b), Carta de Ernst Haeckel a Paul von Rottenburg, Jena, 21 de septiembre de 1912, EHA Jena, A 32947.

–(1912c), Carta de Ernst Haeckel a Paul von Rottenburg, Jena, 5 de octubre de 1912, EHA Jena, A 32948.

–(1912d), Carta de Ernst Haeckel a Paul von Rottenburg, Jena, 1 de noviembre de 1912, EHA Jena, A 32949.

–(1912e), Carta de Ernst Haeckel a Wilhelm Ostwald, Jena, 12 de diciembre de 1912, EHH Jena A 41420.

–(1913), «Ostwlad als monistischer Naturforscher», en Monistenbund in Österreich (ed.), *Wilhelm Ostwald Festschrift aus Anlaß seines 60.Geburtstages 2.September 1913*, Wien-Leipzig, Anzengruber.

–(1923), «Eine Besteigung des Pik von Teneriffa», in *Von Teneriffa bis zum Sinai. Reiseskizzen von Ernst Haeckel*, Leipzig, Alfred Kröner Verlag, pp. 1-31.

Haeckel, Ernst y Liebmann, Otto (1892), Carta de Ernst Haeckel y Otto Liebmann a Julius Pierstorff, Jena, 25 de enero de 1892. «Mende-Stipendium», EHA Jena, A 47564.

Haeckel, Karl (1869), Carta de Karl Haeckel a Ernst Haeckel, 31 de marzo de 1869, EHA Jena, A 34999.

–(2006), «Der Maler Wilhelm Ostwald», *Chemie in Unserer Zeit*, 40, pp. 392-397.

Hardisson de la Torre, Arturo, Mederos Pérez, Alfredo, Gili Trujillo, Pedro y Luis González, Gara (2014), «Enrique Moles Ormella. Un farmacéutico en la Junta de Ampliación de Estudios», *Ars Clinica Academica*, 1(2), pp. 6-14.

Heer, Ostwald (1878), «Primitiae Florae Fossilis Sachalinensis. Miocene Flora der Insel Sachalin», *Memoires de L'Académie Impériale des Sciences de St.-Petersbourg*, VII[a] Série, XXV(7), pp. 1-61.

«Información», *La Región Canaria*, Santa Cruz de Tenerife, 21 de marzo de 1901, consultado en https://jable.ulpgc.es.

Hofmeister, Wilhelm (1868), *Allgemeine Morphologie der Gewächse*, Leipzig, Wilhelm Engelmann.

Holt, Niles (1977), «Wilhelm Ostwalds 'The Bridge'», *British Journal for the History of Science*, 10 (35), pp. 146-150.

Hooker, Joseph D. (1878), «On the Canarian Flora compared with that of Maroccan», en Joseph Dalton Hooker, *Journal of a tour in Marocco and the Great Atlas*, London, Macmillan, pp. 404-421.

Humboldt, Alexander (1814), *Voyage aux régions équinoxiales du nouveau continent*, Paris, Chez F. Schoell.

Junker, Thomas (2011), *Der Darwinismus-Streit in der deutschen Botanik: Evolution, Wissenschaftstheorie und Weltanschauung im 19. Jahrhundert*, Frankfurt am Main, Books on Demand.

Macía Armas, Luis (2008), *Historia del Cabildo Insular de La Gomera*, La Gomera, Excmo. Cabildo de La Gomera.

Mayer, Gaston (1987), «Walther MAY (1868-1926), Freidenker, Sozialist, Zoologe und Historiker des Darwinismus», *Mitteilungen des badischen Landesvereins für Naturkunde und Naturschutz*, 14 (2), pp. 483-495.

May, Walther (1907), Carta de Walther May a Ernst Haeckel, Karlsruhe, 9 de julio de 1907, EHA Jena, A 26462.

–(1908), Carta de Walther May a Ernst Haeckel, San Sebastián de La Gomera, 25 de enero de 1908, EHA Jena, A 26461.

–(1909), *Ernst Haeckel. Versuch einer Chronik seines Lebens und Wirkens*, Leipzig, J. A. Barth.

–(1912), «Gomera: die Waldinsel der Kanaren. Reisetagebuch eines Zoologen», en *Verhandlungen des naturwissenschaftlichen Vereins im Karlsruhe*, 24, 1910-1911, Karlsruche, G. Braunsche Hofbuchdruckerei, pp. 50-272.

–(1914), «Walther May, Karlsruhe: Was Ernst Haeckel in meinem leben bedeutet», en Heinrich Schmidt (ed.), *Was wir Ernst Haeckel verdanken. Ein Buch der Verehrung und Dankbarkeit. Im Auftrag des deutschen Monistenbundes*, 2 vols., Leipzig, Unesma.

MEYER, Hans (1896), *Die Insel Tenerife. Wanderungen im canarischen Hoch- und Tiefland*, Leipzig, Hirzel.

NÄGELI, Carl (1865), *Entstehung und Begriff der Naturhistorischen Art,* München, Königliche Akademie.

NEEF, Katharina (2009), «Biografische Kontexte für Wilhelm Ostwalds Engagement im Deutschen Monistenbund», *Mitteilungen der Wilhelm-Ostwald-Gesellschaft zu Großbothen e. V.*, 14 (3), pp. 36-46.

OSTWALD, Grete (1953), *Wilhelm Ostwald: Mein Vater*, Stuttgart, Berliner Union.

OSTWALD, Wilhlem (1926-1927), *Lebenslinien. Eine Selbstbiographie*, 3 vols., Berlin, Klasing & Co. GmbH.

REHDER, Alfred (1937), «Adolf Engler (1844-1930)», *Proceedings of the American Academy of Arts and Sciences*, 71 (10), pp. 497-500.

SACHS, Julius (1868), *Lehrbuch der Botanik*, Leipzig, Wilhelm Engelmann.

SARMIENTO PÉREZ, Marcos (2024), «Desde Tenerife con nostalgia: cartas de Hermann Wildpret a Haeckel (1901-1908)», *Anuario de Estudios Atlánticos*, 70: 070-015, pp. 1-22.

SCHMITTHENNER, Heinrich (1930), «Hans Meyer», *Geographische Zeitschrift*, 36 (3), pp. 129-145.

SEMON, Richard (1912), Carta de Richard Semon a Ernst Haeckel, München, 4 de enero de 1912, EHH Jena, A 47077.

TEUBER, Marianne L. (1994), «The founding of the Primate Station, Tenerife, Canary Islands», *American Journal of Psycology*, 107 (4), pp. 551-581.

WEBB, Philip-Barker y BERTHELOT, Sabin (1836-1850), *Histoire naturelle des* Îles *Canaries*, 3 vols. + Atlas, Paris, Béthune Éditeur.

WULF, Andrea (2016), *Alexander von Humboldt und die Erfindung der Natur*, München, C. Bertelsmann.

LA COSIFICACIÓN DE LOS INDÍGENAS CANARIOS: EVOLUCIONISMO, ETNOCENTRISMO Y COLONIALISMO

A. José Farrujia de la Rosa
Universidad de La Laguna

INTRODUCCIÓN

Las Islas Canarias fueron pobladas originariamente por grupos humanos norteafricanos de origen amazigh, a partir de los inicios del primer milenio antes de la era[1]. Con posterioridad, a lo largo del siglo XV, las poblaciones indígenas del archipiélago sufrieron un proceso de conquista y colonización europeas que propició la progresiva desaparición de su mundo, como consecuencia del etnocidio. Los antiguos canarios que permanecieron en las islas tras la llegada en esa centuria de los nuevos colonos europeos tuvieron que adaptarse a la introducción de toda una serie de valores económicos, políticos, sociales, religiosos y culturales, ajenos a sus costumbres.

El conocimiento de este mundo previo a la llegada de los conquistadores se ha visto dificultado por la inexistencia de las denominadas «crónicas de los vencidos». La primera información generada sobre los indígenas canarios procede de las fuentes etnohistóricas, es decir, de la mirada externa, occidental, no indígena, que se desarrolló entre los siglos XV y XVII sobre el mundo indígena canario. Con posterioridad, los textos de carácter histórico escritos durante la Ilustración se encargaron de reiterar, en buena medida, la información de los autores precedentes, que hundían sus bases en la tradición

[1] No existe un consenso entre la comunidad científica en torno al momento en el que se inicia la ocupación humana del archipiélago. El debate se dirime entre quienes abogan por un poblamiento temprano, a partir del primer milenio de la era, frente a quienes proponen un poblamiento más reciente en el tiempo, en torno al cambio de era (Atoche y Arco, 2023).

judeocristiana y en las fuentes clásicas, mientras que a partir del siglo XIX la arqueología y la antropología han sido las disciplinas a través de las que se ha ido construyendo la imagen etnocéntrica del mundo indígena canario. Es decir, no se valoró inicialmente el conocimiento indígena ni se desarrolló con posterioridad una arqueología o una antropología indígenas, hecha por y para los indígenas, básicamente porque el proceso de conquista y colonización del siglo XV propició el etnocidio cultural y la pérdida progresiva del referido conocimiento indígena (Farrujia, 2021). En las islas pervivieron componentes poblacionales indígenas y se dio un proceso de mestizaje tras la conquista (Fregel et al., 2019), pero Occidente no tenía la tradición cultural de escuchar al otro, sino de asimilarlo. Esto permite entender por qué en las islas no existe actualmente un componente indígena diferenciado desde el punto de vista étnico y cultural.

Esta realidad aquí descrita ha condicionado sobremanera el discurso que se ha generado sobre el indígena canario y, en particular, en torno a los restos mirlados de los indígenas, pues la colonialidad y el occidentalismo han modelado el tratamiento que estos bienes patrimoniales reciben, tanto por parte de los museos, como por parte de la legislación en materia patrimonial[2]. En este sentido, mientras que en otros contextos indígenas del planeta se ha asistido, especialmente desde la década de 1990, al desarrollo de leyes que abogan por la restitución y repatriación de los restos mortales de las comunidades indígenas o por la retirada de estos restos de la exhibición pública en museos (Ayala y Maza, 2020), en el caso de Canarias este tipo de bienes sigue integrando las salas de exposición[3]. En este capítulo abordaremos la raíz de esta situación, que está relacionada con la pervivencia de viejas narrativas evolucionistas, etnocentristas y coloniales en pleno siglo XXI, y las particularidades del ámbito canario en relación con el discurso indigenista presente en otros contextos del planeta.

EL PROCESO DE COSIFICACIÓN DE «LO INDÍGENA» A TRAVÉS DE LOS MUSEOS

El origen de las colecciones arqueológicas en el mundo occidental se remonta al siglo XVI, si bien no fue hasta finales del siglo XIX cuando se asistió a la expansión de los museos como lugares en los que se mostraban los artefactos de los pueblos «primitivos» o prehistóricos del mundo, así como los restos mortales de estas poblaciones (Goodrum, 2009; Lanzarote, 2011; Bennet, 2013). En el ámbito canario, la exhibición de los restos materiales y humanos de los indígenas canarios (mirlados o no), es una práctica documentada ya desde 1840 en el Museo Casilda (Tacoronte, Tenerife), y que pervivió entre las primeras sociedades científicas del siglo XIX, caso del Gabinete Científico (Santa Cruz de Tenerife), El Museo Canario (Las Palmas

[2] Con el término «mirlado» se designa el proceso de conservación de los cadáveres, que fue diferente a la práctica que implementaron los egipcios para conservar sus cuerpos, por lo que no es correcto usar el concepto «momia» en el contexto canario (Álvarez y Morfini, 2014).

[3] La bibliografía sobre el proceso de descolonización de los museos y sobre el tratamiento dado a los restos mortales indígenas, en distintas partes del planeta, es bien extensa, pero no podemos ahondar en este proceso por limitaciones de espacio. Pueden consultarse al respecto los trabajos de Tuhiwai (2012), Sellevold (2013) o Ayala y Arthur (2020), entre otros.

de Gran Canaria) o la Sociedad La Cosmológica (La Palma), manteniéndose hasta nuestros días (Farrujia, 2020).

El modelo museístico desarrollado en Canarias a finales del siglo XIX estuvo muy influenciado por el referente francés (Ortiz, 2016). La intelectualidad canaria al frente de El Museo Canario y del Gabinete Científico entabló contacto por esas fechas con los intelectuales franceses a partir, básicamente, de relaciones epistolares y de la participación en congresos. De forma paralela, el intervencionismo científico francés en Canarias, desarrollado por autores como Sabin Berthelot o René Verneau y el propio contacto científico entablado entre los autores canarios y franceses, propició que la arqueología gala se convirtiera en el modelo a seguir en las islas, tanto desde el punto de vista teórico como metodológico. Se concedió importancia a los orígenes y el estudio de las culturas primitivas ocupó un papel relevante. Por eso los artefactos se convirtieron en piezas claves en las exposiciones y en el discurso científico de la época al explicar la evolución cultural de las islas a partir de las teorías evolucionistas y difusionistas (Farrujia, 2016).

Asimismo, desde el punto de vista antropológico, los incipientes museos canarios siguieron el modelo de Paul Broca y las colecciones de la Société d'Anthropologie de Paris, siendo este un modelo comprometido con el estudio de las razas humanas, principalmente por medio de la base antropométrica que Broca había definido. Desde su óptica, los caracteres físicos eran considerados los más importantes, al permanecer relativamente estables, mientras que los culturales quedaban supeditados a modificaciones. Asimismo, el enfoque raciológico y evolucionista de Broca tuvo unas claras implicaciones etnocéntricas: las «razas» europeas, definidas principalmente a partir del estudio de los cráneos (craneometría), se ubicaban siempre en la cúspide de los logros del progreso y la civilización, mientras que las otras razas iban ocupando los pisos inferiores de una pirámide que culminaba siempre en el Viejo continente (Goodrum, 2009). Por eso los restos humanos de los indígenas canarios, mirlados o no, tuvieron especial protagonismo en las salas de exposición de los incipientes museos canarios: las investigaciones desarrolladas por esas fechas permitían relacionar a los indígenas canarios con la raza de Cro-Magnon, de origen europeo, por lo que las islas podían vincularse con la prehistoria del Viejo continente (Farrujia, 2020).

Los bienes arqueológicos y antropológicos que dieron sentido al discurso museístico canario se comercializaron desde esas fechas mediante el envío de colecciones del mundo indígena con destino a París. La política colonial de países como Francia en el norte de África había propiciado que la Antropología tuviera, como principal objetivo, el conocimiento detallado de «el otro» y Canarias fue partícipe de esta tendencia. El Museo Canario, en este sentido, funcionó también a finales del siglo XIX como centro de recogida de material arqueológico y antropológico que luego fue enviado a París (Ortiz, 2016). El trabajo de campo en Canarias de Berthelot y de Verneau permitió regular el flujo de conocimientos y materiales entre la metrópoli y el archipiélago y la consiguiente presentación de estos bienes en los museos metropolitanos.

En pleno siglo XXI y, por tanto, con posterioridad al auge del evolucionismo, del tráfico de colecciones y de las políticas coloniales, las viejas narrativas siguen impregnando, sin embargo, el discurso museístico canario, pues los cuerpos mirlados y los restos antropológicos de los indígenas se siguen exhibiendo en las vitrinas de los museos arqueológicos y también se han utilizado para la creación de instalaciones artísticas en exposiciones de arte contemporáneo, tal y como hemos analizado en otra publicación (Farrujia, 2020). Esta realidad está directamente relacionada con la reflexión de Theodor Adorno (2008) sobre los museos, al compararlos con mausoleos, con contenedores de cosas inanimadas e inertes, que son expuestas como bienes de consumo pertenecientes a la nación. El capitalismo convierte esos bienes en mercancías con un único valor de uso: la formación de colecciones fetichistas[4]. Ello es así porque en el ámbito científico, el paradigma que da sentido al pensamiento contemporáneo se basa en la premisa del «conocimiento del otro» mediante la observación, porque el conocimiento se obtiene de los objetos, lo que propicia la cosificación de las personas (restos antropológicos) y, especialmente, de poblaciones subalternas como la indígena, pues la cosificación es profundamente colonial: son las élites blancas las que establecen lo que se puede consumir del otro y las que definen lo que es tolerable en la alteridad del otro. En otras palabras, el sujeto que observa es el que clasifica, el que desempeña un rol central y el que tiene autoridad para definir al otro y explicar sus diferencias (Alvarado, 2020; Chorny, 2021).

Este uso fetichista del indígena canario está directamente relacionado con uno de los principales aportes de la tradición marxista a la teoría crítica de la sociedad, y que radica en el desarrollo del concepto de cosificación. Ante el auge del capitalismo desde finales del siglo XIX, fueron numerosos los intelectuales, entre ellos Karl Marx o poco después George Lukács, que criticaron la «transformación» de las personas y su mundo en meras mercancías, sin importar sus singularidades (García, 2022). Con posterioridad se fueron explorando distintas interpretaciones del concepto y sus implicaciones para la teoría social o su relación con la filosofía neokantiana de la época de Lukács. En este sentido, Axel Honneth, uno de los principales exponentes de la tercera generación de la Escuela de Frankfurt, señaló que la cosificación se manifiesta cuando en los procesos de conocimiento se olvida el reconocimiento que le subyace, cuando no se tienen en cuenta los nexos afectivos que forman parte de la percepción del mundo que nos rodea (Honneth, 2005). Es decir, el mundo se configura como un conjunto de objetos neutros, sin significación afectiva, por lo que se cosifican, se convierten en cosas (Sierra, 2007)[5].

Al ser tratados como bienes patrimoniales, el cuerpo se separa del individuo, de su historia y de su territorio (físico y simbólico). Es decir, se deshumaniza a los restos humanos indígenas, se cosifican para ser convertidos en «Bienes de Interés Cultural», dándose así preeminencia a discursos de cientificidad (Carina, 2020).

[4] Entendemos aquí el carácter fetichista como la máxima representación de la cosificación, como «la manifestación sedimentada de las relaciones sociales de producción (expresado en clave marxista), bajo la cual se esconden los vínculos humanos jerarquizados que han permitido su existencia como objeto. Es, en buenas cuentas, la mercancía, que bajo un velo ideológico se presenta como aura, como fantasmagoría que oculta –a la vez que legitima– los fenómenos sociales que le han dado vida» (Alvarado, 2020: 8).

[5] Por limitaciones de espacio, en este trabajo no incidimos en el desarrollo del debate filosófico en torno al concepto de «cosificación» ni en su reevaluación reciente. Pueden consultarse al respecto los trabajos de Honneth (2005), Sierra (2007) o García (2022), entre otros.

Los museos que conciben así los restos mortales de las poblaciones indígenas tratan el patrimonio cultural como una mercancía, es decir, como un producto cosificado que tiene valor económico. Y esto se produce en un contexto en el que, como ha señalado Merino (2020: 155) «la cultura está supeditada a la ideología occidental dominante de la propiedad privada». Por consiguiente, los restos mortales indígenas son cosificados y congelados en el tiempo, representan un pasado inmemorial y son «consumidos» en el mercado cultural como productos (Oehmichen, 2019).

Los museos intentan minimizar la condición de fetiche de los objetos al contextualizarlos, al explicar, por ejemplo, su función en el pasado, al clasificarlos a partir de criterios cronológicos, pero al convertirse «al indígena» en un tema de museos y al insertarse en el discurso colonial, se asume implícitamente que la formación de esas colecciones se ha producido en un contexto histórico concreto que convirtió a esos restos humanos en un tema antropológico, etnográfico o arqueológico, según los casos. Se produce lo que Alvarado (2008) ha denominado como «proceso de jerarquización colonial»: los museos y sus colecciones son formas de apropiarse de la cultura material indígena mediante la patrimonialización, la nacionalización y la mercantilización.

EL INDÍGENA CANARIO EN EL CONTEXTO INTERNACIONAL

El proceso de cosificación del indígena canario se ha producido en un espacio en el que, tal y como hemos señalado, no existe una continuidad histórica entre el mundo indígena previo a la conquista y el resultante de la posterior colonización y mestizaje. Es decir, en Canarias no existe una diferenciación cultural, étnica, entre el sustrato indígena y el occidental en la etapa colonial, a diferencia de lo que sucede en otros contextos indígenas de Australia, Nueva Zelanda, Canadá o Argentina, entre otros casos, donde las comunidades nativas que han pervivido hasta la actualidad juegan un rol fundamental en el mantenimiento y estudio de sus propias costumbres (Tuhiwai, 2012). Estas mismas comunidades también han protagonizado peticiones, dentro del marco institucional y desde la década de 1970, para paliar lo que consideran una situación de injusticia, solicitando la retirada de sus ancestros de las exposiciones de los museos o la repatriación y restitución de los restos mortales (Sellevold, 2013; Martínez y López, 2015; Alvarado, 2020; Ayala y Arthur, 2020).

En Canarias, el etnocidio cultural desarrollado desde el siglo XV provocó la desaparición de la práctica totalidad de las costumbres indígenas, a pesar de que el componente indígena que permaneció en las islas se integró en el nuevo sistema colonial y mantuvo la trashumancia pastoral como su principal actividad económica. Las diversas investigaciones arqueológicas y etnográficas desarrolladas en los últimos años reflejan cómo los grupos de ascendencia indígena conservaron en las islas varias tradiciones ancestrales, como algunos elementos de su música, exhibiciones de lucha, el salto del pastor y, en particular, algunos bailes (Lorenzo, 1987; Luis, 2011: 79-80), así como algunas prácticas relacionadas con el culto al sol (Pérez, 2018; Farrujia, 2023).

A pesar de la existencia de estas pervivencias genéticas y culturales, que hunden sus raíces en el mundo indígena, en Canarias no existe actualmente un componente poblacional indígena diferenciado y, tampoco, un colectivo étnico que asuma como propia la petición de la restitución de los restos mortales de los nativos canarios. Se produce así una importante paradoja cultural con respecto al tratamiento que reciben los restos antropológicos indígenas en otros contextos del planeta: los vestigios humanos, mirlados o no, de los antiguos canarios, son vistos como fetiches, como bienes culturales con un gran valor científico, pero para una parte de la sociedad canaria estos restos no son entendidos como un nexo con su pasado, sino como restos arqueológicos que se exhiben para plasmar la alteridad. En Canarias, en este sentido, se ha reforzado la construcción de un discurso museístico basado en la cosificación y en la otredad. La colonialidad inherente refuerza la ruptura entre el horizonte indígena previo a la conquista y el horizonte mestizo de ascendencia indígena resultante tras la colonización (Farrujia, 2021).

Otro aspecto que incide en la inexistencia de un debate en el archipiélago sobre el tratamiento de los restos mortales de los indígenas canarios radica en el comportamiento de los museos y en la escasa implicación social al respecto. Tal y como ha señalado Mairesse (2013-2014) al referirse al marco del Viejo continente, ni los museos ni la práctica totalidad de la sociedad suelen invertir tiempo en reflexionar sobre estas cuestiones, ligadas con la ética, con la escala de valores. Aun así, desde la esfera política del archipiélago, el Gobierno nacionalista de Canarias respaldó las peticiones del Museo de Naturaleza y Arqueología de Tenerife e inició las gestiones para solicitar la repatriación de los cuerpos mirlados que se conservan fuera de Tenerife. En el año 2004 se devolvieron al referido Museo dos cuerpos mirlados que habían sido vendidos y trasladados a Argentina en 1889, desde el Museo Casilda, en Tacoronte (Tenerife); en el año 2011 se recuperaron tres momias del Museo Reverte (García, 2012) y, hasta la fecha, no han dado resultado los intentos que, desde el año 2017, se vienen haciendo para devolver a Tenerife la momia guanche que actualmente se exhibe en el Museo Arqueológico Nacional, en Madrid.

Estas acciones, en cierto sentido, podrían empatizar con las demandas indígenas desarrolladas en otros países. Sin embargo, no es así, pues el Gobierno ha pedido la repatriación de los restos, pero no su restitución, básicamente porque el fin último de su devolución es la exhibición en las salas del Museo de Naturaleza y Arqueología de Tenerife. Es decir, los restos humanos indígenas siguen siendo considerados como fetiches y, por tanto, se propicia y mantiene su cosificación. Sobre esta paradoja ha reflexionado Gonzalo Ruiz Zapatero, al establecer la siguiente comparación entre la situación regional de Canarias y el contexto nacional español:

> ¿Qué pensaría sobre su pasado la ciudadanía de Extremadura, La Rioja o cualquier otra Comunidad Autónoma si hace 500 años se hubiera conquistado a sangre y fuego a su población indígena llevándola casi a su extinción? ¿Sería su realidad social y política del siglo XXI como lo es en la actualidad? Poco más de cinco siglos se me antoja un tiempo demasiado breve como para olvidar semejante acontecimiento histórico. Y es que, de alguna manera, en ninguna otra Comunidad Autónoma la población actual puede sentirse tan cerca de sus antepasados indígenas prehistóricos, los primeros habitantes del Archipiélago (Ruiz, 2018: 14).

Este complejo conflicto de intereses en torno al tratamiento museístico de los restos humanos permite entender por qué es necesario regular, en el marco legal patrimonial canario, el destino final de estas colecciones, así como las posibles vías de participación de la sociedad en la toma de decisiones.

LA MODIFICACIÓN DEL MARCO LEGAL PATRIMONIAL CANARIO

En octubre de 2018, el Parlamento de Canarias abrió un período de enmiendas para reformar el proyecto de Ley de Patrimonio Cultural de Canarias (LPCC), que fue finalmente aprobada el 25 de abril de 2019, sustituyendo a la hasta entonces vigente Ley 4/1999, de 15 de marzo, de Patrimonio Histórico de Canarias[6]. En función del contexto previamente descrito para el caso canario, uno de los aspectos problemáticos del proyecto de ley residía en el tratamiento de los bienes arqueológicos de naturaleza antropológica. El artículo 87 del referido proyecto de ley, relativo a los bienes arqueológicos de interés cultural, establecía que formaban parte de esta categoría:

> Todas las momias, fardos y mortajas funerarias, así como todas las colecciones de cerámica (...), pertenecientes a las poblaciones preeuropeas de Canarias, cualquiera que sea su ubicación y estado de conservación.

Es decir, los bienes arqueológicos y los restos humanos mirlados tenían una misma consideración legal y patrimonial, pues eran concebidos, sin distinciones, como cultura material. Esto mantenía vigente el tratamiento fetichista, particularmente el de los restos humanos. El artículo 87, por consiguiente, estaba imbuido por el occidentalismo y por la colonialidad presentes desde finales del siglo XIX en Canarias en la conceptualización de las colecciones indígenas.

Antes y durante el proceso de revisión del proyecto de ley en Canarias, no existía en España una normativa sobre la legislación, conservación, gestión y exhibición de restos humanos. No se abordan estos aspectos en la Ley 16/1985, de 25 de junio, de Patrimonio Histórico Español (Martínez, Bustamante, López y Burón, 2014) y tampoco en la Ley 4/1999, de 15 de marzo, de Patrimonio Histórico de Canarias, donde tan sólo en su artículo 62 se reconocía el carácter de Bien de Interés Cultural que poseen «las momias, fardos y mortajas funerarias» (Martínez y López, 2015: 255).

Por lo que respecta a la conceptualización y al tratamiento de los restos humanos, no deben ser considerados patrimonial y legalmente como cultura material, ni despojados de sus significados sociales, pues ello redunda en su cosificación. Las fuentes etnohistóricas de los siglos XV y XVI y los estudios arqueológicos han puesto de manifiesto el carácter sagrado que los restos humanos tenían para los indígenas canarios (Farrujia, 2021). A partir de esta premisa, el 14 de enero de 2019 presentamos, a través del Grupo Parlamentario Nacionalista Canario, una reforma al mencionado Proyecto

[6] La totalidad de las enmiendas presentadas al Proyecto de Ley pueden consultarse en el Boletín Oficial del Parlamento de Canarias, número 91, de 13 de febrero de 2019: file:///G:/ARTÍCULO%20SOBRE%20ARTÍCULO%2087%20PROYECTO%20LEY%20PATRIMONIO/Enmiendas%20Ley%20Patrimonio%20Cultural%20-%20Boletín%20del%20Parlamento.pdf

de Ley de Patrimonio, con el propósito de reconocer la naturaleza única y delicada de los restos humanos indígenas en las islas Canarias (Enmienda 121, nº 1). La enmienda fue aprobada y supuso la modificación del artículo 87, que incluye el siguiente texto al referirse a los restos humanos:

> Quedan declarados bien de interés cultural (...) con la categoría de bien mueble de especial sensibilidad: las momias, fardos, mortajas funerarias y restos antropológicos de las poblaciones aborígenes. Estos restos humanos deben preservarse con gran tacto y respeto por los sentimientos de dignidad humana que tienen todos los pueblos (LPCC, 2019: 42)[7].

Con esta redacción el artículo 87 ahora contempla la protección de los restos mirlados y de los restos antropológicos sin mirlar. Es decir, se incorpora en el articulado el patrimonio funerario que no pertenecía a las élites sociales indígenas. En función de la información presente en las fuentes históricas y de las investigaciones arqueológicas, el mirlado fue una práctica de prestigio, reservada a miembros específicos de la sociedad indígena (Álvarez y Morfini, 2014). Es sintomática al respecto la descripción que hizo Abreu Galindo, a finales del siglo XVI, cuando, al describir las prácticas funerarias de los habitantes indígenas de Gran Canaria señalaba que «a los nobles e hidalgos mirlaban al sol...» (Abreu, 1977: 68). La inclusión de los restos antropológicos no mirlados en la categoría de bienes de interés cultural supone que la protección del patrimonio deje de estar exclusivamente relacionada con la mirada elitista que protegía únicamente a los restos mortales de la clase alta. La recuperación del pasado debe garantizar la dignidad humana y la integridad de los bienes patrimoniales sensibles, sin influir su condición social pretérita o la mayor o menor monumentalidad que le atribuya la administración competente.

Otro de los aspectos controvertidos en torno a la gestión de los restos humanos reside en su restitución, es decir, en la petición de devolución de éstos y de los objetos sagrados a la comunidad original. Mientras que los pueblos indígenas de Canadá, Australia o Nueva Zelanda ya han formulado estas solicitudes desde la década de 1970, en el contexto canario estas peticiones han sido promovidas más recientemente, a partir del 2004, desde el Gobierno de Canarias y desde el Museo de la Naturaleza y Arqueología, como hemos reflejado en páginas previas. El artículo 87 contempla al respecto que:

> Los yacimientos arqueológicos funerarios serán conservados con las piezas óseas una vez finalizado su estudio. Por razones de interés general y con carácter excepcional, podrá procederse al traslado de dichas piezas indicando en todo caso esta circunstancia (LPCC, 2019: 42).

El artículo no establece medidas relativas a la repatriación, pero sí dictamina la permanencia de los restos indígenas en su espacio original, por lo que se contempla su significación originaria. La Ley incorpora así, de forma explícita, la restitución, sal-

[7] La Ley 11/2019, de 25 de abril, de Patrimonio Cultural de Canarias, puede consultarse en el siguiente enlace: https://www.boe.es/diario_boe/txt.php?id=BOE-A-2019-8707

vo en casos excepcionales, si bien no se detalla cuáles pueden ser estas excepciones. Es decir, se necesita desarrollar un reglamento que defina con mayor precisión esta parcela y la relativa a la conservación de los restos en los propios espacios funerarios.

Otra de las enmiendas planteadas al referido proyecto de Ley se refiere a la inclusión de un nuevo texto en el artículo 110 (Enmienda 122, nº 2), relativo a la competencia de los museos y a la apertura de vías para que la sociedad pueda ser copartícipe en la toma de decisiones. En este sentido, el referido artículo ahora contempla lo siguiente:

> [Los museos deben] responder diligentemente a las peticiones de ciudadanía que soliciten la retirada de exposición de bienes culturales que puedan herir la sensibilidad» (LPCC, 2019: 50).

Esta modificación habilita a la sociedad para pedir la retirada de los restos mortales indígenas de la exhibición pública y posibilita un diálogo con los museos. En este sentido, en el caso australiano, por ejemplo, «los museos mantienen un diálogo con las comunidades aborígenes y buscan un consenso entre científicos e indígenas tanto para el estudio como para la exhibición de la cultura aborigen» (Martínez y López, 2015: 256).

CONCLUSIONES

La Ley 11/2019, de 25 de abril, de Patrimonio Cultural de Canarias, es la primera en España que contempla la gestión de bienes patrimoniales delicados como los restos humanos. El caso canario, a su vez, evidencia la necesidad de que los científicos sociales tomen parte en estos procesos para incorporar otras perspectivas sobre la gestión del pasado, como puede ser la experiencia acumulada en otros contextos indígenas del planeta. No obstante, como ha señalado González-Ruibal (2019: 40), resulta bastante complicado universalizar las experiencias o presentarlas como un «modelo de política emancipadora» transferible. «Pueden funcionar en algunos lugares y tener un gran potencial político, pero no pueden extrapolarse simplemente a todos lados». En este sentido, y a diferencia de lo que sucede en Australia, Canadá o Estados Unidos, la nueva Ley no ha supuesto un cambio de dinámica en sus apenas cuatro años de rodaje, pues los restos indígenas siguen presentes en las vitrinas de los museos, incidiéndose así en el sentimiento de alteridad. El mayor o menor éxito futuro de la Ley de Patrimonio Cultural de Canarias dependerá de la sensibilidad política, de la implicación de la comunidad científica y de la participación de la propia sociedad. La experiencia en los referidos contextos indígenas refleja claramente que la participación ciudadana es fundamental para recrear la memoria desde abajo y para dotar de sentido las relaciones con los ancestros. Si aspiramos a que la sociedad contemporánea deje de consumir bienes arqueológicos, monumentos y obras de arte como signos culturales nulos, vacíos, entonces es necesario que la identidad ubique la genealogía en relación con un territorio, aunque sea en el de pueblos tradicionalmente «subalternizados» como los indígenas.

BIBLIOGRAFÍA

Abreu Galindo, J. 1977 (1602), *Historia de la conquista de las siete islas de Canaria*, Santa Cruz de Tenerife, Goya Ediciones.

Adorno, T. (2008), *Crítica de la cultura y la sociedad I*, Madrid, Akal.

Alvarado, C. (2020), Objetos petrificados, objetos vivificados. Reflexiones sobre patrimonio, poder y vida mapuche urbana. *Bajo la Lupa,* Chile, Subdirección de Investigación, Servicio Nacional del Patrimonio Cultural. https://www.museorancagua.gob.cl/sitio/Contenido/Colecciones-digitales/97801:Las-nuevas-vidas-de-los-objetos-mapuches.

Álvarez Sosa, M. y Moefini, L. (2014), *Tierras de momias. La técnica de eternizar en Egipto y Canarias*, Tenerife, Ediciones ad Aegyptum.

Atoche Peña, P. y Del Arco Aguilar, M.C. (2023). Carbono 14 y colonización protohistórica de las islas Canarias: la importancia del contexto arqueológico en la interpretación histórica, *Anuario de Estudios Atlánticos*. nº 69: 069-002. https://doi.org/10.36980/10804/aea.

Ayala Rocabado, P. y Arthur de la Maza, J. (2020), «Los movimientos indígenas de repatriación y restitución de los ancestros: panorama internacional», en J. Arthur de la Maza y P. Ayala Rocabado, *El regreso de los ancestros. Movimientos indígenas de repatriación y redignificación de los cuerpos*. Colección Cultura y Patrimonio, volumen III, Chile, Ediciones de la Subdirección de Investigación, pp. 39-62.

Bennet, T. (2013), *Making culture. Changing Society*. New York, Routledge Press.

Carina Jofré, I. (2020), «Cuerpos/as que duelen. Cosmopolítica y violencia sobre cuerpos/as indígenas reclamados como ancestros/as warpes». *Revista Intersticios de la política y la cultura*, 17, pp. 73-100.

Chorny Elizalde, V. (2021), «Más allá del liberalismo. Repensar la justicia en clave epistémica: conocimiento relacional, saberes indígenas y diálogo intercultural», *Revista Latinoamericana de Filosofía política*, X (7), pp. 17-224.

Farrujia de la Rosa, A. J. (2016). *El patrimonio indígena de las Islas Canarias. Arqueología y gestión desde los márgenes*. Servicio de Publicaciones del Cabildo Insular de Gran Canaria, Santa Cruz de Tenerife.

Farrujia de la Rosa, A. J. (2020), «Indigenous Remains, Colonialism and Ethical Dilemmas: A Case Study in the Canary Islands», *Journal of Contemporary Archaeology*, 7.2 (2020), pp. 243–257. https://doi.org/10.1558/jca.41456.

Farrujia de la Rosa, A. J. (2021), «Indigenous Knowledge in the Canary Islands? A Case Study at the Margins of Europe and Africa», en Laura Dierksmeier, Fabian Fechner y Kazuhisa Takeda (Eds.). *Indigenous Knowledge as a resource. Transmission, reception, and interaction of knowledge between the Americas and Europe, 1492-1800*. Ressourcenkulturen, 14, Alemania, Tübingen University Press, pp. 247-264.

Fregel, R.; Ordoñez, A.; Santana Cabrera, J.; Cabrera, V.; Velasco Vázquez, J.; Alberto Barroso, V.; Moreno Benítez, M. et al. (2019), «Mitogenomes illuminate the origin and migration patterns of the indigenous people of the Canary Islands». *PLOS ONE*, volumen 14 (3). https://doi.org/10.1371/journal.pone.0209125.

García Morales, M. (2012), «Objetos o sujetos. ¿Qué significado tienen las momias?», en N. Valentín y M. García (eds.). *Momias. Manual de buenas prácticas para su preservación*, Madrid, Ministerio de Educación, Cultura y Deporte, pp. 15-30.

García Quesada, G. (2022), «Cosificación y capitalismo global. La cuestión colonial e imperialista a partir de Historia y conciencia de clase», *Runas. Journal of Education and Culture*, 3 (6). http://doi.org/10.46652/runas.v3i6.84.

González Ruibal, A. (2019), Ethical Issues in Indigenous Archaeology: Problems with Difference and Collaboration, *Canadian Journal of Bioethics / Revue Canadienne de Bioéthique*, 2 (3): 34-43.

Goodrum, M. (2009), «The Creation of Societies for the Study of Prehistory and Their Role in the Formation of Prehistoric Archaeology as a Discipline, 1867–1929», *Bulletin of the History of Archaeology*, 19(2) November, pp. 27-35.

Honneth, A. (2005), *Verdinglichung*, Frankfurt, Suhrkamp Verlag.

Lanzarote Guiral, J. M. (2011), «History of National Museums in Spain: A history of Crown, Church and People», en Aronsson y Elgenius. *Building National Museums in Europe 1750–2010. Conference proceedings from EuNaMus, European National Museums: Identity Politics, the Uses of the Past and the European Citizen*, Bologna 28-30 April 2011. EuNaMus Report No. 1. Suecia, Linköping, pp. 847-880.

LEY 11/2019, de 25 de abril, de Patrimonio Cultural De Canarias, *Boletín Oficial de Canarias, nº 90, de 13 de mayo*, https://www.boe.es/diario_boe/txt.php?id=BOE-A-2019-8707.

Lorenzo Perera, M. J. (1987), *Estampas etnográficas de Teno Alto (Buena Vista del Norte, isla de Tenerife, Canarias),* Tenerife, Ayuntamiento de Buenavista del Norte.

Luis García, C. N. (2011). *La música tradicional en Icod de los Trigos. Tiempos de juegos, rezos y entretenimientos,* Volumen 1, Santa Cruz de Tenerife, Asociación Cultural Los Alzados.

Mairesse, F. (2013-2014). «Museos y ética. Un enfoque histórico y museológico». *Museos. es. Revista de la Subdirección General de Museos Estatales*, 9-10, pp. 25-39.

Martínez Aranda, M. A. y López Díaz, J. (2015), «No toquéis a los muertos. Las resistencias de la administración española para regular y legislar un patrimonio singular: los restos humanos», *Actas del IX Congreso Internacional sociedad y patrimonio*, Castilla y León, Junta de Castilla y León, pp. 254-266.

Martínez Aranda, M. A.; Bustamante García, J.; López Díaz, J. y Burón Díaz, M. (2014), «Las controversias de los «materiales culturales delicados», un debate aplazado pero necesario», *Ph investigación*, 2, pp. 1-30. http://www.iaph.es/phinvestigacion/index.php/phinvestigacion/article/view/19.

Merino Calle, I. (2020), «El patrimonio cultural inmaterial de los pueblos indígenas: bienes comunes ligados a la identidad de la comunidad», *CUHSO*, 30 (2), pp. 149-159. DOI 10.7770/2452 -610X.2020.cuhso .05.a04.

Oehmichen Bazán, C. (2019), «La valoración de las culturas indígenas en el mercado turístico: ¿apropiación, despojo o resignificación?», *Anales de Antropología*, 53-1 (2019), pp. 149-158.

Ortíz García, C. (2016). «Antigüedades guanchinescas. Comercio y coleccionismo de restos arqueológicos canarios». *Culture & History Digital Journal*, Vol. 5, nº. 2, pp. 90-113.

Pérez Cáceres, E. (2018), «La Punta del Cabezo de Fuencaliente y la pervivencia de la cultura indígena», *Iruene*, 10, pp. 24-37.

Ruiz Zapatero, G. (2018), Prólogo, en A. J. Farrujia de la Rosa, *Identidad Canaria. Escritos en torno al patrimonio cultural y la divulgación del pasado*, Gran Canaria, Ediciones Tamaimos, pp. 11-24.

SELLEVOLD, B. J. (2013). «Ancient skeletons and ethical dilemmas», en h. Fossheim (ed.), *More than just bones. Ethics and research on human remains*, Noruega: The Norwegian National Research Ethics Committees, pp. 139-163..

SIERRA, W. (2007). «Cosificación: avatares de una categoría crítica». *Revista Sophia*, 1. https://www.flacsoandes.edu.ec/agora/cosificacion-avatares-de-una-categoria-critica.

TUHIWAI SMITH, L. (2012), *Decolonizing methodologies: Research and Indigenous peoples*, 2ª edición, Londres, ZedBooks.

DARWINISMO Y DILETANTISMO. EL CASO DE LA PALMA

Mari Carmen Naranjo Santana
(ULPGC)

INTRODUCCIÓN

En 1982 se conmemoró el primer centenario de la muerte de Charles Robert Darwin (1809-1882), con la publicación de un buen número de trabajos sobre el tema. Entre ellas destacó la importante aportación del profesor Thomas F. Glick (Cleveland, Ohio, 1939), con la primera edición de la obra *Darwin en España* (1982), con introducción y traducción del médico e historiador de la ciencia José M. López Piñero (Murcia, 1933–Valencia, 2010). La publicación, reeditada en 2010 por la Universidad de Valencia, con epílogo del profesor en Ciencias Biológicas Jesús I. Català Gorgues, reunía diversas contribuciones de Glick a la difusión del darwinismo en la sociedad española.

Darwin en España supuso una gran aportación al originar, tal y como resaltó el propio López Piñero, un revulsivo en el campo de estudio de la participación española en la actividad de la comunidad científica internacional. En este sentido destaca el primer capítulo de la obra, monográfico sobre la difusión de las ideas evolucionistas en el país en el que, según Glick, la primera generación de evolucionistas españoles y sus oponentes tuvieron conciencia explícita de la recepción del darwinismo al asociarla a la Revolución de 1868, aunque antes de esa fecha apenas si se había limitado a algunas referencias dispersas (Glick, 1982: 13, 15).

A este respecto, tal y como señalan Puig-Samper, García González y Pelayo López (2017: 586), las investigaciones realizadas en los últimos años por Alberto Gomis y Jaume Josa han sacado a la luz que las primeras citas sobre Darwin en España, en concreto sobre sus trabajos geológicos, son unos comentarios indirectos aparecidos en la década de 1840 y, fundamentalmente, una primera traducción de 1857. Francisco Pelayo, por su parte, sitúa la primera referencia en España a la obra evolutiva de Darwin en 1860, año en el que la *Revista de los Progresos de las Ciencias*, órgano de la Real Academia de Ciencias Exactas, Físicas y Naturales de Madrid, publicó la traducción de un artículo de Charles Lyell, «De la antigüedad de la aparición del hombre en la tierra», en el que éste citaba la próxima edición del trabajo de Darwin sobre el origen de las especies. Pero, entre unas referencias y otras, de lo que no cabe duda, es de que entre estas citas primigenias y las que le siguieron, el detonante del debate sobre el evolucionismo fue la citada revolución del 68, al permitir la libertad de prensa y la discusión pública, que desembocó con la traducción en Barcelona, en 1876, de *El origen del hombre. La selección natural y la sexual;* y un año más tarde, en Madrid, de *El origen de las especies* (Puig-Samper, García, y Pelayo, 2017: 586-587).

La discusión inicial sobre el darwinismo se centró en las consecuencias que tenía para la fe católica aceptar el hecho de la evolución en sí misma y sus implicaciones, en relación con el origen de la vida, de las especies y del hombre. Y en ella, la paleontología se convirtió en la disciplina científica más importante en este debate, porque las polémicas iniciales giraron en torno al registro fósil y al hecho de que la teoría evolucionista no contemplaba una serie gradual de formas ancestrales de transición. El propio Darwin no abordó de manera directa el origen de la vida, con lo que abrió la puerta a una explicación creacionista de esta; y reconocía que el registro fósil podía utilizarse como una confirmación, pero no como un argumento decisivo que demostrase el proceso evolutivo. En consecuencia, numerosos antidarwinistas intentaron mantener la armonía entre ciencias naturales y el relato bíblico de la creación, destacando casos como el del paleontólogo Juan Vilanova; por otro lado estaban los teólogos católicos que aceptaron un evolucionismo limitado al ámbito de la especie, e incluso solo a la particularidad de algunas de ellas, pero no a grupos sistemáticos de mayor rango zoológico como las clases; o también destaca el caso de naturalistas que hicieron coexistir los postulados del Génesis y las ciencias naturales con los del darwinismo (Pelayo, 2016: 318-319, 325).

Mención aparte merece el ámbito universitario y los institutos de segunda enseñanza, en los que la discusión se vio favorecida por la Ley de Libertad de Enseñanza de octubre de 1868, que permitió a los profesores más avanzados (Augusto González de Linares, Antonio Machado Núñez, o Rafael García Álvarez, entre otros) exponer en las aulas las diferentes teorías evolucionistas y defender al darwinismo (Gomis, 2008: 179-180).

A partir de 1872 cambió el ambiente intelectual y también la estructura pedagógica (abolición de la censura, permiso a las autoridades locales para implantar nuevos programas científicos independientes del control del gobierno central, introducción de cursos científicos modernos en los planes de estudios universitarios,...) hasta el punto que, aunque la Restauración de 1874 restableció la «ciencia oficial» e introdujo nuevamente la religión en los estudios universitarios, la penetración de las ideas evolucionistas no tuvo marcha atrás (Glick, 1982: 15-16).

El debate estaba servido, pero la polémica social e ideológica no se ciñó a lo estrictamente académico o científico, a Sociedades especializadas y radicadas exclusivamente en Madrid, o a profesionales como naturalistas, médicos, paleontólogos, ...; sino que a la controversia se sumaron, también, centros, personas y colectivos de otro espectro y de carácter *amateur*: teólogos, filósofos, abogados, profesores, periodistas, literatos y miembros de asociaciones de diversa índole.

RECEPCIÓN DEL DARWINISMO EN ESPAÑA. EL CASO DE CANARIAS

Tal y como afirmó Glick (1982:32), la propagación de las ideas evolucionistas superó las fronteras de Madrid y alcanzó a Sevilla, Barcelona, Valencia, … hasta llegar al archipiélago canario. Así, «la intensidad de la polémica en torno al darwinismo en las Islas Canarias en los años setenta, demuestra la rápida difusión de la teoría evolucionista en España a partir de 1871; difusión que fue tan penetrante que alcanzó incluso a las provincias más alejadas en menos de una década».

Para ilustrar este hecho, Glick aludió a dos casos en lo relativo a las islas. El primero, a la polémica suscitada en torno a la publicación *Estudios históricos, climatológicos y patológicos de las Islas Canarias* (La Atlántida, 1876-1891), del médico Gregorio Chil y Naranjo, que pretendía dar una explicación evolucionista al origen geológico del Archipiélago y al de su población aborigen. Una publicación que supuso un punto de encuentro con los ideales de ámbito internacional, con estudiosos de la talla de Jean Louis Armand de *Quatrefages* o Paul Broca, pero que también trajo consigo una dura represión por parte de la Iglesia, encabezada por el obispo José María de Urquinaona y Bidot. Esa contención no afectó solamente a la obra, hasta condenarla y censurarla, sino que también alcanzó a la figura de Chil, que vio atacados sus propios intereses con hechos como el no poder contraer matrimonio en segundas nupcias, en las islas, y tener que marchar a Madeira (Funchal, 1876) para ello; cuestión que ha sido tratada ampliamente por varios investigadores y que también tuvimos ocasión de abordar, de forma pormenorizada, en otro trabajo en el marco de los Coloquios de Darwinismo (Naranjo, 2020: 57-78).

El segundo caso que Glick cita para referirse a la diversidad de opiniones que el evolucionismo motivó en las islas, a finales de los años setenta, se sitúa en 1881, cuando el darwinismo fue discutido en la Sociedad de Amigos del País de Santa Cruz de La Palma: la «... completa difusión regional de las ideas evolucionistas entre los españoles instruidos (…) a comienzos de los años ochenta la polémica en torno al darwinismo había alcanzado en España enormes proporciones» (Glick, 1982: 36-37, 69, 73).

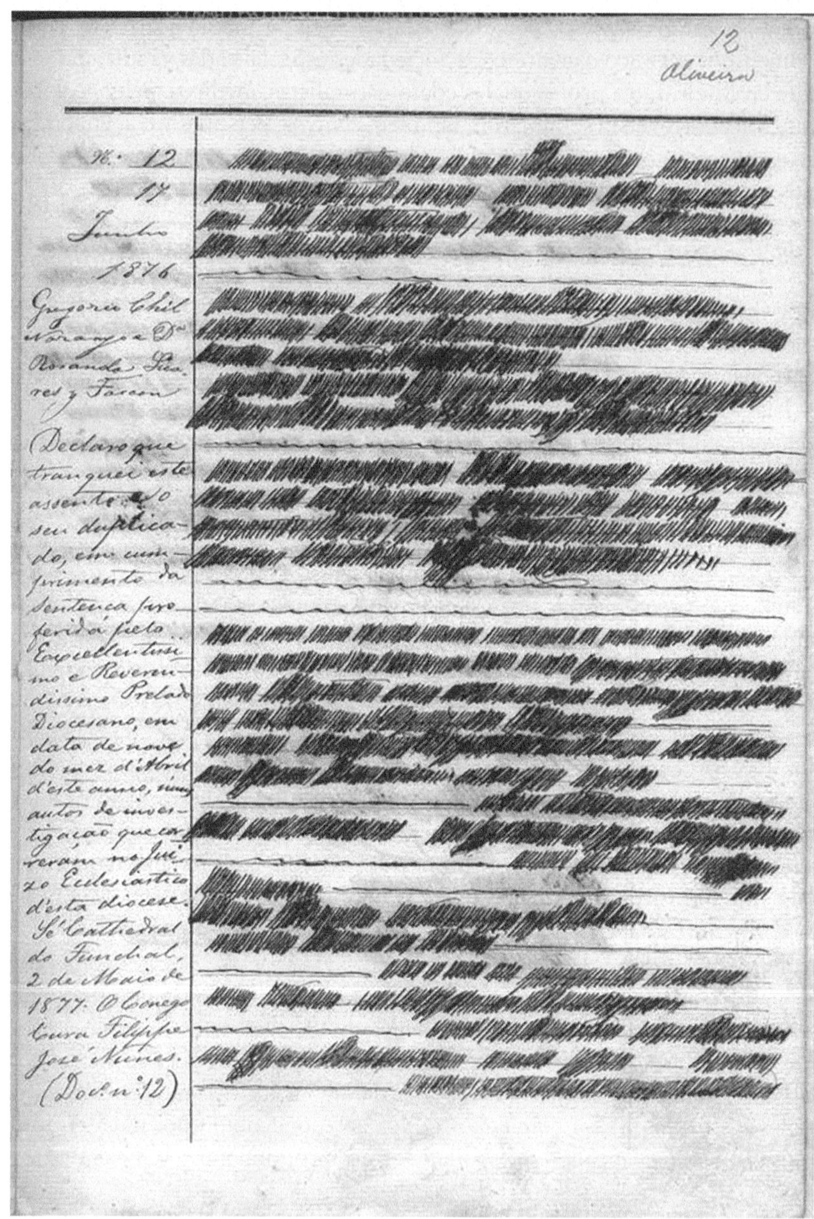

12
Oliveira

N.º 12
17
Junho
1876
Gregorio Chil Naranjo e D.ª Rosenda Suares y Tascon

Declaro que tranquei este assento e o seu duplicado, em cumprimento da sentença proferida pelo Excellentissimo e Reverendissimo Prelado Diocesano, em data de nove do mez d'Abril d'este anno, nos autos de investigação que correram no Juizo Ecclesiastico d'esta diocese. Sé Cathedral do Funchal, 2 de Maio de 1877. O Conego Cura Filippe José Nunes.
(Doc. n.º 12)

Fig. 1: Registo de casamento: Gregório Chil Naranjo c.c. Rosenda Suarez y Tascano, D., 1876, f. 12r. Liv. 1312, f. 12-12 v.º ABM Direção Regional do Arquivo e Biblioteca da Madeira.

LA REAL SOCIEDAD ECONÓMICA DE AMIGOS DEL PAÍS DE SANTA CRUZ DE LA PALMA, EN EL CONTEXTO CULTURAL DEL SIGLO XIX

Para comprender en todo su contexto la afirmación de Glick debemos remontarnos a 1852 cuando, a partir de la consecución de los Puertos Francos, las Islas Canarias se convirtieron en un verdadero hervidero de negocios y actividades económicas que daban lugar a grandes fortunas, a la demanda de numerosa mano de obra, al movimiento de mercancías y, con ellas, a la llegada y salida de nuevas corrientes de pensamiento.

La Palma, por su parte, había contado con un notable esplendor desde el siglo XVI, fruto de la actividad comercial canalizada a través de su propio puerto con la llegada de comerciantes extranjeros (flamencos, franceses, castellanos, italianos, portugueses, etc.). Pero también por el hecho de poseer privilegios, desde aquella época, que le permitían tener línea directa con puertos como Amberes, Brujas, Lisboa, Funchal, Sevilla o Cádiz. Así, en palabras de Luis León Barreto (2018: 238-239), La Palma era un territorio que a pesar de su «...pequeñez y su distancia, a pesar del caciquismo tradicional y del poder de la Iglesia, constituía históricamente un centro de pensamiento liberal-republicano. La isla recogió una fuerte impregnación de las ideas de la Ilustración...».

Entre los siglos XVII y XVIII el crecimiento de Santa Cruz de La Palma se frenó por el auge de los puertos de otras islas, y aunque a finales del ochocientos daba muestras de su anquilosado desarrollo con hechos como que la mayor parte de su población fuera pobre, analfabeta, y vivió de una economía preindustrial basada en la agricultura, también tenía muestras de un pasado de esplendor y ansias de avance. Así, una minoría social palmera, procedente de la burguesía radicada en la capital impulsó, en la segunda mitad del siglo XIX, un viraje cultural que dio por resultado un verdadero florecimiento con proyectos de gran calado, como la reactivación y el nacimiento de Sociedades de diversa índole entre las que sobresalen, entre otras: el Casino-Liceo, La Fraternidad, La Cosmológica, la Filarmónica, La Investigadora y, especialmente, la Real Sociedad Económica de Amigos del País de Santa Cruz de La Palma.

La solicitud al Rey para conformar esta última, la Económica de La Palma, se remonta al 29 de agosto de 1776, cuando un grupo de nobles y caballeros, propietarios y comerciantes, militares, burócratas y miembros del clero, tuvieron entre sus principales preocupaciones la protección de los cultivos (centrados en el del olivo y el algodón, aunque fracasaron en ello), y el desarrollo de la artesanía de la seda. Tras un periodo de crisis, la Sociedad volvió a crearse el 21 de enero de 1836 con un objeto más amplio, preocupándose de cuestiones como las infraestructuras de la isla y la repoblación forestal, así como otros asuntos como la agricultura y la ganadería. Pero, tal y como afirma Manuel De Paz (2006: 51), «... la Económica consiguió funcionar malamente hasta finales de 1843, aunque sus logros no pasaron del intento de sobrevivir. Y existió, al menos nominalmente, hasta 1865, fecha en que su director, José A. de Medina, recibió un oficio del «presidente de una *junta*, nombrada con objeto de llevar a cabo el proyecto de un Colegio de segunda enseñanza» en Santa Cruz de La Palma». Fue a partir de este momento cuando la Sociedad vivió una fructífera etapa, diversificando y centrando su objeto en el progreso de la educación pública, el aumento de la riqueza de la isla, y el bienestar físico y moral de sus habitantes; y proponiéndose, como medios para alcanzar este objetivo, la redacción de trabajos científicos, la propuesta de mejoras y adelantos, los debates, la impresión y difusión de escritos de interés, la entrega de premios, la organización de exposiciones públicas, y las relaciones con otras Sociedades Económicas y con los centros de educación y beneficencia.

Así, la reorganización de 1866 de la Económica supuso su participación activa en el progreso de La Palma, no solo abordando la mejora de su economía e infraestructuras (avances del puerto, mejora de las comunicaciones terrestres y marítimas, organización de la Exposición de Bellas Artes, Agricultura e Industria de 1876, etc.); sino, también, actuando en su vida educativa y cultural. Este último hecho queda constatado al unir su trayectoria a la del centro pedagógico de segunda enseñanza, centro que, tras la Revolución de 1868, se convirtió en Instituto Libre de Segunda Enseñanza y después, con la Restauración, en colegio privado (De Paz, 2006: 54, 77); pero también por otras acciones como su actuación en la llegada de la primera prensa periódica a la isla y su colaboración con otros colectivos como la Sociedad Cosmológica, a la que nos referiremos con posterioridad.

Centrándonos en la relación de la Económica con la prensa periódica palmera se remonta a la aparición del primer periódico de la isla, *El Time*, que vio la luz en julio de 1863; aunque fue a partir de 1866 cuando pasó a depender de aquella Sociedad, previo trámite de una comisión que estableció la forma en que debía continuar su trayectoria. Aquella comisión estuvo formada por José García Carrillo, Blas Carrillo Batista y Antonio Rodríguez López; este último, autor de la conferencia que fue motivo de discusión en la Económica palmera bajo el título *Consideraciones sobre el Darwinismo* (*El Time*, La Palma, 10 de junio de 1866, p. 2 y 2 de diciembre de 1866, p. 1; De Paz, 2006: 81-86).

BREVE APROXIMACIÓN BIOGRÁFICA DE RODRÍGUEZ LÓPEZ

Antonio Rodríguez López (Santa Cruz de La Palma, 1836-1901) nació en el seno de una familia de clase acomodada y tradición religiosa. Recibió una educación poco convencional para la época, porque sus ensayos de adolescente son adaptaciones de obras francesas traducidas por él mismo, distinguiéndose de otros prohombres de la época que se formaron en centros fuera de la isla.

Ambas cuestiones, su profundo catolicismo y la lectura de obras francesas, en especial de teatro, lo llevaron a elaborar, desde muy joven, una serie de composiciones destinadas a representarse en los carros alegóricos de las Fiestas Lustrales de la Bajada de la Virgen de las Nieves. Y también, en este marco festivo, fue autor del *Diálogo entre el Castillo y la Nave* (1855), una réplica dramatizada que evoca la larga tradición marinera de la ciudad de Santa Cruz de La Palma y su condición de Juzgado de Indias en el siglo XVI.

No obstante, a pesar de estos referentes, la obra más famosa de Rodríguez López en clave religiosa fue *Democracia sin partido: elementos para un libro, que se imprimió en Santa Cruz de La Palma desde 1866. En esta publicación* el autor propugnaba un orden político que tuviera como base la doctrina de la Iglesia y en la que atacaba la proliferación de los partidos políticos, al ver en ellos banderías de grupo más que democracia. Hasta el momento no se había hecho en Canarias un ataque tan directo a la política y a los políticos de las islas, lo que provocó la reacción de republicanos y liberales de Tenerife y La Palma, como fue el caso del pedagogo, escritor y periodista palmero, vinculado al pensamiento krausista, Juan Fernández Ferraz· con el título *Refutacion de algunas doctrinas contenidas en el folleto Democracia sin partido* (1868), y que fue replicado por el propio Antonio Rodríguez con *Reflexiones sobre la unidad religiosa* (1869). También recibió la crítica de una de las figuras más destacadas del republicanismo tinerfeño, el político y abogado Miguel Villalba Hervás, que refutó ambos textos de Rodríguez López con el título *Los partidos políticos y las sectas religiosas ante la razon y el derecho natural* (1869), y al que volvió a responder Antonio con *Polémica sobre la unidad religiosa y los partidos políticos* (1869), un conjunto de artículos en los que era posible identificar su fervor religioso (*El Time*, 17 de julio de 1869, p. 1; 24 de julio de 1869, p. 1; 24 de agosto de 1869, p. 1; y Pérez, J., 1967: 647).

Tras la controversia, Antonio Rodríguez López continuó publicando obras en clave política y en línea con la defensa religiosa (en ocasiones bajo el seudónimo de *A...*), con escritos como: *Manifestación de la inteligencia divina en el desarrollo del Universo* (1871), *Objeciones a la hipótesis espiritista* (1882), y *Notas al folleto 'Dios' de Francisco Suñer Capdevila* (1882), lo que le condujo a enfrentamientos con el pensamiento de otros intelectuales progresistas. Pero aparte de sus obras políticas y de temática religiosa sobresalen también sus leyendas, las novelas de ambiente regional, los poemas y, especialmente, las piezas teatrales.

En el terreno económico destacó su actuación en el ámbito local, sobre la que Rodríguez López «sostenía que el avance económico de La Palma pasaba por la extensión del regadío, la protección de los montes, la promoción de la industria sedera, el apoyo a los astilleros de ribera, la construcción de un muelle en la Capital y la creación de una red de carreteras insulares que facilitara las comunicaciones entre la parte occidental y oriental de la Isla» (Pérez, 1967: 648-649; González, 2009).

Adscrito al conjunto progresista de la sociedad palmera defendió, junto a otros miembros de la burguesía de la isla, causas como la abolición de la esclavitud, la abolición de la pena de muerte, la prohibición del duelo, la defensa del arbolado, etc. Pero su gran caballo de batalla, ante todo, fue la educación y la cultura como bases del desarrollo de La Palma. En esta línea impulsó proyectos como la fundación, junto a Faustino Méndez Cabezola, del mencionado periódico *El Time*, del que fue director durante un largo periodo de tiempo (también dirigió otros como *La Causa pública* y *El Iris*); pero cuando fue nombrado secretario del Ayuntamiento de Santa Cruz de La Palma, cargo que ocupó hasta su muerte, dejó la directiva en la prensa. Además, coadyuvó a la apertura del colegio privado de segunda enseñanza Santa Catalina, donde fue profesor de Retórica y Poética desde su fundación en 1868; miembro, en calidad de secretario, de la Junta local de instrucción primaria; e impulsor de la creación de bibliotecas públicas y privadas (*El Time,* 07 de marzo de 1869, p. 2; 30 de marzo de 1869, p. 1; 30 de mayo de 1869, p. 2).

En el ámbito de las aficiones sobresalió como actor, director, productor, escenógrafo, artesano de la carpintería artística y la ebanistería, conocedor y traductor de la letra latina, pintor aficionado y bibliófilo.

Además, destacó su labor como miembro y contertulio de varias Sociedades de ámbito local, nacional e internacional, como: socio fundador de La Cosmológica, de la asociación cultural La Dramática, del Casino-Liceo (del que fue director de la sección de declamación desde 1868), de La Unión, de El Amparo del Obrero, miembro y secretario general de la Económica de Santa Cruz de La Palma, representante de las Económicas de Granada y de la de Cádiz, representante de Escritores y Artistas de Madrid, miembro de la Sociedad de Literatos de Lisboa y, entre otros cargos, Cónsul del Reino de Grecia en La Palma y Secretario General de la Junta Central de la Cruz Roja (*El Time*, 30 de diciembre de 1868, p. 2; Hernández, 2006: 120).

Una acelerada actividad en lo público que compaginó con su vida privada al contraer matrimonio, el 1 de febrero de 1866, en Santa Cruz de La Palma, con Lina Antonia del Sacramento Méndez Cabezola, hermana del citado Faustino Méndez, y con la que tuvo varios hijos (Pérez, 1967: 650-652, 654).

Esta intensa y polifacética vida fue motivo de reconocimiento el 28 de abril de 1900 cuando, en la Plaza de la Constitución de Santa Cruz de La Palma y durante los festejos de la Bajada de la Virgen, la isla rindió homenaje público a Antonio Rodríguez con una corona de flores silvestres y nombrándole *Cantor de Benahoar*e (Pérez, 1967: 649-650), en alusión a la antigua población aborigen de La Palma, los benahoaritas o auaritas. Una mención que acompañó al laureado hasta su muerte, el 3 de septiembre de 1901, a los sesenta y cinco años de edad.

EL INTERÉS POR LA HISTORIA NATURAL Y CONSIDERACIONES SOBRE EL DARWINISMO

De entre las variadas facetas de la vida de Antonio Rodríguez López que merecen ser destacadas, para el caso que nos ocupa, es su temprano interés por la historia natural de La Palma.

Desde mediados del siglo XVIII La Palma destacó, en el ámbito de la arqueología, por los petroglifos de Belmaco, en Mazo, referidos en 1752 por Domingo Van de Walle de Cervellón (Santa Cruz de La Palma, 1720-1776), tratándose de las primeras menciones a un yacimiento arqueológico en Canarias. A partir de aquel momento, Belmaco suscitó el interés y la curiosidad inmediata de ilustres pensadores de la época como José de Viera y Clavijo, o el obispo Antonio Tavira y Almazán, que realizó el primer calco de los petroglifos.

Centrándonos en la figura de Viera y Clavijo, se hizo eco de los grabados en el primer tomo de su Historia de Canarias, impreso en 1772, dadas las referencias que le había aportado al respecto José Antonio Vandewalle de Cervellón (Santa Cruz de La Palma, 1734-1811), hermano de Domingo. Tal y como sostiene Manuel de Paz, José A. Vandewalle mantuvo fuertes relaciones con los miembros más destacados de la Ilustración canaria, tanto en las Islas como en Madrid, y entre ellos se encontraba Viera, con el que mantuvo correspondencia en la que se hace referencia a los grabados de Belmaco. A pesar de la insistencia de Vandewalle de tenerlos en cuenta, Viera y Clavijo se refirió a ellos en estos términos: «... Se había creído que ciertos caracteres que se divisan, a modo de inscripción sobre una lápida de la bella Cueva del barranco de Belmaco, en la isla de La Palma (habitación del príncipe de Tedote), ofrecían un monumento nada equívoco de que aquellos naturales poseían algún conocimiento del arte de escribir; pero una persona cordata que examinó prolijamente los referidos caracteres, grabados, no en una lápida movible, sino en un peñasco firme, cortado en forma de sepulcro, depone que a la verdad no parecen sino unos puros garabatos, juegos de la casualidad o de la fantasía de los antiguos bárbaros. Debemos, pues, hacer de este monumento de La Palma el mismo juicio que hizo Mr. de Maupertuis de la inscripción del mismo género que observó en la Laponia septentrional, al tiempo de su famoso viaje para determinar la figura de la tierra». José A. Van de Walle persistió en su interés de dar una explicación más convincente que la aportada por Viera, para lo que le remitió nuevos diseños y materiales, aunque no consiguió nada nuevo del historiador, que abundó en que «sobre los estraños caracteres de la Cueva de Velmaco hice también algunas reflexiones en el tom(o) 1, pág(ina) 159, y aun examinados en el diseño que Vmd. me remite, no tengo motivo para desistir de aquel modo de opinar» (De Paz, 2016: 72, 356, 437).

Con el paso del tiempo, el salto más importante en este capítulo de la historia de La Palma y para el conocimiento de estos grabados rupestres se produjo en la segunda mitad del siglo XIX, cuando la población insular y los viajeros y científicos que visitaron Canarias se hicieron eco de su existencia (Karl von Fritsch, Gregorio Chil y Naranjo, Sabin Berthelot, René Verneau, ... entre ellos). En este periodo y desde 1858, el erudito y jurisconsulto Mariano Nougués Secall (1858: 151-152, 155-156), en sus *Cartas histórico-filosófico-administrativas sobre las Islas Canarias*, y siguiendo a Viera, se refirió a las cuevas de Niquiomo y Belmaco. Sobre esta última se refería como lápidas con extraños grabados, cuyo objeto no había sido resuelto y adscribiendo su descubrimiento al mencionado Domingo Van de Walle, cuando pasaba por el lugar para identificar a un muerto desriscado cerca de aquella cueva.

Cuando la Real Academia de la Historia solicitó, en el *León Español* de 20 de julio de 1858, información de descubrimientos arqueológicos en distintas provincias españolas, Mariano Nougués envió, en 1859, dos dibujos de los grabados de Belmaco. Operación que también hizo Antonio Rodríguez López al dirigir, a la citada Real Academia, por vía del académico y exponente de la historiografía nacional española Modesto Lafuente Zamalloa, una descripción del hallazgo de los grabados de Belmaco. Aquel envío ha dado lugar a un manuscrito titulado *Inscripción de Velmaco en la isla de La Palma*, firmado por Rodríguez López, en el que escribía a la Academia, en carta fechada a 10 de septiembre de 1859, para ofrecer para su examen «... un monumento de la antigüedad isleña... una inscripsion de caracteres desconocidos grabados en una tosca lápida cuya copia se acompaña...». Aquel escrito incluía un dibujo de la inscripción y una descripción de la losa que la albergaba, lo que condujo al palmero a poner el énfasis en la complejidad de grabarla y cortarla, hasta concluir en la tesis de que podía ser que los antiguos pobladores de La Palma tuvieran algún conocimiento del arte de escribir y que pudiera existir semejanza entre sus caracteres y otros alfabetos. Con esto, Antonio Rodríguez pretendía romper con la afirmación que hacía el mencionado Viera, y al que siguieron otros como Berthelot o Juan Montero, de que aquellos dibujos eran «juegos de la casualidad» de la antigua población palmera, para alimentar la tesis de la posible adscripción canaria a la Atlántida y afirmar que: «Discutida la Atlantida de Platon, es evidente que estas islas son reliquias de aquella famosa tierra, lo que se corrobora en la perfecta semejanza de las momias encontradas en Tenerife, canaria y esta de La Palma, con las célebres momias de Egipto de cuya gente se pobló la Atlántida. Ahora bien, este oríjen que se ha atribuido a los primeros isleños de las Afortunadas ¿no quedaria clara e infaliblemente ratificado si se describiese en los caracteres que acompaño, semejanza con los antiguos ejipcios, cuando no puedan estraerse las palabras que sin duda forman aquellos signos?»[1].

La Real Academia de la Historia recibió la extensa y detallada carta de Antonio Rodríguez López y, acto seguido, el académico de número y secretario de la citada Academia, Pedro Sabau y Larroya envió, desde Madrid, el 3 de noviembre de 1859, otra misiva al anticuario de la Academia, Antonio Delgado, con el propósito de que emitiera informe al respecto[2]. El anticuario respondió a Antonio Rodríguez en carta fechada en Madrid, el 15 de junio de 1860, expresándole que creía aceptable su afirmación, aunque no podía identificar el tipo de escritura al que correspondían, «...pareciendo signos convencionales, que solo pudieran conocer aquellos antiguos isleños, y que ningun punto de contacto tienen con otros monumentos de antiguas épocas y de diversos paises... de los primeros pobladores de Canarias y de las noticias vagas de sus costumbres, parece que tubieron un origen Líbico-Fenicio...». Días más tarde, Pedro Sabau también emitió una carta a Rodríguez López, firmada en Madrid el 20 de junio de 1860, en la que le animaba a seguir con sus indagaciones[3].

Por su parte, la tesis de Antonio Rodríguez López recibió, años más tarde, el refuerzo positivo del cronista y polígrafo José Agustín Álvarez Rixo quien, en febrero de 1862, emitió un amplio escrito a aquel alabando su labor y tesis y describiendo el hallazgo de Belmaco como caracteres astrológicos o de escritura[4]. La comunicación entre Rodríguez López y Álvarez Rixo sobre asuntos relacionados con la historia de las islas en general y sobre Belmaco en particular se prolongó en el tiempo, tal y como consta en la carta que Rodríguez López remitió a Álvarez Rixo, fechada en La Palma el 14 de marzo de 1868, en la que le decía que no recordaba si le había confirmado la recepción del dibujo de la inscripción que le devolvió[5].

Este variado encuentro epistolar es la muestra fehaciente de la temprana afición e interés de Antonio Rodríguez López por el estudio del pasado de La Palma y de su historia natural y que influyó, incluso, en su faceta literaria pues, tal y como afirma Carmen Ortiz (2006: 390): «Las leyendas, las novelas y las obras de teatro que Antonio Rodríguez López escribe con protagonistas prehispánicos; los nobles guerreros y las bellas princesas de exóticos nombres y espíritu romántico de la literatura promueven la misma síntesis cultural, entre la fuerza de las formas impuestas por la cultura colonizadora metropolitana y la materia prima local que proporciona la riqueza del subsuelo mítico palmero».

Esta faceta literaria, unida a su acérrima defensa religiosa, condujeron a Rodríguez a ser uno de los primeros diletantes de la isla en opinar sobre darwinimo a comienzos de la década de los ochenta del siglo XIX, en el marco de la corriente de difusión que había vivido la teoría evolucionista en el territorio peninsular a lo largo de los años setenta y, como hemos visto, cuyo análisis y debate se extendió a Canarias.

---

[1] *Inscripción de Velmaco en la isla de La Palma* [Manuscrito], 1859, Biblioteca Universidad de La Laguna, San Cristóbal de La Laguna (BULL), f. 3r.-9r., 11r.

[2] *Oficio en el que se solicita informe sobre el envío por Antonio Rodríguez López de un grabado rupestre*, 1859, Biblioteca Virtual Miguel de Cervantes, Madrid (BVMC), 2p.

[3] *Inscripción de Velmaco en la isla de La Palma* [Manuscrito],1859, *op. cit.*, f. 9v.-11v.

[4] *Ibíd.* f. 1r.-12r.

[5] *Carta, 14 de marzo de 1868, de Antonio Rodríguez López y José Agustín Álvarez Rixo* [Manuscrito], 1868, Biblioteca Universidad de La Laguna, San Cristóbal de La Laguna (BULL), f. 1v.

Así, Antonio Rodríguez López presentó entre 1880-1881, en el ambiente de debate de la Real Sociedad Económica de Amigos del País de Santa Cruz de La Palma, la disertación Consideraciones sobre el Darwinismo. Desconocemos la fecha exacta en que se pronunció la ponencia, porque no hemos encontrado referencia alguna sobre ella en la prensa local de la época, pero todo hace pensar que se pronunció entre esos dos años porque fue publicada en 1881 por la imprenta El Time, dirigida por Antonino Pestana Rodríguez (Santa Cruz de La Palma, 1859-Las Palmas de Gran Canaria, 1938), miembro fundador también de la Sociedad Cosmológica, conservador de su museo de Historia Natural y Etnográfico, secretario de la Delegación del Gobierno en la Isla, uno de los mayores representantes de la masonería palmera a través de la Respetable logia Ábora número 331 (nombre simbólico de Tedote, de la que llegó a ser Venerable maestro) y amigo de Antonio Rodríguez López (Rodríguez, 2017: 74-75).

Cuando *Consideraciones sobre el Darwinismo* vio la luz, las obras *On the Origen of Species* y *The Descent of Man, and Selection in Relation to Sex* ya se habían traducido en España, por lo que es posible que Antonio Rodríguez López accediera a ellas en su versión francesa, dados sus conocimientos de esta lengua.

Como hemos visto, por aquellas fechas de 1880-1881, el país se encontraba en el intenso debate entre partidarios y detractores del darwinismo. A la oposición manifiesta de la Iglesia católica a las obras darwinistas se contraponía una intensa actividad a favor de esas tesis en el ámbito liberal y librepensador, hasta concluir en la consolidación del evolucionismo en la comunidad científica y entre los intelectuales liberales (Pelayo, 2016: 312-313). Así, a modo de síntesis y siguiendo la afirmación de Diego Núñez Ruiz (1975: 173-182), los partidarios del darwinismo y el transformismo en España fueron médicos, naturalistas y otros científicos, antropólogos, sociólogos…; mientras que los que rechazaron las teorías evolucionistas procedían de un espectro cultural más amplio (científicos, filósofos, escritores, dramaturgos, políticos, teólogos, etc.), que se resistían a remover los cimientos de la sociedad tradicional, sustentada en la religión (Núñez, 1975: 173-182),

Y fue, en el marco de esta tesitura, en la que debió encontrarse Antonio Rodríguez López que, hombre de gran fervor religioso, interesado por la ciencia y en particular por la historia, fiel promotor de la educación y la cultura en La Palma, defensor de proyectos de corte liberal y científico, e íntimo amigo de progresistas y masones palmeros como el propio Antonino, recibió con gran nivel de crítica los postulados darwinistas. Hasta el punto de llevar la reflexión al espacio de la sociedad civil con el texto *Consideraciones sobre el Darwinismo*, de manera similar a como lo habían hecho otros diletantes a lo largo del territorio español, en un ámbito no profesional como era el de la Sociedad Económica, pero en un ambiente que pertenecía a la población culta, a la burguesía medio-alta palmera y consiguiendo, con ello, aunque fuera desde el rechazo, impregnar el pensamiento de las elites intelectuales de la isla con la polémica abierta en torno al darwinismo, cuando otros territorios como Gran Canaria ya habían vivido su propio conflicto evolucionista con el comentado caso Chil-Urquinaona.

La ponencia consta de 64 páginas y se estructura en tres partes bien diferenciadas: «Introducción», «El Transformismo y la civilización», y «El origen del hombre». No obstante, desde la portada del texto queda clara la posición del autor, al incluir en ella la frase del Génesis, *Et creavit deus hominen ad imaginem suam* (y Dios creó al hombre a su imagen), poniendo en el centro de la creación del hombre a la acción divina; es decir, reforzaba el fundamento del creacionismo cristiano como máxima de la existencia del Dios creador.

Siguiendo esta estela, en la «Introducción», Rodríguez ahonda en la idea de que el ser humano intenta divinizar la Razón, entendida en clave positivista, hasta criticar al positivismo como una filosofía menos flexible, preocupada por la razón práctica y que, como si de un oráculo de la humanidad se tratara, lo consideraba «... la negacion de la ciencia por el empirismo, esa miopia miserable de la inteligencia que sólo ve, sólo siente y sólo quiere esos fantasmas de realidad que cruzan el alcance de los sentidos, y los cuales,... sólo son reales en cuanto son imágenes, resplandores ó traducciones de la absoluta Belleza, de la absoluta Verdad, del absoluto Bien, trinidad ontológica que se funde en la unidad eterna de Dios...» (Rodríguez, 1881: 4-5).

En estas páginas el autor relaciona directamente el positivismo con el darwinismo, al que define como el gran enemigo de la civilización humana y al que le critica el desplazamiento que, a su criterio, pretendía ocasionar al lugar que los seres humanos, creados a imagen y semejanza de Dios, ocupaban en la naturaleza: «... este principio aniquilador que amenaza arrancar una por una las páginas sagradas de la Historia de la Humanidad, esta sombra inmensa que amenaza caer como una negra losa sepulcral sobre la civilizacion de ochenta siglos, es el Darwinismo. Esta teoría, sombría como las nieblas del país en donde fué abortada, trae una negacion para el Arte, una negacion para la Moral, una negacion para la Ciencia; trae en resúmen y en síntesis espantosa la negacion apocalíptica de todo el espíritu de la Humanidad... la ciencia ha levantado en nuestro corazon un eterno altar á la divinidad del Creador, y la ciencia ha querido derribar á Dios de su pedestal eterno» (Rodríguez, 1881: 8-10).

Como hombre de letras argumentaba sus críticas con referencias a las grandes obras humanas de la Historia, ejemplificando cómo, a través de su existencia, era imposible que el ser humano, fuera una etapa más de un proceso natural que afectaba a todos los seres vivos: «... ¿es ciencia poner en una misma arqueología el dique de los castores y el Partenon, en un mismo museo el tronco labrado por la carcoma y el Apolo de Belvedere; en una misma pentágrama el áspero chirrido de las ranas y el *Casta Diva* de Norma, en una misma biblioteca el grito del hilobato y los poemas del inmortal Homero? No! Esto no es ciencia, señores...».

Hasta cerrar la Introducción con la afirmación de que «... esto es el Darwinismo, última y total manifestación anticientífica del Positivismo, que invade el espíritu humano en nuestro tiempo, amenazando aniquilar en espantoso naufragio los eternos principios en que descansa toda nuestra civilizacion... El Darwinismo, como todos los errores que el Positivismo aborta, entrará al fin en el catálogo de las demencias humanas; porque esa teoría arroja sobre el mundo por consecuencia un inmenso absurdo: la negacion del Arte, de la Moral y de la Ciencia...» (Rodríguez, 1881: 12-13).

El segundo capítulo de la publicación, «El transformismo y la civilización», es, en cierta forma, una continuidad de la «Introducción» y la defensa creacionista del autor; pero la gran novedad de esta parte de la obra es que Rodríguez López aborda un tema que Darwin nunca trató de manera directa: el origen de la vida. Partiendo de que la teoría darwinista reposaba sobre la idea de una célula primigenia en la tierra y su evolución, el autor palmero exponía que el combate constante por la vida era, según Darwin, la creación suprema y, en medio de esa eterna guerra de la naturaleza, en ese transformismo, el hombre (*la entelequia humana*, el *Yo humano*) desapareció. En este cambio o transformismo permanente Antonio Rodríguez sostiene que se pierde la esencia del ser humano y que, por lo tanto, también desaparecen las grandes obras de la humanidad como el Laocconte, la Capilla Sixtina, *La Ilíada*, el *Diablo mundo*, etc. hasta cerrar este capítulo con la afirmación de que «... el Hombre, este yo supremo, no ha sido jamás producto de la cópula salvaje de las bestias, sino que desde las auroras de los tiempos brotó del pensamiento del Creador...» (Rodríguez, 1881: 18-21, 30).

Esta idea engarza con la tercera y última parte, «Origen del hombre», en el que Rodríguez López continúa la idea del segundo capítulo de que la existencia de una célula prototípica de los seres es el principio fundamental del darwinismo, para preguntarse posteriormente quién dio vida a esa primera forma y afirmar que: «En vano invoca Darwin la idea del Creador...; despues de destruir la Creacion, no se puede invocar al Creador...». De esta manera, el autor palmero critica el hecho de que Darwin no fuera claro en su teoría sobre el origen de la vida, hasta llegar al único momento de la publicación en que sostiene su tesis en otros autores, refiriéndose a la traductora francesa, Clémence A. Royer, y al médico alemán Friedrich Carl Christian Ludwig Büchner para afirmar que: «... Darwin no ha llevado su hipótesis hasta el fin, y se detiene en mitad de sus consecuencias...Tiene razon la atea Clemencia Royer al acusar á su maestro por no retrogradar hasta la última consecuencia de su sistema; tiene razon el materialista Büchner al echar en rostro á Darwin el haberse detenido ante el misterio de la primera aparicion de la vida sobre el globo... « (Rodríguez, 1881: 33-35).

Partiendo de ahí, Rodríguez López aborda el hecho de que a raíz de la célula primitiva se produce la hipótesis de la generación espontánea, a la que califica de absurda e imposible metafísico, afirmando que si es «... absurdo el transformismo en su principio, no lo es menos en los medios de realizacion... El principal de estos supuestos medios es, como sabeis, la *trasmision hereditaria* de los progresos orgánicos». Hasta concluir que «... es muy frágil fundamento un trozo de la columna dorsal para sostener en pié la teoría transformista» (Rodríguez, 1881: 42-43, 47).

En definitiva, *Consideraciones sobre el darwinismo*, de Antonio Rodríguez López, es un reforzamiento de la tesis creacionista y una crítica directa a la gran polémica que abría esta teoría: el origen de la vida; sumándose, de esta forma, a la basa de la corriente antidarwinista que se extendía por el resto del país. No obstante, resulta curioso que, siendo una polémica tratada por otros autores especializados, el autor palmero no cite a ninguno de ellos para sostener su tesis antidarwinista y las únicas referencias puntuales que hace al respecto son a la mencionada traductora Royer y al doctor Büchner.

Llama la atención, además, que a pesar del interés de Rodríguez López por las ciencias, llevado hasta el punto de intentar averiguar el origen de las inscripciones en Belmaco y su posible relación con los primeros pobladores de La Palma, no recurriera en su disertación al registro fósil, tal y como hicieron otros antidarwinistas de la época; o no citara los debates y trabajos realizados en historia natural y antropología en centros próximos como el ya fundado Museo Canario; y tampoco aludiera a la polémica abierta sobre el pasado insular y la inserción de los aborígenes canarios en la historia general de la evolución. Todo ello da muestra del carácter *amateur* del texto y de su autor, que recurrió a grandes referencias clásicas, renacentistas y contemporáneas de la mitología, del arte o de la literatura para argumentar su discurso, cargado de una prosa envidiable, pero que obviaba porque no quiso, no pudo, o no supo acudir a argumentos basados en ciencias como la paleontología. No obstante, a pesar de todo ello, lo que no podemos pasar por alto es que Antonio Rodríguez López fue quien posicionó el debate darwinista en La Palma a través del escenario del centro intelectual del momento, la Sociedad Económica.

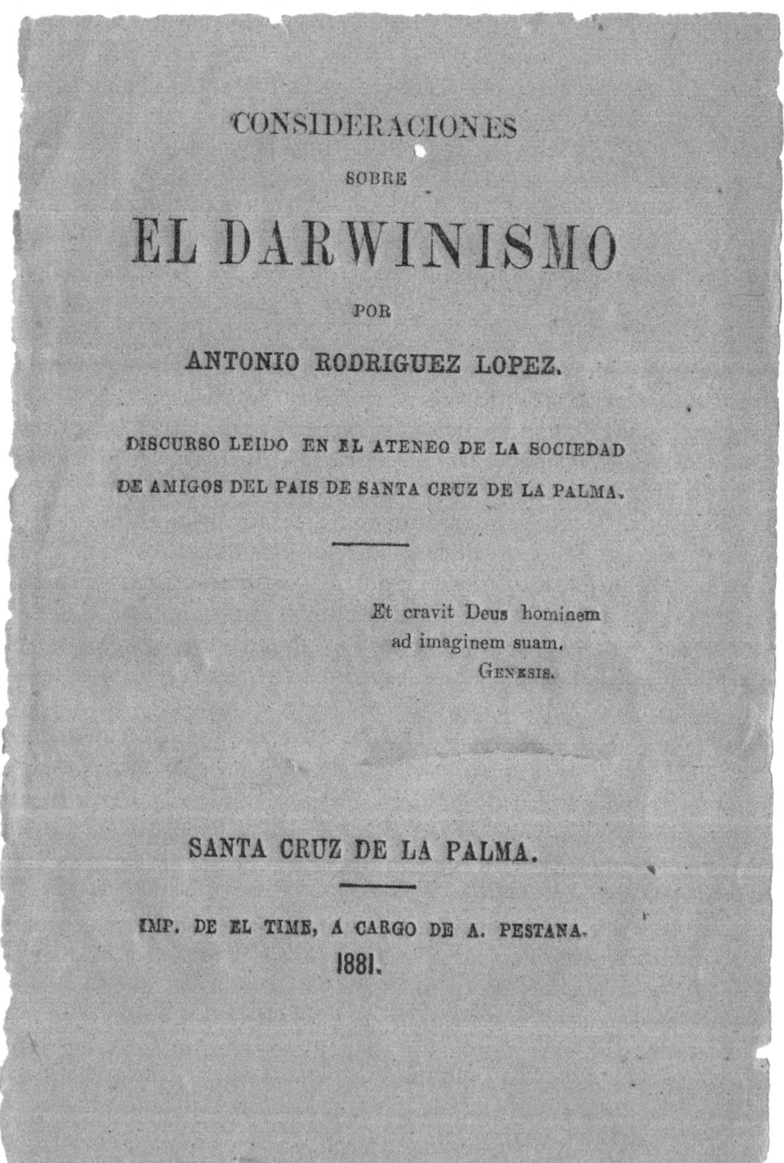

CONSIDERACIONES

SOBRE

EL DARWINISMO

POR

ANTONIO RODRIGUEZ LOPEZ.

DISCURSO LEIDO EN EL ATENEO DE LA SOCIEDAD DE AMIGOS DEL PAIS DE SANTA CRUZ DE LA PALMA.

Et cravit Deus hominem
ad imaginem suam.
GENESIS.

SANTA CRUZ DE LA PALMA.

IMP. DE EL TIME, Á CARGO DE A. PESTANA.
1881.

Fig. 2: Consideraciones sobre el darwinismo, Antonio Rodríguez López, 1881, Santa Cruz de La Palma, Imp. El Time. Biblioteca Insular José Pérez Vidal.

LA SOCIEDAD COSMOLÓGICA

En el mismo año en que se imprimió *Consideraciones sobre el darwinismo* nació, impulsada por la sociedad civil intelectual palmera, la Sociedad Cosmológica, que vio la luz con el objetivo de propagar el conocimiento de las ciencias naturales a través de su estudio práctico y de la discusión, para lo que constituiría un Museo de Historia Natural y Etnográfico, e intentaría acopiar gran parte del patrimonio arqueológico de la isla. Fruto de esta mirada universal, su nombre derivaba, posiblemente, del título de la obra *Kosmos* (1848-1858), de Alexander von Humboldt.

La Cosmológica guardaba grandes similitudes en su objeto con el Gabinete Científico en Tenerife (*1877)* y con el Museo Canario en Gran Canaria (1879), dada la importancia que alcanzó en la época la ciencia antropológica y la necesidad de emparentar a las islas, desde el punto de vista estratégico y político, con el continente europeo, a través de la comparativa con los descubrimientos de Cro-Magnon.

Así, siguiendo la senda de El Museo Canario, aunque en el caso palmero de carácter más localista y *amateur* (el centro grancanario contó con mayor peso de profesionales y contactos científicos, de carácter nacional e internacional), el museo de La Cosmológica reunió una colección no muy extensa pero diversa (en especial insectos, conchas, aves, plantas, minerales, cerámica, cráneo, etc.), que recopiló a través de la compra o de la aportación de los propios asociados, locales o corresponsales.

El museo palmero fue inaugurado el 23 de enero de 1887· contribuyendo a la historia del pensamiento en las islas a través de su colección, pero también con otras acciones a lo largo de su andadura como la promoción de excursiones y estudios arqueológicos sobre La Palma, conferencias, veladas literarias o ponencias de diversa temática, fruto de uno de sus fines como centro de investigación local.

La Cosmológica no permitía discusión sobre asuntos políticos o religiosos (Ortiz, 2005: 219), lo que da cuenta del ambiente de controversia en el que nació: «... imbuida de las ideas darwinistas e influida de la filosofía positivista, junto a un claro objetivo de contribuir al progreso y conocimiento riguroso de la isla» (Cobiella y Poggio, 2017: 19). Fue fundada por una selecta minoría intelectual (mayoritariamente maestros, abogados, médicos, periodistas e industriales) y contó con el apoyo de la Económica de La Palma, que no solo cedió la primera sede del nuevo centro, sino que, además, compartía varios asociados, como fue el caso de los mencionados Antonino Pestana Rodríguez y Antonio Rodríguez López. Resulta llamativa la participación de este último en la nueva Sociedad (colaboró, entre otros, en la redacción de su reglamento), dado el carácter inspirador del colectivo en los avances del positivismo, aunque tampoco podemos obviar, como hemos visto, el interés de Rodríguez López por el estudio del hombre y de la naturaleza.

En definitiva, La Cosmológica es otra muestra relevante del avance cultural y científico en las islas, desde el siglo XIX, a través de una sociedad civil intelectual, burguesa, local y diletante, especialmente interesada por las ciencias naturales y por la antropología física, con contactos en la Península y en Europa, y de distintas adscripciones ideológicas en las que el debate positivista y darwinista no faltó (Ortiz, 2005: 224-225).

CONCLUSIÓN

Tal y como refería Glick en *Darwin en España* (1982), La Palma es un claro ejemplo de la dimensión que adquirió la difusión del darwinismo en el país a finales de los años setenta del siglo XIX. En esa expansión es evidente el papel que jugó la clase intelectual burguesa y las redes de contacto a través del espacio asociativo que, en la isla canaria, estuvo representada, entre otros, por la Sociedad Económica de Amigos del País de Santa Cruz, la Sociedad Cosmológica y la figura del diletante Antonio Rodríguez López.

Una muestra de la difusión del darwinismo y el positivismo en España y de la palanca de cambio que supuso la llegada de estas nuevas corrientes ideológicas, más allá del territorio peninsular, en la periferia, en un entorno no especializado pero abierto a la opinión y el debate, y con la enorme particularidad de hacerlo desde la mirada del hecho insular.

BIBLIOGRAFÍA

–(1866), *Estatutos y reglamento interior de la Sociedad Económica de Amigos del Pais de la ciudad de Santa Cruz de La Palma en Canarias,* Biblioteca Virtual del Patrimonio Bibliográfico, Santa Cruz de La Palma, Imprenta El Time. https://bvpb.mcu.es/es/consulta/registro.do?id=447238.

–«Antonio Rodríguez López», *El Apurón*, La Palma, 15 de julio de 2009. https://elapuron.com/blogs/plaza/147/antonio-rodrguez-lpez/.

–*Carta, 14 de marzo de 1868, de Antonio Rodríguez López y José Agustín Álvarez Rixo* [Manuscrito], 1868, Biblioteca Universidad de La Laguna, La Palma. https://www.europeana.eu/en/item/339/_0000004471.

–*Inscripción de Velmaco en la isla de La Palma, Antonio Rodríguez López y José Agustín Álvarez Rixo* [Manuscrito], 1859, Biblioteca Universidad de La Laguna, La Palma. https://www.europeana.eu/sk/item/339/_0000003926.

–*Oficio en el que se solicita informe sobre el envío por Antonio Rodríguez López de un grabado rupestre, Pedro Sabau y Larroya,* 1859, Biblioteca Virtual Miguel de Cervantes, Madrid. https://www.cervantesvirtual.com/nd/ark:/59851/bmckh280.

Cobiella Hernández, Manuel y Poggio Capote, Manuel (2017), «La Real Sociedad Cosmológica de Santa Cruz de La Palma», *Pecia Complutense Boletín de la Biblioteca Histórica «Marqués de Valdecilla»*, 26, Madrid, Universidad Complutense, pp.17-41.

De Paz Sánchez, Manuel (2006), *Los «Amigos del País» de La Palma, siglos XVIII y XIX*, Santa Cruz de Tenerife, Ediciones Idea.

Glick, Thomas F. (1982), *Darwin en España,* Barcelona, Ediciones Península.

Gomis Blanco, A. (2008), «Las ideas de Darwin en España, hasta su fallecimiento en 1882», *Boletín de la Institución Libre de Enseñanza (Ejemplar dedicado a Charles Darwin, doscientos años después)*, 70-71, Madrid, Fundación Giner de los Ríos, pp. 175-190.

Gomis Blanco, Alberto y Josa Llorca, Jaume (2007), *Bibliografía crítica ilustrada de las obras de Darwin en España. 1857-2005.* Madrid, *Consejo Superior de Investigaciones Científicas* (CSIC).

Hernández Correa, Víctor J. (2006), «Rodríguez López y el género chico: entre la tradición y la modernidad», *Cartas Diferentes Revista Canaria de Patrimonio Documental*, 2, La Palma, Cartas diferentes, pp. 119-167.

León Barreto, Luis (2019), «Los orígenes del periodismo en La Palma: El Time (1863-1870)», *Cartas Diferentes Revista Canaria de Patrimonio Documental*, 15, La Palma, Cartas diferentes, pp. 237-254.

Mederos Martín, Alfredo (2003), «Islas Canarias», en Almagro Gorbea, M. y Maier Allende, J. (coord.), *250 años de arqueología y patrimonio histórico. Documentación sobre arqueología y patrimonio histórico de la Real Academia de la Historia. Estudio general e índices*, Madrid, Real Academia de la Historia, pp. 195-208.

Naranjo Santana, Mari Carmen (2020), «Gregorio Chil y Naranjo y el evolucionismo en Canarias», en Sarmiento, M., Betancor, M.J., Ruiz, R. y Naranjo, M.C. (eds.), *Reflexiones sobre Darwinismo desde las Islas Canarias*, Madrid, Doce Calles, pp. 57-78.

Nougués Secall, Mariano (1858), *Cartas histórico-filosófico-administrativas sobre las Islas Canarias,* Santa Cruz de Tenerife, Imprenta y librería madrileña de Salvador Vidal.

Núñez Ruiz, Diego (1975), *La mentalidad positiva en España: desarrollo y crisis*, Madrid, Tucar Ediciones.

Ortiz García, Carmen (2005), «La Sociedad Cosmológica de la isla de La Palma. Localismo y ciencia positiva», en Alberto Vieira (coord.), *As Ilhas e a Ciência: História da Ciência e das Técnicas: I Seminário* Internacional, Funchal, Centro de Estudos de História do Atlântico, pp. 207-230.

Ortiz García, Carmen (2006), «Guanchismo y nacionalismo en las sociedades científicas canarias de fines del siglo xix», *Revista de Estudios Generales de la Isla de La Palma, 2*, La Palma, Sociedad de Estudios Generales de la Isla de La Palma, pp. 379-393.

Pelayo López, Francisco (2016), «El impacto del darwinismo en la sociedad española del siglo xix», *Hispania Nova Revista de Historia Contemporánea*, 14, Madrid, Universidad Carlos III, pp. 310-329.

Pelayo López, Francisco (2017), «La recepción del Darwinismo y la historiografía de las teorías evolucionistas en España», *eVolución Boletín Electrónico de la SESBE*, 12 (2), Madrid, Sociedad Española de Biología evolutiva (SESBE), pp. 21-37.

Pérez García, Jaime (1967), «Historia de la casa García de Aguiar», en Fernández de Béthencourt, F. (dir.), *Nobiliario de Canarias*, t. IV, La Laguna, Juan Régulo Editor, pp. 644-651.

Puig-Samper, Miguel Ángel, García González, Aramando y Pelayo López, Francisco (2017), «La polémica evolucionista en España durante el siglo xix: una revisión», *Hist. cienc. Saude-Manguinhos*, 24 (3), Rio de Janeiro, Fundação Oswaldo Cruz, pp. 585-601.

Rodríguez López, Antonio (1881), *Consideraciones sobre el Darwinismo, Santa Cruz de La Palma, Imprenta El Time.*

Rodríguez Macario, José I. (2017), «Ordenación, clasificación y conservación de la colección documental de Antonino», *Cartas Diferentes. Revista Canaria de Patrimonio Documental* (Ejemplar dedicado a: VII Encuentro de Archiveros de Canarias), 13, La Palma, Cartas diferentes, pp. 73-94.

Tejera Gaspar, Antonio (1993), «La inscripción de Belmaco, según Antonio Rodríguez López y José Agustín Álvarez Rixo», en Díaz Padilla, G. y González Luis, F. (coord..), *Strenae Emmanuelae Marrero Oblatae*, t. 2, La Laguna Universidad de la Laguna, pp. 673-684.

Viera y Clavijo, José de (2016), *Historia de Canarias*, t. I, De Paz Sánchez, M. (ed., introd. y notas), Santa Cruz de Tenerife, Ediciones Idea, pp. 21-142.

DARWINISMO SOCIAL EN LA EMPRESA COLONIAL ESPAÑOLA EN ÁFRICA

Alba Lérida Jiménez
Instituto de Historia, CCHS, CSIC
alba.lerida@cchs.csic.es

José María López Sánchez
Universidad Complutense de Madrid
jmlopezs@ghis.ucm.es

LA TEORÍA SINTÉTICA DE LA EVOLUCIÓN

Las ciencias naturales experimentaron transformaciones radicales en las primeras décadas del siglo XX, fundamentalmente en el terreno biológico de la mano de la bioquímica, una disciplina que iba a determinar muchos de los avances de la fisiología y la química biológica en el siglo XX. Las novedades más trascendentales acontecieron empero en el campo de la genética y su impacto en la reformulación de las teorías evolucionistas. A finales del siglo XIX parecía haberse asistido a un eclipse de las teorías darwinistas, fundamentalmente a raíz de la fuerza adquirida por el neolamarckismo y la ortogénesis como alternativas para explicar el origen y la evolución de las especies. El desarrollo de la genética en las dos primeras décadas del siglo XX condujo a una revalorización y reinterpretación del papel de la adaptabilidad, con ello el neodarwinismo terminó por imponerse al neolamarckismo y a la ortogénesis. El trabajo de Thomas Hunt Morgan «estableció para siempre que los genes no sólo eran las unidades de la herencia descubiertas por Mendel, sino también los motores de la evolución formulada por Darwin y los conductores que guían al óvulo fecundado –una sola célula- a través del desarrollo embrionario hasta fabricar a un adulto completo» (Sampedro, 2007: 110-111). En esta época se comprobó que:

> la mayoría de los genes son pleiotrópicos; es decir, que tienen efectos sobre varios aspectos diferentes del fenotipo. De manera similar, se descubrió que casi todos los componentes del fenotipo son caracteres poligénicos; es decir, afectados por múltiples genes. Estas interacciones entre genes tienen una importancia decisiva en lo referente a la adaptabilidad de los individuos y los efectos de la selección (Mayr, 2005: 213-214).

En los inicios de la genética, los trabajos se centraron en desentrañar los problemas asociados con la herencia y la variación, con lo que el redescubrimiento de las leyes mendelianas desempeñó un papel capital. Fueron trabajos centrados en el estudio del efecto de las mutaciones a partir de pequeños grupos de individuos, por lo que el problema de la adaptabilidad darwinista quedó en un segundo lugar. Sólo cuando se desarrolló la genética de poblaciones pudo abordarse sobre nuevas bases una de las cuestiones que más polémica había generado en el cambio de siglo respecto de la teoría darwinista. En 1908 los trabajos sobre genética de poblaciones de Godfrey Harold Hardy y Wilhelm Weimberg demostraron que una población mendeliana no influida por factores evolutivos se halla en equilibrio, por lo que la frecuencia de variaciones genéticas permanecía constante en la sucesión generacional, es la conocida *ley de Hardy-Weinberg*. Sergei Sergeevich Chetverikov propugnó en 1926 la heterogeneidad de toda población natural, heterogeneidad provocada por las mutaciones que, además, era básica para el proceso evolutivo. Los modelos estadístico-matemáticos de la dinámica genética de poblaciones contribuyeron decisivamente al desarrollo de la teoría sintética de la evolución. Los trabajos de Ronald Aylmer Fisher (1930) y John Burdon Sanderson Haldane (1932) en Gran Bretaña y de Sewall Wright (1931 y 1939) en Estados Unidos sentaron las bases de la genética de poblaciones. Fisher en 1918 y Wright en 1921 centraron sus estudios sobre poblaciones mediante la utilización de modelos estadísticos, analizando los efectos sobre las poblaciones de los procesos de selección, difusión, aislamiento y pérdida genética.

Fue el desarrollo de la genética la que posibilitó la recuperación del darwinismo, eso sí con algunas importantes correcciones a la hora de explicar el origen y evolución de los organismos vivos. Neolamarckismo y ortogénesis terminaron por desaparecer de la escena ante su imposibilidad de incorporar satisfactoriamente los resultados de la genética mendeliana. La polémica se solventó en los años veinte y treinta del siglo XX al aceptarse que los caracteres cualitativos dependían también de la herencia mendeliana, donde un carácter vendría determinado por el efecto de varios genes. Fisher, Haldane y Wright demostraron que la selección natural, al actuar acumulativamente sobre pequeñas variaciones, a lo largo de generaciones, podía provocar cambios importantes en las especies. Con ello el mutacionismo se tuvo que batir en retirada y se sentaron firmemente las bases para la integración en una teoría unificada de la genética de Mendel y la selección natural de Darwin, dando lugar a la *teoría sintética de la evolución*. El análisis genético de poblaciones permitió «demostrar que los viejos procesos darwinianos podían interpretarse en términos mendelianos. La selección no actuaba sobre genes individuales cuando eran creados por mutación, sino sobre un conjunto de genes que constituían el fondo de variabilidad de la especie, constantemente reaprovisionado mediante mutación y recombinación genética» (Bowler, 1985: 233-234). Julian Huxley, Theodosius Dobzhansky, Ernst Mayr y George Gaylord Simpson sentaron las bases para la formulación de la nueva teoría de la evolución, mediante la conjunción de las tesis darwinistas, los desarrollos de la genética y la teoría genética de poblaciones.

Theodosius Dobzhansky se unió al grupo de Morgan en 1927, publicó *Genética y el origen de las especies* en 1937, libro fundamental en la gestación de la moderna teoría sintética de la evolución, donde señaló que:

> el efecto morfológico de las mutaciones podía ser en verdad muy pequeño, y mostró cómo la combinación de varias de ellas se bastaba para conferir a una población un repertorio continuo de variación externa enteramente compatible con el gradualismo darwiniano: un repertorio gradual de formas sobre el que podía actuar a su antojo la selección natural (Sampedro, 2007: 111).

Los años cuarenta del siglo XX fueron el gran momento de expansión de la teoría sintética de la evolución. La publicación en 1942 de la obra de Ernst Mayr *La sistemática y el origen de las especies* marcó un hito en esta dirección, al realizar una síntesis en la que la genética, la taxonomía, la ecología y la biogeografía fueron integradas en la nueva teoría sobre la evolución. Las obras de Julian Sorell Huxley *Evolución: la nueva síntesis* (1942) y George Gaylord Simpson *Tempo and Mode in Evolution* (1944) desempeñaron un papel similar. La teoría sintética de la evolución se basa en la teoría darwinista, en la genética y en la dinámica de poblaciones. Las premisas de la teoría sintética de la evolución se pueden resumir en que la evolución gradual de las especies se explica por la irrupción de pequeñas variaciones aleatorias –mutaciones– y su criba posterior mediante selección natural. La evolución, tanto la macroevolución como la especiación –proceso de aparición de nuevas especies- resultan explicables a partir de dichos mecanismos genéticos.

Con la teoría sintética de la evolución el carácter progresivo de la evolución desapareció de la faz de la biología: "En la historia de la vida no se encuentra nada que indique una tendencia universal al progreso evolutivo, o una capacidad universal para dicho progreso. Cuando se observa un aparente progreso, éste es simplemente un subproducto de los cambios impuestos por la selección natural» (Mayr, 2005: 215). Sus fundadores todavía pensaban, influidos por el fuerte carácter teleológico de la civilización occidental, en un esquema lineal de la evolución, algo hoy por completo descartado por la visión del equilibrio puntuado, más acorde con una geometría de la evolución humana ramificada que favorece la evolución por escisión frente a la evolución lineal. En ello desempeñó un papel de primer orden la paleontología, la geología y el fenómeno de las extinciones masivas, pues

> Las extinciones masivas nos recuerdan que la evolución no es un ascenso constante hacia una perfección cada vez mayor, como suponía la teoría de la evolución transformativa, sino un proceso impredecible en el que los «mejores» pueden ser bruscamente exterminados por una catástrofe, permitiendo que la continuidad evolutiva quede a cargo de linajes filéticos que antes de la catástrofe no parecían tener demasiado futuro (Mayr, 2005: 215).

El cambio evolutivo se produce a través de mutaciones genéticas casuales en poblaciones reducidas o por fluctuaciones en el tamaño de la población. Las mutaciones nuevas constituyen una fuente de variabilidad del acervo genético. La selección favorece determinadas combinaciones de genes e inhibe otras, la selección se convierte así en un mecanismo fundamental de la evolución, mediante la incorporación de combinaciones adaptativas nuevas al acervo de variabilidad, forjado a lo largo de generaciones por la acción combinada de mutaciones, recombinación y selección.

DARWINISMO, GENÉTICA Y TRANSFORMISMO EN ESPAÑA DURANTE LOS AÑOS CUARENTA.

En España las investigaciones genéticas habían tenido durante el primer tercio de siglo dos nombres propios, Antonio de Zulueta y José Fernández Nonídez, y dos escenarios privilegiados, el Laboratorio de Biología Experimental del Museo Nacional de Ciencias Naturales y la Universidad de Columbia en Nueva York, donde habían trabajado Zulueta y Nonídez respectivamente. El primero, sobre todo durante los años treinta, había establecido una sólida colaboración científica con Richard Goldschmidt en Berlín, mientras Nonídez colaboró con el equipo de Thomas H. Morgan en los Estados Unidos. La guerra civil cortó de raíz la consolidación del grupo de genetistas que se estaban formando alrededor de Zulueta y su laboratorio en el Museo de Madrid precisamente en los años en que empezaba a fraguarse la teoría sintética de la evolución (Otero Carvajal y López Sánchez, 2012). El triunfo del pensamiento ultramontano en el academicismo de la España franquista hizo imposible la continuidad de las investigaciones emprendidas por Zulueta. Aunque no faltaron comentaristas a la síntesis evolutiva,

> La guerra, el exilio y la depuración política disgregaron la comunidad científica española. El desmantelamiento de claustros docentes e investigadores universitarios y la creación del CSIC como organismo sustituto de la JAE, se realizó en el marco de una ideología nacional-católica nada favorable para la recepción de la síntesis evolucionista moderna, teoría claramente materialista (Pelayo, 2009: 102).

Una de las consecuencias de los postulados ideológicos del conservadurismo académico español fue el rechazo del darwinismo mismo y las tesis evolucionistas. Hubo incluso imposición de multas a quienes enseñaban la teoría de Darwin durante la posguerra, en un contexto ideológico que:

> Mantuvo la línea que siempre habían defendido los sectores más conservadores y religiosos de vincular el evolucionismo al materialismo, especialmente en relación al origen del género humano. Así, desde finales de la década de los cuarenta y durante los años cincuenta, se incidirá, desde una perspectiva teológica y filosófica en el relato bíblico de la creación, al tiempo que se contemplará de manera crítica la teoría de la evolución, sobre todo aplicada al género humano (Pelayo, 2009: 113).

Las primeras manifestaciones antidarwinistas de posguerra habían aparecido en una memoria escrita por Eugenio Cueto y Rui-Díaz para la Real Academia de Ciencias Exactas, Físicas y Naturales de Madrid (1941) y una traducción de un artículo del profesor de la Universidad de Lund, Nils Heribert-Nilsson, muy crítico con el darwinismo, publicado en la revista *Escorial* en 1942. No obstante, el sector más belicoso con el tema evolucionista fue el de las revistas religiosas, en especial las gestionadas por jesuitas, como *Razón y Fe*, *Ibérica*, *Pensamiento*, *Verdad y Vida*, *Miscelánea Comillas*, *La Ciencia Tomista* o *Ecclesia*, entre otras. Uno de los polemistas más activos fue Valeriano Andérez, autor de varios trabajos sobre cuestiones de evolución y paleontología humana, en los que se apoyaba en autores extranjeros muy críticos con la teoría transformista, como Oskar Kuhn, P. Lemoine, A. Fleischman, L. Bounoure o Richard Goldschmidt, pero también en autores españoles entre los que no faltaban catedráticos de ciencias como Bermudo Meléndez, Solé Sabarís y Loustau Gómez de la Membrillera.

En las oposiciones a la cátedra de Organografía y Fisiología Animal de la Facultad de Ciencias de la Universidad de Barcelona el aspirante Francisco Ponz Piedrafita, que sería nombrado catedrático por unanimidad, elaboró una memoria en la que decía que: «La teoría de la evolución se ha edificado sobre una serie de datos que no alcanzan el valor de demostración lógica; [...]. El creacionismo por su parte no ha sido fundamentalmente rebatido» (pp. 26-27). Frente a los errores del evolucionismo, Ponz Piedrafita señalaba que «En España, no hay genios científicos de la investigación naturalista que destaquen entre los del resto de Europa. Y es que el pueblo español poseía la verdad religiosa que el resto del mundo se empeñaba en desvirtuar»[1].

Hasta 1945 no apareció en el *Boletín de la Universidad de Granada* una referencia a la teoría sintética de la evolución, hecha en una reseña que el catedrático de Geología Bermudo Meléndez hizo a *Tempo and Mode in Evolution* de Simpson. Meléndez no asumió, a pesar de elogiarlos parcialmente, los postulados de Simpson en materia evolucionista, más bien al contrario, pues en discursos, conferencias y trabajos posteriores seguía convencido de que el origen de la vida y la aparición del ser humano sólo podían explicarse por la intervención de un Agente Superior. El dogma católico y la acción creadora divina eran imprescindibles para comprender el «transformismo teísta» que Meléndez defendió, en el que Dios orientaba la evolución. Meléndez (1948 y 1949) criticó las nuevas tendencias de la teoría sintética neodarwinista, desde sus primeras formulaciones por T. H. Morgan y sus continuadores. Bermudo Meléndez sería autor de dos obras, *Tratado de Paleontología* e *Historia de la vida y la tierra*, que se caracterizaron por sus posiciones antidarwinistas y en defensa del dogma católico.

En las oposiciones a la cátedra de Paleontología y Geología Histórica de la Facultad de Ciencias de la Universidad de Madrid, ganada por Bermudo Meléndez, éste no tuvo ningún reparo en incluir como avales de sus méritos, además de sus publicaciones, una serie de cartas personales que le habían enviado destacados miembros de la comunidad religiosa o científica elogiando sus posiciones católicas en materia científica. Bermudo Meléndez era ya catedrático en Granada, donde abrió el curso 1946-47 con un discurso en el que se basó la redacción de su *Historia de la vida y la tierra*. Para apoyar la validez de esta obra ante el tribunal de oposición presentó, entre otras, cartas enviadas por Eugenio Cueto y Ruiz-Díaz y Valeriano Andérez. De este último era una fechada el 31 de enero de 1947 en la que se decía:

[1] Memoria elaborada por Francisco Ponz Piedrafita. AGA. Educación. Legajo 10842-1, Caja 31/1483.

> Recibí el día 23 su discurso Historia de la vida sobre la Tierra y el día 25 su carta del 22, dándome cuenta de las impresiones causada en Vd. por la lectura de mi estudio sobre el aspecto paleontológico del origen humano. [...], con esta ocasión se ha confirmado y agrandado la alta estima que de Vd., como científico y como cristiano, ya tenía[2].

Desde el Colegio de Santo Domingo de la Compañía de Jesús en Orihuela, Alicante, el 19 de octubre de 1946 le había escrito Vicente Muedra para felicitarle:

> Por el criterio no solo rigurosamente científico que brilla en él, sino principalmente por el virilmente católico del que alardeas, sin jactancia pero con firmeza. [...] Por esto no solo te relicito sino que te aliento a que sigas ese camino, convencido del enorme bien espiritual y científico que irás sembrando en las juveniles inteligencias que Dios irá poniendo cada curso en los escaños de tu clase[3].

Tanto o más contundente se mostraba José Pertunes desde el Instituto Biológico de Sarriá en diciembre de 1946:

> Está tan de moda la doctrina contraria que parece que el que tiene valor para decir lo contrario ya es un personaje raro y anticuado. [...] Pero una cosa son los hechos científicamente comprobados y otra muy diferente toda esa serie de suposiciones que nos quieren vender con el pomposo título de «la verdadera ciencia moderna apoyada en los hechos comprobados»[4].

En la memoria que Bermudo Meléndez elaboró para opositar a la cátedra de Paleontología y Geología histórica de Madrid sintetizó su postura al respecto del darwinismo y la teoría evolucionista:

> Una de las conquistas más importantes de la Paleontología, ha sido la demostración palpable de que no existe absolutamente ninguna contradicción entre las Ciencias Naturales y el Dogma católico, ni siquiera en la tan discutida cuestión del origen del hombre[5].

Con ser el más importante, Bermudo Meléndez no estuvo solo en su rechazo de la nueva síntesis, otros miembros de la comunidad académica de posguerra que contribuyeron a ello fueron Miquel Crusafont, catedrático de Paleontología en las Universidades de Oviedo y Barcelona en los años sesenta, Joaquín Rojas Fernández, catedrático de Ciencias Naturales en el Instituto Alfonso VIII de Cuenca, y Emilio Palafox, biólogo del Instituto de Investigaciones Zoológicas José de Acosta en el Museo Nacional de Ciencias Naturales del CSIC (Pelayo, 2009; Blázquez Paniagua,

[2] Carta de Valeriano Andérez a Bermudo Meléndez, 31 de enero 1947. AGA. Educación. Legajo 12619, Caja 31/4056.

[3] Carta de Vicente Muedra a Bermudo Meléndez, 19 de octubre 1946. AGA. Educación. Legajo 12619, Caja 31/4056.

[4] Carta de José Pertunes a Bermudo Meléndez, 21 de diciembre 1946. AGA. Educación. Legajo 12619, Caja 31/4056.

[5] Memoria de Bermudo Meléndez y Meléndez para opositar a la cátedra de Paleontología y Geología histórica de la Facultad de Ciencias en la Universidad de Madrid. AGA. Educación. Legajo 12619, Caja 31/4058.

2001 y 2004). Aunque hubo, no obstante, espacios para la aceptación de los desarrollos experimentados por la genética, la ciencia oficial franquista desconfió o rechazó abiertamente los progresos experimentados por esta disciplina en el conjunto de las ciencias naturales, una situación en las antípodas de la senda recorrida por los trabajos internacionales de genetistas, bioquímicos y científicos naturales que estaban en el origen de la teoría sintética de la evolución.

DARWINISMO SOCIAL Y TUTELAJE EN EL ÁFRICA ESPAÑOLA.

Las investigaciones emprendidas por los genetistas del primer tercio del siglo XX habían hecho del edificio construido por el darwinismo social y la eugenesia un auténtico disparate. Pero los debates científicos que trascienden el ámbito de los especialistas y alcanzan a la opinión pública no siempre, incluso podría decirse que raras veces, atienden únicamente a la búsqueda de la «verdad». La mayor parte de aquellos suelen ir acompañados de esa espesura que genera la nebulosa de ideas e ideologías en conflicto, pues «la ciencia tiene el encanto de operar con modelos, y en un constructo teórico siempre es posible encontrar un defecto o rechazar sus premisas o la interpretación del resultado» (Blom, 2010: 488). El darwinismo social fue, en este sentido, científicamente desacreditado mucho antes de que perdiera efectividad como instrumento político y social. En general, en Europa perduraron sus argumentos y tuvieron enorme fuerza hasta la barbarie de los años cuarenta, incluso su base racista mantuvo su efectividad y ha alimentado los imaginarios más extremistas con posterioridad. En el caso español se dio la paradoja de que el régimen dictatorial salido de la guerra civil, ideológicamente afín al nacionalcatolicismo, una doctrina que rechazaba categóricamente el darwinismo y el evolucionismo, no tuvo reparos en asumir los presupuestos de su lectura social a través de una «apropiación selectiva». Debemos este último término a Raymond Williams para referirse a una revisión de las tradiciones o simbolismos recibidos a la hora de afrontar situaciones nuevas y potencialmente perturbadoras (Williams, 2009). Es también lo que Ernst Bloch llamó «acontemporaneidad» (Bloch, 2019), una mezcla de experiencias modernas con conceptos tradicionales o arcaicos que generan situaciones dialécticas como la descrita para el franquismo de posguerra con relación al evolucionismo. Esto fue así porque el régimen compartió la misma tradición colonial sobre la que se había construido la expansión imperialista europea durante las décadas anteriores y porque el rechazo de la teoría evolucionista en un momento en que esta estaba construyéndose sobre los postulados de la teoría sintética de la evolución no sólo le servía para seguir negando los postulados científicos de la teoría de la evolución, sino también porque las consecuencias científicas y epistemológicas de la teoría sintética de la evolución socavaban los presupuestos del darwinismo social que había alimentado el colonialismo europeo.

Tras la guerra civil el africanismo franquista pivotó en torno al Instituto de Estudios Africanos (IDEA), creado en 1945 por impulso de la Presidencia de Gobierno, aunque desde algunos años antes venían actuando viejos círculos africanistas -compuestos de militares y eruditos que habían desempeñado labores en Marruecos- en las aulas del Instituto de Estudios Políticos. Un momento importante en la revitalización del africanismo de posguerra fue la recuperación de la revista *África* en 1942, que fue adscrita al IDEA desde su puesta en funcionamiento tres años más tarde. El Instituto de Estudios Africanos fue adscrito al Patronato Diego de Saavedra Fajardo del Consejo Superior de Investigaciones Científicas (CSIC), si bien compartió su dependencia tanto financiera como administrativa con la Dirección General de Marruecos y Colonias, que en enero de 1942 se vinculó a la Presidencia del Gobierno, cuando Carrero Blanco fue nombrado ministro subsecretario.

En torno a la revista *África* y al IDEA se fue conformando un africanismo franquista que defendió, sin disimulo, la continuación de prácticas antropológicas alentadas por el darwinismo social y una concepción biologicista de la etnología, a la que se sumó el Instituto Bernardino de Sahagún, también adscrito al CSIC (Chicharro Manzanares, 2023). Cualesquiera que fueran las vicisitudes por las que atravesó la ciencia española en la primera mitad del siglo XX, y no fueron pocas, compartió con sus pares occidentales aquella manera patriarcal en que se relacionaban conocimiento y naturaleza de las cosas: «el intelecto que vence a la superstición debe dominar sobre la naturaleza desencantada. El saber, que es poder, no conoce límites ni en la esclavización de las criaturas ni en la condescendencia para con los señores del mundo» (Adorno y Horkheimer, 2006: 60). En el camino hacia la ciencia moderna los saberes renunciaron al sentido del conocimiento, dando paso a un inconmensurable afán de dominio. Al distinguir entre un conocimiento puro y un conocimiento político, Said exploró con enorme acierto el papel clave que la ciencia y las artes desempeñaron en la construcción de las relaciones de poder entre «un Oriente» y la propia identidad occidental. A escala más modesta el IDEA trató de «africanizar» África (Said, 2001: 35-51; Said, 2008: 30-38).

Medir, pesar, catalogar, representar o nominalizar eran operaciones intelectuales que perseguían un estricto control del objeto estudiado, no una descripción objetiva de la realidad. Para la acción colonial española conocer aquello sobre lo que iba a recaer dicha acción no tenía otro propósito que garantizar su sujeción. El discurso colonial hablaba de progreso, mejoramiento de la calidad de vida, perfeccionamiento moral o asimilación; todas ellas no dejaban de ser tautologías, sinécdoques que ocultaban el afán de dominio, la voluntad de imperio, bajo la benignidad del discurso científico (Purcet Gregori; 2020: 255-282). Los valores espirituales del catolicismo y el conocimiento científico eran el alfa y omega de la acción colonial española en África. Las virtudes benéficas del saber científico-técnico se ponían al servicio de la «colonización», que no la explotación colonial, al auxiliar al inmaduro indígena. En enero de 1943, un año después de reiniciar su publicación, *África* decía:

> Nuestro africanismo, siendo un año más viejo, es el mismo de siempre. De ayer, de hace un siglo, de toda una historia milenaria. [...] Y todos, sin duda, a situar los altos valores espirituales por encima de inconfesables ansias materialistas. [...] España, [...], sigue en la primera línea de este servicio a la civilización y al porvenir[6].

El darwinismo social que impregnaba las páginas de la revista y la acción colonial de la Dirección General de Marruecos y Colonias ignoró ampliamente las consecuencias que la teoría sintética de la evolución habría tenido para derrumbar todos los argumentos que se forjaron en los años de posguerra. El ejercicio dialéctico de

[6] Editorial, «Decíamos ayer...», *África. Revista de acción española*, 13, (1943), 1.

rechazar, por una parte, el darwinismo y el evolucionismo en defensa de determinados dogmas católicos y las tesis creacionistas, mientras que, por el contrario, se aceptaba un hinterland de darwinismo social a la hora de entender las relaciones de poder coloniales se sustentó a través de distintas elaboraciones argumentales. Una de los primeras fue la justificación histórica de la acción colonial española a través de una historia imperial que imponía una misión a cumplir. En el primer número de *África* apareció «Razón y ética de la acción colonial», de Joaquín Cervela, un ensayo que consideraba la colonización una parte sustancial de la historia moderna y a los españoles los primeros en ejercerla en América. Lo había hecho además, según el autor, ejerciendo una acción tutelar justa en la que había que distinguir: «Colonizar, civilizar, es lícito y debido; sojuzgar, explotar, sustraer al acervo de los demás pueblos lo que por derecho inmanente les pertenece, es un delito de lesa humanidad». Cervela creía que «aguardan su redención millones de seres todavía en las selvas vírgenes de las tierras dormidas, donde han de abrirse caminos a la civilización y al progreso» (Cervela, 1942: 42). Por supuesto, España había sido la encarnación de una acción colonial alejada de toda explotación, caracterizada por una asimilación en la que se pretendió «comunicar la religión, la cultura, la civilización, el espíritu, en fin, de la Metrópoli a la Colonia» (Cervela, 1942: 43). Un hito fundamental de la justificación histórica era el testamento de Isabel la Católica, donde el africanismo franquista veía el inicio de su «misión impuesta». De la reina Isabel procedía el mandato colonizador que aún perduraba en las diversas posiciones irredentistas del africanismo franquista.

Las argumentaciones mezclaron ideas procedentes del nacionalcatolicismo con presupuestos del darwinismo social. Uno de los más recurrentes en *África* fue equiparar dicha acción colonial a una acción misional, fundamentada en argumentos históricos. Los círculos africanistas aceptaron un componente definidor del pensamiento tradicionalista español. Aplicado a la política colonial como argumento histórico conectaba la colonización de América, cuyo mayor éxito se cifró en su evangelización, con el derecho y la necesidad de trasladar la empresa espiritual a África. Hasta su fallecimiento en 1944, el Director General de Marruecos y Colonias, había sido Juan Fontán Lobé, que inició una serie de artículos sobre Guinea que incluía uno sobre «La obra misional de España en Guinea», puntal de la acción colonial española. Era la prueba de que España colonizaba, no explotaba, que sus valores espirituales estaban por encima de los materialistas (Fontán Lobé, 1942a: 4).

A estas tesis se unía Tomás García Figueras, quien parangonaba la acción de España en Marruecos con la desplegada siglos atrás en América, una empresa espiritual: «que aquí, como en América, nos ha preocupado más ganar los corazones de todos los marroquíes que nuestro propio interés; [...] el hondo sentido espiritual de la acción española» (García Figueras, 1942: 41). La historia de expediciones, tratados y presencia española en el África occidental y ecuatorial, por débil o efímera que hubiera sido, se leyó como una vocación africanista abierta por la política de los Reyes Católicos. Las virtudes espirituales de la colonización española derribaban los prejuicios emanados de la leyenda negra.

El segundo argumento que legitimaba la acción española era un poco más sutil y procedía de la concepción «progresista» del darwinismo social. La acción de tutelar, justificada por la empresa espiritual, era además imprescindible por la incapacidad de los tutelados para progresar por sí mismos, por la inmadurez indígena, demostrada científicamente:

> Es un hecho real que el estudio experimental ha puesto en evidencia que el niño indígena tiene en los primeros años de su vida una inteligencia poco inferior a la del niño europeo. [...] Pero [...] a partir de los quince años la curva de inteligencia del indígena empieza a descender de una manera tan marcada, que se estima que a los veinte años han descendido a la mentalidad de los doce (Fontán Lobé, 1942b, p. 8).

El mismo Director General de Marruecos y Colonias insistía en que «la psicología del negro hace necesaria, [...], hacen preciso que sea mandado, guiado en sus actos. Puede decirse que, para el negro, el jefe es la Providencia en todas las dificultades» (Fontán Lobé, 1943, p. 3). Por este motivo resultó imprescindible el Patronato de Indígenas, revitalizado por el nuevo régimen colonial franquista. En 1944 Heriberto Ramón Álvarez apuntalaba las tesis de Fontán asegurando que las razas:

> Se diferencian entre sí por una serie de peculiaridades congénitas, adquiridas ya por herencia, ya por otras causas de tipo ambiental, que retienen, o, por lo menos, entorpecen el proceso evolutivo de algunas, que más tarde vienen a integrar aquellos grupos humanos que clasificamos, desde el punto de vista de civilización, como «primitivos» (Álvarez, 1944, p. 92).

Es irónico que la hostilidad del academicismo franquista frente al darwinismo, por lo que tenía de peligro para el dogma católico, no generara los mismos escrúpulos en Heriberto R. Álvarez. Los estudios antropobiológicos, étnicos y de medicina colonial hicieron el resto a la hora de aceptar ciertas dosis de darwinismo social. Por ese motivo, desde el Patronato de Indígenas, el interventor Ángel García Margallo podía advertir que «la mentalidad infantil del indígena puede fácilmente ser comprendida por el europeo, envolverlo y convencerlo de alguna equivocación en que esté, a pesar del obstinamiento y desconfianza natural del mismo» (García Margallo, 1944, p. 124). Ahora bien, se valoraba al hombre negro por ser más apto para el trabajo. En 1946 Mariano Alonso, coronel jefe de Estudios de la Academia General Militar y ex gobernador general de Guinea, tenía claro que «tanto por el clima como por el prestigio del blanco, hay que desechar totalmente la posibilidad de utilizar mano de obra blanca, [...] resulta mucho más barato el obrero negro» (Alonso, 1946, p. 5). No obstante, Alonso insistía en diferenciar entre explotación y colonización atendiendo al deber moral de mejorar la vida indígena para evitar la evicción de su población: «millones de seres hermanos nuestros, aunque de distinto color, esperan en las regiones ecuatoriales que los cristianos les llevemos, con la civilización y el progreso, la religión de Cristo» (Alonso, 1946, p. 4).

Desde el Instituto Bernardino de Sahagún del CSIC se desplegó toda una acción antropológica y etnográfica que buscó racializar las poblaciones africanas a través de estudios científicos. Desde sus aulas se desplegaron tareas de investigación científica en el marco de una antropobiología que ponía su acento, sobre todo, en medir, pesar y cuantificar aquellos rasgos físicos y somáticos que certificaban las diferencias raciales y justificaban los argumentos sobre la inferioridad intelectual y moral del indígena. Todo ello culminó en la expedición que el IDEA patrocinó en 1948 a los territorios de Guinea y en la que Santiago Alcobé, junto a Augusto Panyella, lideraron al grupo de antropólogos y etnólogos que componían aquella campaña científica. Aquellos esfuerzos se vieron complementados por la racialización visual en la revista *África*, reforzando a través de la imagen el discurso textual (Chicharro Manzanares, 2023; Sánchez Gómez, 1992).

Una primera estrategia fue la invisibilización del «Otro» colonizado a través de paisajes naturales o urbanos en los que desaparecía la presencia nativa o sólo se representaba a las autoridades colonizadoras. No pocos analistas han enfatizado lo importante que resulta el poder de la «mirada colonial» cuando subraya la ausencia del indígena para reforzar la idea de espacio virgen, abierto a la acción colonial. Pero no se trató solo de su invisibilización, cuando la población nativa apareció retratada en la revista lo hizo conforme a cánones delineados por la opinión fotografiada. Las imágenes fueron un instrumento de primer orden para simplificar categorías y procesos socioculturales complejos y hacerlos inteligibles a un lector-receptor alejado de la realidad construida por la fotografía. En Marruecos la población nativa apareció asociada a estampas de la vida cotidiana urbana (camino del rezo, en el zoco, en reuniones casuales, etc.), asimilables por analogía a las actividades «normales» de cualquier occidental. Por una parte, se afirmaba la abnegación del nativo con su situación de dependencia colonial, lo que se reflejaba en la ausencia de conflicto o de malestar en la administración colonial; por otro lado, eran retratos que ejemplificaban un pretendido éxito en el proceso de asimilación facilitado por una acción civilizadora que facilitaba las actividades de la vida cotidiana de la población.

Imagen n.º 1. Contraportada en África. Revista de acción española, 66-67, (1947), 1. «La cámara fotográfica, hábil y oportuna, ha sorprendido toda la gracia ingenua y naturalísima de esta deliciosa escena infantil».

Imagen n.º 2. Contraportada en África. Revista de acción española, 48, (1945), 1. «En este Marruecos tradicional y legendario, [...] pueden presenciarse escenas tan plenas de pintoresquismo como la que refleja esta fotografía, en que sus mujeres recatadas, y velando sus bellezas y encantos naturales por toscas túnicas de blanca lana del país, acuden a las fuentes públicas».

El reparto de trabajos por géneros y la mujer «recatada» en su túnica nos muestran la proyección de categorías identitarias propias del régimen nacionalcatólico al Otro colonizado, asimilando lo exótico a través de su analogía con la masculinidad y feminidad del africanismo franquista. En la mayor parte de las escenas las figuras aparecen cubiertas por sus trajes tradicionales, un rasgo distintivo que las singularizan como parte del mundo colonizado.

Las pocas imágenes que en los años cuarenta hubo de población nativa saharaui o guineana sirvieron para mantener el ejercicio dialéctico entre el Otro y el Nosotros. En este caso, las fotografías querían volver a hacer inteligible lo exótico a través de analogías de género. En el caso saharaui el juego de imágenes se hizo a través del jinete y su camello. El jinete-hombre de camello ocupa un primer plano y es caracterizado por su virilidad y su conexión con los elementos naturales que le rodean, estableciendo una clara analogía con el «caballero hidalgo» hispánico en el texto. Por su parte, las mujeres aparecen en un plano más alejado, «recatadas» y acompañando a los camellos, pero sin montarlos:

Imagen n.º 3. Contraportada en África. Revista de acción española, 75-76, (1948), 1. “Sobre el cielo rotundo del desierto dibuja su viril estampa este jinete nómada [...]. Alzado en su camello, caballero hidalgo del desierto, otea la llanura sin fin. En la albura de la vestimenta se destaca el rostro moreno, tallado por todas las intemperies”.

Imagen n.º 4. Contraportada en África. Revista de acción española, 92-93, (1949), 1. “El camello le da la cadencia, el metro. La mujer, objeto. «Los dos más preciados dones, dice un proverbio saharaui, que Dios hizo al hombre son el rostro risueño de una joven virgen y un hermoso camello. ¡Loado sea Dios!»”.

La lectura de las categorías de género permitió la asimilación del exotismo marroquí y saharaui, la africanización de África, por parte del africanismo franquista. Simultáneamente, elementos externos como la vestimenta tradicional o el camello permitían marcar distancias identitarias entre colonizadores y colonizados. El contraste se acentuaba aún más con el indígena guineano, del que hay dos fotografías que construyen la dialéctica colonizador-colonizado como en los casos anteriores. El guineano representa la «primitividad» en un grado superior, tanto por su actividad principal -la caza- como por la «simpleza» de su vestimenta. En 1947 el pie de foto de la fotografía (imagen n.° 42) rezaba: «El cuerpo en ágil escorzo, tenso el músculo en el viril esfuerzo, el indígena esgrime su arma en el instante decisivo de la caza»:

Imagen n.° 5. Contraportada en África. Revista de acción española, 61-62, (1946), 1.

La imagen anunciaba algo más, la progresiva gradación de las actividades económicas en función del grado de civilización introducido por la intensidad de la acción colonial. En Marruecos la acción colonial había conseguido introducir las prácticas de la economía moderna (agricultura, alfarería, comercio) y el país se encontraba en el camino hacia la modernidad y el progreso. En el Sáhara podríamos hablar de un escalón intermedio de poblaciones nómadas con prácticas económicas basadas en las caravanas y el camello. Finalmente, en Guinea estaba todo por hacer cuando la imagen remitía a las prácticas económicas más primitivas, si estas se identificaban con la caza. De esta forma, la presencia colonial española se justificaba sobre la necesidad de seguir llevando el progreso a aquellos territorios.

El discurso desplegado en *África* ligaba claramente la acción colonial y civilizadora a una acción tutelar sobre el mundo indígena. Tutelar era el verbo clave cuando era evidente la incapacidad de los tutelados para progresar por sí mismos, por la inmadurez indígena, demostrada científicamente. Aquellos argumentos desvelaban la permanencia de un darwinismo social fuertemente arraigado en el africanismo franquista, que ignoró conscientemente las consecuencias de los cambios que en biología había introducido la teoría sintética de la evolución a la hora de negar la base científica a cualquier doctrina racista, eugenésica o de darwinismo social. Pero aquella ignorancia generaba un doble rédito, a saber, permitía seguir oponiéndose a los parámetros más modernos del evolucionismo natural, representados por la teoría sintética de la evolución.

BIBLIOGRAFÍA

Adorno, Theodor W. y Horkheimer, Max (2006): *Dialéctica de la Ilustración. Fragmentos filosóficos*, Madrid, Trotta.

Alonso, Mariano (1946): «Problemas de colonización. El África negra muere lentamente» *África: revista de acción española*, 51, pp. 4-8.

Álvarez, Heriberto R. (1944) «Estudios coloniales. Notas sobre algunos problemas que ofrece la investigación psicológica del niño negro de Guinea» *África: revista de acción española*, 27, pp. 92-95.

Arsuaga, Juan Luis (2001): *El enigma de la esfinge*, Barcelona, Areté.

Blázquez Paniagua, Francisco (2001): «La Teoría Sintética de la evolución en España. Primeros encuentros y desencuentros», *Llul*, XXIV, pp. 289-313.

Blázquez Paniagua, Francisco (2004): «Entre Darwin y Teilhard. Notas sobre Paleontología y Evolucionismo en España (1939-1966)» en AA.VV.: *Miscelánea en homenaje a Emiliano Aguirre*. Vol. II. Alcalá de Henares: Museo Arqueológico Regional, pp. 97-107.

Bloch, Ernst (2019): *Herencia de esta época*, Madrid, Tecnos.

Blom, Philipp (2010). *Años de vértigo. Cultura y cambio en Occidente, 1900-1914*, Barcelona: Anagrama.

Bowler, Peter J. (1985): *El eclipse del darwinismo. Teorías evolucionistas antidarwinistas en las décadas en torno a 1900,* Barcelona, Labor.

Cervela, Joaquín (1942): «Razón y ética de la acción colonial.» *África*, 1, pp. 42-45.

Chicharro Manzanares, Cristina (2023): «Africanist anthropology during Francoism: the Bernardino de Sahagún Institute, 1939-1951» *Culture & History Digital Journal*, 12 (1): e005. doi: https://doi.org/10.3989/chdj.2023.

Cueto y Rui-Díaz, Eugenio (1941): «La evolución orgánica biogenética», *Revista de la Real Academia de Ciencias Exactas, Físicas y Naturales de Madrid*, XXXV, pp. 415-441 y 515-549.

Dobzhansky, Theodosius (1937): *Genetics and the Origin of Species,* New York, Columbia University Press.

Fisher, Ronald A. (1930): *The Genetical Theory of Natural Selection,* Oxford, Clarendon Press.

Fontán Lobé, Juan (1942a): «La obra misional de España en Guinea.» *África*, 5, pp. 1-4.

Fontán Lobé, Juan (1942b) «La enseñanza en Guinea.» *África*, 6, pp. 6-8.

García Figueras, Tomás (1942): «Consejos a los maestros españoles en Marruecos» *África*, 3, pp. 35-43.

García Margallo, Ángel (1944): «Consideraciones sobre la psicología del indígena de nuestra Guinea» *África: revista de acción española*, 33-34, pp. 124-125.

Haldane, John Burdon Sander (1932): *The Causes of Evolution,* London, Longmans, Green and co.

Heribert-Nilsson, Nils (1942): «La idea de la evolución y la biología moderna», *Escorial. Revista de Cultura y Letras*, VI, pp. 193-209.

Huxley, Julian S. (1942): *Evolution: the Modern Synthesis,* London, Allen & Unwin.

Mayr, Ernst (1942): *Systematics and the Origin of Species*, New York, Columbia University Press.

Mayr, Ernst (2005): *Así es la biología,* Madrid, Debate.

Meléndez, Bermudo (1948): «La paleontología ante las nuevas tendencias de «síntesis» neodarwinistas», *Boletín de la Real Sociedad Española de Historia Natural,* XLVI, pp. 143-151.

Meléndez, Bermudo (1949): «Las nuevas tendencias de síntesis en el transformismo», *Razón y Fe*, 139, pp. 70-76.

Otero Carvajal, Luis Enrique y López Sánchez, José María (2012): *La lucha por la Modernidad. Las Ciencias Naturales y la Junta para Ampliación de Estudios.* Madrid, Residencia de Estudiantes – CSIC.

Pelayo, Francisco (2009): «Debatiendo sobre Darwin en España: Antidarwinismo, teorías evolucionistas alternativas y síntesis moderna», *Asclepio*, LXI/2, pp. 101-128.

Purcet Gregori, Aleix (2020): «Racismo científico y modelo colonial en el primer franquismo: Guinea Ecuatorial», *Ayer*, 118 (2), pp. 255-282.

Said, Edward W. (2001): *Cultura e imperialismo*, Barcelona, Anagrama.

Said, Edward W. (2008): *Orientalismo*, Barcelona, Debolsillo.

Sampedro, Javier (2007): *Deconstruyendo a Darwin. Los enigmas de la evolución a la luz de la nueva genética*, Barcelona, Crítica.

Sánchez Gómez, Luis Ángel (1992): «La antropología al servicio del Estado: El Instituto 'Bernardino de Sahagún' de CSIC (1941-1970)», *Revista de dialectología y tradiciones populares*, 47, pp. 29-44.

Simpson, George S. (1944): *Tempo and Mode in Evolution*, New York, Columbia University Press.

Williams, Raymond (2009): *Marxismo y literatura*, Buenos Aires, Las Cuarenta.

Wright, Sewall (1931): «Statistical theory of evolution», *Journal of the American Statistical Association*, 26, pp. 201-208.

Wright, Sewall (1939): «Statistical genetics in relation to evolution». N.° 13 en *Exposés de biométrie et de la statistique biologique*, Paris, Herman & Cie.

EL EVOLUCIONISMO CULTURAL EN LA ANTROPOLOGÍA ESPAÑOLA. MUSEOS, MANUALES, FOTOGRAFÍAS[1].

Carmen Ortiz García
Instituto de Historia, CCHS, CSIC

LA CREACIÓN DE LAS IMÁGENES DE LA VARIEDAD HUMANA

La curiosidad por conocer el mundo, su naturaleza y sus habitantes, en toda su extensión y variedad, es una característica que recorre no solo la ciencia, sino también las manifestaciones artísticas, desde las bellas artes al teatro, e incluye también la cultura popular de masas durante la segunda mitad del siglo XIX. Esta época, que ha sido reconocida como el siglo de Darwin, es también el momento en que se extiende de manera extraordinaria la fotografía, como manera, supuestamente objetiva, de mostrar cualquier realidad existente y, finalmente, es también el momento en el que surge la antropología como materia de estudio de las variaciones biológicas y culturales de los grupos humanos (Edwards, 1992; Pinney, 1992). El colonialismo será, por otro lado, el elemento que configure una visión del mundo y de la humanidad que, amparada por la ciencia y por las nuevas tecnologías de representación, sancione la desigualdad de los distintos grupos humanos y la inferioridad de los «salvajes» colonizados en una imagen a modo de espejo invertido enfrentada a la superioridad de la civilización occidental.

Incluso en la convulsa España de la segunda mitad del siglo podemos juzgar la confluencia de estos tres elementos de representación fundamentales en una de las iniciativas científicas más importantes, la llamada Expedición del Pacífico de 1862-

[1] Este trabajo se enmarca dentro del Proyecto de I+D, «Ciencia, raza y colonialismo visual (VIsualrace)», financiado por la Agencia Estatal de Investigación del Ministerio de Ciencia e Innovación de España. Referencia: PID2020-112730GB-I00.

66, que hizo un recorrido amplísimo por distintas áreas de América, contó entre los miembros de su plantel de naturalistas a un antropólogo, Manuel Almagro, y a un fotógrafo Rafael Castro Ordoñez. Contamos con estudios pormenorizados de esta expedición (Puig-Samper, 1988; López-Ocón, 2003) y específicamente de su vertiente fotográfica (Calatayud y Puig-Samper, 1992; Badía-Villaseca, 2016). La conservación de un número apreciable de las placas de vidrio de Rafael Castro Ordoñez (1830-1865) y copias antiguas de sus fotografías en el Museo Nacional de Ciencias Naturales, en la Biblioteca Tomás Navarro Tomás del CSIC y en el Museo Nacional de Antropología constituye un legado patrimonial importante, junto a las colecciones de objetos etnográficos recogidos durante los viajes de la expedición por distintos territorios americanos.

Es evidente que mucho antes de la existencia de la fotografía hubo otras formas de satisfacer la curiosidad hacia la variedad formal de los grupos humanos del planeta, así como por conocer las características propias de la naturaleza de cada continente o área geográfica, especialmente las más alejadas y distintas. En el caso de España el esfuerzo se dedicó especialmente a la construcción de una imagen gráfica de los territorios americanos y su naturaleza (Puig-Samper, 2012).

Uno de los ejemplos más antiguos de representación *in situ* de los habitantes de las tierras ignotas que a finales del siglo XVIII los países europeos, y entre ellos España, pugnaban por atraerse o conquistar para sus metrópolis y sus ambiciones geopolíticas y comerciales, se encuentra formando parte de la que fue la más ambiciosa expedición de carácter científico que se organizó por la corona española. Un proyectado viaje de circunnavegación: el viaje científico y político alrededor del mundo, que fue comandado por Alejandro Malaspina entre 1789 y 1794 (Pimentel, 1998). Entre los numerosos científicos embarcados en esta expedición se incluyó a artistas con el encargo de conformar una imagen de la naturaleza y los habitantes contactados en su recorrido; entre otros, los pintores Fernando Brambila y Tomás de Suria (Sánchez Montañés, 2013). Entre los numerosos grabados que se llevaron a cabo con retratos y escenas de la vida cotidiana de los indígenas habitantes de la isla de Vancouver, en el Pacífico Noroeste de Canadá, conocidos entonces por el nombre de Nootka que les dio James Cook, destacan los dibujos atribuidos a Tomás de Suria (1761-1844), de tres mujeres y del jefe de los Nuu-chah-nulth, llamado Macuina, de 1791, que se conservan en el Museo de América. Asimismo, en este Museo no solo se guarda el tocado tejido y decorado con motivos de la caza de ballenas que llevaba el jefe en su retrato dibujado, sino también las estampas grabadas sobre el propio dibujo por Fernando Selma (1752-1810), que fueron posteriormente reproducidas muchas veces. Encontramos así, ya en un momento tan temprano, protoantropólogico y anterior a la fotografía, unos retratos fidedignos y de extraordinaria calidad de gente lejana y muy alejada también culturalmente de la nación que conserva hasta hoy estos objetos representativos como parte de su patrimonio.

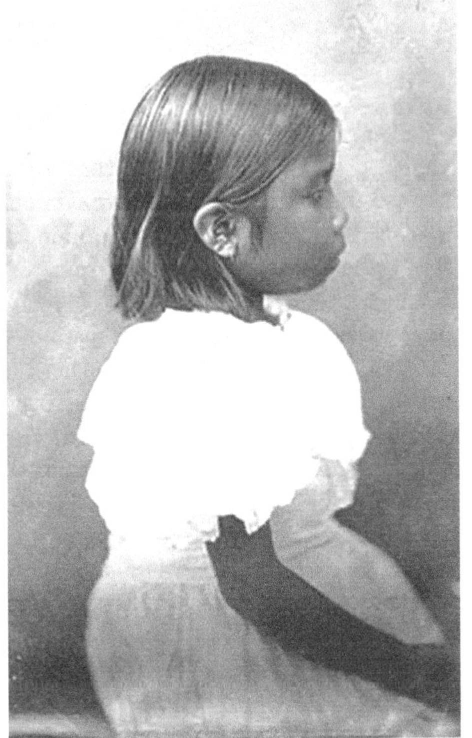

Figura 1. Fotografías de Rafael Castro Ordoñez. Dionisia, niña pataxó (Brasil) y Familia de Juan Soldado, de Tucapel (Chile). Biblioteca Tomás Navarro Tomás. CCHS-CSIC.

Figura 2. Macuina, jefe Nutka. Tomás de Suria. Dibujo a lápiz sobre papel verjurado. Museo de América, Madrid y Jefe de Nutka. Grabado por Fernando Selma en 1802. Museo de América, Madrid. Creative Commons.

Los repertorios de grabados representando «tipos» humanos más o menos tópicos de cada país o territorio colonizado fueron de hecho, a partir del siglo XVIII un «producto» que contribuyó a una política de la imagen y la representación del mundo característica del mundo contemporáneo. Los grabados constituyeron los primeros corpus extendidos y popularizados de los llamados tipos del mundo.

Pero, en la construcción de la imagen de la variedad humana, jugarán más adelante un papel fundamental las ideas del transformismo darwinista, trasladadas, por un lado, al llamado darwinismo social y, por otro, a las versiones de una antropología evolucionista que colocaba en un orden jerárquico de complejidad socio-política y económica a los pueblos. En esta construcción de las fases evolutivas de la humanidad a través de estadios definidos, como el salvajismo, la barbarie y la civilización, que representaban un esquema perfectamente adaptado a la situación de explotación colonial y racista de Occidente, la representación fotográfica jugó un papel fundamental.

Sus normas son bien conocidas y han sido criticadas teóricamente (Poole, 2005: 161-163). En antropología no eran muy distintas de las empleadas para finalidades de identificación policial, registro civil o usos médicos. Sin embargo su objetivo; es decir, las poblaciones exóticas, tanto extraeuropeas como que vivían en los márgenes de los países occidentales, les proporcionaban características propias diferenciadas. Así, estas representaciones fotográficas fueron más allá de su utilidad científica y, revestidas de otros valores emocionales, morales, estéticos, etc. (Edwards, 2009; 2015), se convirtieron en preciados objetos de colección, que despertaron la curiosidad de amplias capas de la población.

La proliferación de álbumes fotográficos, tarjetas postales, cromolitografías y toda clase de representaciones gráficas de los «primitivos» llegó a crear un tipo de producto muy demandado por las instituciones, como los museos, y las clases burguesas y cultas, pero que rebasó ampliamente los ámbitos exclusivamente científicos y educativos, dirigiéndose a alimentar lo que podría llamarse un «racismo popular»; es decir, la diseminación de imágenes y explicaciones raciales, científicas y pseudocientíficas, para justificar la diferencia y la creencia en la inferioridad de unos humanos frente a otros.

El caso de la enorme colección y los álbumes fotográficos dedicados monográficamente a grupos humanos concretos publicados por el Príncipe Roland Napoleón Bonaparte (1858-1924) es solo uno de los representativos en este sentido. El esfuerzo del adinerado aristócrata por construir una imagen fotográfica-antropológica del globo le llevó a emprender él mismo (acompañado por sus fotógrafos profesionales) viajes, como el llevado a cabo al territorio Sami en Finmark (Noruega) en 1885 (Escard, 1886), pero también era habitual que organizara sus sesiones fotográficas escenificadas con los numerosos grupos de «primitivos» que eran exhibidos periódicamente en París como espectáculo, tanto en el Jardín de Aclimatación, como en el Campo de Marte y en otras localizaciones públicas. En cualquier caso, su obra formaba parte de una realidad más amplia que llevó a que los grandes museos naturalistas de ese momento, como el Smithsonian de Washington, el Británico o el del Hombre de París configuraran en ese momento el que puede considerarse el «archivo» de la fotografía etnográfica y antropológica del mundo (Edwards, 2001).

Las fotografías antropológicas decimonónicas podrían dividirse en dos grandes tipos. En primer lugar, estaban las antropométricas, que tenían por objetivo la estandarización de los distintos índices y mediciones anatómicas, tomadas tanto sobre restos óseos como en la población viva, que se consideraba como la metodología científica para la clasificación racial. Eran una extensión, adaptada a las mediciones antropológicas extendidas a todo el cuerpo, del sistema de identificación de individuos mediante las tres fotografías de busto, reproducidas a 1/9 de reducción sobre una misma placa, puesto en marcha por Bertillon. Estas fotografías podían ser tomadas sobre el terreno o bien reproducidas en los laboratorios antropológicos, que contaban con el consecuente gabinete especializado; este tipo de fotografía siguió el mismo camino de abandono que la antropometría positivista tuvo a partir del cambio de siglos XIX al XX (Poole, 2005: 164).

En España, la generalización de la toma de fotografías para los efectos de identificación de criminales es ya una realidad en las primeras décadas del siglo XX, como puede verse porque formaba parte de las materias de estudio de la Escuela Técnica de Policía Española (*Apuntes*, sin año). Asimismo, en el Museo Antropológico de Madrid llegó a adquirirse (entre otros aparatos técnicos ya existentes provenientes de París) un «antropómetro» inventado por un español; Manuel Hilario Ayuso Iglesias (1880-1944) (Ayuso, 1922).

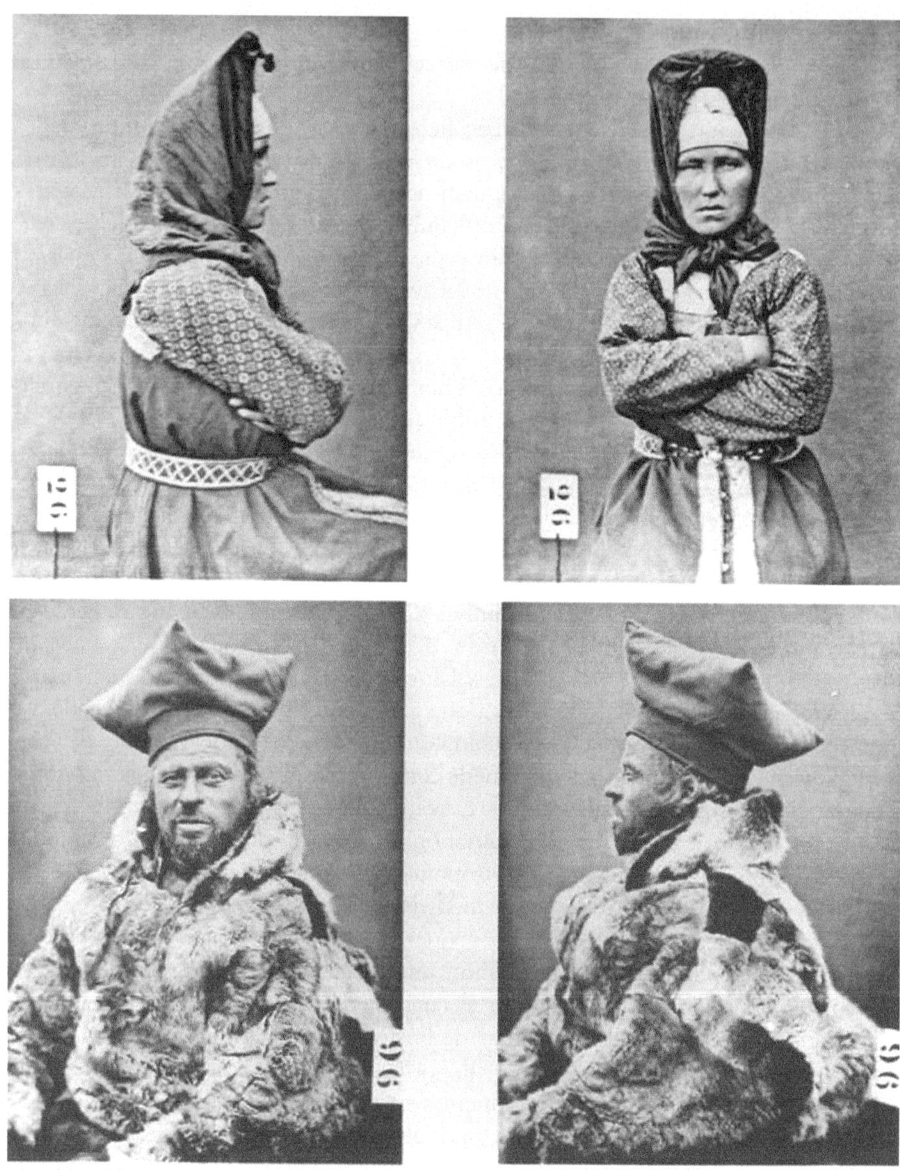

Figura 3. Fotografías de samis, colección de Roland Bonaparte. Norsk Folkemuseum (Oslo). Samisk Commons Nf09234-094-bf 0012-640 y 24113c-640.

Figura 4. «Finlandeses». Grabados incluidos en la Antropología de E. B. Tylor y la Antropología de F. Nacente.

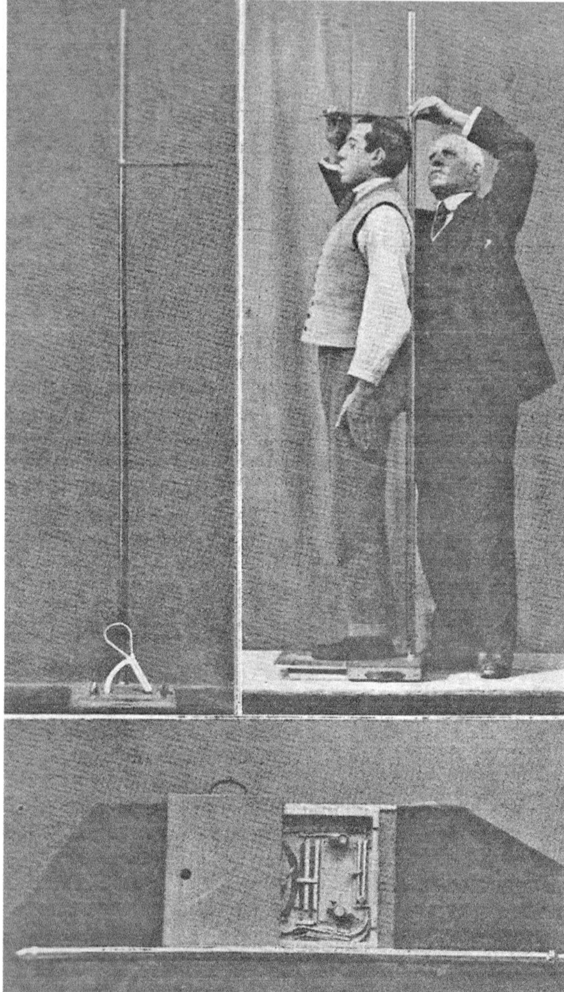

Figura 5. antropómetro Ayuso. Memorias de la Sociedad Española de Antropología, Etnografía y Prehistoria, I (1922).

Una segunda modalidad era la fotografía etnográfica que, de igual forma, podía tomarse *in situ* en los propios lugares de habitación de las personas retratadas, y rodeadas de sus objetos y paisajes cotidianos, o bien ser reproducida, en forma de escenas estereotipadas, con objetos, ropas y escenografías colocadas especialmente para la performance fotográfica. En este caso, aunque también la fotografía individual era común, lo más habitual era la configuración de grupos, fueran estos familiares, poblados, grupos de edad, etc. La apariencia de naturalidad buscada con este tipo de representación, enmascaraba la misma cualidad tipológica y marcadamente exotizante, sexualizadora y racista de estas fotos etnográficas.

EL SIGLO DE DARWIN Y EL SIGLO DE LA FOTOGRAFÍA

La fotografía formaba parte de las prácticas culturales y visuales de la élite a la que pertenecía Charles Darwin y las fotografías formaron parte de los recursos de información utilizados en sus observaciones (Smith, 2006; Edwards, 2009; Prodger, 2009). De hecho, un miembro de su ilustrada familia, Francis Galton, llegó a inventar un método para la identificación de ciertos arquetipos humanos, utilizando la superposición de retratos fotográficos de individuos con rasgos clasificados dentro de un tipo homogéneo (Galton, 1878). Sin embargo, a diferencia de otros naturalistas evolucionistas, como Thomas Huxley, que proyectó un inventario fotográfico de las razas del imperio británico (Edwards, 2001: 131-155), Darwin no usó en exceso las fotografías para sus observaciones naturalistas. De hecho, solo en uno de sus trabajos, *La expresión de las emociones en el hombre y en los animales* (1872), recurrió a los repertorios fotográficos, sobre todo los utilizados por los psiquiatras, y a la intervención de un conocido fotógrafo profesional, el sueco Oscar Gustav Rejlander (Prodger, 1998; Puig-Samper; Golcman y Naranjo, 2019).

Más allá de esto, el uso de fotografías y grabados para ilustrar las tesis darwinianas sobre el origen y los pasos por los que habría pasado la humanidad en su camino evolutivo constituyen un elemento fundamental en la popularización de las teorías de Darwin. Elizabeth Edwards (2009) ha analizado pormenorizadamente las formas complejas en que interactuaron la producción de fotografías antropológicas y su utilización, no solo en el ámbito científico, sino desbordando este, como una forma de satisfacer la curiosidad general sobre las ideas darwinianas su popularización, en suma. La exposición de Edwards está basada en el concepto de «economía visual», un conjunto de matrices políticas, económicas y sociales en las que se integran las imágenes, y que son las que modelan la producción y el consumo de las fotografías, abarcando tanto a los agentes que las producen, como a los científicos o personas en general que las utilizan (Edwards, 2009: 168). Así pues, todas las cuestiones que planteaba el evolucionismo en torno a los orígenes y variabilidad de la humanidad, desde el mono o poligenismo, al atavismo evolutivo, el eslabón perdido y las diferencias entre salvajismo y civilización se incluían y eran practicadas dentro de esta economía visual.

Los famosos grabados que acompañaron la difusión de las teorías darwinistas en relación a los orígenes y la evolución de la humanidad a partir de los primates superiores, ilustrando gráficamente sus pasos, junto a las exposiciones escritas sobre las consecuencias para la explicación del desarrollo de la humanidad y su historia que conllevaban las tesis evolucionistas, aparecieron en España, como en otros países, ilustrando las famosas controversias sobre el origen humano, según la ciencia y la fe. Un ejemplo lo tenemos en el libro del profesor de la Escuela Normal de Valladolid, Pedro Díaz Muñoz (1911), que se publicó como manual para la enseñanza de la asignatura de «Antropología, Higiene escolar y Pedagogía», establecida en el plan de estudios aprobado en 1901, y que tuvo muchas ediciones hasta 1916, que incluían múltiples grabados.

Figura 28.ª—El hombre en estado de orangután, después de haber sido mono piteco. Es decir; otro grado de mayor perfeccionamiento del hombre en el reino animal, según teoría del transformismo.

Figura 6. Ilustración de Antropología y pedagogía de Pedro Díaz Muñoz.

Pero también las fotografías se incluyeron en investigaciones precisas acerca de las posibles pervivencias de las etapas evolutivas primigenias en las poblaciones primitivas actuales, publicadas en España. Un buen ejemplo sería el librito de René Verneau –que desarrolló sus investigaciones sobre la raza de Cromagnon en las Islas Canarias– *Les Origines de l'Humanité* (1926), que fue publicado en español en 1931. En la «Nota previa» de la edición española el autor hace una alusión explícita:

> «me quedaba por examinar una última cuestión, que ha hecho correr mucha tinta, a saber: si es lícito admitir la existencia de parentesco entre esos grandes Monos y el Hombre actual.
> Gracias a la abundancia de ilustraciones he podido mantenerme en los límites que me habían asignado. Las figuras poseen, en efecto, una elocuencia que no tienen las grandes descripciones» (Verneau, 1931: 8).

Los corpus fotográficos y de imágenes que habían sido tomadas muchas veces sobre el propio terreno de la investigación etnográfica de campo, y que se habían con-

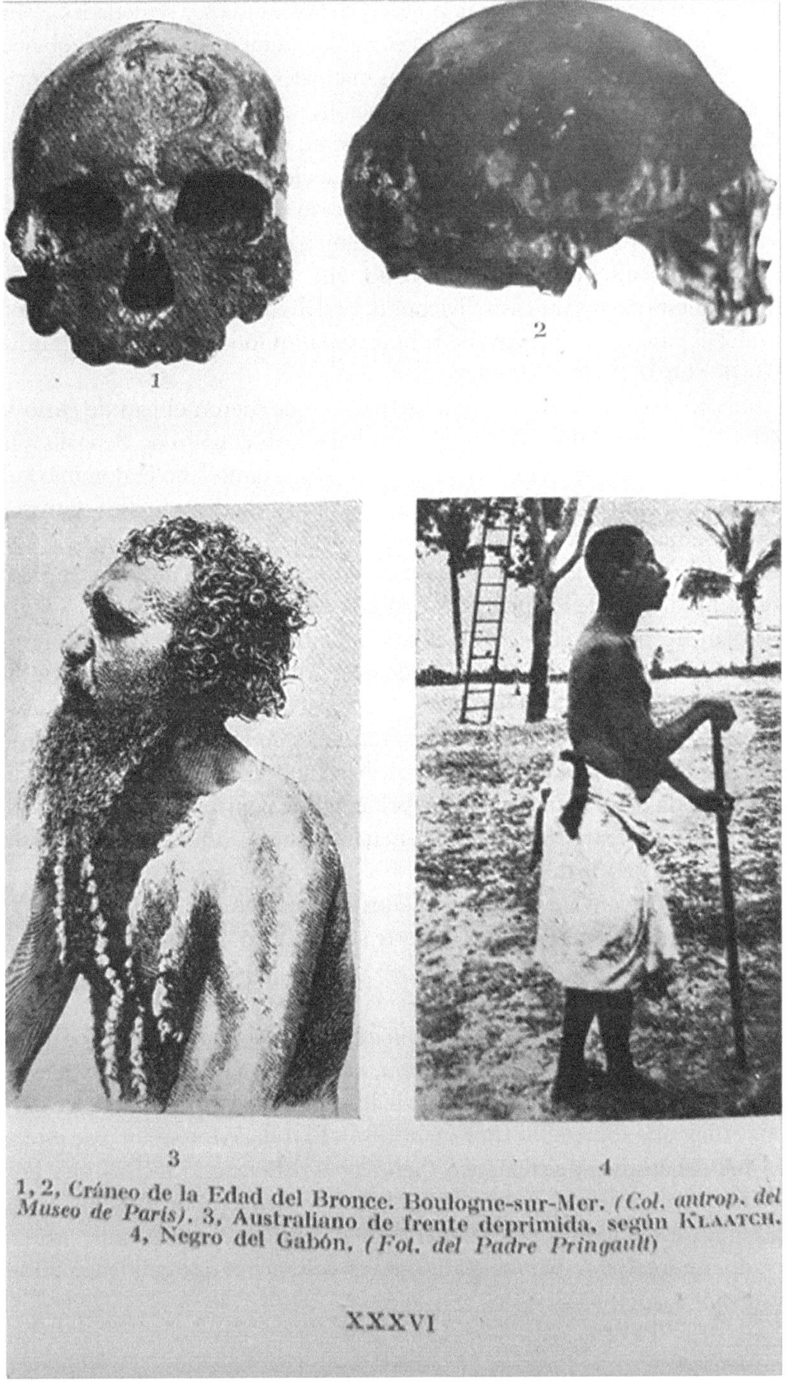

Figura 7. Lámina de Los Orígenes de la Humanidad, de René Verneau.

formado siguiendo las instrucciones precisas de los museos y sociedades científicas dedicadas a la antropología en los países europeos y americanos, fueron obviamente utilizados en los libros de antropología y los manuales usados para su enseñanza universitaria, igual que en obras más de divulgación o dirigidas al público general. Así, algunas cuestiones del «darwinismo popular» como la existencia del eslabón perdido se vieron ilustradas con la prueba supuestamente científica e irrefutable que se creía aportaba la fotografía. En este sentido, fue un caso muy conocido y reflejado por el propio Darwin, la aparición en el circuito británico de exhibiciones humanas de una niña con hipertricosis, conocida como Krao, que, por tener el cuerpo cubierto de pelo, fue expuesta como un caso viviente del eslabón perdido en la evolución que demostraba el paso de los primates a la humanidad (Goodall, 2002: 49-55, Edwards, 2009: 176-181; Ortiz, 2016: 155-160).

En este contexto, uno de los primeros grupos que fueron objeto de curiosidad y estudio fueron los habitantes de las Islas Andamán, en el golfo de Bengala (Océano Índico), pertenecientes al territorio de la India, y por tanto bajo el dominio colonial indio-británico. Estos isleños fueron un grupo muy atractivo para los antropólogos ingleses desde muy pronto, debido al primitivismo de su economía y sobre todo a las noticias sobre su canibalismo. Se convirtieron así, en uno de los ejemplos vivos de la «vida primitiva» de los primeros estadios evolutivos de la humanidad y, como tal, aparecían frecuentemente en los libros de antropología. De hecho, uno de los fundadores de la antropología social británica, Alfred R. Radcliffe-Brown, llevó a cabo un trabajo de campo con ellos entre 1906-1908, que daría lugar a una famosa monografía funcionalista (Radcliffe-Brown, 1922). Los andamaneses configuraron una cierta imagen del «salvaje» aislado de la civilización, pero se trataba de una imagen compleja incluida en el sistema colonial británico de control de la India. De hecho, en las islas funcionó entre 1858 y 1930 un penal británico-indio para convictos indios y birmanos (Sen, 2009: 364).

Aunque las representaciones de los isleños son bastante más antiguas, su «fama» y la curiosidad hacia sus cuerpos tuvo en parte su origen en la estancia que llevó a cabo entre ellos Maurice Vidal Portman (1860-1935), un militar y antropólogo autodidacta que ejercía funciones de control colonial en la penitenciaria de Andaman, y a quien el Museo Británico comisionó para realizar un estudio antropométrico de los habitantes indígenas. Además de este trabajo, Portman, que mantenía buenas relaciones con los jefes locales, tomó muy numerosas fotos de los andamaneses entre 1890 y 1895 y publicó una etnografía sobre ellos (Portman, 1896). El trabajo fotográfico de este agente colonial fue exhaustivo y sistemático (Sen, 2009). El encargo incluía que Portman hiciera cinco copias (de placas de gelatino-bromuro de plata) de cada fotografía, dos destinadas al Museo y otras tres para el gobierno británico de la India, que se han conservado. En total su trabajo se recogió en 15 volúmenes que contienen fotografías de muy distintas tipologías[2].

[2] Los distintos volúmenes contenían: 1-2. «Typical heads of the Andamanese»; 3. «Heads of the Andamanese, full face and profile»; 4. «Adze and bow-making»; 5-6. «Bow and arrow-making»; 7. «Rope-making and hut-building»; 8. «Eating and drinking, packing and carrying bundles, utensils, etc. attitudes,

La calidad técnica de las fotografías de Portman y su particular acercamiento a la vida cotidiana de los isleños e incluso sus apreciaciones psicológicas sobre ellos hicieron muy famosas sus imágenes. La recreación visual del agente colonial en los cuerpos de los indígenas y sus medidas, y la indudable complacencia homoerótica que sus tomas revelan han sido analizadas como una muestra de la complejidad de las relaciones de esta nueva generación de colonizadores. La visión de Portman es ejemplo del «surgimiento de una nueva raza de salvaje: un objeto de fantasía y contemplación erótica que no era ni el caníbal mítico, ni el enemigo histórico» (Sen, 2009: 365).

La complacencia en la observación de los cuerpos desnudos de unas gentes, que ya antes de Portman habían sido descritas por otros autores como portadoras de unas proporciones físicas y una belleza innegables, convirtió a los andamaneses en un objeto de fantasía y contemplación erótica; lo que por otra parte era un elemento fundamental en la producción y comercialización de las fotografías de ámbito colonial (McClintock, 1995). Hubo otro antropólogo, también aficionado, precedente de Portman, E. H. Man, que llevó a cabo un trabajo antropométrico y fotográfico, en 1883, aunque con una muestra menor de individuos (Edwards, 1992b).

Pero aún hay una fotografía anterior perteneciente a este grupo que fue especialmente difundida. Representa a uno de los jefes isleños, Maia Biala, junto a una mujer, ambos fumando en pipas europeas y en una pose frontal, aparentemente casual, relajada y tranquila. La foto fue tomada por un zoólogo y antropólogo, G. E. Dobson en mayo de 1872 («Maia Biala, the chief of Rutland Island and his wife [Andaman Islanders], 1872, 4 may») y publicada en un artículo de 1875 (Dobson, 1875, plate XXXI), junto con otras dos. La fotografía fue censurada por la revista en que se publicó el artículo. Por temor al voyeurismo, el sexo de Maia Biala aparece rayado o tapado por unas yerbas (Edwards, 1992: 115). Sin embargo, los genitales masculinos son perfectamente visibles en las copias de la foto del Pitt-Rivers Museum de la Universidad de Oxford (PRM B30. Misc. Ic; RAI 5758) (Sen, 2009: 365-366). La mujer tiene el sexo cubierto por un tradicional protector de la vulva.

De la enorme entidad que alcanzó la difusión de estas fotografías y su representación en forma de grabados es muestra su aparición en un manual de antropología, no precisamente evolucionista, publicado por Francisco Nacente y Soler (1841-1894), traductor y editor, «autor de varias obras literarias y científicas» en Barcelona en 1892 (lámina 8). Los grabados que acompañan a esta edición están firmados por A. Gimferrer y, como puede verse en la lámina 8, donde se reproduce el que lleva como pie de texto «Marido y mujer andamanes», son malas copias de los que ilustraban la famosa *Antropología* de Edward B. Tylor, publicada en 1881

torch-making, greeting, etc.»; 9. «Painting, tottoing, counting»; 10. «Measurements and medical details of 50 males of the South Andaman group of tribes»; 11. «Measurements and medical details of 50 females of the South Andaman group of tribes»; 12. «Full lenght, full faces and profile views of male Andamanese»; 13. «Full lenght, full faces and profile views of female Andamanese»; 14-15. «The measurements and medical details of 50 males and 50 females of the North Andaman group of tribes».Andaman group of tribes».

y que Antonio Machado tradujo al español en 1888 (Tylor, 1888)[3]. En la versión española de este famosísimo manual (Tylor, 1888: fig. 23, p. 100) aparecen unos «isleños andamanes»; una copia en grabado de la fotografía de G. E. Dobson de Maia Biala y su mujer. En el clásico libro de Tylor las fotografías han sido el modelo para convertir las imágenes de los exóticos primitivos en grabados, siguiendo la tradición más antigua. Junto a la pareja de andamaneses aparecerá en estos libros el grabado, basado en otra fotografía igualmente muy difundida, de una mujer aeta de la isla de Luzón (Filipinas) (Tylor, 1888: figs. 23-24) y otros varios más de islandeses, malayos y de poblaciones originarias de Norteamérica, que asimismo serán muy repetidos en los manuales de antropología de todo el mundo entre finales del siglo XX y primeras décadas del XX.

Figura 8. El ejemplo de los andamaneses. Fotografía de Dobson y grabados a partir de ella en las Antropologías de Tylor y Nacente.

[3] Posteriormente en la Editorial Daniel Jorro se volvió a publicar la Antropología de Tylor en 1912, también con grabados.

El exotismo de las fotografías de los habitantes de los territorios menos desarrollados y colonizados por las potencias europeas y Estados Unidos constituyó así, no solo un reclamo para la enorme popularidad alcanzada por algunos libros de antropología, sino un verdadero campo de desarrollo técnico y comercial, en el que participaron tanto museos y departamentos universitarios, como casas comerciales y agentes de todo tipo, produciendo y vendiendo imágenes atractivas de cuerpos salvajes.

MANUALES DE CÁTEDRA ESPAÑOLES Y USOS DE LAS FOTOGRAFÍAS

Si no la primera, la obra más sistemática dedicada en España a la historia cultural evolutiva de los grupos humanos fue la de Manuel Sales y Ferré (1843-1910). Su *Manual de Sociología* exponía de una forma exhaustiva la evolución social, en lo que tiene que ver con la organización familiar, social y política, las creencias religiosas y los modos de explotación económica, de acuerdo con los esquemas evolucionistas de clasificación del desarrollo cultural humano desde el primitivismo de los grupos hetairos y con comunismo primitivo, a la organización tribal y las familias clánicas y de linajes, propias del estado de barbarie, para terminar en las sociedades civilizadas con formas políticas de carácter estatal, familia nuclear y religión monoteísta. Manuel Sales y Ferré fue el primer catedrático de sociología de la universidad española, y, aparte de otros libros sobre las formas de vida de la humanidad prehistórica, su *Manual de Sociología*, publicado en tres volúmenes (1894-1897), supone un intento de dar a conocer en la universidad los influyentes esquemas de la evolución social, que, basados en las ideas de Spencer, habían desarrollado John Lubbock y Edward B. Tylor en Gran Bretaña, y Lewis Henry Morgan en Estados Unidos. Este libro, muy directamente inspirado en los evolucionistas clásicos Morgan y Tylor, no llevaba sin embargo prácticamente ilustraciones y contrasta en esto con sus modelos anglosajones, ilustrados profusamente con grabados, muchos de ellos obtenidos a partir de fotografías, como hemos visto.

El primer catedrático de antropología de la universidad española fue Manuel Antón y Ferrándiz (1849-1929), quien ocupó la cátedra de la Universidad Central de Madrid entre 1893 y 1919, fue director del Museo Antropológico a partir de 1910 y presidente de la Sociedad Española de Antropología, Etnografía y Prehistoria, creada por él mismo en 1921. Aparte de su importante labor institucional, Antón fue un reconocido evolucionista y monogenista, seguidor en buena medida de las tesis biogenéticas de Haeckel, y divulgó estas ideas no solo en su cátedra, sino también en cursos en el Ateneo de Madrid y otros ámbitos. Puede incluírsele en el espectro de la influyente escuela de antropología francesa que establece Paul Broca en el Laboratorio, el Museo y la Sociedad de Antropología de París. Aparte del *Programa razonado de Antropología* que publicó en 1897, Antón contó en un primer momento con un manual titulado *Lecciones de Antropología*, que, ajustadas al programa de antropología general que se impartía en la cátedra, fueron redactadas por sus ayudantes y posteriormente también catedráticos, Telesforo de Aranzadi y Luis de Hoyos, y que no llevan prácticamente ilustraciones (Aranzadi y Hoyos, 1899-1900).

Sin embargo, y siguiendo el mismo programa de estudio de las *Lecciones*, desde casi el principio de su cátedra Antón estaba escribiendo su propio manual, del cual se fueron publicando partes en cuadernillos en 1903, y del que solo llegó a ver la luz el primer tomo: *Antropología o Historia Natural del Hombre*, que se reeditó en 1912 y 1927. En este manual, que se dedica a la explicación de los orígenes de la especie humana, su historia evolutiva y su distribución en variedades, las teorías de la evolución aparecen claramente desarrolladas y expuestas, sin ahondar en las polémicas acerca de las contradicciones que las demostraciones científicas dejaban claras frente al creacionismo. De hecho, Antón fue atacado por los sectores ultramontanos, acusándole de que, tanto en la cátedra, como en sus conferencias públicas de divulgación en el Ateneo de Madrid, contribuía continuamente a la extensión de las doctrinas materialistas y contrarias a los dogmas religiosos sobre el origen humano.

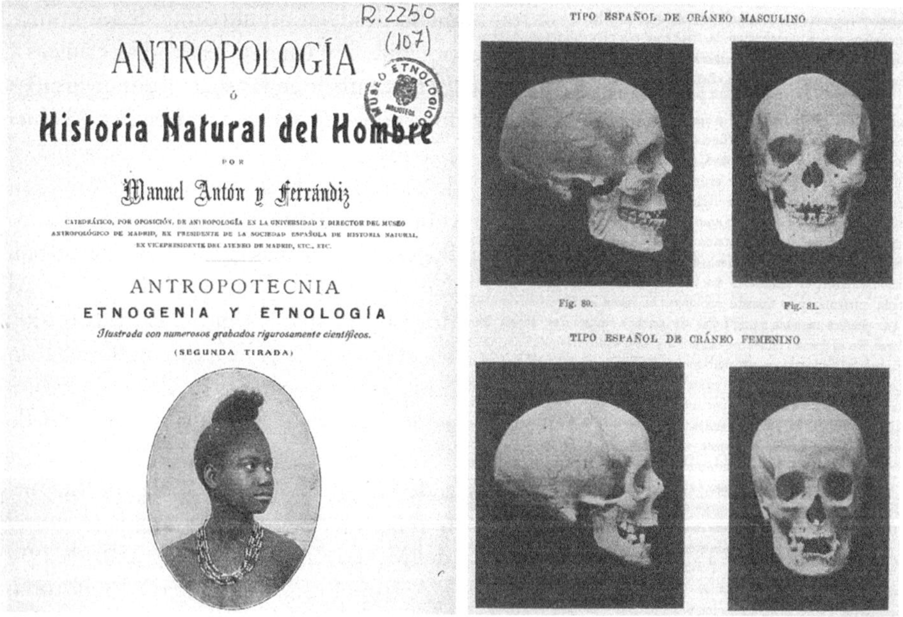

Figura 9. Antropología de Antón. Portada y fotografías de cráneos del Museo de Antropología de Madrid.

Teniendo en cuenta que el manual de Antón es un libro fundamentalmente técnico y muy centrado en la craneometría y otros asuntos de la metodología de la investigación antropológica positivista, las numerosas fotografías que lo ilustran son en gran parte representaciones de cráneos. La novedad, sin embargo, frente a los manuales anteriores, es que estas fotografías están hechas especialmente para un fin científico y no tanto como ilustración del exotismo o el atractivo de los cuerpos y las formas de grupos diferentes a los europeos burgueses. De hecho, en la portadilla de la obra, donde aparece el título completo: *Antropología ó Historia Natural del Hombre. Antropotecnia, Etnogenia y Etnología*, se hace asimismo constar que está «Ilustrada con numerosos grabados rigurosamente científicos» (Antón, 1903a). En la portada hay también una fotografía de una mujer africana, que será la que se utilizará igualmente para el grabado que sirvió de sello oficial del Museo de Antropología.

Por otra parte, los especímenes que ilustran el libro de Antón pertenecen prácticamente todos a las colecciones conservadas en el Museo de Antropología de Madrid y demuestran que el concepto que tenía su director era que el centro fuera no solo un medio de educación general para el público, sino fundamentalmente un laboratorio de investigación, al estilo del Laboratorio del Museo de Antropología de París, donde él mismo había estudiado en 1883. De hecho, el museo antropológico de Madrid formó parte, desde 1910 y hasta después de la guerra civil, del Instituto de Ciencias Naturales, una creación de la Junta para Ampliación de Estudios e Investigaciones Científicas que agrupaba al Museo de Ciencias, el Jardín Botánico y el Museo de Antropología (Ortiz, 2019: 11).

Pero no solamente las colecciones de antropología física del museo son utilizadas. El libro incluía también a la etnología, en su concepto general de la antropología como materia de estudio de la variedad de los grupos humanos biológica y social y, así, los fondos de etnografía que componían buena parte de las colecciones museísticas aparecen ilustrando en el libro algunos temas específicos, como las posibilidades que el conocimiento primitivo de la navegación podría haber proporcionado a las migraciones antiguas de las razas o grupos humanos muy separados geográficamente.

Figura 10. Antropología de Antón. Foto de canoa del Museo de Antropología de Madrid.

Junto a esto, también debe destacar la utilización de materiales gráficos propios o, mejor dicho, obtenidos en los grupos con los que España había mantenido una relación de colonialismo (como las colecciones filipinas y guineanas destacadas en el Museo de Antropología) y por el propio Manuel Antón en su trabajo; por ejemplo con los cráneos atribuidos a la raza de Cromagnon en España. Él había comenzado a interesarse por la antropología al participar (como zoólogo y botánico) en una expedición a Marruecos en 1883 y asimismo fue el encargado del estudio de los materiales etnográficos y antropológicos de la famosa Exposición General de Filipinas, celebrada en el Retiro madrileño en 1887. Esta fue una de las primeras organizadas en Europa con exposición de personas de grupos étnicos distintos (Sánchez Gómez, 2003), y aparte de que sus colecciones pasaron a formar parte del Museo de Antropología -tras la disolución del Museo de Ultramar- también dio lugar a una colección significativa de fotografías de los filipinos que fueron traídos y exhibidos en este evento, entre las que destacan las llevadas a cabo por la empresa de Laurent y Cía, por el fotógrafo de la Casa Real, Fernando Debas y, finalmente, las del fotógrafo aficionado Emilio López de Berges (Sánchez Gómez, 2005). Además de ésta, se produjeron en el parque de El Retiro de Madrid algunas otras exposiciones de personas procedentes de culturas consideradas exóticas, como la de un grupo de ashantis en 1897 y otro de inuits de la Península de El Labrador en 1900, de las que se conservan fotografías en el Museo Nacional de Antropología (Romero de Tejada, 1992: 52-56).

El interés de Antón por la fotografía antropológica se observa, asimismo, en unas instrucciones que redactó para la recogida de materiales etnográficos y antropológicos, en las que señala la obligatoriedad del registro fotográfico, con la utilización de normas y especificaciones profesionales, en ese tipo de trabajos:

> Las fotografías, sean puramente morfológicas tomadas del desnudo en las dos posiciones de frente y de correcto perfil, o las del vestido y costumbres individuales o de grupo, y las tomadas de chozas, cabañas y monumentos primitivos, históricos o prehistóricos, son indispensables en las colecciones de los museos antropológicos.
> En todos los casos, y para todos los ejemplares, es absolutamente preciso anotar la procedencia del ejemplar señalándola de modo que no se pueda confundir, y a ser posible su historia, recogiendo cuantos datos puedan servir para la enseñanza científica o para la ilustración del público (Antón, sin año: 3).

Aunque la importancia de Manuel Antón se debe sobre todo a su posición como catedrático y a su labor institucional, también llevó a cabo investigaciones propias originales. Su interés por la etnogénesis de las poblaciones circunmediterráneas (sustratos de las poblaciones libio-ibéricas, berberiscas, árabes) le llevó así a publicar en 1903 un folleto de 24 páginas: *Razas y tribus de Marruecos* y a utilizar en este trabajo una serie de fotografías de las usadas típicamente para caracterizar a las razas humanas, con un marcado tono orientalista en este caso, pertenecientes a los fondos de la Sección de Antropología del Museo de Ciencias Naturales, que se convertiría en Museo de Antropología en 1910.

Francisco de las Barras de Aragón (1869-1955) será el sucesor de su maestro Antón, tanto en la cátedra de la Universidad Central de Madrid, como en la dirección del Museo de Antropología, tras la muerte de este en 1929. De las Barras permanecerá en estos puestos hasta 1938 en que fue jubilado y sustituido por las autoridades franquistas. Siendo un naturalista de formación, la obra antropológica de Barras está centrada fundamentalmente en estudios de antropología física (fundamentalmente craneología) no solo de España, sino de Filipinas, América y África, y en su mayor parte hechos a partir de colecciones museísticas y de restos aparecidos en contextos arqueológicos. Junto a esto, es conocido como historiador de las ciencias naturales, y fundamentalmente por sus trabajos de archivo sobre viajeros y expedicionarios españoles por América y Filipinas, pertenecientes a los siglos XVIII y XIX (Valiente, 2007).

Figura 11. Manuel Antón, Razas y tribus de Marruecos, p. 13. «Salomón Meckel, tipo puro judío. De una fotografía del Museo de Ciencias Naturales de Madrid, Sección de Antropología».

Tanto en la cátedra como en el museo, Barras continúa la línea iniciada por Antón. En este sentido, publica también su propio manual para sus estudiantes: *Notas para un curso de Antropología* (1927), del que ya hizo un avance en 1925. En él se mantiene la misma visión de la antropología como conocimiento general de los grupos humanos, incluyendo tanto el estudio de los caracteres biológicos (a cargo de la antropología física), como de los rasgos propios de cultura (de que se ocupan la etnología y etnografía). Sigue, igualmente, incluyendo dentro de la antropología, no solo las cuestiones relativas al origen de la humanidad, su antigüedad y los principios de su diferenciación racial, sino también la prehistoria, como estudio de las sucesivas culturas del pasado primigenio. No se trata de un libro excesivamente origi-

BIOTECNICA

MADRID

El museo de Antropología

Figura 12. Francisco de las Barras de Aragón en el Museo de Antropología. Biotecnica, 1 (1934).

nal, pero sí de considerable amplitud, en que están correctamente tratados todos los temas importantes de un temario que se incluye también.

En el manual de Barras se hace una exposición aséptica de las teorías transformistas, en la que no se entra en dudas respecto a la veracidad de los principios evolucionistas, ni tampoco se reviste el tema del origen humano de aspectos ideológicos fuera de las consideraciones puramente científicas; lo que muestra que en estos momentos las polémicas religión-darwinismo no estaban en el punto álgido en que empezaron a ser explicadas por Manuel Antón en la última década del siglo XIX. Por otro lado, llama la atención que el manual de Barras es el único de los que estamos examinando en el que no aparece ninguna clase de ilustración; ni grabado ni fotografía. Con todo, en otros trabajos suyos sí se usa la fotografía. Por ejemplo, en la reseña de una conferencia impartida por Barras en la Academia de Farmacia sobre los orígenes humanos, que apareció en el número uno de una revista dedicada a las ciencias biológicas, las numerosas fotografías que la ilustran reproducen los ejemplares de los moldes de los más importantes restos humanos fósiles que pertenecían al Museo (Barras, 1934).

De la misma forma, en sus trabajos sobre las colecciones de los cráneos procedentes de Filipinas (Barras, 1942) y en otros sobre la evolución humana (Barras, 1934), los moldes y los especímenes conservados en el Museo de Antropología aparecen entre las obligatorias fotografías de laboratorio exigidas en este tipo de investigaciones.

N.º 1 BIOTECNICA Pág. 3

una expedición a Java, exploró de nuevo la localidad de Trinil y no encontró ningún otro resto de Pithecantropus, pero pudo fijar bien la edad geológica del yacimiento, como del Plióceno superior.

En 1924 fué descubierto en el Sur de Africa, a 80 millas al Norte de Kimberley, en la línea de Rodesia a Bechuanaland, en una cantera de caliza, a una profundidad vertical de 50 pies y horizontal de 200, juntamente con otros fósiles y en un terreno clasificado por el doctor Roger de Pos-Cretánico, un fósil que fué estudiado por el doctor Raymond A. Dart, profesor de la Universidad sud-africana de Witiwatersrand. Se trataba de un molde endocraneal, que encajaba perfectamente por su extremidad frontal, que estaba rota, con otro trozo de roca en que era visible la parte inferior y lado izquierdo de la mandíbula. Quitada la roca dura quedó al descubierto la parte facial de un cráneo que resultó ser de un antropoide superior, de cabeza y cara larga, que por la disposición de su agujero occipital, corresponde a un cuerpo casi vertical. La capacidad craneana es mayor que la de un chimpancé adulto, teniendo en cuenta que según su dentición, el ejemplar es muy joven. Se ha dado el nombre de *Adstraloptikecus Africanus*.

El 2 de diciembre de 1929, en las investigaciones paleontológicas que se realizan cerca de Pekín, en Chou Kou Tien, por el Instituto Geológico de China, subvencionado por la Fundación Rockefeller, el doctor W. C. Pei descubrió un cráneo que extrajo por su propia mano, con gran paciencia, quitando poco a poco la roca que lo envolvía. Ya en 1926, el [illegible] O. Zdausky había encontrado allí dos dientes humanos. Estaba en un depósito arenoso que rellenaba una cueva cuyo techo se había hundido. Según el Profesor Davidson Black presenta el cráneo caracteres que lo diferencian de los tipos humanos más primitivos. Después se han hallado otros varios cráneos de la misma especie. A la vez hay restos de hogares, huesos quemados y lascas de cuarzo; es decir, atributos humanos. Sin embargo, los caracteres muestran inferioridad y por otra parte es extraño que no se hayan encontrado más que cráneos, como si fueran ca-

Período Chelense. Paleolítico inferior. (Vaciados existentes en el Museo de Antropología de Madrid)

Figura 13. Francisco de las Barras, «Aparición del hombre», Biotecnia., 1 (1934). Moldes craneanos de fósiles de homínidos. Museo de Antropología, Madrid.

Figura 14. Francisco de las Barras, Cráneos de Filipinas, 1942. Cráneo de primitivo habitante de la Isla de Luzón, hallado por el doctor Montano en Agosto de 1879 en las cuevas de Cargraray-Albay.

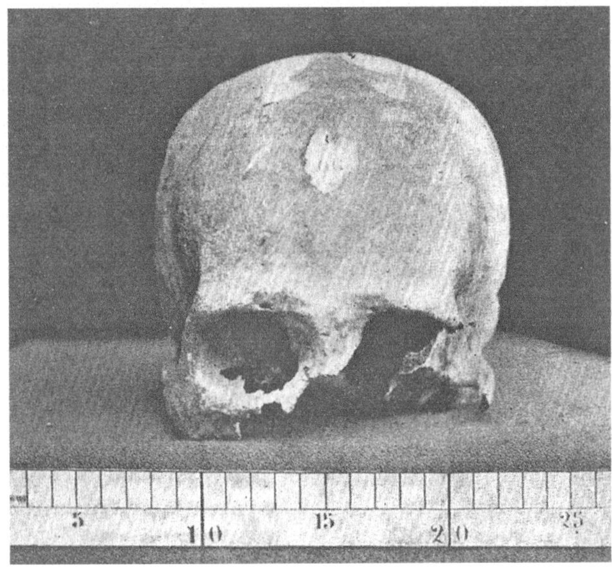

Tras el paréntesis de la guerra de 1936, durante la cual el Museo de Antropología estará en serio peligro, como otros museos madrileños, debido a los bombardeos rebeldes, los puestos de catedrático de la Universidad Central y director del Museo de Antropología (al que el nuevo director cambiará el nombre por el de Etnología) serán ocupados ya no por antropólogos con formación de naturalistas, como anteriormente, sino por un arqueólogo. José Pérez de Barradas Álvarez de Eulate (1897-1981) copará los más altos puestos de las instituciones académicas dedicadas a la antropología en España en un largo periodo que cubre todo el franquismo; entre 1941 y 1972 (Salas Vázquez, 2008). La cátedra de la Universidad Central servirá a Pérez de Barradas como centro de difusión y el Museo de Etnología quedará formando parte de un nuevo instituto de investigación –dentro del recién creado Consejo Superior de Investigaciones Científicas–, el Instituto Bernardino de Sahagún de Antropología y Etnología; todo bajo su dirección. Este centro será el encargado de la investigación antropológica, incluido en el entramado organizativo para una ciencia nacional, española, pluridisciplinar, centralizada y católica, que desde el primer momento el nuevo régimen franquista creará para sustituir el antiguo sistema de investigación republicano creado en torno a la Junta para Ampliación de Estudios (Sánchez Gómez, 1992; Chicharro, 2022).

Aunque se doctoró en antropología en la Sección de Naturales de la Facultad de Ciencias, con una tesis dirigida por Barras, Pérez de Barradas no tenía una formación antropológica muy acreditada y antes de la guerra se había desempeñado sobre todo como arqueólogo. Su dedicación investigadora fue por tanto siempre mucho más culturalista y estuvo dedicada fundamentalmente al estudio de las culturas originarias americanas, fundamentalmente centrada en Colombia y los muiscas. No obstante, escribió varios libros de síntesis sobre cuestiones importantes de la antropología, que no tuvieron críticas muy favorables, por sus enfoques colonialistas y su falta de conocimiento experto en las cuestiones sobre el origen y las variaciones de los grupos humanos, por ejemplo por parte del antropólogo español, exiliado en México, Juan Comas. En los largos años en que ocupó la cátedra de antropología dirigió una notable cantidad de tesis en la Universidad de Madrid. Pérez de Barradas llevó a cabo trabajos de campo arqueológicos en España y Colombia. Efectivamente, en estos trabajos, al igual que en las labores que él y sus colaboradores llevaban a cabo en el museo, los aspectos de representación gráfica eran necesarios y, como tal, contemplados, aunque, tanto en esto como en el resto de los aspectos metodológicos y teóricos, no presentaron grandes novedades ni originalidad

Pérez de Barradas obtuvo por oposición en 1941 la cátedra de Barras, que ya venía ocupando interinamente desde 1939. En el mismo examen, Santiago Alcobé, discípulo de Telesforo de Aranzadi, ganó también su puesto en la Universidad de Barcelona (Otero Carvajal, 2014: 289-292). Siguiendo la tradición de sus predecesores, Barradas se propuso redactar un manual para el seguimiento de los estudiantes del programa de su cátedra, aunque no llegó a publicarlo hasta 1946. A pesar de sus 522 páginas, este libro fue calificado por Juan Comas (autor él mismo de un exitoso manual de antropología física posterior) como «el ejemplo más acabado de lo que no debe ser un manual de antropología» (Comas, 1949: 278). En realidad, podría establecerse una línea de calidad descendente en los manuales de la Cátedra de Antropología de la Universidad Central de Madrid, desde las primeras *Lecciones* escritas por los ayudantes de Manuel Antón, Aranzadi y Hoyos, en el inicio del siglo XX, hasta llegar a este de Barradas de mitad de siglo; un momento, además, en que la antropología había alcanzado ya un enorme desarrollo académico internacional.

A diferencia del libro de su antecesor en la cátedra, el de Barradas está profusamente ilustrado con dibujos y fotografías, aunque estas no sean directamente tomadas por el autor, ni siquiera muchas veces procedan de instituciones o repositorios científicos a los que se haga explícita referencia.

En el manual de Pérez de Barradas aparece incluso una foto de Darwin (entre páginas 32 y 33) entre los precursores de la antropología, lo que, teniendo en cuenta el momento de su publicación en España, no deja de ser un rasgo a tener en cuenta. Sin embargo, en los primeros capítulos, donde se establece la historia de las teorías antropológicas y sus paradigmas, se hacen equilibrios de todo tipo para no hacer referencia a las teorías evolucionistas; ni las del siglo XIX, ni los desarrollos posteriores.

Sí se dedica un pequeño apartado a las formas de representación material de la variedad humana desde un punto de vista antropológico, con fotos del método de montaje de esqueletos humanos, seguido por Domingo Sánchez en el Museo de Antropología de Madrid, y ejemplos de la forma de representación fotográfica de los tipos raciales e incluso de la realización de moldes étnicos de escayola sobre el vivo o la reconstrucción del rostro sobre las calaveras.

No obstante, el aparato gráfico del *Manual* de Pérez de Barradas presenta defectos y carencias similares a su contenido expositivo escrito. Está desactualizado, recoge tópicos inadmisibles en un texto científico, está teñido, si no de racismo puro, sí de un racialismo que tras el final de la Segunda Guerra Mundial había sido desechado por

Figura 15. Racismo y sexismo en las fotografías del Manual de Pérez de Barradas.

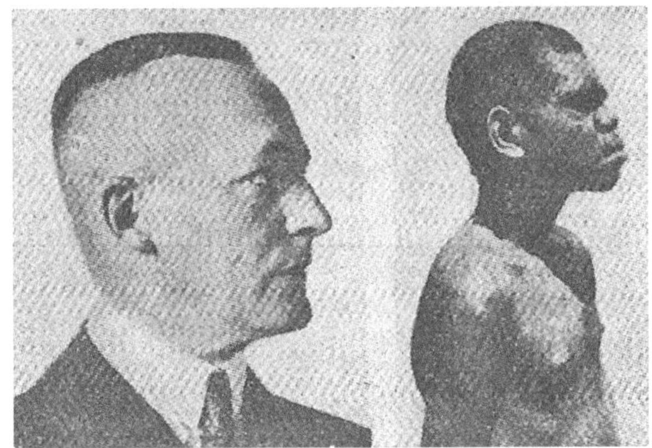

completo de la antropología; continuamente aparecen perspectivas claras de exotización y erotización en las fotografías de mujeres, y además, en algunas de las fotos que no son las tomadas de los repertorios editoriales habituales en la antropología de entreguerras, la calidad de las imágenes es muy escasa. En definitiva, el contenido fotográfico del manual está en perfecta consonancia con la escasa validez que presenta la obra de Pérez de Barradas como libro de texto universitario a la altura de 1946.

Un ejemplo de la falta de actualización del libro de Barradas -y a través de él del nivel de retraso de la antropología española en la década de 1940- pero también de la pervivencia y la extensión alcanzada por las imágenes fotográficas que representaban a las poblaciones colonizadas, enfatizando su inferioridad, objetualizándolas y deshumanizándolas, lo tenemos en la inclusión de la imagen de una mujer aeta (Filipinas) entre las que incluye para ilustrar la antigua clasificación racial de Joseph Deniker (entre las páginas 472 y 473). Se trata de una fotografía antropológica clásica del último tercio del siglo XIX, que pertenecía a los fondos del Museo Etnológico, que ya había formado parte, transformada en grabado, de las ilustraciones de la *Antropología* de E. B. Tylor, y que vemos aparecer en dos manuales españoles separados por 54 años de distancia. En el primer caso, el libro de Nacente la incluye, en forma de grabado realizado sobre la fotografía, mientras que en el de Barradas aparece propiamente como reproducción fotográfica de un atlas de razas del mundo.

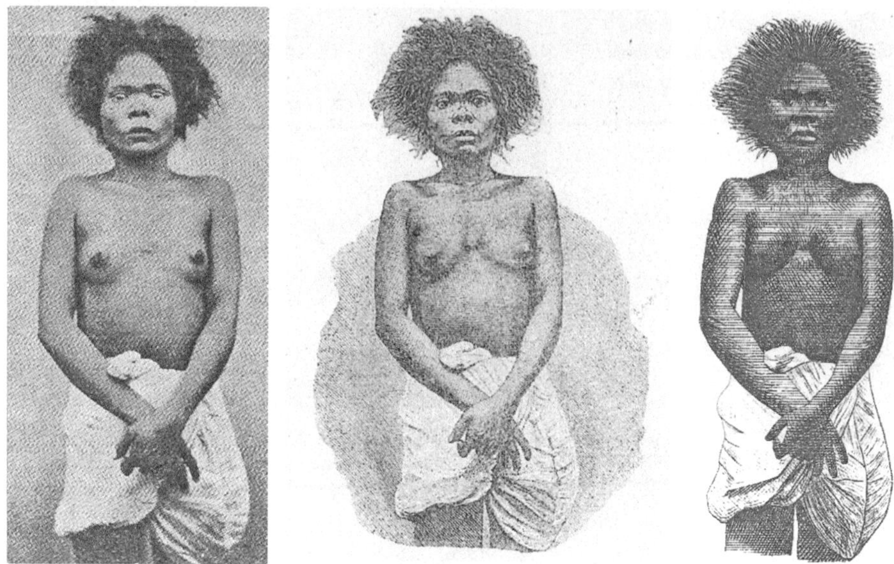

Figura 16. La imagen de la mujer aeta filipina en las Antropologías de Barradas, Tylor y Nacente. Fotografía del Museo de Etnología.

Figura 17. Manual de Pérez de Barradas, fotografía de mujer tagala de Filipinas, perteneciente a los fondos del Museo de Etnología.

En cualquier caso, entre las muy numerosas fotografías que ilustran el libro de Pérez de Barradas aparecen algunas que no están tomadas de repertorios generales internacionales, sino que pertenecen a los fondos (y se refieren a los grupos humanos que fueron colonizados por España) del Museo de Antropología-Etnología de Madrid. Entre estas fotos del Protectorado marroquí, Guinea Ecuatorial o Filipinas, se escogen aquellas tomas que responden al orientalismo, primitivismo o exotismo que revisten las imágenes tópicas sobre las poblaciones y las culturas del Norte de África, África negra o extremo Asia.

Por otra parte, en la *Guía del Museo Etnológico* (1947) que Pérez de Barradas lleva a cabo con sus colaboradoras, Caridad Robles y María Mercedes González Gimeno, aparecen, como es lógico, numerosas fotografías (un total de 48), tanto de las salas y las vitrinas del museo, como de las principales piezas de Filipinas, Guinea, Norte de África, América, etc. que configuran sus importantes colecciones coloniales. Sin embargo, ninguna de ellas va más allá del registro material de los fondos museísticos y su exposición. Las únicas fotos que representan individuos son, significativamente, una de las *tzantzas* (cabezas reducidas y momificadas) que fueron traídas por la Expedición del Pacífico de 1862 (fig. 6) y dos más de las momias extraídas de Chiu-Chiu (Chile), procedentes de la misma expedición (figs. 40 y 41). Son las únicas representaciones de la gran colección de restos humanos que se había acumulado en el museo. En contraste, no aparece ninguna imagen de la vida cotidiana de los grupos culturales representados en él. Tampoco se reproducen los moldes raciales, ni los modelos escultóricos con que contaba el centro y que habían estado expuestos hasta la guerra civil.

Por otro lado, llama la atención que, en esta guía, como en el *Manual,* no aparezcan fotografías procedentes de algunos de los repertorios del Museo de Historia Natural de París que fueron adquiridas por Manuel Antón en los años finales del XIX con destino al museo de Madrid. Estos últimos aspectos podrían ser reveladores de la ruptura que se produce entre la antropología que se desarrolla en España en el periodo que va entre las últimas décadas del siglo XIX y las tres primeras del XX, y la que se instaura después de la guerra con un sesgo de control marcadamente franquista.

La continuidad de las instituciones oficiales dedicadas a la investigación y la docencia antropológicas durante el largo periodo de la dictadura fue incluyendo a la vez alguna apertura y se fueron adoptando las nuevas teorías sobre la evolución y la variación humana a partir de la década de 1960. Pero esta «nueva antropología» española no logra imponerse en la universidad hasta la década posterior y su ruptura con la franquista anterior se produce ya propiamente después de la muerte de Franco.

En ese momento son otras las figuras que acometen una «transición» desde las mismas estructuras académicas e investigadoras del franquismo. En esta renovación quedan también algunas otras instituciones más apartadas. Los museos antropológicos serán en este nuevo panorama olvidados o poco considerados frente al empuje de las reformas universitarias, que tomarán la iniciativa desde entonces.

BIBLIOGRAFÍA CITADA

ANTÓN y FERRÁNDIZ, Manuel (1897), *Programa razonado de Antropología*, Madrid, Imprenta Viuda de Minuesa.

–(1903a), *Antropología o Historia Natural del Hombre*, Madrid, Sucesores de Rivadeneira.

–(1903b), *Razas y tribus de Marruecos*, Madrid, Sucesores de Rivadeneyra.

–(sin fecha), «Instrucciones para la recolección de ejemplares de Antropología (prehistoria y etnografía)». Separata sin fecha ni editorial. Museo Nacional de Antropología.

ARANZADI, Telesforo de y HOYOS, Luis de (1899-1900), *Lecciones de Antropología,* Madrid, Romo y Füssel. 4 vols. 2ª ed.

AYUSO IGLESIAS, Manuel Hilario (1922), «Un nuevo Antropómetro», *Memorias de la Sociedad Española de Antropología, Etnografía y Prehistoria*, I:, pp. 15-22.

BADÍA-VILLASECA, Sara (2016), «Las fotografías de California de Rafael Castro Ordoñez, miembro de la Expedición Científica del Pacífico (1862-1866): discurso y circulación», *Asclepio*, 68 (2), pp. 153-170.

BARRAS DE ARAGÓN, Francisco de las (1925), *Notas de Antropología según las explicaciones y programas del curso 1925-26*, Sevilla, sin editorial.

–(1927), *Notas para un curso de Antropología*. Madrid: Imprenta de la Ciudad Lineal.

–(1934), «Aparición del hombre. Adaptación de la conferencia pronunciada en la Academia de Farmacia de Madrid», *Biotécnica. Revista Internacional de Ciencias Biológicas*, 1, pp. 4-10.

–(1942), *Cráneos de Filipinas*, Madrid, Instituto Bernardino de Sahagún, CSIC.

CALATAYUD, María Ángeles y PUIG-SAMPER, Miguel Ángel (eds.) (1992), *Pacífico inédito, 1862-1866: Exposición fotográfica,* Madrid, Lunwerg.

CHICHARRO MANZANARES, Cristina (2022), «Antropología durante el franquismo: El Instituto Bernardino de Sahagún, 1939-1951». Trabajo fin de grado, Universidad Complutense de Madrid.

COMAS CAMPS, Juan (1949), «Pérez de Barradas, J., Manual de Antropología», *Ciencia. Revista Hispano-Americana de Ciencias Puras y Aplicadas*, 8, pp. 277-278.

DARWIN, Charles (1872), *The Expression of the Emotions in Man and Animals*. London: John Murray.

DÍAZ MUÑOZ, Pedro (1911), *Compendio de Antropología y Pedagogía*, Valladolid, Imprenta y Librería Nacional y Extranjera de Andrés Martín. 5º ed.

DOBSON, G. E. (1875), «On the Andamans and Andamanese», *Journal of the Royal Anthropological Institute of Great Britain*, IV, pp. 457-468.

EDWARDS, Elizabeth (ed.) (1992a), *Anthropology and Photography, 1860-1920*, New Haven, Yale University Press.

–(1992b), «Science Visualized: E. H. Man in the Andaman Islands», en E. Edwards (ed.), *Anthropology and Photography, 1860-1920*, New Haven, Yale University Press, pp. 108-120.

–(2001), *Raw Histories: Photographs, Anthropology and Museums*, New York, New York University Press.

–(2009), «Envolving Images: Photography, Race and Popular Darwinism», en D. Donald y J. Munro (eds.), *Endless, Forms, Darwin, Natural Sciences and Visual Arts*, New Haven/London, Yale University Press, pp. 166-192.

–(2015), «Anthropology and Photography: A long history of knowledge and affect», *Photographies*, 8 (3), pp. 235-252. http://dx.doi.org/10.1080/17540763.2015.1103088.

ESCARD, F (1886), *Le Prince Roland Bonaparte en Laponie*, Paris, Imprimé pour l'auteur.

GALTON, Francis (1878), «Compositive Portraits», *Nature*, 23 (5).

GOODALL, Jane R. (2002), *Performance and Evolution in the Age of Darwin. Out of the Natural Order*. London-New York: Routledge.

Guía del Museo Etnológico (1947), Madrid, CSIC.

LÓPEZ-OCÓN, Leoncio (2003), «La comisión científica del Pacifico: de la ciencia imperial a la ciencia federativa», *Bulletin de l'Institut Français d'Études Andines*, 32 (3), pp. 479-515.

MCCLINTOCK, Anne (1995), *Imperial Leather: Race, Gender, and Sexuality in the Colonial Contest*, New York, Routledge.

NACENTE y SOLER, Francisco (1892), *Antropología,* Barcelona, Francisco Nacente, Editor.

ORTIZ GARCÍA, Carmen (2016), «Humano o Animal. Notas para una historia cultural de la hipertricosis», en N. Cuví, E. Sevilla, R. Ruiz y M. A. Puig-Samper (eds.), *Evolucionismo en América y Europa,* Aranjuez, Doce Calles-FLACSO-UNAM-PUCE, pp. 147-166.

–(2019), «Las colecciones de restos humanos de la Expedición del Pacífico y los museos españoles», *Asclepio*, 71 (2), p. 275. https://doi.org/10.3989/asclepio.2019.16.

OTERO CARVAJAL, José E. (dir.) (2014), *La Universidad nacionacatólica. La reacción antimoderna*, Madrid, Universidad Carlos III.

PÉREZ DE BARRADAS, José (1946), *Manual de Antropología*, Madrid, Cultura Clásica y Moderna.

PIMENTEL IGEA, Juan (1998*), La física de la monarquía: ciencia y política en el pensamiento colonial de Alejandro Malaspina (1754-1810)*, Aranjuez, Doce Calles.

PINNEY, Christopher (1992), «The Parallel Histoires of Anthropology and Photography», en E. Edwards (ed.), *Anthropology and Photography, 1860-1920,* New Haven, Yale University Press, pp. 74-95.

POOLE, Deborah (2005), «An Excess of Description: Ethnography, Race and Visual Technologies», *Annual Review of Anthropology,* 34, pp. 159-179.

PORTMAN, Maurice V. (1896), *Notes on the Andamanese*, London, Harrison and Sons.

PRODGER, Philip (1998), *An annotated Catalogue of the Illustrations of Human and Animal expresión from the Collection of Charles Darwin*, Lewinston, N.Y., Melen.

–(2009), *Darwin's Camera. Art and Photography in the Theory of Evolution*, Oxford, Oxford University Press.

PUIG-SAMPER MULERO, Miguel Ángel (1988), *Crónica de una expedición romántica al Nuevo Mundo*, Madrid, CSIC.

–(2012), «Ilustrators of the New World. The Image in the Spanish Scientific Expeditions of the Enlightenment», *Culture & History. Digital Journal*, 1 (2). http://dx.doiorg/10.3989/chdg.2012.

PUIG-SAMPER, Miguel Ángel; GOLCMAN, Alejandra y NARANJO, Consuelo (2019), «Charles Darwin y la expresión de las emociones», en M. Sarmiento; R. Ruiz; M. C. Naranjo, M. J. Betancor y J. A. Uribe (eds.), *Reflexiones sobre darwinismo desde las Islas Canarias,* Aranjuez, Doce Calles-Universidad de Las Palmas-UNAM, Universidad Michoacana, pp. 521-539.

RADCLIFFE-BROWN, Alfred. R (1922), *The Andaman Islanders. A Study in Social Anthropology*, Cambridge, The University Press.

ROMERO DE TEJADA, Pilar (1992), *Un templo a la ciencia. Historia del Museo Nacional de Etnología,* Madrid, Ministerio de Cultura.

SALAS VÁZQUEZ, Eduardo (ed.) (2008), *Arqueología, América, Antropología. José Pérez de Barradas, 1879-1981*, Madrid, Museo de los Orígenes-Ayuntamiento de Madrid.

SALES y FERRÉ, Manuel (1894-1897), *Manual de Sociología*, Madrid, Librería de Victoriano Suárez, 3 vols.

SÁNCHEZ GÓMEZ, Luis Ángel (1992), «La antropología al servicio del Estado: El Instituto 'Bernardino de Sahagún' del CSIC (1941-1970)», *Revista de Dialectología y Tradiciones Populares*, 47 (1), pp. 29-44.

–(2003), *Un imperio en la vitrina: el colonialismo español en el Pacífico y la Exposición de Filipinas de 1887*, Madrid, CSIC.

–(2005), «Exhibiciones etnológicas vivas en España. Espectáculo y representación fotográfica», en C. Ortiz, C. Sánchez-Carretero y A. Cea (coords.), *Maneras de mirar. Lecturas antropológicas de la fotografía*, Madrid, CSIC, pp. 31-60.

SÁNCHEZ MONTAÑÉS, Emma (2013), *Los pintores de la Expedición Malaspina en la costa noroeste: una etnografía ilustrada*, Madrid, CSIC.

SEN, Satadru (2009), «Savages bodies, cicilized pleasures: M.V. Portman and the Andamenese», *American Etnologist*, 36 (2), pp. 364-379.

SMITH, Jonathan (2006), *Charles Darwin and Victorian Visual Culture*, Cambridge, Cambridge University Press.

TYLOR, Edward B. (1888), *Antropología. Introducción al estudio del hombre y de la civilización*, Madrid, El Progreso Editorial.

VALIENTE ROMERO, Antonio (2007), *Francisco de las Barras de Aragón en la Sevilla intersecular*, Sevilla, Ateneo de Sevilla-Universidad de Sevilla.

VERNEAU, René (1931), *Los orígenes de la Humanidad*, Barcelona, Editorial Labor.

ASOCIACIONISMO EN CATALUÑA: ENTRE EL ROMANTICISMO, EL POSITIVISMO Y EL DARWINISMO EN LA CATALUÑA FINISECULAR Y HASTA LA GUERRA CIVIL ESPAÑOLA

Luis Calvo Calvo
Institución Milá y Fontanals (IMF-CSIC)

A MODO DE INTRODUCCIÓN

El principio rector de este de este breve texto es devenir más una propuesta para posibles estudios futuros que ser un estudio analítico preciso. En este sentido, se busca conocer mucho mejor cómo impacta la llegada del darwinismo en una sociedad en pleno proceso de transformación del mundo preindustrial a uno eminentemente industrial. El texto quiere ser solamente una incitación para posibles estudios ya que considero que en el conocimiento de la recepción del darwinismo en Cataluña se ha puesto el acento en algunos aspectos, sobre todo los relacionados con los ambientes intelectuales o los movimientos políticos, pero no tanto en la incidencia en los movimientos populares.

Mas, si todo ello es el objetivo final de este trabajo, diversas circunstancias recientes en el tiempo dotan a este escrito de un mayor significado. Me refiero, en concreto, al cuestionamiento de las ideas darwinistas y, por ende, del propio papel de la ciencia en nuestra sociedad en el pleno siglo XXI.

En términos generales, se puede decir que, en los últimos lustros, han crecido de manera exponencial los discursos y las acciones que rechazan la teoría de la evolución, así como el avance científico que ha permitido profundizar en el conocimiento de la naturaleza, así como en la mejora de las condiciones de vida de buena parte de la Humanidad.

Todo ello se traduce en actitudes y en declaraciones, en muchos casos vejatorias, que muestran que la aceptación de la evidencia científica todavía no está suficientemente enraizada socialmente, hasta el punto de eliminar la teoría darwinista de las enseñanzas escolares. Un caso reciente es el de la India donde se han producido «[..] declaraciones hechas en público por líderes políticos [que] no son deslices. Cada una está cuidadosamente pensada y apela a la conciencia antirracionalista y anticientífica de los nacionalistas religiosos de derecha» (Landrin, 2023: 3).

En buena medida, ello es debido tanto a la permanencia de los discursos creacionistas (Haynes, 2017: 6) como a la existencia de un racismo institucionalizado que se traduce en políticas concretas (Gildea, 2019) como las que se han dado en los Países Bajos[1] o en el Reino Unido donde se manifestó en la década de 2010 con personas de origen caribeño pertenecientes a la Commowealth[2], hasta el punto de provocar la dimisión de la persona responsable del Ministerio de Interior.

Llama poderosamente la atención cómo la presente centuria sigue siendo testigo de cómo los postulados darwinistas generan controversia y debate ideológico, ahora, sobre todo por las crecientes políticas que ponen su acento en las identidades. De alguna manera, posiblemente, aquí es adecuada la visión de Milan Kundera sobre el diálogo entre el futuro y el pasado. En este sentido, Aguilar (2023), refiriéndose al escritor checo, ha declarado que para éste «el futuro es un vacío indiferente que no interesa a nadie mientras que el pasado está lleno de vida y su rostro nos excita, nos irrita, nos ofende y por eso queremos destruirlo o retocarlo [...] en definitiva, los hombres quieren ser dueños del futuro solo para poder cambiar el pasado, luchan por entrar al laboratorio en el que se retocan las fotografías y se reescriben las biografías y la historia. Así que, dice Kundera, por eso, advertidas las dificultades que se interponen en la tarea de mejorar el futuro, [los hombres] optan por entregarse al propósito más accesible de empeorar el pasado.»

Por todo ello, este artículo quiere poner de manifiesto cómo en un momento determinado de la historia de una colectividad concreta las ideas darwinistas contribuyeron al avance social y cultural, propiciando otras visiones de la realidad y estimulando cambios en lo cultural y en lo social.

En este sentido y como elemento introductorio a la tesis que aquí se presenta, quiero llamar la atención sobre un momento crucial de la historia reciente de Cataluña: las votaciones del 1 de octubre de 2017. Su transcendencia ha sido analizada desde muchos puntos de vista y de manera especial desde la investigación antropológica (*vid.* Clua, 2018 y 2019; Martí, 2020; Anchois, 2021).

---

[1] *Vid.* https://elpais.com/internacional/2022-05-31/holanda-admite-racismo-institucional-en-el-escandalo-de-los-subsidios-que-tumbo-al-gobierno.html; https://elpais.com/internacional/2022-12-13/paises-bajos-admite-racismo-y-discriminacion-entre-el-personal-del-ministerio-de-exteriores.html (consulta 16 de julio de 2023).

[2] *Vid.* https://www.theguardian.com/uk-news/2018/apr/15/why-the-children-of-windrush-demand-an-immigration-amnesty;https://www.theguardian.com/uk-news/commonwealth-immigration (consulta 16 de julio de 2023).

Para la realización de esta consulta se utilizaron 110.000 urnas y es llamativo que, a pesar de las prohibiciones, ese gran volumen de urnas no fuera detectado por los servicios de la seguridad del Estado. La pregunta parece obvia: ¿cómo fue posible?

Mi tesis personal, y sobre la cual gira el presente texto, es un aspecto que marca la historia social, cultural, política e incluso económica, de Cataluña: el asociacionismo catalán, de todo orden y condición, fue el gran motor de todo ello. De hecho, en el momento de la referida consulta, el número de asociaciones no lucrativas en Cataluña oscilaba entre las 23.000 y las 25.000, que se concentraban en asociaciones (de todo tipo) (85%), fundaciones (8%), cooperativas no lucrativas (4%) y sin forma jurídica (1%) u otros (2%), siendo los ámbitos de estas entidades formación y educación (26%), acción social (24%), cultura (24%), comunitarias y vecinales (8%), deporte (7%), cooperación, derechos humanos y paz (4%), ambientales (3%), derechos civiles (3%), actividad económica (1%) (Fornies y Aguilar, 2017: 18-19).

Este hecho, ciertamente característico de la sociedad catalana, se remonta sobre todo a la segunda mitad del siglo XIX cuando, como fruto de los acelerados cambios que Cataluña estaba viviendo, surgieron dos importantes corrientes de pensamiento y de acción cultural y política, diferentes pero poderosas en sus mensajes y que ayudaron a un crecimiento exponencial del asociacionismo catalán: la *Renaixença* y el Positivismo.

Si la primera fijó su mirada en construir una realidad basada en el ámbito de las identidades colectivas, recurriendo a la historia –en especial, la medieval-, la lengua catalana, el territorio, la propiedad privada o la Iglesia católica, la segunda, aliada a la postre con el mensaje darwinista, ensalzó la razón y la ciencia como referentes.

A pesar de sus diferencias, ambas corrientes de pensamiento tuvieron un fuerte impacto en la estructura socio-cultural y política catalana, fomentando el asociacionismo y coincidiendo en un aspecto concreto: el afán modernizador.

En definitiva, esta aportación inquiere sobre cómo la llegada del darwinismo impactó en una sociedad que estaba en plena transformación social, política, cultural y económica. Asimismo, se pretende reflexionar sobre cómo se construye, se interpreta y se articula la realidad histórica, cultural, social y económica de un territorio desde visiones contrastadas.

LA CATALUÑA FINISECULAR: UNA SOCIEDAD EN TRANSFORMACIÓN

«Cataluña, la fábrica de España» fue una expresión que compendió la rápida transformación que la sociedad catalana vivió a lo largo del siglo XIX y hasta bien entrado el siglo XX. Hay que tener presente que Cataluña llegó a la modernidad con unas importantes bases económicas decimonónicas, que la diferenciaron del resto de territorios españoles, tal como puso de manifiesto Nadal (2003:18-19) quien escribió: «Excepcionalmente, Cataluña ya contaba, por entonces [finales del s. XVIII], con el caldo de cultivo adecuado al crecimiento de la moderna industria. La iniciativa privada tenía, en ella, arrestos bastantes para empujar el carro económico por la senda del progreso. Tampoco le faltaban mercados. En el interior del Principado, una distribución más equitativa de la renta aseguraba a su industria una cuota relativa de consumidores más elevada que en el resto de España. Allende del Ebro, una tupida red de arrieros y comerciantes, doblados a menudo de banqueros, hacía efectivas las expectativas abierta al comercio catalán por la Nueva Planta Borbónica (supresión de las aduanas internas o 'puertos secos', pensada como una medida represiva), en 1716. En las colonias americanas, el auge de la sociedad criolla le proporcionaba otro cupo importante de compradores. En la Europa del Norte, los aguardientes del Penedés y el Campo de Tarragona habían dado origen a otra corriente de sentido contrario formada por alimentos (granos y pesca salada) y lienzos y telas de algodón crudo, a punto para ser 'pintados' en Barcelona y sus aledaños.»

Múltiples ejemplos muestran cómo ese desarrollo industrial tuvo un significativo impacto en muchos aspectos de las condiciones y de las formas de vida; así, por ejemplo, en 1835 ya se rompió el control de los gremios sobre la actividad industrial o hacia 1870 el uso del gas en España se concentraba fundamentalmente en Cataluña. Estas transformaciones propiciaron grandes núcleos fabriles (vapores y colonias industriales) que hicieron que, entre otras cosas, la producción per cápita española de hilados de algodón en 1882 y 1883 se concentrase en Cataluña, haciendo de esta manera que España fuese el sexto país europeo en este tipo de actividad por detrás de Gran Bretaña, Suiza, Bélgica, Alemania y Francia (Nadal, Maluquer y Carreras, 1985: 151) o si se fija la mirada en la producción per cápita de electricidad en 1934 (kilovatios/hora por habitante/año), resulta que en Cataluña la cifra alcanzaba los 400kv. mientras que en el resto de España apenas se llegaba a los 200kv. (*ibíd.*, p. 151).

Este fuerte desarrollo industrial generó transformaciones de todo orden, entre ellas, el nacimiento y la consolidación tanto de la burguesía como del proletariado industrial. En ambos casos, surgieron iniciativas asociativas como Fomento Nacional del Trabajo (1889), la gran asociación empresarial catalana que tuvo -y tiene- un peso significativo en el empresariado español. En el caso de las clases trabajadoras, pronto surgieron también asociaciones laborales y solidarias. De hecho, ya en 1840 se creó la Asociación de Tejedores, preludio del fuerte movimiento asociativo obrero que propició que el Primer Congreso Obrero Español se celebrase en Barcelona en 1870, el cual fue el primer gran aldabonazo de la fuerza del obrerismo en Cataluña. Después de éste, se realizaron otros muchos como, por ejemplo, el Congreso Nacional de la Cooperación (Badalona, 1889). La precariedad de las condiciones de vida de los obreros y sus familias y la ausencia de educación o sanidad propició iniciativas para la mejora de las condiciones de vida o la formación de los asalariados como, por ejemplo, los conocidos *Cors de Clavé* creados en 1850 para elevar la cultura de los obreros mediante la música y el canto, o concursos literarios como el Primer Certamen Socialista celebrado en Reus en 1885.

Mas, este proceso de cambio no estuvo exento de tensiones como la huelga de las «selfactinas» (del inglés «*self-action*») en 1854 como reacción a la creciente mecanización de la industria o, con posterioridad, la huelga de La Canadiense en 1919.

Estas circunstancias motivaron en muchos momentos conflictos importantes que provocaron violencia e intervenciones armadas, como la del general Espartero que ordenó bombardear Barcelona el 3 de diciembre de 1842 o, incluso, un golpe de Estado como el del general Primo de Rivera en 1923 como respuesta a la conflictiva situación de Barcelona por aquel entonces.

Tal como se ha apuntado, las fuerzas motrices del asociacionismo catalán fueron la *Renaixença* y el Positivismo, que tuvo un impulso de primer orden cuando las ideas darwinistas llegaron a Cataluña.

LA *RENAIXENÇA*, EL POSITIVISMO Y EL DARWINISMO, MOTORES DEL ASOCIACIONISMO EN LA CATALUÑA FINISECULAR

Estas grandes corrientes de pensamiento generaron visiones y percepciones bien diferentes de Cataluña, pero, a pesar de ello, ambas coincidieron en el deseo de transformar y modernizar la realidad catalana, lo que: «[...] supuso un factor de modernización, sobre todo por el hecho de insistir en una serie de virtudes cívicas y en la necesidad de hacer ciencia más allá de los parámetros establecidos, fuertemente centralistas y anquilosados» (Cacho Viu, 1998: 156). Veamos ambas corrientes de pensamiento.

La *Renaixença,* como un apéndice más del romanticismo europeo decimonónico, se convirtió en el referente para los sectores conservadores de la sociedad catalana. Este movimiento fijó, entre otros aspectos, su mirada en el esplendor medieval, recuperando tradiciones como los certámenes poéticos denominados *Jocs Florals* («Juegos Florales»). Asimismo, ese impulso conllevó un ansia creciente por conocer el pasado histórico y el territorio, por lo que algunas actuaciones se convirtieron en elementos centrales de la *Renaixença* como la creación literaria o el excursionismo: hay que decir que éste, por ejemplo, contribuyó a describir la geografía y a catalogar el patrimonio monumental catalán, llegándose a considerar también su faceta científica (Font i Sagué, 1902).

Estas manifestaciones alimentaron, de manera poderosa, el nacimiento y la articulación del nacionalismo, siendo uno de sus máximos exponentes las denominadas «Bases para la Constitución Regional de Cataluña (1892)», más conocidas como las «Bases de Manresa», o el surgimiento de la *Lliga de Catalunya* en 1887 –en 1901 se transformó en la *Lliga Regionalista*– que en los primeros lustros del siglo XX accedió a las instituciones públicas (Ayuntamiento de Barcelona, 1905 o Diputación de Barcelona, 1907), lo que supuso la creación del Institut d'Estudis Catalans, la Junta de Museos de Barcelona, ambas creadas en 1907, o la constitución de la Mancomunitat de Catalunya en 1914, primer gran instrumento de la acción transformadora del catalanismo que actuó, de manera especial, en la educación y en las infraestructuras.

Por su parte, el Positivismo planteó una visión alejada de la percepción *renaixentista.* Así, uno de sus máximos exponentes, Pere Estasen i Cortada (1900: 47-47), pensaba que para entender la realidad catalana era necesario adoptar otros puntos a partir del estudio: «Dado el atraso de los estudios económicos en España, la falta de estadísticas y la necesidad de reunir datos, antecedentes y observaciones, entiendo indispensable que cuantos aman a Cataluña empiecen a estudiarla para conocerla. El objeto que me propongo no es otro que llamar la atención acerca de la necesidad de estudiar a fondo las condiciones económicas de Cataluña; excitar la curiosidad acerca de los interesantes problemas que afectan a la riqueza de la patria catalana, y aprontar a la obra común algunos datos y observaciones propias [...]».

Este enfoque propició el desarrollo de estudios que pusieron su acento en el análisis de las formas de vida basado en la recolección y el análisis de datos. En este sentido, las *topografías médicas* (Prats, 1996) que conectaban directamente con el higienismo (Ruiz y Palacios, 1999), son una magnífica muestra de esta manera de acercarse a la realidad.

Tal como se ha apuntado, el darwinismo llegó a una sociedad en plena expansión económica, política y socio-cultural, donde ideas como el republicanismo, el federalismo, el comunismo, el socialismo utópico, el anarquismo o el librepensamiento estaban ya ampliamente difundidas. Por ello mismo, las obras de Darwin se publicaron tempranamente en Cataluña: así, la imprenta barcelonesa «La Renaixença» publicó en1876 la primera traducción al castellano (aunque no aparece firmada, se ha comprobado que el traductor fue Joaquín María Bartrina) de *El origen del hombre. La selección natural y la sexual* (Gomis y Josa, 2009: 50). Poco tiempo después se publicó *Viatge d'un naturalista al voltant de món, 1831-1832* (*Diari Català,* 1879-1881, 47 pliegos de 368 páginas que contienen 17 capítulos de los 21 originales, traducción de Leandre Pons i Dalmau).

La irrupción de la teoría de evolución generó vivos rechazos ya que, en palabras de Jaume Balmes, esas ideas eran «construcciones antihistóricas», resaltando que la raíz de los males sociales proviene del «pecado original» y todos los materialismos surgían en ámbitos ausentes de «fe ultraterrenal». En esta misma línea de negación de las ideas darwinistas, se situaron autores como José Letamendi o Francisco de Asís Aguilar y Serrat. El primero expresó su rechazo a la teoría de la evolución en su *Discurso sobre la naturaleza y el origen del hombre*, pronunciado en el Ateneo Catalán (Sección de Ciencias Exactas, físicas y naturales) las noches de los días 13 y 15 de abril de 1867, donde argumentó que la naturaleza es un continuo, sin cambios ni saltos y, aunque se puede reconocer una cierta unidad fisiológica de los seres vivos, la razón era un atributo único de los humanos. Por su parte, Aguilar y Serrat (1873: 6 y 21) defendió que las teorías de Darwin eran anticristianas y no respondían a la razón, negando la creación divina del hombre, hasta del punto de escribir:

> La cuestión es saber si todos los seres orgánicos, en sus formas específicas, han sido independientemente creados por un poder sobrenatural, ó han aparecido por vía de generación, más ó menos regular, de una ó varias formas primeras, y bajo la sola influencia de las causas naturales (1); es decir, si los seres ahora existentes, incluso el hombre, hemos sido creados por Dios, ó somos el resultado de combinaciones sucesivamente más complicadas, que convirtieron, primero el átomo mineral en célula, después la célula en planta, y la planta en animal muy sencillo, el cual, adquiriendo nuevas perfecciones, ha llegado á ser el hombre, y corriendo el tiempo llegará á ser no sé qué superior que la ciencia no define. Trátese, en una palabra, de saber si nosotros somos hijos de Dios ó hijos del mono, nietos del perro y descendientes del escarabajo [...] Los sectarios de Lamarck y de Darwin, que propagan sus doctrinas por el mundo exagerándolas y traduciendo por un es afirmativo el *puede ser* vacilante del maestro, son á la verdad más dóciles discípulos que aquellos de Pitágoras, los cuales no creían sino lo que *Magister dixit*: preferir la *duda* de un hombre á la afirmación de cincuenta siglos de fe, de razonamiento y de experiencia, es el colmo del fanatismo y de la credulidad.

Como ya es bien conocido, uno de los rechazos más polémicos fue cuando a finales del siglo XIX la Sagrada Congregación del Índice condenó las obras de Odón de Buen, a la sazón catedrático de zoología en la Universidad de Barcelona, por hacer explícitos los postulados darwinistas en sus enseñanzas explicando el origen y la evolución de las especies. La polémica hizo que el rectorado de la UB, el Obispado e incluso el Gobierno Civil se viesen involucrados en el asunto que, finalmente fue resuelto por el Consejo Universitario que restituyó a De Buen en su cátedra el 7 de enero de 1895.

Tal como ha explicitado Vall Solaz (2015: 85, 122 y 129; 2018) el darwinismo impactó de tal manera en la sociedad catalana que, en numerosas publicaciones, aparecieron representaciones gráficas en contra o a favor del darwinismo, criticando la *animalización* del hombre (convertido en un simio) o bien la *humanización* de los animales (primates) así como se mitificaba o se criticaba a Darwin. De esta manera, se puede decir que se enfrentaron dos modelos: la integración del hombre en la Naturaleza o su degradación por su parentesco -u origen- animal. Publicaciones periódicas como *La Llumenera* o la *Revista Blanca* se convirtieron en ventanas abiertas para la extensión de las ideas evolucionistas.

Por tanto y a pesar de las críticas de los sectores más conservadores de la sociedad catalana, se puede decir que las idas ideas darwinistas calaron pronto en una parte significativa de la intelectualidad catalana finisecular, por ejemplo, en personajes tan destacados como Narcís de Monturiol quien, siguiendo las enseñanzas de Darwin, abogó por el reconocimiento de la igualdad de las capacidades mentales del hombre y de la mujer, o Pompeyo Gener que vio en el darwinismo un sustrato para poner de relieve los males tradicionales de la sociedad española. A pesar de la extensión de la cita, es interesante recoger aquí algunas de sus reflexiones:

> Muy justamente se lamenta usted [L. Alas Clarín] de que aquí nadie se acuerda de la ciencia, de que esta sea cosa postiza, de que no arraigue, de que los gobiernos no la protejan, etc., etc. [...] Como dice usted muy bien, la Revolución provocó un movimiento científico, cuyos centros fueron el Ateneo de Madrid y algunas sociedades de Barcelona, movimiento que se manifestó con vigor el primero y el segundo año de la Restauración. Pero bien pronto los conservadores de aquella época pudieron más que la ciencia [...]Aquí lo que hace falta es una dictadura científica no interrumpida durante medio siglo, con una protección desmesurada á las ciencias, á las artes, á los inventos, á la industria, etc., pero á la verdadera ciencia, á la verdadera inteligencia. No como han hecho ciertos gobiernos liberales que para acreditarse al subir al poder han dado tres ó cuatro misiones científicas á amigos particulares de los ministros, cuyas misiones demostraban solo la malversación de los fondos públicos [...] Desgraciadamente usted y yo tenemos razón amigo Clarín, aquí la ciencia no entra. ¿Lo racional son los toros, el cante flamenco, las cantaoras que se bailan, eso, eso, es lo genuinamente español [...] Como quiere V. pues, que nadie se ocupe de Cristo, ni de Hegel, ni de Kant, ni de Spencer, ni de Darwin, Litré, ¿etc.? ¿Cómo quiere V. que Garracido, el sabio profesor de Farmacia de la Central invente alcaloides ni cosa que lo valga? Aquí no hay más sabios que cuatro conservadores que no han escrito en su vida más que algún, folleto ó algún prólogo–y algún personaje liberal listo, qua estudia la historia de principios del siglo en Galdós, luciéndose

> luego en el Ateneo de Madrid. –Litré–Darwin–Spencer–Renan.–Cuatro botarates que no supieron nunca quién era Romero Roblado, ni como se escamoteaba una elección.

Como se puede apreciar, el darwinismo propició que las corrientes racionalistas y positivistas, ya presentes en la sociedad catalana, tuviesen una mayor y mejor extensión de sus postulados, afianzado el valor de la razón y de la ciencia en la interpretación de las realidades sociales, por lo que las ideas evolucionistas contribuyeron a cohesionar mucho más el movimiento asociativo obrero así como poner de manifiesto aspectos como las desigualdades sociales o la denuncia del papel preeminente de la religión católica en la sociedad española.

De esta manera, se puede decir que la disidencia religiosa –cuando no un creciente anticlericalismo– y el afán modernizador (con la educación como centro de las transformaciones) (Girón, 2010: 122) se convirtieron en el punto de encuentro de numerosas inquietudes personales y colectivas, políticas e intelectuales. En este sentido, debe recordarse que dado el contexto socio-económico finisecular, así como el de las primeras décadas del siglo XX, la educación concentraba muchos de los esfuerzos para la mejora y la modernización sociales. Por ello, por ejemplo, la Escuela Moderna, liderada por Francisco Ferrer y Guardia, o la Institución Libre de Enseñanza (ILE) fueron auténticos referentes de cambio. Mas, cabe decir que más allá de las coincidencias, hay que destacar significativas diferencias entre ambas actuaciones ya que mientras en Cataluña el motor de la modernización fue el asociacionismo (Solà, 2008), en Madrid y otras zonas de España fue la ILE -junto al Museo Pedagógico, el Instituto-Escuela (Martínez, López-Ocón, Ossenbach, 2018). o la Residencia de Estudiantes las que patrocinaron esa renovación: mientras que una era el producto del compromiso de intelectuales como Giner de los Ríos, la otra surgía de un movimiento colectivo como fue el asociacionismo. Como clara muestra del vigor del asociacionismo cultural catalán y su implicación en la mejora de las condiciones de vida de las clases populares, en este caso barcelonesas, resulta llamativo que el Ateneu Enciclopèdic Popular (Solà, 1978) de Barcelona crease una «Sección Universitaria» bajo el lema «La cultura es una necesidad de los pueblos. La cultura es una necesidad para las conquistas… La cultura hace a los hombres del mañana» para propiciar que profesores de la Universidad de Barcelona fuesen los domingos a dar clases gratuitas a los miembros del Ateneu, llegando, incluso, a dedicar un editorial a Albert Einstein cuando éste visitó la Ciudad Condal en febrero de 1923, escribiendo lo siguiente: «Es cosa de añadir que, en este gran hombre, el carácter está a la altura del genio científico. Tan apasionado por lo bello y bueno como por la verdad, Einstein sabe acometer con energía vibrante e irónica todos los abusos de nuestra pretendía civilización, y es de mencionar que ha sido, en la misma Alemania, uno de los que más vivamente se ha opuesto a la locura sangrante de 1914»[3] (*Noticiari de l'Ateneu Enciclopèdic Popular*, año IV, marzo de 1923, núm., 35).

---

[3] Original en catalán. Traducción del autor.

La semilla darwinista y racionalista se extendió a otros ámbitos de la sociedad, fomentando otras rupturas con los cánones de pensamiento tradicionales y conservadores, fomentando movimientos como el naturismo (*vid.* publicaciones periódicas como *Helios*, *Pentalfa* o *Biofilia*) o el feminismo (recuérdese que unos de los lemas anarquistas durante la Guerra civil española fue «*Mujeres Libres. ¡Mujeres! Vuestra familia la constituyen todos los luchadores por la libertad*»). De esta manera, el naturismo o el feminismo se convirtieron en sus máximas expresiones, lo que conllevó una fuerte represión y la casi anulación del movimiento asociativo catalán durante las primeras décadas del franquismo.

A MODO DE CONCLUSIÓN

Se puede decir que, más allá de todos aquellos aspectos relacionados con el darwinismo social, en el caso de Cataluña, la región más industrializada durante el siglo XIX y hasta la Guerra Civil española, el discurso darwinista se convirtió en uno de los «aceleradores» de la transformación social, contribuyendo de manera decidida a una mayor y significativa apertura de ideas así como propiciar que el cambio social fuese mucho más rápido y agudo que en otras zonas de España, poniendo en cuestión aspectos que hasta entonces habían sido poco cuestionados como era el papel de la Iglesia católica, poniendo, en definitiva, el acento en el valor de la razón, la ciencia y el poder transformador de la educación.

BIBLIOGRAFÍA

ACHNIOTIS, P. (2021). «Sovereign Days: Imagining and Making the Catalan Republic from Below». En: Rebecca Bryant & Madeleine Reeves. *The everyday days of Sovereignty*. New York: Cornell University Press, pp. 175-196.

AGUILAR, M. A. «Pero que broma es esta», La Ser, 14 de julio de 2023. https://cadenaser.com/podcast/cadena-ser/hora-25/.

AGUILAR Y SERRAT, F. de Asís (1873). *El hombre, ¿es hijo del mono? Observaciones sobre la mutabilidad de las especies orgánicas y el darvinismo*. Madrid: Imp. de Antonio Pérez Dubrull.

CLUA, M. (2018). «Una proposta d'interpretació del nacionalisme des de l'antropologia». *Quaderns-e de l'Institut Català d'Antropologia*, núm. 23 (2), pp. 28-44, https://raco.cat/index.php/QuadernseICA/article/view/365840.

CLUA, M. (2019). «Una mirada antropològica al procés independentista catalán»: https://etnologia.blog.gencat.cat/2019/11/18/conferencia-una-mirada-antropologica-al-proces-independentista-a-catalunya/.

CACHO VIU, V. (1998). *El nacionalismo catalán como factor de modernización*. Madrid: Residencia de Investigadores.

ESTASEN CORTADA, P. (1900). *Cataluña. Estudio acerca de las condiciones de su engrandecimiento y riqueza*. Barcelona: F. Seix Editor

FONT Y SAGUÉ, N. (1902). *L'excursionisme cientifich*. Barcelona: Tip. L'Avenç.

FORNIES, A. y AGUILAR, M. (2017). «Dossier Barcelona Associacions». *El Panoramic* (segunda época, núm. 4). Barcelona: Torre Jussana. Centre de serveis a les associacions.

http://www.elpanoramic.org/wp-content/uploads/2015/07/informe2017.pdf.

HAYNES, J. (2017). «La lutte pour Darwin. tats-Unis Bien qu'en perte de vitesse, le mouvement créationniste est toujours puissant.» *Le Monde des Idées* (20 de noviembre), p. 6.

GENER, P. (1888). «Sr. D. Leopoldo Alas (Clarín)». *La Vanguardia*, Año VIII, núm. 358, (viernes 3 de agosto).

GIRÓN SIERRA, A. (2010). «Del anarquismo al librepensamiento: una propuesta de aproximación al proceso de apropiación del darwinismo en la Cataluña de fines del XIX». *Actes d'història de la ciència i de la tècnica.* Nova època. Vol. 3 (2), p. 119-129.

GILDEA, R. (2019) *Empires of the Mind: the colonial past and the policy of present.* Cambridge University Press.

GOMIS BLANCO, A. y Josa Llorca, J. (2009). «Los primeros traductores de Darwin en España: Vizcarrondo, Bartrina y Godínez». *Revista de Hispanismo filosófico* núm. 14, pp, 43-60.

MARTÍ, J. (2020). «Paisatges emocionals i identitats polartitzades». *Revista d'Etnologia de Catalunya*, núm. 45, pp. 105-121.

MARTÍNEZ ALFARO, E., López-Ocón, L., Ossenbach Sauter, G. (eds.) (2018). *Ciencia e innovación en las aulas. Centenario del Instituto-Escuela (1918-1939).* Madrid: CSIC.

NADAL, J., Maluquer de Motes, J. y Carreras, A. (1985). *Catalunya, la fàbrica d'Espanya. Un segle d'industrialització catalana (1833-1936).* Barcelona: Ajuntament de Barcelona y Generalitat de Catalunya.

NADAL, J. (dir.) (2003). *Atlas de la industrialización de España (1750-2000).* Barcelona: Editorial Crítica (con el patrocinio de Fundación BBVA).

LANDRIN, S. (2023). «En Inde, le révisionnisme scientifique s'attaque à Darwin. La purge de la théorie de l'évolution des manuels scolaires illustre la défiance du gouvernement de Narendra Modi envers les sciences». *Le Monde* (21 de junio), p. 3.

LETAMENDI, J. de (1867). *Discurso sobre la naturaleza y el origen del hombre.* Barcelona: Establecimiento tipográfico de Narciso Ramirez y Comp^{a}.

PRATS, Ll. (1996). *La Catalunya rància. Les condicions de vida materials de les classes populars a la Catalunya de la Restauració segons les topografies mèdiques*, Barcelona: Altafulla.

RUIZ RODRIGO, C. y PALACIO LIS, I. (1999). *Higienismo, Educación Ambiental y Previsión Escolar: Antecedentes.* Valencia: Publicacions de la Universitat de València.

SOLÀ I GUSSINYER, P. (1978). *Els Ateneus obrers i la cultura popular a Catalunya (1900:1939): L'Ateneu Enciclopèdic Popular.* Barcelona: Edicions La Magrana.

(2008). «L'ASSOCIACIONISME CULTURAL HISTÒRIC». *Plecs d'història local*, núm 130 (julio-agosto), p. 1.

VALL SOLAZ, F. Xavier (2015): «Representacions visuals catalanes del darwinisme durant el segle XIX», *Actes d'Història de la Ciència i de la Tècnica* 8: 85-136.
http://www.raco.cat/index.php/ActesHistoria/article/view/31140.

VALL SOLAZ, F. X. (2018). «Reacciones a las críticas de Pompeu Gener a Émile Zola y sus epígonos». *Revista de Filología Románica* núm. 35, pp. 187-211.

DICCIONARIO DEL DARWINISMO EN ESPAÑA: UN PROYECTO EN SU ÚLTIMA FASE

Alberto Gomis
(Universidad de Alcalá)

GÉNESIS

El proyecto del *Diccionario del darwinismo en España* se concibió, hace aproximadamente un cuarto de siglo, conjuntamente por Jaume Josa i Llorca (1945-2012) y por quien esto escribe. Desde un primer momento, se inició la búsqueda de cuantos elementos pensábamos que podrían tener cabida en el mismo, bajo el principio de recoger todo lo que fuera posible y, más adelante, seleccionar lo que definitivamente consideráramos que debería contener. Éramos conscientes de la envergadura del proyecto y, de ahí, que consideráramos que ayudaría a su realización el ir acometiendo estudios parciales de diferentes elementos del darwinismo en España. De todos ellos, fue al estudio de las ediciones de las obras de Darwin publicadas en España al que dedicamos más tiempo, pero, a la postre, con la publicación de las dos ediciones de la *Bibliografía crítica ilustrada de las obras de Darwin en España.* (Gomis y Josa, 2007 y 2009a), fue el que nos proporcionó mayor satisfacción. En la primera de las ediciones se recogieron 201 registros bibliográficos (del BGJ 0 al BGJ 199, además de un BGJ 0 y un BGJ 51 bis), que pasaron a ser 223 con las ediciones de las obras de Darwin publicadas entre 2006 y 2008 (se añadieron del BGJ 200 al BGJ 202, además de el BGJ 90 bis).

En el transcurso de la gestación de la obra, Jaume descubrió como en el *Manual de Investigaciones Científicas dispuesto para el uso de los Oficiales de la Armada y viajeros en general*, publicado en Cádiz en 1857 (Herschel, 1857), uno de los quince capítulos o secciones -como se denominan en el *Manual-*, de que constaba, se debía a Darwin, concretamente la sección sexta, que llevaba el título de «Geología» y que nadie, hasta ese momento, había reparado en ello. Aunque se trataba de una obra colectiva, era la más antigua obra con autoría de Darwin publicada en España. Mantuvimos el hallazgo con sigilo y eso explica que se incorporarse a la *Bibliografía*, a última hora, con el número 0 (BGJ 0)[1]. Con ser la aportación más notable no fue la única. Se indicó la localización de ediciones que resultaba difícil encontrar, se aclararon los cambios introducidos por las editoriales sobre las obras originales y quiénes había sido los traductores, así como la calidad de sus traducciones, las ilustraciones que incorporaron y las características de estas ilustraciones, e incluso se denunció el fraude de editar con el título de *El origen de las especies* un volumen cuyo contenido correspondía a *El origen del hombre* (BGJ 100, 104 y 108).

No descuidamos, mientras tanto, el ir abordando diferentes elements del darwinismo en España. Cuando considerábamos que, de alguno de ellos, teníamos suficiente información, entonces procedíamos a realizar su análisis exhaustivo y, si lo considerábamos suficientemente significativo, procedíamos a redactar y publicar las conclusiones a las que hubiéramos llegado. Así, vieron la luz trabajos sobre la iconografía darwiniana (Gomis y Josa, 2002 y 2009b); los primeros traductores, Juan Nepomuceno de Vizcarrondo, Joaquín Bartrina y Enrique Godínez (Gomis y Josa, 2009c); algunas de las figuras más representativas de la introducción del darwinismo en España, caso de Odón de Buen (Gomis y Josa, 2010) y un estudio crítico sobre las 223 obras de Darwin editadas en España (Gomis y Josa, 2013). Desgraciadamente, la publicación definitiva de este último trabajo, que habíamos defendido en el IV Coloquio Internacional sobre Darwinismo que se desarrolló en México, en la Facultad de Ciencias de la UNAM, del 23 al 27 de febrero de 2029, no la pudo ver Jaume Josa, pues el día 21 de octubre de 2012 se había producido su fallecimiento en la ciudad de Barcelona (Gomis, 2013).

Por otro lado, en el año 2009, al concursar –yo mismo- a la plaza de catedrático de universidad de «Historia de la Ciencia» en la Universidad de Alcalá, para la que era preceptivo, entre otros requisitos, presentar un proyecto de investigación, confeccioné el mismo con el título de «Diccionario del darwinismo en España». Señalé, como objetivos, el profundizar en el conocimiento de los protagonistas, instituciones y empresas que contribuyeron, tanto a la difusión del darwinismo en España, como de aquellos que lo dificultaron o ridiculizaron, por defender tesis contrarias a las de Darwin. Justificaba su necesidad en la poca presencia de autores españoles en el *Dictionnaire du darwinsime et de l'evolution*, dirigido por Patrick Tort (Tort, 1996), así como en el reducido número de páginas que, en el mismo, se dedicaban al darwinismo en España (solo cinco páginas), frente a la mucha mayor extensión que tenían las entradas de los países anglosajones (23), Alemania (45), Francia (46), Italia (87) o Rusia (65).

---

[1] En 2009 se publicó por la Diputación Provincial de Cádiz la *Geología* de Darwin (2009), como facsímil segregado del *Manual de Investigaciones Científicas*, con un estudio introductorio de Alberto Gomis Blanco y Jaume Josa Llorca que llevaba por título «La primera traducción en España de un texto de Charles Darwin por Juan Nepomuceno de Vizcarrondo, publicada en Cádiz en 1857» y que ocupaba las páginas 7 a 44. Este capítulo de Darwin ya se había editado como obra independiente, en inglés, en algunas ocasiones. La primera en 1849 (London, William Clowes printed).

ACÚMULO DE INFORMACIÓN

A lo largo de los años y, tal vez, sin planificar adecuadamente el sistema de recogida de documentos e información, fuimos extrayendo datos valiosos de libros y todo tipo de publicaciones, que en muchos casos adquiríamos, así como de la lectura de los trabajos que confeccionaban los colegas y de las consultas que llevábamos a cabo en archivos (fundamentales han sido los días de trabajo que pasamos en el Archivo de la Guerra Civil, de Salamanca, para el tema de la masonería, y en el Archivo General de la Administración, de Alcalá de Henares, para el de la censura), bibliotecas (con muy esclarecedoras jornadas en la Biblioteca Pública Arús, de Barcelona) y hemerotecas.

El espacio que han ido ocupando los libros y las carpetas en casa no ha parado de crecer, si bien la velocidad de crecimiento se resintió con el óbito de Jaume. Luego, en función de mis obligaciones docentes e investigadoras, pude dedicar más o menos tiempo al proyecto y, como en la etapa anterior, pude publicar –ya en solitario– algunos trabajos sobre diferentes elementos del darwinismo en España que me parecieron suficientemente aclarados. Así, estudié, y comparé, las primeras traducciones de las obras de Darwin en España y Portugal y la difusión que tuvieron en ambos países (Gomis, 2017); la recepción y aceptación de las ideas de Darwin por la masonería en España, en la que fue muy común el nombre simbólico «Darwin» por muchos de sus miembros (Gomis, 2019a); la evolución y la censura de los libros de Darwin en el franquismo, fundamentalmente entre 1938 y 1966 (2019b); y los aspectos históricos de la recepción de Darwin y el darwinismo en España, más particularmente en Madrid, tras la muerte del naturalista inglés (Gomis, 2020).

En las últimas décadas se ha asistido a un importante crecimiento de la producción historiográfica sobre el evolucionismo en España. Trabajos que obligatoriamente ha habido que consultar para nuestro objeto. A los *clásicos* libros de Diego Núñez, *El darwinismo en España* (Castalia, 1977) y de Thomas F. Glick, *Darwin en España* (Península, 1982) se han unido importantes trabajos de autores como Jesús I. Catalá Gorgues (2009), Miguel Ángel Puig-Samper (2009), Armando García González (2010) y Francisco Pelayo (2017) (Puig-Samper, García y Pelayo, 2017), entre otros.

Lugar aparte merecen los estudios de Carmen Acuña-Partal sobre la historia de las traducciones de las obras de Charles Darwin, de manera especial sobre las traducciones de *El origen de las especies* (Acuña-Partal, 2018 y 2020) y *El origen del hombre* (Acuña-Partal, 2022).

La realización, hasta el momento, de diez coloquios internacionales sobre darwinismo en Europa, América Latina y el Caribe ha contribuido de manera muy considerable a que el caudal de información fuera todavía mayor. La gestación del proyecto y los avances historiográficos de los ocho primeros coloquios han sido puesto en valor por Francisco Pelayo (2021). También han colaborado, a ello, la aparición de la «Biblioteca Darwiniana» en 2006 y de la «Biblioteca Darwin» en 2007. La primera como una coedición entre el CSIC, la Academia Mexicana de Ciencias y la Universidad Autónoma de México[2] y la segunda entre la editorial Laetoli y la Universidad Pública de Navarra[3], pero ambas con similar objeto, el difundir en castellano la obra de Charles Darwin. Obras de Darwin, nunca traducidas en España, han visto la luz en nuestro país por vez primera, casi siglo y medio después de ser publicadas, junto con nuevas traducciones de otras que sí lo estuvieron. En todos los casos, las obras publicadas han contado con estudios introductorios.

Junto a los dos proyectos editoriales que hemos apuntado en el párrafo anterior, y que consideramos de extraordinaria valía, otras editoriales se han sumado a la edición de las obras del autor inglés con distinta fortuna. Entre las más valiosas la traducción y edición de Joandomènec Ros de *El origen del hombre* (Darwin, 2012). El más desafortunado, a nuestro juicio, el perpetrado por la Editorial Libsa en 2018, al publicar un volumen con el desconcertante título de *El origen de las especies. El origen del hombre* (Darwin, 2018) y cuyo contenido corresponde a la traducción que a principios del siglo XX publicaron los editores Sempere y Cía de los siete primeros capítulos de *El origen del hombre*, indicando -entonces- que la traducción se debía a A. López White. En esta edición de Libsa no se indica traductor, ni el autor de la presentación que se ha incorporado. Para aumentar la confusión, en el encabezado de las páginas pares, en su margen izquierdo, se señala que se trata de «El origen de las especies».

Los recursos electrónicos que existen hoy en día, que facilitan la consulta de muchas publicaciones y documentos desde el puesto de trabajo, o desde casa, estaban muy poco desarrollados cuando concebimos el proyecto, pero han sido utilizados a medida que han estado siendo accesibles y con mucha mayor profusión en esta etapa final.

SELECCIÓN DE MATERIALES QUE SE INCORPORAN AL DICCIONARIO

Con objeto de ir completando los materiales, que deben incorporarse al Diccionario, se han debido tomar una serie de decisiones sobre los contenidos que, finalmente, se incorporen al mismo y sobre los límites temporales que debe abarcar cada uno de aquellos, pues no es lo mismo recoger una obra que trató del darwinismo en el siglo XIX, que otra que lo hizo en el siglo XXI, ya que –es evidente- la inclusión de todas hasta el momento presente harían imposible al proyecto.

Teniendo en cuenta lo apuntado en el párrafo anterior, y en función de que el Diccionario recoja la mayor, y más útil información, que pueda consultar el posible usuario, se han seleccionado los siguientes temas:

1.- Personajes españoles citados por Darwin en sus obras. A pesar de que son muchos los autores y personajes que cita Darwin a lo largo de su extensa producción escrita, no son muchos más de una docena los españoles que encontramos en el

[2] En la «Biblioteca Darwiniana», de la que Rosaura Ruiz es directora y Armando García González secretario, junto a las obras de Darwin se han publicado también obras de otros autores clásicos como Robert Fitz Roy, Alexander von Humboldt, Piotr Kropotkin y Heinrich Friedrich Link, así como algunos estudios modernos sobre el darwinismo (García González, 2010).

[3] La «Biblioteca Darwin» está dirigida por Martí Domínguez. Entre los prologuistas, o introductores, a las obras de Darwin están Jesús Mosterín, Joandomènec Ros, Jorge Wagensberg, Eudald Carbonell, además del propio Martí Domínguez.

conjunto de su obra. En algunos casos, como ocurre con Félix de Azara (1742-1821), el autor español al que más cita, las referencias se apoyan en las obras que publicó el ingeniero aragonés. En otras, las citas son indirectas, como ocurre con Francisco (Gonzalo) Jiménez de Cisneros, el Cardenal Cisneros (c. 1436 – 1517), del que tiene noticia a través de un artículo del abate Claude Carlier (1725-1785). Se recogen también al navegante italiano, al servicio de España, Cristóbal Colón, y a Julia Pastrana, a la que Darwin presenta como bailarina española, si bien parece que fue una indígena mejicana.

2.- Autores españoles que, en distintos momentos, han sido señalados por diferentes autores como precursores de Darwin, aunque el científico inglés no hiciera referencia a ellos. Ejemplo, de estos, es el cronista Gonzalo Fernández de Oviedo quien, según el antropólogo Manuel Antón (1906), puso las bases de las teorías evolucionistas.

3.- Personajes españoles que mantuvieron correspondencia con Charles Darwin, así como corresponsales extranjeros de los que se conservan misivas, con el científico inglés, en nuestro país. Entre los primeros, son bien conocidas las cartas que el traductor Enrique Godínez recibe del inglés alentándolo con la traducción, pero hay más. De los segundos, se conserva en el Museo de Antropología una carta que envió Darwin a Carl Theodor Ernst von Siebold, el 4 de diciembre de 1871.

4.- Autores de los trabajos publicados en España en los que se trató de las obras de Darwin y el darwinismo hasta 1909, o sea hasta cumplirse el primer centenario del nacimiento del científico y el cincuenta aniversario de la publicación de la edición príncipe de su obra fundamental *On the Origin of Species*. Bien entendido, que se recogen tanto los que se posicionaron a favor, como los que lo hicieran en contra, y que figuran tanto los autores españoles como los extranjeros, además de los traductores y prologuistas, o comentadores, de estos últimos. Y aquí hay que hacer una advertencia, muchas veces no resulta sencillo identificar quién fue el autor del trabajo o la persona que intervino en alguna de las fases de la publicación del mismo, veremos a continuación un ejemplo.

En 1882 se publicó en Toro (por L. G. Vallecillo) la obra *¿Si será? ¿Si no será?* con la autoría de «M. Hernández Huerta». Se trata de una obra compuesta con el objeto de ridiculizar las teorías evolutivas, en especial las ideas de Haeckel, de modo que se equivalen los «grados de Haeckel» a lo que el autor llama los «abuelos del hombre». No llevaba ninguna ilustración. Sin embargo, a partir de 1886 se publicaron en Madrid (Tipografía de Guillermo Osler) varias ediciones de la obra, profusamente ilustradas, que modifican ligeramente el título, que ahora pasa a ser *¡Caramba! ¿Si será? ¿Si no será?* y en las que se representaba grotescamente, en láminas en blanco y negro y láminas en color, cada uno de los «abuelos del hombre» (figura 1). No se indica el autor de estas láminas, pudiéndose leer en algunas de ellas «Lit. Espíritu Santo, 18», o sea la dirección de la tipografía de Guillermo Osler ¿quién fue M. Hernández Huerta? ¿quién fue el autor de estas láminas? En las bibliotecas, donde conservan ediciones, nada aclaran sobre el autor y nada dicen sobre la autoria de las láminas. Gracias a un artículo que se publicó en el semanario *Zamora ilustrada* pudimos conocer que el nombre del autor era Manuel y que era originario de la localidad zamorana

Figura 1. Cubierta de la obra de M. Hernández Huerta. ¡Caramba! ¿Si será? ¿Si no será? 4ª edición. Madrid, 1887 (Tipografía de Guillermo Osler).

de Toro[4]. Más tarde, la comparación de la firma de un ejemplar dedicado por él, que se conserva en Harvard College Library, con las firmas que se conservan en un expediente del Ilustre Colegio de Abogados de Madrid[5], nos permitió afirmar que correspondían a la misma persona, y que, por lo tanto, había obtenido la licenciatura en Jurisprudencia en 1853 y que se incorporó al Colegio de Abogados de Madrid en 1867.

Por otro lado, hay que tener en cuenta que el empleo de seudónimos fue muy habitual en esta época y que, en ocasiones, no se ha podido esclarecer si la autoría, que figura al frente de un trabajo, correspondía a una persona física o era un seudónimo.

5.- Libros singulares y publicaciones periódicas españolas que, con ese mismo límite temporal de 1909, se ocuparon con alguna intensidad de cuestiones relacionadas con el darwinismo y las teorías evolutivas.

6.- Autores de obras literarias, y personajes ficticios incorporados a esas obras, en los que puede reconocerse que se abordó la temática darwinista de alguna manera en la literatura española hasta 1909.

---

[4] U[rsicino]. Alvárez Martínez. Dos libros toresanos. *Zamora ilustrada*, II, 36 (14 de marzo de 1883): 283-284. En este artículo se señala que el autor toresano Manuel Hernández Huerta acababa de publicar dos obras. En primer lugar, refiere la que llevaba por título *Cartas á* (sic) *mis hijos* (L. G. Vallecillo, 1881), obra escrita en «fácil y correcta silva» en la que ya se burlaba, donosamente, de la doctrina evolucionista: «Con hidrógeno y ázoe y carbono / Nació el gusano, sabandija y rana / Ornitorínco (*sic*), marsupial y mono, / Hasta llegar á la conciencia humana: / ¡Progreso, evolución y vendrá el caso / De hacer con cielo azul, un cielo raso! / Tenéis por primitivos ascendientes / Los gases de la bruma, / Y son vuestros parientes / Miembros de ilustre sangre en pelo y pluma; / ¡Vuestra madre una mona, y vuestro abuelo / Un ser, de baba, escama, concha y pelo!». De la titulada *¿Si será? ¿Si no será?* el reseñador apunta: «Repasa el Sr. Hernández Huerta los veinte y dos órdenes de la gradación evolutiva de Hackel (*sic*) desde la *monera* al *hombre*, preconizando con fina sátira la excelencia del sistema y el genio de aquel coriféo (*sic*) del transformismo, de Darwin y de los materialistas…».

[5] Archivo Histórico del Ilustre Colegio de Abogados de Madrid – Ubicación: 1a – Signatura: Caja 176 AHICAM 1.1 Exp. 5658. https://patrimoniodocumental.icam.es/es/consulta/registro.do?control=MACAB20180195839

7.- Recepción y crítica de las teorías darwinistas en instituciones científicas (Academias, Sociedades y Universidades) y agrupaciones diversas (Ateneos y Asociaciones profesionales y educativas), fundamentalmente -pero no exclusivamente- hasta 1909, ya que se recogen los estudios y homenajes, posteriores a esa fecha, que se celebraron en las mismas.

8.- Recepción y crítica de las teorías darwinistas en la masonería (Gomis, 2019a) y en el anarquismo (Girón, 2005), así como en algunos partidos políticos y movimientos obreros.

9.- Recepción y crítica del darwinismo en diferentes ciudades e instituciones. Aunque también se atiende con mayor intensidad a lo que sucedió, en ellas, hasta 1909, se ha extendido el límite hasta la creación de las actuales comunidades autónomas en 1978, con objeto de que cada una de ellas tenga su entrada.

10.- Homenajes, celebraciones y representaciones sobre la figura de Darwin en España hasta 2009, en que se cumplió el segundo centenario de su nacimiento. También aquellos eventos que tuvieron lugar en el extranjero, con ese mismo objeto, siempre y cuando contaran con presencia española.

11.- Obras de Darwin publicadas en España hasta el momento actual, con especial referencia al análisis de su contenido (edición que se traduce, fidelidad a la misma, etc.), así como a sus traductores, prologuistas, comentaristas, colecciones y editoriales que hicieron posible la edición.

12.- Artistas gráficos que se ocuparon tanto de representar a Darwin (retratos, caricaturas, etc), como aquellos que hicieron la temática darwinista objeto de sus dibujos. En algún caso, es el propio autor de un texto el que incorpora una representación gráfica suya de Darwin al mismo. Así, Ángel Cabrera (1909) en la página 13 de sus *Narraciones Zoológicas*, que viene a ser una historia natural de los animales para niños, incorpora el retrato de Darwin junto a los de Buffon, Cuvier y Jiménez de la Espada.

13.- Iconografía sparsa. Se trata del material gráfico disperso, que no tiene cabida en ninguno de los apartados descritos anteriormente, siempre y cuando resulte evidente que está inspirado en Darwin o el darwinismo. Sirva de ejemplo el grupo musical «Darwin Teoría», cuya presentación tuvo lugar en Madrid en 1968, y que en la portada de su segundo single, *De la ceca a la meca*, representaba la evolución del hombre (Gomis y Josa, 2009b: 426-427).

REDACCIÓN DE LAS ENTRADAS O ARTÍCULOS DEL DICCIONARIO

Una vez que se seleccionaron los materiales a incluir en el Diccionario, y teniendo en cuenta el límite temporal de cada uno de ellos, comenzó la redacción de las diferentes entradas, tratando que estas fueran lo suficientemente explicativas para el objeto del diccionario.

Como de algunas de las entradas podrían escribirse muchas páginas, lo que haría al diccionario poco ágil y nada manejable, se procuró desde el primer momento dar la información esencial de cada una de ellas, remitiendo mediante una serie de llamadas a otras entradas, del propio diccionario, con información relacionada. Esta simplificación llega al máximo en el caso de que la entrada corresponda a la reseña biográfica de una persona, limitándose la información biográfica a señalar el lugar y año, de nacimiento y muerte, en los casos que se conoce, y a apuntar su principal actividad científica, literaria, artística, lo que corresponda, a no ser que dicha actividad entrará de lleno en la difusión o crítica del darwinismo, en cuyo caso si se narra con más detalle.

Cuando se considera que puede resulta ilustrativo para una entrada en concreto, se incorporan las referencias bibliográficas en las que se apoya y amplía lo relatado en la misma, así como, en las obras de Darwin publicadas en España hasta 2008, el número que le corresponde en la *Bibliografía crítica ilustrada de las obras de Darwin en España (1857-2008)* (Gomis y Josa, 2009a).

Por la evolución del Diccionario, está previsto que el número de entradas sobrepase ampliamente el millar. Cuando se ha considerado que la concentración de información, en una tabla, ayudaba a la consulta, se ha incorporado esta a la entrada correspondiente. Sirva como ejemplo la tabla que recoge los masones españoles que utilizaron el nombre simbólico Darwin en la entrada «Darwin, Nombre simbólico de masones».

También se incorpora una selección de ilustraciones, que en ocasiones apoyan lo expuesto en una entrada y que, en otras, pueden resultan explicativas de los mecanismos que se emplearon en cada momento para criticar o defender el darwinismo.

FINAL

Poner el punto final a un diccionario, como el que se está acometiendo, no resulta sencillo, pero hay que ponerlo. Por el volumen de entradas, que manejamos en estos momentos, estimamos que recogerá más de setecientas cincuenta entradas biográficas (de autores históricos y actuales, españoles y extranjeros), unas ciento cincuenta de títulos (de obras de Darwin y de otros autores, así como las cabeceras de las publicaciones periódicas que se ocuparon de las teorías evolutivas a favor y en contra) y unas trescientas entradas de temáticas muy diversas, como las que hacen referencia a la recepción y crítica del darwinismo en las instituciones científicas (Academias, Sociedades y Universidades, fundamentalmente), en diferentes comunidades y localidades, a los monumentos y las representaciones gráficas de Darwin, a los homenajes y celebraciones que se le han dispensado, a los personajes de ficción al que -el autor de una creación literaria- ha posicionado a favor o en contra del darwinismo, así como a los anuncios que han referido a Darwin o la evolución, entre otras.

Como no puede ser de otra manera, tras las entradas, figurará la bibliografía. En ella se recogerán todos los trabajos a los que se haya hecho referencia, al menos, en una de las entradas. Para facilitar la consulta del diccionario, está proyectada la incorporación de una «lista de entradas» en las que, ordenadas alfabéticamente, pero con distinto tipo de letras, y de modo similar a como se hizo en el *Dictionnaire du darwinsime et de l´evolution* (Tort, 1996), figurarán: 1) los nombres de las personas; 2) los títulos de las obras y 3) las diversas entradas temáticas, incluyendo dentro de estas las correspondientes a las instituciones científicas, que representarán, aproximadamente, un tercio de estas.

La idea es que la redacción del *Diccionario del darwinismo en España* esté concluida cuando se celebre el próximo Coloquio Internacional sobre darwinismo en Europa, América Latina y el Caribe, el undécimo. En todo caso, la fecha límite, que nos hemos fijado para su terminación, es el mes de agosto del 2025, que será el último mes que conserve mi vinculación como profesor emérito con la Universidad de Alcalá.

Y A TÍTULO DE EJEMPLO

Por último, vamos a incorporar, a título de ejemplo, una entrada biográfica del diccionario, en la que, además de poder comprobar la estructura que se sigue en este tipo de entradas, pueden observarse algunas de las señales que se emplean para enviar a otras partes del diccionario, donde se puede ampliar la información que se esté consultando en ese momento:

> BADILLO RODRIGO, Félix (Sigüenza, Guadalajara, 1848 – Madrid, post. 1895) Dibujante, pintor y litógrafo. Durante algún tiempo compaginó su trabajo como profesor de dibujo con la creación de ilustraciones para *La Ilustración Española y Americana* (V.→). Suyo es el retrato de Darwin que publicó la revista, el 30 de abril de 1882, tras el fallecimiento del científico (*La Ilustración Española y Americana*, 26 (16): 277) (Figura 2).

Figura 2. Félix Badillo. Retrato de Cárlos (sic) Darwin. La Ilustración Española y Americana, Año XXVI*, núm.* XVI *(30 de abril de 1882), p. 277.*

BIBLIOGRAFÍA

ACUÑA-PARTAL, Carmen (2018), Censura, exilio y (des)memoria: vicisitudes de la traducción de Antonio de Zulueta de *On the origin of Species*, de Charles Darwin, para la editorial Calpe (1921), en Peña, Salvador y Juan Jesús Zaro (eds.) *Traducir a los clásicos: entornos y transformaciones,* Granada, Comares, pp. 207-228.

–(2020), Autoría y plagio en las traducciones al español de *[On] the origin of species* de Charles Darwin (1872-2001), *1611. Revista de historia de la traducción*, 14 [http://www.traduccionliteraria.org/1611/art/acuna.htm].

–(2022), Sobre las ediciones de *El origen del ho*mbre, de Charles Darwin de Casa Editorial Maucci, en traducción de José Brisa (c. 1920) y de Publicaciones de la Escuela Moderna (c. 1930) en España e Hispanoamérica, en Zaro, Juan Jesús (ed.) *Estudios sobre el español como lengua de traducción en España y América*, Berlín, Peter Lang, pp. 407-433.

ANTÓN, Manuel (1906). Fernández de Oviedo y Darwin. *Ateneo*, 1: 484-485.

CABRERA LATORRE, Ángel (1909). *Narraciones Zoológicas. La Historia Natural de los Animales al alcance de los niños*, Barcelona, Hijos de Paluzíe, editores.

CATALÁ GORGUES, Jesús I. (2009), Cuatro décadas de historiografía del evolucionismo en España, *Asclepio*, LXI (2): 9-66.

DARWIN, Charles (2009). *Geología.* Traducido del inglés por el Brigadier de la Armada Don Juan Nepomuceno de Vizcarrondo. Estudio introductorio: Alberto Gomis Blanco y Jaume Josa Llorca, Cádiz, Diputación Provincial de Cádiz.

DARWIN, Charles (2012). *El origen del hombre*. Traducción y edición de Joandomènec Ros. Epílogo de Carles Lalueza-Fox Barcelona, Austral.

DARWIN, Charles (2018), *El origen de las especies. El origen del hombre*, Alcobendas, Madrid, Libsa.

GARCÍA GONZÁLEZ, Armando (2010). *Darwin desde Darwin*, Madrid, Los libros de La Catarata (Biblioteca Darwiniana, 17).

GIRÓN SIERRA, Álvaro (2005). *En la mesa con Darwin: evolución y revolución en el movimiento libertario en España (1869-1914),* Madrid, Consejo Superior de Investigaciones Científicas.

GOMIS, Alberto (2013), Jaume Josa, el Señor de la Ciencia, *Biblio 3W Revista Bibliográfica de Geografía y Ciencias Sociales*, 18.

–(2017), Darwin entre España y Portugal: una mirada desde los libros, *Boletín de la Real Sociedad Española de Historia Natural*, Sección Geológica, 111: 17-24.

–(2019a), Sobre Darwin y la masonería en España, en: Sarmiento, Marcos *et al.* (eds.). *Reflexiones sobre darwinismo desde las Islas Canarias,* Madrid, ediciones Doce Calles – Universidad de Las Palmas de Gran Canaria – UNAM – Universidad Michoacana de San Nicolás de Hidalgo, pp. 257-273.

–(2019b), Darwin, la evolución y la censura de libros en el franquismo (1938- 1966), *Llull*, 40 (84): 83-105.

–(2020), Las ciencias bilógicas tras Darwin: el impacto del evolucionismo, en: Biblioteca de estudios madrileños, L. *Madrid y la Ciencia. Un paseo a través de la historia (II): Siglo XIX,* Madrid, Instituto de estudios madrileños, pp. 57-78.

GOMIS, Alberto y Jaume JOSA (2002), Iconografía darwiniana en España, en: Puig-Samper, Miguel Ángel; Rosaura Ruiz y Andrés Galera. *Evolucionismo y Cultura. Darwinismo en Europa e Iberoamérica*, Madrid, Junta de Extremadura – UNAM – Ediciones Doce Calles, pp. 151-173.

–(2007), *Bibliografía crítica ilustrada de las obras de Darwin en España (1857-2005)*, Madrid, Consejo Superior de Investigaciones Científicas.

–(2009a) *Bibliografía crítica ilustrada de las obras de Darwin en España (1857-2008)*, Segunda edición ampliada, Madrid, Consejo Superior de Investigaciones Científicas.

–(2009b) Darwinismo en España: Iconografía sparsa, en: Bertol Domingues, Heloisa Maria; Magali Romero Sá, Miguel Ángel Puig-Samper y Rosaura Ruiz Gutiérrez (orgs.) *Darwinismo, Meio Ambiente, Sociedade*, São Paulo, Vía Lettera Editora e Livraria Ltda, pp. 417-428.

–(2009c), Los primeros traductores de Darwin en España: Vizcarrondo, Bartrina y Godínez, *Revista Hispanismo Filosófico*, 14: 43-60.

–(2010), Odón de Buen y Charles Darwin, *Odón: Revista de Divulgación del Medio Natural*, 1: 20-21.

–(2013), Análisis crítico de las obras de Darwin en España, en: Ruiz, Rosaura; Miguel Ángel Puig-Samper y Graciela Zamudio (eds.), *Darwinismo, Biología y Sociedad*, Aranjuez, UNAM, Ed. Doce Calles, pp. 425-437.

HERSCHEL, Sir F. W. John (1857), *Manual de investigaciones científicas dispuesto para el uso de los Oficiales de la Armada y viajeros en general*, traducido del inglés por Don Juan N. de Vizcarrondo, Cádiz, Imprenta y Librería de la Revista Médica.

PELAYO, Francisco (2017), La recepción del Darwinismo y la historiografía de las teorías evolucionistas en España, *Evolución, Revista de la Sociedad Española de Biología Evolutiva*, 12 (2): 21-37.

–(2021), Del proyecto piloto (1996) a los coloquios internacionales sobre Darwinismo en Europa y América. Una pincelada historiográfica, en: Uribe Salas, José Alfredo; Rosaura Ruiz; Miguel Ángel Puig-Samper y María Teresa Cortés Zavala (eds.) *Jurhenani darwinista: reflexiones sobre el evolucionismo en Morelia*, México, Universidad Michoacana de San Nicolás de Hidalgo / Facultad de Historia (UMSNH) / Universidad Nacional Autónoma de México / Red Internacional de Historia de la Biología y la Evolución (RIHBE) / Silla vacía Editorial, pp. 427-463.

PUIG-SAMPER, Miguel Ángel (2009), Haeckel en España, en: Bertol Domingues, Heloisa Maria; Magali Romero Sá, Miguel Ángel Puig-Samper y Rosaura Ruiz Gutiérrez (orgs.) *Darwinismo, Meio Ambiente, Sociedade*, São Paulo, Vía Lettera Editora e Livraria Ltda, pp. 187-204.

PUIG-SAMPER, Miguel Ángel; Armando GARCÍA GONZÁLEZ y Francisco PELAYO (2017), La polémica evolucionista en España durante el siglo XIX: una revisión, *História, Ciências, Saúde – Manguinhos*, 24 (n.3, jul-set. 2017), pp. 585-601.

TORT, Patrick (dir.) (1996), *Dictionnaire du darwinsime et de l´evolution*. 3 vols., París, Presses Universitaires de France.

LA APORTACIÓN DE FRANCISCO MARIA TUBINO A LA DIFUSIÓN DEL DARWINISMO EN LENGUA CASTELLANA EN EL SIGLO XIX

Agustí Camós Cabeceran
SCHCiT.

INTRODUCCIÓN

Francisco María Tubino realizó una amplia exposición del pensamiento evolucionista de Darwin en el primer volumen de una obra enciclopédica dirigida por Juan Vilanova y Piera con el título *La creación Historia Natural*, publicada en Barcelona por la editorial Montaner y Simón. Se trata de un total de setenta páginas infolio dedicadas a exponer el pensamiento de Darwin, que equivaldrían a un libro de cerca de quinientas páginas en un formato similar al de la primera traducción al castellano de una obra de Darwin, *El origen del hombre*, publicada en Barcelona en la imprenta La Renaixensa en 1876.

En este largo texto se incluyen además de una introducción histórica, muy amplios resúmenes capítulo a capítulo de tres obras del gran naturalista inglés, *On the Origin of Species, The Variation of Animals and Plants under Domestication* y *The Descent of Man*. No se trata de una traducción literal del texto, aunque se acerca bastante a ello.

El año de publicación que figura en la primera edición es 1872, aunque, como veremos, existen ciertas dudas sobre si realmente apareció en este año. Sin embargo, tenemos la seguridad que estos amplios resúmenes son anteriores a la primera traducción completa al castellano del *Origen de las especies* y de *La variación de animales y plantas en domesticación*, y casi con toda seguridad también de la primera traducción del *Origen del Hombre.*

En este escrito se pretende hacer un reconocimiento al papel que tuvo Tubino, al propiciar el conocimiento de la obra de Darwin y de su pensamiento evolucionista en lengua castellana, cuando todavía no se había publicado ninguna traducción al castellano de una obra del gran naturalista inglés.

APUNTES BIOGRÁFICOS

Francisco María Tubino y Oliva es uno de estos extraordinarios y polifacéticos personajes de la segunda mitad del siglo XIX español, que se merecería una pormenorizada biografía que todavía continúa pendiente. Tubino fue periodista, político, arqueólogo, antropólogo, prehistoriador, escritor, crítico literario, crítico de arte, cervantista e historiador, autor de muy diversas publicaciones que abordan todas estas disciplinas.

Nació el 12 de setiembre de 1833 en San Roque, una población situada en el Campo de Gibraltar a pocos kilómetros del Peñón que se levanta imponente ante sus habitantes, donde se refugiaron buena parte de los españoles que tuvieron que marcharse cuando Gibraltar pasó a soberanía británica por el tratado de Utrecht. El orgullo herido de muchos de sus vecinos, quizás también de él mismo, que seguían considerando Gibraltar como territorio español usurpado, pudo generarle el fuerte sentimiento patriótico español que se manifiesta en muchos de sus escritos, particularmente en el libro que publicó en 1863, *Gibraltar ante la historia, la diplomacia y la política*. Por otra parte, sabemos que esta proximidad al Peñón, a menudo refugio de liberales, también pudo facilitar que fuera un convencido liberal decimonónico. Como veremos más adelante, Gibraltar también tuvo una presencia importante en su motivación por el estudio de la paleontología y del origen del hombre.

A los 20 años se instaló en Cádiz donde trabajó como periodista colaborando en dos publicaciones de esta ciudad, *La Moda*, de carácter literario, y *La Palma de Cádiz*, de carácter político. La actividad periodística la mantendría de una u otra forma a lo largo de toda su vida.

Poco después marchó a París como corresponsal de *La Palma de Cádiz*, donde estuvo por lo menos dos años, y siguió algunos cursos de filosofía y literatura en La Sorbona. En 1858 ya lo encontramos en Sevilla siendo director de una destacada publicación, *La Andalucía*, de la que dos años más tarde también sería su propietario. Esta posición le permitió relacionarse con la nobleza y la intelectualidad sevillana. En 1862 acompañó a los reyes en su viaje a Sevilla estableciendo amistad con diversos miembros de la realeza (Revuelta, 1989: 64), y viajó a la *Exposición internacional* de Londres.

En 1863 fue nombrado diputado provincial por Sevilla, único cargo político que desempeñó, aunque hay que señalar que en 1873 volvió a instalarse temporalmente en Sevilla, teniendo un notable protagonismo como político republicano en la ciudad durante la Primera República (Arias, 2009: 416).

En los años de residencia en Sevilla estudió derecho y filosofía y letras en la Universidad (Belén & Beltrán, 2007: 117), donde Antonio Machado y Núñez enseñaba historia natural y explicaba la teoría evolucionista. Como veremos, Machado tuvo una notable influencia en Tubino, aunque no tenemos constancia de que asistiera a sus clases. Desde inicio de los años sesenta Tubino ya mostró su interés por la arqueología al formar parte de la Diputación Arqueológica Sevillana, participando en la exploración y estudio de la cueva de la Pastora y del dolmen en Valencina de la Concepción en 1860, «consecuente con la afición que siempre he tenido a los estudios arqueológicos», según afirmaba el mismo años más tarde (Tubino, 1868a: 49). En 1865 la Real Academia Sevillana de Buenas Letras le nombró académico de número.

A partir de 1866 inicia su estancia en Madrid, aunque viajando con frecuencia a Sevilla. Entre este año y 1878 es el período en que muestra mayor interés por la antropología, la teoría de la evolución y el origen del hombre, si bien no olvidó sus otros intereses sobre los que continuó publicando diversos escritos. Entre 1866 y 1868 fue el director de la *Revista de bellas artes* que se publicaba en Madrid. En esta revista escribió sobre las conclusiones del II congreso internacional de antropología y arqueología prehistórica celebrado en París en 1867 (Tubino, 1867: 213-214), lo que revela su preocupación por conocer las ideas que sobre estos temas circulaban fuera de España. Y en el número de abril de 1868 encontramos en la revista una reseña del libro de Darwin *The variation of plants and animals under domestication* en las páginas sobre libros nuevos, que sin duda había escrito él (Tubino,1868b).

En 1868 Tubino ya era miembro correspondiente de la Societé d'anthropologie de París tal como se recoge en *Bulletins de la Société d'anthropologie de Paris* (1876, II° serie, tomo 11, p. XLIV). Este mismo año dictó una serie de conferencias sobre prehistoria en la Sociedad Económica Matritense, que aparecieron publicadas en la *Abeja montañesa* y en *La Andalucía*, así como en un volumen de escritos que Tubino publicó en Sevilla con el título de *Estudios prehistóricos*. Y también disertó en la Academia Sevillana de Buenas Letras sobre arqueología prehistórica, que según el periódico *El Imparcial* había de «aclarar los problemas más difíciles que se suscitan acerca del origen de la especie humana» (*El Imparcial*, 25 de febrero de 1868, p. 3). Así mismo en este año asistió al III congreso internacional de Arqueología Prehistórica celebrado en Londres y Norwich, junto a Machado y Vilanova.

Al año siguiente hizo con Vilanova un viaje científico por tierras danesas y suecas, y asistieron al congreso internacional prehistórico celebrado en Copenhague, donde presentó una comunicación sobre los monumentos megalíticos andaluces (Tubino: 1869). Además, recogieron una serie de piezas arqueológicas que donaron al Museo Arqueológico Nacional (Belén, 2002: 51).

A partir de 1870 escribió artículos relacionados con la prehistoria y la paleontología en publicaciones como *La ilustración española y americana*. En 1872 impartió junto a Vilanova un curso de ciencia prehistórica en la Universidad de Sevilla, siendo rector Machado. El mismo año asistió a la creación de la Sociedad Francesa para el Progreso de las ciencias en Burdeos, donde disertó sobre el estado de la ciencia prehistórica en España, siendo elogiado por Paul Broca según podemos leer en *La Nación* del 14 de setiembre y *El Genio médico-quirúrgico* del día 15. Al año siguiente la comunicación fue publicada en las actas del congreso (Tubino, 1873).

Fue miembro de la Sociedad Antropológica Española, convirtiéndose en 1873 en secretario de la misma y uno de los responsables de la revista de la sociedad, *La*

Revista de Antropología, donde publicó en 1874 varios artículos con el título «Darwin y Hackel [sic]», a los que nos referiremos más adelante.

En estos años comenzaba a tener relevancia pública su postura a favor del evolucionismo darwinista, cuando este tema suscitaba una notable polémica. Así se reflejaba en la revista *La Gaceta industrial económica y científica* del 6 de setiembre de 1870, en un artículo firmado por el ingeniero y político conservador Gumersindo Vicuña: «... á esta clase de estudios se dedican, en especial por los Sres. Vilanova, Tubino y Góngora [...] ellos en fin, dirán *á posteriori*, si el hombre es un eslabón de la cadena no interrumpida de todos los animales, como afirma Darwin, ó un ser especial distinto de todos por el fuego sagrado de su inteligencia, debido á la espontánea voluntad del Creador» (Vicuña, 1870: 291). Esta relevancia también se ponía de manifiesto en la revista *El Correo de España* del 13 de enero de 1871, en un artículo titulado «Lo que pasa en Madrid», donde en tono satírico y refiriéndose a los debates en el Ateneo, decía: «Tubino demuestra, como dos y tres son ocho, que el abuelo del hombre fué el mono, y la bisabuela una ortiga».

Pronto se iniciaron los ataques contra él por parte de sectores radicalmente antievolucionistas, como el que apareció en la revista *El Consultor de los párrocos*, en un artículo sobre la ciencia prehistórica publicado el 9 de enero de 1873, en el que se refería reiteradamente a Tubino, justificándolo en una nota a pie de página: «Citamos y citaremos con preferencia al Sr. Tubino por ser el más entusiasta defensor y más celoso propagandista de la ciencia prehistórica anti-religiosa ó positivista en España» (Ciencia, 1873: 7).

En 1876, ya en la Restauración, asistió a otra reunión de la Sociedad Francesa para el Progreso de las ciencias en Clermont-Ferrand, donde se le proclamó presidente honorario de la sección de antropología reconociéndolo como uno de los promotores de los estudios antropológicos en España. Además, en el congreso leyó dos comunicaciones, una sobre ciertas estatuas encontradas en Montealegre y otra sobre las razas ibéricas que también se publicaron en las actas al año siguiente (Tubino, 1877c, 1877d). Esta última comunicación también fue comentada elogiosamente por Broca, por lo que no es extraño que Tubino publicara un artículo en la *Revue d'Antropologie* dirigida por el antropólogo francés, sobre las diferencias de las distintas poblaciones ibéricas desde un punto de vista etnológico y etnográfico (Tubino, 1877b). El artículo también apareció en la *Revista europea* del 3 de setiembre de 1876.

También en 1876 publicó un largo y documentado artículo con el título «Los aborígenes ibéricos ó los bereberes en la península», que debió ser muy importante para él, puesto que apareció en el *Museo español de antigüedades* y en la *Revista de antropología*, y la Sociedad Antropológica lo publicó en forma de libro. Tubino, tras un largo repaso a los monumentos megalíticos de la península, y recopilar datos procedentes de la antropología, la lingüística, la arqueología y la historia, formuló su «teoría bereber-ibérica» (1876: 120), defendiendo que «forman los bereberes el núcleo de la gran poblacion que durante el mesolítico habita las cavernas de la Bética y Portugal» (1876: 117); más tarde, las distintas migraciones y su mezcla con la población originaria harían que no hubiera razas puras en la Península (1876: 123). Estas ideas también las defendería en el artículo que publicaría al año siguiente en la *Revue d'Antropologie*. No olvidó tampoco la vinculación de estos temas con el estudio de la evolución, cuando en las primeras páginas afirmaba que era necesario «discutir los problemas que implica el conocimiento científico del origen humano, la relacion en que el hombre se encuentra con los demás séres organizados de la escala zoológica, la fecha de su aparicion sobre la tierra y el modo de aparición...» (1876: 3).

En el año 1877 encontramos una de las últimas aportaciones de Tubino con relación al evolucionismo y a la evolución humana. Se trata de un artículo en tres entregas con el título de «la ciencia del hombre según las más recientes é importantes publicaciones», que apareció en los meses de octubre, noviembre y diciembre de este año en la *Revista contemporánea* (Tubino, 1877a). En las dos primeras entregas Tubino explicó las ideas que exponía Haeckel en la *Historia de la creación natural* deteniéndose en la evolución humana. En la tercera expuso las críticas de la obra que hacía Quatrefages calificándolas de metafísicas, y las que consideraba más rigurosas de Carl Vogt desde posiciones evolucionistas, algunas de las cuales compartía.

En 1878 asistió a la Exposición Universal de París donde representó oficialmente a España (Gestoso, 1889: 20), y ganó una medalla de plata por el *Proyecto de carta etnográfica-lingüística de la Península*. En el marco de la exposición se celebró un Congreso Internacional de Ciencias Antropológicas siendo asimismo Tubino uno de los representantes de España. En la sección española de la muestra paleontológica se incluían cráneos y osamentas procedentes de Canarias aportados por el médico y antropólogo Gregorio Chil y Naranjo, quién al final de la exposición decidió donar en su mayor parte al Musée d'Ethnographie du Trocadéro de París. Tubino intentó dificultar que se hiciera efectiva esta donación lo cual le enfrentó a Broca, aunque finalmente se quedó en París una de las cajas de cráneos de Chil por un sospechoso olvido de Tubino. El conflicto lo describe con bastante detalle el propio Broca como secretario general de la Société d'anthropologie de París (Broca: 1879).

Este enfrentamiento con Broca pudo condicionar la abrupta finalización que sufrió la intensa actividad de Tubino en relación con la antropología. Solo volvió a ella puntualmente, como en 1880 a causa de la humillación que supuso para la precaria antropología española que el Congreso Antropológico Internacional se celebrara en Portugal antes que en España. Vilanova junto con Tubino hicieron gestiones ante el ministro de Fomento para paliar esta bochornosa situación, intentando que los antropólogos que se dirigían a Portugal hicieran alguna estancia en Madrid. Las gestiones fueron un fracaso (Sánchez Arteaga, 2006: 145-146). Añadiremos que en este año todavía continuaba siendo secretario de la Sociedad Antropológica Española.

Desde 1879 volcó la mayor parte de su trabajo hacia el arte, la literatura y la historia, publicando numerosos artículos y diferentes libros sobre estos temas, y fue nombrado académico numerario de la Real Academia de Bellas Artes. También desarrolló diversos encargos institucionales en representación del gobierno y del monarca. En los últimos años de su vida volvió a residir en Sevilla donde moriría el 6 de noviembre de 1888 a los 55 años.

Entre sus rasgos ideológicos y su personalidad debemos destacar su fuerte sentimiento patriótico español, su defensa del liberalismo y del federalismo sobre lo que escribió en 1873 la obra *Patria y federalismo*, su cosmopolitismo y su facilidad para moverse en los medios institucionales.

TUBINO Y ANTONIO MACHADO Y NÚÑEZ

Antonio Machado y Núñez fue uno de los naturalistas que Tubino tuvo como referencia en el desarrollo de sus conocimientos en arqueología y antropología, y debió influir decisivamente en su posicionamiento en defensa del evolucionismo. Según Alejandro Guichot, «Desde 1847, don Antonio Machado y Núñez comenzó a explicar en Zoología el transformismo darwinista» (1920: 103); aunque Guichot utilizó el término darwinista que en aquellos años era muy polisémico, evidentemente lo que explicaba en los años cuarenta y cincuenta tenían que ser las ideas transformistas de Lamarck. En años posteriores Machado fue un gran defensor del darwinismo.

Tubino afirmaba que fue alentado y estimulado por «los consejos del señor Machado» (Tubino, 1868c: 1), y en la introducción del libro sobre el viaje científico a Dinamarca y Suecia escrito por Tubino y Vilanova, encontramos un explícito reconocimiento al trabajo de Machado cuando se afirma, «cúmplenos decir que Machado es uno de los españoles que con mayor franqueza, decisión y energía, han acogido las verdades prehistóricas con todas sus lógicas consecuencias» (Tubino & Vilanova, 1871: XXXV).

En los años centrales del siglo XIX se descubrieron diversos restos fósiles en Gibraltar, entre los que destaca un cráneo de un neandertal. Machado y Tubino estuvieron muy interesados en los estudios de estos fósiles, y debieron intercambiarse información sobre los mismos. Hay que recalcar el notable impacto que tuvo el citado cráneo cuando llegó al Reino Unido, puesto que fue estudiado por Darwin, Huxley y Lyell, entre otros científicos (Menez, 2018: 92).

Tubino reconoció la fuerte impresión que le produjo este hallazgo al ser «Alentado por los descubrimientos hechos en las cavernas del monte Calpe (Gibraltar), primero por el ilustre Falconer, despues por el inteligente M. Busck, y últimamente en «Wind Mili Hill» por el capitán Brome» (Tubino, 1868c: 1).

Los estudios más importantes sobre estos fósiles los realizaron los naturalistas británicos George Busk y Hugh Falconer que estuvieron en Gibraltar en 1864, y visitaron a Machado tras su estancia en el peñón. Por su parte Tubino también hizo indagaciones acerca de los hallazgos de fósiles en Gibraltar a través de otros súbditos británicos, tal y como lo explica en un artículo sobre estos hallazgos publicado en *La Ilustración española y americana*: «A la buena amistad con que nos favorece el ilustrado don J. B. Scandella, vicario apostólico de Gibraltar, y á la galantería del capitán Brome, debemos multitud de datos inéditos que nos han servido para redactar la primera parte de este artículo. Ellos también nos proporcionaron la Memoria que redactaron Falconer y Busk» (Tubino, 1870a: 38).

En 1868 Machado asistió junto a Vilanova y Tubino al III Congreso Internacional de Arqueología Prehistórica celebrado en Londres y Norwich (Belén & Beltrán, 2007: 118), donde George Busk leyó un extracto de una carta que Machado había enviado al congreso, que figuró posteriormente en las actas (Henares, 2016: 19). En 1871 Machado y Tubino coincidirían también en los inicios de la Sociedad Antropológica de Sevilla (Belén, 2002: 47).

Otro punto de notable coincidencia entre Tubino y Machado fue el reconocimiento que ambos hicieron de la labor científica de Ernst Haeckel. El naturalista alemán fue nombrado socio honorario de la Sociedad Antropológica Española a propuesta de Tubino, según se recoge en el número 5 de la *Revista de Antropología* del año 1874. Machado mantuvo una buena relación con Haeckel tal y como confirmaba César Silió y Cortés, «Durante la estancia de Haeckel en España, tuvo éste una gran amistad con el naturalista español Machado» (1919: 131). Y en la traducción al castellano de la obra de Haeckel *El monismo como nexo entre la religión y la ciencia: profesión de fe de un naturalista*, publicada por Machado, éste escribe en una página dirigida al lector, «mi profundo agradecimiento al eminente comprofesor Haeckel, por el envío directo de su precioso trabajo» (Machado, 1893: 7), lo cual confirma la fluida relación científica entre ambos naturalistas.

TUBINO Y JUAN VILANOVA Y PIERA

El naturalista que tuvo mayor influencia en los trabajos antropológicos y prehistóricos de Tubino, fue el primer catedrático de paleontología de la Universidad Central, Juan Vilanova y Piera, de fuertes convicciones católicas y un declarado antidarwinista, pero abierto al debate científico. Como veremos, a pesar de esta importante discrepancia, Vilanova ayudó a Tubino en su formación en geología y paleontología, y ambos colaboraron en muy diversas ocasiones en los años en que este último se dedicó a la antropología y la arqueología. De hecho, Francisco Vilanova en la biografía de su padre le cita como uno de sus discípulos (Vilanova, 1907: 363).

Cuando a mitad de los años sesenta Tubino empezó a formarse para poder adentrarse en estudios prehistóricos y arqueológicos, Vilanova ya era un prestigioso catedrático, y el sanroqueño acudía a las conferencias de geología que el valenciano daba en el Ateneo de Madrid (Ayarzagüeña, 2004: 199). En 1868 ambos formaron parte de una comisión del Museo Arqueológico Nacional para practicar investigaciones en Cádiz, Córdoba y Málaga, lo que dio como fruto la publicación de una memoria conjunta sobre Cerro Muriano (Tubino, 1868a: 97-106). Este mismo año Tubino y Vilanova asistieron al III congreso internacional de Arqueología Prehistórica en Londres y Norwich.

En 1869 realizaron un viaje a Dinamarca y Suecia visitando diversos museos y yacimientos arqueológicos, sobre el que publicaron conjuntamente un libro que apareció en 1871, donde en un texto introductorio de la Academia de Historia encontramos un gran reconocimiento a los trabajos de Tubino y Vilanova (Tubino & Vilanova, 1871: XLVII).

En 1872 Tubino y Vilanova impartieron un curso en la Universidad de Sevilla sobre «Ciencia Prehistórica», y en los años siguientes ambos tuvieron un destacado papel en el nuevo impulso que tuvo la Sociedad Antropológica Española después de unos años de letargo, particularmente en la redacción de la *Revista de antropología*.

Motivado por las posiciones antievolucionistas que Vilanova defendía en el Ateneo de Madrid, el crítico Manuel de la Revilla inició una virulenta y agria polémica con el paleontólogo valenciano a través de las páginas de la *Revista contemporánea*, donde le acusaba de oponerse al progreso científico y le recriminaba su antidarwinismo (Revilla, 1875: 128), que Vilanova respondía desde la *Revista europea*. En uno de los agrios intercambios, Revilla en mayo de 1876 se refirió a la obra dirigida por Vilanova,

La Creación Historia Natural, sobre la que trataremos más adelante, haciendo público que el autor de las páginas darwinistas de la obra era Tubino: «¿Qué diria el Sr. Vilanova si le acusáramos del feo delito de darwinismo por haber admitido en esa obra, escrita bajo su dirección, un tratado de antropología, debido, según se cuenta, al tan conocido como ilustrado darwinista señor Tubino?» (Revilla, 1876: 384). En su respuesta en la *Revista Europea* del mes de agosto del mismo año, Vilanova utilizó la privilegiada relación que mantenía con un destacado darwinista como Tubino para defender su mentalidad científica abierta, y confirmó que era el autor de las páginas de antropología, «puede aplicárseme el feo delito de ser Darwinista, por haber admitido en una obra que se publica en Barcelona bajo mi dirección, un *Tratado de Antropología* escrito por el inteligente y tan conocido señor Tubino» (Vilanova, 1876: 222).

TUBINO Y EL DARWINISMO

Las primeras referencias a Darwin realizadas por Tubino que hemos localizado se produjeron en 1868 en la *Revista de bellas artes é histórico-arqueológica*, que él dirigía. La primera consistió en la reseña de *The variation of plants and animals under domestication* a la que ya nos hemos referido, que apareció cuando hacía menos de tres meses que se había publicado, y en ella comprobamos como ya elogiaba a Darwin como un gran sabio y recomendaba la lectura de su trabajo: «... estimamos á Darwin como uno de los sabios que con mayores conocimientos y profundidad de miras han abordado esta clase de estudios, y en tal sentido, nos creemos obligados á recomendar su obra, escrita sobre un plan verdaderamente filosófico» (Tubino,1868b: 44). La segunda fue una referencia a las observaciones antropológicas de Darwin en Tierra de Fuego en un artículo sobre Lubbock (Tubino,1868d: 200).

Dos años más tarde publicaba en el *Boletín-Revista de la Universidad de Madrid* un artículo en dos entregas que tituló «Recientes publicaciones sobre la ciencia prehistórica», donde mostraba estar al día de aquellos libros relacionados con el origen del hombre publicados entre 1868 y 1870, tanto de autores antievolucionistas como Agassiz, como defensores del evolucionismo, como Huxley y Büchner (Tubino, 1870b). En el inicio de la segunda entrega del artículo alude a que Darwin evitó el tema del origen del hombre en el *Origin*, cuando a su juicio ya había probado el origen evolutivo de todos los seres vivos, habiendo cedido a «móviles que no nos cumple referir» (Tubino, 1870b: 1058), aunque más adelante alude a la presión social de la iglesia anglicana. Al año siguiente Darwin afrontaría el tema publicando *The descent of Man*, y muy pronto Tubino escribiría un amplísimo resumen de esta obra.

Como hemos visto, desde principio de los años setenta el sanroqueño ya era reconocido como uno de los principales divulgadores de la teoría de Darwin, pero los únicos artículos que llevaron su firma en los que desarrollaba dicha teoría aparecieron en 1874 en la *revista de antropología*, el órgano oficial de la Sociedad Antropológica Española en la que en aquellos años Tubino tenía un papel relevante. Los cuatro artículos llevaban por título «Darwin y Hackel [sic]l» (Tubino, 1874), y en ellos tras exponer los antecedentes de la teoría de Darwin, realizó un amplio resumen de los cinco primeros capítulos del *Origin*. El texto corresponde casi exactamente a las primeras veintitrés páginas infolio del primer volumen de *La Creación Historia Natural*, su texto más amplio y destacado como divulgador del darwinismo al que nos referiremos a continuación, donde no figuraba como autor. El último capítulo de la *revista de antropología* que hemos podido consultar es el cuarto que concluye con un «continuará», al que es posible que siguieran otros en los números de la revista publicados en 1875 que no hemos podido localizar.

DARWIN EN LAS PÁGINAS DE ANTROPOLOGÍA DE *LA CREACIÓN HISTORIA NATURAL*

En este contexto, su colega, Juan Vilanova y Piera, con el que ya hacía años que compartía trabajos antropológicos y arqueológicos, recibió el encargo de una emergente casa editorial barcelonesa, Montaner y Simón, para dirigir a un grupo de naturalistas que publicarían una obra enciclopédica que se imprimiría lujosamente y llevaría por título *La Creación Historia Natural*. Curiosamente, aunque las primeras palabras del título, *La Creación*, fueran muy usadas en aquellos años para referirse a obras incluso evolucionistas, vemos que el subtítulo *Historia Natural* aparece en las primeras páginas de los volúmenes en letras de mayor tamaño, sugiriendo que el objeto de la obra era en realidad la historia natural, como puede comprobarse al consultarla. La obra consta de ocho volúmenes, el primero dedicado a la antropología y los mamíferos, el segundo también a los mamíferos, el tercero y cuarto a las aves, el quinto a los reptiles y los peces, el sexto a los articulados, el séptimo a la botánica y el octavo a la mineralogía, geología y paleontología. Se trata pues de una obra de historia natural con un gran predominio de la zoología.

Montaner y Simón, la editorial responsable de la edición, estaba dirigida por Ramón Montaner y Francisco Simón, y su línea empresarial consistía en publicar obras de gran formato editadas con gran cantidad de espléndidas ilustraciones, de forma que, si dejamos de lado la colección «Biblioteca Universal Ilustrada», hasta 1902 solamente publicaron una cuarentena de títulos, poco más de uno por año, la mayor parte de ellos de varios volúmenes (Llanas, 2007: 118). Cuando publicaron *La Creación Historia Natural*, la editorial sólo hacía cinco años que se había fundado, pero pronto se convertiría en la más importante del Estado español, tanto por la calidad de la edición como por su capacidad exportadora especialmente a Latinoamérica (Llanas, 2007: 117). El gran éxito de la empresa les permitió comprar un céntrico terreno en el nuevo ensanche de la ciudad de Barcelona, donde el prestigioso arquitecto Lluís Domènech i Montaner, sobrino de Ramon Montaner, diseñó un espectacular edificio modernista donde se instaló la editorial en 1880, y que hoy es la sede de la Fundación Tàpies.

Como veremos, *La Creación Historia Natural* tiene una primera parte de carácter prodarwinista. Sin embargo, dos años antes la editorial había publicado una obra también de gran formato muy bien editada y profusamente ilustrada sobre la historia de la Tierra y el origen del hombre, donde se rechazaban las tesis de Darwin. Se trata de la obra del fisiólogo y divulgador científico Louis Figuier, y de Carl Vollmer, que firmó bajo el seudónimo de W. F. A. Zimmermann. Llevaba el título de *El Mundo antes de la creación del hombre; Origen del hombre; Problemas y maravillas de la natu-*

raleza, y defendía posiciones próximas al sector más moderado del catolicismo, que a la vez que rechazaba la interpretación literal del Génesis, intentaba una relectura que incorporase los nuevos conocimientos científicos. No obstante, en ella también se hacía un elogio a Darwin: «las teorías de Darwin, aunque no de su propiedad exclusiva, son dignas del mayor interés, y el número de sus consideraciones es tan vasto, que no conocemos ningún estudio análogo que se pueda comparar» (Figuier & Zimmermann, 1870-1871: II, 57).

No creemos que este carácter prodarwinista de la primera parte del primer volumen de *La Creación Historia Natural* pasase desapercibido a los responsables de la editorial, puesto que al tratarse de una de las primeras grandes obras editadas por Montaner y Simón, el seguimiento de las diferentes tareas ligadas a su edición debía ser muy cuidadoso, especialmente si tenemos en cuenta que en esta obra es donde por primera vez se usó en el Estado la técnica de la cromolitografía en las ilustraciones de Eusebio Planas y Tomás Padró (Bellver, 2016: 151). Los editores debían estar al corriente del contenido de una obra donde se introducían conceptos no muy bien acogidos por determinados sectores de la sociedad española, y mostraría el pragmatismo de los responsables de la editorial que, quizás con estos textos, intentaban acercarse a un público más abierto a estas nuevas ideas.

De forma un tanto sorprendente debido a las convicciones antidarwinistas de Vilanova, éste eligió a su colega Tubino, un reconocido darwinista, para que escribiese la parte de antropología de la obra que habría de ocupar ni más ni menos que las primeras trescientas páginas del primer volumen de la enciclopedia. Es evidente que Vilanova conocía cual era el pensamiento de Tubino, por lo que no debía extrañarse del contenido darwinista de sus páginas. Sin embargo, Vilanova introdujo una serie de notas para que quedara claro su desacuerdo con el contenido darwinista de las mismas, que aparecen a lo largo de las más de trecientas páginas que escribió Tubino sobre la antropología, no solo en las primeras dedicadas específicamente al darwinismo (Pelayo & Gozalo, 2012: 171-172). Además, Vilanova, como hemos visto, utilizó este hecho en la polémica con Revilla para mostrar que tenía la mente abierta frente planteamientos científicos discrepantes de los que él defendía.

El primer volumen de la obra enciclopédica tiene algo más de mil páginas, de las que dedica aproximadamente un tercio a la antropología, que constituyen las páginas que escribió Tubino. De estas, las setenta primeras están dedicadas específicamente al darwinismo. En la primera página de la enciclopedia Tubino se refiere a la gran influencia de las obras de Darwin, así como la enorme polémica que suscitó en toda Europa la publicación del *Origen de las especies*, añadiendo el importante desarrollo que había hecho Ernst Haeckel de las ideas del naturalista británico.

Las cuarenta y ocho primeras páginas llevan como título común «El origen de las especies». En las ocho primeras describe los antecedentes de la teoría evolucionista de Darwin, teniendo como referencia la obra de Quatrefages *Charles Darwin et ses précurseurs français: étude sur le transformisme*, que se había publicado en 1870, y también la introducción histórica que Darwin introdujo a partir de la tercera edición del *Origin* aparecida en 1861. A partir de la octava empieza un amplio resumen de *El origen de las especies* que ocupa treinta y una páginas, que equivaldrían a más de doscientas en un volumen en octavo mayor habitual de la época. A lo largo de estas páginas Tubino va realizando amplios resúmenes de la mayoría de los capítulos de forma ordenada, saltándose únicamente cuatro de los quince, el 7, el 8, el 9 y el 13.

En la página 39 todavía con el título genérico del origen de las especies, introduce un nuevo subapartado con el título «De la variación de los animales y de las plantas bajo el imperio del hombre», que consiste también en un amplio resumen de la obra de Darwin del mismo título, de la que ya había hecho una reseña años antes. Tubino sigue el mismo procedimiento, es decir haciendo resúmenes de cada capítulo, en este caso con menos detalle, que ocupan casi nueve páginas terminando en la página 47.

En la página 48 empieza la segunda parte de la explicación de la obra de Darwin que lleva por título «El origen del hombre según Darwin», que se extiende hasta la página 70, es decir veintiuna páginas de gran formato. Antes de empezar el amplio resumen explica que el tema en cuestión había causado «una impresión profunda entre nuestros conciudadanos», y también se refiere a «la copia abundante de hechos observados y la solidez de los juicios» que contiene el libro de Darwin, para acabar afirmando que el expositor se limitaba a exponer el pensamiento ajeno reservándose su crítica. A continuación, sigue el mismo procedimiento que hemos visto, haciendo amplios resúmenes de la mayoría de los capítulos de forma ordenada. En la página 68, donde empieza la última parte que titula «Resúmen y conclusión» que corresponde al capítulo XXI de la obra de Darwin, incluye una nota en la que explica que no abordaría el capítulo referido a las razas puesto que lo trataría más adelante en otro apartado posterior de la antropología, ni tampoco el «extenso tratado acerca de la selección sexual». Hay que recordar que la primera traducción de una obra de Darwin al castellano, *El Origen del hombre* publicado en 1876, también elude la mayor parte de las páginas dedicadas por Darwin a la selección sexual, siendo en su conjunto un libro un poco más extenso que el amplio resumen que ya había hecho Tubino.

En la obra no se especifica que la primera parte del primer volumen había sido redactada por Tubino, tan solo aparece en cada volumen que se trata de una obra escrita por «una sociedad de naturalistas y publicada bajo la dirección del doctor D. Juan Vilanova y Piera»; no se especifica quienes eran estos naturalistas y de que parte se encargaron cada uno de ellos. Este hecho ha llevado a que en algunos de los primeros estudios históricos sobre el darwinismo en España, se hubiera otorgado la autoría de este texto a Vilanova.

Sin embargo, sabemos que desde finales de los años sesenta del siglo XIX Tubino era conocido como uno de los mayores defensores del darwinismo en España, y que, en la agria polémica entre Manuel de la Revilla y Vilanova en los años 1875 y 1876, ambos se refirieron públicamente a que el autor de esta parte darwinista de la obra era Tubino. Además, en la necrología de Tubino que José Gestoso publicó en 1889, al referirse a sus publicaciones podemos leer «citaremos el estenso trabajo acerca de la antropología, que ocupa casi todo el tomo primero de la Obra de Historia Natural que con el título de «La Creación» y dirigida por el eminente D. Juan Vilanova, escribieron asociados varios naturalistas españoles» (Gestoso, 1889: 19). Y a principio del siglo XX Francisco Vilanova en una biografía de su padre detallaba las partes de

La Creación Historia Natural que había escrito cada naturalista, confirmando que el autor de las páginas de antropología era Tubino (Vilanova, 1907: 359).

Sin embargo, en el último tercio del siglo XX, cuando empezaron los estudios históricos sobre la introducción de las ideas de Darwin en España, costó reconocer que su autor había sido Tubino, así como su importancia en relación a la introducción del darwinismo. En 1977 Diego Núñez en su pionera obra *El darwinismo en España*, sí que se refiere brevemente a Tubino, citando la existencia de diversos artículos que había publicado en el *Boletín-Revista de la Universidad de Madrid*, en la *Revista de antropología*, y en la *Revista contemporánea* (Núñez,1977: 444-445), pero sin referirse en ningún momento a *La Creación Historia Natural.* Thomas Glick en 1982 también cita a Tubino refiriéndose brevemente a la polémica con Revilla y al artículo de la *Revista contemporánea* (Glick,1982: 14 y 42). El primero que se dio cuenta de la importancia de las páginas de *La Creación Historia Natural* fue Josep Cuello que también en 1982 escribía, «sin duda se trata de uno de los primeros tratamientos in extenso de los aspectos científicos de la obra de Darwin publicados por un naturalista español», aunque lo atribuyó a Vilanova (Cuello, 1982: 538), como también hicieron otros autores en años posteriores.

Los primeros que en estos años, reconociendo la importancia del texto sobre el darwinismo de *La Creación Historia Natural*, pusieron en duda la autoría de Vilanova fueron Rodolfo Gozalo y Vicent Salavert, en una biografía de Vilanova donde, después de referirse al sorprendente tono prodarwinista de las páginas de *La Creación Historia Natural* y citando la polémica entre Vilanova y Revilla escribían, «Aquesta protesta ens porta a plantejar la possibilitat que l'autor d'aquesta introducció hagués estat Francisco María Tubino» (Gozalo & Salavert 1995: 305). Posteriormente diversos autores ya atribuyeron la autoría a Tubino, pero el trabajo definitivo lo hicieron Francisco Pelayo y Rodolfo Gozalo en su amplia biografía de Vilanova, donde después de hacer un análisis del texto y de las notas, aportan la existencia de una carta de Tubino a Vilanova que reforzaría aún más su autoría (Pelayo & Gozalo, 2012: 171).

En la primera edición de la obra aparece como año de publicación 1872, y en la segunda 1875. Sin embargo, hay ciertos datos que añaden confusión sobre el momento real de la publicación, tal y como acostumbra a suceder en las obras que se publican por entregas. Un primer dato sorprendente es que la parte de antropología del volumen, las primeras 324 páginas, tienen una numeración latina que termina cuando empieza la parte dedicada a los mamíferos, donde comienza una nueva numeración en este caso arábica, de forma que se numera el texto como si fuera una parte independiente. Debo añadir que existe un sorprendente volumen que se encuentra en la biblioteca de la Universidad de Michigan que le atribuye como año de publicación 1872, que solo contiene las páginas de Tubino dedicadas a la antropología y con unas ilustraciones diferentes a las de los volúmenes completos.

Otro dato que añade confusión son las referencias que aparecen en el texto a obras posteriores a 1872. Ninguna de ellas aparece en las setenta primeras páginas dedicadas al darwinismo, que por tanto pudieron publicarse independientemente en 1872, o como muy tarde en 1874, puesto que fue en este año cuando se publicaron en la *Revista de antropología* las veintitrés primeras páginas en cuatro entregas con el título «Darwin y Hackel [sic]». En las páginas posteriores donde Tubino desarrolla distintos aspectos relativos a la antropología, cita diferentes obras publicadas entre 1873 y 1876, y por tanto estas debieron escribirse como muy pronto en 1876.

La contundente afirmación que hizo Tubino en la primera página, «solo en la hermosa lengua de castilla no se conoce exposición alguna suficiente de tan controvertido sistema» (Tubino, 1872: 1), cuando tenía un buen conocimiento de la obra de Darwin y de lo que se publicaba en España, nos permite afirmar que su amplia exposición tenía que ser anterior a la primera traducción al castellano de una obra del naturalista inglés, y por tanto anterior a 1876.

En todo caso, las setenta páginas infolio dedicadas al darwinismo en la obra son anteriores a mayo de 1876, que es la fecha en que Manuel de la Revilla se refería a la autoría de Tubino en la *Revista Contemporánea* (1876: 384). Y lo que es del todo indiscutible es que el amplísimo resumen del *Origin* es anterior a la publicación de la primera traducción completa de la obra realizada por Enrique Godínez en 1877, tras el frustrado intento de 1872. Que habría que esperar a finales del siglo XX para disponer de una traducción al castellano de *The Variation of Animals and Plants under Domestication*, por lo que es de gran importancia el amplio resumen de esta obra que hizo Tubino. Y que con respecto a *The descent of man, and selection in relation to sex*, ya hemos explicado que se produjo una traducción de la obra al castellano en 1876 por parte de Joaquim Bartrina que también es incompleta, pero nos inclinamos a creer que el amplio resumen de Tubino es anterior y ciertamente comparable con la obra de Bartrina, aunque no fuera una traducción *in stricto sensu*.

BIBLIOGRAFÍA

ARIAS, Eloy (2009), *La Primera República en Sevilla,* Sevilla, Universidad de Sevilla.

AYARZAGÜEÑA, Mariano (2004), «Francisco María Tubino y Oliva», *Zona Arqueológica*, vol. 3, pp. 197-201.

BELÉN, María (2002), «Francisco María Tubino y la arqueología prehistórica en España», en Belén, María; Beltrán, José (ed.), *Arqueología fin de siglo*, Sevilla, Universidad de Sevilla, pp. 43-60.

BELÉN, María; BELTRÁN, José (2007), «La Arqueología en la Universidad de Sevilla. 1: El siglo XIX», en Belén; María; Beltrán, José (ed.), *Las instituciones en el origen y desarrollo de la arqueología en España Universidad de Sevilla*, Sevilla, Universidad de Sevilla, pp. 93-142.

BELLVER, Laura (2016), *La editorial Montaner y Simón (1868-1981). El esplendor del libro industrial ilustrado (1868-1922)*, tesis doctoral dirigida por Dra. Mireia Freixa, dpt. de Historia del Arte, Facultat de Geografia i Història, Universitat de Barcelona.

BROCA, Paul (1879), «Les crânes et ossements canariens de M. le docteur Chil y Naranjo», *Bulletins de la socieété d'anthropologie de París*, III° Serie, tomo 2, pp. 1-15.

CIENCIA PREHISTÓRICA Y LA CRÍTICA, LA (1873), *El Consultor de los párrocos*, año II, n. 1, pp. 6-12.

CUELLO, Josep (1982), «Los Científicos españoles del XIX y el darwinismo», *Mundo Científico*, 14, pp. 534-542.

FIGUIER, Louis; ZIMMERMANN, WFA. (1870-1871), *El mundo antes de la creación del hombre. Origen del hombre problemas y maravillas de la naturaleza.* Barcelona, Muntaner y Simón.

GESTOSO, José (1889), *Necrología de Excmo. Sr. D. Francisco María Tubino. Escrita y publicada en cumplimiento de acuerdo de la Real Academia Sevillana de Buenas Letras,* Sevilla, Tipografía de La Andalucía.

GLICK, Thomas (1982), *Darwin en España*, Barcelona, Península.

GOZALO, Rodolfo; SALAVERT, Vicent (1995), «Joan Vilanova i Piera», en CAMARASA, Josep M.; ROCA, Antoni (dir.), *Ciència i Tècnica als Països Catalans: una aproximació biogràfica*, Barcelona, FCR, pp. 287-313.

GUICHOT, Alejandro (1920), «Sevilla científica», en (VVAA) *Quien no vio Sevilla*, Sevilla, Tipografía Juan Gironés, pp. 101-114.

HENARES, Mª Teresa (2016), *Las colecciones arqueológicas de la Universidad de Sevilla (1850-1950)*, tesis doctoral dirigida por Dr, José Beltrán y Dr. José Luis Escacena, dpt. de prehistoria y arqueología, Universidad de Sevilla.

LLANAS, Manuel (2007), *Sis segles d'edició a Catalunya*, Vic, Eumo Editorial.

MACHADO NÚÑEZ, Antonio (1893), «Al lector», en HAECKEL, Ernst., *El monismo como nexo entre la religión y la ciencia: profesión de fe de un naturalista*, Madrid, Imprenta de Fernando Cao y Domingo de Val.

MENEZ, Alex (2018), «The Gibraltar Skull: early history, 1848–1868», *Archives of natural history* 45 (1), pp. 92–110.

NÚÑEZ, Diego (1977), *El darwinismo en España*, Madrid, Castalia.

PELAYO, Francisco; GOZALO, Rodolfo (2012), *Juan Vilanova y Piera (1821-1893), la obra de un naturalista y prehistoriador valenciano*, Valencia, Museu de prehistòria de València. Diputació de València.

REVILLA, Manuel de la (1875), «Revista crítica», *Revista Contemporánea*, tomo I, diciembre, pp. 121-128.

–(1876), «Revista crítica», *Revista Contemporánea,* Tomo III, mayo, pp. 383-384.

REVUELTA TUBINO, Matilde, (1989), «Un académico olvidado: Francisco María Tubino a los cien años de su muerte (1833-1888)», *Boletín de la Real Academia de Bellas Artes de San Fernando*, vol. 68, pp. 59-102.

SÁNCHEZ ARTEAGA, Juan M. (2006), «Antropología física y racismo científico en España durante la segunda mitad del siglo XIX», *Llull*, 29, pp. 143-166.

SILIÓ, César (1919), «Ernesto Haeckel», *Cosmópolis*, n. 9, pp. 130-131.

TUBINO, Francisco M. (1867), «Arqueología prehistórica», *Revista de bellas artes*, n. 27, pp. 213-214.

–(1868a), *Estudios prehistóricos*, Madrid, Oficinas de la «Revista de Bellas Artes».

–(1868b), «Libros nuevos», *Revista de bellas artes e histórico-arqueológica*, tomo III, n. 77, pp. 42-45.

–(1868c), «Museo Arqueológico Nacional», *Gaceta de Madrid*, n. 83, pp.1-3.

–(1868d), «Sir Juan Lubbock», *Revista de bellas artes e histórico-arqueológica*, tomo III, n. 87, pp. 193-204.

–(1869), «Sur les monuments mégalithiques de l'Andalousie», *Congrès International d'Anthropologies et d'Archéologie Préhistoriques Compte-Rendu de la 4ª session,* Londres, pp. 93-96.

–(1870a), «Descubrimientos prehistóricos en Gibraltar», *La Ilustración española y americana*, n. 3, pp. 37-38.

–(1870b), «Recientes publicaciones sobre la ciencia pre-histórica», *Boletín-Revista de la Universidad de Madrid*, n. 15, pp. 956-966, y n. 16, pp. 1058-1068.
–(1872), «antropología», en VILANONA, Juan (dir.) *La Creación Historia Natural*, Barcelona, Montaner y Simón, vol. I, pp. I-CCCXXIV.
–(1873), «Note sur l'époque préhistorique en Espagne», *Association française pour l'avancement des sciences, comptes-rendus de la 1ªsession 1872 Bordeaux*, París, pp. 715-719.
–(1874), «Darwin y Hackel [sic]», *Revista de antropología*, n. 4, pp. 238-256; n. 5, pp. 356-385; n. 6, pp. 401-428 ; y n. 7, pp. 481-496.
–(1876), *Los aborígenes ibéricos ó los berèberes en la penìnsula por Francisco M. Tubino*, Madrid, Secretaría de la Sociedad Antropológica.
–(1877a), «La ciencia del hombre según las más recientes é importantes publicaciones», *Revista contemporánea*, tomo XI, pp. 407-417, tomo XII, pp. 47-161 y 288-301.
–(1877b), «Recherches d'antropologie sociale», *Revue d'Antropologie*. París, vol VI, pp. 100-113.
–(1877c), «Les races ibériques», *Association française pour l'avancement des sciences, comptes-rendus de la 5ME session 1872 Clermont-Ferrand*, París, pp. 553-554.
–(1877d), «Note sur les statues découvertes à Montealegre», *Association française pour l'avancement des sciences, comptes-rendus de la 5ME session 1872 Clermont-Ferrand*, París, p. 634.
TUBINO, Francisco M.; VILANOVA, Juan (1871), *Viaje científico a Dinamarca y Suecia,* Madrid, Gómez Fuentenebro.
VILANOVA, Juan (1876), «La cátedra de prehistoria del Ateneo y su censor Revilla», *Revista Europea*, 129, pp. 219-223.
VILANOVA, Francisco (1907), «Ilmo. Sr. Dr. D. Juan Vilanova y Piera. Nota biobibliográfica», en *Linneo en España. Homenaje a Linneo. 1707-1907*, Zaragoza, pp. 355-364.
VICUÑA, Gumersido (1870), «Los museos industriales», *La Gaceta industrial económica y científica*, Madrid, n. 221, pp. 289-291.

*LOS MONSTRUOS Y LA EVOLUCIÓN SEGÚN PERE ALBERCH, UN PIONERO DE LA EVO-DEVO**

Juanma Sánchez Arteaga
Universidade Federal da Bahia, Brasil
Instituto de Historia, CSIC, España

INTRODUCCIÓN

> The interest in these monsters is that they show how a culture handles the possible and marks its limits. It is a requirement of the human brain to put order in the universe.
>
> FRANÇOIS JACOB (1977).

Este trabajo propone una introducción a los experimentos teratogénicos del biólogo evolucionista Pere Alberch Vié (1954-1998) en el contexto de la emergencia de la biología evolutiva del desarrollo (o *Evo-Devo*) en el último cuarto del siglo pasado. Alberch fue un destacado investigador en el campo de la embriología y la biología teórica, y en la última etapa de su carrera (entre los años de 1988 y 1995) llegó a dirigir el *Museo Nacional de Ciencias Naturales* de Madrid (MNCN-CSIC). En este trabajo, nos centraremos en su particular interpretación de la teratología evolucionista a la luz de la emergente *Evo-Devo*, campo de estudios centrado en la comprensión del desarrollo embrionario (ontogenia) como base para entender el desarrollo evolutivo de la vida y las relaciones de parentesco entre los diversos grupos de organismos, actuales y extintos (filogenia). Alberch se destacó como uno de los principales promotores de este peculiar campo de estudios entre las décadas de los 70 y los 90, siendo, además, el primer científico español que realizó contribuciones destacables en esta particular rama de la biología evolutiva.

* Trabajo elaborado en el marco del Proyecto: PID2021-123323NB-I00/AEI/10.13039/501100011033/ FEDER, EU. Agradezco al Dr. Andrés Galera, Profesor de Investigación del Instituto de Historia del CSIC, quien revisó minuciosamente el texto, por sus acertadas críticas y comentarios al manuscrito original.

La labor científica de Alberch se desarrolló durante un periodo en el que la *Evo-Devo* experimentó un gran auge internacional, impulsada por el trabajo interdisciplinar de numerosos investigadores procedentes de variados campos del conocimiento (Amudson, 2005; Hall, 2012). Entre los muchos aportes destacados de esta primera hornada de la *Evo-Devo* cabe mencionar algunos trabajos científicos que nos aproximaron a una comprensión más compleja de la relación entre los procesos filogenéticos y el desarrollo embrionario. Sin pretender ser exhaustivo, entre muchos otros posibles ejemplos, podríamos destacar, por su trascendencia, los trabajos seminales del biólogo molecular François Jacob (1977) -ganador del premio Nobel en 1965- que asimilaban la evolución a un proceso de bricolaje; los de los genetistas Edward B. Lewis (1978), Eric Wieschaus y Christiane Nüsslein-Volhard (1980), a su vez, ganadores del Nobel en 1995 por sus descubrimientos sobre el control genético del desarrollo embrionario; los del paleontólogo y biólogo teórico Stephen Jay Gould (1985) en torno a las relaciones entre filogenia y ontogenia; los del biofísico Stuart Newman (1979), sobre la dinámica de los procesos de formación de patrones morfológicos; o los de los biólogos moleculares Bill McGinnis, Walter Gehring, y Michael Levine (1984) sobre el funcionamento de los genes homeóticos, para cuya comprensión también resultó fundamental el trabajo pionero de otros dos grandes científicos españoles, los genetistas Antonio García Bellido (1973) y Ginés Morata (1975).

De forma específica, en este trabajo me ocuparé de analizar la peculiar contribución de Albert a la teratología evolutiva y, más en concreto, centraré mi análisis en la interpretación evolucionista dada por Alberch a sus experimentos teratogénicos, orientados al estudio de la morfogénesis –es decir, al origen y desarrollo de la forma orgánica– a partir de la generación controlada de formas teratológicas en anfibios. En lo que sigue, comenzaré por presentar una síntesis de la biografía científica de Alberch. Continuaré por situar sus investigaciones teratológicas en la estela de una larga tradición de pensamiento evolucionista que, entre los siglos XIX y XX, otorgó una gran importancia al estudio científico de las formas monstruosas y les otorgó diversas interpretaciones evolutivas. Pasaré después a describir sintéticamente los experimentos teratogénicos de Alberch en el contexto de la biología teórica de los años 70 y 80 del siglo XX, resumiendo algunas de sus principales implicaciones para la biología evolucionista del periodo. En este sentido, trataré de contextualizar las ideas de Pere Alberch sobre la evolución de la forma orgánica en el marco de una corriente de pensamiento crítica con las explicaciones evolutivas gradualistas, adaptacionistas y «*genocéntricas*» que caracterizaron el paradigma neodarwinista dominante en aquellas décadas. El objetivo es situar los experimentos teratogénicos de Alberch en el seno de una polémica científica que fue especialmente intensa en el último tercio del siglo pasado.

PERE ALBERCH VIÉ (1954-1998): UNA BREVE PERO INTENSA CARRERA CIENTÍFICA

Pere Alberch Vié nació en Badalona en 1954, en el seno de una familia catalana acomodada. Desde muy joven manifestó un gran interés por la Historia Natural, lo que le llevó a escribir sus primeros artículos científicos sobre anfibios con apenas 19 años. La posición social de su familia le permitió desarrollar sus estudios universitarios en Estados Unidos, concretamente en la Universidad de Kansas, donde a los 22 años obtuvo una doble graduación en Filosofía y Sistemática/Ecología (Etxebarria y de la Rosa, 2021).

Nada más graduarse inició sus estudios de doctorado en Zoología en la prestigiosa Universidad de California, Berkeley. Allí se uniría al grupo de investigación del biólogo evolucionista especializado en salamandras David Wake, quien ejerció como codirector de su tesis, junto al biólogo teórico George Oster, un especialista en matemática Biológica y en la teoría de sistemas dinámicos. Durante este periodo, el pensamiento de Albert se vio profundamente influenciado por los modelos teóricos desarrollados recientemente por el paleontólogo Stephen J Gould (1977; Eldredge y Gould, 1972) para explicar los procesos evolutivos, modelos que proponían vías alternativas a las explicaciones gradualistas y seleccionistas que postulaba el neodarwinismo en boga. La investigación doctoral de Alberch se orientó precisamente a proporcionar una formalización matemática a las ideas de Gould sobre las relaciones entre ontogenia y filogenia a lo largo de la evolución y sobre los procesos de heterocronía embrionaria como elementos esenciales para entender el origen de la forma orgánica. El trabajo de Alberch, apoyado por Wake, Oster y por el propio Gould, daría como fruto un artículo científico en coautoría que enseguida se convertiría en un pequeño «clásico» de la biología teórica (Alberch et al., 1979). En él, Alberch y sus mentores proponían un modelo cuantitativo capaz de explicar la relación entre los cambios heterocrónicos en la ontogenia con la variación morfológica observada a lo largo de la filogenia, propugnando una visión unificada de la embriología y de la biología evolutiva en el estudio de la evolución de la forma orgánica.

Tras doctorarse, Alberch fue contratado en 1980 como Profesor Asistente en la prestigiosa Universidad de Harvard, donde también ejerció el cargo de Curador de la sección herpetológica de su Museo de Zoología Comparada (Renzi et al, 1999). Apenas un año después de incorporarse como docente en Harvard, Alberch participó en la famosa conferencia Dahlem («Dahlem Konferenzen») sobre «Evolución y Desarrollo», con una influyente ponencia sobre las implicaciones evolutivas de las restricciones estructurales (*internal constraints*) al desarrollo de la forma orgánica en los procesos embrionarios (Alberch, 1982). Este congreso, celebrado en mayo de 1981 en Berlín, contó con la presencia de los principales impulsores de la *Evo-Devo* del periodo y se convirtió en un evento científico marcante para el desarrollo posterior de este campo de estudios.

Alberch permaneció en Harvard hasta finales de los 80, periodo durante el cual publicó sus principales contribuciones a la biología evolutiva del desarrollo. Estos trabajos le acreditaron con un notable prestigio académico, que le posibilitó ser admitido como miembro de los consejos editoriales de importantes revistas científicas internacionales, como *Trends in Ecology and Evolution*, *Biodiversity Letters*, *Journal of Theoretical Biology* o el *Journal of Evolutionary Biology* (Renzi et al., 1999). Durante todo este periodo, trabajó en colaboración con destacados biólogos teóricos y bio-matemáticos (Odell et al., 1981; Oster y Alberch, 1982), a la vez que dirigió el trabajo científico de estudiantes que, como Neil Shubin, pronto destacarían con importantes contribuciones a la teoría morfológica desde la perspectiva unificadora de la *Evo-Devo* (Shubin y Alberch, 1986). De forma general, en sus publicaciones científicas de esta época -en la cual se enmarcan sus experimentos teratogénicos- Alberch procuró establecer explicaciones evolutivas para la aparición de ciertos padrones morfológicos y fenotípicos. De forma general, su trabajo se caracterizó por proponer explicaciones alternativas a la selección natural como mecanismo evolutivo, así como por oponerse al gradualismo filético y al papel central otorgado a los genes en la síntesis neodarwinista.

Tan brillante inicio de carrera no fue, sin embargo, suficiente para garantizarle una plaza fija en Harvard (universidad que cuenta con medio centenar de Premios Nobel repartidos entre su cuerpo docente). Tal vez por ese motivo, al ver frustradas sus expectativas de afianzar su carrera en Harvard, Alberch retornó a España en 1989. De vuelta a su país natal, se incorporó como Director del Museo Nacional de Ciencias Naturales (MNCN), en Madrid. Ejerció esta función a lo largo de seis años, periodo durante el cual impulsó una profunda renovación y modernización del Museo (Albaladejo *et al.*, 2021). En 1995, aquejado por problemas de salud, presentó su dimisión como director del MNCN para centrarse en su recuperación. Tres años después, en 1998, aceptó un convite para incorporarse a un nuevo centro de investigación en Valencia, el *Instituto Cavanilles de Biodiversidad y Biología Evolutiva* (ICBIBE). Ilusionado con el futuro que le esperaba en esta nueva institución científica, Alberch había manifestado su deseo de utilizar el nuevo instituto como una plataforma científica desde la que poder «comunicar sus conocimientos a través de cursos avanzados sobre evolución» (Renzi et al. 1999). En esta última etapa de su carrera, Alberch se había propuesto sintetizar los últimos avances en la teoría de sistemas dinámicos aplicada a la biología e investigaba las interfaces de esta emergente teoría con la teoría del caos, la autoorganización y la complejidad. A esta tarea dedicó sus últimos estudios en el campo de la biología teórica, con la intención de publicar sus hallazgos en un libro que llevaría por título «*An Introduction to Chaos Theory and Complexity with a Special Emphasis on Biological Sciences*», obra que no llegó a terminar (Renzi et al. 1999). Tampoco llegaría Alberch a incorporarse al nuevo instituto, pues, residiendo todavía en Madrid, falleció el 13 de marzo de 1998, a la edad de 43 años.

LOS «ANCESTROS TEÓRICOS» DE LOS MONSTRUOS DE ALBERCH: UN LINAJE INTELECTUAL INTERDISCIPLINAR.

Si bien el interés científico de Alberch se enmarcó inicialmente en la zoología -más concretamente, en la herpetología- el biólogo catalán escribió también sobre muchos otros aspectos del desarrollo embrionario y la evolución de la forma en los vertebrados (Alberch 1980; 1982; 1989[a]; 1991; Alberch et al. 1979; Odell et al., 1981; Oster y Alberch, 1982; Alberch y Gale, 1983; 1985; Shubin y Alberch, 1986). En este sentido, Alberch dio muestras de poseer amplias inquietudes intelectuales, que trascendían el estrecho marco de la ciencia empírica y respondían a un genuino interés interdisciplinar por otros ámbitos del conocimiento. Por ejemplo, según refieren algunos de sus biógrafos, además de un prestigioso científico, Alberch fue también un fino melómano, así como un notable coleccionador, crítico y apreciador de arte moderno, e incluso se inspiró parcialmente en el arte para idear algunos de sus modelos teóricos sobre la forma biológica (Renzi et al. 1999).

También tuvo un interés destacado por las humanidades, en concreto, por la filosofía y la historia de la ciencia, algo que se aprecia claramente en alguno de sus trabajos teratológicos (Alberch 1989b). Este hecho no debería de resultar sorprendente, si recordamos que se había graduado en la Universidad de Kansas con un doble grado en Sistemática/Ecología y en Filosofía. En este sentido, su perspectiva teórica reflejaba la herencia de una tradición de pensamiento evolucionista «internalista» según la cual factores estructurales internos -de orden fisicoquímico y matemático- tenían más peso que la selección natural para comprender el origen de la forma de los organismos. Se trataba de una perspectiva fundamentada en la biomatemática, un campo de estudios esencialmente interdisciplinar, inaugurado por D'arcy Thompson (1917) a principios de siglo XX. El maestro Gould resumía así esta perspectiva, que tanta influencia tendría en el pensamiento de Alberch: «esta teoría, híbrida de Pitágoras y Newton, argumenta que las fuerzas físicas modelan los organismos directamente (las fuerzas «internas» y genéticas únicamente son responsables de la producción de los materiales brutos (...) de una construcción bajo los principios de la física)» (Gould, 2011). En consonancia con estos planteamientos, Alberch orientó su mirada hacia lo monstruoso desde una posición epistemológica que podríamos definir como un estructuralismo internalista, que concebía como «un nuevo programa de investigación en biología evolutiva, más concentrado en las propiedades internas del sistema que en la adaptación» (Alberch,1989a), y que intentaré sintetizar en lo que resta de esta sección. (Figura 1).

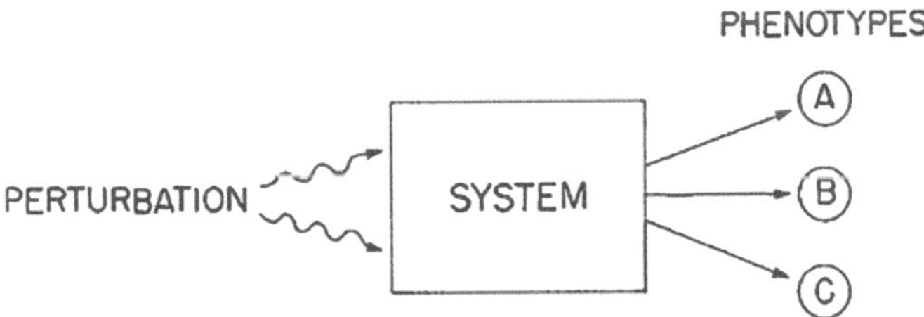

Figura 1. Esquema internalista. «Las perturbaciones resultantes de la mutación genética o del impacto medioambiental se «filtran» a través de la dinámica de un sistema generador de patrones. La estructura interna del sistema de desarrollo define un conjunto finito y discreto de posibles resultados (fenotipos), incluso si las fuentes de perturbación son aleatorias». Reproducido originalmente en Alberch (1989b).

La visión de Alberch sobre las transformaciones orgánicas y el origen de la forma biológica otorgaba un papel central a las leyes fisicoquímicas que regían el proceso de desarrollo embrionario. Para Alberch, las restricciones impuestas por la matemática subyacente a tales procesos fisicoquímicos se situaban muy por encima de la selección natural a la hora de explicar el origen y la evolución de la forma orgánica. Si bien resultaba innegable que, a lo largo de la filogenia, la selección natural actuaba sobre los genes para «filtrar» las formas mejor ajustadas a las condiciones ambientales propias

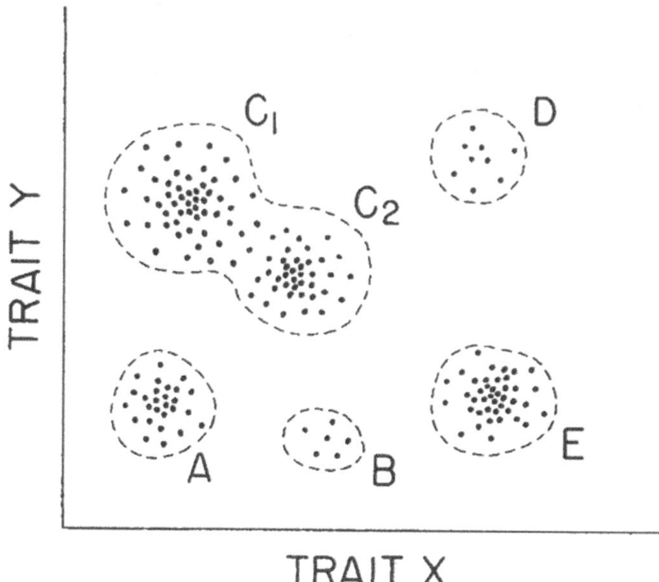

Figura 2. Epacio fenotípico o morfoespacio. «Un espacio fenotípico es el conjunto de todos los fenotipos posibles. Este diagrama supone que la morfología de un organismo puede definirse completamente mediante la medición de dos rasgos, x e y. Cada punto corresponde a una morfología específica. No se encuentran todos los fenotipos posibles. La distribución de los puntos no es uniforme. Los grupos de puntos pueden corresponder a especies (por ejemplo, A y E), a especies polimórficas o estrechamente emparentadas (por ejemplo, C1 y C2) que no están separadas por discontinuidades morfológicas distintas, o a clases de teratologías (por ejemplo, D y B)». Reproducido originalmente en Alberch (1989b).

de cada especie, Alberch se esforzó por transmitir la idea de que la selección natural apenas podía actuar *a posteriori* sobre un conjunto de genes previamente «filtrado» y ajustado al conjunto de formas posibles para el embrión. Este conjunto de formas posibles –espacio fenotípico, o *morfoespacio*– estaba limitado *a priori* por las condiciones fisicoquímicas del sistema, que apenas posibilitaban un conjunto finito de fenotipos estructuralmente viables. (Figura 2)

Los monstruos eran organismos especialmente idóneos para entender estas restricciones morfológicas internas, independientes de factores adaptativos, ya que, por el hecho de resultar criaturas inviables en condiciones naturales, la selección natural no podía invocarse para explicar sus caprichosas morfologías. Desde esta perspectiva, podía explicarse la improbabilidad de determinadas morfologías teratológicas, como por ejemplo los monstruos de tres cabezas, mientras que resultaban comunes los casos de monstruos bicéfalos en diversos grupos de vertebrados. A su vez, como resultado de estos factores estructurales internos del desarrollo embrionario, podía comprenderse la regularidad observada en ciertas morfologías teratológicas presentes en especies muy diversas, sin recurrir a la selección natural. (Figura 3)

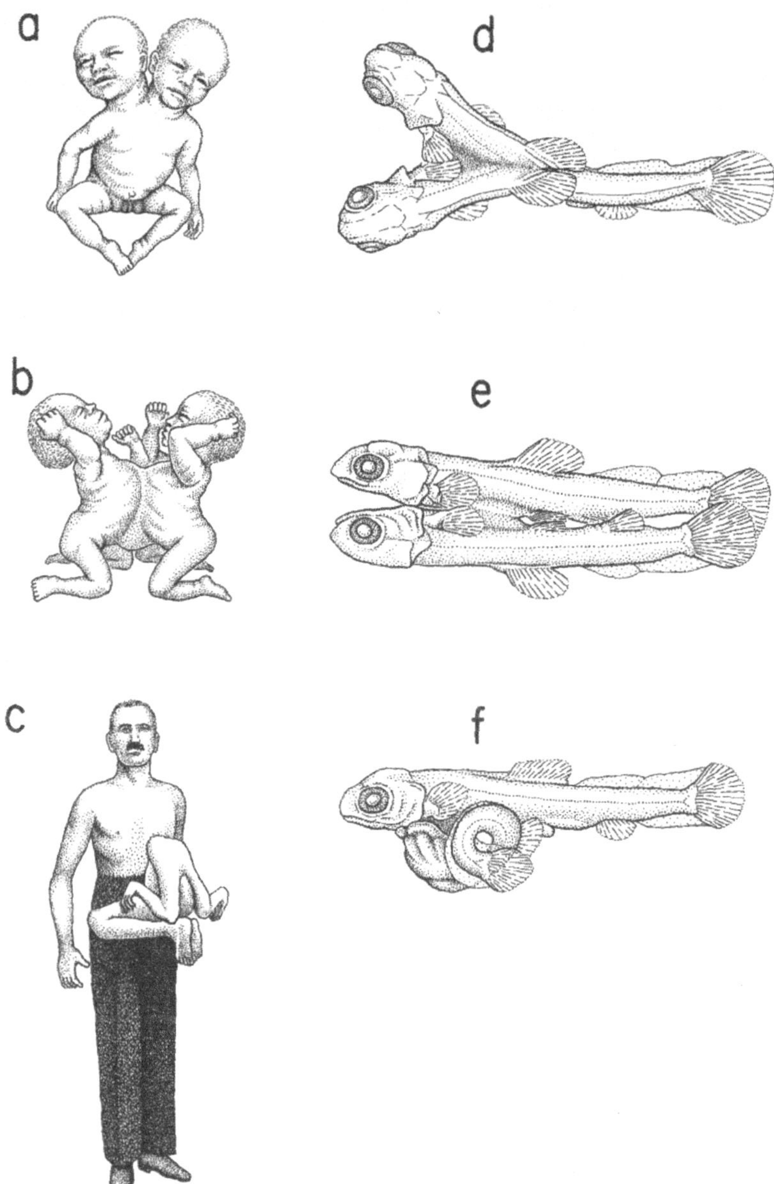

Figura 3. Variación ordenada y paralelismo transespecífico en la aparición de monstruosidades. «Los tres tipos básicos de gemelos unidos ("monstruos dobles") en humanos (a-c) y en el pez Fundulus (d-f). La duplicación es el resultado de la bifurcación anterior del eje corporal (a, d). Los gemelos completamente desarrollados pueden "fusionarse" por cualquier región del cuerpo pero, con mayor frecuencia, la fusión se produce en la región abdominal (b, e). Los gemelos parásitos también se observan en todos los taxones vertebrados (por ejemplo, c, f)». Reproducido originalmente en Alberch (1989b).

Más allá del marco teórico general inaugurado por el escocés D'arcy Thompson, al situar la bio-matemática como base para entender el origen de la forma orgánica, existió otro biólogo británico del siglo XX cuya influencia resultó, si cabe, aún más esencial que la de Thompson para entender en el trabajo de Alberch en el campo de la morfología cuantitativa. Me refiero al embriólogo y genetista Conrad Hal Waddington (1905- 1975). De hecho, buena parte del bagaje teórico que subyace a la bio-matemática propuesta por Alberch y sus colaboradores para explicar la morfogénesis está directamente inspirado en la obra cumbre de Waddington (2014 [1957]), titulada *La estrategia de los genes*. En ella, demostrando una enorme originalidad –y de forma independiente a la corriente ortodoxa de la síntesis teórica neodarwinista representada por nombres como Fischer, Haldane o Sewall Wright, cuyo trabajo respetaba, pero consideraba irrelevante– Waddington concibió el desarrollo embrionario como un proceso de transformación morfológica que se desarrollaba a lo largo de un «paisaje epigenético». El desarrollo morfológico podría entenderse con la metáfora de «una máquina de *pinball*, en la que la bola se desplazaba principalmente por el valle principal para producir fenotipos normales, pero en ocasiones se desviaba hacia un valle secundario y producía un fenotipo mutante» (Robertson, 1977). En otras palabras, el desarrollo de la forma embrionaria podía entenderse como la trayectoria una pelota que rodase cuesta abajo por la ladera de una colina, cuyos contornos –*chreods,* en la terminología Waddingtoniana– canalizarían el avance de la bola (el desarrollo de la forma) en determinada dirección, dificultando su avance en otros sentidos. En el caso de un canal o *chreod* profundamente excavado en la ladera del «paisaje epigenético», resultaría altamente improbable que cualquier perturbación externa (por ejemplo, una presión selectiva originada por determinados cambios ambientales) consiguiera modificar o impedir el desarrollo morfológico normal. De este modo, la morfología del organismo estaría «canalizada» previamente por la estructura del paisaje epigenético. Así, la forma del organismo no sólo dependería de su composición genética, sino de las distintas maneras y grados en que los genes podían expresarse a lo largo del desarrollo embrionario en las diferentes regiones del paisaje epigenético. Claramente influenciado por estas ideas, el trabajo bio-matemático de Alberch y sus colaboradores en el campo de la morfología teórica se basó en la hipótesis de que las diversas trayectorias ontogenéticas posibles podían cuantificarse matemáticamente, transformando los *chreods* waddingtonianos en un conjunto de ecuaciones diferenciales capaces de expresar las transiciones morfológicas susceptibles de ser experimentadas por el embrión (Alberch et al. 1979).

Además de esta predilección por la biomatemática y las teorías embriológicas de Waddington, los experimentos teratogénicos de Alberch también demostraban un notable interés por la historia de la teratología experimental. Alberch era consciente de que su trabajo científico en torno a los monstruos (*terata*) era heredero de una larga tradición histórica centrada en el estudio de la «monstruosidad» biológica como fuente para entender el origen y desarrollo de la forma orgánica a lo largo de la historia de las especies (Alberch, 1989). En este sentido, más que posiblemente estimulado por su admirado mentor Stephen Jay Gould –quien fue un notable historiador de la biología, además de paleontólogo y teórico del evolucionismo–, el interés de Alberch por la historia de la ciencia le llevó a situar sus propias investigaciones teratológicas en la estela de una larga tradición teórico-experimental de pensamiento evolucionista heterodoxo, que la síntesis neodarwinista parecía haber dejado de lado. En este sentido, los experimentos teratogénicos de Alberch pueden vincularse con una tradición evolucionista previa a Darwin, surgida inicialmente en el contexto del pensamiento transformista inaugurado a inicios del siglo XIX por Jean-Baptiste Lamarck. Una tradición intelectual alejada del paradigma neodarwinista que otorgaba un papel central en la evolución a la adaptación *gradual* de los organismos al medio como resultado de la *selección natural*.

Mucho antes de que Darwin comenzara a especular sobre el origen de las especies por medio de la selección natural, el francés Étienne Geoffroy Saint-Hilaire (1772-1844) –compatriota y colaborador directo de Lamarck– fue el primero en señalar que la producción controlada de embriones monstruosos de diferentes especies era un campo experimental idóneo para testar algunas de las grandes hipótesis que planteaba la teoría de la transmutación de las especies, es decir, la evolución (Fischer, 1972). La metodología de esta tradición en el campo de la *teratogénesis* experimental comenzó a ser sistematizada en la primera mitad del siglo XIX por el propio Etienne Geoffroy Saint-Hilaire (1822), a quien algunos historiadores le han atribuido recientemente el papel de pionero *avant la lettre* de la *Evo-Devo* (Panchen, 2001) e incluso de la teoría epigenética de la evolución (Iurato e Igamberdiev, 2021). Para Saint-Hilaire, los monstruos tenían un papel clave a la hora de entender la aparición de nuevas formas orgánicas, y resultaban esenciales para comprender la emergencia evolutiva de nuevos grupos de organismos. A partir de estas premisas, llegó a postular el primer modelo embriológico conocido para explicar la evolución de los animales vertebrados (Galera, 2021). «Aplicando las razones ambientalistas del maestro [Lamarck], guiado por los resultados obtenidos en su laboratorio, Étienne enunció una teoría transformista inaudita sustentada en la teratología como causa general del fenómeno. La génesis de una nueva especie ocurriría en la etapa embrionaria mediante la formación de *monstruos*: unidades catalogadas como productos contrarios al normal orden reproductor. Expresada en tales términos, la morfogénesis constituye el mecanismo operativo de la evolución y la transformación orgánica significa la modificación organizativa de la materia viva» (Galera, 2015). Durante el resto del siglo XIX, y siguiendo la senda abierta por Saint-Hilaire, la teratología experimental fue desarrollada y sofisticada por su hijo Isidore Geoffroy Saint-Hilaire (1836) y por Camile Dareste (1891). Y ya en el S. XX, los monstruos continuaron siendo considerados como organismos especialmente significativos para entender la evolución por parte de importantes evolucionistas heterodoxos –o, cuando menos, «periféricos», con relación al «núcleo duro» de la llamada teoría sintética darwinista. Científicos como el alemán Richard Goldsmichdt (1878-1958) o el propio Conrad Waddington (1905-1975) –quien, como hemos visto, tuvo una influencia determinante para Alberch– reforzaron el interés teórico de la teratología para la biología evolutiva (Diogo et al. 2017).

El elemento común de todos estos científicos –y lo que hace que podamos hablar de una cierta «tradición intelectual», que influiría de forma decisiva en la obra de Pere Alberch– es que todos ellos propusieron modelos evolutivos en los que se otorgaba un papel central al desarrollo ontogenético y a las restricciones estructurales que determinan la evolución de la forma del embrión como claves para entender la morfogénesis. Además, todos ellos consideraron estos factores ontogenéticos «internos» como primordiales a la hora de entender el origen de la forma orgánica, situándolos muy por encima de la acción de los factores «externos» o adaptativos, como la acción de los genes sometidos a la selección natural darwiniana (Galera, 2015). Además, en consonancia con la teoría del equilibrio puntuado defendida en la década de 1970 por Eldredge y Gould (1972), algunos de estos modelos proporcionaban hipótesis plausibles para explicar transiciones morfológicas bruscas en la filogenia (Galera, 2021). Se trataba de un fenómeno repetidamente observado en el registro fósil, para el cual el neodarwinismo que dominaba la biología evolutiva en tiempos de Alberch, con sus planteamientos gradualistas, seleccionistas y «genocéntricos», no ofrecía una respuesta satisfactoria.

EL SIGNIFICADO EVOLUTIVO DE LOS EXPERIMENTOS TERATOGÉNICOS DE ALBERCH

En una reseña bibliográfica publicada en 1983 en la revista *Science,* en la que Alberch comentaba la reciente obra de los biólogos Rudolph Raff y Thomas Kaufmann (1983) sobre las relaciones entre embriología y evolución, el biólogo catalán resumía algunas de sus ideas principales con relación al vínculo directo entre la morfología evolutiva y el estudio del desarrollo embrionario. Según él, a la luz de los recientes hallazgos en el campo de estudios de la *Evo-Devo*, el organismo biológico no podía seguir siendo visto como una especie de «caja negra», de la cual ignoramos todos los mecanismos internos, y cuya morfología se explicaría apenas como una respuesta adaptativa al entorno, por efecto de la selección natural. Alberch se enfrentaba así al paradigma de la teoría evolutiva neodarwinista que, además de situar a la selección natural como principal responsable de la morfología de las especies, postulaba una evolución gradual de las formas orgánicas. Contrariamente a estas ideas, Alberch sugería que las recientes investigaciones en biología evolutiva del desarrollo permitían suponer que la evolución morfológica fuese *discontinua.* Sin embargo, lejos de cualquier dogmatismo, Alberch reconocía que tanto el papel de la selección natural en el origen de la forma orgánica, como la causa de las discontinuidades morfológicas observadas en la filogenia eran cuestiones abiertas, cuya elucidación aclararía «algunas propiedades básicas de los procesos evolutivos» (Alberch, 1983). Los experimentos teratogénicos de Alberch cobran sentido precisamente en la tentativa de elucidar estas dos polémicas cuestiones, objeto de profundas controversias en la biología evolutiva del periodo. En lo que resta de esta sección, intentaré sintetizar la peculiar concepción de Alberch de la teratología experimental como una preciosa fuente de datos para entender las relaciones entre embriología, evolución y morfogénesis, contextualizando sus principales aportaciones a la morfología evolutiva en el marco de la *Evo-Devo* del último cuarto del siglo pasado.

Durante el inicio de su carrera, Alberch -en colaboración con Emily A. Gale- trabajó en analizar las formas teratológicas generadas experimentalmente en embriones de anfibios mediante la administración controlada de determinadas substancias, que provocaban malformaciones durante el desarrollo de los renacuajos (Alberch y Gale 1983; 1985). En su ponencia durante el Coloquio Internacional sobre Ontogénesis y Evolución celebrado en Dijon en 1986, Alberch se ocupó de este asunto, defendiendo la pertinencia de abordar problemas evolutivos relacionados con la morfogénesis orgánica a partir del estudio científico de deformaciones generadas artificialmente. Partiendo de estas premisas, Alberch y Gale se propusieron producir deformaciones en las extremidades de embriones de ranas y salamandras para estudiar el significado morfológico de sus *terata* en clave evolutiva, como ejemplos de morfologías orgánicas sin valor adaptativo –por tanto, independientes de la selección natural–, pero aun así perfectamente viables como organismos desde el punto de vista estructural. Retomando la antigua tradición experimental de la teratología evolucionista que unía a Saint-Hilaire con Waddington, Alberch sostenía que las anomalías teratológicas provocadas experimentalmente en el desarrollo embrionario de sus monstruos experimentales podían revelar importantes claves para comprender el origen y desarrollo de la forma de las extremidades en la filogenia de estos anfibios y, por extensión, en la evolución de todos los vertebrados.

Alberch y Gale analizaron los efectos de la administración de colchicina –un inhibidor mitótico que provoca disminución del tamaño de las extremidades y pérdida de elementos esqueléticos– en las yemas de los dedos de la rana *Xenopus laevis*y y de la salamandra *Ambystoma mexicanum*. Alberch sostenía que las variantes teratológicas generadas experimentalmente en sus experimentos resultaban especialmente esclarecedoras con relación al papel de la selección natural en la morfogénesis, así como en lo tocante a la discontinuidad morfológica en la evolución. Si la morfología de los anfibios dependiese exclusivamente de la selección natural, sería esperable que los agentes teratogénicos suministrados a los embriones de ranas y salamandras generasen una variabilidad irrestricta de formas monstruosas inviables. Es decir, si la selección fuese el principal determinante de la morfología, al operar seleccionando los fenotipos viables y eliminando el resto, lo esperable sería que el agente químico suministrado a los renacuajos provocase una variedad aleatoria de alteraciones morfológicas en las extremidades de los anfibios. Según la hipótesis seleccionista, esta diversidad morfológica inicial de los *terata* experimentales sería limitada *a posteriori* por la selección natural, que eliminaría las formas menos aptas y permitiría apenas la reproducción de las morfologías más aptas para la supervivencia. Sin embargo, los *terata* producidos experimentalmente por Alberch y Gale no seguían este modelo adaptacionista. Los monstruos experimentales presentaban un número limitado de patrones de variación, y estos patrones no eran «aleatorios», sino que resultaban claramente agrupables en un conjunto restringido de tipologías, de la misma forma que ocurría en la naturaleza entre los individuos «normales» (Renzi *et al.*, 1999).

Además, Alberch y Gale observaron que las variedades monstruosas experimentales respondían a un patrón claramente diferenciado en cada grupo, con evidentes diferencias entre los anuros (ranas) y urodelos (salamandras): «las ranas que han perdido un dedo siempre pierden el primer dedo, mientras que las salamandras siempre pierden el quinto» (Alberch y Gale 1983). Sorprendentemente, estos mismos patrones de diferenciación morfológica generados artificialmente se correspondían con las diferencias observadas en la naturaleza en otras especies de ranas y salamandras, emparentadas con las especies que había tomado como modelo experimental. En palabras del propio Alberch, las perturbaciones experimentales producidas en sus *terata* generaban «resultados paralelos a las diferencias ontogenéticas y filogenéticas» observables en la naturaleza (Alberch y Blanco, 1996). Así, al estudiar *in natura* la secuencia de desarrollo embrionario de diferenciación digital de diversas especies de ranas próximas a *Xenopus laevisy* se observaban diferentes estados de desarrollo del primer dedo, distinguiéndose tipologías muy próximas a las de los embriones de rana modificados en el laboratorio. Es decir, la variabilidad morfológica natural en estas especies de anuros presentaba el mismo patrón observado al aplicar colchicina sobre los renacuajos de la especie *Xenopus laevisy*. A su vez, en estado natural podían encontrarse especies de salamandra que presentaban pérdida o malformaciones del quinto dedo, tal y como acontecía con las *Ambystoma mexicanum* a las que Alberch había suministrado colchicina. (Figura 4)

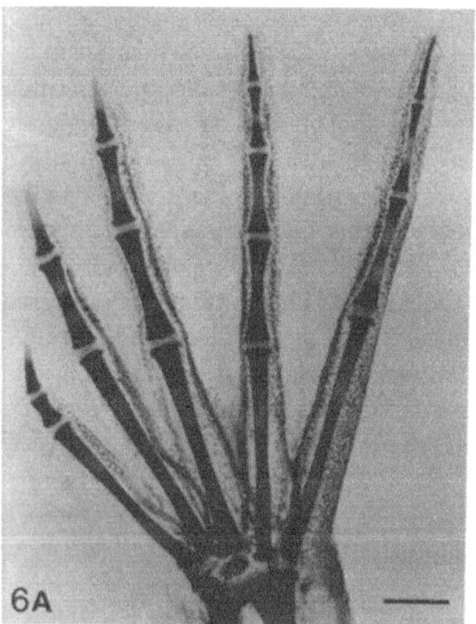

Figura 4. Efectos teratogénicos de la colchicina en las extremidades de la rana Xenopus laevis. «Pie derecho de control aclarado y teñido (A) y pie izquierdo tratado (B) de Xenopus laevis. Obsérvese el menor tamaño del pie tratado». Reproducido originalmente en Alberch y Gale (1983).

Para Alberch, este sorprendente resultado experimental tenía profundas implicaciones para entender las relaciones entre ontogenia, filogenia y morfogénesis fuera del marco interpretativo neodarwinista. En primer lugar, los resultados experimentales de Alberch y Gale parecían demostrar que el morfoespacio en estos anfibios era discontinuo. Sólo existía una cantidad limitada de fenotipos entre las variantes modificadas con colchicina. En palabras de Alberch: «no se encontraban todos los fenotipos posibles. La distribución de puntos [del morfoespacio] no era uniforme»

(Alberch, 1989). La interacción entre el ambiente teratogénico y los organismos tratados con colchicina producía un conjunto finito de fenotipos de entre todas las formas imaginables: la administración de colchicina generaba apenas un subconjunto limitado de fenotipos en el desarrollo embrionario de los monstruos experimentales.

Por otro lado, las regularidades y discontinuidades observadas en las morfologías de los renacuajos tratados con colchicina no podían explicarse por efecto de la selección natural. Para Alberch, los resultados de sus experimentos teratogénicos eran compatibles con una visión de la evolución en la que la selección natural operaría apenas como un agente de restricción morfológica secundaria, frente a la restricción morfológica primaria establecida *a priori* por las leyes internas del desarrollo embrionario de estos organismos (Oster y Alberch, 1982). Desde esta perspectiva, la síntesis neodarwinista apenas podría predecir qué morfologías sobrevivirían en un ambiente determinado, pero no qué fenotipos emergerían de forma más probable a lo largo del desarrollo ontogenético, con anterioridad a la acción de la selección natural (Alberch, 1982). De esta forma, los resultados experimentales de Alberch y Gale parecían incompatibles con los presupuestos seleccionistas, gradualistas y «genocéntricos» asociados a la teoría sintética neodarwinista, que comprendía la naturaleza como un *continuum* modelado por la selección natural. Alejado de este paradigma interpretativo, Alberch sostenía que las discontinuidades morfológicas observadas entre sus *terata* experimentales respondían a un orden estructural interno, ajeno a las presiones selectivas. «La estructura interna del sistema de desarrollo definía un conjunto finito y discreto de posibles resultados (fenotipos), incluso si las fuentes de perturbación eran aleatorias» (Alberch,1989). Las restricciones estructurales epigenéticas que operaban en el sistema embrionario de los renacuajos de rana y salamandra actuaban como un agente causal de nivel jerárquico superior a la acción génica y a la selección natural para explicar la morfogénesis de sus monstruos experimentales. Los límites fisicoquímicos internos del campo morfogenético embrionario restringían *a priori* el conjunto de formas posibles sobre los la selección natural podía actuar posteriormente, apenas como un factor secundario de determinación morfológica.

Llegamos así al concepto de *restricción evolutiva al desarrollo* (Alberch, 1982, 1989b), probablemente una de las principales contribuciones de Alberch a la morfología evolutiva. Un concepto de clara influencia *Waddingtoniana*, que en su momento planteó una ampliación del paradigma ofrecido por la teoría sintética neodarwinista para explicar la evolución de la forma orgánica. Frente al marco interpretativo «externalista», «seleccionista», y «genocéntrico» del neodarwinismo, Alberch comprendía el organismo vivo como un ente complejo, «dotado de una estructura y organización internas» (Alberch, 1983) que restringían a priori las respuestas posibles a las presiones selectivas, limitando así las morfologías posibles para cada grupo de organismos, con total independencia de la selección natural. Las perturbaciones resultantes del impacto ambiental resultaban «filtradas» epigenéticamente a través del desarrollo embrionario, que Alberch interpretaba como un sistema dinámico, generador de patrones morfológicos discretos y discontinuos. Así, para Alberch, «el desarrollo embrionario actuaba al mismo tiempo como el efecto y la causa de la expresión génica» (Renzi et al. 1999). La acción de los genes y de la selección natural como agentes causantes de la forma orgánica estaba subordinada a las leyes internas del desarrollo embrionario en un doble sentido. En primer lugar, la acción de los genes encargados de la síntesis proteica –sobre los cuales podría actuar la selección natural– dependía de los genes reguladores del desarrollo ontogenético, responsables de su inactivación o activación en diferentes momentos y regiones del campo morfogenético embrionario. En segundo lugar, la morfogénesis embrionaria estaba determinada por la interacción de diversos parámetros bio-físicos y bioquímicos que operaban durante el desarrollo embrionario. La interacción de estos parámetros establecía un sistema dinámico complejo, en el que los campos morfogenéticos quedaban estructurados en función de diferentes gradientes y polaridades, susceptibles de cuantificación y análisis biomatemático. En definitiva, los monstruos experimentales de Alberch parecían demostrar que el desarrollo embrionario del organismo correspondía a un sistema dinámico, en el que pequeñas alteraciones en determinados parámetros fisicoquímicos del sistema podían producir importantes cambios cualitativos en la morfología de los embriones, a la vez que dificultaban o imposibilitaban la aparición de ciertas formas. De esta forma, enfrentándose al neodarwinismo que dominaba la biología de fines del siglo pasado, Alberch defendía que los factores estructurales internos que regulaban los campos morfogenéticos embrionarios podían originar discontinuidades morfológicas, tanto en la ontogenia como en la filogenia, con total independencia de la selección natural.

A MODO DE SÍNTESIS (O *RECAPITULACIÓN*) DE ESTE TEXTO (EMBRIONARIO)

Como biólogo evolucionista, Alberch se opuso al excesivo énfasis que el neodarwinismo imperante a fines del siglo XX había otorgado a los genes y a las explicaciones funcionalistas y adaptativas para interpretar el cambio evolutivo. Para Alberch, el origen de la forma orgánica no podía explicarse como resultado exclusivo de la selección natural operando para eliminar las mutaciones genéticas menos adaptativas. La producción artificial de variedades teratológicas, al posibilitar el estudio de organismos no adaptativos y aun así estructuralmente viables, ofrecía una plataforma excepcional sobre la que analizar empíricamente los mecanismos internos que rigen la emergencia de la diversidad morfológica fuera del marco interpretativo seleccionista, tanto a nivel ontogenético como en la filogenia. La «lógica de los monstruos» se originaba en las restricciones evolutivas al desarrollo, restricciones internas del sistema dinámico ontogenético que permitían entender el origen de las discontinuidades, vacíos y direccionalidad morfológica observables en la historia evolutiva de la vida. Formas y ausencias morfológicas expresables matemáticamente, en función de una cuidadosa cuantificación paramétrica y de las ecuaciones diferenciales apropiadas para describir las metamorfosis posibles e imposibles dentro del morfoespacio asignado a cada grupo de organismos.

A pesar de su indiscutible originalidad, los modelos matemáticos desarrollados por Alberch y sus colaboradores para explicar los procesos de morfogénesis en la ontogenia y filogenia acabaron perdiendo influencia científica al cabo del tiempo. Entre las causas de este declive tal vez podemos apuntar a la irreducible complejidad de los sistemas biológicos a cualquier «sistema lógico», así como a ciertos errores internos en la teoría del equilibrio puntuado que sustentaba tales modelos (Futuyma, 2002); pero, sobre todo, podemos achacarlo a las nuevas y poderosísimas herramientas proporcionadas por la genética molecular aplicada al desarrollo embrionario. A pesar de todo ello, y malgrado la opinión de biólogos como Jean Rostand, quien a mediados del siglo XX había vaticinado que la teratogénesis experimental «nunca arrojaría ninguna luz sobre los procesos de la evolución» (Rostand, 1964), el trabajo experimental de Alberch en el campo de la teratología continua siendo un marco teórico fértil para el estudio de la morfología evolutiva en la actualidad (Diogo et al. 2017). Científico heterodoxo, dotado de una gran capacidad innovadora, Pere Alberch no solo fue el primer investigador español de relieve en el campo de la *Evo-Devo* (Baguñà, 2009), sino uno de los grandes impulsores y articuladores a nivel internacional del estudio conjunto del desarrollo embrionario y de la evolución en la segunda mitad del siglo XX. Su peculiar interpretación de «la lógica de los monstruos» es una buena muestra de la originalidad y relevancia científica de su trabajo para la historia de la biología evolutiva.

BIBLIOGRAFIA

ALBALADEJO, Carolina Martín; GALERA GÓMEZ, Andrés y PEÑA DE CAMUS SÁEZ, Soraya (2021), Una historia del Museo Nacional de Ciencias Naturales, Madrid, Doce Calles.

ALBERCH, Pere (1991), From genes to phenotype: Dynamical systems and evolvability, *Genetica*, 84, 1, pp. 5-11.

–(1989a), Internalizing, *Nature*, 340, pp. 196–197.

–(1989b), The logic of monsters: Evidence for internal constraint in development and evolution. *Geobios*, 22, 21-57.

–(1983), [Reseña bibliográfica] Development and Evolution: Embryos, Genes, and Evolution. The Developmental-Genetic Basis of Evolutionary Change. Rudolf A. Raff and Thomas C. Kaufman. Macmillan New York/London, 1983. xiv, 396 pp. $34.95, *Science*, 221, 4607, pp. 257-258.

–(1982), «Developmental constraints in evolutionary processes», en J.T. Bonner (ed), Evolution and Development. Dahlem Conference Report Nº 20, pp 313-332, Berlin, Springer-Verlag.

–(1980), Ontogenesis and morphological diversification, *Am. Zool*, 20, pp. 653–66.

ALBERCH, Pere y BLANCO, M. J. (1996), Evolutionary patterns in ontogenetic transformation: From laws to regularities, *International Journal of Developmental Biology*, 40, 4, pp. 845-858.

ALBERCH, Pere y GALE, E. A. (1985), A Developmental Analysis of an Evolutionary Trend: Digital Reduction in Amphibian, *Evolution*, 39, 1, pp. 8-23.

–(1983), Size dependence during the development of the amphibian foot. Colchicine-induced digital loss and reduction, *Journal of Embryology and Experimental Morphology*, 76, pp. 177-197.

ALBERCH, Pere; GOULD, S.J.; OSTER, G. y WAKE, D.B. (1979), Size and shape in ontogeny and phylogeny, *Paleobiology*, 5, 3, pp. 296-317.

AMUNDSON, Ron (2005), The changing role of the embryo in evolutionary thought: roots of evo-devo, New York, Cambridge University Press.

BAGUÑÀ, Jaume (2009), A history of Evo-Devo research in Spain, *International Journal of Developmental Biology*, 53, 8-9-10, pp. 1205-1217.

DARESTE, Camille (1891), Production artificielle des monstruosités, Paris, Rheinwald et Cié.

DIOGO, Rui et al. (2017), Dinosaurs, chameleons, humans, and evo-devo path: Linking Étienne Geoffroy's teratology, Waddington's homeorhesis, Alberch's logic of «monsters,» and Goldschmidt hopeful «monsters», *Journal of Experimental Zoology Part B: Molecular and Developmental Evolution*, vol. 328, 3,pp. 207-229.

ELDREDGE, Niles y GOULD, S.J. (1972). Punctuated equilibria: an alternative to phyletic gradualism. In: Models in Paleobiology (T.J.M. Schopf, Ed), pp 82-115. Freeman and Cooper, San Francisco.

ETXEBERRIA, Arantza; NUÑO DE LA ROSA, L. (2021), «Pere Alberch (1954-1998)», en Nuño de la Rosa, L., Müller, G.B. (eds) Evolutionary Developmental Biology, Cham, Springer.

FISCHER, Jean-Louis (1972), Le concept expérimental dans l'œuvre tératologique d'Etienne Geoffroy Saint-Hilaire, *Revue d'histoire des sciences*, 25 (4), p. 347-364.

FUTUYMA, Douglas J. (2002), Stephen Jay Gould à la recherche du temps perdu, *Science*, 296, 5568, pp. 661-663.

GALERA, Andrés (2021), Étienne Geoffroy Saint-Hilaire and the First Embryological Evolutionary Model on the Origin of Vertebrates, *Journal of the History of Biology*, 54, pp. 229–245.

GALERA, Andrés (2015), Monstruos esperanzados. El sentido evolutivo de la embriología moderna, 1900-1950, *Revista Triplov de Artes, Religiões e Ciências*, 50, URL=https://triplov.com/novaserie.revista/numero_50/andres_galera/index.html (acceso 15/11/2023)

GARCÍA-BELLIDO, Antonio; RIPOLL, P. y MORATA, G. (1973), Developmental compartmentalization of the wing disk of Drosophila, *Nature New Biology*, 245, pp. 251-253.

GEOFFROY DE SAINT-HILAIRE, Etienne (1822), Philosophie Anatomique des monstruosités humaines: ouvrage contenant une classification des monstres. París: Edición del autor.

GEOFFROY DE SAINT-HILAIRE, Isidore (1836), Traité de Tératologie, 3 Vols, París, J.-B. Baillière.

GOULD, Stephen Jay (1977), Ontogeny and Phylogeny. Cambridge: Harvard University Press.

–(2011), «Prefacio» en D'arcy Thompson (2011), Sobre el crecimiento y la forma, Madrid, Akal, pp 7-11.

HALL, Brian K. (2012), Evolutionary developmental biology (Evo-Devo): Past, present, and future, *Evolution: Education and outreach*, 5, 2, pp. 184-193.

IURATO, Giuseppe; IGAMBERDIEV, Abir U. (2021), Étienne Geoffroy Saint-Hilaire as a predecessor of the epigenetic concept of evolution, *Biosystems*, 210, p. 104571.

JACOB, François (1977), Evolution and Tinkering, *Science*, 196, 4295, pp. 1161-1166.

LEWIS Edward B. (1978), A gene complex controlling segmentation in Drosophila, *Nature*, 277, 5688, pp. 565–570.

MCGINNIS, William, et al. (1984), A conserved DNA sequence in homoeotic genes of the Drosophila Antennapedia and bithorax complexes, *Nature*, 308, 5958, pp. 428–33.

MORATA, Ginés; LAWRENCE, P. A. (1975), Control of compartment development by the engrailed gene in Drosophila, *Nature*, 255, 5510, pp. 614–617.

NEWMAN Stuart A.; FRISCH HL (1979), Dynamics of skeletal pattern formation in developing chick limb, *Science*, 205, 4407, pp. 662–668.

Nuño de la Rosa, Laura, (2016) «Evo-devo - Biología evolutiva del desarrollo», en Claudia E. Vanney et al. (eds), Diccionario Interdisciplinar Austral, URL=http://dia.austral.edu.ar/Evo-devo_-_Biología_evolutiva_del_desarrollo (acceso: 04/11/2023).

Nüsslein-Volhard, Christiane; Wieschaus, E. (1980), Mutations affecting segment number and polarity in Drosophila, *Nature*, 287, 5785, pp. 795–801.

Odell, Garret, et al. (1981), The mechanical basis of morphogenesis. I: a model for epithelial tissue folding, *Devel. Biol.*, 85, pp. 446-462.

Oster, George y Alberch, P. (1982), Evolution and bifurcation of developmental programs, *Evolution*, 36, 3, pp. 444-459.

Panchen, Alec L., Étienne Geoffroy St.-Hilaire: father of «evo-devo»?, *Evolution & Development*, 2001, vol. 3, no 1, p. 41-46.

Renzi, Miguel de, et al. (1999), Evolution, development and complexity in Pere Alberch (1954-1998), *Journal of Evolutionary Biology*, 12, pp. 624-626.

Robertson, Alan (1977), Conrad Hal Waddington, 8 November 1905-26 September 1975, *Biographical Memoirs of Fellows of the Royal Society*, Royal Society (Great Britain), 23, pp. 575-622.

Rostand, Jean. Etienne Geoffroy Saint-Hilaire et la tératogénèse expérimentale, *Revue d'histoire des sciences et de leurs applications*, 1964,17, 1, pp. 41-50.

Shubin, Neil H. y Alberch, Pere (1986), «A morphogenetic approach to the origin and basic organization of the tetrapod limb», en M.A Hecht, B. Wallace. and G.T. Prance (eds), Evolutionary Biology, 20, New York, Plenum Press, pp. 319-386.

Thompson, D'arcy Wentworth (2011[1917]), Sobre el crecimiento y la forma, Madrid, Akal.

Waddington, Conrad Hal (2014 [1957]), The strategy of the genes, New York, Routledge.

PALEOANTROPOLOGÍA Y ARTE: LAS PRIMERAS RECONSTRUCCIONES DE EJEMPLARES FÓSILES HUMANOS (1838-1939)

Francisco Pelayo
Instituto de Historia (CSIC)
francisco.pelayo@cchs.csic.es

Utilizando como referencia restos paleontológicos y prehistóricos, los ejemplares fósiles de homínidos han sido reconstruidos desde el siglo XIX, mediante formas de expresión artísticas, con el objeto de difundir el conocimiento de la evolución humana. Considerando el gran poder persuasivo de las imágenes en Paleoantropología, Schlager y Wittwer-Backofen (2013) han reflexionado sobre las reconstrucciones faciales y corporales y el desarrollo de métodos y técnicas, desde dibujos y modelados manuales hasta reconstrucciones virtuales en 3D. Para ellos, el enfoque visual ha ido cambiado dependiendo de contextos influidos por teorías evolucionistas e ideas sociales y sostienen que las reconstrucciones complementan las investigaciones de campo y laboratorio, los análisis de datos empíricos y atraen la atención de las audiencias no científicas y la comprensión pública de la Paleoantropología. En este sentido, conocer los orígenes y la diversidad de las representaciones de homínidos extinguidos es el objetivo de este trabajo, donde se analiza el impacto de las reconstrucciones de los primeros restos fósiles de la especie humana, descubiertos entre mediados del siglo XIX y finales de los años treinta del siglo siguiente, un marco histórico en el que se asumía la existencia de razas humanas inferiores, primitivas o salvajes, si se comparaban con los civilizados europeos.

NEANDERTAL Y *PITHECANTHROPUS*: PRIMERAS RECREACIONES DEL SIGLO XIX

La primera representación de un «hombre fósil» fue un dibujo del naturalista Pierre Boitard, publicado en 1838, en un contexto científico en el que aún se discutía la existencia de huesos humanos fósiles. La figura simiesca tenía mandíbulas prominentes como las de un cráneo fósil hallado en Baden, cerca de Viena. «Negros etíopes mostraban la misma forma» del cráneo, decía Boitard (1838: 240). Otro dibujo distinto con el mismo título, «L'homme fossile», fue portada de un libro póstumo de Boitard publicado en 1861, *Études antédiluviennes. Paris avant les hommes. L'homme fossile, etc.*

Los restos humanos del tipo neandertal fueron descubiertos en 1856 en la cueva Feldhofer del valle Neander. El primer dibujo representando a un neandertal se publicó en una revista norteamericana, *Harper's Weekly. Journal of Civilization,* el 19 de julio de 1873. Su autor, el ilustrador franco-británico Ernest Griset, imaginó al neandertal ante su guarida, con un hacha primitiva, una mujer durmiendo, dos cánidos domesticados y rodeado de huesos de animales. También en EE.UU., Frank H. Cushing, conservador del Departamento de Etnología del Museo Nacional en Washington, D.C, dibujó el busto de un neandertal, que fue publicado en un manual sobre la antigüedad del género humano de John Patterson McLean (1875: 4).

Hermann Schaaffhausen, el anatomista que describió los restos de neandertal, presentó en 1876, durante el congreso de Antropología y Arqueología Prehistórica celebrado en Budapest, un dibujo de cómo podía haber sido el neandertal (Schaaffhausen, 1877: 385; 1888:34). Comentó que el arqueólogo austriaco Eduard Freiherr Von Sacken había reconstituido, en 1865, la imagen, delineando un perfil de la cara a partir de la calota craneana, pero la barbilla era protuberante y la nariz equivocada. Junto con el pintor Philippart, Schaaffhausen perfiló una vista lateral de una cabeza como la de un «hombre-mono», con la arcada superciliar marcada y la mandíbula superior saliente. A faltar los huesos de la cara utilizó los rasgos de un salvaje prognato, aumentándolos un poco y acercándolos a los de los antropoides. Pero sus grandes orejas lobuladas serían criticadas por otro anatomista, Robert Hartmann. El historiador austriaco Friedrich von Hellwald (1880:441) y el antropólogo Moritz Alsberg (1887: 82) reprodujeron el dibujo de Schaaffhausen.

En la colección de Ernest-Théodore Hamy del *Muséum National d'Histoire Naturelle* (MNHN) de París, se conservan bustos en yeso pintado, modelados a partir de los cráneos del museo parisino, representando a las tres razas humanas fósiles, Neanderhtal (MNHN-HA-11630. Colección E.-T. Hamy), Cro-Magnon (MNHN-HA-11631. Colección E.T. Hamy) y Furfooz (MNHN-HA-11633. Colección E.-T. Hamy), que fueron descritas por Hamy y Armand de Quatrefages en su obra *Crania Ethnica* (1873-1882) (Lafont-Couturier, 2003).

Crítico con las ideas que Ernst Haeckel sobre la existencia en el pasado de un hipotético antecesor humano, el *Pithecanthropus alalus*, u hombre-mono mudo, el abogado Manuel Hernández Huerta (1886) representó al *Pithecanthropi*, «El padre del hombre», una figura humana semidesnuda, difererente de su antecesore simio, el Antropoide, «El abuelo del hombre». En 1887, en un libro sobre la prehistoria de la comuna de Montbéliard, el pastor protestante Alexis Muston reprodujo la imagen de Boitard de 1838, titulándola «hombre primitivo siguiendo la descripción de Ernst Haeckel». Asimismo, basándose en Haeckel, el artista checo Gabriel von Max, pintó en 1894 un cuadro con un grupo familiar del *Pithecanthropus alalus*.

Henry A. Ward, naturalista y coleccionista norteamericano, dueño de una empresa que recolectaba ejemplares para montarlos y venderlos a universidades y museos, anunció en su catálogo de 1893 la restauración ideal de un busto basada en un cráneo neandertal. El individuo representado tiene el pelo áspero, el ceño fruncido y muestra sus dientes (Lambers *et al.*, 2022: 35).

En el catálogo del Museo Proto-Histórico Ibérico, publicado por el Ayuntamiento de Madrid en 1897 y que recoge los objetos prehistóricos del coleccionista Emilio Rotondo, se cita una representación del «Tipo del hombre de la Edad de piedra antigua y del Mamouth». Fue reproducido en una foto de *La Ilustración Española y Americana* del 8 de diciembre de 1910.

A finales de siglo, el anatomista alemán Julius Kollmann y el artista suizo Werner Büchly (1898) se propusieron determinar la constitución y el origen de los pueblos prehistóricos de Europa. Considerados salvajes, su aspecto sería semejante al de los simios o a los de individuos de pueblos actuales no civilizados, como los australianos. Su objetivo era conocer, sobre la base de la herencia, las diferencias entre razas humanas y la persistencia racial. Utilizando puntos de referencias antropométricos con marcadores de plastilina para evaluar el grosor de los tejidos blandos, aplicaron a un cráneo del Neolítico una capa de arcilla reproduciendo la forma y espesor de la piel, la grasa, los músculos, los cartílagos, etc. En su obra sobre la persistencia de las razas y la reconstrucción de la fisonomía de los cráneos prehistóricos,

Fig. 1 Pithecanthropus alalus, Gabriel von Max, 1894

reprodujeron un cráneo neolítico hallado en Auvernier (Suiza) con las marcas de referencias antropométricas, utilizadas para reconstruir un busto femenino.

A comienzos de los años noventa, el anatomista holandés Eugene Dubois, descubrió en Java una calota craneana, un fémur y dos dientes que atribuyó a un nuevo espécimen, el *Pithecanthropus erectus.* Dubois presentó en el Pabellón de las Indias Neerlandesas de la Exposición Universal de París de 1900 una escultura de cuerpo entero con la reconstrucción plástica del cuerpo erguido del *Pithecanthopus,* el «Hombre-mono», con la pretensión de exponer en un modelo la forma física que debía haber tenido en vida. El modelo tenía la altura de un *Homo sapiens.* La forma del fémur presuponía que la locomoción para caminar y trepar era una adaptación del miembro superior, más largo que en los humanos. Sin embargo, la mano era menos perfecta como órgano táctil, con el pulgar corto y los demás dedos toscos. Las proporciones de los miembros debían ser intermedias entre las del hombre y la de los simios. La configuración de las partes blandas de la cara se podía deducir en algunos casos de las partes óseas. La interpretación de la oreja no daba problemas, ya que la del gorila no difería de la humana. Un ser intermedio entre humano y simio debía haber tenido una nariz intermedia entre la de los antropoides y la de las razas humanas inferiores, más parecida a la del chimpancé o del gorila que a la del europeo. A los labios no les dio un gran grosor, peculiaridad de unas pocas razas humanas, mientras que los monos los tenían finos. El cabello era liso como en la mayoría de los humanos y en los grandes simios antropoides. El color de la piel era marrón y el del cabello negro, los más comunes en antropoides y razas humanas inferiores. Dubois lo representó sosteniendo en la mano derecha medio cuerno de ciervo y la otra mitad en la izquierda. A sus pies, la piedra usada para crear su arma primitiva. Los cuernos de venado caían cada año y eran fáciles de obtener, constituyendo así un arma utilizada por las razas prehistóricas (Dubois, 1902).

DIVERSIDAD Y EXPANSIÓN DE LAS RECONSTRUCCIONES A COMIENZOS DEL SIGLO XX

Desde los inicios del siglo XX los artistas expusieron sus propuestas de reconstrucciones. Así, el pintor e ilustrador Max Bernuth en 1900 representó a un hombre prehistórico con un garrote siguiendo el rastro de un oso, en la portada de un libro de Kurt Graeser sobre la caza. El antes citado Ward marcaría las instrucciones para que el escultor Guernsey Mitchell modelara en un busto una vista lateral de un neandertal, con barba y pelo en el pecho (Carus, 1904: 188). La escultora y artista norteamericana Harriet Hyatt Mayor llevó a cabo en 1903 una reconstrucción del *Homo primigenius*, el neandertal, basada en medidas de los cráneos hallados en Neandertal y Spy (Bélgica) y en fotos de aborígenes australianos. El individuo representado en un busto tenía la arcada superciliar y la mandíbula superior salientes, la nariz ancha, con cabello pero no barba. Fue una obra muy difundida por Europa (Lambers *et al.*, 2022). Ludwig Wilser (1905), darwinista social partidario del racismo étnico, consideró que la reconstrucción de Hyatt Mayor era la mejor restauración conocida de la raza prehistórica. La formación del cráneo y expresión facial superaba al modelo de Dubois. Recomendaba la compra de este busto con fines didácticos. Criticaba las orejas, pequeñas y finas, y el cabello moderno, pues el pelo largo, liso o algo rizado era una moda de épocas posteriores. Para Wilser, la cabeza debía haber tenido el pelo corto rizado parecido al de los negros.

En la portada de su libro sobre el origen del género humano, Wilser eligió como imagen al *Homo primigenius*, o neandertal, en lucha con el oso de las cavernas, de la pintora Gertrud Kilz. Reprodujo en su libro el busto de frente y de perfil del *Homo primigenius* de Hyatt Mayor; la imagen del *Proanthropus erectus* [*Pithecanthopus*] de Dubois; el pre-humano mudo, *Pithecanthropus alalus* de G. von Max; el «hombre primigenio» cazador de Bernuth y los tipos paleolíticos del escultor Alfred La Penne, representados en el pedestal de una escultura homenaje de 1905 a Gabriel de Mortillet (Wilser 1907).

Las ilustraciones del libro de Wilser se reprodujeron en la revista de Buenos Aires *Caras y Caretas*, del 10 del agosto de 1907, donde se comentaba que en las reconstrucciones de Hyatt Mayor, Bernuth y Kilz podían apreciarse las diferencias entre el humano actual y el *Homo primigenius*. Éste último tenía la frente baja, las mandíbulas prominentes, una nariz primitiva gruesa y ancha, la oreja pitecoidea y el cuerpo oscuro cubierto de vello (Anónimo, 1907).

La revista francesa *L'Illustration* (Honoré, 1909) publicó en 1909 una imagen de un neandertal realizada por el artista gráfico checo Frantisek Kupka, quien no representó un modelo de humano prehistórico, sino al individuo cuyos restos óseos se habían encontrado en 1908 en La Chapelle-aux-Saints (Francia). Basándose en los huesos del cráneo, el artista compuso un dibujo con fuertes músculos. La expresión de la cara no era arbitraria sino el resultado de las exigencias anatómicas. La prominencia destacada de las arcadas superciliares, la anchura y la depresión de la nariz, la ausencia de mentón, se manifestaban en el cráneo del Museo de París. Sus piernas estaban curvadas y aún no había alcanzado la postura erguida, pero en su tibia se podía apreciar que la rótula estaba dispuesta hacia adelante, no hacia detrás como en los simios, por lo que iba más derecho que éstos. Se alimentaba irregularmente por lo que no podía estar obeso. El feroz ancestro salía de la gruta que le servía de refugio o donde había muerto. Kupka recreó el aspecto de un paisaje de la época musteriense con las indicaciones del paleontólogo Marcellin Boule,.

Un busto del mismo neandertal fue presentado por el escultor Émile Derré en el Salón de Paris de 1909, con el título «Les ancêstres, étude de l'homme préhistorique, d'après le crâne fossile de La Chapelle-aux-Saints». Ese año, el escultor Norberto Montecucco reconstruyó un busto de bronce con la cara del neandertal de La Chapelle-aux-Saints, por encargo del antropólogo italiano Cesare Lombroso, (Giacobini & Maureille, 2015). Uno de los bajorrelieves que el escultor Constant Roux esculpió, a partir de 1912, en la fachada del *Institut de Paleóntologie Humaine* de Paris, fue el del «Homme de La Chapelle-Aux-Saints dans sa caverne».

La revista enciclopédica *Je sais tout* publicó en 1909 un artículo de Charles Torquet con dos dibujos del ilustrador italiano Emmanuel-Joseph Orazi. Siguiendo la concepción teórica de Haeckel representaban al «hombre primitivo» y a una mujer de finales de la época terciaria (Torquet, 1909).

Fig. 2 Neandertal de La Chapelle-aux-Saints. Frantisek Kupka. 1909

Al año siguiente, el doctor F. B. Solger, en dos artículos sobre el valor científico de las representaciones pictóricas del humano primitivo, discutió si las recreaciones artísticas del hombre prehistórico en posturas dinámicas, con pelaje áspero, rostro salvaje y blandiendo armas e instrumentos toscos, tenían rigor científico. Publicó dibujos con las cabezas superpuestas al trazado de los cráneos en las representaciones de Hyatt Mayor, Bernuth y Dubois, para mostrar si las reconstrucciones se ajustaban al cráneo fósil de partida. Incluyó su recreación del neandertal de Le Moustier, así como la cabeza de un hombre prehistórico del pintor Walter Heubach (Solger, 1910a, 1910b).

El escultor alemán Ernst G. Jäger modeló una estatua de un neandertal (Buscham, 1919) y para Wilser la obra reflejaba fielmente la especie, pero con detalles discutibles. Por ejemplo, los labios eran estrechos y finos como en los grandes simios, pero en las razas más primitivas eran gruesos, o el pelo de la cabeza que debía haber sido corto y rizado, como el de los bosquimanos. La ausencia de barba, una moda reciente, podía haber estado presente, etc. Por razones artísticas, el pelo sólo se indicaba ligeramente. La cabeza le parecía bien hecha, con su frente hundida, las cuencas de los ojos profundas, la nariz achatada, las mandíbulas fuertes y sin mentón, la expresión facial revelaba miedo e ira, el tórax y abdomen desarrollados, brazos fuertes, piernas diseñadas para dar idea de una marcha erguida, pulgares cortos y dedos gordos que sobresalían. Aconsejaba que la obra se difundiera en ilustraciones o moldes con fines educativos (Wilser, 1912).

En 1912 se presentaron en la comunidad científica unos restos fósiles hallados en Piltdown (Sussex), el *Eoanthropus dawsoni*. El osteólogo William P. Pycraft restauró los restos y el artista Amedée Forestier dibujó una reconstrucción del ejemplar, que se publicó en diciembre de ese año en *The Illustrated London News*, y en febrero de

Fig. 3 Reconstitución del llamado «Hombre de Piltdown». Por esos Mundos, 1915

1913 en la revista norteamericana *Popular Science Monthly*. En España, en octubre de 1915, la revista *Por esos Mundos* publicó un dibujo del llamado «hombre de Piltdown, una figura humana con el cuerpo encorvado y un palo en la mano.

El prehistoriador Léon Henri-Martin y el escultor Charles Bousquet en 1913 reconstituyeron en yeso el busto de una mujer neandertal, partiendo del molde del cráneo hallado en La Quina, Francia. Cara, músculos, ojos, nariz y orejas, que no habían dejado huellas palpables, fueron ejecutados bajo la inspiración de lo observado en el chimpancé, el antropoide que mostraba en su esqueleto comparaciones indiscutibles con los neandertales, por lo que debían tener otros órganos similares. Desecharon la bestialidad atribuida a estos seres, estimando la evolución de la inteligencia durante el

Musteriense, ya que habían sido hábiles cortadores de pedernal, así que su industria y su forma de vida los alejaban de lo irracional. A pesar que la representación mostraba que parecía ser masculino, poniéndole cabello y suavizando las facciones se podría restaurar como del sexo femenino. En cuatro fotos representaron los pasos seguidos en la reconstrucción del cráneo de la Quina, mostrándose el aspecto final de tipo musteriense reconstruido anatómicamente (Martin, 1913).

Mucha repercusión en el ámbito científico y divulgativo tuvieron las quince recreaciones en yeso pintado, hechas en Bélgica entre 1909 y 1914, por el prehistoriador Aimé Rutot (1919) y el escultor Louis Mascré[1].

En Hungría, el paleontólogo Kormos Tivadar, el arqueólogo Hillebrand Jeno y el preparador Viktor Haberl, comentaron en 1915 las recreaciones de neandertales realizadas por Hyatt Mayer, Jäger, Derré, Kilz, Frantisek Kupka, Heubach, Buttel-Reepen y otros. Consideraron que algunas de ellas tenían un aspecto poco humano y otras mostraban una desafortunada combinación de rasgos antropoides y de humanos modernos. Este era el caso de Hyatt Mayor, en cuya obra se apreciaba el error del mentón saliente, pues la barbilla del neandertal era redondeada como la de un antropoide. Jäger había modelado su estatua con la parte superior de la cabeza moderna, mientras que la facial era parecida a un gorila o a un antropoide. En la escultura de Derré, el pelo del cabello en punta era completamente inaceptable. Los trazos del cráneo y la mandíbula en la rudimentaria reconstrucción de Henri-Martin no eran muy objetables, pero no eran apropiadas la forma y ubicación de las orejas y el cuello extremadamente alargado. La recreación del biólogo alemán Hugo B. von Buttel-Reepen (1911), una de los mejores, se acercaba a lo probable, aunque la oreja era grande, la boca muy ancha y el labio inferior grueso. El retrato de Kupka apenas contenía rasgo humano. Grandes caninos y brazos y piernas largos recordaban más a un mono que a un humano. Las mayores dificultades para todos radicaban en que se desconocía cómo eran los labios, las orejas, los ojos, la nariz, el color de la piel, el cabello y el cabello del hombre primitivo. Para el equipo húngaro, el neandertal no era un hombre-mono, sino un brote lateral extinto en el árbol genealógico de la familia humana, alejado del simio, aunque sin alcanzar el nivel de desarrollo del tipo humano inferior actual. El relieve de Haberl a partir de los restos de La Chapelle-aux-Saints, Spy y Neandertal fue una vista lateral de la cabeza de un *Homo neanderthalensis*. Resolver el problema del cabello y vello facial les generó grandes dificultades. Podían haber tomado al aborigen australiano, la raza viva más cercana al neandertal, como tipo estándar, pero su cabello rizado y su barba larga habrían perjudicado el contorno del perfil, prefiriendo dar al modelo un pelo liso y una barba corta. La reconstrucción reflejaba su percepción y les parecía adecuada para fines ilustrativos, educativos y museísticos (Kormos, Hillebrand, 1915). Haberl modelaría en 1924, a partir de una copia en yeso del cráneo de la Chapelle-aux-

[1] Se titularon: Precursor de la era Terciaria, Negroide de Menton, Mujer negroide de Laussel, Hombre de Sussex, Hombre de Galley Hill, Hombre de Mauer, Pre-Cromañón de Grenelle, Braquicéfalo de Grenelle, Hombre de Combe-Capelle, Mujer de raza neandertal, Hombre de Neandertal, Artista magdaleniense de raza de Cromañón, Cazador de renos de Furfooz, Minero neolítico de Obourg y Jefe neolítico de Spiennes.

Saints, un busto de un *Homo primigenius*, en el que acentuó los rasgos humanos sobre los pitecoides (Kadic, 1922-25).

Georg Buscham, antropólogo alemán, analizó las reconstrucciones de Boitard, Max, Buchly, Hyatt Mayor, Bernuth, Kupka, Solger, Lull, Jäger, Henri-Martin, Rutot y Müllller. Para él, las de Hyatt Mayor, Rutot, Jäger y Lull eran las mejores representaciones de la humanidad prehistórica (Buscham, 1919).

El paleontólogo Marcelin Boule y al escultor-grabador Joanny Durand representaron en 1921 en yeso, el busto del neandertal de La Chapelle-aux-Saints, reconstituyendo los músculos de la cabeza y el cuello. Según Boule, los artistas podían recrear la apariencia de los prehistóricos mediante obras imaginativas, pero para los científicos esto era un pasatiempo recreativo. Se habían publicado retratos con hueso, piel, músculo y cabello, del *Homo Neanderthalensis*, del hombre de Piltdown, cuyos restos eran fragmentarios; del *Homo Heidelbergensis*, del que solo se había hallado la mandíbula inferior y del *Pithecanthropus*, del que se conocía una pieza de cráneo y dos dientes. Eran representaciones que se podían encontrar en obras populares y científicas. Proporcionó a Durand un molde del cráneo hallado en La Chapelle-aux-Saints para que modelara con plastilina los músculos y los superpusiera sobre el

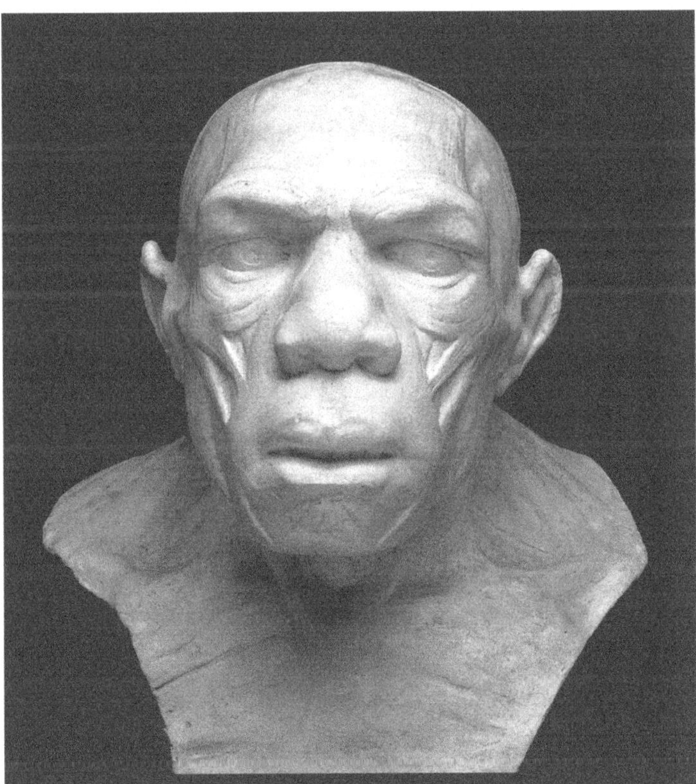

Fig. 4. Busto de neandertal de La Chapelle-aux-Saints. Marcellin Boule y Joanny Durand. 1921

molde de yeso, esculpiendo de las capas profundas a las superficiales e identificara cuidadosamente sus inserciones, permitiendo así apreciar la potencia y relaciones de los músculos. Boule representó el busto desollado, con los músculos de la cabeza y del cuello del neandertal. Durand no llevó su trabajo a una dirección simiesca y bestial, sino hacia lo humano. Aparte de la formas de las orejas y la nariz, de la que no se tenían datos, la reconstrucción no se desvió mucho del aspecto de la cabeza desollada del fósil (Boule, 1921).

La escultora Yvonne Parvillée y el doctor Maurice Faure reconstituyeron en 1923, un busto del *Homo mousteriensis* o neandertal. Afirmaron que los anteriores artistas no habían creado tipos anatómicos nuevos, sino figuras humanas o de simios contemporáneos, en actitudes supuestamente prehistóricas. Por otra parte los paleontólogos que habían intentado exteriorizar con el lápiz, el pincel o la arcilla sus conocimientos, no habían logrado dar expresión y vida, ya que las figuras anatómicas que habían construido eran incompletas, como momias y parecían de ficción. En ellas no se apreciaba la vida, resultado de la anatomía en movimiento, del sentimiento o del esfuerzo. No eran animales vivos en acción. Ahora bien, los seres humanos que se trataba de representar no habían sido pruebas abortadas de la naturaleza, encaminadas a una mejora del tipo y menos aún representaban a un tipo fracasado, lisiado o mal construido. El rostro de nuestros antepasados no debía hacer pensar en los cretinos de los hospicios, ni en los malvados o en los indigentes. Nuestros antepasados no fueron intelectual y físicamente seres pobres y mediocres. Fue preciso mucha fuerza, astucia e inteligencia para vivir y desarrollarse, extender sus especies sobre el globo terráqueo, adaptarse a todas las condiciones durante varias épocas geológicas, dominar a los otros animales, y su representación debía expresar todo esto. A cada era le correspondían distintos tipos de animales y el humano debió haber sido diferente en cada era, con su personalidad física y moral. No se podía reconocer en esta personalidad rasgos humanos contemporáneos ni rasgos simiescos y no se podía reconstruir como un mosaico, tomando prestados fragmentos anatómico de estos dos animales modernos. Para Faure, su tipo musteriense era la primera representación real de un ancestro prehistórico, ya que se basaba en su morfología y no en la del simio antropoide. Al remontarse en el tiempo la línea humana tendía hacia algo distinto que el orangután, el gorila o el chimpancé, adaptados a otras necesidades (Faure, 1923).

Wilhelm Freudenberg, paleontólogo alemán, en un trabajo sobre el origen del género humano, recreó al *Homo heidelbergensis* (Freudenberg, 1922), determinado a partir de la mandíbula hallada en Mauer en 1907. Al año siguiente la reprodujo, añadiendo otra imagen distinta (Freudenberg, 1923).

En torno a 1926, el preparador Kurt Lindig, presentó una recreación basada en un cráneo de una mujer hallado en Ehringsdorf, cerca de Weimar.

Otro ejemplo de colaboración fue la del escultor Herrmann Friese y el profesor de Antropología en Munich, Theodor Mollison (1931). Friese reconstruyó en 1929-30 un busto del *Homo neandertalensis*, siguiendo las modificaciones indicadas por Mollison. Utilizó como base un molde del cráneo de La Chapelle-aux-Saints, modelando los músculos masticatorios y faciales, los del cuello y la nuca y colocando luego el espesor de la piel. El *torus supraorbitalis*, rasgo característico de los neandertales,

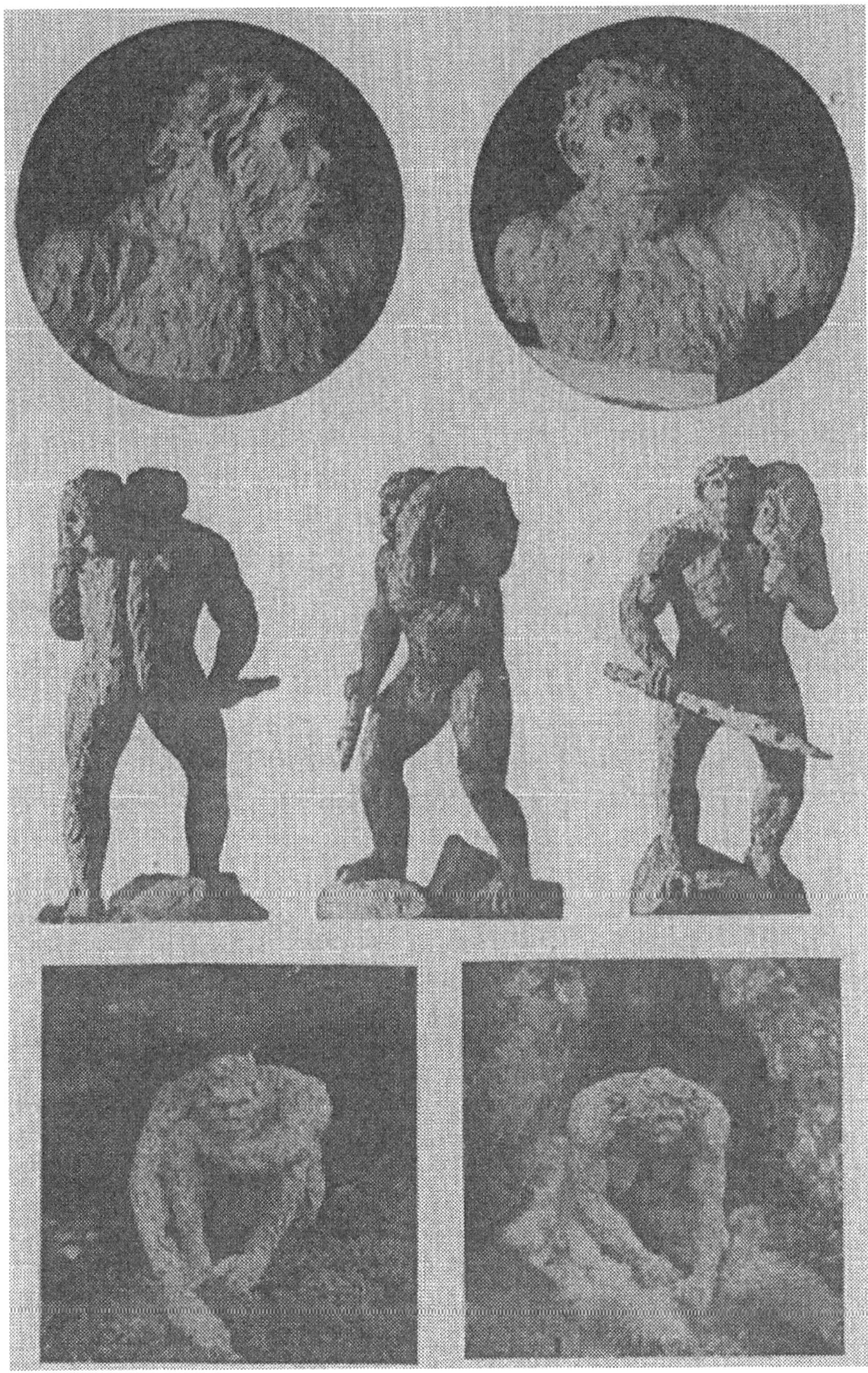

Fig. 5. Homo mousteriensis. Maurice Faure e Yvonne Parvillée. 1923

visible, con los ojos hundidos. La nariz, ancha y maciza, el mentón hundido, los labios estrechos, las orejas similares a las de los humanos. La piel era de color marrón oscuro y el pelo, la cabeza, la barba y el pecho eran negros (Blänkle, 1988).

Paul Dardé, escultor, construyó en 1930 frente al *Musée National de Prehistoire* de Les Eyzies, Dordoña, una estatua de un neandertal.

El antropólogo ruso Mijaíl Gerásimov restauró entre 1927 y 1939 una veintena de cráneos de cromañón, neandertal, *Pithecanthropus*, *Sinanthropus*, *Australopithecus* y tipos neolíticos y del Bronce (Gerásimov, 1949).

En 1936, la paleontóloga Maria Mottl, del Real Instituto Geológico Húngaro, reprodujo en un artículo cuatro bustos, grabados por Teréz Dömök e Istvan Hege, técnicos del Instituto, que correspondían al *Pithecanthropus*, al *Homo primigenius* o neandertal, al *Homo aurignacensis* y al Cromañón. Para Mottl, los datos conocidos de nuestros antepasados se habían plasmado en papel y moldeado las ideas artísticas en arcilla. Estas reconstrucciones en dibujos y esculturas eran expresiones de dos teorías, la que proclamaba la identidad racial y la que sostenía una ascendencia multirracial y la existencia de diferencias raciales. Por su parte, en su Instituto modelaron una serie de bustos utilizando los cráneos de La Chapelle-aux-Saints, *Homo aurignacensis* y Combe Capelle. Hicieron copias en yeso con ampliaciones de las fotografías y dibujos del libro *Der Fossile mensch* (1928) de E. Werth, disponiendo los músculos correspondientes a los huesos sobre los cráneos de arcilla. Eran recreaciones con fines educativos, ya que la mera exposición de los cráneos aislados no aportaba información al visitante de un museo (Mottl, 1936).

ESCULTURAS, MURALES Y DIORAMAS EN LOS MUSEOS DE HISTORIA NATURAL

Las representaciones también se llevaron a cabo en los museos. Así, en el *Peabody Museum*, Universidad de Yale, el paleontólogo Richard Swan Lull, recreó a tamaño natural una estatua realizada en arcilla del *Homo primigenius*, *neanderthalensis* o *mousteriensis*, reproduciendo los ejemplares paleolíticos cuyos restos se habían hallado en Neandertal, Spy, Krapina, Le Moustier y La Chapelle-aux-Saints. El modelo lo basó en uno de los ejemplares encontrados en Spy (Bélgica), cuyo molde de yeso se conservaba en el museo *Peabody*, pero también utilizó las ilustraciones de los restos de Krapina (Croacia). Según Llull el *Homo primigenius* había sido de baja estatura y de gran destreza física, por la robustez de los huesos de las extremidades. Carecía de la gran barriga de los simios antropoides y era atlético. Su gran fuerza compensaba su falta de herramientas y armas. Tenía las rodillas algo flexionadas, como indicaba el fémur curvo, y el tronco sólo parcialmente erguido. El dedo gordo del pie estaba algo desplazado pero no oponible como en los simios. Más peludo de lo que indicaba el modelo, al no usar ropa en un clima severo. Se desconocía si fue exterminado o integrado por el invasor *Homo sapiens*. Ocasionalmente el tipo aparecía en humanos modernos y en australianos y melanesios, las razas menos civilizadas, casos de reversión atávica. Aunque mostraba caracteres «pitecoides», estaba alejado de una ascendencia simiesca. Fue el tipo que precedió al humano moderno. Popularmente, el «Hombre prehistórico» era «goriloide» o simio, pero este no era el caso del modelo de Llull (Lull, 1910).

Dos décadas después, en el mismo museo Peabody, el conservador de Arqueología Samuel J.Guernsey y el artista Theodore B. Pitman representaron en un diorama a un hombre y a una mujer cromañón.

En el «*Hall of the Age of Man*» del *American Museum of Natural History* (AMNH) de Nueva York, tres pinturas murales fueron ejecutadas por el artista Charles R. Knight, bajo la dirección del paleontólogo Henry F. Osborn. La primera representa a neandertales trabajando el pedernal. Se ven manadas de rinocerontes y mamuts lanudos. El interés es la industria del pedernal, que, con la caza, ocupaba la actividad de los neandertales. La segunda recrea a artistas cromañones pintando un mamut en la cueva. Hay seis figuras, dos de ellas sostienen lámparas para iluminar la superficie de piedra caliza, donde se aprecia una manada de mamuts. Otra figura representa a un artista con pedernal que incide en los contornos de un mamut en la pared. La figura central es un artista que aplica los colores. Otra arrodillada prepara los colores en una roca. De pie a la izquierda, un jefe con el bastón de mando. La iluminación la proporciona las mechas parpadeantes de las pequeñas lámparas de aceite. El tercer mural representa a unos cazadores neolíticos de ciervos con lanzas, regresando de la cacería. En el centro, el cacique y su hijo. Dos vasijas de cerámica indican la introducción del nuevo arte (Osborn, 1920). Junto a a los murales estaban los bustos del neandertal, el *Pithecanthropus* y el *Homo sapiens*, realizados por el zoólogo James Howard McGregor. Formaban una serie progresiva según los caracteres anatómicos: mayor prominencia del mentón, reducción de las crestas de las cejas, mayor tamaño del cráneo y capacidad cerebral (Osborn, 1920).

En su artículo *Restoring Neanderthal Man*, McGregor (1926) comentaba que en el AMNH se conservaban bustos modelados de cráneos de razas humanas prehistóricas. Aseguraba que los cráneos exhibían características raciales, distinguiéndose los cráneos de negros, mongoles y europeos. Él había restaurado las partes blandas de cinco cráneos: el *Pithecanthopus erectus*, el *Eoantropo* u «hombre de Piltdown», el cráneo neandertal masculino de La Chapelle-aux-Saints, el cráneo femenino neandertal de Gibraltar, y el «viejo hombre» de Cromañón. McGregor indicaba las limitaciones de la restauración, centrándose en el neandertal de Francia. Había realizado dos reconstrucciones, una en 1915, modelada sobre una copia, y otra, en 1919, más precisa, modelada directamente sobre el cráneo restaurado. Los cartílagos nasales fueron modelados con un material plástico. Se clavaron alfileres en el cráneo de yeso, se hicieron sondeos de la profundidad de la plastilina y se moldeó sin pelo, mostrando la forma de la cabeza, la nariz, la barbilla, etc. Las etapas de esta restauración se podían ver en el Museo: el molde del cráneo antes de la restauración; el mismo con las piezas que faltaban restauradas; el cráneo sin plastilina en el lado izquierdo, dejándose músculos y piel en el lado derecho y la cabeza sin pelo; finalmente, el busto completo.

En Rusia, en torno a 1920, en el Museo Darwin de Moscú, el artista e ilustrador científico Vasily Vatagin y el fabricante de máscaras mortuorias Mikhail Kurbatov, modelaron formas humanas prehistóricas (Simpson, 2015).

El *Field Museum of Natural History* de Chicago encargó al escultor Frederick Blaschke la construcción de varios modelos de neandertales: una familia en su hogar, un hombre regresando de caza con su botín, una mujer limpiando una piel de ciervo, un niño royendo un hueso…, reproducidos en *The Illustrated London News* del 29 junio de 1929 con el título de «El cavernícola con su familia: modelos de construcción científica». Además le pidieron ocho grandes dioramas para el «Hall of Stone Age of the Old World», reproducidos en *The Illustrated London News* del 19 agosto de 1933, para representar etapas de la vida de los humanos prehistóricos: un grupo del período Chelense, una familia neandertal, un cromañón del Auriñaciense pintando en la cueva, un escultor del Solutrense trabajando la piedra, un grupo del Magdaleniense, un grupo del Mesolítico cazando jabalíes, un sacerdote del Neolítico saludando la salida del sol y pescadores de un lago en el Neolítico.

En el Departamento de Antropología del Museo de Historia Natural de Viena (NHMW), Egon von Eickstedt, antropólogo racial de la Alemania de entreguerras, y la artista austro-húngara Erna von Engel-Baierdorf, moldearon en 1924 y 1925 dos esculturas que representaba al neandertal de La Chapelle-aux-Saints. En el busto de 1924, músculos y capas de grasa se aplicaron capa por capa, mientras que el grosor de los músculos se determinó por el tamaño de las marcas de fijación en el cráneo. Como modelo Eickstedt eligió a un adulto joven, sin barba, con cabello corto ligeramente recortado. Pensó que una barba y una cara gorda podrían confundir las características faciales. La recreación presentaba un cráneo, y su correspondiente cerebro pequeño, arcos superciliares, cejas prominentes, orejas puntiagudas como las de los monos, que era un rasgo atávico, la mandíbula inferior inclinada hacia detrás y sin mentón, la postura del cuerpo inclinada y el pelo corto (Lambers *et al.*, 2022).

Al año siguiente Eickstedt y Engel-Baierdorf reconstruyeran otro modelo de tamaño natural diferente, aplicando un nuevo método para la reconstrucción facial y producir un tipo o racial. Innovaron utilizando datos de tejidos blandos de indígenas melanesios, que consideraba la raza viva más primitiva (Eickstedt 1925: 175). En lugar de imágenes, ilustraciones, fotografías etnográficas y datos antropométricos, Eickstedt midió las profundidades de los tejidos blandos usando cabezas disecadas de aborígenes «melanesios» de las colonias alemanas del Pacífico, obteniendo así referencias directas de restos humanos. Luego se aplicaron los valores a los marcadores de plastilina que determinaban el grosor de los tejidos blandos. Sobre esta base Engel-Baiersdorf rellenó las áreas intermedias. La nueva reconstrucción del neandertal presentada en Viena en 1925 generó una respuesta mediática con amplia cobertura en Austria, Hungría y en la prensa alemana (Lambers *et a*l., 2022).

En la década de los años treinta, en el Departamento de Antropología del NHMW, dirigido por Viktor Lebzelter (1936), se popularizaron las reconstrucciones plásticas de tejidos blandos y bustos, mostrando formas raciales prehistóricas. Se usaron como objetos de venta o intercambio para conseguir cráneos y vaciados de nuevos hallazgos y enriquecer las colecciones museísticas (Techler-Nicola, 2006). Lebzelter instaló en 1935 un laboratorio para las reconstrucciones y contó con la colaboración de artistas como Egon A. Grenzer, Engel-Baiersdorf, Rosa Koller y Friedrich Fahrwickl. Koller, escultora y encargada del departamento de Restauración, comentó los trabajos dirigi-

Fig. 6. Cabeza de neandertal. James Howard McGregor. 1915

dos por Lebzelter, centrados en la reconstrucción plástica de la fisonomía de los humanos antiguos, mencionando la reconstrucción de formas prehistóricas halladas en Rodesia, La Chapelle-aux- Saints, Mladec, Predmost, además de otras más modernas (Koller, 1935). Lebzelter por su parte, proporcionaría a *The Illustrated London News* siete fotografías, publicadas el 11 de abril de 1936, con las esculturas de las reconstrucciones de varios tipos de humanos prehistóricos: el busto esculpido por Fahrwckl del cráneo de La Chapelle-aux-Saints, dos vistas del busto de la mujer neandertal de Gibraltar, hechos por R. Koller, dos vistas, de frente y perfil, del busto reconstruido del «hombre de Rhodesia», obra de Engel-Baiersdorf, el busto del tipo prehistórico cromañón reconstruido por Grenser, el busto de un cazador auriñaciense realizado por Engel-Baiersdorf, y las dos últimas, de Grenser, eran reconstrucciones de cráneos de Moravia: un busto de un cazador del paleolítico tardío y otro de un cazador de mamut reconstruido a partir de un cráneo hallado en Predmost.

LA HUMANIDAD PREHISTÓRICA REPRESENTADA EN *THE ILLUSTRATED LONDON NEWS*

Durante las primeras décadas del siglo XX, *The Illustrated London News* informaría con asiduidad de los descubrimientos paleoantropológicos, recreando el aspecto y el escenario de la humanidad prehistórica. Tras reproducir en 1909 el grabado de Kupka, destacaron las imaginativas recreaciones de nuestros antepasados y de escenas prehistóricas del artista e ilustrador Charles Amédée Forestier, realizadas a partir de las informaciones sobre hallazgos arqueológicos y paleontológicos. Su primera ilustración, el 4 de marzo de 1911, fue el «hombre de Galley Hill», una figura armada con una lanza, un hacha y un mamut al fondo, complemento de un artículo del anatomista Arthur Keith, quien le dio indicaciones para el dibujo. Ell 27 de mayo dibujó un neandertal descrito por Keith, un tipo moderno que tallaba piedras al lado del fuego de una hoguera. En diciembre el día 2, publicó ocho dibujos que recreaban escenas de una aldea lacustre de la Edad del Hierro en Glastonbury.

Al año siguiente, el 23 marzo de 1912, Forestier dibujó al «hombre de Ipswich» y el 28 de diciembre al «hombre de Sussex» o de Piltdown, reconstruido a partir de la mandíbula y de un trozo del cráneo por el paleontólogo Arthur Smith Woodward. Fueron dos dibujos, uno de la cabeza y otro en su hábitat de caza. El 8 de marzo de 1913 la revista publicó un artista auriñaciense trabajando con un punzón, basándose en relieves de refugios rocosos con representaciones de animales esculpidos, y el 19 de abril de 1913, reprodujo un cazador neolítico y su perro acechando con su arco a un ciervo.

Dos ilustraciones singulares de Forestier se publicaron el 29 de mayo de 1920. Se basaron en pinturas rupestres halladas en Miranda del Rey y Los Canjorros, cerca de Jaén. Recreaban dos escenas del Neolítico, la primera, un combate de lucha libre, rodeado por miembros de la tribu, y la segunda, una primera escena en pinturas rupestres con la presencia de animales domésticos, representando a domadores de caballos, hombres y mujeres conduciendo por la brida a los équidos hacia un refugio rocoso custodiado por guerreros.

Forestier ilustró el 19 noviembre de 1921 la reconstrucción del «hombre de Broken Hill», a partir de un cráneo hallado en Rodesia. Son cuatro figuras, dos de pie con lanzas y otras dos agachadas, una talla piedras y la otra con un arma de piedra. Tres meses después, el 11 de febrero de 1922, representó a cazadores de Piltdown en el Plioceno tardío, atacando con grandes piedras a proboscídeos caídos en trampas. El 24 de junio ilustró el falso *Hesperopithecus*, en un paisaje del Plioceno, con dos homínidos, un hipopótamo y varios caballos y camellos. El 9 de septiembre Forestier representó un campamento proto-neolítico con un chacal, antepasado prehistórico del perro. Los materiales fueron restos encontrados en Dinamarca, en viviendas lacustres de Suiza y en pinturas rupestres de España,.

Tras el hallazgo en 1925 de un cráneo de *Australopithecus* en Taungs, Sudáfrica, el anatomista Raymond Dart lo reconstruyó, ayudado por la señora J. C. MacAdam de Benson y lo dibujó con la colaboración del demostrador Henri Le Helloco (Dart, 1959). Forestier, supervisado por el anatomista Grafton Elliot Smith, ilustró, a partir del cráneo, la reconstrucción facial del *Australopithecus* el 14 febrero 1925. En otra ilus-

Fig. 7. Neandertal descrito por Arthur Keith. Amédée Forestier. 1911

tración comparó las figuras erguidas del *Australopithecus* y el «hombre de Rodesia», el primero semejante a un chimpancé y el segundo a un humano. Dos semanas después ilustró un artículo de Keith con dibujos de neandertales llevando a elefantes e hipopótamos hacia una cueva. La revista publicó el 13 junio 1925 la restauración de Dart del cráneo de Taungs: cuatro fotos, de frente y de perfil, y el proceso de reconstrucción del cráneo. El 31 de octubre de 1925 Forestier recreó a europeos primitivos, hombre y mujer con el material paleolítico de Predmost, Moravia, proporcionado por el paleontólogo Karl Absolon. El 7 de noviembre dibujó cazadores de Predmost atacando a un oso de las cavernas, a partir de su esqueleto. Una semana después, el 14, dibujó una manufactura en Moravia de herramientas y armas de huesos de mamut y el 21, un grupo de artesanos prehistóricos tallando herramientas y ornamentos.

Al margen de las ilustraciones de Forestier, el 10 de septiembre de 1927 se publicaron cinco fotos con modelos o retratos raciales y la variación de las razas en tiempos prehistóricos: la reconstrucción en yeso del cráneo de La Chapelle-aux-Saints; un proceso de reconstrucción del cráneo neandertal con los músculos modelados en plastilina, el globo ocular de yeso y los cartílagos nasales construidos para que las dos mitades pudieran extraerse; dos fotos de la cabeza del neandertal tomadas por separado y superpuestas en las mismas placas (vistas de frente y de perfil); una comparación del neandertal y el cromañón o tipo europeo moderno; y por último, el busto de la reconstrucción del neandertal, modelado sobre un cráneo con pelo, cejas y ligera barba.

El 19 de octubre de 1929, tras el hallazgo del *Sinanthropus* u «hombre de Pekín», la revista publicó cuatro dibujos de Forestier, con material proporcionado por Elliot Smith. Mostraban la cabeza de un chimpancé, considerado ancestro común de humanos y simios, junto a la restauración del cráneo del *Pithecanthropus*, del *Sinanthropus* y del *Eoanthropus* u «hombre de Piltdown». El 23 del mes siguiente se publicó el dibujo de unos cazadores en la Moravia prehistórica, arrojando una enorme piedra sobre la cabeza de un mamut caído en una trampa y el 30, un asentamiento en Moravia de cazadores auriñacienses de mamuts. El 8 de febrero de 1930, se publicaron dos dibujos de Forestier con la restauración de frente y perfil del *Sinanthropus*.

El 25 de octubre de 1930, Absolom ilustró un grupo de cazadores de Moravia preparando la caza de mamuts en un refugio rocoso. El 22 de noviembre la revista publicó un dibujo inédito de Forestier, un taller neandertal de pedernal con figuras tallando o intercambiando, algunas aproximándose en balsas por un río, mostrando la presencia de comercio e industria prehistóricos.

La revista publicó el 9 de julio de 1932 la reconstrucción del *Palaeoanthropus* de Palestina debida a Charles Turner, supervisado por Keith. Unos años después, el 9 de enero de 1937, se publicaron las reconstrucciones de la cabeza de *Sinanthropus* y de su aspecto como cazador, realizadas por la artista Alice B. Woodward, bajo la supervisión de Alexander J. E. Cave, del Museo del Colegio de Cirujanos de Inglaterra. Woodward ilustró el 20 de agosto de 1938 un grupo de *Paranthropus robustus* repeliendo un ataque. La escena sugiere en *Paranthropus* una postura más erguida que la de los simios.

Cave publicó el 6 de febrero de 1937 una nota sobre la restauración facial de humanos fósiles y cinco fotos con el proceso de reconstrucción de las cabezas de un auriñaciense y del «hombre de Rhodesia». Las dos primeras mostraban el molde del cráneo con sus puntos antropométricos y las profundidades de los tejidos blandos y la siguiente etapa, el molde del cráneo cubierto de plastilina para representar las partes blandas ausentes. La tercera mostraba los últimos toques en la reconstrucción del auriñaciense. La cuarta, el proceso de restauración del cráneo hallado en Rodesia, y la última, el busto restaurado de éste junto al cráneo. Las fotografías mostraban los trabajos de Engel-Baierdorf en el Museo de Historia Natural de Viena.

El 4 de marzo de 1939 la revista mostró una foto de la escultora norteamericana Lucile Swan, junto al paleoantropólogo Franz Weidenreich, modelando el busto del

Fig. 8. Australopithecus y Homo rhodesiensis. Amédée Forestier. 1925

Sinanthropus. En otra, Swan reconstruye un busto femenino de *Sinanthropus*, con modelos del neandertal de La Chapelle-aux-Saints a su izquierda. En una tercera foto, se aprecia la reconstrucción de un cráneo femenino del *Sinanthropus*, junto al busto modelado por Swan.

CONCLUSIONES

Las primeras reconstrucciones de homínidos fósiles fueron el resultado de la colaboración entre, por un lado, anatomistas, antropólogos, paleontólogos y prehistoriadores, que estudiaron los fósiles humanos, y, por otro, de dibujantes, escultores, pintores y muralistas, quienes recrearon el aspecto y los ambientes naturales de los ancestros extinguidos, con los datos suministrados por los científicos. Los artistas se valieron de moldes, dibujos y fotografías, pero también de cabezas disecadas de poblaciones humanas nativas, consideradas razas primitivas, así como de pinturas rupestres con figuras humanas y representaciones de animales esculpidas en rocas.

Las reconstrucciones han interesado a la comunidad científica, a medios de comunicación públicos y a museos, en éstos con fines pedagógicos o para intercambiar o vender, y también con propósitos publicitarios, como la estatua de un neandertal que promocionó un restaurante (Lambers *et al.*, 2022: 48). Las obras se difundieron en su época y así en España, las de Kupka, Rutot, Forestier, McGregor, etc., se reprodujeron en revistas ilustradas de actualidad.

Fue relevante la labor de las mujeres en la representación de homínidos. Las obras de artistas, dibujantes y escultoras, como H. Hyatt Mayor, G. Kilz, Y. Parvillée, E. von Engel-Baierdorf, R. Koller, J. C. MacAdam, A. B. Woodward, L. Swann, así como de la paleontóloga M. Mottl, divulgaron la reconstrucción de ejemplares fósiles y prehistóricos en el marco de la evolución humana.

Ante las diferencias en las obras recreadas, científicos y artistas discutieron sobre los rostros simiescos, las narices chatas, la forma de la frente, la prominencia del mentón, el grosor de los labios y su variabilidad en humanos y antropomorfos, el color del pelo, la postura y el movimiento, etc.

En 1939 el neandertal de La Chapelle-aux-Saints, provisto de sombrero, cabello y ropa, fue dibujado por McGregor (Coon, 1939). Sería portada del libro *Un Néandertalien dans le métro* (Cohen, 2007). Con características faciales esencialmente humanas, la imagen ilustraba el hecho de que nuestras impresiones de las diferencias raciales estaban influenciadas por el contexto cultural, las modas de peluquería y la presencia o ausencia de barba y ropa.

BIBLIOGRAFÍA

Alsberg, Moritz (1887), *Anthropologie mit Berücksichtigung der Urgeschichte des Menschen*, Sttugart.

Anónimo (1907), «Los antecesores del hombre y las reconstrucciones ideales según los hallazgos óseos», *Caras y Caretas*, 10 de agosto de 1907.

Blänkle, Peter H. (1988), Über die Neandertalerbüste des Bildhauers Herrmann Friese, *Bericht des Offenbacher Vereins für Naturkunde*, 88, pp. 3-14.

Boitard, Pierre (1838), L'Homme fossile. Étude paléontologique, *Magasin Universel*, V, pp. 209-240.

Boule, Marcellin (1921), *Les hommes fossiles. Éléments de paléontologie humaine*, Paris, Masson, pp. 227-228.

BUSCHAM, Georg (1919), «Wie sah der Mensch der Eiszet aus?», *Die Umschau*, 23, pp. 687-692.

BUTTEL-REEPEN, Hugo B. (1911), Der Urmenschen vor und währen der Eiszeit in Europa, *Naturwissenschafltiche Wochenschrift*, 26 (13), p. 201.

CARUS, Paul (1904), The Ascent of Man, *The Open Court*, XVIII, n. 3, Mars, p. 188.

COHEN, Claudine (2007), *Un Néandertalien dans le métro*, Paris, Seuil.

COON, Carleton S. (1939), *The Races of Europe*, New York, MacMillan.

DART, Raymond A., CRAIG, Dennis (1959, 1962), *Aventuras con el eslabón perdido*, México D. F., Fondo de Cultura Económica.

DUBOIS, Eugene (1902), «Données justificatives sur l'essai de reconstructions plastique du *Pithecanthropus erectus*», *Petrus Camper. Nederlandsche bijdragen tot de Anatomie*, I, 1902, pp. 237-241, pl. XII.

FAURE, Maurice (1923). «Reconstitution de *l'Homo Mousteriensis* ou *Neanderthalensis*». *Compte Rendu de la 46 session de l'Association Française pour l'avancement des sciences. Congrès de Montpellier* 1922, pp. 439-444.

FREUDENBERG, Wilhelm (1922), «Wie entstand der Mensch?». *Die Umschau*, 26 (52), pp. 813-815.

–(1923), Plastische Rekonstruktion der Urmenschen von Heidelberg (Homo heidelbergensis). *Verhandlungen der Anatomischen Gesellschaft*, 57, pp. 122-129.

GERÁSIMOV, Mijaíl (1949), Основы восстановления лица по черепу, «Советская наука» [Conceptos básicos de la reconstrucción facial a partir del cráneo. „Ciencia soviética»], Москва, [Editorial estatal »Ciencia Soviética»].

GIACOBINI, Giacomo, MAUREILLE, Mauricio (2015), Cesare Lombroso, la, paleoantropología e la ricostruzione dell'uomo di Neandertal, en: MONTALDO, S. & CILLI, c. (eds): *Il Museo di Antropologia criminale «Cesare Lombroso» dell'Università di Torino*. Milano, Silvana Editoriale, pp. 174-178.

HELLWALD, Friedrich (1880), *Der vorgeschichtliche mensch. Ursprung und entwicklung des menschengeschlechtes*, Leipzig.

HERNÁNDEZ HUERTA, M. (1886), ¡Caramba! ¿Si será? ¿Si no será?, Madrid, Tipografía de Guillermo Osler.

HONORÉ, F. (1909), «Les débuts de l'Humanité. L'habitant de la grotte de la Chapelle-Aux-Saints a l'époque mousterienne. *L'Illustration,* 20 février, 1909, pp. 125-129.

KADIC, Ottokar (1922-25), «Az ősember első magyar mellszobra», *Barlangkutatas,* 10-13, p. 56.

KOLLER, Rosa (1935), Plastische Rekonstruktion der Physiognomie vorzeitlicher Menschen. (Hergestellt unter der wissenschaftlichen Leitung von Direktor Dr. Viktor Lebzelter, Wien), *Anthropos*, XXX, pp. 857-858.

KOLLMANN, Julius und BUCHLY, Werner (1898), Die Persistenz der Rassen und die Reconstruction der Physiognomie prähistorischer Schädel, *Archiv fur Anthropologie*, XXV, pp.329-359.

KORMOS, Tivadar; HILLEBRAND, Jeno (1915), «A jégkorszaki ősember első magyar rekonstrukciója». *Barlangkutatás*, III, 2, pp. 49-53.

LAFONT-COUTURIER, Hélène (2003), L'invention de la Préhistoire, en: *Vénus et Caïn. Figures de la Préhistoire 1830-1930*, Bordeaux, Musée d'Aquitaine, Éditions de la Réunion des Musées Nationaux, pp. 46-49.

LAMBERS, Paul H.; Margit BERNER & Katrin KREMMLER (2022), «From Anatomy to Palaeo-raciology: Two Neanderthal reconstructions at the NHMW 1924/25, *Annalen des Naturhistorischen Museums in Wien*, Serie A, pp. 33-64.

LEBZELTER, Viktor, Vorgeschichtliche Menschenrassen rekonstruiert, *Die Umschau*, 48, 29 November, pp. 952-955.

LULL, Richard Swann (1910), Restoration of Palaeolithic Man. *American Journal of Science*, XXIX, pp. 171-172, plate 1.

MCGREGOR, James Howard (1926), Restoring Neanderthal Man, *Natural History. The Journal of the American Museum*, XXVI, n. 3, pp. 288-293.

MACLEAN, John Patterson (1875), *A Manual of the Antiquity of Man,* New York.

MARTIN, Henri (1913), «Reconstruction du Type néanderthalien sur le Crâne de l'homme-fossile de la Quina». *Bulletin de la Société Préhistorique Française*, X, (2), 86-89.

MOLLISON, Theodor (1931), Eine neue Rekonstruktion des *Homo primigenius. – Anthropologischer Anzeiger*, 7/3 – 4, pp. 285 – 288.

MOTTL, Maria (1936), Az ember eredetéröl. *A Természet*, XXXII, p. 4,

OSBORN, Henry F. (1920), The Hall of the Age of Man, *Natural History.The Journal of the American Museum of Natural History*, vol. XX, n. 3, pp. 229-246.

RUTOT. Aimé (1919), Un essai de reconstitution plastique des races humaines primitives, *Académie Royale de Belgique. Mémoires*, t. I, Bruxelles.

SCHAAFFAUSEN, Hermann (1877), Derniers progrès des sciences préhistoriques, *Congrès International d'Anthropologie et d'Archéologie Préhistorique. C.-R. Huitième Session à Budapest.* Budapest, I, pp. 385-390.

SCHAAFFAUSEN, Hermann (1888), *Der Neanderthalen Fund,* p. 34.

SCHLAGER, Stefan and WITTWER-BACKOFEN, Ursula (2013), Images in Paleoanthropology: Facing Our Ancestors, *Handbook of Paleoanthropology*, Springer-Verlag Berlin Heidelberg.

SIMPSON, Pat (2015), Beauty and the Beast: Imaging Human Evolution at the Moscow Darwin Museum in the 1920's, en: Brauer, Fae, & Keshavjee, Serena (Eds.), *Picturing evolution and extinction: Regeneration and degeneration in modern visual culture*, Cambridge Scholars Publ., pp. 157-178.

SOLGER, Friedrich (1910a), Die bildliche Darstellung des Urmenschen und ihr wissenschaftlicher, *Münchener Medizinsche Wochenschrift*, 57 (2), 9 August, pp. 1689-1691

SOLGER, Friedrich (1910b), «Die bildliche darstellung des Urmenschen», *Die Umschau*, 41, 8 Oktober, pp. 805-807.

TESCHLER-NICOLA, Maria (2006), In Search of Prototypes – Historical Soft-tissue Reconstructions of Mladec, en Maria Teschler-Nicola (ed.), *Early Modern Humans at the Moravian Gate. The Mladec Caves and their Remains,* Wien, New York, Springer, pp. 17-25.

TORQUET, Charles (1909), «La naissance de l'Homme». *Je sais tout*, vol. 50, 15 mars 1909, pp. 255-263.

CARUS, Paul (1904), The Ascent of Man, *The Open Court*, XVIII, n. 3, Mars, p. 188. Colocar en la Bibliografía después de Buttel-Reppen

WILSER, Ludwig (1905), Eine Büste des Neandertalmenschen, von dem amerikanischen Bildhauer H. Hyatt Meyer…, *Zentralblatt für Anthropologie*, 10/2, p. 99.

WILSER, Ludwig (1907), *Menschwerdung* (1907), pl. 2, p. 33; pl. 3, p. 64; pl. 4, p. 80; pl. 5, p. 96; pl. 6, p. 112; pl. 7, p. 128.

WILSER, Ludwig (1912), Ein neues Standbild des Urmenschen, *Zentralblatt für Anthropologie*, 17/1, pp. 31-32.

ALGUNAS CONSIDERACIONES SOBRE EVOLUCIONISMO, TRANSFORMISMO Y EUGENESIA EN LA LITERATURA CUBANA

Armando García González

La introducción y difusión de las ideas del célebre Charles Darwin y del evolucionismo en la literatura no son más que el seguimiento de una larga tradición de la incorporación de la ciencia y la técnica (hoy diríamos tecnología) y del transformismo en general en los distintos ámbitos de la cultura que tiene sus inicios en la Antigüedad. El movimiento romántico iniciado a fines del siglo de las Luces en Europa, tuvo sus máximos representantes en Alemania con Goethe[1] y su obra *Los sufrimientos del joven Werther*, y en Francia con Rousseau con su *Julia o la nueva Eloísa* (si bien el segundo cultivó la botánica sistemática y el primero abordó el asunto del transformismo de las plantas, así como los conflictos entre las leyes naturales y morales o la sociedad, esto último en *Las afinidades electivas,* donde por cierto uno de los personajes, Otilia, ama los estudios de ciencias naturales, e incluso hubiera deseado oír disertar a Humboldt, pero aborrece los libros donde se representan los simios por adoptar o simular actitudes humanas). Es significativo que el movimiento romántico cuente, desde sus inicios, con la doble condición del interés por ahondar en las interioridades psicológicas (muchas veces neurasténicas de los personajes) con la incorporación de elementos o aspectos científicos técnicos, que coinciden con la

[1] Son conocidos los estudios que hizo Goethe sobre la teoría del color, sus escritos sobre mineralogía, su descubrimiento del hueso intermaxilar en los humanos, o sus ideas sobre la diversidad y evolución de las plantas, adelantándose en varias décadas a las propuestas de Darwin en su *Origen de las especies*; si bien Goethe creía que existían leyes internas y necesarias. Rousseau dedicó muchos años de su vida a recoger y clasificar plantas para sus herbarios, como él mismo manifiesta en sus *Confesiones*. La pasión por las ciencias también caracterizó a otros ilustrados alemanes como Humboldt y franceses como Voltaire, Diderot, etc.

revolución industrial del siglo dieciocho en Europa. No es raro, pues, observar cómo cumplen sus principales creadores con la doble condición de ser literatos y científicos, como sucede con algunos ilustrados franceses, ingleses o alemanes. La condición humanística de los intelectuales del siglo diecinueve continuará esa zaga, dándose el caso de que diversos médicos, antropólogos y naturalistas escribieran obras literarias donde reflejaron sus conocimientos científicos de la época. O, por el contrario, que los que hoy consideramos literatos o artistas, incluyeran temas científicos en las suyas.

Es por consiguiente a partir de la segunda mitad del siglo dieciocho cuando la ciencia moderna adquiere mayor relevancia en cuanto a las teorías transformistas, si bien existen importantes antecedentes en las centurias anteriores. De la Ilustración se conocen bastante las ideas al respecto que tenían naturalistas, ya en contra o a favor como Cuvier, Buffon, La Mettrie, Linneo y Lamarck, ideas que prosiguen en el siglo decimonónico con la revolucionaria teoría de este último sobre el transformismo y conceptos acerca de la adaptación de las especies. No obstante prima en las ciencias biológicas todavía en gran escala el interés por la sistemática en plantas y animales, si bien existe la preocupación por lograr una mejor definición de especie. Esto se circunscribió sobre todo en la primera mitad de ese siglo en la literatura científica, mientras que en la de ficción predominan otras corrientes más generales como fueron por ejemplo la fisiología de las pasiones, la fisiognomía, el mesmerismo, la frenología y la homeopatía. De modo que es raro no se encuentre en la literatura decimonónica algún personaje que cultive alguna de esas corrientes. Esto se hizo evidente tanto en la literatura europea como en la americana.

La ciencia desempeña por tanto un papel relevante en obras de ficción que se escribirán desde inicios del siglo diecinueve y continuará en la centuria siguiente, pudiéndose citar algunos ejemplos como el de *Frankenstein* de Mary Shelley (1818), los relatos de Robert Louis Stevenson (en especial su famosa historia del *Dr. Jekyll y Mr. Hyde*), Herbert G. Wells (*La máquina del tiempo* sobre especies evolutivas e involutivas, *La guerra de los mundos,* donde son las bacterias y virus terrestres los que salvan la Tierra…), Arthur Conan Doyle (mesmerismo o hipnosis), Aldous Huxley (la eugenesia de *Un mundo feliz*), Jack London, y otros muchos que harían interminable la lista. En otras obras no solo se difunden conocimientos científicos, sino que se cuestionan –tal como hoy– las derivaciones o consecuencias éticas del uso extremado de la ciencia y la tecnología, se realiza crítica política, se transmiten ideas pedagógicas y filosóficas y se ponen en tela de juicio o se defienden proyectos de mejoramiento social y modernidad, intentado reformar la sociedad.

Son conocidos, además de los mencionados, los presupuestos considerados científicos incluidos al respecto en estas obras literarias como el atavismo, la antropología criminal y otras varias corrientes, en algunas de las cuales aparecen presupuestos de la eugenesia, el maltusianismo, el evolucionismo social, el psicoanálisis… Pero no solo inundaron la literatura, sino que pasaron al teatro y al cine con éxito increíble. A veces las ideas son sugeridas sólo, pero tienen en el fondo reminiscencias de algunas de estas corrientes,

EL TRANSFORMISMO EN CUBA EN EL SIGLO XIX

El romanticismo arrancó con fuerza en la centuria decimonónica en el plano intelectual en naciones como España y sus colonias, donde comenzaron a producirse los debates en cuanto a si la literatura debía estar separada de la ciencia, o si esta última debía incorporarse en ella, y las controversias filosóficas entre el idealismo y el materialismo en torno al libre albedrio, el alma y el origen de las ideas, y por tanto de las facultades mentales en general. Y que se centraron en los aspectos del sensualismo, el idealismo y el espiritualismo, que enfrentaba las opiniones de Locke, Condillac y más tarde de Víctor Cousin y todos sus seguidores. En ellos los argumentos científicos que más se manejaron en la isla de Cuba al respecto de dichas polémicas fueron los que planteaba la frenología (García González, 2013), que tuvo gran peso en las cuatro primeras décadas en la sociedad y la prensa hispana y cubana. A los que vinieron a incorporarse los criterios de Comte, Littré y en general de la aceptación o no del positivismo que llegó a la isla procedente sobre todo de Francia, pero también de España y Alemania.

Sin embargo, la literatura de la primera mitad del siglo diecinueve en Cuba, está sobre todo en manos de filósofos, pedagogos, abogados, poetas y periodistas y no en la de los científicos. Los debates que se producen en la isla en el ámbito intelectual se refieren más a las cuestiones filosóficas y, en el plano de la ciencia, predominan los que tienen que ver con la enseñanza de ésta, es decir, el orden en que han de enseñarse las distintas materias científicas. Lo que dio lugar a las ya aludidas polémicas filosóficas en que se involucraron varios intelectuales cubanos, haciéndose de ello eco diversas publicaciones periódicas de la época, en especial entre 1838 y 1840; donde algunos adoptan una actitud afín con el surgimiento de la conciencia nacional, y otros se inclinan a seguir una posición más cercana al dominio colonial, o por lo menos poco crítica con éste.

En correspondencia con la realidad social, política y económica de Cuba varios de estos literatos o intelectuales asumen evidente enfrentamiento al mismo, en especial con relación al tema de la esclavitud, como fueron las novelas de Cirilo Villaverde, Anselmo Suárez y Romero y Antonio Zambrana, por solo citar algunos ejemplos. Pero también tuvieron que ver con asuntos costumbristas acerca del origen de la población blanca y campesina, así como de la aborigen cubana, en el importante movimiento que con el nombre de *siboneyismo* se desarrolló en esa época, donde la muy elemental antropología aborigen cubana sirvió de expresión política, en especial a través de la poesía, y es posible ver en poetas como José Fornaris, Joaquín Lorenzo Luaces y otros. También hubo dentro del romanticismo en esa primera mitad del siglo diecinueve en Cuba, además de la poesía, algunas incursiones en el teatro, como fueron las obras de José Jacinto Milanés. El romanticismo en esta primera mitad de siglo está en Cuba más ceñido, por tanto, a este último género literario, pues los poetas criollos son relativamente muchos en esa época. No faltan sin embargo algunos casos que aluden a la cuestión del evolucionismo o mejor al transformismo, como en la novela *Francisco* del literato y abogado cubano Suárez y Romero escrita entre los años de 1838 y 1839, donde además de criticar la crudeza de la esclavitud, presenta a un mayoral argumentando que los negros descendían de los monos, atribuyéndoles otras bestialidades. Un tema que estaba en boga en la isla entre las décadas del treinta y cincuenta para justificar la esclavitud no solo de negros sino también de otras razas (García González, 2008, I: 150, 265, 267, 303, 314...)

En esos mismos años el médico catalán Ignacio Pusalgas y Guerris publica dos novelas históricas *El nigromántico mexicano* y *El sacerdote blanco* (1838 y 1839), ambientadas la una en México, durante la conquista y los últimos días de Moctezuma, y la otra en la Cuba aborigen, en las cuales este autor español incluye numerosas referencias, tanto en el texto como en sus notas, sobre sus conocimientos médicos y de historia natural, de modo que es inextricable la interrelación de la ciencia y la literatura en las bien urdidas tramas de ambas novelas que, sin embargo adolecen de inexactitudes históricas y biológicas, algunas de las cuales hemos señalado en otros artículos (García González, 2003, 45,2: 201-230; Carol, s.f.). Si bien no en ellas, en sus obras médicas y anatómicas Pusalgas fue seguidor o al menos trajo a colación diversos aspectos de la corrientes frenológicas, fisionomistas y fisiologistas de Gall, Lavater y Alibert[2]. Todo parece indicar que Pusalgas eludió entrar en el debate acerca de la evolución de las especies, dadas sus profundas convicciones católicas, y explica los autores que cita, como Virey y otros, si bien es evidente que conocía por ejemplo los trabajos de Lamarck, etc.

Las corrientes entonces consideradas científicas como movimientos predarwinistas –lo mismo que sucedió con el maltusianismo, el darwinismo y la eugenesia– están presentes desde las primeras décadas del siglo diecinueve en la prensa cubana y española (pública y científica), penetrando algunas manifestaciones literarias como la poesía, el cuento, la novela, el teatro, ya de forma sería o satírica, incluyendo otros géneros como la caricatura o la aplicación a diversas cuestiones sociales, políticas o costumbristas. La vulgarización que se hizo de estas corrientes, difundidas entre el gran público, si bien algunas veces mostraron análisis correctos desde el punto de vista científico, otras muchas las simplificaron al extremo de hacerlas parecer ridículas. Eso permitió aplicarlas a diversas cuestiones intelectuales, morales, religiosas, políticas... porque eran lo bastante lábiles como para sacar amplio partido de ellas.

EL EVOLUCIONISMO EN LA ESCENA CUBANA DEL SIGLO XIX

Los científicos de la primera mitad del siglo decimonónico cubano estaban más preocupados por el asunto de las clasificaciones zoológicas y botánicas, aunque,

[2] Vid. por ejemplo, la aplicación de estas corrientes a la inteligencia del hombre y la humana en Pusalgas, Ignacio, (1873, pp. 9-10), Trata sobre los vínculos de las la anatomía, la fisiología, las razas y los trastornos mentales: «... En lo demás, ¿cómo se podía continuar un curso completo y demostrativo de Anatomía pedagógica, de Teratología, y aun de Fisiología experimental, sin tipos, que no siempre se presentan durante un año escolar? ¿Qué idea se podría formar del idiotismo congénito o adquirido, de la locura, de la manía y la demencia, de la Frenología, de las razas humanas, etc., sin poder un gran número de cráneos y cerebros con quienes consultar»...También, al defender la idea de la creación de un museo de clínica médica en Barcelona para los estudios las enfermedades mentales en relación con la frenología o de las pasiones, de Gall, Cubí y Lavater: «Un Museo de vesanias es la mejor e inestimable joya que puede poseer la Facultad de medicina y todo Manicomio. ¿De cuanta utilidad será para el estudio de la Frenología espiritualista, y conocimientos médicos psicológicos sobre la locura? Se reservarán finalmente, los suficientes estantes para colocar en ellos cabezas artificiales, que representan las pasiones que dominan el corazón del hombre, sus razas, no olvidando el modelo con el que Gall y Cubí explican las facultades intelectuales, que suponen conocer en el examen del cráneo humano. Pusalgas (1862: 13-15).

como en el caso de Felipe Poey, el concepto de especie y la unidad de la materia fueron dos de sus problemas esenciales para poder entender cómo abordar mejor dicho asunto. Si bien confundían el concepto de materia con sus propiedades e incluso a veces atribuían a esta, características que no eran esenciales de la misma, como la *formalidad*, etc. Poey y sus seguidores fueron en esencia lamarckianos, aunque combinados con los criterios de Cuvier, Robin, Flourens y otros naturalistas. Aquel defendió casi toda su vida la inmutabilidad de las especies, o cuando más ciertos cambios que no llegaban a producir otras nuevas. Sin embargo, a finales de los años ochenta se confesó agnóstico, tras leer y considerar las ideas de Lamarck, Darwin, Huxley, Haeckel y Spencer, y al morir tenía en su biblioteca una edición francesa del *Origen de las especies* de Darwin de 1873[3].

Siempre hemos considerado que la introducción de las ideas de Darwin en Cuba databa de 1868, aunque sabemos que Álvaro Reynoso, un año antes citaba *El origen de las especies* de Darwin (Reynoso, 1867: 52), e incluso que algunos otros naturalistas también parecen haber leído antes de aquella primera fecha la famosa obra del célebre inglés. Por ejemplo, en un trabajo de Poey sobre sistematización biológica, publicado en el *Anuario del Liceo de Matanzas* de 1866 Poey solo cita a Lamarck y Robin, en el prólogo de esta publicación, pero al hablar sobre el estudio del hombre el también médico homeópata y naturalista cubano Sebastián Alfredo de Morales, su director[4], menciona a Huxley, Lyell, Owen y Darwin. El *Anuario* como dijimos data de 1866, lo que hace pensar que Morales había entrado en contacto ya con la obra de Darwin sobre el origen de las especies. ¿Conocía ya Poey esta última obra, pero guarda silencio porque se lo dictan sus criterios religiosos? Es difícil admitir que un hombre tan honesto como él en el plano científico, no procesara de inmediato esos conocimientos nuevos, y más cuando el trabajo de Darwin abría nuevos campos a la visión de las ciencias naturales y en especial al nuevo concepto sobre las especies. El silencio de Poey es evidente en la publicación de su *Repertorio Físico-Natural* que es también de esa época (1865-1866); lo que parece indicar que en efecto no conocía esa obra de Darwin. No es de extrañar si se piensa que revistas tan actualizadas como los *Anales de la Academia de Ciencias* que se habían comenzado a publicar en 1864, no reflejan comentarios sobre Darwin hasta cuatro años después; tampoco aparecen en otras publicaciones que trata por entonces trabajos científicos, como *La Emulación* (1863-1864), *El Estímulo* (1861-1863), etc.

Por otra parte, llama la atención que demorase casi diez años en introducirse las ideas de Darwin en Cuba, si en otras corrientes es casi inmediata su asimilación, debate o crítica de los trabajos científicos de la época. En el caso de Poey, es más con-

[3] En el prólogo de sus obras literarias afirmó: «Termino diciendo que me creo en la obligación de declarar que mis opiniones filosóficas no soy hoy [1888] lo que eran en 1856, cuando escribí mi primer discurso universitario, ni cuando más tarde redactaba mis memorias sobre la Historia natural de la Isla de Cuba. Seis años después, en vista de las novedades del siglo actual acerca de la evolución de los seres, me convencí de que los recursos del entendimiento humano no alcanzan a explicar científicamente el mundo físico; y que en las arduas cuestiones, lo más racional es decir Yo ignoro. Con esta salvedad, puedo oportunamente conservar el sello de mis primeras impresiones» (Poey, 1888: III y IV; González, 1999: 212-224).

[4] Morales fue fundador, el 2 de noviembre de 1864, de la Sección de Ciencias Físicas y Naturales del Liceo Artístico y Literario de Matanzas.

trastante, pues desde 1836 es socio corresponsal de la Zoological Society of London, con algunos de cuyos miembros mantiene correspondencia; y además había sido amigo y colaborador del naturalista inglés William Sharp Mac-Leay durante su larga estancia en la isla de Cuba, donde fue comisionario de arbitraje, y más tarde juez, y donde realizó numerosas recolecciones de especímenes, y a quien se debe una teoría sobre clasificación de las especies conocida como los círculos quinarios de Mac Leay.

Aunque Poey cultivó la literatura, sobre todo al divulgar temas científicos en forma literaria, así como poesía, no escribió (o no se conserva) narrativa de importancia que involucrara el evolucionismo, aunque fue proclive al positivismo como su hijo Andrés Poey, si bien hizo importantes críticas a dicho movimiento que no es objeto analizar aquí. Las ideas de Poey sobre la unidad de la especie humana, el origen de las razas, monogenismo y poligenismo, que fueron los asuntos más importantes para el sector científico de esa época en Cuba, se mostró en las conferencias suyas y de Ramón Zambrana en el Liceo de Guanabacoa en 1861 que ya tratamos en detalle en otro lugar (García González, 2008, I: t. I, 282-318). Zambrana, de profundas ideas religiosas, creía en la existencia de un reino hominal y haría en su discurso importantes críticas a las ideas de Malthus sobre población.

ALGUNAS NOVELAS CIENTÍFICAS SOBRE CUBA: MORENO DE FUENTES Y ESTEBAN BORRERO

Sin embargo, siguiendo la estela de los cuentos de Hofmann, Edgar Allan Poe, y las obras de Camile Flammarion, Julio Verne, y más atrás Cyrano de Bergerac con su célebre *Viaje a la luna*, algunos literatos o médicos y antropólogos cubanos y españoles que la cultivaban incorporaron o escogieron asuntos científicos. Un caso por ejemplo es diáfano: la novela escrita por José Moreno de Fuentes (Cádiz, 1835-1892), poeta, novelista, ensayista y pintor gaditano. Además de miembro del Ateneo de Cádiz, donde presentó algunos poemas y cuadros a finales de los años cincuenta[5], fue colaborador de varios periódicos como *El Globo*, y el diario reformista habanero *El Siglo,* donde participaron además escritores de la talla de Domingo del Monte, Francisco Frías y Jacott, conde de Pozos Dulces, José Morales Lemus, José Manuel Mestre, Miguel Aldama, José Valdés Fauli, José Silverio Jorrín, y otros.

Moreno publicó en 1881 uno de los primeros textos de ciencia ficción en España, la novela titulada: *Una empresa misteriosa en el Mar de las Antillas,* reeditada en el siglo veinte (Moreno de Fuentes, 1881, 1988). Fue un personaje que cultivó varios géneros literarios, y en lo personal se inclinó por el socialismo utópico de Charles Fourier (Estefanía, 2007-10-21; Moreno de Fuentes, 1865)[6], e incluso por la corriente espiritista[7]. Al estilo de Julio Verne, a quien dedica la citada obra, escribió además

[5] Vid, por ejemplo: *Ateneo de Cádiz, Álbum Científico, Artístico y Literario*, del 26 de enero, 3 y 22 de abril de 1859; así como *El Moro Muza*, núm. 22-26, marzo 1863, p. 198 y *El Globo*, 14-10-1875, p. 1

[6] Según Estefanía, Moreno fue el primer ensayo divulgador de ideas socialistas -entre ellas anarquistas- impreso en Cuba, fue una obra de Moreno, publicada en La Habana en 1865, donde «Moreno analiza aquí el desarrollo del movimiento obrero y socialista en Europa y Estados Unidos, exponiendo las ideas de teóricos como: Robert Owen, Proudhom y Charles Fourier». (Estefanía, 2007-10-21; Moreno, 1865)

[7] Moreno fue uno de los redactores de un folleto en 1857 de esta corriente (García Rodríguez, 2010),

otras novelas, algunas de ellas humorísticas, y acerca de la esclavitud[8]. A él se deben también algunos ensayos sobre temas científicos: botánica, astronomía, o geografía. En varios de esos trabajos se refiere a la frenología, aplicada a distintos aspectos, por lo regular desde una óptica precavida de si se consideraba o no una ciencia, si bien en algunos casos parece aceptarla[9].

Ambientada en Cuba, y en especial en Matanzas y La Habana entre las décadas del treinta y el cincuenta de la etapa esclavista, el autor narra la trama en primera persona en muchas partes de la misma, y describe en ella a un personaje esclavo cimarrón de manera muy cercana a los monos, contrahecho como un Quasimodo, llamado José o Jorobeta. En su descripción incluso alude a la frenología y al ángulo facial agudo (de Camper, si bien no menciona a este autor) que se atribuía a toda la raza negra para mostrarlo más próximo a los simios. De modo que le concede aun la capacidad de desplazarse, como ellos, entre las ramas de los árboles y arbustos. Aunque la intención de Moreno no parece racista, puesto que le asigna gran bondad, fidelidad e inteligencia, niega que la belleza esté asociada a un bello espíritu y además se pronuncia en su novela contra la esclavitud. En medio de una trama rocambolesca, donde los cubanos en general no salen muy bien parados, Moreno alude a diferentes adelantos científicos, como la luz eléctrica, el fonógrafo, los autómatas y otros, algunos de los cuales atribuye a la llamada por él «raza española».

En algunos de sus ensayos Moreno se refiere a las teorías científicas de Darwin. Para no salirnos mucho del tema, resumamos que Moreno da muestras de aceptar la teoría darwiniana de la selección natural, como vía expedita para la transformación de las especies, hacia una escala superior, sobre todo en el hombre futuro que sustituirá al presente. Si bien aplicará la selección natural no solo al orden físico, sino además al orden moral[10].

También siguió ese rastro la novela inconclusa «Aventura de las hormigas» (1888-1891)[11], publicada por el médico, antropólogo y poeta cubano Esteban Borrero Echeverría, quien fuera además teniente coronel del ejército mambí, y a quien se de-

---

8 Véase Bibliografía final. Ferreras cita, aunque de manera dudosa otra posible novela de Moreno, titulada, *Los misterios de La Habana*. Novela social, 1865. Ferreras, Juan Ignacio (1973), «El tema americano en la novela española del XIX». En *Cuadernos Hispano-Americanos*, 279, p. 570. Según este autor Moreno escribió unas doce novelas. Algunas referencias bibliográficas de José Moreno de Fuentes en Monal y Miranda (2002: 217).

9 En la novela citada dice de José: «En sus ojos, aunque pequeños, brillaba perennemente un rayo de inteligencia y clara percepción. Y si yo fuera frenólogo, añadiendo aquí que el órgano de la benevolencia y de los dulces afectos situado en la parte superior y central de su frente, poseía un desarrollo singular; de este hecho podría deducirse por debajo de aquella corteza tosca y repugnante se escondía un alma noble y generosa», (Moreno de Fuentes, 1988, p. 11). En otro trabajo suyo anterior, al referirse a las numerosas obras que habían publicado los seguidores de la doctrina de Fourier, incluye la frenología entre las diversas ciencias Moreno Fuentes (1865: 185), coloca la carta de alguien que firma N., con respecto a la igualdad social de la mujer con el hombre, dice: «Si la frenología es una ciencia y no un charlatanismo, no hay duda que sería el más digno auxiliar [la mujer] para organizar juiciosamente a la sociedad sin extraviar al hombre del camino por donde la naturaleza lo conduce». (Moreno, 1865, p. 2).

10 En otra obra suya sobre habitabilidad de los astros Moreno Fuentes (1881: 171-174, 177-188, y ss.) dedicó varios acápites al evolucionismo, como: El hombre de los futuros tiempos y la teoría de Carlos Darwin. -Atributos del hombre del porvenir), y «La ley de la selección natural». Moreno dedicó este libro a Flammarion un prototipo de esta clase de literatura científica.

11 En ella criticó la estupidez humana desde la perspectiva de las hormigas.

ben algunos trabajos e intervenciones sobre evolucionismo, debatidos en la Sociedad Antropológica de la isla de Cuba[12] y varios artículos aparecidos en la *Revista de Cuba*, y otras revistas científicas de la época. Fue además traductor de *Las instituciones antropológicas* de Paul Broca. Su obra narrativa en general navega por los cauces del romanticismo, aunque alejándose en ciertos aspectos hacia un naturalismo que no llega a alcanzar. En realidad, este movimiento entra en la isla en época algo más tardía bajo la influencia no solo de Zola y otros seguidores franceses, sino también de España con las novelas de Emilia Pardo Bazán y Vicente Blasco Ibáñez.

Estos atisbos se observan en la narración de Borrero «El ciervo encantado», donde, como en el movimiento literario conocido como siboneyismo, Borrero empleó de la ciencia antropológica, junto con la sátira, para aplicarla a los problemas sociales y políticos de la isla, en una especie de isla «imaginaria» (Cuba, desde luego), donde explica el origen su población aborigen, que desunida busca en dichas raíces los primeros atisbos de la vida moral de los cubanos, si bien tiene cierto aire pesimista al atribuir la intervención foránea como solucionadora de los problemas de la isla.

Pero es en su primer cuento «Calófilo» donde Borrero combina la fábula narrativa con la filosófica, y donde alude a la aplicación de la lucha por la existencia a las cuestiones morales y sociales. Calófilo es un poeta neurótico e idealista, amargado y desencantado de la sociedad que opta por los estudios filosóficos, sin adscribirse a filosofía alguna, en busca de la verdad, antes de abordar las interioridades de la ciencia (Relatos, 1879). En el cuento, donde el autor interviene con sus cuestionamientos personales, pues es uno de los protagonistas que diserta en primera persona, se pregunta acerca del desarrollo del pensamiento en el campo fronterizo entre la razón y la locura que manifiesta Calófilo, y sobre si el avance de la civilización no acabará por hacer de la neurosis (él le llama *neurosismo*) y de los vicios de los seres humanos un estado habitual de modo que el ser humano termine por poseer con el tiempo un cerebro enorme.

Como Calófilo no era un genio ni un hombre de acción, sino un alma sensitiva que se dejaba arrastrar por el dolor, su choque con el exterior se descargaba contra él mismo, haciendo suyas las quejas y dolores de los demás, con cierta avidez morbosa. Borrero lo concibe a punto de sucumbir tras uno de esos conflictos. Pues estos eran una de las formas en que se ejercía la lucha por la existencia, *the struggle for life* en el orden moral tanto en el ámbito de la inteligencia como en el orden físico, «idénticos antagonismos y la misma ley que todo acomodaban al medio».

Desengañado de todo, Calófilo profundizó en las ciencias naturales, pensando que el estudio de la naturaleza podía consolarlo. Lo que es aplicable a Borrero que combinó la literatura, en especial la poesía, con la ciencia. Pero a medida que avanzaba en sus estudios, estos despertaban en Calófilo sus pasiones para caer en nuevas dudas en su búsqueda de la verdad filosófica. Acaba muriendo loco en un manicomio, pues no encuentra tampoco en las ciencias sus respuestas. Mientras que su amigo (alter

[12] Vid los debates sobre el crimen cometido sobre el llamado «nuevo Abrahán», en que Borrero se inclinó más a considerarlo como caso de reversión moral o sociológico antes que patológico. Rivero de la Calle (1966: 94, 99-101, 110),

ego también del autor) se consuela leyendo a Santo Tomás, para recobrar su libre albedrío y huir de las pasiones extremas. Como alguna especie de premonición, el propio Borrero acabaría suicidándose, en 1905 a los 57 años, tras sufrir la pérdida de familiares e ilusiones.

EL EVOLUCIONISMO EN LAS NOVELAS DE FRANCISCO CALCAGNO

La figura literaria más relevante de la segunda mitad del siglo diecinueve en cuanto al aspecto que tratamos fue sin duda alguna Francisco Calcagno Monzón. Calcagno había hecho su mayor incursión en la ciencia en los años setenta y ochenta, preocupado en un principio por los temas de la física y la química como demuestra en su novela *Historia de un muerto*, publicada en 1875, y en su disertación de física que hizo en 1885 titulada *El vaso de agua con panales*, pero su mayor intervención en el campo científico se produjo en sus novelas que tenían que ver con el evolucionismo como *En buscà del eslabón* (quizá la única novela de ese carácter en el ámbito iberoamericano). Coincidiendo esta con el auge que se produce a partir de la introducción del evolucionismo, sobre todo en la década de los años ochenta, en la Real Universidad de la Habana, en los programas de enseñanza de dicha institución docente, gracias a Felipe Poey, Carlos de la Torre y más tarde por Juan Vilaró, Arístides Mestre y Luis Montané.

Todo eso estaba dentro del contexto del desarrollo de la ciencia que tenía sus antecedentes en la actividad intensa desempeñada por la Real Academia de Ciencias Médicas, Físicas y Naturales de la Habana, creada en 1861, la Sociedad antropológica de la Isla de Cuba, fundada en 1877, y la propia Universidad de La Habana, que se había secularizado en 1842, con significativas corporaciones predecesoras que también tuvieron secciones de ese carácter naturaleza como la Sociedad Económica de Amigos del País, los Liceos de La Habana y Matanzas, el Instituto de Investigaciones Químicas, el Jardín Botánico, el Real Observatorio del Colegio de Belén; incluso se habían creado desde 1865 los Institutos de Segunda Enseñanza, donde las ciencias eran explicadas por notables profesores de historia natural. Muchas de estas instituciones tenían publicaciones científicas entre ellos los *Anales de la Real Academia* la revista de más importancia del momento, seguida pocos años después por la *Crónica Médico Quirúrgica*, el *Boletín de la Sociedad Antropológica*, las *Revistas de Cuba* y *Cubana*, *La Enciclopedia* y *La Enciclopédica*, entre otras, que dieron a conocer diversos artículos sobre el evolucionismo. Si a todo ello se une que Calcagno había sido discípulo de dos relevantes científicos en Cuba, el naturalista cubano Felipe Poey y el químico español José Luis Casaseca, amén de sus múltiples lecturas, se entiende su afición por las ciencias naturales, hechos por los cuales se le aceptó como miembro de la Sociedad Antropológica de la Isla de Cuba.

Como ya hemos analizado en otro artículo (García González, 2018: 301-316), la novela de Calcagno *Historia de un muerto*, como en otros muchos casos de este tipo de historia que caracterizó al romanticismo y al naturalismo, sobre todo, es tanto científica como filosófica, que forma parte indisoluble de la concepción ético religiosa de Calcagno, donde aúna los aspectos científicos con las letras, en una etapa en que hay una contraposición entre positivismo y el idealismo o espiritualismo; un debate que procedía desde los inicios del siglo diecinueve y tuvo en el Liceo de Guanabacoa en la década del setenta (1879) su máxima expresión en torno al idealismo y el realismo en el arte, donde intervino una de las figuras cimeras de la cultura cubana, José Martí.

En esta novela con atisbos románticos pero que navega ya por los cauces del naturalismo y se acerca al modernismo, trata sobre los cambios físicos y químicos que se producen el cadáver, Calcagno utiliza los conocimientos de gran número de autores como Malthus, Spencer, Darwin, Haeckel, Büchner y otros muchos científicos, donde se muestra a favor de cierta evolución de las especies, pero entendiendo, como ya hemos dejado claro en nuestro análisis anterior, concebía como producida en un inicio por Dios, pues Calcagno tenía ideas religiosas.

Del mismo modo su otra novela *S.Y.* (Su Ilustrísima) sigue el sendero del naturalismo y, aunque el tema se trata de un hecho histórico: el rapto efectuado por el pirata francés Gilberto Girón del obispo Juan de las Cabezas de Altamirano, en 1602, sirve a Calcagno para introducir sus conocimientos científicos en relación con la lucha de razas en Cuba, su población aborigen y otros aspectos científicos, donde salen a relucir las ideas al respecto de la lucha por la existencia de Spencer y Darwin[13].

EN BUSCA DEL ESLABÓN, UNA NOVELA EVOLUCIONISTA

Aunque hemos dedicado un extenso artículo a esta novela queremos resumir aquí algunos aspectos esenciales de esa novela de Calcagno, que puede ser la única que exista dedicada por entero a ese tema en el ámbito hispanoamericano en el siglo diecinueve, y se centra en la búsqueda del eslabón intermedio entre el hombre y los simios, es decir el antropopiteco. Aunque se citan en ella los conceptos de Darwin, hay abundante información sobre los conocimientos más actuales que se tenían entonces sobre el evolucionismo, no faltando las opiniones de Lamarck, Spencer, o las teorías de Haeckel entre otros en esta novela satírica de Calcagno, que se editó por primera vez en Barcelona en 1888 y luego reeditada en La Habana en 1983.

Es evidente que Calcagno tuvo presente las obras de viajeros, en especial el famoso libro de Stanley en busca de Livingstone; de hecho, uno de los personajes de la novela del cubano lo denomina el falso Stanley, que representa las ideas más extremas en torno a la evolución del hombre, cargado de racismo que considera a los negros como el eslabón perdido, lo que hacía innecesaria la búsqueda de dicha expedición. Mientras que don Sinónimo es el alter ego de Calcagno. Ambos tienen largas disertaciones en la novela donde no solo están presentes las ideas esenciales, como ya se dijo, de Lamarck, Darwin, Spencer sobre el transformismo y la adaptación, la selección natural, la lucha por la existencia, sino también la teoría de la recapitulación de Müller y Haeckel, y su teoría evolutiva a partir de la mónera. Lo más interesante de la novela de literato cubano es que recoge los estudios más recientes hasta ese momento acerca del evolucionismo en el plano internacional. Si bien, como ya dijimos, defendiendo la intervención de Dios en sus inicios.

---

[13] Más detalles en Ídem.

Aunque Calcagno asume en varias partes de su libro las ideas antes mencionadas de Darwin, consideró que la desaparición de las tribus, de «africanos y demás negros que hoy se acercan más que nosotros [...] hotentotes, gorilas, bosquimanos y demás cuasihombres», no se llevaría a cabo por selección natural, sino por el egoísmo social, la ambición y la lucha de razas. La novela de Calcagno es también una crítica a la esclavitud, que no solo fue teórica en este personaje, sino que llevó a la práctica, comprando la libertad de un esclavo, o protegiendo a los poetas mestizos cubanos, en la época de mayor virulencia de ese oprobioso sistema.

EL NEOMALTUSIANISMO Y LA EUGENESIA EN LA LITERATURA CUBANA

Con el advenimiento del siglo veinte se produce una continuación de la inmersión de la ciencia en la literatura que no solo se ciñó a los criterios de los principales defensores del evolucionismo, sino que también se dieron a la imprenta novelas, obras de teatro y cuentos que abordaron la las corrientes «nuevas» como el neomaltusianismo y la eugenesia. Aunque esta última tuvo su origen en la decimonónica centuria, alcanzó su mayor auge en España, en los Estados Unidos y los países iberoamericanos en las primeras décadas del siglo siguiente. La incursión de la eugenesia en la literatura la inició su propio creador Francis Galton, su utópica obra *El Colegio Eugénico de Kantseywhere*, que permaneció inédita. Como ya hemos referido antes (García González, 2007: 261-291, también lo abordaría Lovecraft en su novela corta *The Mound*, en que se refería a una civilización antigua que había logrado alto nivel social empleando la eugenesia y la selección natural. La obra de *Un mundo feliz,* de Aldous Huxley es muy conocida y citada también al respecto. Pudiera mencionarse también la novela de ese corte escrita y publicada en México por el cubano Eduardo Urzaiz, que analizaremos en otra ocasión, titulada *Eugenia*, clara alusión al tema utópico que aborda.

Ha de recordarse que la eugenesia, o mejoramiento de la especie mediante el estudio genético de la población (la ortodoxa), difirió bastante de la denominada «latina» que no solo tuvo en cuenta los principales presupuestos darwinianos, como la selecciona natural y la lucha por la existencia, sino también incorporaron las leyes mendelianas, el plasma germinal de Weismann, la eugenesia y biometría de Galton, el monismo de Haeckel el apoyo mutuo de Kropotkin, la superpoblación de Malthus y otros criterios científicos.

La eugenesia abarcó diversos asuntos que tenían que ver no sólo en España, sino también en Ibero América, con el matrimonio, el divorcio, la lactancia materna, los abortos, el amor libre, y las consecuencias de las enfermedades venéreas, la esterilización, los efectos de la guerra sobre la población, etc. Asuntos todos que estaban en el centro de los debates en la medicina, la biología, la higiene y la propia eugenesia. Pero que también trascendieron a la prensa escrita tanto científica como popular. De los cuales se apropió el naturalismo que llega a Cuba en las últimas décadas del diecinueve pero que perdura en Cuba de forma tardía casi hasta la primera mitad de la centuria siguiente. De ahí que varios de esos asuntos pasaran a la literatura, escribiéndose en Cuba diversas novelas como *Los inmorales* (1919) de Carlos Loveira,

Las honradas (1917) y *Las impuras* (1919), de Miguel de Carrión, y obras de teatro, como las de César Rodríguez Expósito, *Humano antes que moral*, *El poder del sexo* y *La superpoblación humana*, entre otras. En otro lugar (García González, y Álvarez, Peláez, 1999: 133) hemos resumido los aspectos esenciales de esas novelas de Loveira y Carrión de la siguiente manera:

> *Los inmorales*, narra las vicisitudes de una pareja que, antes y por separado, se había visto obligada a elegir un cónyuge sin amor, y para defender el suyo debe enfrentar la hipocresía de la moral burguesa en contra del concubinato, en una época en que aún el divorcio no estaba aceptado en Cuba (Loveira, 1919). *Las honradas*, también se refiere a una incorrecta selección del cónyuge, que trae como consecuencia que la protagonista, una honrada esposa, se vea precisada a realizarse un aborto – consecuencia de sus relaciones extramatrimoniales–, a escondidas de su familia e inmersa en sentimientos de culpabilidad por el crimen cometido, que ha de ocultar para siempre. Su hermana ha sido infectada por el marido con una enfermedad venérea –adquirida también extramatrimonialmente– que la conduce al quirófano. *Las impuras*, por su parte, muestra, por contraposición, la actitud valerosa de una mujer que vive con un hombre casado, del cual tiene dos hijos, y mantiene una posición digna ante la sociedad que la condena, hasta el punto de entregar su cuerpo para obtener dinero con que ayudar a la esposa de su amante, cuya hija está muriendo. Aunque al final es vencida por esa sociedad, su caída deja en el ánimo del lector la impresión de su valor y la inquietud por los difusos que son los límites entre la honradez y la impureza (Carrión, 1917)».

Mientras que la obra *Humano antes que moral* de Expósito – escrita en La Habana en noviembre de 1932 y estrenada el siete de abril del año siguiente (Rodríguez Expósito, 1934)– tiene como tema central el conflicto que se produce cuando a Giselda, a punto de casarse con Germán, se le declara una tuberculosis muy avanzada, ya sin curación, y le ruega a su novio que antes de morir tenga relaciones sexuales con ella. A lo cual accede este a regañadientes, pese a que el doctor Aurelio, amigo de aquella, y de su familia desaconseja cualquier emoción violenta, incluido el matrimonio in extremis, que adelantaría la muerte de la joven. Descubierto el asunto por Nené, otro de los personajes de la novela, que los sorprende en el acto sin que ellos se percaten, son delatados al citado doctor. Aurelio se ve en la disyuntiva de guardar silencio o delatar a Germán por haber cometido un delito, que ya se ha extendido por todo el hospital, tipificado por el Código Sanitario (García González, y Álvarez Peláez, 1999: 164-5, 172-3, 177-8)[14]. En ese momento Giselda, que ha escuchado el diálogo sostenido entre el médico y su prometido y su confesión, se levanta y sale en defensa de este, expresando que fue ella quien le propuso el acto, y que su novio no

[14] Expósito solo menciona el Código, suponemos que se refiera al Código Sanitario Panamericano que se aprobó en la Academia de Ciencias de Cuba el 14 de noviembre de 1924, en el marco de la Séptima Conferencia Sanitaria Panamericana, celebrada en La Habana del 5 al 15 de noviembre de ese año. Sobre este código cfr. también Delgado, Estrella y Navarro, 1999; Asimismo el Código de Defensa Social se ocupó de varias de estas cuestiones, pero se publicó de manera oficial en 1838. Vid. León Iglesias, s.f.

era digno de castigo, pues había sido humano antes que moral. Un instante después cae muerta en los brazos del novio y baja el telón.

En *El poder del sexo*, Expósito realiza una crítica social a los políticos mediocres e incluso ineptos de la Cuba de los años treinta al presentar un personaje inútil que asciende en la escala política gracias a las concesiones sexuales que hace su esposa con varios individuos de dicha política para favorecerlo. Es también una crítica social en contra del movimiento feminista y la libertad de la mujer –por el personaje que parece un alter ego de Expósito, llamado Raúl– que estaba en pleno apogeo en la isla, pues el personaje modelo femenino (Lucrecia) presentada por Expósito como positiva y enamorada es un ama de casa, a que incluso a Raúl le parece mal que baile con otros hombres. Aptitud machista que no es atenuada ni siquiera cuando otro de los personajes femeninos hace una débil defensa del superior talento de la mujer, incluida la política.

El desarrollo del movimiento eugenésico en la isla, del neomaltusianismo y de los temas de higiene, entre ellas la higiene sexual, que produjo numerosos trabajos científicos, explica que Expósito escribiese algunas otras obras de teatro como fueron «Huyendo de la verdad», «Los muertos viven, «Los que tienen la culpa», «Adulterio ocasional» (por la que obtuvo mención honorífica del Ministerio de Educación en 1943), «Multitudes», «Luz en la sombra», «La querida», «Yo lo maté» y «Fusilamiento», que no hemos podio consultar pues sospechamos que quedaron en estado de manuscrito sin llegar a publicarse e ignoramos si aún se conservan.

En *La superpoblación humana*, Expósito explora sin embargo el problema de la experimentación con fines militares, dentro de una de las aristas que abordó la eugenesia, la cuestión del supuesto sobre poblamiento y su solución a través del control de los nacimientos, mediante la selección, la esterilización, el certificado médico prenupcial, etc. Y coincide con la ascensión del nacismo en Alemania, pues la obra se terminó de escribir en 1935 si bien se publicó dos años después. La trama se desarrolla sobre todo en un laboratorio que, si bien no se define dónde radica, resulta evidente que es La Habana. Como en los dramas griegos antiguos cuenta con un personaje que actúa como introductor de la obra que explica el motivo central que esta trata. Dicho introductor a modo de reportero se cuestiona si la ciencia y la moral al servicio de la superación humana y el mejoramiento de la especie no son vanas quimeras, pues los hombres actuales poseen la misma sangre de Caín, estando sus carnes infestadas por las taras biológicas que lo envenenan, trasmitiendo al mismo tiempo virus malignos y gérmenes patógenos que procrean en los caldos de cultivo de odio y egoísmo de la humanidad actual, o lo que es igual, la superpoblación humana.

Para ello los gobiernos requisan químicos, sabios y técnicos a fin de desarrollar una guerra de exterminio bacteriológica y química, y para la cual emplean las ampolletas no con el ánimo de combatir las enfermedades, sino para transmite bacilos de pestes apocalípticas. Drama desencadenado por una minoría audaz pero que afecta a la mayoría, vaticinando no solo la muerte de niños, jóvenes, madres, sino alegando también que se perderá la juventud fecunda, a costa de salvar las inversiones bélicas[15].

[15] «La juventud fecunda se perderá, pero se salvarán las inversiones bélicas. A los que mueran se les rendirán honores póstumos. A los que quedan inválidos, a los aniquilados, por la conflagración, se les

Una introducción que casi parece de la actualidad, donde la mayor parte de la experimentación científica de los países desarrollados están en manos militares, empleando grandes presupuestos en armamentos, y que por desgracia se puso se evidencia poco después de esta obra no solo durante la segunda guerra mundial sino también en las de Viet Nam, Cambodia, y más recientemente en Ucrania, etc.

En el drama, Emma una doctora laboratorista está empeñada en lograr una especie de suero que controle el problema de la superpoblación humana, acorde con las proclamas eugenésicas que achacaban a las clases más pobres el tener numerosos hijos sin poseer la capacidad de criarlos, así como de transmitir diversas taras y enfermedades. Emma pretende, aislando las células germinativas producir un suero que lograse la esterilización temporal mientras durase su efecto. En el laboratorio trabaja también su novio Aníbal, que espera obtener una beca en Alemania para proseguir sus estudios, con el que está a punto de casarse; y ambos son dirigidos por el doctor Elías, quien expresa temer que los gobiernos le prohíban el empleo de tal suero, porque el mismo limitaba los nacimientos, en contra de lo que defendían los gobiernos que pretendían que las madres tuvieran muchos hijos, porque hacían falta más soldados. A lo que Emma rebate que se tendrían hombres mejores, pero que Elías redarguye, alegando que el número de estos sería menor.

Los tres reciben la visita de tres profesores de la Universidad. El profesor Cardell, titular de la catedra de moral de dicha universidad, que recién acaba de regresar de un viaje alrededor del mundo, de tendencia conservadora y extrema derecha, que, según Emma combate el comunismo y admira mucho a Hitler y Mussolini, y había dado una conferencia sobre «los hombres providenciales en los gobiernos individualistas». Al doctor Croes, se le describe por Aníbal, como un hombre de ideas muy liberales, sin llegar a un exagerado radicalismo, del que Emma solo conoce un trabajo que este realizó sobre la legalización del aborto. Mientras que el doctor Harris es un químico norteamericano, defensor a ultranza de su país.

Después de enseñarles los departamentos, de explicarles el doctor Elías que allí confeccionan sueros preventivos y curativos contra distintos males y haber obtenido en los últimos años dos de sueros excelentes contra las fiebres infecciosas, Cardell les felicita por cuanto hacen por el progreso. Mientras que Harris celebra que a la cabeza de ese progreso vayan los Estados Unidos. A lo que Elías responde que la ciencia no debe tener nacionalismos, ni los científicos adolecer de esos prejuicios. Y cuando Harris arguye que debe reconocerse de dónde parte la luz, Elías riposta que la ciencia es para la humanidad y no importa que proceda de ese país como de Francia, España o Alemania. Al punto interviene Cardell para destacar que los alemanes son muy estudiosos y son los que más avanzan en cuanto a la ciencia, sistematizando la preparación de sus hijos el amor a la patria desde la cuna. Que Harry rebate arguyendo que Alemania es guerrera y prepara sus hijos para la guerra exigiendo a sus hombres de ciencia crear gases, materias explosivas, sustancias químicas para destruir y extermi-

dirá pomposamente que han luchado por la Patria, la Justicia y el Derecho...» Rodríguez Expósito (1937: 13-14).

nar. Lo que es cuestionado por Cardell que pregunta si no es eso mismo lo que hacen los demás países.

El propio laboratorio de Elías tiene un departamento, dirigido por éste, supeditado de manera directa al ministerio de la guerra. Elías, aunque es un pacifista convencido, aclara que se vio precisado a no negar su colaboración a la defensa de la patria. Como se verá después, será el control del Estado en la ciencia el motivo central del conflicto que se crea entre los científicos de dicho laboratorio.

La intervención de Cardell en esta ocasión parece sacada de un artículo actual cuando asegura que todas las naciones hablan de fraternidad universal, pero junto con los créditos que se votan en las convenciones para el desarme, emplean fabulosas cantidades de dinero en la fabricación de nuevos armamentos. Cuando Harry trae a colación la política seguida por Hitler en Alemania, que Cardell justifica expresando que Alemania se defiende una posible agresión francesa, Harry arguye que Francia fue siempre la agredida y que Alemania es el país más imperialista. Para Croes no es sólo una u otra nación, sino todas las de ambos continentes las que se preparan para la guerra, y critica que estas dediquen a los científicos a fabricar nuevas fórmulas ya sea de dinamita o de bacilos para la guerra en lugar de para combatir enfermedades como la lepra o la tuberculosis. No es una legítima defensa, arguye Cardell, sino que, por el contrario, ninguna defensa justifica la destrucción de la humanidad. De modo que prepararse para una guerra química y bacteriológica es una regresión espiritual, que sembrará la desolación y la muerte producida no por cañones sino por millones de microbios. Y que Harry corrobora será la guerra futura. Cualquier semejanza con lo sucedido después, incluida la reciente epidemia de Covid-19, no es pura coincidencia.

El cuadro espantoso que Croes traza de ancianos, mujeres y niños exterminados por la lepra, el cólera o la peste bubónica, negando que nos llamemos civilizados; para Cardell solo son escrúpulos de aquél, pues el deber los gobiernos es defender la integridad de los derechos nacionales. A lo cual aquél le responde que no habrá fraternidad mientras esos grupos manejen a su antojo naciones y pueblos. Lo que para Harry es una teoría comunista (le llama *comunizante*). Si bien Croes alega que eso no es ser comunista ni patriotero, sino pacifista, y critica a que dichos grupos quieran someter a los pueblos a crueles dictaduras[16], de un modo que nos parece también muy actual.

Aunque Elías y Harry se burlan de Croes al que ven como un predicador, Cardell opone que sus teorías son impracticables mientras existan los hombres actuales. Croes culpabiliza de ello a los gobiernos y universidades por no fomentar en la juventud ideales de verdad y de amor, siendo responsables dichos profesores por no haber cumplido con su deber, dejándose entusiasmar por los movimientos revolucionarios de los estudiantes, y en lugar de encauzarlos por cauces provechosos, han sido comparsas en las revueltas estudiantiles siendo estos los que predominan sobre los

[16] «Protesto de que Reyes, Jefes de Gobierno y Ministros por sus combinaciones con los fabricantes de armas, o explotadores de colonias, lancen a un pueblo contra otro, enarbolando una bandera y exaltando un mal entendido patriotismo. Protesto asimismo de que grupos de agitadores o libertarios o como se llamen quieran guiar a las masas por senderos equivocados, sometiéndola a las más férreas dictaduras y esclavizándolas en aras de un ideal colectivo es un espejismo de nombre» Rodríguez Expósito (1937: 22).

profesores en lugar de lo contrario. Todo lo cual Cardell ve como absurdo, pues él ha mantenido la disciplina en su cátedra.

Al respecto deben recordarse los movimientos revolucionarios universitarios que se habían producido durante la década del treinta no sólo en Cuba sino en toda Latinoamérica, desde la década anterior, y que en la isla habían contribuido a derrocar hacía poco la tiranía de Gerardo Machado.

Interesados Croes y Cardell por saber lo que hacía Emma, Elías le aclara que en el laboratorio están empeñados en hallar un suero para neutralizar el germen de la fecundidad en el ser humano. Idea que parece horrible a Cardell, pero que Croes ve como muy lógica. Para Cardell eso es ir contra la institución de la familia y contra la propagación de la especie. Pero Elías le aclara que lo que se pretende es conseguir una fórmula química, intravenosa que impida la facultad de procrear, para evitar los métodos anticonceptivos y el abuso perjudicial de los abortos. Cardell se había opuesto a la legalización del aborto, y eso había decidido que no hubiese podido promulgar una ley al respecto. Harry opina que la idea de los abortos es importada de Rusia que incluso posee clínicas con ese fin. Croes insiste en la *santidad* del aborto, y lo mismo Elías quien asegura que por eso mismo y para evitar esos males estudian lo del suero, y que Emma sueña con un mundo mejor y una humanidad buena. Lo que Cardell rebate, diciendo que la humanidad nunca será buena. Harry le pregunta a Emma si cree que hace un bien a la humanidad, y ésta le responde (con uno de los argumentos preferidos de la eugenesia, aunque no la menciona) que había que impedir la prole numerosa de la clase pobre, pues era un crimen traer al mundo hijos para que sufrieran el hambre y la miseria. Lo que Cardell ve como influencia de la literatura roja (aunque no era así), y Croes como la realidad misma. Mientras que Cardell cree que es difícil que obtengan éxito en ello. Emma, por su parte, defiende las ideas eugenistas al expresar que pretende lograr dominar las células reproductivas para hacerlas perder su vitalidad sin afectar la vida normal del individuo, favoreciendo que se tengan hijos por amor sanos y robustos en lugar de procrearlos por placer, ofreciendo un cuadro de horror en que muchos reniegan de los hijos.

Cardell le responde que esos casos aislados. A lo que Emma riposta que son pocos los casos en que se sueña con el hijo, prefiriendo la mayoría no tenerlos para ser más libres, y que sólo las clases pobres se hallan agobiadas por la numerosa prole. Una idea que sostenía Francis Galton el creador de la eugenesia, aunque ella no lo menciona. Y del mismo modo alude a otra de las críticas de los eugenistas a las madres de las clases ricas que no amamantaran a los hijos, y que llamaban mercenaria o criminal, para no deformar sus cuerpos[17].

Mientras Harry ve esto como teorías desmoralizadoras, Croes considera que están basadas en la razón lógica el hecho de una humanidad mejor mediante limitación y selección de la prole que para él sería el ideal. Pero Cardell piensa que sería monstruoso porque la humanidad no crecería, desapareciendo las razas. Emma aclara que limitar

[17] ««Pero mientras la madre pobre, de cuerpo raquítico y carente de savia, alimenta a su hijo a su hijo con el jugo amargo de su vida, la madre rica, paga una criandera para que su seno erecto no pierda la forma, y pueda lucirlo, no a su marido sino a la sociedad donde se exhibe…» Rodríguez Expósito (1937: 26).

no quiere decir anular y que habría que mejorar la raza y que eso solo se podía lograr con una reglamentación de la natalidad, considerando que aquellos que puedan tener hijos sanos de cuerpo y de alma, los tenga pero no los que llevan una vida llena de miserias y sinsabores, cometiendo el crimen de traerlos a la vida torturados por el raquitismo, anemia, enfermedades y privaciones por el resto de su vida. Sin poder tener alimento espiritual y verdadera educación, eso sí lo considera monstruoso.

Croes opina que mientras la sociedad esté dominada por prejuicios egoístas y se le niegue ayuda a las clases desheredadas, dejándole los placeres a una casta privilegiada que es una minoría y ofreciéndole todos los medios, incluida la ciencia por poseer dinero, se seguirá viendo esa clase monstruosidad.

Pero para Cardell el Estado mantiene los centros benéficos para los pobres y se gasta enormes sumas en mantener esas instituciones. Sin embargo, Croes opina que se emplean mayores cantidades en preparar métodos de guerra, y Harry que son para la legítima defensa de la nacionalidad. Croes piensa que no se preocupan de la defensa de la raza y de sus propios hijos, de esos que pretenden usar siempre como soldados. Todos estos puntos coincidentes con los presupuestos en debate de los eugenistas, aunque no lo digan.

Elías interviene para proponer discutir el tema con mayor amplitud en su despacho, añadiendo Cardell que mantendrá su criterio poque defiende la moral, mientras Croes dice sostener la razón y la justicia. A lo que Elías le aclara que nunca la moral y la razón han marchado al unísono. Cardell insiste en que se produciría un gran daño a la humanidad si se proporciona ese suero y rebatirá cualquier argumento, impregnado de una ideología demoledora, si se tienen en cuenta la ciencia y la moral. Emma reafirma que se opondrá a su réplica porque son dolorosas realidades de la vida y se basará, no en la moral ni en los prejuicios sociales ni en los intereses de los Estados, sino en los principios de una humanidad mejor.

El siguiente cuadro que nos presenta Expósito es una escena compartida en la cual por un lado se representa a una familia de un obrero pobre, en la cual este reniega de sus padres, de su fe en Dios y de haber tratado hijos a un estado de miseria y pobreza, sin poder ofrecerles todo lo que ha querido. E incluso de sus padres que también le trajeron a esta vida para pasar necesidades y sufrimientos, procreando una raza de hijos raquíticos, enfermos. Mientras que la otra escena, muestra una familia rica muy preocupada por la salud de su perro. Esta representación extrema, muy del gusto de los eugenistas, le sirve para acentuar la idea de que las personas pobres traen hijos al mundo a sufrir, pasar miserias y necesidades, mientras que los ricos solo se preocupan de futesas, negándose a procrear. Claro está, esto es un maniqueísmo porque no siempre era así. En una escena siguiente continúa el debate, en que Emma plantea que se debía evitar el espectáculo antes citado, a lo que Cardel arguye que el Estado tenía cocinas económicas y colegios. Croes piensa que no se concreta a eso sólo, sino que también hay que tener en cuenta la alimentación del espíritu. A lo que Harry pregunta cuál sería entonces la solución. Al señalar Emma la escena anterior, Croes opina que el rico era quien debía tener los hijos, pues le sobran los medios para sostenerlos, haciendo que crezcan sanos y robustos. Y el doctor Elías que ése es el desequilibrio universal.

Este presupuesto que partía del hecho de que por tener mejores condiciones económicas debían procrear hijos sanos, no era así tampoco por descontado, pues personas con mucha riqueza podían tener hijos con taras hereditarias y enfermedades de distinto tipo. Pero así los presentaban muchos eugenistas de manera simplificada. Para Cardel los ejemplos empleados por la doctora no justifican la monstruosa limitación de la natalidad porque constituye un acto inmoral de los más grandes y repudiables. Pero para Emma es en cambio la realidad que se confronta, no sólo es en este país, sino en todos, donde los individuos inferiores menos capacitados por sus condiciones físicas e intelectuales son los que con mayor facilidad se multiplican.

Harry cree que los aumentos de población siempre producen beneficios, lo que Cardell corrobora porque significan más servidores para la patria. A lo que Emma le responde que lo que él considera beneficios son en verdad males irreparables con peligrosas consecuencias para la sociedad. Croes se pregunta qué beneficios pueden dar los hijos sifilíticos, anémicos, alcohólicos y criminales. Respondiéndole Cardell que siempre hay remedios eficaces porque el Estado les proporciona la forma de curarlos. Por lo que Emma cuestiona qué pasa con los hijos de los padres tarados moralmente, a lo que Harry concluye que en esos casos no está justificada la ley de la herencia. Argumento típico de los eugenistas más ortodoxos.

Como muchos eugenistas, el doctor Elías pensaba que todos los males de la sangre eran transmisibles por la herencia, e incluso se podían transmitir las taras morales, porque entendía que algo funcionaba mal en esa clase de individuos. Sin embargo, incluye en esto distintas clases de demencia y enajenación mental. A lo que Emma añade variadas fases de anormalidad, presentes aun en personas que se creen normales.

Si bien Cardell opina que el Estado tiene también instituciones, clínicas, hospitales y especialistas para el tratamiento y curación de esos males. Croes trae a colación uno de los argumentos sobados de los eugenistas acerca de los costos económicos que ello representaba. Así opina que ese dinero que invertía el Estado en dichas instituciones podía emplearse en el mejoramiento de la raza, a fin de alcanzar una raza superior y por consiguiente su prole. No debiendo hacer enfermos para crear asilos, pues no se deben esperar de hombres y mujeres enfermos, hijos saludables.

Una idea que le parece irrealizable a Cardell porque supone llevar a cabo una *selección artificial* de la raza humana, y no debe intentarse siquiera mediante suprimir los nacimientos. Pues, a su juicio, no se debe impedir la maternidad a la madre, no solo por su sexo, sino por su condición de madre, y atentar contra la maternidad es atentar contra la especie.

A lo cual responde Croes utilizando la cuestión de la tan manipulada *lucha por la existencia*, proclamada por Spencer y Darwin (sin mencionarlos claro está) cuando asegura que ya lo prohíba la religión, la moral o el Estado, la natalidad seguirá siendo restringida, pues lo impone la lucha por la existencia. Elías piensa que los médicos deben aconsejar el limitar la natalidad en aquellos casos que constituyen patológicamente un crimen. Sin embargo, Cardell opina lo contrario, es decir, que el médico no debe aconsejar ni evitar ni restringir los nacimientos, pues no existen para ello razones científicas ni económicas.

Emma insiste en que la restricción de los hijos es imprescindible por motivos científicos y humanos, mientras el Estado no provea lo suficiente a las familias que tengan mucha prole. Cuando Harry pregunta en qué podía consistir esa protección, Croes expresa que el Estado jamás se preocupa del problema de los hijos, limitándose a prohibir el aborto, sin promulgar leyes que protejan de manera definitiva a los matrimonios con numerosa descendencia.

Pero Emma piensa que se pueden proteger los mismos, creando el impuesto a la soltería en los hombres perfectos física y mentalmente, y Elías opina que se soluciona con la creación del certificado prenupcial, propuesta cara de los médicos eugenistas e higienistas de la época. A lo que añade Emma la elección para cargos del gobierno dependiendo del número de hijos, preferir en los trabajos de las fábricas y comercios al casado antes que, al soltero, crear dotes matrimoniales...

Si bien Cardell piensa que con ello se puede lograr mucho, no está convencido de que se establezca un método anticoncepcional que impida la fecundación u obstaculice el proceso natural de la concepción. Croes por su parte piensa que es posible que dicha restricción se adopte en el futuro como una solución económica y social. A lo que Emma ratifica que ese es el propósito en el que trabaja, viendo como un triunfo de la biología la inmunización temporal de los seres humanos mediante inyectar espermatozoides vivos en la mujer.

Para Harry la restricción de la natalidad solo debe emplearse como una medida de eugenesia, pero si se hace basada en la pobreza o la miseria puede resultar un peligro social. Empero, para Elías la solución es poblar y educar al propio tiempo, y Croes opina que los gobiernos sólo quieren lo primero a costa de lo que sea, incluso la pobreza y la miseria, pues solo desean obtener suficientes soldados para los casos de guerras futuras, a fin de «defender los intereses bursátiles de los grupos privilegiados que gobiernan o que mantienen el control del Estado» (Rodríguez Expósito, 1937: 38-39).

Los eugenistas iberoamericanos insistieron en que el Estado debía preocuparse más por la educación como factor del mejoramiento de la especie, y si bien Cardell opinaba que ya era así, Elías aseguraba que la educación estaba abandonada de manera alarmante, entendiendo que si los pueblos fueran ilustrados no habría guerra. Un sofisma después de todo pues como sabemos fueron los pueblos más cultos y civilizados de Europa los que desencadenaron las dos guerras mundiales. Por eso Harry aclara que las guerras eran producidas por los nacionalismos (hoy sabemos, como lo sabía Expósito, que intervienen también las cuestiones económicas), y explica que Cardell diga que ningún pueblo se había rebelado contra ellas, a lo que Elías responde que los soldados rusos se habían negado a pelear. Que Cardell atribuye al régimen comunista, debido al cambio de régimen, donde no hay mando ni disciplina. Croes insiste en que son los gobiernos los que niegan la educación a sus pueblos para que no protesten sobre sus absurdas medidas que defienden los intereses de aquéllos, disfrazados bajo la bandera del patriotismo, lanzando unas naciones contra otras en sus campañas nacionalistas. Lo que Emma reconoce es para que se destrocen como fieras, y sin resultado alguno complementa Elías. Para ella si los pueblos fueran superiores, también lo serían sus gobiernos, siendo Croes quien pone el dedo en la llaga al puntualizar que de ese modo se evitarían los manejos de la bolsa, y los negocios de fabricación de armas y explotaciones en las colonias, porque son ellos los que provocan las guerras. Tal como hoy, podríamos concluir.

Emma centra empero las causas de muchos males, incluida la guerra, en la superpoblación humana, y ve como injustificada la idea de que la disminución de la natalidad produzca alarma (como piensa Harry), pues al disminuir los malos se obtiene una minoría selecta con lo que –coincidiendo con Elías– se evitarían los conflictos armados. Incluso le sirve para responder a la pregunta de Cardell que, si en ese caso no triunfarían las razas inferiores sobre las superiores, entendiendo Emma que la fuerza bruta no puede vencer a la inteligencia, y que es cuando se unen ambas que se producen las guerras.

Croes, que apoya a Emma, defiende los presupuestos eugenésicos, asegurando que, si las masas populares fueran seleccionadas tanto en lo físico como en lo moral y preparadas como razas superiores, no se dejarían utilizar para las revoluciones y las guerras, siendo éstas, parte no de un ideal sino de un fabuloso negocio.

Mientras Cardell no queda convencido, Harry ve estas teorías impracticables, aun bajo el régimen comunista. Y Emma aclara que tanto en este régimen como en el capitalista debe reglamentarse la natalidad. La simplificación (desde luego incorrecta) de Cardell que ve ese control innecesario en el régimen comunista, pues para él todos son iguales y se distribuiría de manera proporción la producción (hoy sabemos que no), Emma le opone que justo es bajo ese régimen que se debe controlar la natalidad, pues la superpoblación humana aumentaría en proporción inversa al suministro de alimentos, y ello generaría luchas intestinas. Es decir, aplica aquí las ideas maltusianas, que admite también Croes al reafirmar que la superpoblación humana produciría no solo el desequilibrio social, sino que además provocaría la guerra entre países e incluso entre los individuos de una misma nación. Y reafirma Elías al asegurar que, si no se aplica la reglamentación de la natalidad, se alteraría la armonía social, porque el aumento de la prole daría lugar al egoísmo y el acaparamiento, génesis de las guerras.

En consonancia con ello Emma insistirá en el viejo argumento, aún empleado en nuestros días, de que el crecimiento de la población debe estar acorde con la producción agrícola. Sin tener en cuenta lo que hoy sabemos, que se produce suficientes alimentos para alimentar la población humana y que el asunto radica en un problema de distribución, tirándose los alimentos a la basura antes que bajarles el precio o darlo a las naciones pobres o aún peor al pagarles bajos precios por ellos para enriquecer las grandes empresas que los controlan.

La idea de Emma de que la socialización de la producción debe estar en proporción con la procreación humana, introduciría otro de los argumentos manidos en la época: el problema de la maquinación, es decir de la utilización de las máquinas, que Cardell no cree sea la enemiga del hombre, pero que Croes considera que es justo el aumento de la misma el que precisa meditar en relación con el control de la natalidad, pues cada máquina que se inventa deja sin trabajo a miles de obreros, lanzándolos a la miseria. Emma cree que ni la industria ni el comercio ni el Estado pueden abastecer de empleo la creciente clase trabajadora; de modo que, piensa Croes, cada vez que un obrero encuentra trabajo es que otro lo ha perdido, manteniéndose el número de desempleados. Elías ve la solución del problema, aplicando el suero no sólo a los criminales y tarados en lo físico, sino también a las clases pobres luego de investigar sus ingresos, autorizándolos a tener hijos según la capacidad económica que posean, en lo que están de acuerdo Croes y Emma. A juicio de Elías con ese suero y una reglamentación del sistema se obtendría una generación futura, sana, robusta y mejor preparada, produciéndose de ese modo el verdadero cambio evolucionista que harían desaparecer los fantasmas de la guerra, la miseria y la ignorancia. Harry aclara que la generalización del proceso es peligrosa y que en el caso de los abortos debía realizarse por prescripción facultativa y solo en casos especiales.

A partir de ese momento la obra desemboca en el conflicto medular que tiene lugar con la intervención directa del gobierno en la dirección del laboratorio, conminando a sus científicos a trabajar en la creación de ampolletas productoras de enfermedades que puedan ser transmitidas por el aire, pretextando la obligación de todos de servir a la patria. A lo que se opone Aníbal, el novio de Emma, que es un pacifista convencido, por sentimientos éticos y humanitarios. Lo mismo piensan Emma, Elías y Croes que concuerdan en que la guerra que se prepara es la más destructiva de las que se han efectuado (lo cual fue exacto), así como de los peligros que entraña la enseñanza que se da a los niños y jóvenes desde temprana edad, destacándose en las escuelas las batallas y héroes en la historia, en lugar de sabios como Pasteur y otros benefactores de la humanidad, Los cuatro se oponen a los criterios de Cardell que defiende el nacionalismo, rebatiéndolo también Croes con razón que detrás de esas guerras están los intereses económicos de los que comercian con las armas. Y de otros recursos, podríamos añadir.

La actitud belicista de los Estados, hace que Harry decida regresar a su país para ponerse al servicio de su gobierno, lo que le parece bien a Cardell. Mientras tanto Emma deplora que sus ideales de control de la natalidad y mejoramiento de la especie se tengan que producir en medio de esa atmósfera belicosa[18]. Ideas de la propagación de la especie que parecen a Cardell utópicas e irrealizables, si bien Emma insiste en mantener la esperanza, resultándole doloroso que en ese mismo laboratorio en que se trabaja por el mejoramiento de la especie, haya otro departamento encargado de elaborar ampolletas destinadas a destruir hombres, mujeres y niños. Algo que corrobora su novio Aníbal, quien reafirma el hecho de que bajo el mismo techo en que se labora para mejorar la raza humana y obtener hijos sanos, robustos y sin taras, haya otro departamento que se dedica a fines destructivos. Un mal uso de la ciencia que se ha hecho siempre, le responde Croes.

En contraposición de las dos actitudes en torno a este asunto es presentada la actitud del laboratorista Víctor que inventa una especie de sustancia mortífera transmisible por el aire, probada por él con ratas, dando lugar a que todas murieran. Por lo que es considerado como un hijo predilecto de la patria, premiándosele con una medalla. Mientras que Aníbal, que persiste en mantener la posición contraria por

[18] «Dra. Emma.- ¡Oh... mis ideales de mejoramiento de la raza... De la restricción de la natalidad en este ambiente cargado del humo de los caños... de olor a pólvora... y de una atmósfera asfixiante». Rodríguez Expósito (1937: 55).

razones humanitarias, se ve obligado a defenderse de la acusación de Víctor de tener ideas comunistas (Rodríguez Expósito, (1934: 38-39).

La crítica de Expósito es demoledora al presentar al jefe de Gobierno, de temible frialdad al considerar las posibles bajas humanas en la fase de experimentación del producto diseñado por Víctor, y presionar a la prensa, a los profesores y maestros a que recalquen en sus artículos y enseñanzas los hechos bélicos, el amor a la patria y los peligros que corre ésta de sufrir una agresión extranjera. En una palabra, la necesidad de preparar psicológicamente a la población para la guerra. Preparación que llega a intervenir en las escuelas ofreciendo cursos especiales, regalándoles a los niños juguetes de guerra como soldaditos, pistolas, tanques, ametralladoras, aeroplanos. Y no solo eso, sino empleando grandes presupuestos en la compra de armas, como hacían los demás países. Como es lógico a uno le parece que la historia se repite de manera desastrosa, o que es la misma en todos los tiempos. Expósito nos deja la impresión de que, en ese sentido, el control gubernamental es absoluto al dirigir toda la esfera pública.

Pese a todos los esfuerzos de Emma, Elías e incluso los misioneros de la paz que interceden a favor de Aníbal, este es acusado de traidor a la patria y juzgado por un tribunal militar (aun cuando es un civil) que lo condena a muerte.

Al final de la obra, Emma y el doctor Elías siguen pensando que el mal se encuentra en la superpoblación humana, es decir, en que sin ésta no habría guerra, que la selección de la raza hace a los pueblos mejores y que esa es la base de la restricción de la natalidad; así como que la selección prenatal evitará la guerra porque los pueblos al ser superiores comprenderían el error de las contiendas bélicas. Desengañado es el grito de horror de Emma que parece anticipar no solo la guerra mundial que se aproxima, sino también lo que ocurre en la actualidad, cuando exclama: «Todo esfuerzo es inútil. ¡La hoguera está encendida! De nuevo el monstruo apocalíptico desolará la tierra».

Entre los argumentos reiterativos de los eugenistas, en especial después de la primera guerra mundial, estuvo el de la preparación de los soldados sobre la población y, por consiguiente, el asunto de desmejoramiento de la raza a causa de dichas contiendas. Pues se partía del presupuesto de que en la selección que se hacía de los soldados, por lo regular se escogía a los más fuertes, sanos y robustos, y que estos eran los que morían, desmejorando así la raza, especie o población (términos que empleaban de manera indistinta). Lo cual no era ni fue después de todo cierto, puesto que la mayor parte de las personas que murieron tras la guerra fueron muchas más que los soldados, si se tienen en cuenta los efectos colaterales y postbélicos, como las epidemias que siguieron a la guerra (gripe española, cólera, etc.) y los numerosos fallecidos víctimas de la pobreza, el hambre y la miseria resultantes.

Como es lógico los planteamientos que realiza Expósito en su obra estaban en pleno debate desde las dos décadas anteriores en el panorama científico internacional y por consiguiente en Cuba, preocupada la clase media en obtener un mejoramiento de la población que, a diferencia de la eugenesia ortodoxa europea constreñida a los métodos genéticos, pero también de control de la población mediante medidas restrictivas como el certificado médico prenupcial, la esterilización de los individuos con diversas taras, y otras, tenían su complemento en la eugenesia latina propia de los países iberoamericanos donde además se insistía no solo en esas restricciones sino también en la necesidad de mejorar las condiciones higiénico sanitarias. Como esto lo hemos abordado en detalle en otras obras nuestras (García González y Álvarez Peláez, 1999 y 2007), solo apuntaremos aquí algunos aspectos, como el interés de cierto sector de la clase media que fue proclive al birth control, incluso llegando a presentar proyectos en la Cámara de Representantes como lo hicieron por ejemplo María Gómez Carbonell y José Chelala Aguilera en 1936 y 1940 respectivamente. Proyectos que implicaron no solo a los médicos sino también a pedagogos, periodistas, abogados, sociólogos y literatos entre otros. Las obras de Expósito debieron ser, para el sector culto de Cuba, un asunto del todo comprensible, si bien es dudoso que las clases pobres, que en la mayoría de los casos solo fueron objeto de estas campañas, estuvieran al tanto de tales proyectos eugenésicos. Al respecto de las medidas eugenésicas en relación con la guerra, fue Chelala el principal difusor en diversos artículos que publicó en la revista *Bohemia* y en otras publicaciones periódicas en la década del cuarenta.

La superpoblación humana aborda los problemas que se debatían en la comunidad científica internacional, acerca del control de los nacimientos, de los costes económicos que representaban el gran número (que los eugenistas exageraban) de pobres sin recursos que se reproducían mucho más que los ricos, transmitiendo taras y enfermedades que desmejoraban la raza humana

ALGUNAS CONSIDERACIONES

La incursión de la ciencia en la literatura y en especial los temas del transformismo y el evolucionismo, no se ciñeron en modo alguno a la figura e ideas esenciales de Charles Darwin, sino a otras corrientes científicas que marcharon ya de forma paralela, ya imbricadas con aquellas, no solo en Cuba y España, sino también en varias naciones de Iberoamérica y europeas. Las corrientes darwinistas se combinaron con el monismo de Haeckel, la supervivencia del más alto de Spencer, la eugenesia de Galton y el maltusianismo, pero tenían otros antecedentes en la literatura cuando se incorporaron corrientes como el magnetismo animal o mesmerismo, la frenología de Gall y la fisiognomía de Lavater, además de los temas preferenciales de la antropología física y criminal, sobre todo de la antropología positivista italiana, con Lombroso a la cabeza. A todas esas corrientes se incorporaron con el siglo veinte los planteamientos genéticos desarrollados por Gregor Mendel con sus famosas leyes, el plasma germinal de Weismann, etcétera. No se pretendió, claro está, abordar todas esas corrientes, salvo para mencionar algunos ejemplos. Lo mismo podría decirse de los movimientos literarios que identificaron al romanticismo, al naturalismo, al modernismo o al realismo, cuyas obras no prescindieron de las preocupaciones científicas correspondientes. Solo nos asomamos un poco a ciertas obras, pues es numerosa la literatura que se produjo al respecto y se manifestó en la prensa, el cuento, la novela, la poesía y el teatro (se excluyen aquí los ensayos, donde también se presentan), ya que hay autores que produjeron casi un centenar de obras, de modo que el autor propone dejar apuntada la necesidad de proseguir su análisis en estudios futuros. Pero no como casos aislados, sino, y esto quizá sea lo más interesante, proponer el estudio comparativo en cómo fueron recibidas y aplicadas en el área iberoamericana, desde su origen por lo regular en las naciones europeas, en medio de una realidad social política y económica muy diferente de las naciones donde fueron concebidas.

No quiere esto decir que no se pueda abordar el estudio de la presencia del darwinismo, o cualquiera de esas corrientes científicas por separado, como recurso nemotécnico, pero no puede olvidarse que en el contexto histórico en que tales corrientes se produjeron no llevaban implícitas solo la difusión del conocimiento científico, sino que fueron empleadas también con otras intenciones ideológicas, pedagógicas, filosóficas, políticas, económicas, que pretendían mejorar y modernizar la sociedad muchas veces con ánimo de control social. Hegemonía que pretendieron médicos, biólogos, abogados, pedagogos, como ocurrió con el darwinismo social, la eugenesia, la genética, el maltusianismo...

No es posible ocultar lo complejo que resulta el estudio del evolucionismo en la literatura, no solo por la abundancia y diversidad de géneros literarios donde está presente, así como su inclusión en otras áreas artísticas, como la pintura, la caricatura, el cine, donde fue abordado tanto de manera seria como satírica. El caso del teatro, ya en el siglo diecinueve como en la primera mitad del veinte, ofrece la dificultad de que, muchas de las obras que se escribieron y representaron, no llegaron a publicarse o ya no existen. Tal deficiencia se presenta además en el hecho de que el tema fuese llevado a las páginas de revistas y periódicos, hoy incompletos e inexistentes en ciertos casos. Ha de recordarse que el siglo diecinueve la prensa periódica fue también un divulgador esencial en ese sentido, ya desde el ámbito científico como burlón. Ha de pensarse, dada su labor traductora, por ejemplo, que los primeros cuentos de Edgar Alla Poe en España aparecieron en los periódicos en la década del cuarenta, otros en la del noventa con introducción de Rubén Darío, pese a que hoy las traducciones que más se conocen y reditan son las realizadas por Julio Cortázar, y fueron variadas las novelas que vieron la luz por entregas en la misma antes de darse al público como libros. Otra dificultad, aunque menor, fue la abundancia de obras que algunos escritores prolíficos dieron a conocer: Un ejemplo típico es el del escritor español Augusto Martínez Olmedilla quien, como un nuevo Balzac, por ejemplo, publicó en España más de ochenta novelas, una de cuyas obras está dedicada a la ley de Malthus, en consonancia con la de Emile Zola, *Fecundidad*.

A ese panorama de la difusión del evolucionismo hay que añadir el papel que desempeñaron las numerosas traducciones que se hicieron no solo de sus principales figuras e ideas, sino de su aplicación a las más diversas cuestiones, e incluso peregrinas concepciones como fueron por ejemplo el deporte, la arquitectura, etc. Así que el tema ofrece numerosas aristas de las que solo señalamos algunas a modo de ejemplos.

Como ya adelantamos, tanto el evolucionismo como todo el cientificismo en la literatura no fueron ni son motivos o estilos literarios inocuos, sino que conllevaron (y conllevan) objetivos muy específicos y bien definidos que van más allá de la información e el simple divertimento a los lectores. Más bien buscan su aplicación social, bajo diversas funciones:

Filosófica. Transmitir concepciones de los intelectuales y científicos acerca de su visión ideológica del mundo mediante sus doctrinas a una población cada vez mayor, y no solo a la elite culta.

Pedagógica. La intención de transmitir a través de la literatura (como de otros géneros) conocimientos científicos y tecnológicos, con el ánimo de enseñar e informar a los lectores del avance de la ciencia, incorporándolos a las escuelas, ateneos, academias y otras instituciones docentes, al tiempo que señalan sus beneficios y peligros de su aplicación en determinados asuntos por consideraciones éticas, humanas o sociales en general. Mezclados muchas veces con su manipulación política.

Control social. De ahí la preocupación por alertar y promover quiénes debían ser los encargados de ese control social de la ciencia. Médicos, pedagogos, biólogos, sociólogos higienistas, psiquiatras, que defendieron la frenología, el transformismo, el darwinismo social, el maltusianismo y la eugenesia, se propusieron como los garantes de esa defensa, en ocasiones pretendiendo incluso que tales corrientes fueran enseñadas en las escuelas como una nueva clase de religión como ocurrió, por ejemplo, con la frenología y la eugenesia.

De intervención estatal. La aplicación de estas corrientes científicas demandó del Estado su intervención, para la creación de campañas, así como de costosas instituciones (institutos, laboratorios, hospitales, centros de experimentación) que requerían grandes sumas de dinero. Algunas de las cuales se materializaron, pero otras muchas quedaron en simples proyectos.

Modernización y regeneración de la sociedad. Para lo cual era preciso eliminar viejas concepciones, instituciones y estructuras políticas, económicas y sociales (incluidas las educativas) que consideraban rémoras o símbolos de atraso en esos sentidos; y de aquí:

La crítica social a los estamentos que los representan, ya de forma sería o satírica, no solo a los políticos u hombres públicos sino también a intelectuales y científicos de adquirir enriquecimiento, fama o gloria personal a través de la ciencia... En el primer caso resultaron relevantes en cuanto a la importancia de frenar el desarrollo tecnológico promovido por la ciencia para el uso destructivo de la humanidad, como sucedió (y por desgracia sucede hoy más que nunca) con la construcción de armamento cada vez más sofisticado y su utilización contra la población con resultados catastróficos. Muchos eugenistas, en especial iberoamericanos, condenaron desde la eugenesia tal uso indiscriminado.

Claro está que todos esos movimientos científicos de los intelectuales y científicos confrontaban y confrontan grandes problemas a la hora de su aplicación sobre todo en muchas naciones subdesarrolladas con grandes poblaciones sumidas en la pobreza y la miseria como sucede aun en los países iberoamericanos y africanos, donde tal aplicación sigue siendo en su mayoría verdadera utopía, cuando en verdad requieren solucionar problemas más básicos de vivienda, alimentación, medicina e incluso de la enseñanza de las primeras letras. Por lo que la mayor parte de las corrientes científicas y tecnológicas, como la conquista del espacio, por ejemplo, continúan perteneciendo y ocupando más a una porción minoritaria de la humanidad.

BIBLIOGRAFÍA

BORRERO ECHEVERRÍA, Esteban (1888-1891) «Aventuras de las hormigas», *Revista de Cuba*, t. 7 al 13.

CARRIÓN, Miguel del (1917) *Las honradas*. Novela. La Habana, Librería Nueva, 1917; 2ª. ed. Id., 1919; 3ª ed. Id., 1920; La Habana, Academia de Ciencias de Cuba. Instituto de Literatura y Lingüística, 1966; La Habana, Instituto Cubano del Libro, 1973.

CARRIÓN, Miguel del (1919) *Las impuras*. Novela. La Habana, Librería Nueva, 1919; [Lima] Imp. Torres Aguirre [1959]. 2 t.; La Habana, Instituto Cubano del Libro, 1972.

DELGADO GARCÍA, Gregorio; ESTRELLA, Eduardo y NAVARRO, Judith, «El Código Sanitario Panamericano: hacia una política de salud continental». https://www.scielosp.org/article/rpsp/1999.v6n5/350-361/-

ESTEFANÍA, Carlos Manuel (2007) «Retomando el Anarquismo en Cuba (III): Los anarquistas cubanos en el siglo XIX». 2007-10-21. http://www.alasbarricadas.org/forums/viewtopic.php?t=30670.

CAROL GERONÉS, Lidia, «El 'Nigromántico mejicano', un caso raro de la literatura romántica en Cataluña, https://www.cervantesvirtual.com/obra-visor/el-nigromantico-mejicano-un-caso-raro-de-la-literatura-romantica-en-cataluna-877573/html/c3997beb-0016-4cad-b4ec-f7d68db49049_3.html

GARCÍA GONZÁLEZ, Armando (2003) «Ignacio Pusalgas, un médico romántico del siglo XIX». *Asclepio*, 45 (2), pp. 201-230.

GARCÍA GONZÁLEZ, Armando, «Nuevos datos sobre el médico y novelista Ignacio Pusalgas» (inédito).

GARCÍA GONZÁLEZ, Armando (2007) «Entre la sátira y la utopía: Algunos ejemplos de la presencia de la eugenesia en la literatura española a comienzos del siglo XX», en Vallejo, Gustavo y Miranda, Marisa (comp.*), Políticas del cuerpo. Estrategias modernas de normalización del individuo y la sociedad*, Buenos Aires, Siglo XXI, pp. 261-291

GARCÍA GONZÁLEZ, Armando (2008) *El estigma del color. Saberes y prejuicios sobre las razas en la ciencia hispanocubana del siglo* XIX, Santa Cruz de Tenerife, Editorial Idea, 2 vols.

GARCÍA GONZÁLEZ, Armando (2013) *Descubridores de la mente. La frenología en Cuba y España en la primera mitad del siglo XIX,* Sevilla, CSIC, Universidad de Sevilla, Diputación de Sevilla.

GARCÍA GONZÁLEZ, Armando (2018) «Ciencia y evolución en dos novelas de Francisco Calcagno: Historia de un muerto y S.Y.», en Vallejo, Gustavo, Miranda, Marisa, Ruiz Gutiérrez Rosaura y Puig-Samper, Miguel A., *Darwin y el Darwinismo desde el sur al sur*, Madrid, Ediciones Doce Calles.

GARCÍA GONZÁLEZ, Armando y ÁLVAREZ PELÁEZ, Raquel (1999) *En busca de la raza perfecta*. Eugenesia e higiene en Cuba (1898-1958). Madrid, CSIC,

García González, Armando y ÁLVAREZ PELÁEZ, Raquel (2007) *Las trampas del poder. Sanidad, Eugenesia y migración. Cuba y Estados Unidos (1900-1940)*, Madrid, CSIC.

GARCÍA RODRÍGUEZ, Oscar, «Historia del periodismo espiritista en España: desde el libro de los espíritus hasta la guerra civil, https://grupoespiritaisladelapalma.wordpress.com/2010/01/03/historia-del-periodismo-espiritista-en-españa/.

GONZÁLEZ LÓPEZ, Rosa María (1999) *Felipe Poey. Estudio biográfico*, La Habana, Editorial Academia, pp.212-224.

LEÓN IGLESIAS, Juana Marta (s.f.) «Evolución de las ideas filosófico penales en Cuba. El Código de Defensa Social y otras normativas penales (1938-1958)» https://www.researchgate.net/publication/262747629_Evolucion_de_las_ideas_filosofico_penales_en_Cuba_El_Codigo_de_Defensa_Social_y_otras_normativas_penales_1938-1958.

LOVEIRA, Carlos (1919) *Los inmorales*. Novela. La Habana, Sociedad Editorial Cuba Contemporánea. 2ª. ed. Id., La Habana, Editorial Letras Cubanas, 1980

MONAL, Isabel y MIRANDA FRANCISCO, Olivia (2002) *Pensamiento cubano, siglo XIX*, La Habana, Editorial de Ciencias Sociales.

MORENO FUENTES, José (1858) *Por no quedarse solteros*, Cádiz, Imp. Manuel M. de Luque.

MORENO DE FUENTES, José (1862) *Víctimas del orgullo. Leyenda filosófica moral* (poema). Habana, Imp. de la Litografía del Gobierno.

MORENO FUENTES, José (1865) *Estudios Económicos y Sociales,* Habana, Imprenta La tropical.

MORENO FUENTES, José (1881) *Habitabilidad de los astros: manifestaciones de la vida universal*, Madrid, Gaspar, Editores.

MORENO DE FUENTES, José (1882) *La venganza de un esclavo*. Novela, Madrid, Impr. de Montegrifo y Comp. Administración de La Galería Literaria.

MORENO DE FUENTES, José (1883) *El fantasma del mar Atlántico*, Madrid, Gaspar Editores.

MORENO DE FUENTES, José (1883) *Por locuras de Cupido*: Novela humorística, Madrid, Imp. de Montegrifo y Comp. Administración de La Galería Literaria.

MORENO DE FUENTES, José (1884) *Silvestre y Simplicia*: Novela humorística, Madrid, Impr. de Montegrifo y Comp. Admón. de la Galería literaria.

MORENO FUENTES, José (1988) *Una empresa misteriosa en el Mar de las Antillas*, Sabadell: Caballo-Dragón, D.L. (1 edic. 1881). Citamos de la segunda edición.

POEY, Felipe (1888) *Obras literarias*, Habana, La Propaganda Literaria.

PUSALGAS y GUERRIS, Ignacio (1873) *Los aparatos y sistemas anatómicos del cuerpo de la muger (sic) y sus funciones fisiológicas, ¿permiten que se ocupe, como el hombre, á todas las artes y a todas las ciencias?* Barcelona, Establecimiento Tipográfico de Jaime Jepús Roviralta.

PUSALGAS y GUERRIS, Ignacio (1862) *Ensayo sobre formación y arreglo de un museo anatómico, orden científico de las piezas naturales y artificiales para el fácil y completo estudio de la organografía humana descriptiva, general, topográfica, quirúrgica y patológica, obstétrica, clínica médica, etc.,* Barcelona, Imp. de Joaquín Verdagues, Rambla, Frente al Liceo.

Relatos de Eusebio Borrero Echeverría (1879) edición digital. https://www.ellibrototal.com/ltotal/ficha.jsp?idLibro=6084.

REYNOSO, Álvaro (1867) *Apuntes acerca de varios cultivos cubanos*, Madrid, Imprenta de M. Rivadeneyra.

RIVERO DE LA CALLE, Manuel (Comp.) (1966) Actas de la Sociedad Antropológica de la Isla de Cuba. La Habana, Comisión Nacional Cubana de la UNESCO.

RODRÍGUEZ EXPÓSITO, César (1934) *Humano antes que moral.* [y] *El poder del sexo*, Habana, Editorial «EL Fígaro».

RODRÍGUEZ EXPÓSITO, César (1937) *La superpoblación humana,* Habana, Imprenta y Librería Nueva Pi y Margal, 98.

EL DARWINISMO SOCIAL NUNCA EXISTIÓ

Héctor A. Palma, Débora Infante
LICH-UNSAM-CONICET

«(...) No le decimos 'lo que usted dice es falso', sino que le preguntamos ¿qué quieres decir tú con tus enunciados?»
(Carnap *et al*, 1929- Manifiesto del Círculo de Viena)

El término «darwinismo social» (en adelante «DS») es de uso extendido en ciencias sociales, pero arrastra importantes dificultades ya señaladas en varias oportunidades (Girón Sierra, 2005; La Vergata, 2009; Crook, 1996; Bellomy, 1984; Bannister, 1979; Leonard, 2009; Hawkins, 1997; Weikart, 2006). Algunos, incluso, aconsejan dejar de usarlo por su vaguedad y equivocidad. Aquí se retomarán en parte esos análisis críticos, pero se intentará aportar otros elementos no tenidos en cuenta, evitando dos estrategias usuales pero que aquí no sirven: por un lado, la *estipulativa* («cuando a dice DS quiere significar X»), útil para analizar algún uso particular del término, pero infértil para un análisis de su uso abusivo o equívoco; por otro, la estrategia *elucidativa*, consistente en armar una colección de los significados distintos («DS se ha usado para significar X, Y, Z, etc.»), buena para una historia de las ideas, pero insuficiente para el tipo de análisis que se pretende desarrollar aquí, porque justamente en esa sumatoria de significados radica parte del problema.

En cambio, se tratarán de mostrar los siguientes cuatro puntos, a través de un análisis histórico y conceptual. Primero, DS parece referir a la extrapolación de algunos conceptos de la teoría de la evolución biológica de Darwin (sobre todo el de selección natural/supervivencia del más apto), para explicar procesos sociales, durante la segunda mitad del siglo XIX y primeras décadas del XX. Pero la historia empírica muestra que las cosas no fueron tan sencillas como la definición parece indicar, sino que el proceso por el cual ciertos conceptos y teorías biológicas funcionaron en tándem con conceptos y teorías sociales se dio, más bien, en un contexto en que biología y sociedad formaron un campo epistémico continuo y no tanto por la exportación de conceptos de un campo a otro. Segundo, las ideas que suelen asociarse con la expresión DS son anteriores a la publicación de la gran obra de Darwin en 1859.

Tercero, DS se ha aplicado a cosas muy distintas: la justificación naturalista del *laissez faire* económico, la explicación de las jerarquías raciales, la eugenesia, la justificación del imperialismo, los nacionalismos y la expansión colonial, al nazismo; incluso, más recientemente, al exacerbado individualismo neoliberal y la competencia entre empresas. Esto no solo implica una gran imprecisión sino que se incluyen puntos de vista contrarios, e incluso incompatibles con la teoría de la evolución, sindicada como su origen. Cuarto, no se trata de una categoría científica o metacientífica, sino más bien de una acusación, una descalificación de pensadores y/o teorías. De hecho, no hay autores que se llamen a sí mismos «darwinistas sociales» y algunas teorías más modernas que sí podrían con propiedad denominarse DS, no lo hacen.

1. BIOLOGÍA Y SOCIEDAD COMO UN CAMPO CONTINUO

Como decíamos, «DS» alude al uso, en teoría social, de conceptos biológicos de la teoría de Darwin, fundamentalmente el de selección natural/ supervivencia del más apto. Sin embargo, la historia empírica no registra un salto o extrapolación entre dos campos diversos y definidos (biología y sociedad). En cambio, durante el siglo XIX y principios del XX, la convicción de que los procesos sociales se regían por fundamentos anclados en el sustrato biológico humano, formaba parte del clima epistémico. Ello podía explicar la constitución de lo social, su estructura y funcionamiento; las pautas y características del cambio social y las conductas humanas; las ubicaciones relativas de las culturas en la dinámica histórica del progreso; incluso las relaciones y conflictos internacionales. Este reduccionismo onto/gnoseológico (concebir y explicar fenómenos del orden de lo social con conceptos y teorías del orden de lo biológico)[1] impugna la tradicional versión de historiadores y epistemólogos según la cual las ciencias sociales fueron adquiriendo cientificidad al amparo y la custodia epistemológica de las ciencias naturales. Esto solo es cierto en parte, porque no hubo una influencia en un solo sentido, sino que el intercambio disciplinar fue constante y permanente (ver: Cohen, 1994; Palma, 2016) entre las incipientes ciencias sociales y la biología[2] que se instala como una ciencia en sentido pleno a partir de teorías sumamente potentes como la de la evolución, la teoría celular y la de las enfermedades infecciosas. Esta interfase *biológico-social*, notoria en una fuerte naturalización de los fenómenos sociales, lleva a pensar en un *campo continuo* más que en una influencia unidireccional de un área sobre otra. Hay elementos que avalan esta idea y que serán objeto de las próximas secciones: las diversas y ubicuas formas del organicismo; el solapamiento entre diversidad y desigualdad en relación con el determinismo biológico propio del siglo XIX; la proclividad con la que algunos pensadores que hoy califica-

[1] Sobre el reduccionismo y el emergentismo como principios de abordaje de la realidad, ver: Palma, 2022.

[2] También ha sido significativa la influencia de la física newtoniana (antes de la aparición de la cuántica y la relatividad) como modelo de cientificidad, incluso para cuestiones sociales (ver: Nota N° 4, más abajo). Sin embargo, la dinámica social y la misma condición humana (biológica y social al mismo tiempo) resultan más empáticas epistemológica y ontológicamente con la biología, como de hecho sucedió.

ríamos sin dudarlo de «sociales», intentan reformular o corregir teorías biológicas; el clima evolucionista general más allá de la teoría de Darwin.

1.1 el organicismo

El caso de H. Spencer- uno de los filósofos más influyentes de la época- es ilustrativo de la idea de continuidad epistémica biología-sociedad. Se trata, en suma, de una verdadera filosofía evolucionista. Consideró a la evolución no como una teoría acotada a algún proceso en particular sino como una ley universal del devenir, dentro del cual la evolución orgánica (biológica) y la evolución superorgánica (social) resultaban, en ese orden, aspectos parciales. Progreso biológico y progreso social serían parte de un proceso evolutivo amplio, regido por las mismas leyes naturales y no ámbitos con lógicas de funcionamiento independientes. Spencer (1851) también desarrolló una analogía orgánica en la que identificaba sociedad con organismo biológico y aseguraba que el reconocimiento del paralelismo entre las generalizaciones relativas a los organismos y las sociedades era el primer paso hacia la teoría general de la evolución. La sociología llegaría a ser ciencia sólo cuando advirtiera que las transformaciones experimentadas durante el crecimiento, la madurez y la decadencia de una sociedad se rigen por los mismos principios que las transformaciones experimentadas por agregados de todos los órdenes, inorgánicos y orgánicos. Encuentra fuertes analogías entre organismos biológicos y sociales: ambos se diferencian de la materia inorgánica por un crecimiento visible durante la mayor parte de su existencia; aumentan en complejidad y estructura; en ambos la diferenciación progresiva de estructuras va acompañada de una diferenciación progresiva de funciones que se hacen posibles unas a otras; un organismo vivo puede ser considerado como una nación de unidades que viven individualmente, y una nación de humanos puede ser considerada un organismo[3].

Más allá del caso de Spencer, el uso de la metáfora[4] organicista fue generalizado en un linaje que viene desde A. Comte, quizá el primero que sostuvo que una ciencia social debía apoyarse en la biología. No era solo una vaga analogía. La teoría celular, por ejemplo, proveyó una nueva fundamentación científica para una concepción organicista de la sociedad. La relación todo-parte observada en los seres vivos era muy tentadora para dar cuenta de lo social. Las células se asemejan a los miembros individuales de la sociedad humana ya que cada una de ellas tiene una vida propia, además de constituir estructuras mayores cuando están juntas; ellas se organizan según el

---

3 El organicismo puede colisionar en parte con el individualismo y la defensa del *laissez faire*, aspectos clave del pensamiento de Spencer. Por ello, además de las semejanzas, admitía diferencias importantes entre organismos y sociedades: en un organismo las partes forman un todo concreto, la conciencia se concentra en una pequeña parte del todo y las partes existen para beneficio del todo; pero en una sociedad las partes son libres y están más o menos dispersas, la conciencia está difundida por todos los miembros individuales y el todo existe para beneficio del individuo, respectivamente.

4 «Metáfora» es tomada aquí no solo como una forma de hablar o un tropo, sino como una expresión con valor cognoscitivo, que dice algo por sí misma y no como mera subsidiaria de otra expresión considerada literal. En casos como los tratados aquí la metáfora se lexicaliza, es decir pasa a formar parte del lenguaje técnico de una disciplina (para una discusión detallada sobre el uso de metáforas en ciencia, ver Palma, 2016)

principio de la división fisiológica del trabajo, dado que cada tipo de célula tiene una estructura especialmente adaptada para su función; además se agrupan en unidades funcionales mayores -tejidos y órganos- tal como los individuos humanos están organizados en distintos tipos de organizaciones sociales; la distribución, circulación de alimentos y descarga de productos de desecho se podría ver analógicamente en los cuerpos vivos y en los cuerpos sociales. Incluso aspectos mucho más específicos como por ejemplo los descubrimientos embriológicos de K. E. von Baer y sus sucesores han tenido repercusión en la teoría social. El reconocimiento de los estados de desarrollo del embrión por división celular desde una única célula, y la subsecuente elaboración de órganos y tejidos, sugirió una secuencia similar de la organización social en la cual la multiplicación y agrupación de individuos- similar a la agrupación de células-, habrían formado unidades familiares, luego tribus, y también naciones. Otro aspecto de la teoría celular que tuvo una especial importancia para la sociología organicista del s. XIX, surge de la idea de R. Virchow (1860) de la *patología celular*, según la cual todas las condiciones patológicas del cuerpo humano se podrían atribuir a un estado de degeneración o a una condición de actividad anormal de una o varias células constituidas individualmente[5]. Del mismo modo, los males o enfermedades sociales serían causados por individuos enfermizos[6]. Estas ideas biológicas proporcionaron un modelo directo para muchos científicos sociales (ver: Cohen, 1994) que usaron y abusaron de la detección de símiles entre los seres vivos y las sociedades.

1.2 Diversidad, desigualdad y determinismo biológico

El mundo moderno instala la igualdad por naturaleza de los humanos y los derechos individuales, al menos filosófica, parcial y formalmente y en lo que a derechos políticos se refiere. Se trató de un largo proceso, cuyas ideas se instalan a partir del contractualismo iusnaturalista del siglo XVII primero, al que se agregan otras vertientes del pensamiento político después. Ese proceso incluye la consolidación del modo de producción capitalista –revoluciones industriales mediante– y los Estados nacionales, las revoluciones burguesas modernas (en Inglaterra en 1688 y en Francia en 1789), la independencia de las colonias americanas. En este contexto, las desigualdades sociales, la esclavitud, el colonialismo, el rol secundario de la mujer, la desigualdad de derechos, etc. comienzan a explicarse como correlatos de la diversidad biológica (ver: Dobzhansky, 1973) en el marco de un «determinismo biológico», definido por Gould como la creencia en que «tanto las normas de conducta compartidas, como las diferencias sociales y económicas que existen entre los grupos- básicamente diferencias de raza, de clase y de sexo- derivan de ciertas distinciones heredadas, innatas, y que, en este sentido, la sociedad constituye un fiel reflejo de la biología» (Gould, 1996: 42).

---

[5] A. Comte (1830-1842) ya había esbozado que los disturbios sociales debían ser considerados como casos patológicos, análogos de las enfermedades en el organismo individual.

[6] Curiosamente, R. Malthus (1798), uno de los grandes referentes de la idea de lucha por la supervivencia, había sostenido que la analogía entre salud de un individuo y salud de la sociedad podría ser demasiado ingenua. La salud y el vigor natural en la procreación, al aumentar la población podrían ser la causa de males y enfermedades sociales.

Resulta claro que aparecen aquí dos elementos diferentes vinculados. Por un lado, se afirma que los principales rasgos son hereditarios. Pero, por otro lado, se legitima el orden y funcionamiento de las sociedades –la desigualdad- sobre la base de esa diversidad biológica (real o supuesta). Sobre la primera afirmación aún se discute, pero el siglo XIX se encargó de reforzar hasta el paroxismo la segunda, es decir justificar la desigualdad a partir de la diversidad, más allá de que la primera refiere a una cuestión social y la segunda a una cuestión biológica. Sobre esa base surgió un conjunto de teorías que aunaban la detección de rasgos biológicos que pretendían justificar las jerarquías sociales y la obsesión por la medición propias del giro positivista de las ciencias: la frenología, las variadas formas de la antropometría y la craneometría, la antropología criminal de Lombroso y otras versiones posteriores que dejaron de lado el «atavismo» pero conservaron la matriz biológica (ver: Gould, 1996).

1.3 Las propuestas biológicas de científicos sociales

Un dato que, a nuestro juicio, no ha sido suficientemente tenido en cuenta, y que muestra que biología y sociedad constituyeron un campo epistémico continuo, es la facilidad y la frecuencia con que algunos pensadores más cercanos a la filosofía, la política o la literatura se atrevieron a opinar o cuestionar sobre algunos tópicos de la teoría darwiniana de la evolución. Esa suerte de invasión disciplinar, impensable hoy, no constituía una discusión científica clásica en la que se podían mostrar contraejemplos o elementos a favor de una posición disidente, sino que casi siempre era una propuesta explicativa que hacía coincidir la versión biológica con las propias teorías sociales y propuestas políticas. Así, É. Gautier (1880), P. Kropotkin (1902) y G. Tarde (1884) cuestionaron el egoísmo y la competencia como motor de la evolución y, en contraposición, sostuvieron que lo eran la cooperación y la ayuda mutua (Girón Sierra, 2009); S. Butler (1879) propuso una versión lamarckiana alternativa al punto de vista de Darwin; Engels y Marx tampoco dudaron en aceptar solo parcialmente o criticar aspectos de la teoría de Darwin en la medida en que se ajustara o no a sus respectivas visiones de la historia, la sociedad y la política. La necesidad de todos ellos de encontrar fundamentos biológicos para las teorías sociales y políticas era una marca de época. Con el correr del siglo XX, las ciencias sociales fueron logrando independencia epistémica de ese mandato naturalista y autonomía explicativa en términos de una causalidad inmanente de los fenómenos sociales y las metáforas biológicas (y las físicas) fueron quedando en desuso.

1.4 Los evolucionismos del siglo XIX

Otro elemento, en general olvidado, es el lugar que el evolucionismo, como metáfora articuladora de las explicaciones de lo social, ha tenido durante el siglo XIX y principios del XX. Sobre todo, al considerar que casi todas las (variadas y múltiples) formas que adoptó el denominado «DS», están menos emparentadas con el evolucionismo darwiniano en particular que con los evolucionismos sociales. La pérdida paulatina de la vigencia de estos últimos y, en paralelo, la consolidación de aquél, explicarían en parte este olvido. Este punto resulta relevante principalmente por la gran diferencia en aspectos fundamentales entre ambos evolucionismos (ver: Palma 2019a), tema de esta sección.

«Evolución» deriva etimológicamente del latín «evolutio», que indica la acción o efecto de desenvolverse, desplegarse, desarrollarse en forma paulatina y gradual algo que estaba plegado, arrollado o envuelto. Esto es importante porque todos los evolucionismos (sociales y biológicos no-darwinianos) recogen, algunos de manera clara y lineal, otros con algún compromiso algo más velado, este significado original; pero esto no ocurre con la teoría de Darwin, como veremos. Históricamente el evolucionismo tiene al menos dos fuentes temáticas. La primera en el ámbito biológico de los estudios sobre la reproducción y la ontogénesis en el siglo XVII. Recién a fines del XVIII y en el XIX vendrían las teorías evolucionistas sobre el origen de las especies, como la de Buffon, Lamarck y, sobre todo, Darwin. En paralelo cobraba fuerza la predarwinista pero también evolucionista, teoría de la recapitulación (ver Richards, 1992; Gould, 1977). La segunda fuente es la aplicación del concepto a las dinámicas sociohistóricas en sus múltiples aspectos, sobre todo a partir de la Ilustración e incluyendo autores que no se han autodeclarado evolucionistas pero que sus propuestas lo son. Los más conspicuos son: G. Hegel, Comte, K. Marx, Spencer, E. Tylor y L. Morgan. Pero hay otras versiones menos conocidas como, por ejemplo: el evolucionismo psicológico de Lester Ward, el evolucionismo económico de A. Loria, el evolucionismo demográfico de A. Coste, el evolucionismo religioso de B. Kidd, el evolucionismo tecnológico de Th. Veblen. Pero, más allá de la diversidad, estos evolucionismos poseen rasgos estructurales comunes. Todos ellos implican tiempo y cambio, aunque ni el mero paso del tiempo ni el mero cambio constituyan evolución, sino que tienen que reunir algunas características específicas.

En los evolucionismos el tiempo adquiere centralidad epistémica. Resulta un componente necesario y no un mero accidente; también la linealidad e irreversibilidad del tiempo son necesarias. Estos tres elementos se mantienen, más allá de que los rangos temporales en las distintas versiones evolucionistas son muy variables. En los desarrollos ontogenéticos pueden ir de minutos a cientos de años, en los evolucionismos sociohistóricos varían entre decenas, centurias o a lo sumo, en los planteos más generales, en unos pocos milenios; pero los tiempos de la evolución biológica pueden ir desde decenas de miles a millones de años para los procesos de especiación, extinción, aparición de nuevos grupos o familias: el llamado «tiempo profundo» (Gould, 1987).

De todos modos, las mayores diferencias cualitativas entre la teoría de Darwin y los otros evolucionismos, radican en las características e ingredientes del cambio, el otro componente estructural. Los sistemas sociales que evolucionan recorren *etapas* que se van sucediendo en un orden determinado y en el cual las posteriores son mejores que las anteriores en algún sentido relevante y preciso; ello implica, claramente, las ideas de *direccionalidad* y *progreso*. Esto es claro, por ejemplo, en los tres estadios (religioso, metafísico y positivo) en que, según Comte, se desarrolla el conocimiento humano; algo similar ocurre en la visión hegeliana de la historia en la cual el espíritu (cuya esencia es la libertad) se despliega desde sus principios limitados en Oriente hasta el Estado cristiano germánico; según Marx, por su parte, el elemento que dinamiza el progreso de la historia es la economía a través de distintos modos de producción (esclavista, feudal y capitalista) y un eventual comunismo maduro futuro; la antropología evolucionista, principalmente E. Tylor (1871) y L. Morgan (1877), sostiene que la culturas pasan por las etapas de salvajismo, barbarie y civilización. En todos los casos hay un paso hacia lo mejor, con etapas y una secuencia definidas. Vale la pena consignar que también hay etapas en una secuencia determinada, aunque allí solo pueda hablarse de progreso en un sentido figurado, en la embriología y en las teorías de la recapitulación. El embrión recorre etapas definidas y ordenadas; cualquier desviación relevante de esto lo lleva, seguramente, a la muerte. Según la teoría de recapitulación, etapas ancestrales filogenéticas se hacen presentes en la ontogenia en el orden correcto de su aparición histórica. Así lo planteaba E. Haeckel (1866, 1868), pero también E. M. Lombroso (1876) en su teoría del criminal nato.

Otro elemento relevante en algunos evolucionismos es el lugar que la *decadencia o la degeneración* pueden tener en el esquema progresivo. Los planteos de los evolucionistas no son descripciones históricas fehacientes (en todo caso resultan algo así como una historia ficcional), y tampoco lo son las alertas por la decadencia (asociada siempre a estados previos negativos). En cambio, adquieren potencia normativa, se constituyen en elemento legitimante de un presente efectivo, esperado o deseado, como fundamento de propuestas políticas o como una norma para interpretar y valorar, por comparación, culturas o momentos históricos. Por ejemplo, se puede señalar que tal o cual pueblo se encuentra en un estadio de salvajismo o barbarie por oposición y contraste con el estadio en que se ubica quien lo juzga. En el movimiento eugenésico la denuncia de la (supuesta o real, aquí no importa) decadencia de la sociedad legitima la necesidad de políticas de control y administración de los cuerpos a través de la reproducción, con la promesa de revertirla a través de la selección artificial de los mejores o superiores.

Por último, un sistema que evoluciona produce *novedades*, es decir situaciones, relaciones o hechos nuevos que, justamente, son los que permiten asegurar que hay evolución. Sin embargo, la acepción más corriente (y original) de «evolución» implica el des-arrollo, el des-pliegue en el tiempo de lo que ya está de algún modo en el principio. Dejaremos de lado aquí la cuestión de si el carácter de novedoso surge de nuestra incapacidad predictiva o se trata de procesos emergentes *per se.* Como quiera que sea, las distintas versiones del evolucionismo social (y de los evolucionismos no darwinianos) están mucho más cerca del significado de evolución como el des-pliegue, el des-arrollo de lo que ya estaba, en la medida en que las etapas son conocidas y previsibles (aquí no es relevante si la historia empírica confirma esto o no). En los evolucionismos sociales el derrotero progresista es conocido y previsible, incluso en los casos en que esa previsibilidad dependa, en alguna medida, de acciones humanas que la propicien o faciliten. Pero nada de eso ocurre en la evolución biológica[7] en la que el derrotero evolutivo es constantemente novedoso, emergente y, por tanto, impredecible.

---

[7] Aunque, a partir de Darwin, la cuestión de la teleología ha dejado de ser una cuestión biológica, aún se discute sobre direccionalidad y progreso (Ver: Wagensberg, 1998)

Las diferencias entre los distintos tipos de evolucionismos por un lado y la teoría de Darwin por otro son claras, aunque la expansión de esta última alrededor del mundo se produjo en un entrecruce bastante promiscuo con los otros evolucionismos. Por ello, no tendría sentido realizar una suerte de auditoría epistemológica, inconducente por otra parte, para denunciar en qué medida se pueda haber tergiversado la teoría darwiniana, sino más bien encontrar en la complejidad del proceso la razón por la que determinadas manifestaciones científicas e ideológicas se han denominado «DS».

La renuencia de Darwin a usar el término «evolution» remite a esas grandes diferencias con otros evolucionismos. En las primeras cinco ediciones de *El Origen* se refería al proceso como «descendencia con modificación». En las primeras cuatro sólo utilizó «*evolved*» una vez y, curiosamente, como la última palabra del libro. En la quinta la utiliza una vez más, pero para referirse a una afirmación de G. H. Lewes. Recién en la sexta y última (tanto en la original como en la corregida), utiliza ocho veces «*evolution*» y cinco veces «*evolved*». Darwin era consciente de las dificultades del término. Conceptos como etapas *a priori*, progreso, direccionalidad del cambio, despliegue de lo que ya está, o potencia normativa, no aparecen su teoría. Es que Darwin no sólo instaló definitivamente a la biología en una perspectiva naturalista, sino que su teoría implicó la supresión del pensamiento teleológico en el mundo orgánico. No hay camino hacia lo mejor en el mundo biológico; la aptitud en cada generación solo permite a los individuos sobrevivir y reproducirse, o morir sin descendencia; no hay etapas *a priori* que deban recorrerse y por tanto no hay direccionalidad. Sólo la reconstrucción retrospectiva (la del paleontólogo, digamos) de los distintos linajes, mediante un relato histórico unificador del registro fósil, puede generar la ilusión de que hay una direccionalidad. Por eso la evolución es incapaz de predecir el futuro de las distintas especies o familias, en un sentido relevante. Lo «novedoso» es un elemento central y emergente en sentido ontológico pleno.

2. LOS DARWINISMOS

A lo dicho hay que agregar un elemento más que contribuye a la imprecisión y la polisemia de la expresión «DS». También «darwinismo», a secas, resulta una expresión no completamente precisa en, al menos, tres aspectos. Primero la pluralidad semántica que deriva de la particular expansión e influencias del darwinismo en la cultura, sobre todo en el periodo que va desde la aparición de *El Origen* en 1859, hasta la década del '40 del siglo XX, periodo en que la expresión DS estuvo presente en las discusiones. Ya se han explicado las dificultades de usarlo como sinónimo de «evolucionismo». Pero también se han identificado otros usos. Como «anticreacionismo» refiere a que la teoría de Darwin se opone a la llamada «creación especial» es decir a la idea de que dios creó a las especies por separado como grupos independientes e invariables[8]. Este aspecto, revulsivo para la época, marcó casi por completo

[8] De todos modos, hay que tener en cuenta que la teoría de Darwin es compatible con alguna forma de deísmo que considere a dios como un creador o legislador remoto al inicio de los tiempos. De hecho, así termina la gran obra de Darwin, a partir de la segunda edición: «There is grandeur in this view of life, with its several powers, having been originally breathed by the Creator into a few forms or into one; and

el universo del darwinismo en los años posteriores a la publicación de *El Origen*, y los otros aspectos de la teoría –más relevantes luego– quedaron inicialmente en un segundo plano. También «darwinismo» ha sido caracterizado como una nueva visión del mundo por sus consecuencias filosóficas y antropológicas. La selección natural, el rol del azar, la ubicación de la especie humana sin ningún privilegio biológico y la eliminación de cualquier recurso a agentes sobrenaturales para explicar los procesos, son, además de conceptos científicos y resguardos metodológicos, fundamentos de posiciones filosóficas sobre el mundo y la autocomprensión humana[9].

Segundo, la otra fuente de sentidos múltiples de «darwinismo», diacrónica en este caso, surge de las modificaciones acaecidas en el sistema original de hipótesis de Darwin. Sobre el núcleo evolucionista, se fueron introduciendo modificaciones, algunas que Darwin habría aceptado sin más, otras no tanto y también agregados de nuevos conocimientos que ampliaron y mejoraron la teoría inicial. Este proceso comienza apenas publicado *El Origen* y no se detiene hasta hoy, pero en la época que nos interesa, desde 1859 hasta mediados del siglo XX, los cambios han sido relevantes. La selección natural, el gran descubrimiento darwiniano, recogió no pocos rechazos iniciales hasta las primeras décadas del siglo XX. Recién con la «teoría sintética», hacia la década del '30, la selección natural pasa a ocupar un lugar central casi indiscutido, al menos por algún tiempo. La idea lamarckiana de la herencia de los caracteres adquiridos, que Darwin recoge y acepta, termina descartada de la biología a partir de los trabajos de A. Weismann. Como quiera que sea, en un clima de época evolucionista, esta idea resultaba muy atractiva para aquellos que pugnaban por mostrar que la historia puede cambiar por la agencia humana.

Tercero, la multivocidad de «darwinismo» se puede analizar interna y sincrónicamente. En efecto, la teoría que aparece en *El Origen* resulta una estructura compleja que incluye varias hipótesis de distinto nivel de generalidad e importancia (ver: Mayr, 1997). Entonces, cuando se habla de «darwinismo» ¿se toma la propuesta darwiniana en su conjunto, o solo algunas hipótesis? Y en tal caso ¿cuáles? No hay dudas de que el origen común y la selección natural son las hipótesis de mayor jerarquía, pero también hay otras a las que Darwin otorgó importancia como la selección sexual y el gradualismo; sin contar con otras como la pangénesis o las modificaciones por el uso y desuso de los órganos como fuente de cambios hereditarios. Ahora bien, en sus usos más restringidos, DS refiere casi exclusivamente a lucha por la vida/supervivencia del más apto, lo cual es problemático porque recorta demasiado la teoría original. Pero, sobre todo, porque esa idea es predarwiniana. De hecho, Darwin toma de R. Malthus la expresión «lucha por la vida» y de Spencer «supervivencia del más apto»[10]. Veamos.

that, whilst this planet has gone cycling on according to the fixed law of gravity, from so simple a beginning endless forms most beautiful and most wonderful have been, and are being, evolved.»

[9] Mayr (1991) agrega otros sentidos de «darwinismo», más difusos o de menos alcance. Por ejemplo, como «antiideología» en oposición al creacionismo, la teología natural, el esencialismo de las especies, y el finalismo; como el «credo de los darwinistas», uso que según aclara, ha tenido más repercusión entre historiadores y epistemólogos que entre los biólogos; y como una «nueva metodología».

10 Darwin comenzó a utilizar «survival of the fittest» a partir de la quinta edición de *El Origen* (1869). Spencer la había usado en 1864, en *Principles of Biology:* «This survival of the fittest, which I have

2.1 La selección natural, lo biológico y lo social

Spencer, como tantos otros y en una Europa convulsionada socialmente, sostenía la capacidad civilizatoria del *laissez faire* sobre la base de que la lucha por la supervivencia redundaría en la superación de las personas, de sus herederos y, por lo tanto, de la sociedad en su conjunto. La mayoría de las ideas que suelen atribuirse al DS ya las había desarrollado en *Social Statics* (1851) al sostener que los pobres y miembros «no aptos» de la sociedad no deben ser ayudados por el Estado.

> La pobreza del incapaz, las penalidades que caen sobre el imprudente, el hambre de los perezosos o aquellos seres débiles que el fuerte empuja a un lado son consecuencias de una benevolencia grande y de largas miras. Debemos calificar de espurios a aquellos filántropos que, por impedir la miseria de hoy, desencadenan una miseria mayor sobre las generaciones futuras, y en esta categoría hemos de incluir a todos los defensores de la ley de los pobres. (…) Ciegos ante el hecho de que, en el orden natural de las cosas, la sociedad está excretando continuamente a sus miembros enfermizos, imbéciles, lentos, vacilantes, pérfidos, estos hombres irreflexivos abogan por una interferencia que no sólo interrumpe el proceso purificador, sino que incluso aumenta la depravación. (...) Eliminar al enfermizo, al deforme y al menos veloz o potente (...) así se impide toda degeneración de la raza por la multiplicación de sus representantes menos valiosos. Se asegura también el mantenimiento de una constitución completamente adaptada a las condiciones del entorno y por consiguiente productora de un grado máximo de felicidad.»(Spencer, 1851: 337)

Además, la idea de que la lucha y el conflicto son las claves para entender el funcionamiento de lo social, de las relaciones entre individuos o grupos y las causas del progreso, formaba parte del imaginario europeo del siglo XIX, bajo formas diversas: como lucha interindividual por la cual los individuos superarían sus limitaciones, y la sociedad se desarrollaría positivamente; como lucha entre grupos o clases antagónicas en busca de la supremacía social; como lucha entre razas para justificar los avances de unas naciones sobre otras. También está presente en autores tan disímiles como Bagehot, Gumplowicz, Sumner, Marx, Gobineau o, a su manera, Hegel, por citar solo algunos. Aún más, la idea de lucha, pero entendida como la que llevan adelante los grupos humanos o la especie misma contra la naturaleza estaba instalada entre algunos autores franceses y rusos. Una consecuencia de esta última versión es que consideraron a la cooperación y la solidaridad como los principales factores de la evolución de animales y humanos. Y la jerarquía de la inteligencia estaba dada por su mayor o menor capacidad cooperativa. Esta línea bien diferenciada aglutinó también autores de las más disímiles posiciones políticas:

> (…) populistas rusos, radicales franceses, socialdemócratas alemanes, fabianos y «nuevos liberales» ingleses, «progresistas» norteamericanos, anarquistas tales el naturalista y geógrafo ruso Piotr Kropotkin, el más reconocido apóstol de la

---

here sought to express in mechanical terms, is that which Mr. Darwin has called 'natural selection', or the preservation of favored races in the struggle for life.»

> «cooperación mutua». En Francia y Rusia la tendencia generalizada era considerar el darwinismo social del laissez faire, y el darwinismo biológico, como un producto del ethos competitivo, individualista y utilitario británico, algo ajeno al sentido comunitario ruso y a los ideales de la revolución francesa. (La Vergata, 2009:337)

En los '60 del siglo XIX (La Vergata, 2009), muchos autores aplicaron las ideas de Darwin no solo a procesos diferentes, sino también en sentidos a veces opuestos:

> En los EEUU, Charles Loring Brace encontró en ellas fundamento científico para su fe cristiana en la unidad de la Humanidad y su oposición a la esclavitud. El traductor francés de El Origen, Clémence Royer las usó para promover una laissez faire extremo y para fortalecer su creencia en una jerarquía racial. Haeckel argumentó que solo una aristocracia meritocrática podría reclamar una sanción en evolución; no se privó de evocar las leyes espartanas para deshacerse de los no aptos, y sostuvo que las razas humanas debían ser tratadas como especies diferentes descendientes de un ancestro parecido a un simio. El filósofo radical Ludwig Büchner dijo que la evolución podría llevar al socialismo. La guerra Austro-prusiana de 1866 fue interpretada como una confrontación entre naciones (o razas) en la cual triunfó la superior. Entonces vino la guerra Franco-germana, y el lenguaje de la lucha y la selección fue adoptado para explicar las relaciones internacionales y el poder político. El darwinismo social no solo nació, sino que desplegó todas sus variantes antes de que Darwin publicara *The Descent of Man, and Selectionin Relation to Sex* (1871) (La Vergata, 2009:334)

A esto hay que agregar que el mismo Darwin aclara en *El Origen* (segunda edición) que hace un uso «metafórico y amplio» de la expresión «lucha por la existencia».

2.2 el uso del término «darwinismo social

El primero en usar la expresión DS fue J. Fisher (1877) aunque lo hizo en un sentido negativo, para criticar la opinión de que los jefes irlandeses habrían evolucionado y convertido en «barones feudales. En cambio, sostenía, los colonos ingleses mejoraron el sistema social de la herencia (*tanistry sistem*) del mismo modo que los «ingleses actuales lo han hecho con los sistemas de la India y Nueva Zelandia». (Fisher, 1877). Pero el primero que lo usó en el sentido que aquí se discute, fue el anarquista francés É. Gautier, en la mencionada obra de 1880, que recoge una serie de conferencias del año anterior, y que se titula, justamente, *Le darwinisme social: critique et* étymologie *d'un concept.* Allí sostiene que la lucha por la vida en términos de ayuda mutua y cooperación, además de ser motor del progreso, disminuye en intensidad según se van desarrollando las instituciones sociales. En un sentido similar –la asociación es una ley más fundamental de la naturaleza que la competencia- se expresó el francés G. Tarde (autodefinido como «un evolucionista no darwiniano») y agrega que las consecuencias defectuosas del darwinismo social demostraban que el darwinismo era erróneo también en biología. Quizá parezca solo una cuestión de énfasis, pero parece más adecuado insistir con lo ya señalado: este abigarrado y heterogéneo conjunto de líneas teóricas surgen de un campo epistémico continuo entre fenómenos (hoy) específicamente biológicos y (hoy) específicamente sociales.

Ahora bien, retomando a Girón Sierra (2005:45), «quizá más inquietante que la misma indefinición conceptual sea la siguiente cuestión: ¿de veras fue tan importante el darwinismo social?» Bannister (1979) asegura que, en los EEUU, se trató de un hombre de paja creado por algunos reformistas como George o Ward a fines del siglo XIX. Hay coincidencia en que la difusión del término en los estudios sociales se produjo luego de la publicación de la obra de R. Hofstadter (1944) *Social Darwinism in American thought, 1860-1915.* Un estudio bibliométrico de G. Hodgson en el *Journal of Historical Sociology (*citado por Johnson, 2010) muestra que, en esa revista, el término «DS» apareció 9 veces entre 1850 y 1914, mientras que «Darwin» tenía 2458 citas y «Spencer» 2786; en el periodo entre guerras solo hubo 49 artículos que lo usaron. Pero desde la publicación del libro de Hofstadter, apareció 4258 veces. Johnson concluye que «el darwinismo social como teoría fue inventado por Hofstadter[11] y que sólo tuvo una influencia insignificante antes de su libro». Es importante señalar que la obra de Hofstadter le añadió el contenido negativo que arrastra.

2.3 Darwinismo Social y eugenesia

La expresión DS se ha aplicado con mucha frecuencia para calificar al movimiento eugenésico[12], dado que plantea la selección de individuos considerados superiores en desmedro de otros considerados inferiores, con el objetivo de mejorar la raza, especie o nación, según distintos autores. Pero la semejanza entre la eugenesia y la teoría de la evolución en general y la selección natural en particular, es solo superficial por varios motivos. El movimiento eugenésico, aún en momentos en los que el conocimiento sobre la herencia eran pobre, suscribía el determinismo biológico imperante y por ello todas sus acciones estaban destinadas a dirigir y administrar la reproducción de «superiores» e inferiores». Pero se esperaba que esa selección produjera cambios en la composición de la población, es decir que tenía aspiraciones evolutivas. Sin embargo, imaginar que ese proceso se puede dar en unas pocas generaciones, es incompatible con el tiempo evolutivo. Además, se postulaba que esa selección llevaría al progreso de las sociedades, lo cual es mucho más cercano al evolucionismo social que al de Darwin. Finalmente, la eugenesia está en las antípodas del *laissez faire*, no solo porque es el Estado el que administra la reproducción diferencial de los individuos, sino porque se sostiene sobre la idea de la defensa social a despecho de los derechos y libertades individuales, considerados por los eugenistas, poco más que fantasías románticas.

---

[11] Para un análisis de la obra de Hofstadter ver: Leonard, 2009

[12] Sobre eugenesia, ver: Bashford & Levine (2010); Kevles (1995); Stepan (1991); Palma (2005); Miranda y Vallejo (2005); Vallejo y Miranda (2010).

3. DS ACTUAL: EPISTEMOLOGÍAS Y ECONOMÍAS EVOLUCIONISTAS

Una vez mostradas las dificultades que entraña el uso de DS en todas las versiones habituales, aún puede darse un paso más. Si volvemos al planteo inicial según el cual el DS sería la extrapolación del esquema teórico darwiniano a procesos sociales, es posible encontrar otros ejemplos en los que, con propiedad, se puede hablar de DS. Si aceptamos que la teoría de la evolución, en una versión general, implica, «un mecanismo para introducir la variación (…) un proceso de selección consistente y (…) un mecanismo de preservación y reproducción» (Campbell, 1960), las epistemologías y las economías evolucionistas son verdaderas formas del DS. Veamos brevemente ambas.

Una de las consecuencias, hacia los años '60 del siglo pasado, de los cuestionamientos a las epistemologías estándar herederas de la llamada «Concepción Heredada» (ver: Palma, 2008) ha sido la búsqueda de epistemologías naturalizadas (ver: Quine, 1969, 1970, 1984; Kornblith, 1994). Dentro de ellas, pueden ubicarse las epistemologías evolucionistas en las cuales habría dos programas diferentes (Bradie, 1994). Por un lado, las *evolutionary epistemology of mind* (EEM) que pretenden dar cuenta del aparato y mecanismos cognitivos (cerebro, aparato perceptual, aparato motor, etc.) en animales y humanos mediante una extensión directa de la teoría biológica de la evolución[13]. Por otro lado, las *evolutionary epistemology of theories*, (EET) que intentan explicar la evolución de las ideas y teorías científicas a lo largo de la historia. Dejaremos de lado aquí lo relativo al programa EEM. Pero las EET serían claros exponentes de un DS. Aunque, claro está, no arrastrarían las connotaciones negativas ya explicadas. Las EET han emprendido la tarea de aplicar el esquema darwiniano descripto a la historia de las ciencias, aunque con apreciables diferencias a la hora de encontrar análogos que completen una metáfora viable. Por ejemplo, del mismo modo que aún se discute en biología cuál es la unidad de selección, los epistemólogos evolucionistas no se han puesto de acuerdo sobre qué es lo que se selecciona a lo largo de la historia de las ciencias: las conjeturas libres (Toulmin, 1961,1970), las teorías científicas, (Popper, 1972, 1981); los 'memes' (Dawkins, 1988), las distintas versiones teóricas (Hull, 1997)[14]. En todos los casos se acepta que hay una sobreproducción de candidatos a buenas teorías que luego son seleccionados y transmitidos a las futuras generaciones. El caso de la epistemología evolucionista de Popper es muy particular. En rigor, no se trata de una apropiación de la estructura de la evolución citada más arriba para aplicarla a la historia de las ciencias, sino que es su idea básica de que la ciencia funciona a través de conjeturas y refutaciones la que se eleva a principio metafísico universal para explicar el funcionamiento de lo real en todas sus dimensiones. La constitución física misma de la realidad, lo viviente, las especies, la irrupción de las mentes y de las ciencias serían determinaciones particulares de un mecanismo

---

[13] Asumen que el aparato cognoscitivo humano es resultado de la evolución y la supervivencia una muestra de la adaptación, de modo tal que podría suponerse que esas estructuras cognoscitivas reproducen (parcialmente) las estructuras reales, y ello habría hecho posible la supervivencia (ver: Ursúa, 1993)

[14] Incluso Kuhn (1991) anunció que estaba trabajando en una epistemología evolucionista en el marco de lo que llama un «kantismo posdarwiniano». Lamentablemente falleció sin completar la obra. En 2022 se publicó una reconstrucción póstuma e incompleta de ese libro (Kuhn, 2022).

evolucionista universal. De hecho, Popper, al mejor estilo del siglo XIX, propone modificaciones a la teoría biológica de la evolución (Popper, 1972, 1981) para que se ajuste a su esquema. Se trata de una verdadera filosofía evolucionista en la que da cuenta de una ontología general y sus procesos (ver: Palma, 2015).

El otro ejemplo de DS son las llamadas economías evolucionistas como la que propusieran en los años '80 del siglo pasado R. Nelson y S. Winter (1982) que pretenden dar cuenta del cambio económico, sobre todo de largo plazo. Su enfoque está dirigido a negar la confianza en el análisis de equilibrio y el supuesto casi universal de comportamiento racional optimizador. Inicialmente, la economía evolucionista apuntaba a analizar el cambio tecnológico y la innovación, campo al que luego se agregaron los estudios sobre las características y comportamientos de las empresas y el papel de las instituciones entendidas, en un sentido amplio, como limitantes a la vez que moldeadoras de los patrones de comportamiento de los agentes económicos. El evolucionismo en economía, a partir de su crítica a los modelos simplificadores basados en el individualismo metodológico, la maximización de la utilidad y el equilibrio general, comienza a tomar en consideración las organizaciones y los procesos como no equilibrados, con desarrollos no predecibles, irreversibles y estocásticos, para lo cual la metáfora de los seres vivos parece funcionar bien. Aquí, la estructura utilizada y extrapolada de la biología, es similar a la mencionada más arriba, a saber: a) la existencia de algún principio de variación o mutación: los comportamientos de búsqueda e innovación que resultan fundamentales en momentos de presión selectiva; b) elementos de permanencia o herencia al estilo de los genes en biología: las rutinas de conductas regulares y predecibles; c) un mecanismo de selección que actúa sobre las variaciones: el ambiente en el cual desarrollan su actividad los agentes económicos.

Curiosamente, buena parte de las críticas tanto a las epistemologías como a las economías evolucionistas transita por auditar los supuestos desajustes con el original darwiniano como si ello conspirara contra su poder explicativo, perdiendo de vista la autonomía de la metáfora una vez formulada y que la utilidad, potencia o debilidad de estas metáforas se define en su aplicación a los fenómenos o procesos que pretenden explicar. Como quiera que sea, ninguno de los autores mencionados en esta sección se autodefine como darwinista social, calificativo que encajaría a la perfección.

4. FINAL. EL REY ESTÁ DESNUDO

El uso extendido del término DS, tanto en el ámbito académico como en el de la opinión pública no especializada, es un hecho. Sin embargo, es notoria la desproporción entre su aparente claridad y su real vaguedad y ambigüedad. Primero, por el amplísimo abanico de posiciones ideológicas que han pretendido ser los depositarios privilegiados del logro darwiniano, y la pluralidad de lecturas a que dio lugar esa obra «hacen imposible definir a este supuesto DS como un bloque preciso con fines estables a lo largo del tiempo» (Girón Sierra, 2005:24).

Segundo, porque lejos de constituir un concepto con aspiraciones descriptivas resulta una suerte de etiqueta cancelatoria y peyorativa hacia ciertas teorías o personas. De hecho, no hay autores o escuelas que se autoproclamen «darwinistas sociales».

Tiene más un valor normativo que descriptivo que alcanza no solo a algunos autores así calificados, sino que también los ataques a Darwin y al evolucionismo desde sectores conservadores y reaccionarios actuales (los que no aceptan la evolución de lo viviente), suelen incluir que el DS (asociado a regímenes políticos autoritarios) es una de las consecuencias directas de la teoría de la evolución.

En tercer lugar, los conceptos principales que utilizan los llamados darwinistas sociales eran previos a la publicación de *El Origen*, en 1859. En todo caso expresiones como por ejemplo «malthusianismo», «spencerismo», «spencerismo social», «biologicismo social», «evolucionismo social», «lamarckismo social», según el caso, se ajustarían más a los contenidos de las teorías que se pretende clasificar.

Cuarto, una consecuencia que debería repercutir no solo en la historiografía, sino también en la filosofía y la sociología de las ciencias acerca de los vínculos posibles entre las ciencias y el contexto socio-histórico. La aplicación lisa y llana del término DS desconoce la enorme complejidad de la configuración de los campos disciplinares y sus interrelaciones (diversas de las actuales); sus continuidades algo desprolijas y promiscuas, pero aceptables en la época, con las propuestas políticas; las interacciones, solapamientos y cruces entre las teorías vigentes, los imaginarios culturales y las tensiones políticas y sociales de la época; la dispar expansión y recepción de teorías científicas como la de Darwin en los diversos lugares del mundo, con particulares idiosincrasias y características de las comunidades científicas y elites intelectuales y políticas. Todo ello reforzado y potenciado por la teoría que marcó el cataclismo cultural y filosófico más grande de la historia derivado de una teoría científica porque afecta ni más ni menos que la autocomprensión humana.

Quinto, DS se suma a una lista de muchos conceptos de las humanidades y las ciencias sociales cuyo extenso uso (a veces desprolijo y desproporcionado) genera consecuencias epistemológicamente cuestionables. Parecen estar diciendo algo claro y preciso, pero funcionan como significantes vacíos, y no porque no tengan un referente, sino porque tienen varios (incluso contrarios entre sí). Además, como suelen estar de moda, generan la ilusión de poseer una sólida idoneidad explicativa; pero es tanto y tan abarcativo lo que se quiere explicar con ellos que llevan a confusiones y errores. «Biopolítica» o «construcción social» son de ese tipo, lo mismo que la última estrella de las ciencias sociales y las humanidades: «patriarcado». La pretensión de explicar con ellos casi todo lo que ocurre en las sociedades, en el conocimiento y en la historia, más que hacer notoria su potencia conceptual, suelen expresar intencionalidad política o pereza intelectual. Como quiera que sea, y en estos tiempos de nuevos puritanismos, cancelaciones y auroritarismo académico, no caeremos en la tentación de indicar que no se use el término DS; en todo caso, los que lo usen deberían, al menos, precisar más exactamente lo que quieren decir.

Finalmente, una cuestión más general referida a la organización de las incumbencias de saberes que, lejos de estar saldada, requiere de revisiones urgentes. El maridaje descripto más arriba entre saberes biológicos y sociales, dio lugar a una serie de excesos como la justificación del racismo, de la aventura colonial europea y la estigmatización de grupos humanos. Pero la independización epistémica de las ciencias sociales, más el ajuste de cuentas con una biología que se excedió en su complacencia con el poder establecido, han hecho creer a las ciencias sociales que la biología no tiene nada para decir sobre esos temas. El determinismo biológico del siglo XIX dejó paso a un indeterminismo sociológico ramplón e ideologizado. Los excesos y errores de los que han tratado de justificar la desigualdad a partir de la diversidad biológica han dejado paso al mismo error, pero con sentido inverso: intentar defender la igualdad negando el poder de lo biológico en la determinación de lo humano. En suma, durante el siglo XIX y parte del XX la ciencia cometió el desatino de suponer que los fundamentos biológicos eran necesarios y suficientes para comprender lo social; la creciente independencia epistémica de las ciencias sociales durante el siglo XX mostró con claridad que lo biológico no era suficiente para explicar las complejas estructuras y funcionamiento de las conductas y sociedades humanas; en la actualidad las ciencias sociales y humanas han caído en el desvarío mayor de suponer que, dado que la biología no es suficiente, tampoco es necesaria.

REFERENCIAS BIBLIOGRÁFICAS

BASHFORD, Alison & LEVINE, Philippa (edit.) (2019), *The Oxford Handbook of the History of Eugenics,* New York, Oxford University Press.

BANNISTER, Robert (1979), *Social Darwinism: Science and myth in Anglo-American social thought,* Filadelfia, Temple University Press.

BELLOMY, Donald (1984), «Social Darwinism' revisited». *Perspectives in American History* (N.S.) 1, pp. 1-129.

BUTLER, Samuel (1879), *Evolution, old and new or, The theories of Buffon, Dr. Erasmus Darwin, and Lamarck, as compared with that of Mr. Charles Darwin,* London, Hardwicke & Bogue.

CAMPBELL, Donald, (1960), «Blind variation and selective retention in creative thought as in other knowledge processes», Psychological Review, 67.

CARNAP, Rudolf *et al* (1929), «Wissenschaftliche Weltauffassung. Der Wiener Kreis», Viena, A. Wolf Verlag.

COHEN, Irving (1994), *Interactions*, Massachussets, MIT Press.

COMTE, Auguste (1830-1842), *Cours de philosophie positive,* París, PUF.

CROOK, Paul (1996), «Social Darwinism: the concept», *History of European Ideas*, 22, 261-274.

DAWKINS, Richard (1988), *The Selfish Gene*, Oxford, Oxford University Press.

DOBZHANSKY, Theodosius (1973), *Diversity and Human Equality,* New York, Basic books.

FISHER, Joseph (1877), *The History of Landholding in Ireland*, Longmans, Green.

GAUTIER, Emile (1880), *Le Darwinisme social,* Paris, Derveaux.

GIRÓN SIERRA, Álvaro (2005), «Darwinismo, darwinismo social e izquierda política (1859-1914). Reflexiones de carácter general», en Miranda & Vallejo, 2005.

–(2009), *Piotr Kropotkin. La selección natural y el apoyo mutuo*, Madrid, CSIC.

GOULD, Stephen (1977), *Ontogeny and Philogeny*, Belknap Press of Harvard University Press.

–(1996), *The Mismeasure of man*, Nueva York, W.W. Norton Company.

–(1987), *Time's Arrow. Time's Cycle. Myth and Metaphor in the Discovery of Geological Time,* Cambridge; Harvard University Press.

HAECKEL, Ernst. (1866), *Generelle Morphologie der Organismen: Allgemeine Grundzüge der organischen Formen-Wissenschaft, mecanish begründer durch von Charles Drawin reformirte Descdendenz-Theorie,* Berlín, G. Reimer.

–(1868), *Natürliche Schöpfungsgeschichte*, Berlín, Reimer.

HAWKINS, Mike (1997), *Social Darwinism in European and American thought 1860-1945: Nature as model and nature as threat,* Cambridge, Cambridge University Press.

HODGSON, Geoffrey (2004), «Social Darwinism in Anglophone Academic Journals: A Contribution to the History of the Term». en *Journal of Historical Sociology, 17* (4), 428-463

HOFSTADTER, Richard (1994), *Social Darwinism in American Thought*, Boston, Beacon Press.

HULL, David (1997), «Un mecanismo y su metafisica: una aproximacion evolucionista», en Martínez y Olivé, 1997.

JOHNSON, Eric (2010) «Deconstructing social darwinism», https://scienceblogs.com/primatediaries/2010/01/15/deconstructing-social-darwinis-3

KEVLES, Daniel (1995), In the name of eugenics, Harvard University Press, Cambridge.

KORNBLITT, Hilary (ed.) (1994), *Naturalizing Epistemology,* MIT Press, Cambridge.

KROPOTKIN, Piotr (1902), Mutual Aid: A Factor of Evolution, London, William Heinemann

KUHN, Thomas (1990), «The Road since Structure», PSA, Vol. 2.

–(2022), *The Last Writings of Thomas S. Kuhn*, Chicago and London, The University of Chicago Press.

LA VERGATA, Antonello (2009), «Darwinism and the Social Sciences, 1859-1914,» en *Rendiconti Lincei: Scienze. Fisiche e Naturali* 20, 333-343.

LEONARD, Thomas (2009), «Origins of the myth of social Darwinism: The ambiguous legacy of Richard Hofstadter's Social Darwinism in American Thought» en *Journal of Economic Behavior & Organization*, Elsevier, vol. 71(1), pages 37-51, July.

LOMBROSO, Ezequia M. (1876), *L'Uomo delinquente stutiato in rapporto alla antropología, alla medicina legale ed alla discipline carcelaire*, Milán.

MALTHUS, Robert (1798), *An essay on the principle of population,* London, J. Murray

MARTÍNEZ, Sergio y OLIVÉ, León (1997), *Epistemología evolucionista*, México, Paidós.

MAYR, Ernst (1991), *One Long Argument: Charles Darwin and the Genesis of Modern Evolutionary Thought*, Cambridge, Harvard University Press.

MAYR, Ernst (1997), *This is Biology,* New York, The Belknap Press of Harvard University Press.

MIRANDA, Marisa & VALLEJO, Gustavo (eds.) (2005), *Darwinismo social y eugenesia en el mundo latino,* Buenos Aires, Siglo XXI.

MORGAN, Lewis (1877), *Ancient Society, Or Researches in the Lines of Human Progress from Savagery through Barbarism to Civilization*, London, MacMillan & Company.

NELSON, Richard & WINTER, Sidney (1982), *An Evolutionary theory of Economic Change*, Cambridge, Harvard University Press.

PALMA, Héctor (2005), *«Gobernar es seleccionar» Historia y reflexiones sobre el mejoramiento genético en seres humanos*, Buenos Aires, Baudino Ediciones.

PALMA, Héctor (2008), *Filosofía de las ciencias. Temas y problemas*, San Martín, UNSAMedita.

PALMA, Héctor (2015), *La epistemología evolucionista popperiana. Redefinición del modelo de ciencia sin sujeto,* Buenos Aires, Editorial Teseo.

PALMA, Héctor (2016), *Ciencia y metáforas. Crítica de una razón incestuosa,* Buenos Aires, Prometeo.

PALMA, Héctor (2019). «La(s) metáfora(s) evolucionista(s). Perspectivas epistemológicas, biológicas e históricas», en Marcos Sarmiento Pérez *et al,* (eds.): *Reflexiones sobre Darwinismo desde las Canarias.* Madrid: Ediciones Doce Calles, pp. 557-576.

PALMA, Héctor (2022), *Los límites (y algunas miserias) de las ciencias*, Buenos Aires, UUIRTO.

POPPER, Karl, (1972), *Objective Knowledge*, Oxford, Clarendon.

–(1981), «La racionalidad de las revoluciones científicas» en Hacking (1981), *Scientific Revolutions*, Oxford, Oxford University Press.

QUINE, Willard V.O., (1969), *La relatividad ontológica y otros ensayos*, Madrid, Tecnos.

RICHARDS, Robert, (1992), *The Meaning of Evolution. The Morphological Construction and Ideological Reconstruction of Darwin's Theory,* Chicago, University of Chicago Press.

SPENCER, Herbert (1851), *Social Statics, or, the conditions conductive to human happiness, and the first of them specified*, London, Williams and Norgate.

–(1860). «The social organism», en Macrae, D. (ed.). *The Man versus the State. With four essays on politics and society*, Harmondsworth, Penguin Books, 1969: 239-256.

–(1864), *Principles of Biology*, Londo,: Williams and Norgate.

–(1891), *Essays: Scientific, political and speculative,* London, Williams and Norgate.

STEPAN, Nancy (1991), *The hour of eugenics: race, gender and nation in Latin American*, Ithaca, Cornell University Press.

TARDE, Gabriel (1884), «Darwinisme naturel et darwinisme social» en *Revue philosophique de la France et de l'Etranger*, 17: 607-637.

TOULMIN, Stephen (1961), *Human understanding: The evolution of collective understanding*, Princeton, Princeton University Press.

TOULMIN, Stephen (1970), *Foresight and understanding: An inquiry into the aims of science*, Bloomington, Indiana University Press.

TYLOR, Edward (1871), *Primitive culture: Researches into the Development of Mythology, Philosophy, Religion, Language, Art and Custom,* London, J. Murray.

URSÚA, Nicolás, (1993), *Cerebro y conocimiento: un enfoque evolucionista*, Barcelona, Anthropos.

VALLEJO, Gustavo. & MIRANDA, Marisa. (eds.) (2010), *Derivas de Darwin. Cultura y política en clave biológica,* Buenos Aires, Siglo XXI.

VIRCHOW, Rudolph. (1860). *Cellular pathology,* London, John Churchill.

WAGENSBERG, Jorge. & AGUSTÍ, Jordi (edit) (1998), *El progreso*, Barcelona, Tusquets.

WEIKART, Richard (2006), *From Darwin to Hitler: Evolutionary ethics, eugenics and racism in Germany,* Nueva York, Palgrave Macmillan.

LA INFLUENCIA DEL DARWINISMO EN LA BIOGEOGRAFÍA

Fabiola Juárez Barrera,
A. Alfredo Bueno Hernández,
David Nahum Espinosa Organista y
Carlos Pérez Malváez
FES Zaragoza, UNAM

La Biogeografía estudia los patrones espaciales de la Biodiversidad (Juárez-Barrera et al., 2020a). Los patrones biogeográficos primarios de la biodiversidad se habían descrito, por lo menos, desde el Siglo de las Luces. Ya para la segunda mitad del siglo XIX se conocían los patrones biogeográficos primarios de la biodiversidad (Juárez-Barrera et al., 2018), cuya naturaleza obedece eminentemente a causas históricas más que ecológicas (Halffter y Moreno, 2005).

Dentro de los trabajos pioneros que intentaron conocer los patrones de distribución de los organismos a un nivel global, se encuentran el de Eberhard August Wilhelm von Zimmermann (1777) y el de Johan Reinhold Forster (1778), realizados a finales del siglo XVIII. A partir de ellos, se empezaron a hacer claros varios patrones: (1) el gradiente latitudinal de riqueza, (2) el de heterogeneidad (hoy llamada diversidad beta), (3) el de diferenciación latitudinal de las biotas (aislamiento-endemismo) y (4) la correspondencia de las distribuciones (regiones botánicas y zoológicas), todos ellos discutidos por Augustin de Candolle en su *Essai* élémentaires *sur la géographie botanique* (1820) (Juárez-Barrera et al., 2018).

Hubo otro patrón que fue mencionado marginalmente por Humboldt (1805) y por de Candolle (1820), que fue el de las distribuciones discontinuas o disyuntas, es decir, especies estrechamente relacionadas que habitan áreas ampliamente separadas. Había además disyunciones congruentes (homólogas), es decir, disyunciones comunes compartidas por múltiples taxones, que causaron gran interés. A partir del reconocimiento de estos patrones, el propósito de los naturalistas se centró en establecer sistemas de grandes regiones biogeográficas, así como sus límites, con base en la distribución endémica congruente. Las disyunciones se consideraban como «anomalías», es decir, como casos que se salían de la norma y por tanto, de difícil explicación. A este respecto, ya desde el siglo XVI, el jesuita Joseph de Acosta destacaba que existían especies similares que se encontraban tanto en el Viejo Mundo como en el Nuevo Mundo (Acosta, 1940). Posteriormente, las distribuciones disyuntas se intentaron explicar de distintas formas. Desde una perspectiva metafísica, algunos autores supusieron que una misma especie podía ser creada en diferentes áreas y tiempos por una voluntad supranatural, como sostenía Louis Agassiz (1859). Desde otra perspectiva más secular, y bajo la premisa de que las especies tenían un origen único localizado en tiempo y espacio, las disyunciones se debían a dispersiones a grandes distancias, como sostenía Charles Darwin (1859). Una tercera explicación fue hipotetizar la existencia de puentes en el pasado actualmente desaparecidos, como fue el caso del naturalista Edwars Forbes (1846).

LA VISIÓN METAFÍSICA SOBRE LA DISTRIBUCIÓN GEOGRÁFICA

La idea de la naturaleza como una obra acabada y con diseño perfecto había sido desarrollada anteriormente por el reverendo John Ray (1627-1705) durante el siglo XVII. Ray escribió varias obras sobre filosofía, en las que concebía toda la obra de la naturaleza como producto de la sabiduría de Dios. Esta tradición se reforzó con el trabajo de William Paley (1743-1805), *Natural Theology: or Evidences of the Existence and Atributes of the Deity, Collected from the Appaearances of Nature,* en el que se construye la metáfora del reloj y el relojero, donde la naturaleza se visualiza como el reloj y Dios como el relojero (Desmond, 1989:111).

Dentro de la teología natural se desarrollaron dos versiones: la utilitarista o funcionalista y la idealista o formalista. La primera consideraba que cada estructura de los organismos está adaptada a su entorno y esto era resultado de la previsión divina, mientras que la versión idealista veía el diseño como el resultado de un orden proveniente de la mente del Creador, es decir, con relaciones armónicas entre los grupos taxonómicos y con una escala de complejidad creciente (Bowler, 1977:32). Ambas versiones influyeron en el desarrollo de la biogeografía.

Por ejemplo, el entomólogo inglés William Kirby explicó la distribución geográfica de los organismos desde una perspectiva utilitarista-adaptativa. Consideraba que la adaptación del mundo orgánico coincidía y reflejaba el propósito de la mente divina (Blanco, 2008). Otro naturalista que también seguía el modelo utilitarista, fue Philiph Lutley Sclater, quien argumentaba que no había ninguna necesidad de que las especies emigraran, pues habían sido creadas con el diseño adecuado para estar perfectamente adaptadas a las áreas que ocupaban desde su origen y hasta la actualidad. Por otra parte, la versión idealista más popular se puede apreciar en los trabajos de William Swainson y más tarde de Louis Agassiz, quienes compartían la idea de que las regiones biogeográficas representaban áreas de creación independientes, cada una habitada por una flora y fauna única y singular. Mientras que Swainson creía que el conocimiento profundo de los designios divinos estaba vedado para el conocimiento humano, Agassiz pretendía que se podían conocer a través del estudio del mundo natural.

Tomando como premisa la perfección de la obra de Dios, Swainson sostenía que tanto las áreas de distribución como los grupos que las habitaban habían sido impuestas desde un principio sin sufrir cambios. En su obra *A treatise on the Geography and Classification of Animals* (1835) expuso sus ideas biogeográficas. Sostuvo que la distribución geográfica de los animales era tan fija y permanente como las mismas especies. Ni siquiera los animales con gran capacidad de locomoción, como las aves, ocupaban todas las áreas ni se distribuían por todas partes. El creador del mundo había establecido desde un principio los límites de distribución de cada especie. Remarcó con autoridad bíblica esta afirmación «Hither shalt thou come, but no further» (Swainson, 1835: 3). Swainson planteó de inicio varias preguntas fundamentales: ¿por qué las diferentes áreas del mundo están habitadas por diferentes tipos de animales y de razas humanas? ¿cuál es la causa?, ¿existe algún método (orden) en esta sorprendente diversidad? Lo que le queda claro es que no es la temperatura ni el alimento, ni ninguna de las condiciones físicas, la causa de las diferencias (Swainson, 1835: 2). Éstas solo pueden explicar la distribución a nivel local pero no a nivel geográfico. Le da gran crédito al trabajo de James Cowles Prichard, quien adoptó un enfoque eminentemente empírico, tratando de deslindarse de lo que le parecían especulaciones en los trabajos tanto de Linneo como de Buffon. Prichard, en su obra *Researches into the Physical History of Man* (1813), ridiculizó la tesis linneana de la dispersión desde un centro de origen común, pues no era concebible que los animales pudieran cruzar barreras infranqueables, además de que no concordaban con los resultados de la investigación zoológica. Asimismo, opinaba que el gran diluvio había sido más local que universal. Prichard emprendió un trabajo exhaustivo con el propósito de resolver si las razas humanas tenían un mismo origen o si eran especies separadas. Fiel a su enfoque empírico, Prichard evitó las explicaciones sobrenaturales. Las islas remotas presentaban un problema especial. Tenían especies endémicas muy características que parecían ser resultado de creaciones especiales. La pregunta que algunos se hacían era por qué lugares tan remotos habrían merecido la atención divina para que se dieran creaciones especiales. Prichard explicó estos casos suponiendo que eran poblaciones relictas que antiguamente habían tenido una distribución amplia. También buscó una explicación natural para las distribuciones disyuntas. Se limitó a las distribuciones disyuntas de plantas. Las explicó por dispersión de semillas a través del agua, el viento, las corrientes oceánicas y los animales. Las semillas, por ejemplo, podían mantenerse en el tracto digestivo de los animales y ser transportadas a grandes distancias. Mantenía así la congruencia con sus tesis monogenista: tanto las razas humanas como las especies disyuntas provenían de un mismo origen. Cada especie había sido creada a partir de un solo par de individuos (o de uno en el caso de las especies hermafroditas) una sola vez (Prichard, 1813).

Swainson consideró como una falacia la idea de que las distribuciones disyuntas se podían explicar por creaciones independientes de la misma especie en áreas alejadas: «Another theory suposses that the same species of animal or plant has been originally placed in many different regions » (Swainson, 1835: 8). Al respectó, señaló que cada país tiene sus propias razas particulares, a pesar de que las condiciones sean muy semejantes. Puso como ejemplo que las planicies de Australia y del Nuevo Mundo están perfectamente adaptadas para que las habitaran los caballos o el ganado vacuno. Sin embargo, la naturaleza puso a estos animales en un hemisferio pero no en otro. Además, su rechazo a las creaciones independientes no se basaba en razones solamente empíricas. Al igual que Linneo, las rechazó porque implicaba una redundancia en la creación divina, lo cual rompía la armonía en un diseño formal de la creación (Kinch, 1980: 8). Finalmente, Swainson no se involucró demasiado en explicar el origen de los patrones biogeográficos. Concluyó que todas las teorías eran insuficientes y que lo único que podía afirmarse era que ciertas regiones de la tierra están caracterizadas por animales peculiares. Las únicas preguntas pertinentes eran determinar cuáles eran esas regiones, cómo se podían definir y cuáles eran sus peculiaridades. Ir más allá del enfoque meramente empírico implicaba transgredir el límite del conocimiento humano.

Quien sí se adentró en esos terrenos sin ningún reparo fue Louis Agassiz, quien se destacó como el principal oponente en Norteamérica de la teoría de la selección natural de Charles Darwin. Sostuvo un creacionismo extremo donde concebía a las especies como ideas de Dios y admitió la creación milagrosa e independiente de la misma especie en áreas y tiempos diferentes. Desarrolló una explicación sobre los patrones biogeográficos, donde tanto las áreas de distribución como las especies eran fijas e invariables (Dexter, 1978: 207). Agassiz empleó la evidencia biogeográfica como uno de los principales argumentos en contra de la teoría Darwinista y a favor del origen separado de las diferentes razas humanas.

Agassiz sostuvo que tanto la idea de un solo centro de creación como la de varios centros eran erróneas y contrarias a la investigación biogeográfica. Más bien, cada especie había sido creada en la propia área de distribución que habita. Adoptó además la idea de su maestro Cuvier y sostuvo que habían existido numerosas creaciones a lo largo de la historia del mundo, tal y como lo revelaba el registro fósil. La biota de cada período había desaparecido para ser sustituida por otra recién creada. Agassiz negó que la dispersión fuera suficiente para explicar las distribuciones disyuntas. Los animales que eran muy similares en América y Europa, habían surgido por creaciones separadas de la misma especie en diferentes áreas (Juárez et al. 2016). Otro argumento que adujo en contra de la dispersión fue que incluso organismos con gran capacidad de desplazamiento, como los peces de la compleja y altamente interconectada red fluvial de la cuenca amazónica, tenían una distribución claramente limitada.

Agassiz termina por dejar en claro: «that most animals and plants must have originated primitively over the whole extent of their natural distribution» (Agassiz, 1850:190). Deja también en claro que las especies no fueron creadas a partir de una pareja, sino de acuerdo a su naturaleza, es decir, las especies gregarias, como los bisontes, arenques o abejas, por mencionar algunos, se originaron con todos sus individuos, ocupando toda su área de distribución:

> That they originated there, not in pairs, but in large numbers, in such propotions as suits their natural mode of living and the preservation of their species; and that the same species may have originated in different unconnected parts of the more extensive circle of their distribution (Agassiz, 1850:193).

En resumen, según Agassiz, cada especie de plantas y animales había sido creada de manera completa y con todos sus individuos desde el inicio y ocupando toda el área de su distribución, tanto en la última creación como en las pasadas.

LA HIPÓTESIS PUENTISTA O EXTENSIONISTA

A mediados del siglo XIX, se publicó un trabajo que desató un intenso debate entre los naturalistas. Si ya antes se había discutido este tema, la propuesta de Edward Forbes (1846) sobre la existencia de grandes puentes en el pasado produjo reacciones encontradas:

> The hypothesis, then, which I offer to account for this remarkable flora is this – that at an ancient period, an epoch anterior to that of any of the floras we have already considered, there was a geological union or close approximation of the west of Ireland with the north of Spain; that the flora of the intermediate land was a continuation of the flora of the Peninsula; that the northernmost bound of that flora was probably in the line of the western region of Ireland; that the destruction of the intermediate land had taken place before the Glacial period; and that, during the last-named period, climatal changes destroyed the mass of this southern flora remaining in Ireland, the survivors being such species as were most hardy, saxifrages, heaths, such plants as *Arabis ciliata* and *Pinguicula grandiflora*, which are now the only relics of the most ancient of our island floras (Forbes, 1846: 348).

Forbes postuló la existencia de cinco antiguos puentes terrestres para explicar no solo la similitud entre las floras y faunas británicas y de Europa, sino también la que había entre las de Europa y Norteamérica. Se definieron así dos posiciones rivales, una extensionista o puentista, que apelaba a la existencia pasada de grandes extensiones terrestres, actualmente hundidas y otra permanentista, que negaba tales extensiones y afirmaba que la posición de océanos y continentes había permanecido básicamente estable desde épocas remotas

Influido por sus ideas religiosas, Forbes creía que el estudio conjunto de las especies vivas y de los fósiles permitiría descubrir el plan divino de la creación. Forbes propuso un extraño *principio de polaridad*, según el cual, las especies mostraban una continuidad temporal de formas, debida no a descendencia con modificación, sino a un supuesto plan de creación. La creación había ocurrido en dos períodos, a los que denominó Paleozoico y Neozoico, con especies que mantenían un paralelo funcional, de tal modo que las especies del Neozoico que reemplazaron al del Paleozoico, conservaron su mismo papel dentro de la economía natural. Cabe aclarar que ya anteriormente, Forbes había sostenido una posición declaradamente antievolucionista.

Un amigo de Darwin, el botánico Joseph Dalton Hooker, quien había participado en la expedición a la Antártida dirigida por James Clark Ross, aventuró que las afinidades florísticas de los continentes australes se podían explicar bajo la hipótesis de que habían estado alguna vez unidos. Aunque no postulaba la existencia de puentes antiguos, su idea implicaba grandes cambios en la superficie terrestre. Darwin, por su parte, consideraba que las hipótesis sobre los continentes hundidos eran meras especulaciones que no tenían sustento empírico. Sostenía que la causa de la distribución geográfica de los organismos era básicamente la dispersión. A Hooker le había llamado la atención la semejanza entre las floras de América del Sur, África, Nueva Zelanda y Australia. Había mayor semejanza entre las floras de los continentes australes que entre cualquiera de ellas con las floras de los continentes septentrionales. Sin embargo, eventualmente se convenció de la tesis evolucionista de Darwin y no insistió más en sus ideas extensionistas. En una reseña que escribió sobre el trabajo de Alphonse De Candolle, *Geographie Botanique Raissonnée,* se observa en Hooker el cambio en sus ideas al estar en desacuerdo con la idea de que las especies fueron creadas tal y como existen en la actualidad. Incluso considera que la idea transmutacionista daba una mejor explicación sobre el orden geográfico de las especies.

Después de la publicación sobre *El Origen de las Especies* en 1859, Hooker cambió su opinión respecto a la existencia de antiguos puentes inetrcontinentales y se apegó más a una explicación dispersalista para poder explicar la similitud entre las floras australes. De esta manera, se observa un cambio en el pensamiento de Hooker, de una visión fijista y extensionista a una visión claramente evolucionista y permanentista. No se sabe bien hasta qué punto este cambio fue debió a la influencia de Darwin o si esto lo descubrió Hooker a partir de sus propios estudios. Lo que sí es claro es que Darwin consideraba las hipótesis puentistas como un recurso meramente acomodaticio y sin ningún sustento empírico. Se puede ver en la siguiente carta que manda Darwin a su amigo Lyell su rechazo a las hipótesis extensionistas:

> «Here, poor Forbes made a continent to N. America & another (or the same) to the Gulf weed.- Hooker makes one from New Zealand to S. America & round the world to Kerguelen Land… If you do not stop this, if there be a lower region for the punishment of geologists, I believe, my great master, you will go there… You will live to be the great chief of the catastrophists!...»(Darwin, 16 junio 1856, en Burkhardt, 1996: 155-156).

La idea de los puentes intercontinentales entre los naturalistas era común para poder explicar las distribuciones disyuntas e incluso hipotetizaron tantos puentes que la superficie terrestre habría estado ocupada más por tierra que por agua.

Algunos de los naturalistas que recurrieron a la existencia de puentes intercontinentales fueron Philip Lutley Sclater, uno de los ornitólogos más ilustres de Inglaterra, y quien hizo una regionalización de la superficie terrestre con base en la distribución de las aves. Estableció seis regiones, Paleártica, Neártica, Neotropical, Etiópica, Oriental y Australiana, a las que consideró como los centros de creación primarios (Sclater, 1858). La regionalización de Sclater constituyó el antecedente para la regionalización que elaboraría Wallace posteriormente (Wallace, 1876). Sclater recurrió a puentes intercontinentales para poder explicar ciertos casos de distribuciones anómalos. Hizo dos propuestas metodológicas notables para su tiempo: primero, someter a prueba empírica su sistema de regiones. Invitó así a otros naturalistas a valorar qué tanto se adecuaban sus regiones a otros taxones distintos de las aves. La segunda, establecer qué tanto se relacionaban entre sí. De esta manera, se podría conocer cuáles eran las dos regiones más estrechamente relacionadas, cuál era la tercera región que más se relacionaba con ese primer par y así sucesivamente.

DISYUNCIONES: ¿PUENTES O MIGRACIONES?

Alfred Russel Wallace (1823-1913), quizá el naturalista más destacado en el estudio de la distribución geográfica de los animales del siglo XIX, transitó entre los dos enfoques. Primero elaboró explicaciones extensionistas aunque terminó por tomar una postura decididamente permanentista en su trabajo clásico, *The geographical distribution of animals* (Wallace, 1876). Se pueden identificar tres etapas en la evolución de sus ideas biogeográficas (Bueno y Llorente, 2003). En la primera, adopta un enfoque básicamente descriptivo, representado en su obra *A Narrative of travels on the Amazon and Rio Negro* (Wallace, 1853). En este trabajo, Wallace no había desarrollado todavía una explicación general sobre los patrones biogeográficos. En la segunda etapa, que es cuando Wallace ya hace teorizaciones elaboradas sobre los patrones biogeográficos, recurre a explicaciones extensionistas. Estas ideas las presenta en varios artículos sobre el Archipiélago Malayo, así como en la primera edición de su libro *The Malay Archipelago: The land of the Oang-utan and the bird of Paradise* (Wallace, 1869). Finalmente, en su última etapa, su visión ha cambiado decididamente a una posición permanentista, con la dispersión como causa principal de los patrones biogeográficos. Este cambio de concepción queda de manifiesto en su trabajo clásico, *The Geographical Distribution of Animals* (Wallace, 1876).

Durante su estancia en el Archipiélago Malayo, que duró ocho años (1854-1862), destacan tres ideas: 1) Su apoyo a las hipótesis extensionistas; 2) Su rechazo a la dispersión como factor causal de los patrones biogeográficos y 3) La notable discontinuidad faunística entre las porciones Indomalaya y Australomalaya del Archipiélago Malayo, que se conocería después como la Línea de Wallace. Es allí cuando, entre sus diversas ocupaciones de recolecta, preservación de ejemplares, traslados y demás vicisitudes, se da tiempo para escribir una gran cantidad de artículos y cartas. El primer trabajo teórico importante fue *On the law which has regulated the introduction of new species* (Wallace, 1855).

> La actual distribución geográfica de la vida sobre la Tierra debe ser resultado de todos los cambios previos, tanto de la superficie de la Tierra como de sus habitantes (Wallace 1855, en Papavero y Llorente, 1994:25).

En esta publicación Wallace propone su famosa «ley de Sarawak»: 'Every species has come into existence coincident both in space and time with a pre-existing closely allied species'. Dicho de otra forma, las nuevas especies surgen de especies previas, en áreas cercanas y con forma parecida a la de sus predecesoras. Ello tiene una implicación importante: las nuevas especies surgen por un proceso natural de evolución y no como creaciones metafísicas independientes. La intención de Wallace era refutar la explicación de Forbes, la cual le pareció un despropósito. Según Forbes, la Tierra se repoblaba cada era geológica por intervenciones divinas, con conjuntos de plantas y animales propios e independientes de cada creación.

Wallace estudio con más detalle las distribuciones disyuntas en las islas Arú (Wallace, 1857), donde se percató del gran parecido de su avifauna con la de la gran isla de Nueva Guinea, a pesar estar separadas por una distancia de 240 kilómetros. Incluso, Wallace se dio cuenta que las aves de las islas Arú tenían también similitud con las de Australia, aunque en menor medida, ya que mientras compartían especies con Nueva Guinea, la semejanza con Australia era a nivel de géneros, familias e incluso órdenes. Ello se explicaba suponiendo una antigua conexión terrestre en toda la porción oriental del Archipiélago Malayo y la similitud diferencial se debía a que Australia se había separado primero de esta masa terrestre, mientras que la separación entre las islas Arú y Nueva Guinea había ocurrido en tiempos geológicos recientes.

En las Célebes encuentra un caso extraordinario de disyunción. Habitan allí formas que no tenían ninguna relación ni con las de Australia ni con las de la India, tales como un mono cinocéfalo, una babirusa, un antílope, una especie de ave del género *Scissirostrum* y otra del género *Coracias*, emparentadas todas ellas con la lejana África. A Wallace le parece que la mejor forma de explicar esta extraordinaria anomalía es suponer la existencia en el pasado de una amplia extensión terrestre que conectaba a las Célebes con África. Descarta a la dispersión como causa de esta peculiar distribución disyunta:

> Facts such as these can only be explained by a bold acceptance of vast changes in the surface of the earth. They teach us that this island of Celebes is more ancient than most of the islands now surrounding it, and obtained some part of its fauna before they came into existence. They point to the time when a great continent occupied a portion at least of what is now the Indian Ocean, of which the islands of Mauritius, Bourbon, &c. may be fragments, while the Chagos Bank and the Keeling Atolls indicated its former extension eastward to the vicinity of what is now the Malayan Archipelago. The Celebes group remains the last eastern fragment of this now submerged land, or of some of its adjacent islands, indicating its peculiar origin by its zoological isolation, and by still retaining a marked affinity with the African fauna (Wallace, 1860: 177-178).

A partir de la notable singularidad de las formas de las Célebes, concluye que este grupo de islas tiene una antigüedad mayor que las islas circundantes y que ya la habitaban desde tiempos remotos. Es claro que Wallace no tuvo reparo en suponer la existencia pasada de un gran continente en el Pacífico:

> The great Pacific continent, of which Australia and New Guinea are no doubt fragments, probably existed at a much earlier period, and extended as far wes-

> tward as the Moluccas. The extension of Asia as far to the south and east as the Straits of Macassar and Lombok must have occurred subsequent to the submergence of both these great southern continents, and the breaking up and separation of the islands of Sumatra, Java, and Borneo has been the last great geological change these regions have undergone (Wallace, 1860: 178).

Hasta esta etapa de su trabajo, Wallace coincidió al menos en un punto con Forbes: cuando la dispersion no es capaz de explicar las distribuciones disyuntas, hay que recurrir a la existencia de antiguas conexiones. El caso de las Célebes contradecía como ningún otro a la dispersion como causa de las disyunciones. A pesar de que las condiciones para la dispersion eran de lo más favorable para el paso de organismos desde Java y Borneo a las Célebes, el número de formas compartidas era mínimo.

Las distribuciones diyuntas y la distribución en islas fueron las que más interesaron a Wallace. Islas como Madagascar, Nueva Caledonia o Nueva Zelanda, a pesar de su formas peculiares, no tenían nada de extraordinario. Su fauna se podia explicar por migraciones a grandes saltos, aislamiento y modificación. Pero el caso de especies idénticas o muy parecidas entre áreas ampliamente separadas eran los más complicados, aunque de entrada, siempre implicaban que había ocurrido el rompimiento de un área que en el pasado era continua. Hooker había pensado lo mismo al ver la similitud entre las biotas de Nueva Zelanda y el extremo austral de América, aunque no hipotetizó puentes antiguos sino separaciones. Hizo la observación de un hecho que posteriormente sería fundamental para el enfoque panbiogeográfico desarrollado por de Leon Croizat: la distribución congruente de distintos grupos, incluso con capacidades de dispersion dispares: «Siempre que una clase de animales o plantas muestra relaciones entre dos áreas, también las mostrarán otras»; «Las aves y los insectos nos enseñan las mismas verdades» (Bueno y Llorente, 2005: 30)

Sin embargo, poco tiempo después, en 1864 apareció otro artículo de Wallace, *On some anomalies in zoological and botanical geography,* donde se ve un marcado cambio en el pensamiento de Wallace, con un abandono de sus hipótesis extensionistas y su sustitución por otras permanentistas. Es precisamente en este cambio que centra su atención Fichman (1977). Hace notar que, en sus primeros trabajos, Wallace explicó las similitudes bióticas entre áreas a través de hipotéticos puentes terrestres y afirmó que la idea de una dispersión accidental había sido sobrevalorada. En cambio, en *The geographical distribution of animals* (Wallace, 1876), considera a la dispersión como la causa principal de los patrones biogeográficos. Fichman atribuye este cambio a la influencia de Darwin, quien se opuso firme y consistentemente a las audaces conjeturas sobre las antiguas uniones de continentes.

Sin embargo, el extensionismo siguió siendo una alternativa para la explicación de las distribuciones disyuntas. Antes de la publicación de *El Origen de las Especies*, muchos naturalistas recurrían a la idea de antiguos puentes actualmente desaparecidos, ya que resultaba una mejor opción que recurrir a la idea metafísica de que Dios había creado a cada especie en el área de su distribución actual. Este tipo de explicaciones resultaban absurdas para Wallace. ¿Por qué las especies de las Galápagos se parecían a las de Sudamérica, que era el continente más cercano, y aún más, por qué en cada isla había especies diferentes? De acuerdo con la doctrina de la creación-diseño, habría que suponer creaciones especiales en cada isla, a pesar de que las condiciones físicas eran idénticas en todas. Ello, además de caprichoso, resultaba ocioso, porque bastaba con una creación en una sola isla para que de allí las formas creadas se dispersaran a las demás en el transcurso del tiempo, como ocurre siempre. Los argumentos a favor del diseño le parecían a Wallace insultantes para la inteligencia de un Ser Supremo. Bajo una premisa evolucionista, explicó la composición singular de las regiones zoogeográficas mediante los procesos de migración, aislamiento y divergencia. Sin embargo, en el caso de las distribuciones disyuntas, Wallace no pudo evitar explicarlas recurriendo a la existencia de antiguos puentes terrestres. Añadió además una idea que tendría posteriormente gran influencia no solo en el ámbito biológico, sino sociopolítco: las formas nuevas, evolutivamente progresivas, surgían en las áreas del norte del Viejo Mundo.

EL PERMANENTISMO DE DARWIN-WALLACE: UNA VISIÓN DISPERSALISTA

Darwin delineó un modelo biogeográfico acorde a su tesis transformista. Criticando la ausencia de evidencia a favor de que hubieran ocurrido grandes cambios en la posición relativa de océanos y continentes, adoptó una posición permanentista, es decir, asumió como premisa la estabilidad de la superficie terrestre al menos en el pasado geológico reciente, desde el Terciario.

Bajo este contexto permanentista, los patrones generales de distribución quedaban suficientemente explicados, sin que ocurrieran cambios conceptuales importantes de la biogeografía en lo futuro que alteraran los procesos básicos: migración, aislamiento y divergencia. Lo único que restaba a esta disciplina era completar algunos datos finos sobre la distribución de los grupos menos conocidos y aclarar ciertos detalles menores. Aunque el uso de puentes hipotéticos seguía siendo común entre los naturalistas, para Darwin sólo mostraban la mala comprensión geológica que tenían y su falta de rigor metodológico, que pasaba por alto la ausencia de evidencia fáctica que apoyara la existencia de puentes terrestres prehistóricos. De esta manera, quedó sellada la relación permanentismo-dispersión.

Ya desde el mismo viaje del *Beagle*, Darwin había abandonado las hipótesis extensionistas. Manifestó que los únicos movimientos de la corteza terrestre de los que existía una evidencia clara eran movimientos verticales con cambios en el nivel del mar. Así, perfiló una teoría geológica magnífica para describir la estructura de la cordillera andina, sugiriendo que los grandes bloques de la corteza terrestre estaban moviéndose lentamente hacia arriba y abajo en relación al nivel del mar, y que la cordillera había sido alzada por actividad volcánica en tiempos geológicos relativamente recientes (Browne, 1995, p. 5). Las elevaciones y depresiones verticales de porciones de la superficie terrestre eran procesos comunes en los *Principios de Geología* de Lyell. Sin embargo, el invocar fuerzas capaces de elevar los profundos lechos oceánicos le pareció a Darwin una idea completamente desmesurada.

Más adelante, Darwin desarrolló la idea de que la dispersión era la causa de la distribución geográfica de los organismos. Se cuidó muy bien de omitir cualquier referencia al hundimiento de tierras (Bowler, 1996, pp. 408-409). Incluso casos tan excepcionales como el de la fauna de Sudamérica, se podían explicar por dispersión. Al igual que Australia, Sudamérica albergaba marsupiales, además del peculiar grupo de los edentados (osos hormigueros, armadillos y perezosos). Se aceptaba ampliamente que los edentados habían evolucionado en Sudamérica a partir de mamíferos primitivos que habían llegado desde el norte a principios del Terciario. Protegidos de la invasión de formas norteñas por el posterior rompimiento del istmo de Panamá, sufrieron una gran radiación. Posteriormente, cuando el istmo se reconectó en tiempos recientes, los tipos norteños invadieron Sudamérica, aunque algunos tipos sureños se movieron hacia el norte. Es decir, mediante dispersiones sucesivas Sudamérica había adquirido su composición faunística actual.

Su visita al archipiélago de las Galápagos fue determinante. Darwin quedó impactado por el carácter insólito de sus habitantes. Encontró formas únicas de insectos, plantas y reptiles, lo mismo que varias formas de pequeñas aves oscuras, a las cuales al principio no prestó mucha atención, pero que posteriormente se convertirían en un caso paradigmático de su teoría evolutiva. Estas formas de las Galápagos tenían una semejanza clara con formas de Sudamérica. Descubrió también fósiles de edentados en las pampas argentinas, semejantes a los armadillos sudamericanos actuales. Estos hechos le hicieron intuir que había una estrecha conexión entre la distribución geográfica de los organismos y el gran misterio de misterios, es decir, el origen de las especies. Darwin intentó integrar la geología, la biogeografía y el proceso causal del cambio orgánico. Este interés por la distribución geográfica de los organismos, fue previo incluso al desarrollo de su teoría evolutiva. A fines de la década de 1830, cuando Darwin escribía sobre la ley de la sucesión de los tipos, ya había encontrado la explicación a este patrón: las especies compartían el mismo tipo debido a su ancestría común.

Ya bajo una perspectiva permanentista, es decir, bajo la premisa de que la configuración de la superficie terrestre había permanecido estable en el pasado geológico reciente, Darwin empezó a desarrollar la idea de que la dispersión era la causa de la similitud entre las formas que habitaban las Galápagos y las formas sudamericanas, precisamente, un caso de distribución disyunta. Había evidencia empírica a favor de esta explicación. Por ejemplo, la vegetación de las orillas de las islas tenían especies semejantes a las que habitaban el continente; además, resultaba especialmente significativo que en las islas estaban ausentes grupos con capacidades particularmente limitadas para cruzar barreras marinas, como mamíferos y anfibios (Fichman, 1977).

Darwin conocía bien los diversos y sorprendentes modos de dispersión de los organismos a través de la lectura del segundo volumen de los *Principios de Geología* de Lyell, quien había tratado este tema exhaustivamente, considerando tanto los mecanismos pasivos como los activos que empleaban los diferentes organismos para dispersarse. Lyell había abordado profundamente en este segundo volumen el tema de la distribución geográfica de los seres organizados.

De regreso a Londres, cuando Darwin se puso a ordenar sus colecciones, se dio cuenta de la gran variedad de formas que se presentaban en el archipiélago, así como de la notable particularidad de los habitantes de cada isla de las Galápagos, a pesar de la corta distancia que había entre ellas. La gran variedad de estructuras en los picos de los pinzones, adaptados a los diferentes alimentos aprovechables en cada una de las islas era un caso claro de variación. Notó también que entre más aislada estuviera una isla, sus formas eran más divergentes.

Darwin había conocido también el importante trabajo del naturalista suizo Augustin de Candolle, durante sus años de estudiante en Cambridge, cuando llevaba el curso de botánica que impartió Henslow de enero 1828 a junio de 1831. A través de Lyell y de Candolle, sabía bien que las condiciones físicas no explicaban la distribución geográfica de los organismos.

Darwin fue puliendo su esquema biogeográfico: la divergencia se acentuaba no sólo por el mayor grado de aislamiento, sino también por el tiempo transcurrido y por la profundidad del océano. Entre mayor fuera esta última, indicaba un mayor tiempo de aislamiento y por tanto, una mayor divergencia. Así, Darwin tuvo la capacidad de construir un esquema de explicación alternativo en el que las barreras geográficas eran un factor clave para entender la divergencia de las poblaciones.

La articulación del modelo biogeográfico dispersionista se dio como consecuencia del rechazo tanto de Darwin como de Wallace a las ideas creacionistas, así como de la adhesión de ambos al modelo de explicación mediante leyes naturales y a la tradición que buscaba *verae causae* como condición indispensable para explicar los fenómenos naturales. Como consecuencia, el enfoque dispersionista/permanentista creacionista, con su carga metafísica de intervenciones divinas directas sobre la naturaleza. Darwin rechazó en especial la doctrina de las creaciones múltiples.

CONCLUSIÓN

Hubo dos patrones que atrajeron la atención de los naturalistas del siglo XIX: 1) las grandes regiones de endemismo y 2) las grandes disyunciones de grupos relacionados. Los naturalistas buscaron explicar estos patrones bajo diferentes enfoques. Ya para el siglo XIX, se reconocía que los factores físicos no eran suficientes para poder explicar dichos patrones, sino que se necesitaban recurrir a causas históricas.

Tanto el creacionismo como el extensionismo fueron las explicaciones a las que se tuvo que enfrentar el dispersalismo. En tanto que provenía de una tradición que tenía como valores la búsqueda de causas verdaderas, el enfoque dispersionista-permanentista no podía aceptar ni al creacionismo metafísico ni al extensionismo y sus puentes hipotéticos.

Permanentistas y extensionistas se acusaron mutuamente de construir hipótesis *ad hoc*. Cualquier caso de distribución disyunta podía explicarse por puentes hipotéticos lo mismo que por dispersiones accidentales a gran distancia. Al modelo dispersionista-permanentista se le añadió otro elemento: la superioridad de las formas norteñas. William Diley Matthew, continuador del modelo dispersalista de Darwin y Wallace, retomó del geólogo y paleontólogo húngaro-norteamericano Angelo Heilprin el concepto de Región Holártica, que agrupaba a Eurasia y Norte América. Reforzó la idea de que en las áreas más extensas del norte, con poblaciones más numerosas, era donde surgían las razas competitivamente superiores, que desplazaban hacia el sur a los grupos competitivamente más débiles. Esto alimentó la creencia de que en el sur se encontraban los organismos más primitivos, representantes de edades pasadas. Australia se consideró como el caso paradigmático. Sus habitantes, incluidos sus pobladores humanos, eran razas inferiores. El aislamiento de este continente sureño austral lo había protegido de la invasión de formas evolutivamente avanzadas.

El dispersionismo rechazó frontalmente la doctrina de las creaciones múltiples e independientes. Al adoptar un modelo de explicación mediante leyes naturales, la tradición de naturalistas lidereada por Darwin y Wallace, terminó por imponer sus ideas a las escuelas rivales del creacionismo y del extensionismo. En esta competencia, la evidencia biogeográfica y paleontológica jugó un papel importante, aunque no por ello dejó de tener una carga ideológica evidente.

Esta revisión histórica tiene como propósito contribuir a una mejor comprensión del cambio de ideas que ocurrieron en el intento de explicar la distribución geográfica de los organismos y en especial las distribuciones disyuntas, las cuales han sido de interés permanente, tanto para los naturalistas del siglo XIX como para los biogeógrafos actuales. Ya con el surgimiento de la panbiogeografía y la biogeografía cladistíca en la segunda mitad del siglo XX y bajo la búsqueda de una clasificación natural, es decir, basada en relaciones genealógicas tanto de las biotas como de las áreas que ocupan, las explicaciones de estos patrones comenzaron a desarrollarse bajo nuevos conceptos y métodos. Sin embargo, no podemos dejar de lado las contribuciones de los naturalistas del siglo XIX, quienes desde diferentes enfoques y explicaciones, coincidieron en que la distribución orgánica en el tiempo y en el espacio es el componente principal para poder explicar la compleja diversidad dentro de la superficie terrestre.

AGRADECIMIENTOS

El presente trabajo fue financiado por el proyecto PAPIIT IA 400622 y apoyado por los proyectos PAPIME PE 202422 y PE 210024.

REFERENCIAS

ACOSTA, J. (1940) *Historia Natural y Moral de las Indias*. Edición de E. O´Gorman. Fondo de Cultura Económica, México, D.F.

AGASSIZ, L (1859). *An Essay on Classification*. Longman, Brown, Green, Longman & Roberts and Trubner & Co. Londres.

AGASSIZ, L. (1850). The diversity of Origin of the Human Races. *Cristiann Examiner* 1-36

BLANCO, D. (2008). La naturaleza de las adaptaciones en la teología natural británica: análisis historiográfico y consecuencias metateóricas. *Ludus Vitalis* 30:3-26.

BOWLER, P. J. (1977) Darwinism and the argument from design: suggestions for a reevaluation. *Journal of the History of Biology*, 10:29-43

BOWLER, P. J. (1996) *Life´s Splendid Drama*. University of Chicago Press, Londres.

BROWNE, J. (1995). *Charles Darwin. Voyaging. Volume I of a Biography*. Pimlico, London.

BUENO y LLORENTE, (2005). *La obra biogeográfica de Alfred Russel Wallace. Parte II: El modelo extensionista y la inflexion al permanentismo*. Pp. 19-44. En: J. Llorente y J. J.

Morrone (Eds.)2005. Regionalización biogeográfica en Iberoamérica y tópicos afines. UNAM, México.

Bueno-Hernández, A. y Llorente-Bousquets, J. (2003). *El pensamiento biogeográfico de Alfred Russel Wallace*. Colección Luis Duque Gómez, No. 1. Academia Colombiana de Ciencias Exactas, Físicas y Naturales. Bogotá.

Burkhardt F. (ed.) (1996) *Charles Darwin´s letters . A selection 1825-1859*. Canto. Cambridge University Press. Cambridge.

Darwin, C. (1859). *On the origin of species by means of natural selection*. London: John Murray

De Candolle, A. P. (1820). *Essai el ementaire de geographie botanique*. Dictionnaire des Sciences Naturelles (Vol. 18, pp. 1–64). Paris: F. Levrault.

Desmond, (1989) *The politics of Evolution: Morphology, Medicine, and Reform in Radical London*. University of Chicago Press. Chicago & Londres.

Dexter, R. W. (1978). Historical Aspects of Louis Agassiz´s Lectures on the Nature of the Species, *e-Bios* 48(1):12-19

Fichman, M. (1977). Wallace: zoogeography and the problem of land bridges. *Journal of the History of Biology*, 10, 45-63.

Forbes, E. (1846). On the Conexion between the distribution of the existing Fauna and Flora of the British Isles and the geological changes which have affected their área. *Memoirs of the Geological Survey of England and Wales*. 1, 336-432.

Forbes, E. (1846). On the Connection between the Distribution of the Existing Fauna and Flora of the British Isles, and the Geological Changes Which Have Affected Their Area, Especially during the Epoch of the Northern Drift,» *Memoirs of the Geological Survey of Great Britain and of the Museum of Economic Geology in London*, 1: 336-432

Halffter, G., & Moreno, C. (2005). *Significado biológico de las diversidades alfa, beta y gamma*. In G. Halffter, J. Soberón, P. Koleff & A. Melic (Eds.), Sobre diversidad biolóogica: El significado de las diversidades alfa, beta y gamma (Vol. 4, pp. 5–18). Zaragoza: m3m: Monografías Tercer Milenio https://doi.org/10.1111/jbi.13218

Humboldt, A., & Bonpland, A. (1805). *Essai sur la Geographie des Plantes; Accompagnte d'un Tableau Physique des Regions Equinoxiales*. Paris: Levrault.

Juárez-Barrera F. A. Bueno-Hernández y J. Llorente Bousquets (2016). *El creacionismo de Louis Agassiz y sus concepciones biogeográficas*. Academia Colombiana de Ciencias Exactas, Físicas y Naturales.

Juárez-Barrera, F., Bueno-Hernández, A., Morrone, J. J., Barahona-Echeverría, A. y Espinosa, D. (2018). Recognizing spatial patterns of biodiversity during the nineteenth century: the roots of contemporary biogeography. *Journal of Biogeography, 45*, 995–1002.

Juárez-Barrera F, I. Luna Vega, J.J. Morrone, A. Bueno-Hernández y D. Espinosa, (2020). Unravelling the complexity of Mexican biogeographical patterns by naturalists in the 19th century: From Alexander von Humboldt (1769–1859) to Francis Sumichrast (1829–1882). *Phytotaxa* 456(3): 244-255.

Kinch, Michael Paul. 1980. Geographical Distribution and the Origin of Life: The Development of Early Nineteenth-Century British Explanations. *Journal of the History of Biology* , 13(1): 91-119.

Prichard, J. C. (1813). *Researches into the Physical History of Man*. John and Arthur Arch, Cornhill and B. H. Baery, Bristol. London.

SCLATER, P.L. 1858. On general geographical distribution of the members of class Aves. *Journal of the Linnean Society Zoological*, 2: 130-145.

SWAINSON, W. 1835. *A treatise on the geography and classification of animals.* Longman, Orme, Green & Longman. Paternoster Row and Taylor, Upper Tower, London. 366 pp.

WALLACE, A. R. (1855). On the law which has regulated the introduction of new species. Ann Mag. Hist 2d. Ser., 16:184-196 (trad. De Schimidt, W.; A. Bueno y J. Llorente en: Papavero y Llorente (ed). 1994. Principia Taxonomica, Vol. V. Wallace y Darwin. UNAM. Facultad de Ciencias.

–(1853). A *narrative of travels on the Amazon and Rio Negro* Reeve and Co. London.

–(1857) On the Natural history of the Aru islands *Ann y Mag N. Hist Ser 2 Vol. XX*: Suppl.

–(1860). On the Zoological Geography of the Malay Archipelago. J. *Proc.Linn. Soc. (Zool.),* 4: 172-184.

–(1869). *The Malay Archipelago: The land of the Oang-utan and the bird of paradise.* Macmillan, London

–(1876). *The geographical distribution of animals, with a study of the relations of living and extinct faunas as elucidating the past changes of the earth's surface. Vol. I. and II.* Macmillan and Co., London. 503 pp.

ZIMMERMANN, E. A. W. (1777). Specimen zoologiae geographicae Quadrupedum domicilia et migrationes sistens. Leiden: Theodorum Haak. https://doi.org/10.5962/bhl.title.135123Johan Reinhold Forster (1778

ESTUDO SOBRE AS BROMÉLIAS: UM LEGADO DE FRITZ MÜLLER

Heloisa Maria Bertol Domingues
Pesquisadora Titular, Museu de Astronomia e Ciências Afins, MAST.

Magali Romero Sá
Pesquisadora Titular, Fundação Oswaldo Cruz, Fiocruz. Bolsista do CNPq 2

INTRODUÇÃO

Fritz Müller (1822-1897), naturalista alemão radicado no Brasil, na segunda metade do século XIX, aplicando a teoria da evolução por seleção natural, foi o primeiro a constatar que as bromélias tinham capacidade de reter água e que lá se desenvolviam espécies de insetos, crustáceos e anfíbios. Os tanques das bromélias foram um caso diferente com a seleção natural claramente envolvida.

Grupo botânico em que cerca de metade de suas espécies são epífitas, as bromélias, chamadas de gravatás pelos indígenas no Brasil, são encontradas desde o sul da América do Norte, passando pela América Central até chegar à Patagônia (Argentina) na América do Sul. Apenas uma espécie do gênero *Pitcairnia* é referida para o continente africano (Wanderley e Martins, 2007). O nome bromélia foi dado à essas espécies pelo botânico e explorador francês Charles Plumier (1646-1704) no final do século XVII, em homenagem ao médico e botânico sueco Olav Bromel (1639-1705). Muitas espécies de bromélias armazenam água da chuva em seu interior, resultado da distribuição espiralada de suas folhas, que formam pequenos tanques capazes de acumular água da chuva e material orgânico, chamados fitotelmos, esses reservatórios servem de refúgio ou reprodução para muitos organismos, que utilizam as bromélias na maior parte da vida ou até mesmo durante todo o ciclo de vida, incluindo vertebrados, invertebrados e protozoários. (Nallis, 2021: 12; Andrade et al, 2009: 258). Estima-se que cerca de 70%

dos gêneros e 40% das espécies de Bromeliaceae ocorra no Brasil, especialmente na região Sudeste, onde vivem como epífitas, rupícolas ou terrestres nas mais diferentes formações vegetais, florestais e campestres do país (Wanderley e Martins, *ibid*: 40).

Os estudos de Müller contribuíram para que dois estudos sobre a malária no Brasil, em momentos diferentes, lançassem mão de seu trabalho sobre as diferentes formas de vida encontradas nas águas retidas na roseta foliar das bromélias. Müller havia encontrado tanto invertebrados como vertebrados vivendo e se reproduzindo nos fitotelmos das bromélias. Suas relevantes descobertas divulgadas por Darwin em 1879 na revista *Nature* e em periódicos brasileiro e internacional, teve enorme relevância para que alguns anos mais tarde contribuísse para o entendimento do ciclo da malária silvestre. A malária ou febre palúdica, como era conhecida, era a doença que atormentava durante séculos a população mundial.[1] Durante os anos em que Müller desenvolvia seus trabalhos novas descobertas estavam sendo realizadas quanto ao papel dos insetos e outros invertebrados na transmissão de doenças. Em 1898 Ronaldo Ross, na Índia, demonstrou o ciclo do parasita da malária no mosquito. No Brasil, também nesse período, Adolpho Lutz, analisava as possíveis causas de um surto de malária que vinha acometendo os trabalhadores por ocasião da abertura de estrada de ferro São Paulo–Santos, na Serra do Cubatão, e para seus estudos recorreu aos trabalhos de Müller. Entre o final dos anos 1940 e o início dos 50, no Estado de Santa Catarina, desencadeou-se uma epidemia de malária em uma região altamente florestada, e um grupo de especialistas foi acionado para estudar o assunto. Deste grupo, o estudo botânico-ecológico realizado por Raulino Reitz acionou a teoria de Müller e o precedente estudo de Lutz, formando assim uma genealogia científica a partir do legado de Fritz Müller. A questão comum era a possibilidade de encontrar o agente transmissor da malária, nos tanquinhos de água retidas nos folíolos das bromélias.

Bromélias, não crescem isoladas. Estão sempre ligadas à vida animal e outras plantas. São ilhas invertidas, pois cercam as águas e berço de larvas. Mata a sede dos pequenos animais quando a água rareia durante algum tempo do ano, numa demonstração de sincera amizade (Burle Marx,1993:4)

MÜLLER E OS GRAVATÁS: NOVAS DESCOBERTAS CIENTÍFICAS

O primeiro trabalho que Müller publicou sobre a relação entre bromélias e animais foi nos *Archivos do Museu Nacional* em 1879. Nesse trabalho o naturalista estudou os casulos larvais dos insetos tricópteros, inovando no estudo taxonômico desse grupo de insetos, ao mostrar a importância das características larvais para a classificação, assim como dos casulos e da biologia geral da espécie. Com fase larval aquática em rios de água corrente, eles constroem casinhas - como Müller denominava os casulos larvais - com restos de folhas em apodrecimento. O adulto é alado e voa para a dispersão e reprodução.

Observando a água retida nos imbricamentos das folhas das bromélias, Müller encontrou larvas de tricópteros habitando esses fitotelmos. Estudando essas larvas chegou à conclusão de que eram espécies desconhecidas e que pertenciam a um novo

[1] Sobre os estudos sobre malária e protozoologia ver Benchimol & Sá (2005a).

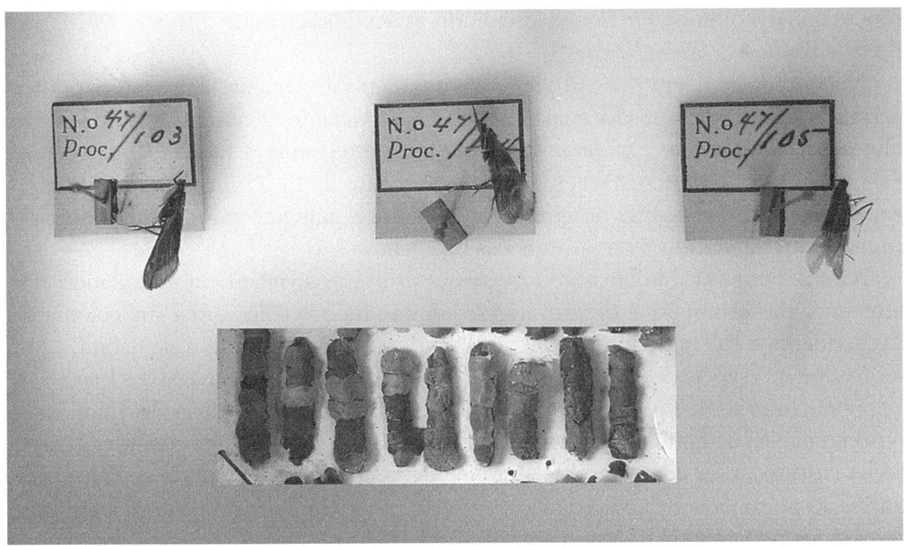

Fig. 1. Phylloicus bromeliarum, tricóptero das bromélias. Espécimes adultos e casinhas larvais. Material enviado por Fritz Müller ao Museu Nacional e destruído no incêndio ocorrido em 2018 (Fontes, 2022, 148).

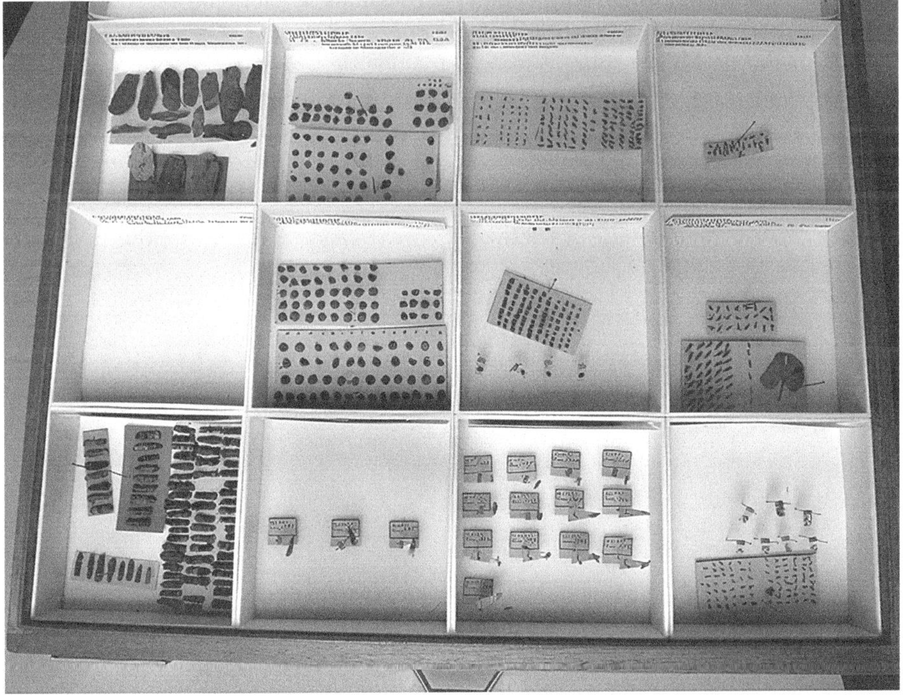

Fig. 2. Caixa entomológica da coleção de Trichoptera do Museu Nacional. Material enviado por Fritz Müller ao Museu Nacional e destruído no incêndio ocorrido em 2018 (Fontes, 2002, 148).

gênero que denominou *Phylloicus,* dividindo-as em duas espécies distintas: *Phylloicus major* e *Phylloicus bromeliarum.*

No ano seguinte, em 1879, Müller enviou para publicação neste mesmo periódico pertencente à instituição do qual era naturalista viajante, a descrição de um novo crustáceo ostracode, o *Elpidium bromeliarum,* pertencente à família Cytherellidae Sars, 1866. Esses microcrustáceos, com comprimento de 1 a 2 mm e dotados de carapaça bivalve, são habitantes de água salgada ou doce, mas, até então, não haviam sido encontrados habitando reservatórios das bromélias.

Na sua pesquisa, Müller notou que esses crustáceos viviam em abundância nos fitotelmos das bromélias e descreveu: «quase não há bromélia sem a sua colônia de Cytherideos» e «além de ser notável por esse domicílio singular que ele habita, e por ser a primeira espécie de água doce achada na América do Sul, a espécie das bromélias é também interessante pela sua forma insólita. As conchinhas bivalves das numerosas espécies não só da família dos Cytherideos, como toda a ordem dos crustáceos ostracodes costumam ser comprimidas lateralmente, tendo o feitio de um mexilhão ou de um feijão preto. Nas bromélias, pelo contrário, a conchinha assemelha-se a um grão de café, sendo a largura muito maior que a altura. A face dorsal é convexa e a ventral plana e percorrida por um suco longitudinal (Müller, 1881 [1879]:27)

Fritz Müller propôs que a possível dispersão dos espécimes se daria por adesão ao tegumento de algum animal visitante, com ele seguindo para o tanque de outra bromélia. Fato que se confirmou anos depois em trabalhos de Clodomir Picado, cientista costa-riquenho, em 1913, e dos brasileiros (Lopez et al, 1999; Lopez et al, 2005).

O trabalho de Müller sobre o novo ostracode de bromélias foi publicado também na revista *Kosmos*, em Stuttgart, no ano de 1880. Como os *Archivos do Museu Nacional* só foi publicado em 1881, com dois anos de atraso, a data da descrição da espécie ficou referenciada e validada com a da publicação da revista *Kosmos.*

Fritz Müllers gesammelte Schriften

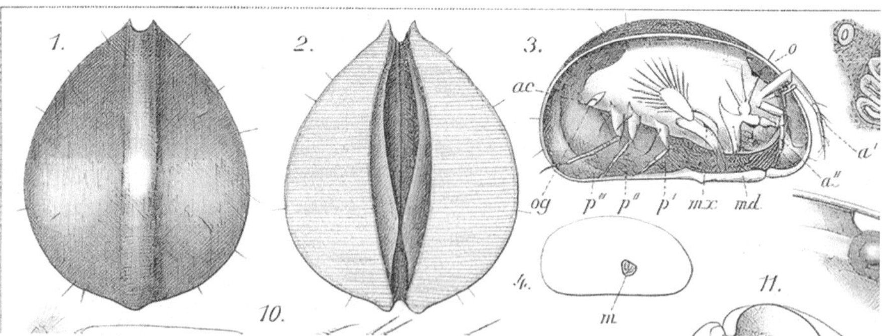

Fig. 3. Elpidium bromeliarum, Muller 1880, Mini crustáceos ostrácode das bromélias. Foi a primeira espécie de água doce encontrada na América do Sul (Fontes, 2022:149).

Apesar de Fritz Müller não se dedicar ao estudo dos vertebrados, ele encontrou a fêmea de um pequeno sapo vivendo em bromélias epífitas e, curiosamente, portando ovos volumosos no dorso, dos quais nasciam sapinhos bem formados, sem brânquias. Ele relatou o caso a Charles Darwin, que publicou esse e os outros dois casos informados na mesma correspondência, na revista *Nature*, em 1879. Essa espécie de sapo foi somente descrita formalmente em 2018, com o nome de *Fritziana mitus* por Walker et al., em 2018.

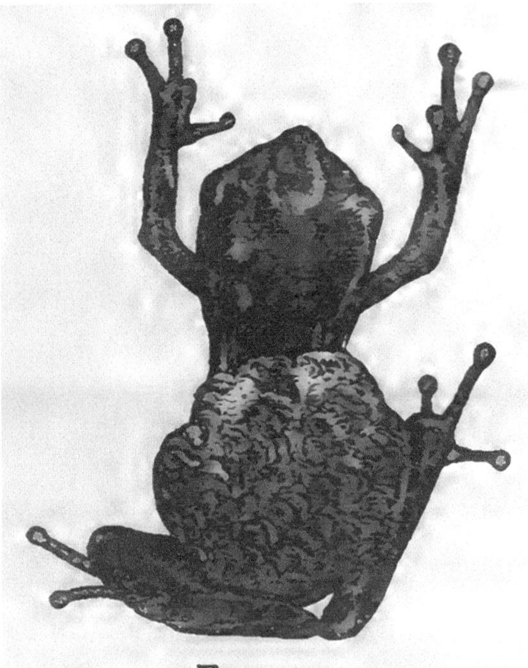

Fig. 4. Pequeno sapo com ovos nas costas, habitante das bromélias. (Nature, n. 19, p. 463, fig. 1, 1879; Fontes, 2022:151). O desenho do sapo é de Fritz Muller, na carta enviada a Darwin.

Dez anos após a publicação do trabalho de Müller, uma importante descoberta estava ocorrendo na Índia, na cidade de Secundarabad. Lá, o médico e oficial britânico, Ronald Ross (1857-1932) ao dissecar o estômago de dois mosquitos anofelinos alimentados quatro dias antes em pacientes com malária, observou células contendo pigmentos que ele considerou como formas alternativas do parasita da malária humana. (Ross, 1897). Suas pesquisas tiveram que ser continuadas na cidade de Calcutá para onde havia sido transferido. Devido à falta de casos na região, Ross usou como modelo experimental a malária aviária. Depois de alimentar mosquitos em aves infectadas, ele descobriu que os parasitas da malária podiam se desenvolver nos mosquitos e migrar para as glândulas salivares dos insetos, permitindo que os mosquitos infectassem outras aves durante as refeições de sangue subsequentes. Ross assim, em 1898, um ano após a sua primeira descoberta, desvendou o ciclo da malária aviária no mosquito *Culex* e abriu caminho para que os italianos Giovanni Grassi (1854-1925), Amico Bignami(1862-1929) e Giuseppe Bastinelli (1862-1959), fechassem o ciclo da malária humana no mosquito *Anopheles*. Em1892, Ross ganhou o Prêmio Nobel por seus estudos sobre o agente transmissor da malária. (Katz, 1997: 200).

Em 1898, às vésperas da publicação por Ronald Ross da descoberta da transmissão da malária das aves pelo mosquito *Culex*, o médico brasileiro Adolpho Lutz (1855-1940) foi chamado à região onde se construía nova linha de estrada de ferro entre São Paulo e Santos, no trecho que escalava a serra de Cubatão. Lá, numerosos casos de uma doença febril vinham ocorrendo entre os operários, num ambiente muito diverso das planícies encharcadas tradicionalmente associadas à malária. (Benchimol & Sá, 2005b).

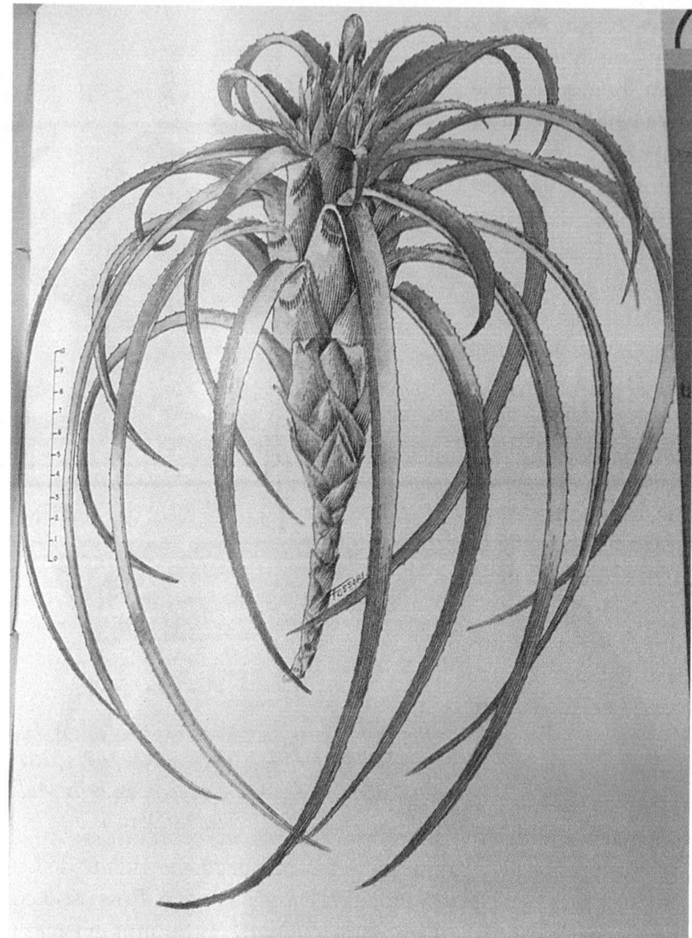

Fig. 05 - Aechmea recurvata (Klotzsch) L.B.Smith var. recurvata.. Planta florida Arte de Domingos Fossari; Coleção Herbário João Barbosa Rodrigues, Itajaí, SC, Cópia Jardim Botânico Rio de Janeiro

A DESCOBERTA DA MALÁRIA SILVESTRE NA CONSTRUÇÃO DA ESTRADA DE FERRO SÃO PAULO-SANTOS

Adolpho Lutz foi pioneiro nos estudos da medicina tropical no Brasil e sobre o papel dos insetos na transmissão de doenças. Pesquisador formado na Suíça, terra de seus pais, trouxe para o Brasil enorme bagagem científica, tendo estudado com os grandes nomes médicos da época. Reconhecido pelos seus pares como «naturalista genuíno da velha escola darwiniana»,[2] Lutz lembrando do trabalho publicado por Müller nos *Archivos do Museu Nacional* sobre as larvas de tricópteros passou a observar o fitotel-

[2] ver Benchimol & Sá, 2007.

mo das bromélias. No seu trabalho sobre malária ele descreveu: «Também não me era desconhecido o fato de viverem nas águas de bromélias diversos seres miúdos, e lembrei-me que Fritz Müller nelas havia encontrado um Ostracode muito interessante. Ora, onde esse podia manter-se e prosperar, as larvas de mosquito, naturalmente, também poderiam viver. Sendo as bromeliáceas muito abundantes naquelas matas, dispus-me a examiná-las, cheio de esperanças. Logo de início, tive uma desilusão, não conseguindo encontrar material apropriado. É verdade que todas as árvores grandes ostentavam um número importante de bromeliáceas nos galhos inferiores, grossos e mais ou menos horizontais. Acontece, porém, que mesmo os mais baixos ainda ficavam a uns trinta pés (mais ou menos dez metros) acima do solo, fora de alcance, portanto. Se resolvesse mandar cortar as árvores, a água se derramaria. Encontrei, também, bromeliáceas em rochas escalvadas, mas estas só continham larvas de pererecas. Se os mosquitos desovavam de fato na água das bromeliáceas, deviam fazê-lo muito acima das nossas cabeças. No fim de algum tempo, consegui, porém, encontrar na mesma zona bromélias de acesso mais fácil e examinar a água abundante nelas colhida. Foram, então, encontradas não só numerosas larvas de outras espécies de mosquitos como também as do novo *Anopheles*. Hoje em dia, após vários anos de observação, posso afirmar que os mosquitos típicos da floresta, quase sem exceção, passam a fase larval na água das bromeliáceas.» (Lutz, 1902 In: Benchimol & Sá, 2005a: 762)[3]

A descoberta de Fritz Müller havia despertado o interesse de vários pesquisadores em várias parte do mundo e, em 1883, C. W. Friedenreich, imigrante alemão que residia em Blumenau, Santa Catarina, descreveu um coleóptero (*Pentameria bromeliarum*) cujas larvas habitavam a água de bromeliáceas brasileiras. No ano seguinte, foi descrito outro coleóptero (*Onthostygnus fasciatus*) em plantas desse gênero, no México (D. Sharp, 1884), e A. Schimper, botânico alemão (1884, 1888) publicou importantes trabalhos relativos à fisiologia das bromélias. (Benchimol & Sá, 2005b). Em 1913, Clodomir Picado publicou importante tese sobre as bromélias epífetas como ambiente biológico

No ano em que Lutz iniciou sua investigação na serra de Santos, F. W. Kirby (1897) mostrou que as bromélias com fitotelmos do Chile abrigavam borboletas da família Sphingidae, gênero *Castnides*. Ora, se pequenos crustáceos e outros animais podiam se manter aí, «as larvas de mosquito, naturalmente, também poderiam viver» – escreveria Lutz (1903). Após cinco anos de estudos, pôde confirmar que «os mosquitos típicos da floresta, quase sem exceção, passam a fase larval na água das bromeliáceas». No intervalo entre as primeiras observações e a publicação de sua descoberta, Lutz elaborou técnicas apropriadas para a coleta das larvas e sua criação em laboratório. Estudou as espécies de bromeliáceas e sua distribuição não apenas na serra de Santos como em outras regiões: o anfíbio da espécie *Hyla claresignata*, habitante de bromélias, coletado em Teresópolis em 9.11.1929 por ele e sua filha Bertha Lutz, que tinha ecologia semelhante (Benchimol & Sá, 2005b)

[3] O trabalho de Lutz escrito em 1902 e publicado em 1903 como «Waldmosquitos und Waldmalaria», no periódico *Centralblatt für Bakteriologie, Parasitenkunde und Infektionskrankheiten*, v.33, n.4, p.282-92, com sete figuras. Republicado em 1950 na *Revista Brasileira de Malariologia*, v.II, n.2, em português «Mosquitos da floresta e malária silvestre», p.91-100, e em inglês «Forest mosquitoes and Forest Malaria», p.101-10. Reproduzido, e aqui citado, do original escrito em 1902, e publicado em Benchimol & Sá, 2005, p. 759-768.

A partir dessa descoberta, Lutz passou a se interessar por todos os grupos de animais que povoavam as águas dessas plantas – crustáceos miúdos (ostracodes, copépodes, linceídeos) larvas de tipulídeos, culicídeos de Corethra, Chironomus e nematóceros semelhantes; larvas de coleópteros aquáticos e de anfíbios. Verificou que anfíbios hilídeos e planárias terrestres gostavam de viver em bromeliáceas, já que estas reuniam as características de aquários e terrários. E o mais importante: estudou o modo de vida dos mosquitos das florestas, depois que alcançavam o estágio alado, sem se limitar às espécies bromelícolas. Para a execução desse programa mobilizou uma rede de coletores que, em pouco tempo, e em função de seu interesse crescente pela entomologia, alcançaria rincões remotos do Brasil e vários países estrangeiros.

O trabalho de Luz foi contestado pelos pesquisadores norte-americanos Frederick Knab (1865-1918) e Harrison Gray Dyar (1866-1929) que não acreditavam que mosqui-

Fig. 06 – Em vermelho as regiões brasileiras onde a malária atacou em dois momentos

tos que nunca houvessem entrado em contato com o homem pudessem transmitir a ele a malária. Na opinião dos entomologistas norte-americanos, provavelmente o caso descrito por Lutz seria uma forma assintomática, adquirida em área urbana e exacerbada posteriormente quando o paciente trabalhava na abertura da ferrovia na floresta.[4]

Era a primeira vez que se reportava a transmissão da malária por anofelinos que tinham como criadouros as bromélias. A relação mosquito-bromélia foi comprovada anos depois em matas na periferia de cidades do litoral catarinense, foco de resistência ao controle da doença desde a década de 1940 até 1986, depois de a endemia ter sido controlada no Sul, Sudeste e Nordeste do Brasil.

EM SANTA CATARINA, EM ESTUDOS DE RAULINO REITZ, A CONFIRMAÇÃO DA TEORIA DE LUTZ REAFIRMANDO A DE FRITZ MÜLLER

O estudo de Lutz, baseado nos trabalhos de Fritz Müller, sobre o desenvolvimento de diferentes formas de vida nos reservatórios formados na base foliar da roseta das bromélias, levou à confirmação de que larvas de *Anopheles cruzii*, o pequeno pernilongo que perseguia avidamente os trabalhadores na mata, onde construíam a estrada de ferro, São Paulo-Santos, era o vetor primário da «malária das bromélias».

Após ter ficado anos no limbo, os estudos de Lutz foram retomados pelo botânico Padre Raulino Reitz, em Santa Catarina, em 1949, quando a malária se transformara em epidemia. Em 1947, a doença já atingia todas as cidades litorâneas daquele estado e se propagava para os vizinhos, Rio Grande do Sul e Paraná. De início, conforme Raulino Reitz, houve reticência em aceitar a ideia de Lutz, de que a bromélia tinha ligação com a malária. As críticas vinham de fora. Frederick Knab, da Smithsonian Institution, em 1913, dizia ser pouco provável que o mosquito da floresta tivesse a oportunidade de, em diferentes picadas, sugar sangue humano infectado, desenvolver o ciclo agente da doença em seu organismo e depois picar outro homem, transmitindo-lhe a malária (Reitz,1983:40). Conhecedor dos trabalhos de Fritz Muller, Reitz retomou os trabalhos de Lutz, sem questionar e as pesquisas demonstraram que Lutz estava certo. A malária-bromélia revelara-se uma praga (endemia) em duas regiões bem separadas: ilha de Trinidad, no nordeste da América do Sul e em Santa Catarina – onde atingiu uma população muito maior, compreendendo 29 municípios, representando a grande maioria da população agrícola e todo o «vigoroso» complexo industrial, atingindo todas as bacias hidrográficas que vertem para o mar, desde os limites da Serra do Mar e da Serra Geral (Reitz, 1983: 47; Smith, 1955:14).

Pe. Raulino Reitz (1919-1990), descendente de imigrantes alemães, era natural de Santa Catarina. Seu interesse pela botânica surgiu durante sua formação no Seminário de São Leopoldo, no Rio Grande do Sul (1937 e 1943), onde foi aluno do botânico, Balduino Rambo S.J., que o incentivou no estudo das plantas. Em 1938, Reitz criou, em Itajaí, SC, o herbário Joao Barbosa Rodrigues. Após o trabalho de erradicação da

[4] Ver Benchimol & Sá, 2005, p. 331-356 para detalhado estudo sobre a descoberta de Adolpho Lutz e a polêmica com os pesquisadores americanos.

malária, Roberto Klein, ecólogo, em 1953, o substituiu na curadoria do Herbário[5]. Em 1955, fez cursos na Iowa State University, EUA e visitou institutos botânicos nos Estados Unidos e Europa. Valorizou o conhecimento da biodiversidade da flora, da herborização das espécies, da biogeografia – entendendo cada espécie no ambiente físico do qual se originava e o qual caracterizava – considerava os ecossistemas (Domingues, 2019).[6]

O estudo das bromélias, iniciou juntamente com imbés e palmeiras em 1938. A especialização em bromélias veio com o contato que estabeleceu com Lyman Smith (1904-1997), botânico norte-americano, considerado, à época, uma das grandes autoridades no estudo das Bromeliaceae em ambiente tropical e realizou várias viagens de pesquisa pelo Brasil. Em 1942, Reitz, com a colaboração de Smith, coordenou o alentado estudo sobre a flora catarinense, a *Coleção Flora Ilustrada de Santa Catarina*, publicada em 113 cadernos e 35 volumes, na Revista Sellowia – também criada por ele[7]. Para Reitz, Smith era um «insigne benemérito de Botânica», em contrapartida, Smith reconhecia o trabalho de Reitz. Quando o Instituto de Malariologia, organizava a equipe para erradicar a malária no sul do país, o Governo consultou o Smithsonian Institution de Washington para que indicasse um especialista. A resposta foi: «O melhor mora ali mesmo, no Seminário de Azambuja» (Bensen, on line). Assim, Reitz foi convidado a integrar a equipe da pesquisa[8].

Reitz foi, ao mesmo tempo, botânico e ecólogo, defensor da preservação do meio; o que reiterou durante toda sua trajetória científica. Foi autor da minuta do Decreto que criou a Fundação de Amparo à Tecnologia e o Meio Ambiente (FATMA), de Santa Catarina. Criou e contribuiu para a implantação de parques estaduais da Serra do Tabuleiro (1975), da Serra Furada (1980), de reservas biológicas do Sassafrás (1977), da Canela-Preta (1980), do Aguaí (1983). Idealizou e promoveu as atividades de criação das Estações Ecológicas dos Carijós (Ilha de Se), dos Timbés, Babitonga (Garuva, Joinville, Araquari e São Francisco) (Bensen, on line). Em 1990, foi-lhe concedido o prêmio da ONU, Global 500, no dia do Meio Ambiente, na cidade do México. Os trabalhos biográficos sobre Reitz salientam o seu trabalho pela preservação do meio (Bensen, 2012:on line; Martins e Siqueira:s/d:on line; Bensen:2009 (provável), on line).

O Serviço Nacional de Malariologia, para combater o surto epidêmico da malária, em Santa Catarina, em 1949, criou uma equipe da qual Reitz participou, chamada de Equipe de Bioecologia, chefiada pelo conhecido ecólogo, Henrique Pimenta Veloso (1917-2003). Os trabalhos de Reitz começaram pelo mapeamento das diversas espécies nos diferentes ecossistemas em que abundavam bromélias. Segundo Reitz, «as observações ecológicas realizadas por Pimenta Veloso, Mario B. Aragão e o botânico e ecólogo Roberto Miguel Klein (1923-1992), que sempre trabalhou com Reitz, deram

[5] In Memoriam: Roberto Miguel Klein, 1923- 1992. Insula, revista Botânica, v. 22, p. 208. https://periodicos.ufsc.br/index.php/insula/article/view/22205

[6] A pesquisa sobre o botânico Raulino Reitz foi realizada para o Jardim Botânico do Rio de Janeiro, por H. M. Bertol Domingues, no âmbito da Exposição (não realizada) *O Padre dos Gravatás*, em 2019. O design foi de Ana Luisa Escorel.

[7] Bensen, *Raulino Reitz*, https://enciclopedia.brusque.sc.gov.br/index.php/Raulino_Reitz

[8] Fruto destas pesquisas, em 1951 nasceu o livro «Bromeliáceas e a malária – Bromélia Endêmica», publicado apenas em 1983, às expensas do autor.

uma ideia clara sobre o habitat das bromélias mais comuns em Santa Catarina». Ou seja, o enorme levantamento de dados botânicos realizado, nos lugares mais atingidos pela malária, levou à conclusão de que: «fatores climáticos explicam o desenvolvimento da larva do mosquito na bromélia. A abundância de bromélias depende da intensidade da luminosidade e da umidade relativa do ar» (Reitz, 1983:40).

No seu trabalho Reitz observou: -Diminuição drástica da incidência de bromélias de leste para oeste devido a temperatura; - Diminuição drástica da incidência de bromélias do norte para o sul devido a fatores de temperatura e pluviosidade; -No habitat mais comum das bromélias – as árvores –, as diferentes espécies se distribuíam numa relação indireta ao tamanho e à forma da árvore. Por exemplo, uma figueira que apresentava tronco mais alto e galhos maiores tendia a abrigar bromélias que exigem mais luz solar (heliófilas); outras preferiam lugares sombrios (esciófitas), encontrados no interior de florestas sombrias. – Na pesquisa, encontraram uma figueira com 3.000 bromélias.

Para a botânica, a contribuição de Reitz teve aspectos relevantes dentre os quais destacam-se: -Coleta e identificação de 52 espécies de bromeliáceas existentes no Estado de Santa Catarina; -Classificação de seis novas espécies e numerosas variedades de bromeliáceas, até então desconhecidas; -A obra «Bromeliáceas de Santa Catarina», escrita a partir das pesquisas de campo.

O fato de Reitz ter realizado um meticuloso estudo taxonômico das várias espécies de bromeliáceas criadouras dos anofelinos em Santa Catarina e Paraná, foi de grande contribuição para as conclusões do trabalho da equipe de malariologia, conforme registrou no relatório do estudo, o Diretor do Serviço Nacional de Malariologia, Mario Pinotti. Concluiram que no litoral catarinense, a malária é transmitida por anofelinos do sub gênero «Kertesias – cruzi, Bellator» e «homúnculos». (Pinotti, 1953:254).

Segundo Reitz, «Lutz lendo os trabalhos de Fritz Muller, que estudou diferentes formas de vida nos tanquinhos formados pelas águas retidas na roseta foliar das bromélias, procurou e descobriu larvas de «Anopheles cruzii», pequeno pernilongo que perseguia avidamente operários trabalhando na mata ao construírem uma estrada de ferro. Assim, Reitz sublinha que após os mais aprofundados estudos, Lutz teve o grande mérito de verificar que estes mosquitos anofelinos eram portadores de um plasmódio, agente da malária» (Reitz, 1983:45). O que confirma também que Reitz era também um adepto da teoria darwin, Um biógrafo de Reitz comentou que ele sempre foi muito discreto em relação à teoria de Darwin (1859), mas a aceitava, uma vez que respeitava as ideias de Fritz Muller, chegando a resgatar alguns de seus documentos na Alemanha (Guerra, on line:2010:9-67).

A respeito do habitat das espécies de Bromeliaceas foram empregados os métodos de Braun-Blanquet (1884-1980) - comunidades vegetais e suas inter-relações e a sua dependência face ao meio vivo e não vivo - e Pierre Dansereau (1911-2011) - método de análise de sociologia vegetal criado por seu professor Braun-Blanquet na década de 1930 e introduzido por ele no Brasil[9] - considerando fatores como: fidelidade, presença, abundância, tolerância à sombra, volume de água contido no imbricamento das folhas, sociabilidade e modo de afixação, que conforme Reitz dividiam-se em: Epífetos: nas

[9] Ver Sá, 2011; Sá; Sá; Palmer, 2017.

raízes, troncos ou galhos; terrestres: húmus, paus podres; rupestres: rochas compactas ou blocos de pedras isoladas. Esses fatores, definidos pelo estudo botânico, foram relacionados com os índices das Bromeliaceas e com seu valor endêmico para a região (Reitz, 1983:50). Esses mesmos princípios Reitz aplicou no Jardim Botânico do Rio de Janeiro, para criar o «Bromeliário Ecológico», quando dirigia a instituição em 1972.

Dansereau havia chegado no Brasil a convite do governo com o objetivo de impulsionar os estudos fitogeográficos no país e a institucionalização dos estudos em ecologia vegetal em instituições como o Museu Nacional e o Instituto Oswaldo Cruz. Pimenta Veloso participou do curso ministrado por Dansereau e o acompanhou com outros colegas como auxiliar em suas excursões científicas e em seus estudos sobre os processos de sucessão e colonização relativos à vegetação das restingas e de ambientes de altitude. Como consequência, se tornou um dos primeiros discípulos do mestre canadense no Brasil. Os anos 1940-1950 foram de institucionalização da ciência ecologia. No Brasil, vários trabalhos se realizaram em trabalhos de impacto ambiental[10]. Reitz aplicou a ecologia na botânica e nunca deixou de promover a preservação do meio.

De acordo com os resultados da pesquisa botânica, as Bromeliáceas puderam ser classificadas em 3 grupos, no que dizia respeito ao fator luz e à umidade atmosférica, bem como à altura de afixação nas árvores: -Esciófitas: espécies afixadas a pouca altura, ou no próprio chão,-muito tolerantes à sombra. Indiferentes: afixadas nos troncos, galhos médios ou inferiores das árvores. Espécies exigentes de luz e portanto geralmente afixadas nos galhos superiores e médios das árvores mais altas das matas (Reitz,1983:50).

A análise dos dados obtidos demonstrou que não existem propriamente hospedeiros preferenciais para a fixação das Bromeliáceas, nem espécies, também preferenciais, de Bromeliáceas para a ovoposição dos alados de Anofelinos, esclareceu que existem *condições ecológicas necessárias* para o desenvolvimento completo dos mosquitos desde o estado larvar ao alado e, consequentemente, para a sobrevivência das formas aquáticas dos Anofelinos. Os levantamentos fitos sociológicos demonstraram, portanto, que não há espécies arbóreas específicas para a fixação de espécies particulares de Bromeliáceas, como era de se esperar, sendo, na verdade, o fator luz o responsável pela distribuição vertical dessas espécies.

O estudo Bromélia-Malária valeu a Reitz, o apelido – distinção popular – de o *Padre dos Gravatás*. Como ele mesmo explicou, estabeleceu com este estudo as bases técnico-botânicas para o diagnóstico do problema Malária-Bromélia com base nos estudos de Fritz Müller, e de Lutz, concluindo que este tinha razão quanto ao anofelino transmissor da malária.

Ficou esclarecido que as árvores mais desenvolvidas eram as portadoras mais importantes de bromeliáceas pelo porte agigantado e, como consequência, por causa da área oferecida à afixação e à boa capacidade de retenção das águas pluviais durante

[10] No Museu Nacional e Academia de Ciências esteve em 1953 e 1955, o conhecido ecológo americano Stanley Cain, ligado ao projeto de criação do Instituto Internacional da Hileia Amazônica (IIHA), às expensas da UNESCO (Domingues e Petitjean, 2000:) O projeto do IIHA foi tinha como base os princípios da ecologia aplicados a Amazônia (Domingues e Petitjean:2005). Na Universidade de São Paulo, Theodosius Dobzhansky organizou um grupo de pesquisas que estudava genética relativa ao meio ambiente (Domingues,2020: 265-284).

todo o ano. A análise botânica-ecológica mostrou os criadouros permanentes das formas aquáticas dos anofelinos mais importantes[11].

O resultado desse trabalho, para resolver o problema da doença, converteu-se, conforme afirmou Reitz anos depois, num enorme assassinato ecológico, pois incineraram e mataram com herbicidas uma floresta enorme destruindo milhões de bromélias. Ao mesmo tempo, avaliou Pe. Raulino, a iniciativa resultou em violenta agressão ecológica, necessária, no entanto, para a defesa da saúde da população de várias cidades de Sta. Catarina, entre elas: Brusque, Blumenau, Joinville e Florianópolis. A retirada das plantas foi feita manualmente, ou por meio de desmatamento e, assim, destruídas mais de 400 mil espécies de bromélias num trabalho que representou a realização de um dos maiores levantamentos fitosociologicos da América do Sul.

CONCLUSÃO

Como conclusão fica a pergunta sobre a ideia de um legado científico. De Fritz Müller, a Lutz e a Reitz, vimos três momentos de princípios da ecologia em desenvolvimento, que mostram mais descaminhos em suas soluções do que avanços.

O trabalho de Fritz Müller, no seu diálogo com Darwin, eminentemente científico, confrontou o lamarckismo – o uso e desuso – ao princípio da transformação por seleção natural. Discutiram de um lado, a relação do organismo vivo com o meio e; de outro, as transformações biológicas no interior do corpo vivo. Müller concluiu que esse processo não se definia pela seleção natural, mas sendo uma causa constante, entendeu que era um atavismo. Mostrava que a mosca de Caddis descendia de um ancestral que não vivia na água e cujas pupas não tinham franjas em seus pés. Ele demonstrava que o animal ao nascer rompia, uma dupla relação: com o seu reprodutor e com o seu meio de origem (West,2003: 201).

Na retomada daquele trabalho, por Lutz e, depois por Reitz, Veloso e Klein, já não eram aqueles princípios da teoria que estavam em questão, mas a questão social, da transmissão da terrível malária. Os trabalhos de Muller levaram a novas questões, aceitando, como um dado, que o tanque da bromélia era meio de reprodução da larva do mosquito ao estado alado e corroborando a ideia de que em uma espécie de mosquito se desenvolvia um plasmódio, agente transmissor de malária. Pelo lado da botânica, viram a bromélia como agente ambiental de transmissão da malária, em função da geografia e do clima onde se desenvolvia. Nesses dois trabalhos sobre a malária-bromélia, em resposta à questões sociais, ampliaram o leque dos (des)caminhos da ecologia.

---

[11] *Vriesea philippocoburgil* Wawra var. *philippocoburgil*, variedade epífita; *Vriesea gigantea* Gaud., espécie epífita muito grande e heliófita; *Vriesea jonghii* (Lisbon ex C, Koch) E, Morr., espécie epífita, especialmente em árvores como Cupiúva e a Canela Amarela; *Nidularium innocentii* Lem. Var. *paxianum* (Mez) L.B. Smith, espécies epífitas; *Canistrum lindenii* (Regel) Mez var. *lindeii* e var. *roseum* (E. Morr.) L. B. Smith, *Wittrockia superba* Lindm., três variedades de epífetas, que se encontra nas planícies quaternárias e florestas do litoral; *Wittrockia superba* Lindm., epífetas de florestas de encosta; *Vriesea incurvata* Gaud. epífita, dos troncos das árvores; *Vriesea carinata* Wawra, epífita; *Vriesea ensiformis* (Vell.) Beer, espécie epífita; *Nidularium procerum* Lindm. Var. *procerum*, espécies homícula ou rupícola; *Vriesea altodaserrae* L. B. Smith., epífita muito comum nas árvores das encostas da Serra do Mar.

REFERÊNCIAS

ANDRADE, Edson Victor de, Albertim, KEITZ MOURA. e Moura, GERALDO, Jorge BARBOSA (2009), First record of the use of bromeliads by Elachistocleis ovalis(Schneider, 1977) (Anura: Microhylidae). *Biota Neotropica*, 9(4): 257-259, 2009. http://www.biotaneotropica.org.br/v9n4/

MARTINS, Annelize Kretzer, SIQUEIRA, Ana Paula Pruner de (2024), As contribuições do Padre e Botânico Raulino Reitz para a Educação Ambiental, https://wiki.sj.ifsc.edu.br/images/3/3b/Tcc_annelizekretzermartins.pdf - Acesso: 22/02/2024.

BENCHIMOL, Jaime Larry & Sá, Magali ROMERO (eds. e orgs) (2004), Adolpho Lutz Obra Completa, vol 1, Primeiros trabalhos: Alemanha, Suíça e Brasil (1878-1883) , Rio de Janeiro, Editora Fiocruz. http://books.scielo.org

BENCHIMOL, Jaime Larry & Sá, Magali ROMERO (eds. and orgs) (2005a), Adolpho Lutz: Febre amarela, malária e protozoologia - Yellow fever, malaria and protozoology , Rio de Janeiro, Editora Fiocruz. http://books.scielo.org

BENCHIMOL, Jaime Larry & Sá, Magali ROMERO (2005b), Historical introduction Insects, people, and disease: Adolpho Lutz and tropical medicine, en Jaime Larry Benchimol e Magali Romero Sá (eds. e orgs), Adolpho Lutz: Febre amarela, malária e protozoologia , Rio de Janeiro, Editora Fiocruz, v. 2, book1, p. 245-457 http://books.scielo.org

BENCHIMOL, Jaime Larry e Sá, Magali ROMERO (eds e orgs) (2007), Adolpho Lutz: Viagens por terra de bichos e homens - Travels through Lands of Creatures and Men , v. 3, book 3, Rio de Janeiro, Editora Fiocruz http://books.scielo.org

BENSEN, José A., *Raulino Reitz*, https://enciclopedia.brusque.sc.gov.br/index.php/Raulino_Reitz- Acesso 15/02/2024;

BENSEN, José A., Padre Paulino Reitz, o patrono da Ecologia Catarinense, 2009 provável postagem https://pebesen.wordpress.com/padres-da-igreja-catolica-em-santa-catarina/padre-raulino-reitz/?fbclid=IwAR0TpHyMS3cYrhAMJ0MLkw6dAwiB2eWc3sSYp_98exMWn4FnyL-U_kfgnMk – Acesso 24/02/2024;

BRAUN-BLANQUET, Josias (1979), Fitosociologia: bases para el estudio de las comunidades vegetales, 3. ed. Madrid, H. Blume.

BURLE-MARX, Roberto (1993), Apresentação, en Elton M.C. Leme e Luis Claudio Marigo, Bromeliads in the Brazilian wilderness, Rio de Janeiro, Marigo Comunicações Visuais.

DOMINGUES, Heloisa Ma. Bertol, (2019), Exposição *O padre dos Gravatás* (não realizada). Jardim Botânico do Rio de Janeiro.

DOMINGUES, Heloisa Ma. Bertol (2020), Theodosius Dobzhansky e a Genética nas relações Brasil-EUA, en Magali R. SÁ, Dominichi M. de SÁ, André Felipe C. da SILVA. (org.). As ciências na história das relações Brasil-EUA, Rio de Janeiro, Maud X, FAPERJ, v. 01, p. 265-284.

DOMINGUES, Heloisa Ma. Bertol, Petitjean, Patrick. Ecologia e Evolução: a Unesco na Amazônia (2005), en José Jerônimo de Alencar Alves (org.). Múltiplas faces das ciências na Amazônia, Belém, EDUFPA, v. 1, p. 271-285.

GUERRA, Rogerio F. (2010), Raulino Reitz e as ciências naturais no Brasil, *Revista de Ciências Humanas*, Florianópolis, Volume 44, Número 1, p. 9-67.

FONTES, Luiz Roberto, A magnitude da obra de Fritz Muller, Cap. 7, p.130-157 - https://fritzmuller200anos.com.br/wp-content/uploads/2022/03/EBOOK-FRITZ-MULLER-2a-EDICAO_2022-1.pdf.

Katz, Frank F.(1997), On the centenary of Sir Ronald Ross´s discovery of the role of the mosquito in the life cycle of the malaria parasite. *Journal of Medical Biography*, v.5, p. 200-204.

Lopez, L. C. S.; Rodrigues, P. J. F. P. e Riods, R. (1999), Frogs and snakes as phoretic dispersal agenst of bromeliad ostracods (Elpidium) and Annelids (Deco) *Biotropica*, 31, n. 4, p. 705-708.

Lopez, L. C. S; Filizola, B.; Deiss, I & Rio, R. I. (2005), Phoretic behaviour of bromeliaad annelids (Deco) and ostracods (Elpidium) using frogs and lizards as dispersal vectors. *Hydrobiolgia*, 549, p. 15-22.

Lutz, Adolpho (1902). Mosquitos da floresta e malária silvestre, en Jaime Larry Benchimol e Magali Romero Sá (eds e orgs), 2005, *Adolpho Lutz, Obra completa*, vol. 2, livro 1, Rio de janeiro, Editora Fiocruz http://books.scielo.org

Müller, Fritz (1879) Sobre as casas construídas pelas larvas de insectos Trichópteros da província de Santa Catarina. *Archivos do Museu Nacional*, vol. III, p. 99-134.

Müller, Fritz (1880), Wasserthiere in Baumwipfeln Elpidium bromeliarum. *Kosmos*, Stuttgart, 6, p. 386-8, fig 1-15.

Müller, Fritz (1879, March 20), Fritz müller on a Frog Having Eggs on its Back–on the Abortion of the Hairs on the Legs of Certain Caddis-Flies, &c. *Nature,* p. 463*,* fig.1. https://www.nature.com/articles/019462a0 - Acesso 14/03/2024.

Nallis, Bruna Golinelli (2021). Fatores que estruturam meta comunidades em fitotelmos de restinga. Dissertação apresentada ao Programa de Pós -Graduação do Centro de Ciências Biológicas e da Saúde. Universidade Federal de São Carlos, São Paulo..

Picado, Clodomir (1913). Les broméliaces épiphytes considerées comme milieu biologique. *Bulletin Scientifique*, France, Belgique, 47, n. 7, p. 215-360.

Pinotti, Mario (1953). Relatório do Estudo de Malariologia em Santa Catarina, Revista Médica, 12 (6): 254-260.

Reitz, Raulino (1983), *Bromeliaceas e a Malária-Bromélia Endêmica,* (Observações ecológicas e notas endêmicas por Roberto Miguel Klein), Itajaí, Sta. Catarina, 1983. 808 p., Coleção Flora Ilustrada de Santa Catarina, Fascículo BROM.

Ross, Ronald (1897), On some peculiar pigmented cells found in two mosquitos fed on malarial blood, *British Medical Journal,* ii: 1786–8.

Smith, Lyman, The Bromeliaceaes in Brazil. Washington, Smithsonian Institution, 1955.

Petitjean, Patrick, Domingues, Heloisa Ma. Bertol (2000), A redescoberta da Amazônia num projeto da UNESCO: o Instituto Internacional da Hiléia Amazônica, *Revista Estudos Historicos (FGV, Rio de Janeiro)*, Rio de Janeiro, v. 14, n.26, p. 265-292.

Sá, Magali Romero (2011). Uma visão ecológica do cerrado brasileiro: os trabalhos de Henrique Pimenta Veloso. *Anais do 63ª Reunião Anual da Sociedade Brasileira para o Progresso da Ciência (SBPC).* http://www.sbpcnet.org.br/livro/63ra/resumos/PDFs/arq_1133_242.pdf

Sá, Dominichi Miranda; Sá, Magali Romero; Palmer, Steven (2017). Ecologia, cooperação internacional e configuração biogeográfica do Brasil: Pierre Dansereau e o acordo científico Brasil-Canadá nos anos 1940. *Varia História*, vol. 33, n. 63, p. 745-777.

Steindel, Mario, Weishmer, Maria da Glória, Marchetti, Marcondes (Organizadores), Fritz Muller 200 Anos: legado que ultrapassa fronteiras. Organização 2a edição, Florianópolis, SC, Mario Steindel, 2022,PDF. ISBN: 978-65-00-41782-1 -mhttps://fritzmuller200anos.com.br/wp-content/uploads/2022/03/EBOOK-FRITZ-MULLER-2a-EDICAO_2022-1.pdf

WALKER, marina; Wachlewski, Milena; Nogueira-Costa, Paulo; Garcia, Paulo & Haddad, Célio (2018). A new species of Fritziana Mello-Leitão, 1937 (Amphibia; Anura; Hemiphractidae) from the Atlantic Forest, Brazil. *Herpetologia*, vol. 4, 320-341.

WEST, David A. (2003). *Fritz Müller, a naturalist in Brazil.* Virginia, Pocahontas Press, Inc .

WANDERLEY, M.G.L. & Martins, S.E. (coords.) 2007, Bromeliaceae, en Therezinha Sant´Anna Melhem, Maria das Graças Lapa Wanderley, S.E. Martins, Sigrid Luiza Jung-Mendaçolli, George John Shepherd, Mizué. Kirizawa, (eds.), Flora Fanerogâmica do Estado de São Paulo. Instituto de Botânica, São Paulo, vol. 5, pp. 39-162.

LA ILUSTRACIÓN HERPETOLÓGICA A TRAVÉS DE LA REVISTA MEXICANA «LA NATURALEZA»

Javier Alejandro Guillén Gutiérrez, Carlos Pérez-Malváez, Fabiola Juárez-Barrera, Antonio Alfredo Bueno-Hernández, Manuel Feria Ortiz, David Espinosa-Organista, Víctor Alan Alcántara Mejía y José Antonio Herrera Barragán †.
Universidad Nacional Autónoma de México (UNAM)

Una vez que transcurrieron los once años que duró la Guerra de Independencia (1810-1821), México comenzó un periodo de recuperación y poco a poco fue emergiendo como una nación joven y progresista. Así, en el año de 1833 el gobierno del presidente Valentín Gómez Farías planteó una serie de ideas para solucionar la inestabilidad económica por la que atravesaba el país y dio un impulso importante a la educación y la ciencia.

En ese tiempo, el país adoptó la corriente filosófica positivista de Augusto Comte, a partir de una iniciativa del Dr. Gabino Barreda, quien la incorporó a la educación pública, por entonces sujeta a la religión católica. Entre 1863 y 1877 era el turno de la ciencia, con lo cual se puso un acento especial en las colecciones científicas, que pasaron de la afición por recolectar ejemplares de fauna nativa a su preservación en instituciones que integraron los acervos de historia natural biológica. Asimismo, se logró que la zoología y la mineralogía fueran materias de estudio fundamental (Ibarra, 2013: 15-16).

Pero fue hasta iniciado el gobierno del presidente Benito Juárez (1858-1872), y ya conformadas las instituciones, que se pudo convocar a hombres educados en las ciencias exactas y naturales, comprometidos con la tarea de fortalecer los museos y a la sociedad mexicana mediante la investigación científica. Por desgracia, durante el mandato de Juárez y sus sucesores las instituciones científicas tuvieron un presupuesto limitado, de manera que en ocasiones los gastos eran subsanados por sus propios miembros.

Los avances positivistas orillaron a la nación a propiciar la formación de instituciones como la Sociedad Mexicana de Geografía y Estadística, la Sociedad Mexicana de Medicina y la Sociedad Mexicana de Historia Natural (Pérez-Tamayo, 2010: 324-326).

Esta última, la Sociedad Mexicana de Historia Natural, debe su origen a la comunión de diez entusiastas naturalistas: José Joaquín Arriaga, Antonio del Castillo, Francisco Cordera y Hoyos, Gumersindo Mendoza, Alfonso Herrera, Antonio Peñafiel, Manuel Río de la Loza, Jesús Sánchez, Manuel Urbina y Manuel M. Villada. La SMHN nace el 29 de agosto de 1868 en las instalaciones del Museo Nacional.

De común acuerdo, y un año después de su formación, la Sociedad Mexicana de Historia Natural decidió publicar mensualmente el periódico científico *La Naturaleza*, el cual daría a conocer investigaciones inéditas que mostraban al mundo el quehacer científico en el país, así como tratados de mineralogía y análisis experimentales, sin faltar los primeros listados faunísticos y florísticos más destacables del Valle de México y sus alrededores (Beltrán, 1968: 114).

Cada entrega de *La Naturaleza* constaba de un mínimo de 16 páginas infolio (figura 1) y se publicaron un total de 11 tomos, divididos en tres series. La primera de ellas consta de siete tomos, desde su aparición en 1869 a 1886; la segunda serie se compone de tres tomos, de los años 1887 a 1904, y la tercera se caracteriza por un tomo en solitario, abarcando el lapso de 1910 a 1914, época en que se detuvieron las imprentas a causa del inicio de la Revolución Mexicana.

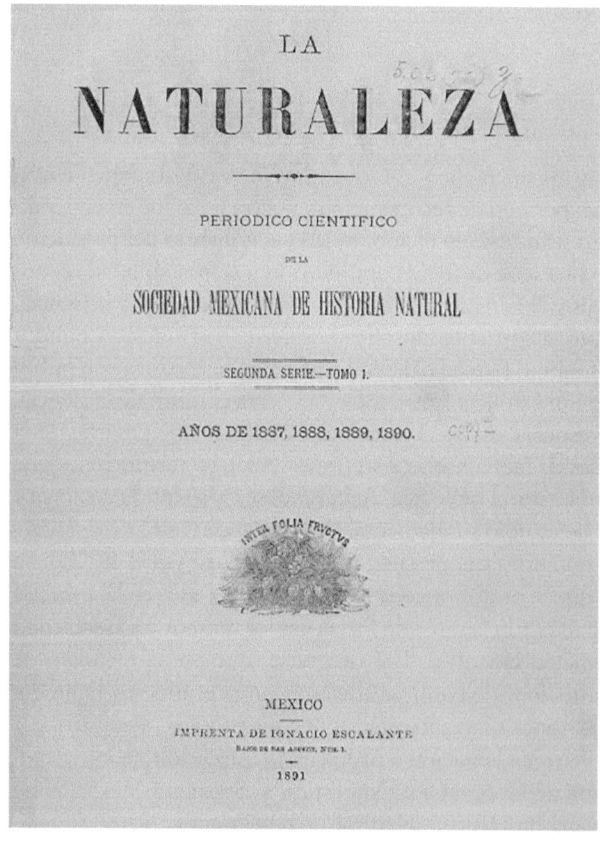

LA

NATURALEZA

PERIODICO CIENTIFICO

DE LA

SOCIEDAD MEXICANA DE HISTORIA NATURAL

SEGUNDA SERIE.—TOMO I.

AÑOS DE 1887, 1888, 1889, 1890.

INTER FOLIA FRUCTUS

MEXICO

IMPRENTA DE IGNACIO ESCALANTE

1891

Figura 1. Portada La Naturaleza del Tomo 1, segunda serie, 1891.

La impresión de las litografías correspondientes a las láminas, tablas e ilustraciones que se incorporaron a los diversos tomos de *La Naturaleza* estuvo a cargo de la Casa Editorial de Manuel Murguía. En la revista se pueden observar ilustraciones científicas sobre las descripciones mineralógicas, paleontológicas, así como de la flora y fauna locales. También se incluyen daguerrotipos que muestran las variadas excursiones de los investigadores a los parajes más recónditos del México del siglo XIX.

La Sociedad Mexicana de Historia Natural, por su parte, recibió cartas de importantes gremios científicos del extranjero, que, al percatarse del quehacer mexicano, no dudaron en promover un intercambio de revistas y apoyar la causa de manera conjunta. Fue así como el 16 de septiembre de 1869 la Sociedad Geológica de Francia entabló comunicación con la SMHN mediante una amistosa epístola, en la cual plantearon mandar su *Boletín* para generar un intercambio de publicaciones y así reanudar el vínculo con el pueblo mexicano después de la Guerra de Intervención, y qué mejor pretexto que hacerlo mediante el quehacer científico.

Para cumplir su cometido de ennoblecer la ciencia, la SMHN, a lo largo de su historia, estableció contacto con diversas comunidades científicas, entre ellas el Instituto Smithsoniano de Washington, la Academia Real de Ciencias de Estocolmo, la Real Universidad del Norte Cristiana de Noruega, la Real Sociedad de Ciencia de Copenhague, el Observatorio Imperial de Moscú, la Real Academia de Ciencia de Berlín, la Sociedad de Física e Historia Natural de Ginebra, la Sociedad Geológica de Londres y la Real Sociedad Económica de La Habana, entre otras.

DOS ILUSTRADORES HERPETOLÓGICOS: ALFREDO DUGÈS Y JOSÉ MARÍA VELASCO.

En la primera mitad del siglo XVIII la obra de Francisco Hernández de Toledo resultó de gran valía, pues logró grandes avances en el conocimiento de la flora y la fauna, en particular porque en su obra se pudo ilustrar algunos reptiles endémicos. El trabajo de quien fuera conocido como el Protomédico Hernández fue resultado de una expedición a la Nueva España entre 1570 y 1576. Los siglos pasaron y, como señala Smith (1973), la materia herpetológica fue dominada por los europeos, destacando en particular la escuela francesa de Georges Buffon (Casas Andreu, 2017: 101-107).

En el inicio del siglo XIX la zoología en México era una materia un tanto desatendida por los naturalistas, y no se diga el desdén con que se veía a la herpetología; quienes se aventuraban a estudiarla se encontraban con un campo yermo, los trabajos e investigaciones en esta especialidad eran inconclusos y el conocimiento que se tenía de las especies que habitaban el país navegaba en la incertidumbre.

No obstante, este escenario cambiaría radicalmente en la segunda mitad de siglo con la llegada del naturalista francés Alfredo Dugès, uno de los más brillantes personajes que la Sociedad Mexicana de Historia Natural admitió entre sus filas y quien realizó un gran aporte al estudio herpetológico, precisamente en *La Naturaleza.* Quien también contribuiría de forma concreta en dicha publicación sería el afamado paisajista mexicano José María Velasco, que además de ser pintor, incursionaría en el ámbito científico con una de las más detalladas descripciones gráficas de un espécimen endémico, el *Ambystoma velasci* (Altamirano-Piolle, 1997: 32).

Figura 2. Alfredo Dugès (Beltrán, et al., 2009).

Para entender la labor de Dugès y Velasco como investigadores y, sobre todo, saber cuán importantes resultan sus trabajos como ilustradores de la fauna herpetológica presente en los diversos tomos de *La Naturaleza*, es necesario atender a sus orígenes, es decir, al entorno histórico que vivieron estos personajes y su relación intrínseca con la Sociedad Mexicana de Historia Natural.

Alfred Auguste Dalsescautz Dugès, mejor conocido como Alfredo Dugès, nació en 1826 en Montpellier, Francia. Heredó su gran devoción por el estudio de los reptiles de su padre Antoine Louis Dugès, médico y catedrático de la Universidad de Montpellier, quien también incursionó en el estudio de los batracios (figura 2).

Después del golpe de Estado en Francia (1851), maquinado por Luis Napoleón, y un año después de doctorarse, Alfredo Dugès y su esposa llegaron a las costas del estado de Veracruz. Era mayo de 1853. Aún es incierto lo que motivó en específico a Dugès a empacar sus cosas y emprender su viaje a México, pero, como anécdota, se sabe que su padre conoció la obra ilustrada de Sessé y Mociño por la amistad con Agustín Pyrannus De Candolle, entonces director del Jardín Botánico de Montpellier.

El profundo interés que Alfredo Dugès tenía por dibujar los ejemplares de la naturaleza es perceptible cuando a su llegada visualiza una *Physalia physalis* (fragata portuguesa), la cual rápidamente esboza y describe. Este ejemplar se convertiría en la primera descripción de múltiples e importantes contribuciones en México (Beltrán *et al.*, 1990: 19-28).

En cuanto a la vida del paisajista y naturalista José María Velasco (1840-1912), oriundo de Temascalzingo, Estado de México, se debe mencionar que su profesor de origen italiano, Eugenio Landesio, fue clave en la formación de Velasco como alumno de la Academia de San Carlos, pues despertó en él un interés genuino por el estudio de la naturaleza, llevándolo incluso a tomar clases de botánica.

En 1865, Velasco fue invitado a participar en una expedición a Metlaltoyuca, Puebla, como parte de la empresa financiada por el Ministerio de Fomento, y cuyo objetivo principal era ofrecer las piezas prehispánicas ahí encontradas al emperador Maximiliano de Habsburgo. En dicho evento, Velasco realizó dibujos de la naturaleza y de las reliquias recién descubiertas (Gudiño Cejudo, 2015: 1807-1843).

Al poco tiempo, la Sociedad Mexicana de Historia Natural invitaría al paisajista como socio de número mientras se desempeñaba como profesor de la Academia de San Carlos. José María Velasco contribuiría en varias publicaciones científicas, entre las que destaca *La Naturaleza,* donde presentaría ilustraciones de suprema calidad.

Asimismo, trabajaría como dibujante-copiador en el Museo Nacional (1877-1810) y en el Museo de Historia Natural (1910-1912) (Phaf-Rheinberg, 2011: 225-226).

Los siguientes cuatro artículos fueron publicados por Alfredo Dugés y José María Velasco en *La Naturaleza* (1869-1914).

DESCRIPCIÓN, METAMORFOSIS Y COSTUMBRES DE UNA NUEVA ESPECIE DEL GÉNERO SIREDON. ENCONTRADA EN EL LAGO DE SANTA ISABEL, CERCA DE LA VILLA DE GUADALUPE HIDALGO, VALLE DE MÉXICO. POR EL SR. JOSÉ MARÍA VELASCO, SOCIO DE NÚMERO. TOMO IV, LA NATURALEZA. 1878: 209-233.

Durante la segunda mitad del siglo XIX, miembros de las sociedades científicas nacionales y, sobre todo, extranjeras dedicaron sus esfuerzos a estudiar las especies mexicanas, en particular un ejemplar que resultaba controversial por sus características singulares: el ajolote. Entre los múltiples estudios que se emprendían a propósito de esta especie destacarían los de José María Velasco, quien aportó datos precisos acerca de su metamorfosis. En su trabajo *«Descripción, metamorfosis y costumbres de una especie nueva del género Siredon»,* que leyó ante la Sociedad Mexicana de Historia Natural, en febrero de 1879, dio a conocer una nueva especie que llamó *Siredon tigrina,* que más tarde, en 1888, Alfredo Dugès renombraría como *Ambystoma velasci,* en honor a las investigaciones de Velasco. Lo anterior se debe a que ya existía un *Amblystoma tigrinum* que podría causar confusión en la nomenclatura taxonómica. Esta investigación le valió a Velasco un reconocimiento por parte del presidente Porfirio Díaz (Altamirano-Piolle, 1997: 35) (figura 3).

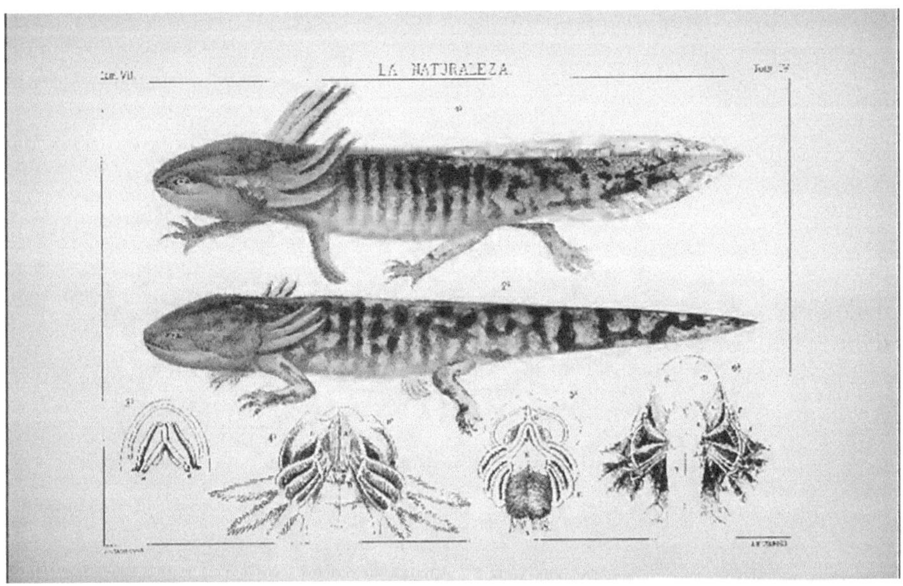

Figura 3. Hembra: S. tigrina en su edad adulta. 2, Hembra en vía de trasformación; las láminas branquiales han disminuido de tamaño, y las membranas natatorias ya no existen. Preparaciones realizadas sobre un individuo después de la trasformación (Velasco, J. M., 1878:231).

La tarea que Velasco llevó a cabo no fue la de ilustrar con precisión al ajolote, sino también la de indagar sobre el funcionamiento y la transformación de sus branquias a pulmones. Velasco aseguraba que los ajolotes respiran por las branquias, sin embargo, el zoólogo Dumèril creía que los ajolotes, ya transformados, al sumergirse, tomaban el aire por la nariz. Ante lo anterior, el paisajista le respondió:

> «Siendo indispensable hacer este estudio en los lagos mismos, porque repetir las experiencias en acuarios artificiales no tenía a la verdad objeto alguno en México, puesto que en Europa habían sido ya hechos por el Sr. Dumèril y con buen éxito; se necesitaba, pues, repito, hacer uso de los viveros naturales del Valle, realizando cuantas expediciones fuesen necesarias a ellos para conseguir el objeto. Mi profesión me lo permite, pues recorro el Valle en todas direcciones, antes como discípulo amante de estudiar la naturaleza, ahora como profesor que soy de las clases de pintura de Paisaje y de Perspectiva en nuestra Escuela de Bellas Artes, y muchas ocasiones también con el ánimo de estudiar nuestra flora» (Velasco, J. M., 1878: 210).

Velasco capturaba los ajolotes en el lago de Santa Isabel para luego reproducirlos en su obra pictórica *Valle de México desde el cerro de Santa Isabel,* realizada en 1875 y con anterioridad a la publicación de su estudio. Esta pintura retrata con claridad un paisaje rural, otorgando un plano del valle de México en pleno siglo XIX. A un costado del cerro, y detrás de la vegetación, se advierten las aguas diáfanas del lago, cuerpo acuático que quedó en el olvido y donde se encontró la especie *Ambystoma velasci.* En la actualidad esta zona colinda con el actual Cerro del Tepeyac, que pertenece a la cadena montañosa que conforma la Sierra de Guadalupe, y delimita con el norte del Valle de México. (Figura 4).

Figura 4. Valle de México desde el cerro de Santa Isabel. José María Velasco, México (1875). *MUNAL, 226 x 137.5 cm.*

La particularidad del «Tomo V. La Naturaleza, años de 1880-1881», aun cuando no contiene ninguna ilustración herpetológica, consiste en que en él se aclaran dudas sobre las investigaciones que giran en torno al enigmático axólotl. La respuesta que le da José María Velasco al doctor Weismann se debe al trabajo publicado en *La Naturaleza:* «Transformación del Ajolote Mexicano en Amblistoma, por el Sr. Doctor Augusto Weismann», 1877: 31-57. Weismann basa sus investigaciones en los antecedentes y los conocimientos del ajolote por parte de la zoóloga alemana Marie W. Chauvin, así como en los de Dumèril.

> «Las observaciones descritas se basan propiamente en el comportamiento que toman los Amblístomas al desaparecer las agallas e incorporar una respiración pulmonar. Estos caracteres son propiciados por un sometimiento a múltiples variables en la temperatura y presión en los estanques de agua donde fueron almacenados» (Weismann, 1877: 33).

Se sabe, por otra parte, que en 1864 se enviaron de México a París 34 ajolotes como parte de la circulación global de organismos para el Imperio francés. Los ejemplares tenían como destino el zoológico de la ciudad, sin embargo Auguste Dumèril, profesor del Muséum d'Histoire Naturelle, utilizaría seis ejemplares para dilucidar un cuestionamiento heredado de su padre: ¿los ajolotes son animales adultos o larvas? Pregunta que se debatía desde que Alexander von Humboldt envió los primeros especímenes conservados a Cuvier en los primeros años del siglo XIX (Reiß, 2022: 2).

ANOTACIONES Y OBSERVACIONES AL TRABAJO DEL SR. AUGUSTO WIESMANN. POR JOSÉ MARÍA VELASCO, SOCIO DE NÚMERO. 1880: 58-83.

Cincuenta y cinco años después de que el Barón de Humboldt hubiera entregado a Cuvier un ajolote de nombre específico, *A. Humboldtii,* y este publicara su análisis en 1811, el profesor Dumèril estudió nuevamente la transformación de la especie *A. lichenoides* en particular. Doce años después, en 1878, José María Velasco analizó la especie que denomina *A. tigrina*, del lago de Santa Isabel, con el fin de contrastar su estudio con los anteriores y en especial con el realizado por el doctor Augusto Weismann.

> «Las causas intrínsecas de la especie determinan una transformación, sin dejar de lado las extrínsecas que pueden retardarla o acelerarla. Una causa era la desecación, refiriéndose al lago de Zumpango, sin embargo, los lagos de Xochimilco y Chalco destruyen esa idea, debido a que sus aguas son permanentes y las condiciones han sido favorables dentro del agua, de la misma forma que fuera de ella» (Velasco, 1880: 60).

Velasco detalló las transformaciones y diferencias entre ejemplares como el *Humboldtii* y el *Tigrina.* Por su parte, el doctor Wiesmann creía que el género *Amblistoma* estaba en un grado taxonómico superior en relación con las especies del género de *Siredones* encontradas en México, de acuerdo con los experimentos realizados por los europeos. Sin embargo, Velasco, sin tener la misma experiencia en zoología que el doctor Wiesmann, poseía un punto a su favor: conocía su entorno, pues era un gran observador del paisaje mexicano.

No obstante, resulta curioso que Velasco hace referencia a la teoría filosófica del vitalismo, la cual aseguraba que los organismos vivos en su concepción poseen una fuerza o impulso intrínseco que no está sujeto al estudio de las leyes físicas y químicas:

> «Pero las que se hacen derivar de una marcha filética, provenida de una energía vital existente. No negamos que en los organismos exista una energía vital de perfeccionamiento, es decir, esa energía vital que hace que se desarrollen y funcionen con regularidad aun en medio de las condiciones que les son adversas pero que ella ni conduce a los mismos organismos hasta una perfección que traspase de ciertos límites, ni a la imperfección» (Velasco, 1880: 67).

HERPETOLOGÍA DEL VALLE DE MÉXICO. POR EL SR. DOCTOR ALFREDO DUGÈS, 1888: 97.

En cuanto a este artículo, además de ilustrar con gran precisión los diversos ejemplares con que se encuentra, Dugès asienta que la fauna herpetológica se distribuye a lo largo del país y las especies se concentran en zonas geográficas muy específicas. En este conjunto de láminas muestra a los ofidios (figura 5) en su estado natural mediante la reproducción fidedigna de los pastos y el sustrato en que viven.

Según Flores-Villela y García-Vázquez (2013: 1), los reptiles se han reconocido como grupo desde 1768 gracias a la obra del naturalista austriaco Josephus Nicolaus Laurenti, quien empleó por primera vez el nombre *Reptilia* para referirse a una clase de fauna, aunque dos décadas después se concluyó que esta no formaba parte de un grupo natural. Un ejemplo de ello es que los cocodrilos comparten varias sinapomorfías con las aves, características que no presentan otros reptiles. Pese a ello, se ha definido a los reptiles vivientes como amniotas.

> «Los Saurios y Ofidios dominan la escena; después vienen por grados de decrecimiento los Batracios y los Quelonios, siendo especiales de las tierras calientes. En la zona templada hallaremos los siguientes Saurios: *Phrynosomas, Escelóporos, Eumeces* y *Gerrhonotus*. Ofidios: *Tropidonotos, Conopsis, Dipsas, Homalocranios, Elaps* y *Crótalos*. Quelonios: *Cinosternos*» (Dugès, 1888: 97).

En su «Herpetología del Valle de México», Dugès ilustra también en conjunto a múltiples especies, entre las cuales destacan la *Sceloporus melanogaster,* que hoy se conoce como *Sceloporus torquatuss,* y la *Gerrhonotus imbricatus,* actualmente *Barisia imbricata,* según Reptile Data Base (2021). La primera de ellas, por cierto, posando sobre una rama y mostrando las típicas franjas de su dorso. Este grupo de ilustraciones nos muestra a un artista con un conocimiento pleno de la materia herpetológica, así como del estudio de perfiles, y una gran madurez como ilustrador científico por haber reflejado tanto las poses de estas especies como sus requerimientos taxonómicos.

BATRACIOS DEL VALLE DE MÉXICO, POR A. DUGÈS», 1899: 136.

Otro aspecto importante de este artículo es que su autor establece un criterio para la clasificación de los batracios:

> «Los vertebrados reunidos bajo el nombre de Batracios no tienen al estado fetal ni amnios ni alantoides; todos en su primera edad respiran por branquias que algunos conservan toda la vida aun cuando adquieren pulmones; sufren metamorfosis más o menos complejas; su corazón tiene dos aurículas y un ventrículo; su piel es desnuda o cuando tiene escamitas no son nunca superficiales sino subepidérmicas. En cuando a clasificación dividiremos los batracios adultos en Peromelos, Anuros y Urodelos» (Dugès, 1899: 136).

E incluso, ofrece una receta sobre un jarabe de ajolote usado en México para tratar afecciones pulmonares: «Hiérvase hasta que se disuelva y ya nada quede de las pieles, y hágase un jarabe algo espeso».

Tómese: Pieles de ajolote núm 6
Azúcar, libras 3
Agua 2.5

Al final de su texto, con el compromiso que exige la ciencia, corrige y agrega una lámina que anteriormente se presentaba como inexacta.

Alfredo Dugès se estableció en México en una época llena de guerras internas y sublevaciones, desde su llegada en 1853 hasta su muerte el 7 de junio de 1910. Entre las luchas armadas destacan la Guerra de Reforma y las dos Intervenciones francesas. Mientras permaneció en el país, nunca se le despreció por su origen franco; por el contrario, de inmediato se ganó el afecto y respeto de sus consocios, lo cual lo llevó a desempeñar diversos trabajos en las ciudades de Guadalajara, Silao y Guanajuato.

Más tarde, él y su hermano Eugenio Dugès, quien también decidió establecerse en México, se convirtieron en miembros corresponsales, en sus respectivas ciudades, de la Sociedad Mexicana de Historia Natural. Ambos publicaron sus investigaciones en diversos medios, entre ellos la revista de la Sociedad Científica Antonio Alzate, el boletín de la Sociedad Mexicana de Geografía y Estadística y, por supuesto, en la revista *La Naturaleza* de la SMHN. En su estancia como profesor del Colegio de Guanajuato, Dugès impartió la cátedra de zoología; sin embargo, se percató de que no había textos o investigaciones en las cuales apoyarse, por lo que decidió reafirmar sus conceptos en la materia mediante sus pinturas en acuarela y sus textos publicados: «Consideraciones generales sobre la fauna de Guanajuato», publicado en 1868 en algún boletín francés, y «Catálogo de animales vertebrados observados en la República Mexicana».

Estos artículos lo llevarían a publicar tres obras que ayudarían al establecimiento y comprensión de la zoología y la herpetología en México. El primer libro sería *Programa para un curso de zoología* (1878), y posteriormente saldría a la luz *Elementos de zoología* (1884), que incluye varías láminas del propio Dugès. En 1924, y de manera póstuma, se imprimió *La flora y la fauna del Estado de Guanajuato.*

En *La Naturaleza* se difundieron 265 artículos acerca del quehacer zoológico, 46 de los cuales tienen como objeto de estudio los reptiles y batracios presentes en la República Mexicana. A su vez, 29 láminas acompañan estos artículos, con temas de la herpetología y descripciones puntuales de la fauna local. Corresponde a Alfredo Dugès la autoría de la mayoría de estas láminas, un total de veinticuatro.

En un estatus similar se encuentra José María Velasco, quien aparte de ser un excelente paisajista también profesó su predilección por el estudio de los reptiles y anfibios del país, participando con sus ilustraciones científicas en la revista de la SMHN.

Cabe insistir, como corolario, que la Sociedad Mexicana de Historia Natural contribuyó al desarrollo y conformación de la biología nacional. *La Naturaleza* fue una revista científica de gran impacto, puesto que fue la depositaria de investigaciones que precisaron el conocimiento de la diversidad natural en el país a finales del siglo XIX y principios del XX. Junto con tales investigaciones, los testimonios gráficos de sus ilustradores resultaron definitivos para que la herpetología local encontrara un lugar preponderante en el ámbito del conocimiento científico.

CONCLUSIONES

La formación de la Sociedad Mexicana de Historia Natural resultó de suma importancia para la ciencia del siglo XIX con la publicación de la revista *La Naturaleza.*

Dentro de dicha publicación los naturalistas Alfredo Dugés y José María Velasco se adentraron a investigar y divulgar la diversidad de reptiles y anfibios del Valle de México.

Durante la segunda mitad del siglo XIX, la Herpetología era una disciplina que aún estaba en vías de desarrollo; sin embargo, Dugés y Velasco, mediante la ilustración científica y el uso de diversas técnicas como la acuarela, la xilografía o la litografía, lograron transmitir algunas descripciones taxonómicas. La ilustración científica sigue siendo una especialidad que engalana y reafirma las publicaciónes científicas, a pesar de que, cada vez es menos apreciada por la misma ciencia.

AGRADECIMIENTOS.

Al proyecto PAPIME-UNAM PE 210024, PAPIIT IA 400622 y PAPIME PE 210224, por el apoyo otorgado para la realización y conclusión del presente trabajo.

BIBLIOGRAFÍA

ALTAMIRANO-PIOLLE, M., *José María Velasco científico. Ciencias*, núm. 45, enero-marzo, 1997:32-35.

BELTRÁN, E., *El primer centenario de la Sociedad Mexicana de Historia Natural. Rev. Soc. Mex. Hist. Nat.* 29 1968:111-169.

BELTRÁN, E., JÁUREGUI DE CERVANTES, A., CRUZ ARVEA, R., *Alfredo Dugés.* Consejo Editorial del Gobierno del Estado de Guanajuato, Gto., 1990: 9-255.

CASAS ANDREU, G. (2017), Contribuciones al estudio de los anfibios y reptiles de México durante el siglo XVIII y la Ilustración. *Ciencia Ergo-Sum, 15*(1), 101-107. Consultado de https://cienciaergosum.uaemex.mx/article/view/7836.

DUGÈS, A., *Herpetología del Valle de México. La Naturaleza, 1888:* 97

FLORES-VILLELA, O., y GARCÍA-VÁZQUEZ, U., *Biodiversidad de reptiles. Revista Mexicana de Biodiversidad*, 84, 2013:1-10.

GUDIÑO CEJUDO, M. R. (2015). Expedición a la Mesa de Metlaltoyuca. El relato del pintor José María Velasco (1865). *Historia Mexicana*, 64(4):1807-1843. https://doi.org/10.24201/hm.v64i4.3121

IBARRA, L., *El positivismo de Gabino Barreda. Un Estudio desde la Teoría Histórico-Genética. Acta Sociológica,* núm. 60, Revistas UNAM. Enero-abril de 2013: 11-38.

PHAF-RHEINBERG, I., *Darwin y la obra de José María Velasco. Una visión científico-artística* en *Darwin, el arte de hacer ciencia* / ed. Ana Barahona, Edna Suárez y HansJörg Rheinberger. Facultad de Ciencias, UNAM, México. 2011:225-226.

PÉREZ TAMAYO, R., *El estado y la ciencia en México: pasado, presente y futuro.* In: Fix-Zamudio, H., and Valadés, D. ed., *formación y perspectivas del estado en México*, México. 2010: 319-349.

REIß, C., (2022) Cut and Paste: The Mexican Axolotl, Experimental Practices and the Long History of Regeneration Research in Amphibians, 1864-Present. Front. Cell Dev. Biol. Volumen 10. Article 786538: 1-12.

VELASCO, J. M., *Descripción, metamorfosis y costumbres de una nueva especie del género Siredon. Encontrada en el lago de Santa Isabel, cerca de la villa de Guadalupe Hidalgo, Valle de México. La Naturaleza*, Tomo IV, 1878: 209-233.

DARWINISMO Y FOTOGRAFÍA ETNOANTROPOLÓGICA EN EL PRIMER CURSO DE ETNOLOGÍA EN MÉXICO, 1906

Miguel García Murcia
Escuela Nacional de Antropología e Historia, México

La comprensión del quehacer antropológico demanda su observación como un conjunto no estático de prácticas y elaboraciones conceptuales encaminadas al estudio del ser humano, es decir, requiere atender las condiciones históricas de su producción. Entre otros aspectos, los supuestos teóricos, sus mecanismos de intercambio y socialización, los intereses individuales, colectivos e institucionales, las creencias, las corrientes políticas, así como las condiciones materiales presentes en cada época, definen la ruta en que el conocimiento antropológico es producido.

Para el caso de la antropología mexicana de inicios del siglo XX es necesario observar que su desarrollo tuvo lugar en un periodo de relativo progreso económico del país, aunque con profundas desigualdades sociales y un amplio porcentaje de su población sumida en la pobreza. Mientras algunas ciudades crecían y se modernizaban, la mayor parte de los pobladores de México, que básicamente también eran indígenas o mestizos, ocupaban las zonas rurales. Es claro que la situación de desigualdad era resultado de condiciones estructurales de larga raíz, pero, entre las élites económicas, políticas y los grupos ilustrados prevalecía la convicción de que la razón del atraso en que se hallaba la mayoría de los mexicanos y la nación entera era la denominada «diversidad racial».

Estudiosos del siglo XIX habían dedicado importantes trabajos para describir y tratar de sistematizar el saber sobre dicha diversidad, en ocasiones con base en criterios culturales, como la variedad lingüística. Tal fue el caso de una obra de 1864 que se convirtió en un referente para la clasificación de los pueblos indígenas, *Geografía de las Lenguas y Carta Etnográfica*, de Manuel Orozco y Berra (García Murcia, 2016: 87). Otra forma había sido la descripción de los rasgos físicos de los habitantes indígenas, abundan los ejemplos, como la memoria escrita por Carlos Gagern y publicada en 1869, «Rasgos característicos de la raza indígena de México», en la que además de asumir a todos los grupos indígenas mexicanos como pertenecientes a una sola raza, consideraba que ésta se encontraba en un proceso de decadencia (Gagern, C., 1869).

En la vida pública nacional habían destacado figuras pertenecientes a grupos indígenas, como el presidente Benito Juárez o el literato y diplomático Ignacio Manuel Altamirano; o con ascendencia indígena, como el dictador Porfirio Díaz, quien ocupó el poder presidencial las dos últimas décadas del siglo XIX y la primera del XX. Razón que puede explicar la cautela de los estudiosos mexicanos, quienes evitaron hablar de modo explícito de una supuesta inferioridad de los grupos indígenas, aunque en la práctica se les identificara como un problema. Esto ocurría en pleno proceso de instauración de un modelo liberal propicio para el desarrollo del capitalismo en el país.

En ese escenario, los esfuerzos por institucionalizar los estudios antropológicos habían empezado a concentrarse en el Museo Nacional, situado en la Ciudad de México. En él, desde 1887 se había buscado establecer una sección antropológica (Sánchez, J., 1887) que se concretaría en 1895 (García Murcia, 2016: 81). La sección tenía una doble función, por una parte divulgar los conocimientos antropológicos y etnológicos sobre los grupos indígenas que habitaban el país y, por la otra, la producción especializada de dichos conocimientos. Lo anterior significó un impulso para la construcción y difusión de una mirada antropológica, es decir, aquella que convertía al ser humano en un objeto susceptible de ser estudiado, comprendido y explicado a partir de instrumentos teóricos y metodológicos específicos.

En esa ruta, un inconveniente radicaba en la escasez de especialistas y la inexistencia de programas para la formación de nuevos. Así que, ya iniciado el siglo XX, el Museo Nacional adquirió también la función de formar expertos y lo haría mediante el establecimiento de cursos de etnología, arqueología e historia. Si bien estos cursos no formaban parte de un programa estructurado que contemplara la expedición de títulos, sí servirían para perfilar el tipo de especialistas que se consideraba necesario para desarrollar el conocimiento sobre las poblaciones mexicanas y sobre su pasado. Se introduciría a los estudiantes –que no fueron numerosos en los primeros años– en las teorías y prácticas modernas y útiles para la nación. De modo que, acercarnos al análisis de la forma en que se impartieron, los contenidos y los actores de esos cursos, permite acercarnos a la comprensión del quehacer antropológico de aquel momento. El curso de Etnología, iniciado por el profesor Nicolás León en 1906, integró numerosos temas, sin embargo, el presente ensayo busca afinar la mirada sobre él, con la intención de examinar la manera en que la incorporación de la teoría darwinista y el adiestramiento sobre las técnicas fotográficas confluyeron en el proceso de desarrollo de una mirada antropológica sobre las poblaciones indígenas en México.

I. HACIA LA INSTITUCIONALIZACIÓN DE LA ANTROPOLOGÍA EN MÉXICO

Como ya se ha referido, para impulsar el conocimiento científico en el país, en 1887 el Museo Nacional recibió la aprobación para crear en sus instalaciones una sección dedicada a la antropología, misma que empezó a cristalizarse al año siguiente, cuando un joven médico, Francisco Martínez Calleja (León, N., 1922: 102), recibió el nombramiento como profesor de antropología. Tenía la encomienda de organizar la sección, estudiar y ordenar las pocas piezas antropológicas (mayormente osteológicas) con que el establecimiento contaba, así como proponer un programa de investigación amplia y de estructuración de la sección, pero las pugnas profesionales entre el director del Museo, Jesús Sánchez, y Francisco del Paso y Troncoso,[1] quien posteriormente asumiría el cargo, limitaron el alcance de sus trabajos, ya que el profesor renunció seis meses después de haber recibido el nombramiento.

La idea de una sección antropológica se concretó varios años después, en 1895, cuando bajo el impulso del Congreso Internacional de Americanistas nuevamente se destinó presupuesto y personal para organizarla (García Murcia, 2016). Ese año, el congreso tendría como sede la Ciudad de México, por primera ocasión se realizaría fuera de Europa y el Gobierno mexicano lo veía como oportunidad para mostrar que el país se encontraba en el camino de la prosperidad. Los encargados de organizar la sección fueron Alfonso Luis Herrera, quien tenía el cargo de ayudante de naturalista en el museo, y Enrique E. Cícero; en pocos meses lograron montar una gran cantidad de piezas osteológicas, moldes de yeso, fotografías y objetos etnográficos en una exhibición con un detallado catálogo. La sección se mantuvo sin cambios sustanciales hasta la llegada de un nuevo personaje, se trató de Nicolás León, médico michoacano que contaba con mucha experiencia en varias ramas del saber. Había sido el fundador y primer director del Museo Michoacano, fundador de la publicación *Anales del Museo Michoacano* y comisionado para organizar el Museo Oaxaqueño. Muy joven aún, había incursionado en la obtención y estudio antropológico de cráneos y otras osamentas, resultado de ello fue una memoria titulada «Anomalías y mutilaciones étnicas del sistema dentario entre los tarascos precolombianos», presentada en 1890 en el Congreso Internacional de Americanistas, realizado en París.

En 1900, el doctor León ocupó el puesto de ayudante de naturalista, el mismo que antes había ocupado Alfonso Luis Herrera, y como tal debía encargarse de la sección antropológica. Un par de años después recibiría la encomienda de dictar conferencias dirigidas a un público general, con el propósito de divulgar los conocimientos sobre antropología con los que se contaba en ese momento (Rojas García, 2024: 37). A ese encargo, poco tiempo después, en 1903, le seguiría el de organizar los cursos de etnología que se dictarían en el Museo (García Murcia, 2017: 61). Es preciso insistir que, además de ser una institución dedicada a la divulgación de saberes de distinta índole, el Museo también había asumido la misión de convertirse en una institución productora de conocimiento científico y formadora de especialistas en los campos de la historia, la arqueología y la etnología.

Por instrucciones de Justo Sierra, secretario de Instrucción Pública y Bellas Artes, el doctor León se dio a la tarea de organizar los cursos de Etnología –el programa final contemplaba dos cursos con duración de un año cada uno–, que se empezarían

[1] *Copia de visita del Museo Nacional. Hecha por D. Francisco del Paso y Troncoso*, 1888, The Latin American Library of Tulane University Fondo Nicolás León (TLALTU-FNL), caja 2, fs. 23-24.

a dictar en enero 1906. El interés de que tales cursos contribuyeran en la formación de jóvenes, que posteriormente podrían dedicarse profesionalmente a las nuevas ciencias que se cultivaban en el museo, se refrendaba con las pensiones gubernamentales que los estudiantes recibían, las cuales podían renovarse anualmente y estaban condicionadas al desempeño. Y, como ya se ha señalado, si bien se carecía de un plan integral que incluyera una conclusión y el reconocimiento de los estudios mediante el otorgamiento de un título, eso no fue obstáculo para que el profesor se dedicara con ahinco a la organización, primero, y a la impartición, después, del curso en cuestión. La clase inaugural se dictó el 22 de enero de 1906, en una sala del viejo Museo Nacional, ante un reducido grupo. En ella el profesor afirmaba «no seré para ustedes, por lo mismo, un maestro en la verdadera acepción de la palabra, sino tan sólo un compañero un poco experimentado, un condiscípulo instruido que, acompañado por ustedes, aborda el estudio de una de las más importantes ramas de la moderna ciencia» (León, N., 1906a: 1).

II. LA TEORÍA DE DARWIN EN MÉXICO Y EN EL CURSO DE ETNOLOGÍA

En México, los primeros textos sobre la teoría darwinista fueron publicados en la década de 1870. Consuelo Cuevas ha señalado que los primeros escritos que difundieron nociones de dicha teoría fueron los de Gustavo Gosdawa, barón de Gostkowski, en 1870, con la columna «Humoradas dominicales», del periodico *Monitor Republicano* (Cuevas Cardona, 2019). Pocos años después, en la misma década, Justo Sierra, intelectual que algunos años después se convertiría en una figura central en la política educativa del país, así como su hermano Santiago, también se encargaría de dar difusión a las ideas de Darwin.

La primera referencia de Justo Sierra a la teoría de Darwin habría aparecido en un artículo periodístico, en 1875, en el que comentaba una mesa redonda sobre el espiritismo y la ciencia (Moreno, R., 1989: 22); no obstante, fue algunos años después cuando la labor de Sierra tendría una mayor repercusión en la divulgación de aquella teoría. Para comprender la importancia del trabajo divulgativo de Sierra es necesario anotar que, después del cierre definitivo de la Universidad de México en 1865 (Bellón, G., 2001: 104), la política educativa del gobierno mexicano posterior a la Intervención francesa (1862-1867) crearía en la Ciudad de México la Escuela Nacional Preparatoria (1867). Se erigió como una apuesta para dotar de una educación moderna a jóvenes que habían pasado por una instrucción básica y que, posteriormente, podrían optar por una formación profesional en escuelas como la de Medicina o la de Ingenieros, En ella, la ciencia tendría un lugar especial.

En 1877, en dicha escuela, Justo Sierra fue nombrado profesor de Cronología e historia general del país y para el desempeño de su labor preparó un libro que tuvo tres ediciones: *Compendio de historia de la antigüedad*. La obra se publicó inicialmente en 1878, ahí se incluían breves nociones sobre la teoría de Darwin, lo cual despertó un intenso debate en un par de periódicos capitalinos. *La Voz de México*, con una posición católica y antidarwinista, y *La libertad*, de reciente creación, surgido con subvenciones gubernamentales y donde se defendió la enseñanza de la teoría de Darwin, protagonizaron la discusión por varios días. En ella hubo numerosos argumentos y contraargumentos salpicados de sarcasmo, entre los que destaca la afirmación en *La libertad* de que la separación entre el Estado y las iglesias permitía la libertad de pensamiento (Moreno, R., 1989: 161). El argumento no era menor, pues ayuda a comprender la posibilidad de incluir la teoría de la evolución en la educación pública en México.

En los años siguientes, no sólo se amplió la divulgación, sino que también se buscó aplicar los postulados darwinistas en el estudio de las poblaciones humanas. Tal fue el caso del trabajo publicado en 1884 por Vicente Riva Palacio en la obra *México a través de los siglos*. Ahí apareció un apartado dedicado a las razas indígenas mexicanas (Riva Palacio, V., 1884), donde el autor afirmaba que los indios poseían rasgos, como la ausencia del vello corporal y diferencias en su dentadura, que les convertían en una raza superior desde una perspectiva de la adaptación evolutiva (Riva Palacio, V., 1884: 476). Poco después, Alfonso Luis Herrera, quien se encargaría de organizar la sección antropológica en el Museo Nacional en 1895, publicó una memoria en la que, si bien no hacía referencia explícita a la teoría darwinista, empleaba nociones evolutivas para el análisis del supuesto «hombre salvaje» (Herrera, A.L., 1895-1896: 96).

De modo que, cuando inició el curso de Etnología en el Museo Nacional (1906), la teoría darwinista no era un tema novedoso, tenía tres décadas de circulación en los medios académicos mexicanos; sin embargo, esta sería la primera oportunidad de que la antropología mexicana abordara el tema formalmente en un proceso educativo. Ya en el siglo XIX, la teoría darwinista había enfrentado la resistencia de destacados antropólogos europeos. Rudolf Virchow, por ejemplo, expresaba su satisfacción por la actitud de los antropólogos alemanes, quienes no se había dejado llevar por la «euforia darwinista» (Virchow, R., 1884: 183). Por su parte, Paul Broca, aunque con ideas cercanas a las de Darwin, también se mostraba crítico (Puig-Samper, M., 2019: 205-209).

La importancia de atender la forma en que dicha teoría se incluyó en el curso de 1906, radica en que se integraba como parte fundamental para la formación de nuevos especialistas en los estudios antropológicos. El curso de Etnología, sus temas y formas de abordarlos, definirían la manera de entender y practicar una disciplina científica novedosa en el país.

La meticulosidad del profesor Nicolas León ha permitido el acceso, no solo al programa que estableció para los cursos de etnología impartidos en 1906 y 1907, sino también a las notas que preparó para cada una de las clases dictadas.[2] A partir de esos documentos, es posible conocer el pensamiento del doctor León de una forma íntima y clara, cosa que no necesariamente ocurre si atendemos exclusivamente su obra impresa. Además de incluir un profundo análisis sobre la antropología, sus objetivos, alcances y subdivisiones, el primer curso también incorporaba una revisión cuidadosa de las teorías que trataban de explicar el origen del ser humano, entre ellas y de ma-

---

[2] León, N., *Notas del curso de Etnología* (MS), 1906, TLALTU-FNL, caja 1, fólder 1.

nera destacada estaba la teoría defendida por los «bio-científicos o evolucionistas», como les denominaba el profesor.

Se trató del primer tema del curso, después de la lección introductoria, y para enfatizar su relevancia, el doctor León citaba a Thomas Henry Huxley, afirmando que el origen del hombre era «la cuestión de las cuestiones de la humanidad» y a Ernest Haeckel, para quien se trataba de «un problema a cuya solución o esclarecimiento han concurrido los sabios de todos los tiempos y de todos los pueblos». El «origen del hombre», en palabras del profesor, se debatía entre dos grupos: por una parte los denominados «dogmatistas», quienes tenían como «criterio de verdad infalible» la narración bíblica y por otra parte los «evolucionistas», «inspirados en la experimentación y en doctrinas científicas». León explicó a los alumnos los fundamentos de la teoría evolutiva, afirmando que la evolución biológica se basaba en cuatro principios fundamentales: la herencia, la variación, la lucha por la existencia y la selección natural.

> «Brevemente expuesta tenéis la teoría de la evolución en sus principios fundamentales. Sus dos primeras bases, la variación y la herencia, son hechos positivos e individuales; la lucha por la existencia y la selección natural, que es consecuencia lógica, desempeña el oficio del hombre agricultor o creador cuando escoje o selecciona artificialmente los animales domésticos y las plantas cultivadas.
> Esta la vemos por ser rápida y de resultados inmediatos, aquella cuyos resultados son la transformación de las especies, escapa a la observación posible en la vida humana y no se encuentra consignada en la historia escrita más antigua que se conoce hoy día.
> En la actualidad ningún naturalista ni filósofo serio dudan del hecho de la selección; discuten si sus modos, sus alcances y los límites de su poder, es decir, si la eficacia de su fuerza es bastante para originar nuevas formas específicas.»[3]

Se detenía brevemente para señalar las diferencias entre quienes denominaba neolamarckistas y neodarwinistas, «los primeros acaudillados por Spencer, sostienen las doctrinas del medio ambiente y del uso y desuso de los órganos, si no como únicos, como fundamentales factores del producto de las especies; los segundos, sostenedores ante todo de la selección, sacan de ella la energía vital para la transformación de las especies».[4] También exponía lo que él consideraba posibles objeciones. En el caso de los neodarwinistas, señalaba condiciones patológicas como «las diátesis reumatesimal y sifilítica, la locura y ciertas degeneraciones», las cuales –decía– «son hereditarias», y por tanto no podrían explicarse por la selección natural. Por otra parte, el profesor pensaba que las variaciones bruscas «acusadas» por la teratología, las desviaciones embriológicas y la neogénesis por atavismo, que podían dar origen a nuevas variedades, constituían objeciones para los neolamarckistas.[5] Terminaba su

[3] León, N., «Lección 2ª, miércoles 24 de enero», *Notas del curso de Etnología* (MS), 1906, TLALTU-FNL, caja 1, fólder 1.

[4] León, N., «Lección 2ª, miércoles 24 de enero», *Notas del curso de Etnología* (MS), 1906, TLALTU-FNL, caja 1, fólder 1.

[5] León, N., «Lección 3ª, viernes 26 de enero», *Notas del curso de Etnología* (MS), 1906, TLALTU-FNL, caja 1, fólder 1.

explicación afirmando que «la muy frecuente ausencia de variedades intermedias entre las especies vivientes y entre las fósiles» representaba «la mayor objeción» contra «la transmutación de las especies».

Luego, daba paso a la exposición sobre la ontogénesis –«desenvolvimiento embriológico del individuo»– y la filogénesis –«el desarrollo paleontológico de la especie»–, ramas de estudio que permitían comprender la genealogía y variaciones de las especies y que daban sustento a la denominada «teoría genealógica». Como parte de esa teoría, continuaba, Johanes F. Theodor Müller habría propuesto la «gran ley de biogenética, la cual afirma que el 'desarrollo del individuo es la repetición observada del desarrollo de la especie'; o, en términos más técnicos, 'la ontogenia es la síntesis, o sea la recapitulación o el epílogo de la phylogenesis».[6] Esto es, que en las etapas del desarrollo embrionario podía identificarse una correspondencia con las etapas del desarrollo evolutivo de la especie. Procedía, entonces, a explicar la forma en que Heackel, con base en tales postulados, había realizado una representación esquemática de:

> «la descendencia de todos los grupos geológicos [...] por un árbol genealógico cuyas raíces son los protozoos celulares y cuyo tronco, desprendiendo a distintas alturas las grandes ramas de los tipos primordiales de la humanidad, que a su vez se dividen y subdividen, termina en el centro del verticilo formado por los Primates, en un tallo que se eleva hacia lo más alto, en cuyo remate el Hombre (fruto de la humanidad) se mantiene elevado, coronando toda la animalidad que le sostiene y lo aparta del humilde suelo de donde procede.»[7]

Sin embargo, reconocía que «desgraciadamente hasta hoy no se ha podido completar este paralelismo ontogénico y filogénico, porque en alguna ocasión falta la 'base' embrionaria correspondiente a la paleontológica». Es decir, el esquema de Haeckel, en el que el hombre se vinculaba genealógicamente con otras especies, no contaba con las evidencias que lo sustentaran.

El profesor también trazó cierta conexión entre la teoría evolutiva y un tema que había ocupado el interés antropológico desde tiempo atrás, es decir con el origen de las llamadas razas humanas. Se remitía a las concepciones de Darwin sobre el origen del hombre para señalar que:

> «el hombre está sometido a numerosas, ligeras y diversas variaciones, que se inducen de las mismas causas generales y se gobiernan y transmiten conforme a las mismas leyes generales que los animales inferiores. Su multiplicación es tan rápida, que ha sido forzosamente sometido a la lucha por la existencia, a la selección natural. [lo cual] Ha dado origen a muchas razas y algunas difieren entre sí tanto, que por algunos naturalistas han sido elevadas a especies extintas. Su cuerpo está construido por el mismo 'plan homólogo' que el de los otros mamíferos. Pasa por las mismas fases de embriológico desarrollo. Retiene mu-

[6] León, N., «Lección 4ª, lunes 29 de enero», *Notas del curso de Etnología* (MS), 1906, TLALTU-FNL, caja 1, fólder 1.

[7] León, N., «Lección 4ª, lunes 29 de enero», *Notas del curso de Etnología* (MS), 1906, TLALTU-FNL, caja 1, fólder 1.

> chas estructuras rudimentarias e inútiles que sin duda le sirvieron alguna vez. En ocasiones reaparecen en él estos caracteres que hay motivos para creer que fueron poseídos por sus antecesores».[8]

Con lo antes expuesto, podría aceptarse que los mecanismos de variación biológica explicarían la pretendida variabilidad racial que preocupaba al doctor León. Como ya he señalado, el asunto era de gran interés en México, cuya variedad étnica enfrentaba a la antropología al reto de inventariar, clasificar, ordenar y explicar las numerosas variaciones étnicas, o raciales, según el pensamiento de la época.

La posición de Nicolás León frente al darwinismo con relación al origen del ser humano ha sido abordada de modo profundo por Fernando González Dávila (González Dávila, 2019: 177-189), quien ha afirmado que el profesor se mostraba reacio a la teoría de Darwin. Considera que, a partir de los escritos de inicio de siglo publicados por León (*Compendio de la historia general de México desde los tiempos prehistóricos hasta el año de 1900*), éste parecía aceptar la evolución de las especies animales, pero no la del ser humano, pues mantenía una fuerte convicción religiosa. Aunque, en ese momento, dicha posición no había sido explicitada por el profesor. En tanto, la reedición de su obra, dos décadas más tarde y sus notas de 1924 revelarían una posición distinta (González Dávila, 2019: 177-189), en la que aceptaba la teoría darwinista para explicar también el origen de los humanos.

Ahora bien, la explicación del doctor León sobre el darwinismo a sus alumnos de 1906, según lo registrado en sus notas, inicialmente podría interpretarse como una forma de tomar postura a favor de dicha teoría. Sin embargo, en sus observaciones siguientes no sólo expuso el punto de vista de los «dogmatistas», sino que también hizo una férrea defensa de la idea de la intervención divina en la creación y, particularmente, en el origen de los humanos. Aquí su posición era explícita, lo que hace de las Notas del curso de Etnología un documento que confirma lo que González Dávila suponía.

En términos breves, el profesor identificaba en la narración bíblica indicios de una correspondencia con los hallazgos geológicos y paleontológicos; es decir, no encuentra contradicciones entre aquella y «las verdades científicas». Asumía que la narración había sido inspirada por una entidad que conocía perfectamente los procesos de transformación de la tierra y de las formas de la vida en ella. De igual forma, creía que tales procesos no podían deberse a «una serie infinita de causas y efectos [...] sin que podamos llegar a la primera causa»,[9] esto sería –continuaba– «uno de los pensamientos más absurdos», por lo que asumía que «hubo un momento bien determinado en el cual se ejecutó el primer impulso, el primer movimiento que no pudo venir sino de una causa superior al mundo material, al cual comunicó su actividad y su soberano impulso, haciendo brotar armonías de luz y movimiento y todos

[8] León, N., «Lección 5ª, miércoles 31 de enero», *Notas del curso de Etnología* (MS), 1906, TLALTU-FNL, caja 1, fólder 1.

[9] León, N., «Lecciones 6ª y 7ª, febrero 2 y 7», *Notas del curso de Etnología* (MS), 1906, TLALTU-FNL, caja 1, fólder 1.

las magnificencias del universo».[10] En otras palabras, el origen de todo estaría en la voluntad y acción divina.

Para el caso específico del origen humano y la teoría de Darwin, expresaba: «esta teoría no es contraria a la fe con tal que no se prescinda de Dios, porque al fin, el plan o método de la creación no disminuye el poder del creador, antes, si es un plan tan perfecto y maravilloso, aumenta la sabiduría del Autor». Continuaba diciendo que la teoría de Darwin «teniendo aún muchos puntos oscuros, no debe tomarse como verdad ya aceptada», pues rasgos como la facultad del habla, la moralidad y la religión hacen pensar que el hombre «no puede venir de la evolución de otro ser inferior a él sino que fue creado especialmente por Dios».[11] Al final, pareciera ser que su punto de vista era que la divinidad había creado al hombre en una versión primigenia y luego, la variación, la herencia, la lucha por la existencia y la selección natural, mecanismos que León aceptaba, se habrían encargado de generar la diversidad «racial».

Así, los alumnos del doctor León se encontraron en las primeras clases con estas nociones teóricas que orientarían su forma de estudiar e interpretar la diversidad étnica en México. Es difícil saber si los estudiantes adoptaron las enseñanzas del profesor sobre el origen del ser humano, en principio porque no se cuenta con escritos o publicaciones de los alumnos referidos al tema. Además, porque el interés de los alumnos no necesariamente estaría depositado en la etnología/antropología; Isabel Ramírez, por ejemplo, una de las pocas estudiantes que más tarde ejercieron profesionalmente en el campo, se dedicó a la arqueología.

III. LA FOTOGRAFÍA ETNOANTROPOLÓGICA

La ruta para contar con un programa formativo eficaz en el campo antropológico en México, con los cursos de 1906 y 1907 apenas había iniciado; faltaba mucho por recorrer, la primera persona en obtener el título de antropólogo físico fue Eusebio Dávalos, en 1944. Por lo que son comprensibles las dificultades para empatar los propósitos institucionales, los de los profesores y los de los estudiantes. Así, por ejemplo, bajo la mirada del doctor León, los estudiantes mostraban desinterés y carencias formativas, y es posible que así fuera, pues, hay que insistir, los cursos no estaban estructurados bajo un programa que ofreciese un título y la pensión gubernamental podría ser un incentivo para algunos.

No obstante, el profesor tomó con mucha seriedad su labor para formar especialistas. Muestra de ello es que el curso no sólo atendía cuestiones teóricas, sino que que también estaba diseñado para introducir a los alumnos en las prácticas antropológicas/etnográficas. Se programaron viajes a distintas partes de México para el estudio de los grupos étnicos; el doctor León se dio a la tarea de gestionar la autorización y los presupuestos para las expediciones: en febrero de 1906 se viajaría a Uruapan,

[10] León, N., «Lecciones 6ª y 7ª, febrero 2 y 7», *Notas del curso de Etnología* (MS), 1906, TLAL-TU-FNL, caja 1, fólder 1.

[11] León, N., «Lecciones 6ª y 7ª, febrero 2 y 7», *Notas del curso de Etnología* (MS), 1906, TLAL-TU-FNL, caja 1, fólder 1.

Michoacán; en mayo a algún punto cercano a la Ciudad de México y en septiembre a Ocotlán, Oaxaca.[12]

Las expediciones constituirían una parte fundamental en la formación de los futuros «etnólogos/antropólogos», pues les pondrían en contacto directo con las poblaciones indígenas. Estas poblaciones se transformarían en objeto de estudio, cuyas costumbres y características físicas debían ser registradas y analizadas. Convertir a los pueblos indígenas en objeto requería afinar la mirada de los futuros especialistas, proveerlos de los instrumentos teóricos y metodológicos necesarios para apreciar lo distinto, lo característico de las razas mexicanas o las «ramificaciones de la humanidad».

A las nociones teóricas sobre el origen del hombre, se sumarían instrucciones para practicar mediciones antropométricas rigurosas y apegadas a estándares que el propio profesor había adquirido, primero mediante una formación autodidacta y, segundo, apoyado por las recomendaciones recibidas del antropólogo de origen checo y radicado en Estados Unidos, Aleš Hrdlička, con quien mantuvo un vínculo amistoso y profesional desde 1902, a partir del viaje que éste realizó a México ese año (González Dávila, 2019: 135).

> «Varios sistemas y métodos se han propuesto y usado para tal objeto (estudio antropométrico), –decía el doctor León– mas yo solamente expondré y enseñaré a ustedes el único que he practicado y que usa mi sabio maestro el Sr. Profr. Aleš Hrdlička. Tiene la ventaja de haberse usado en el estudio de varias tribus indias de nuestro territorio, y, por consiguiente, los trabajos que más tarde ustedes emprendan serán fácilmente comparables con los que les precedieron.»[13]

Se instruyó sobre los tipos de mediciones que debían practicarse, instrumentos necesarios para la medición, rasgos físicos que debían registrarse (talla, braza, busto, diámetros cefálicos, características faciales, el color de la piel, los ojos y el cabello, etc.) y el modo de hacerlo, los cuales debían ser observados en «un sitio bien iluminado con luz difusa y sin que [el sujeto] la reciba directamente».

Para comprender la relevancia del adiestramiento en las técnicas antropométricas es necesario preguntarse sus implicaciones. Por una parte, implicaba adherirse a una norma, cuya observancia validaría los trabajos antropológicos que realizarían los futuros especialistas. Es decir, saber qué medir, cómo y con qué instrumentos hacerlo, además de las formas convenientes para el registro de sus resultados, significaba apropiarse de los criterios válidos para «ser» antropólogo.

Por otra parte, la recolección de mediciones antropométricas era una forma de hacerse de los insumos para dilucidar una realidad compleja, la del cuerpo humano y la de la diversidad física. Pero no se trataba de algo absolutamente abstracto, era, ante todo, una forma de representar a los distintos grupos indígenas que habitaban el país. Al mismo tiempo, el antropólogo encargado de realizar las mediciones parecía abstraerse de aquella realidad representada; en ese sentido, también se significaba la

[12] León, N., *Notas sueltas*, 1906, LALTU-FNL, Fondo Nicolás León, caja 2, fólder 4.

[13] León, N., «Lecciones 21ª y 22ª, 26 y 28 de marzo», *Notas del curso de Etnología* (MS), 1906, TLALTU-FNL, caja 1, fólder 1.

labor antropológica como neutra, capaz de asir la realidad sin sesgos. Es necesario señalar que la representación puede asumirse, según propone Mariana Petroni, como una forma de conocimiento en el que, a través de sus procesos y productos, se provee de significados a la realidad que se pretende (Petroni, M., 2008: 3-4).

Para contar con un conocimiento antropológico más completo de los indios mexicanos, a las mediciones antropométricas se sumó la necesidad de contar con las imágenes que podía proporcionar la fotografía. Así que el curso incluyó otro cuadernillo impreso titulado *Instrucciones para hacer fotografías etno-antropológicas y moldados en yeso sobre el ser vivo*. Si bien la sección dedicada a la fotografía era breve, su peso en la formación antropológica sería muy relevante. El profesor afirmaba que:

> «La fotografía es el mejor auxiliar del antropologista y del etnólogo; la más acabada descripción que se hiciere del tipo étnico, caracteres raciales, particularidades de conformación física, usos y costumbres, valdría poco y se apreciaría y entendería menos que una buena colección de fotografías que todo ello mostrara al estudioso o al investigador científico (León, N., 1906b, 1).»

Luego entonces, la fotografía no desmerecía frente a las descripciones etnográficas y a las sofisticadas técnicas y fórmulas para las mediciones antropométricas, por el contrario, proveería de un mejor entendimiento sobre las poblaciones indígenas y su diversidad. Desde luego, ese entendimiento estaría sujeto a una visión científica que las consideraba como causa del atraso de la nación.

El profesor también afirmaba que la técnica fotográfica debía aprenderse y practicarse al lado de un especialista y, por lo mismo, él solo ofrecería algunos consejos adquiridos por la práctica y la experiencia. A pesar de que remitía a los especialistas para aprender la técnica, en realidad sus consejos adquirían una dimensión profunda, pues con ellos también se normaba la mirada antropológica. Iniciaba con la recomendación de instrumental e insumos: el tipo de cámaras fotográficas más conveniente, tripié, lámpara, brochas, vidrios, tipos de papel, etc. El uso de estos instrumentos, en particular aquellos recomendados por su calidad o por la facilidad en su utilización, proporcionaba al antropólogo la idea de que el resultado no sería su apreciación subjetiva, sino la realidad objetiva capturada por aquellos. Estas herramientas de aproximación al objeto de estudio igualmente abstraían al antropólogo de la realidad y, al mismo tiempo, se lo ceñían a una norma y un lenguaje útiles para dialogar con sus pares en otras latitudes.

En cuanto a las instrucciones para realizar la fotografía, estas se dividían en dos partes. Una se dedicaba a la fotografía antropológica, otra a la etnográfica. En cuanto a la primera, el profesor señalaba que debía realizarse sobre individuos de ambos sexos y de ser posible desnudos. Basado en su conocimiento sobre las poblaciones indígenas, reconocía que esto no era practicable y, por lo mismo, recomendaba que se procurara quitarle cualquier «manta o rebozo con que se cubran».

A continuación, instruía: «de un mismo sujeto se harán retratos de frente, de perfil (sobre el lado derecho) y por la espalda; tanto de cuerpo entero como de busto» (León, N., 1906b, 3). Las fotografías debían incluir elementos referenciales sobre la talla de los individuos, así que recomendaba la utilización de un «tallo de madera o una cita con una línea bien clara, que señale la altura de un metro desde el nivel del suelo», También indicaba la posición que los individuos debían adoptar si se tratase de una fotografía de cuerpo entero o de busto, «el objetivo [de la cámara] debe quedar a la altura de las tetillas en los primeros, y al nivel de los ojos en los segundos; si éstos [los retratos] son de frente, enfocará el ángulo externo del ojo izquierdo, y para la de perfil la del derecho» (León, N., 1906b, 3-4).

Finalizaba ofreciendo como referencia las reglas que se habían publicado en abril de 1898, en la *Revue de l'École d'Anthropologie*. El conjunto se trataba de indicaciones escuetas para un tema tan relevante. En principio, buscaban establecer una forma de capturar con la mayor asepsia posible la esencia del cuerpo indígena, éste debía estar desnudo «de ser posible», o despojado de elementos que lo cubrieran. León no lo señala, pero la fotografía antropológica también requería de un fondo blanco, el cual también sustraía a la persona de su propio entorno. Las posturas para la fotografía, el nivel en que debía estar el objetivo y las referencias métricas completaban los criterios que normaban la mirada especializada.

La fotografía etnográfica, por otra parte, buscaba capturar la cultura de los individuos, así que, «si en las anteriores lo mejor es que los sujetos tengan la menor ropa posible, en éstas deben llevar todos sus adornos y atavíos, instrumentos de trabajo y trajes típicos según su clases social» (León, N., 1906b, 4). Otra diferencia con relación a la fotografía antropológica era que la etnográfica podía ser y era más conveniente si se hacía colectiva; en este caso no sólo se capturaban rasgos culturales del individuo, sino de la colectividad.

Un tercer aspecto destacable era que también se recomendaba retratar a las personas en el entorno en que se desarrollaban: «parejas, grupos, vistas, panoramas y estereoscópicas, aparatos, utensilios, casas, labores de campo, animales domésticos, ceremonias sociales y religiosas, en una palabra, todo lo que pueda ilustrar la vida psíquica y social, deberá fotografiarse» (León, N., 1906b, 4). Se pretendía aprehender un todo social y cultural.

Sus notas sobre este rubro concluían observando la resistencia de parte «del indio [...] a dejarse retratar o que se retraten sus cosas; creen que si lo hacen pierden su alma o se desgracian sus intereses». La resistencia se había reducido, según el profesor, desde que utilizaba una cámara «Francia», pues «en el cristal brillante de la mira [los indios] veían reproducido el objeto por fotografiar y se daban cuenta de lo que yo en vano trataba de hacerles entender: he aquí cómo un pequeño detalle constituye el triunfo de una idea» (León, N., 1906b, 3-4).

Estas instrucciones fueron dictadas por el profesor en sus clases como una forma de preparar el trabajo de campo que se realizaría mediante las expediciones programadas. En agosto de 1906 el profesor informaba sobre el viaje realizado al estado de Oaxaca: «tengo la honra de informar a U. haber regresado ayer sin novedad, de la excursión científica, hecha con los alumnos de la cátedra que es a mi cargo, al pueblo de Ocotlán y sus alrededores, en el estado de Oaxaca».[14] En dicha expedición habrían participado los alumnos: Élfego Adán, María S. Atienza, Isabel Gamboa, Luz Islas y

[14] *Informe del viaje a Ocotlán*, (MS), 14 de agosto de 1906, TLALTU-FNL, caja 2, fólder 4.

Alfonso Rodríguez Gil, no debe descuidarse el hecho de que en el curso había varias mujeres como alumnas, cosa excepcional en México en aquella época. Además de la documentación sobre los aspectos sociales y culturales en las poblaciones visitadas, el profesor dijo haber realizado 70 fotografías, «en su mayoría estereoscópicas». En esa expedición los alumnos tuvieron la oportunidad de aprender de forma práctica, lo que el maestro se había esmerado en enseñar en el aula.

IV REFLEXIONES FINALES

El curso de Etnología, cuando menos, tuvo una planeación para impartirse en dos años. En cada uno de ellos se abordarían temas distintos y, aunque no se especificaba, también se esperaba que los mismos alumnos participaran en ambos cursos, y así fue. El doctor León impartió sus clases en 1906 y parte de 1907, año en que decidió dejar el Museo (muy probablemente por desencuentros con el director). A pesar de su salida, su programa siguió siendo la base de la enseñanza en los años siguientes, hasta su regreso en 1911, cuando se haría cargo del curso, ahora reformulado y denominado Antropología y antropometría.

Más allá de la brevedad en que el profesor inicialmente impartió el curso, éste se convirtió en un espacio formal de delimitación epistémica, mediante la adopción y transmisión de determinados fundamentos teóricos y metodológicos, con miras a asegurar la formación de nuevos especialistas. Gerardo García ha señalado que detrás de la creación de los cursos en el Museo Nacional se hallaba el interés «por formar saberes sistematizados y por generar mano de obra especializada en la recolección de objetos, que nutriese y cuidase sus colecciones» (Rojas García, G. 2023, 38), lo cual es cierto, y habría que agregar que también operaban intereses menos concretos, pero, igualmente determinantes. El gobierno mexicano de Porfirio Díaz, entre 1884 y 1910, había hecho de la incorporación de técnicos y especialistas en la administración pública un mecanismo que permitió un mayor control gubernamental, así que, la formación de especialistas tenía un carácter utilitario: se precisaba conocer antropológicamente la población que se gobernaba.

Tanto el profesor como la institución en que se estableció el curso compartían los intereses gubernamentales para la formación de especialistas, pero, también se compartían prejuicios sobre las poblaciones indígenas. Estos rasgos, así como el interés de estar en concordancia con los estudios antropológicos que se realizaban en otros países contribuyeron en la definición del contenido temático. Éste no era aleatorio, independientemente de la forma que en eran abordados, los temas se asumían como indispensables para una formación sólida y tan «completa» como fuera posible. Evolución, darwinismo, estudio de las razas, antropometría, fotografía y moldeado constituían un todo necesario, en la perspectiva del profesor, para poder observar científicamente a los otros, los indios.

En las páginas previas ha sido posible un acercamiento a dos de los temas incluídos en el curso y si bien pueden parecer poco conectados entre sí, es preciso considerar que su inclusión en el programa tenía un sentido integrador. La enseñanza de la teoría de Darwin, a pesar de que el profesor la tomaba con reservas, especialmente en cuanto al origen del ser humano, ofrecía a los alumnos una forma para interpretar las causas de la diversidad tipológica humana. Los mecanismos responsables de la evolución habían sido los mismos que habían producido las diferencias «raciales». La fotografía, al igual que las mediciones antropométricas, objetivaban a las personas indígenas; al tratar de capturar su «esencia» étnica, las transformaban en información gráfica susceptible de clasificarse y de ordenarse jerárquicamente. En suma, estos temas contribuían en el trazado de una representación sobre la realidad indígena.

Las diferencias necesitaban ser identificadas con las herramientas antropométricas y con los recursos etnográficos. Se trataba de comprender las peculiaridades físicas y culturales de los grupos indígenas mexicanos. Sin que se explicitara, en el fondo, el estudio antropológico en México buscaba el conocimiento sobre los indígenas para, después, generar las intervenciones gubernamentales que permitieran construir un país acorde con el modelo social, económico y político conveniente a las elites, a las que el mismo profesor pertenecía. Aquí, teoría darwinista y fotografía etnoantropológica caminaban a la par.

BIBLIOGRAFÍA

BELLÓN, G., (2001), «La Universidad de México. Un recorrido histórico de la época colonial al presente», en *Perfiles educativos*, XXIII(93), p. 104. (pp. 101-107). Disponible en: https://www.scielo.org.mx/pdf/peredu/v23n93/v23n93a8.pdf

CUEVAS CARMONA, C., (2019), «La polémica que causó la teoría darwinista en el México del siglo XIX», en *Relatos e historias de México*, Disponible en: https://relatosehistorias.mx/nuestras-historias/la-polemica-que-causo-la-teoria-darwinista-en-el-mexico-del-siglo-xix.

GAGERN, C., (1869), «Rasgos característicos de la raza indígena de México», en *Boletín de la Sociedad Mexicana de Geografía y Estadística*, 2ª época, t.I, México, 1869, pp. 802-817.

GARCÍA MURCIA, M., (2016), «Un escaparate para la antropología en México: el Museo Nacional al final del siglo XIX», en María José Correa, Andrea Kottow y Silvana Vetö (eds.), *Ciencia y espectáculo en América Latina*, Santiago, Ed. Ocho Libros, pp. 71-99.

GARCÍA MURCIA, M., (2017), *La emergencia de la antropología física en México: La construcción de su objeto de estudio (1864-1909)*. Ciudad de México: Instituto Nacional de Antropología e Historia, p. 61.

GONZÁLEZ DÁVILA, F., (2019), *Nicolás León. Afanes entre las ciencias y la historia*, México, Bonilla y Artigas Editores – Facultad de Filosofía y Letras, UNAM.

HERRERA, A. L., (1895-1896), «El animal y el salvaje» en *Mem. Soc. Cient. Antonio Alzate*, t. IX, México, p. 96 (pp. 77-96)

LEÓN, N., (1906a), *Notas de la lección inaugural de la enseñanza de etnología en el Museo Nacional de México*, México, Imprenta del Museo Nacional.

LEÓN, N., (1906b), *Instrucciones para hacer fotografías etno-antropológicas y moldados en yeso sobre el ser vivo*, México, Imprenta del Museo Nacional.

LEÓN, N., (1922), «La antropología física y la antropometría en México», en *Anales del Museo Nacional*, ép. 4, t. 1, pp. 99-136.

MORENO, R., (1989), *La polémica del darwinismo en México: siglo XIX. Testimonios*, México, UNAM-IIH.

Petroni, M., (2008), «La representación del indio en las fotografías del antropólogo e indigenista Julio de la Fuente», en *Cultura y representaciones sociales*, 3(5), pp. 156-176.

Puig-Samper, M. A., (2019), *Historia mínima del evolucionismo*, México, El colegio de México.

Riva Palacio, V., (1884), «Capítulo II. Estado de la colonia al terminarse el siglo xvi. Razas y castas», en *México a través de los siglos*, edición facsimilar (1977), México, Editorial Cumbre, pp. 471-481.

Rojas García, G., (2024), «La escolarización de los saberes antropológicos en México (1900-1930)», en *Saberes. Revista de historia de las ciencias y las humanidades*, 6(14), pp. 32-56. Disponible en: https://www.saberesrevista.org/ojs/index.php/saberes/article/view/279.

Sánchez, J., (1887), «Informe al secretario de Justicia e Instrucción Pública», en *Anales del Museo Nacional*, t. iv, núm. 4, pp. 3-4.

Virchow, R., (1884), «Congreso Antropológico de Francfort. Conferencia de M. Virchow - Darwin y la Antropología», en *La Naturaleza. Periódico científico de la sociedad de Historia Natural*, t. vi, núm. 29, México, 183-190.

AVATARES DE LA ENSEÑANZA DE LA BIOLOGÍA EN EL MÉXICO DE LOS AÑOS CUARENTA

M. Patricia Duarte Sánchez
Universidad Nacional Autónoma de México (UNAM)

En los primeros años del México independiente todavía era la iglesia católica la institución que controlaba, prácticamente, toda la educación y la información sobre la población. No obstante, a mediados del siglo XIX, entre invasiones extranjeras, un imperio espurio y las constantes luchas fratricidas entre liberales y conservadores, en 1859 el Presidente Benito Juárez García expide las *Leyes de Reforma* (cuyo conjunto se puede decir que culminó en 1860) dotando a la Nación de un perfil liberal y moderno donde quedaba establecida la separación política y económica de la iglesia católica con el Estado mexicano. El triunfo de los liberales, con Juárez a la cabeza, impactó indefectiblemente a la educación, puesto que desde ese momento la idea de la educación laica permeó en la sociedad mexicana hasta nuestros días. Oficialmente la educación en México sigue siendo laica, gratuita y obligatoria.

Pero, como es de suponer, esta condición -en diversos momentos de la historia de la educación en México- ha sido motivo de constantes disputas y múltiples intentonas de la propia iglesia católica, junto con los segmentos más reaccionarios de la sociedad mexicana, para preservar, y en su caso abrir espacios a la educación religiosa y conservadora.

Durante el periodo inmediato posterior a la Revolución mexicana, es decir, los años veinte del siglo pasado, el impulso a la educación fue una política prioritaria e innovadora de los gobiernos posrevolucionarios. Se abrieron espacios educativos para las mujeres, los campesinos y los obreros. La alfabetización cobró una dimensión de política de Estado.

Sin embargo, también hubo momentos de verdadera tensión, incluso de enfrentamientos fratricidas durante el periodo presidencial de Plutarco Elías Calles (1924-1928), quien fue drástico en la implantación de medidas anticlericales. Ante esta situación, la respuesta de la iglesia fue azuzar a los católicos mexicanos para desatar la lucha armada, dando como resultado la llamada *Guerra Cristera* (1926-1929). (Existe una amplísima bibliografía sobre este movimiento armado en México, donde destaca, por supuesto, el libro «La Cristiada» del acucioso historiador Jean Meyer y en novela, es infaltable la obra maestra escrita por Elena Garro, «*Recuerdos del Porvenir*» donde recrea este periodo de la historia mexicana).

En la siguiente década, particularmente durante el periodo de la presidencia de Lázaro Cárdenas del Río (1934-1940), no solamente la educación era laica, gratuita y obligatoria sino que además, durante el periodo *cardenista*, se inauguraba la perspectiva de una *escuela socialista* (Sotelo, 2013a pp.264-289); por lo tanto, cuando menos durante esos seis años hubo una tendencia a subrayar la importancia de los factores sociales propicios para el desarrollo de los niños y jóvenes; entre ellos, se reiteraba sobre la tarea de educar para la libertad, la cooperación y la participación social.

Durante esos años, se instauró la coeducación y se abrieron decenas de escuelas para alumnos de todas las clases sociales a lo largo y ancho del país. Se trataba de conformar escuelas mixtas donde estudiaran niñas y niños en la misma aula. Respecto a las escuelas Primarias se instruía a los maestros en la enseñanza coeducativa: «para facilitar las relaciones normales entre hombres y mujeres, y darles iguales oportunidades.» (Sotelo, 2013b p.278)

Como parte de las transformaciones de la época se comenzó también a establecer un vínculo entre la educación y disciplinas tan novedosas como la genética y la psicología (Meneses, 1998 a), los esfuerzos renovadores de los educadores miraban -incluso- lo que acontecía fuera del país, buscando nuevos modelos adecuados para el contexto mexicano; dentro de esas experiencias, destacó la influencia que en México tuvo John Dewey (si bien, Dewey es el principal pedagogo citado y estudiado en México, también destacan Alfredo M. Aguayo Sánchez, G. Stanley Hall, Georg M. Kerschensteiner, Lorenzo Luzuriaga, entre otros. Esta influencia fue decisiva para dejar atrás los métodos y criterios de pedagogos antes imprescindibles, como Rousseau, Pestalozzi, Laubscher y Rébsamen). (Meneses, 1998a pp.661-662).

La gran autoridad de Dewey sobre los modelos educativos mexicanos, particularmente el de la escuela Secundaria, se debió a que el intelectual y pedagogo mexicano Moisés Sáenz, más que ningún otro personaje relacionado con la Segunda Enseñanza en México, fue su alumno y seguidor desde su estancia en la Universidad de Columbia. (Meneses,1998b p.678).

A su regreso a México, Moisés Sáenz comenzó la divulgación del modelo de Dewey; y recordemos también que derivado de las estrategias para establecer las escuelas Secundarias en México, es que se conformó una comisión de maestros, en el año de 1925, con el fin de visitar esta misma universidad para capacitarse en el modelo de la *High School* norteamericana. (Motts, 1973 p.161).

La teoría educativa de Dewey respecto del individuo se basaba, entre otros postulados, en considerar que la inteligencia no era privilegio de ningún hombre en particular; eran las diferencias sociales las que inducían a las desigualdades entre los individuos, por lo tanto, los cambios internos del alumno podrían producir, a su vez, cambios en la sociedad. (Meneses, 1998c p.678).

Esta pedagogía denominada *Escuela Activa* o *Escuela de la Acción*, era de orden pragmático y estaba al servicio de la comunidad; con puntos de vista contrapuestos a la enseñanza intelectualista decimonónica. En concordancia, la recepción de sus principales enunciados dio lugar a que en muchas partes de México, «grupos de maestros se acercar[a]n a cierta clase de socialismo, con base en su propia interpretación de la teoría de la escuela activa de Dewey.» (Sotelo, 2013c p.285).

Además, la idea de una *escuela socialista* quedó asociada al método de estudio por *Unidades* (Brito, 2018 pp.1-4), el cual se considerada también en concordancia con el materialismo dialéctico.

De tal manera que desde 1935 el biólogo Enrique Beltrán emprendió una serie de esfuerzos para introducir dicho método de aprendizaje en la enseñanza de la materia de Biología en la *Escuela Nacional de Maestros*. La pretensión de Beltrán era implantar esta estrategia pedagógica y más tarde elaborar sus libros de texto con la misma estructura. (Beltrán, 1971 p.61).

La influencia de la filosofía marxista que define a la materia como el sustrato de toda realidad, tenía larga data entre algunos sectores de la intelectualidad en México; al respecto de su influjo entre los estudiosos de las ciencias de la vida, cabe recordar que Enrique Beltrán escribió -a partir de un ciclo de conferencias que impartió en 1938- un libro titulado *Problemas biológicos. Ensayo de interpretación dialéctica materialista*, publicado hasta el año de 1945 (prologado por Marcel Prenant,1893-1983, zoólogo, parasitólogo y destacado comunista, líder del *Comité de Vigilancia de Intelectuales Antifascistas* en Francia). En el interesante y precursor libro de Beltrán se asentaba:

> «El método dialéctico, y esto es fundamental para explicar sus posibilidades de éxito en el estudio del mundo viviente, no se conforma con estudiar, como lo hacía el materialismo mecanicista, las relaciones que en un momento dado existen entre un ser viviente y su medio como base para explicarlo en su forma y funciones, sino que considera los «antecedentes» de dicho organismo, esto es, «su historia», que el estudio de la Evolución nos indica es tan importante en los seres vivientes.» (Beltrán, 1945 pp.18-19).

El ensayo escrito por Beltrán representó la base filosófica-conceptual utilizada, más adelante, para elaborar sus libros de texto de *Biología* para la Secundaria.

LA *UNIDAD NACIONAL*. LOS CAMBIOS EN LA EDUCACIÓN ENTRE LOS AÑOS TREINTA Y LA DÉCADA DE LOS CUARENTA EN MÉXICO

Sobre la transición política y social que aconteció entre la década de los años treinta a la década de los cuarenta, es necesario justipreciar todos los acontecimientos posteriores a la etapa del periodo *cardenista*, es decir, no olvidar y reconocer a la *educación socialista* -aún con todas las contradicciones y errores que tuvo- como una oportunidad de desarrollo más igualitario y extendido para los mexicanos.

La transición del periodo socialista de los años treinta al siguiente periodo presidencial de los cuarenta, fue como lanzar una moneda al aire, puesto que la designación informal y velada del sucesor la haría nada menos que el propio Cárdenas del Río. ¿A quién designaría? ¿El personaje elegido representaría continuidad o ruptura?

El régimen del militar Manuel Ávila Camacho (1940-1946) -quien finalmente fue el elegido y sucesor de Lázaro Cárdenas- es conocido por la mayoría de los historiadores mexicanos con el nombre de los años de la *Unidad Nacional.* Ese sexenio representó, a juicio de los estudiosos de la educación Gilberto Guevara y Patricia De Leonardo (1984a p.48) «una mutación» en el aparato estatal.

Debido a los impactos de la segunda guerra mundial y a la participación de México en ese conflicto bélico, en el país se emprendió una transformación profunda; desde la esfera pública se iniciaron grandes obras; se ampliaron las redes de correo y telégrafos; las transmisiones de radio llegaron a un auditorio más numeroso; y se construyeron presas y canales, entre muchas otras obras públicas más.

Los impactos de estas transformaciones también repercutieron en la educación, en la ciencia y en la cultura; por lo que se refiere a dichos acontecimientos, «el campo de la educación se convirtió en una de las áreas prioritarias en la que los nuevos dirigentes del país se propusieron actuar buscando su refuncionalización» (Guevara y De Leonardo, 1984b p.49).

Durante el periodo denominado *avilacamachismo*, se frenó el impulso de la política *cardenista*, se hicieron concesiones con la burguesía industrial y con la iglesia católica. Sin embargo, durante este gobierno hubo apoyo a la educación, se reformó el *Artículo Tercero Constitucional* relativo, precisamente, a esta materia y se fundó el *Instituto Mexicano del Seguro Social.*

Cabe recordar que la candidatura de Ávila Camacho no estuvo exenta de contratiempos, puesto que después de un evidente y violento fraude electoral operado desde la maquinaria del partido gobernante (el Partido de la Revolución Mexicana PNR, antecedente inmediato del Partido Revolucionario Institucional PRI), el oponente y también militar Juan Andreu Almazán perdió la contienda.

Ávila Camacho comenzó su camino hacia la presidencia de la República con claros deslindes en los aspectos más radicales y polémicos del *cardenismo.* El periodista e historiador José C. Valadés, enviado por el periódico *La Voz del Norte*, cuenta que minutos después de saber que había sido designado como candidato a la presidencia de la República, Ávila Camacho, en su casa de Teziutlán, ubicada en el Estado de Puebla, le concedió una entrevista. Narra Valadés: «Cuando le pregunté cuál era su religión de manera categórica contestó que ...la católica, apostólica y romana. Sin embargo, un día después el capitán Romo Castro, al servicio de Ávila Camacho, me solicitó «revisar» el texto por publicar y me pidió que cambiara la frase *Soy católico* por *Soy creyente*, de cualquier forma, las palabras del candidato desataron una tempestad.» (Valadés, 1995).

De tal manera que bajo el régimen *avilacamachista,* los conflictos con la iglesia católica y con sus seguidores disminuyeron porque el gobierno mexicano volvió a permitir la libertad de cultos, la extinción de una educación con fundamentos socialistas y la reapertura de las iglesias al culto público.

A partir de los años cuarenta, el Estado Mexicano, con su política de *Unidad Nacional* y de reconciliación con la iglesia católica dio lugar al «florecimiento de centros educativos privados a todos los niveles de la enseñanza, a los que concurrieron, evidentemente, los hijos de la burguesía.» (Guevara y De Leonardo,1984c p.51).

Debe considerarse como un antecedente de dicha recomposición de las relaciones con el clero lo ocurrido durante el periodo *cardenista* donde existía una relación tensa entre el Estado y la iglesia católica; esta última, por ejemplo, emprendió sin tregua, una clara oposición a las políticas de la *educación socialista*; las asociaciones de padres de familia, como la *Unión Nacional de Padres de Familia (U.N.P.F.)* -encabezadas casi siempre por madres de familia influenciadas por la jerarquía católica (Palacios,2011 p.44), lucharon junto al clero para recuperar los privilegios perdidos por una legislación que -según ellos- les había arrebatado su derecho a impartir la educación más conveniente para sus hijos. Finalmente cambiaban los equilibrios políticos, tan así fue, que esta condición dio lugar a la temprana y sorpresiva -por inaudita en un Estado declarado laico- declaración pública de Ávila Camacho: «Soy Creyente».

Posiblemente alentada por este viraje ideológico del gobierno mexicano, la *Unión Nacional de Padres de Familia,* cuyo lema era: *«Por mi deber y por mi Derecho»*, elaboró en 1940 una publicación titulada *El Problema Educacional*, cuaderno de 192 páginas, con contenidos ejemplares que mostraban la ideología de los padres de familia ofendidos por la *educación socialista.*

Uno de los blancos más importantes de su crítica fueron las ciencias naturales y la teoría evolutiva: (U.N.P.F.,1940)

> ¡Tremenda ironía, palmaria contradicción del naturalismo! Para deshacerse de Dios y del alma recurrió a la evolución. Notad que el Naturalista nada admite que no haya visto y experimentado. ¿Cuándo experimentó la evolución? ¿Cuándo la vió? Recurre a siglos pasados, hipotéticos, que no ha visto, en los que no ha experimentado, para deducir la necesidad de la evolución. (p.24)

En el *Capítulo Cuarto* sobre *Coeducación. Noción General y Origen Histórico,* declaraban:

> Es falso, basta para percibir con claridad meridiana la falsedad nociva de las ideas coeducadoras...Es falso que la mujer y el hombre estén destinados a cumplir misiones iguales, y que se desarrollen sus facultades de la misma manera, y que deban ser educados de la misma manera. (p.55)

Sobre la educación sexual, apenas esbozada en los libros de texto de la etapa *cardenista,* censuraban:

> Es indudable que existe una moral sexual y que esa moral sexual marca el único camino que puede guiar al hombre en su actividad sexual. El deleite es el constitutivo de las mayores dificultades en esta materia. Él solo conocimiento de

> los secretos sexuales, lejos de ser un bien, es un aliciente del mal. Es imposible querer gobernar la vida sexual sin el ascetismo cristiano. (p.69)

En el Capítulo Undécimo referente al *Origen de la Vida*, planteaban:

> El Manual antirreligioso de la U.R.S.S. después de haber pretendido proveer a los ateos militantes de armas para desarraigar de las masas la idea de Dios - ya hemos visto con qué fundamentos y con qué éxito-, pasa a estudiar otro punto fundamental: el problema del origen de la vida.
> Los comunistas militantes dan una solución simplísima y en todo conforme con las ideas fundamentales del marxismo. La vida comenzó en la tierra por sí misma. Para dar a esta respuesta algún barniz de ciencia y erudición, que oculte su crudeza, apelan a la evolución, el transformismo, al proceso dinámico. (pp. 147-148)
> El hombre, sér [sic] vivo, cuya vida no puede venir de la materia, porque la ciencia demuestra que es imposible que la vida haya aparecido por sí misma en el planeta; no es producto de la evolución. (p.155)

Con estas ideas plagadas de prejuicios e ignorancia, respecto a la ciencia y a la educación, comenzaban a correr los años cuarenta de *Unidad Nacional*. En el nuevo orden de fuerzas, la negociación que se estableció entre el gobierno y la iglesia católica hizo laxos algunos conceptos vigentes en la política educativa de los periodos anteriores. Además de que el gobierno *avilacamachista* desconoció las estrategias emprendidas en materia de coeducación y educación sexual, se cuestionó la incorporación de conceptos relativos a la *teoría evolutiva darwinista* descritos en los libros de texto de Biología.

Los criterios se distendieron y ese relajamiento propició el regreso a antiguas prácticas educativas, o lo que es más relevante, a la ausencia de una política educativa central, de forma tal que se dio paso al hecho de que la inclusión del tema sobre la *evolución orgánica* fuera dejado a criterio de los autores de libros de texto, de los directores de escuela, maestros y padres de familia.

«UN INESPERADO VIRAJE»

Sin embargo, ocurrió algo inesperado, los importantes cambios políticos e ideológicos que acontecieron en materia de educación durante el *avilacamachismo*, se vieron impactados profundamente por la gestión de quien desempeñó la titularidad de la Secretaría de Educación Pública -siendo, en este caso, la tercera persona en ocupar el cargo durante ese sexenio- me refiero al intelectual, diplomático y poeta, Jaime Torres Bodet, quien, desde su discurso de toma de posesión dejó clara su posición: «No voy a la Secretaría de Educación a servir a ninguna secta. No tengo compromisos de partido con ningún grupo. En el sentido profesional y polémico del vocablo, no soy *político*» (Torres, 1969 p.29).

Debe tomarse en cuenta que Torres Bodet llegó a la titularidad de la Secretaría de Educación Pública con la anuencia de las corrientes ideológico-partidistas, hasta entonces en pugna respecto de las políticas educativas, y que su aprobación por parte de las diferentes corrientes políticas fue el resultado de la posición inteligente y comprometida que adoptó.

A este personaje le tocó realizar, en octubre de 1946, la segunda reforma constitucional del *Artículo Tercero,* relativo a la educación: «marcado por un acendrado nacionalismo y un espíritu democrático que coadyuvaría a suprimir privilegios de cualquier tipo, apoyaría la independencia política de México y la solidaridad internacional.» (Greaves, 2011a p.199).

Entre los cambios que introdujo la reforma constitucional es importante destacar que el laicismo no fue tocado y permaneció como concepto central del nuevo artículo, sin embargo, en la práctica, «la tolerancia religiosa se mantuvo y la política de conciliación se tradujo en un doble sistema educativo: una escuela oficial que seguía las directrices gubernamentales y las escuelas particulares que, aunque prohibidas por la ley, impartían instrucción religiosa.» (Greaves, 2011b p.200).

De cualquier manera Jaime Torres Bodet no cejó en su empeño laico, cientificista y humanitario para la educación, de tal forma que las acciones jurídicas y administrativas que desplegó al frente de la Secretaría de Educación, permitieron claros equilibrios; si bien la *Unidad Nacional* requería tolerancia, siempre se mantuvo a la educación pública ajena a cualquier doctrina religiosa y basada en: «los resultados del progreso científico, en lucha contra la ignorancia, las servidumbres, los fanatismos y los prejuicios.» (Melgar, 1998 p.466).

En este mismo sentido, el biólogo Enrique Beltrán advierte sobre la gestión de Torres Bodet que: «Uno de sus propósitos básicos fue analizar exhaustivamente el sistema educativo mexicano en todos sus aspectos, con miras a darle, en sus diversos niveles, la cohesión de qué carecía. Para auxiliarse en dicho propósito, creó la *Comisión Revisora y Coordinadora de Planes Educativos, Programas de Estudio y Textos Escolares*.» (Beltrán, 1977a pp.218-219).

Con la concepción de armar una bisagra entre el proceso educativo y el libro de texto, las tácticas educativas devinieron en un binomio inseparable, donde el libro ocupaba un lugar primordial bajo el enfoque universalista de Torres Bodet: «El libro constituye un vehículo por excelencia de la civilización y de ahí su consecuente compromiso vital con cualquier acción que ayude a acercar los libros al pueblo.» (Loyo, 2011 pp.126-127).

Fue durante la década de los años treinta cuando ocurrió el monumental esfuerzo de publicar libros de texto de autoría mexicana; se presentó en una etapa del país en la que, bajo el espíritu nacionalista, se cuestionaba enérgicamente la falta de textos escritos por mexicanos y el preponderante papel que jugaban las editoriales extranjeras.

En sus *Memorias*, la maestra Irene Elena Motts Beal narra que en 1930 ya existían diez escuelas de Segunda Enseñanza en la capital; pero no había textos desarrollados de acuerdo con los programas vigentes, y se hacía uso de libros de autores extranjeros. (Motts, 1973 p.161)

De tal manera que los primeros libros de texto para las Escuelas Secundarias y Normales en México fueron escritos por *maestras normalistas*, preocupadas por el vacío que existía de textos apegados a la idiosincrasia y a las necesidades de los planes de estudio locales y nacionales.

Fueron las *Nociones de botánica,* escritas en 1929 por Irene E. Motts, el primer libro de texto de autoría mexicana, destinado a la enseñanza de las escuelas Secundarias y Normales para Maestros en materia de ciencias naturales.

Así mismo, desde la perspectiva de la historia del libro de texto en México, se puede reconocer que su creación y difusión se insertó directamente en: «El tejido editorial mexicano de su tiempo y [estableció] una relación de influencia mutua.» (Ixba, 2013 p.1207).

Cabe abrir un paréntesis para resaltar una circunstancia de orden internacional que influyó en el fenómeno del surgimiento de libros de texto de autores mexicanos, esto es, el importante papel que desempeñó el exilio de los republicanos españoles que arribaron a México al final de la década de los años treinta. Eran destacados hombres y mujeres de letras, científicos, intelectuales y artistas quienes activaron y promovieron propuestas editoriales novedosas e impregnadas de nuevos ímpetus.

Figuraron pensadores como el poeta e impresor Emilio Prados, el literato, impresor y cineasta Manuel Altolaguirre -pareja sentimental de la también poeta, Concha Méndez, el filósofo y pedagogo Joaquín Xirau, entre muchas otras importantes personalidades. En relación directa con las editoriales que publicaban libros de texto, destacan los hermanos Herrero, Luis Fernández G. y Santiago Hernández Ruiz (Ixba, 2013 pp. 1191, 1197,1200-1201).

Para los años treinta y décadas subsecuentes, la demanda de libros de texto para la Primaria, Secundaria y Normales se mantuvo en crecimiento constante y las casas editoriales -siempre en pugna por lograr la supremacía- se disputaban la hegemonía sobre el mercado. Esta contienda comercial propició que se abrieran nuevas casas editoriales como *Costa Amic* y *Atlante*, mientras, permanecían en activo, *Porrúa, Botas* y la *Vda. de Ch. Bouret.* (Brito, 2012 p.29)

Entretanto, en la Secretaría de Educación Pública (fundada en 1921 por José Vasconcelos) se consolidaba el control de esta institución para la autorización oficial sobre los libros de texto. Dentro de sus atribuciones estaba la de dar el visto bueno a las obras didácticas que llegarían a las manos de niños y maestros en la escuela pública y aún en las escuelas privadas, en este contexto puede afirmarse que la *Comisión Revisora* propició una industria editorial de los libros de texto.

Justamente en la medianía de los años cuarenta -de 1946 a 1949- se aprobaron los tres importantes libros de texto de *Biología* para la Segunda Enseñanza, elaborados por Enrique Beltrán, Enrique Rioja, José Alcaraz, Manuel Ruíz, Faustino Miranda e Ignacio Larios.

Así mismo, Irene E. Motts e Imelda Calderón publicaban también sus *«Nociones de Biología»* (1946-1947), como textos destinados para la enseñanza Secundaria. Motts y Calderón fueron dos maestras pioneras en la enseñanza de la Biología y las ciencias naturales, autoras de libros de texto para los niveles de enseñanza Primaria, Secundaria, Preparatoria y Normal, publicados y distribuidos hasta la década de los años setenta del siglo pasado. Se trata, de las *primeras biólogas mexicanas*, activas por más de cuatro décadas. (Duarte, 2020).

Por los grandes tirajes que alcanzaron tanto los libros de Enrique Beltrán y su grupo, como los de Motts y Calderón, se puede inferir que en la década de los años cuarenta se abrió un extenso mercado para los autores mexicanos dedicados a este nivel de enseñanza.

Por otro lado, quedó plenamente asentado en esos textos el reconocimiento a las teorías evolutivas más avanzadas, destacando la *teoría darwinista*. Es de señalar, en este sentido, la posición respecto de la evolución humana en los libros de Beltrán y su grupo, como en los de Motts y Calderón, claramente coincidente con la taxonomía que estaba en boga en la historiografía científica de su época, tanto a nivel nacional como internacional.

Un ejemplo de este acercamiento teórico quedó reflejado en el apartado denominado *Posible Árbol Genealógico del Hombre*, donde Enrique Beltrán y su grupo planteaban: «*¿Por qué es inexacto decir que el hombre desciende del mono? ¿Qué relación de parentesco tiene el hombre con los demás primates? ¿Cuál es el árbol genealógico que se supone corresponde a nuestra especie?*» (Beltrán, 1949a p.316).

Ante estas interrogantes, los autores aseguraban que este planteamiento era del todo erróneo. En el libro de texto de Beltrán y su grupo se aseguraba que la mayoría de los fósiles humanos conocidos, al parecer, habían sido ramas laterales que no estaban en la línea directa de ascendencia del hombre moderno.

Para Beltrán la historia del hombre moderno, es decir *Homo sapiens*: «Parece comenzar con la llamada raza de Cro-Magñón, que vivió hace algo más de 40 000 años. Desde entonces las características humanas han variado en diversos detalles, no habiéndose presentado, sin embargo, ningún cambio o modificación fundamental que obliga a considerar la producción de una especie distinta» (Beltrán, 1949b pp.317, 320-321). Por su parte, Motts y Calderón afirmaban -en forma muy similar- que los cambios de la especie humana ocurren dentro de la misma especie. (Motts y Calderón, 1971 p.450).

Al respecto, Camilo Cela y Francisco Ayala comentan en su libro, *Evolución Humana: el camino hacia nuestra especie* (2013a p.86) que, «Ese error popular tiene su explicación: nuestros rasgos derivados nos han alejado de aquellas características qué relacionamos con nuestros parientes más próximos –las apomorfías que indican cómo es un 'simio'».

Y aclaran que esta posición se debe a la errónea taxonomía elaborada por George G. Simpson (1902-1984), quien dividió de tal forma a los homínidos en una clasificación que obligaba a: «incluir a todos los simios superiores existentes hoy y a sus antepasados, tanto directos como colaterales, en una misma familia, reservando otra familia distinta para el linaje humano.» (Cela y Ayala, 2013 b p.73).

Por otra parte, Stephen Jay Gould (2018 pp.245-249) refiere que por aquellos años, se planteaba la *Hipótesis de la especie única*. Es decir, la negativa a reconocer la coexistencia entre varias especies de homínidos. La idea contraria a esta premisa fue acremente atacada e incluso estigmatizada como mal razonamiento biológico. En la década de los sesenta, la idea denominada *Hipótesis de la especie única* gozaba todavía de un fuerte apoyo por parte de los estudiosos de la evolución humana. Según esta teoría, solo una especie de homínido podía, en principio, ocupar una región determinada en cualquier momento dado. Aplicado a los primates, esto venía a significar que dos formas no podían ocupar el nicho ecológico cultural durante un período dado de tiempo.

De tal manera que aún y cuando permeaban algunos conceptos sobre la evolución –hoy considerados como erróneos– el avance en la aceptación y difusión de las teorías evolutivas dentro de los libros de texto fue un hecho trascendental para la cultura biológica en México.

LA EVOLUCIÓN ORGÁNICA EN LOS LIBROS DE TEXTO DE BIOLOGÍA PARA SECUNDARIA

Los autores más importantes de los libros de texto de Biología desde los años cuarenta del siglo pasado -y todavía dos décadas después- fueron Enrique Beltrán y su grupo, así como, Irene E. Motts e Imelda Calderón. El propio Beltrán declaraba que durante largos veintitrés años, prácticamente sólo habían circulado los libros de texto de Biología para las escuelas Secundarias de Motts y Calderón y los de su propia autoría. (Beltrán, 1977b p.229).

Frente a la teoría de la evolución, asentada en los libros de Enrique Beltrán y su grupo, no faltaron algunas concesiones hechas por los autores y dirigidas a congraciarse con las *buenas conciencias* de la etapa *avilacamachista*, por ejemplo, se declaraba: «No han faltado hombres de ciencia que han admitido como indudable que los seres vivos han sido el fruto de un acto de creación y que desde que fueron creados se conservan inmutables con las mismas características, actividades, hábitos y costumbres.» (Beltrán, 1949b p.257).

En el caso de los libros de texto escritos por Motts y Calderón, tuvieron que pasar más de diez años para que incorporaran el tema de la evolución orgánica en sus libros de texto para la Secundaria. Fue hasta principios de los años sesenta cuando las maestras incorporaron a las nuevas ediciones de sus libros el tema de la evolución orgánica. ¿a qué se debió el retraso?, probablemente fue una razón de conveniencia impuesta por el mercado y la ideología propia del periodo en cuestión. Los sectores más conservadores, aprovechando la coyuntura, desplegaron estrategias contrarias a la enseñanza de la teoría de la evolución, siempre incómoda por ser opuesta a sus rígidos y dogmáticos principios religiosos.

La proclamada *Unidad Nacional* dio lugar a esta convivencia, incluso, puede haber sido benéfica para los fines de las políticas gubernamentales que impulsaban la paz, la unidad, y el nacionalismo desde un punto de vista más bien conservador.

Es posible, también, que ésta fuera la razón por la cual tanto los libros de Biología de Enrique Beltrán, como los de Irene E. Motts e Imelda Calderón, gozaran de considerables y beneficiosos tirajes y permanecieran -ambas versiones- vigentes durante más de dos décadas. Los datos revelados demuestran que los libros de texto de Motts y Calderón se usaron tanto en las escuelas oficiales, como en las escuelas privadas, y sería opción de directores o sociedades de padres de familia decidir sobre cuál de las dos versiones utilizar.

RECAPITULANDO

El triunfo de los liberales en el último tercio del siglo XIX en México posibilitó la apertura a novedosas ideas porque las reformas emprendidas permitieron la separación política del Estado con la iglesia católica. En ese ambiente de libertad de consciencia y pensamiento liberal -en una palabra- de laicidad, la introducción del *darwinismo* entre los intelectuales mexicanos decimonónicos comenzó desde la década de los años setenta y, para final del siglo, en 1892 Alfonso L. Herrera ya aplicaba en sus investigaciones las *leyes de la evolución* (Moreno, 1989a pp.273-274) y en 1897 este mismo naturalista había escrito *Recueil des lois de la Biologie Gènèrale*, un libro «absolutamente darwinista publicado en México» (Moreno, 1989b pp.20 y 251-297).

En las instituciones educativas de principios del siglo XX, como la *Preparatoria Nacional*, la *Escuela de Altos Estudios*, la propia *Universidad Nacional* y las *Normales* para maestras y maestros se enseñaban y discutían las teorías evolutivas. (Duarte, 2020 pp.104-114).

En las postrimerías de la etapa posrevolucionaria, con el arribo de Lázaro Cárdenas como Presidente de la República, se instaura, en los niveles de educación Primaria, Secundaria y Normales, la perspectiva socialista. La *escuela socialista* del *cardenismo* introdujo la teoría evolutiva aplicada para la resolución de problemas en el campo y la agricultura (Villela y Torrens, 2016 p.175). La *educación socialista* no alcanzó a cimentarse, y dado el decidido rechazo que tuvo de la iglesia católica y de amplios segmentos conservadores de la sociedad mexicana para la siguiente década, desapareció.

Bajo el régimen de Manuel Ávila Camacho conocido como de la *Unidad Nacional*, la iglesia católica regresaba con fuerza para tomar un lugar relativamente perdido durante los años veinte y treinta del pasado siglo. Esta circunstancia permitió, entre otras cosas, el retorno de los alumnos a las aulas nuevamente segregados por sexo y la desaparición total de los contenidos sobre educación sexual de los libros de texto.

Pero es claro que la historia no es lineal y cuando todo apuntaba, durante ese sexenio, al regreso de una política educativa de corte convencional y conservador, ocurre que el Presidente Ávila Camacho designa, en el último tramo de su gestión, a Jaime Torres Bodet al frente de la Secretaría de Educación Pública; el ministro Torres Bodet fue un hombre de avanzados criterios sociales y políticos, humanista y funcionario internacionalista, quien más adelante sería miembro fundador y director general de la UNESCO (por sus siglas en inglés Organización de las Naciones Unidas para la Educación, la Ciencia y la Cultura). Además de haber fungido en su juventud como secretario particular de José Vasconcelos. (Torres,1969 pp.18-19 y 123).

Entonces, los conceptos generales sobre la condición y objetivos de la educación, y en particular los objetivos para la Segunda Enseñanza, en la era de Torres Bodet, se tornaron hacia un cientificismo valorado positivamente, de tal manera que las razones y argumentos planteados al seno de la *Comisión Revisora* de los libros de texto, instaurada por el propio Torres Bodet, permitieron, contrario a lo esperado, que los planes de estudio, y especialmente los libros de texto de *Biología* para la Secundaria propuestos por el grupo que conformaba dicha *Comisión*, mantuvieran una declarada posición para enseñar esta disciplina dotada de una postura a favor de incluir amplia y claramente la teoría evolutiva, de corte eminentemente *darwinista* y también con marcado apego a las ideas evolucionistas de Lamarck y Haeckel.

Se creó entonces un espacio teórico-conceptual para la Biología donde convivieron libros de texto escritos para la Secundaria que exponían abierta y científicamente el tema de la evolución orgánica y, por otro lado, libros de texto donde se omitía este tema. No obstante, el ambiente educativo creado a partir de la segunda reforma del *Artículo Tercero Constitucional*, que dejaba incólume la laicidad, y la *normalización* de las explicaciones *darwinistas* para entender los procesos de la vida, fueron ganando los espacios educativos y aún aquellos libros que las omitían, finalmente las presentaron.

Paradójicamente, la enseñanza de la Biología fue impactada favorablemente durante dicha etapa de *Unidad Nacional* gracias a la lucidez y el compromiso de grupos de trabajo, maestras, maestros y funcionarios públicos que dieron un giro conceptual de gran envergadura a los libros de texto publicados durante la segunda mitad de la década de los años cuarenta. Se creó entonces un espacio de enseñanza de la Biología que derivó hacia el avance de una forma decididamente laica y científica para abordarla.

La cifra calculada en millones de ejemplares publicados, tanto de los libros de Beltrán y su grupo, como de los libros de Motts y Calderón, hablan de la importancia que representó el surgimiento, la consolidación y la expansión que alcanzó el ciclo de educación Secundaria. Consecuentemente, fue extraordinaria la relevancia que esto significó en la formación de los adolescentes y los jóvenes mexicanos; por otro lado, también evidencia la creciente importancia que adquirió la Biología como materia de estudio, profesionalización e institucionalización desde el ámbito de la enseñanza como disciplina científica.

De acuerdo con este relato, cobran importancia las palabras del historiador Rafael Guevara Fefer: «Así queda demostrado que la comunidad científica mexicana no se dedicaba a copiar, primero franceses y después norteamericanos, sino realizaba sus libros de texto desde la singularidad de sus programas y utilizaba los productos que la propia comunidad producía.» (Guevara, 2014 pp.138-139). Baste recordar el origen teórico de los libros de texto escritos por Beltrán, enmarcados en el método del materialismo-dialéctico.

Tratándose de la enseñanza de las ciencias, es fundamental que la laicidad haya sido, hasta el día de hoy, un elemento constitutivo esencial de la enseñanza pública en México, puesto que esta condición indispensable para el florecimiento y desarrollo de la ciencia, aunque fuera rehuida principalmente por algunos sectores de la alta jerarquía católica en distintos momentos de la historia mexicana, ha permeado el carácter de los libros de texto utilizados para la enseñanza de la Biología; de manera singular y de forma destacada, cuando se plantean las explicaciones sobre la biología evolutiva abordadas desde una perspectiva laica.

REFERENCIAS BIBLIOGRÁFICAS

BELTRÁN, Enrique (1945), *Problemas biológicos. Ensayo de interpretación dialéctica materialista*, Monterrey, Ed. Instituto de Investigaciones Científicas de la Universidad de Nuevo León.

BELTRÁN, Enrique et al. (1949), *Biología. Tercer Curso para Escuelas Secundarias*, México D.F., Ed. E.C.L.A.L. y Porrúa S.A.

BELTRÁN, Enrique (1971), *Textos mexicanos de biología general en el siglo* XX, Vol. 32 en Revista de la Sociedad Mexicana de Historia Natural, México D.F. (pp. 57-88).

BELTRÁN, Enrique (1977), *Medio siglo de recuerdos de un biólogo mexicano*, México D.F., Ed. Sociedad Mexicana de Historia Natural.

BRITO, José (2018), *Enseñanza por unidades*, Venezuela, Ed. Universidad Nacional Experimental Simón Rodríguez.

BRITO, Sofía (2012), *El libro en México, 1900-1950,* Anuario de Bibliotecología, Vol. 1, No. 1, México D.F., Ed. Universidad Nacional Autónoma de México.

CELA, Camilo y AYALA, Francisco (2013), *Evolución humana. El camino hacia nuestra especie*, Madrid, Alianza Editorial.

DUARTE, M. Patricia (2020), *Irene Elena Motts e Imelda Calderón, pioneras en la enseñanza de la Biología en México (1930-1948)*, Tesis para obtener el grado de Doctora en Filosofía de la Ciencia, Ciudad de México, Universidad Nacional Autónoma de México.

GREAVES, Cecilia (2011), «La Búsqueda de la Modernidad», (1ª reimpresión) en Tanck (Coord.), *La educación en México,* México D.F., Ed. El Colegio de México.

GUEVARA, Gilberto y DE LEONARDO, Patricia (1984), *Introducción a la Teoría de la Educación*, México D.F., Ed. Terra Nova y Universidad Autónoma Metropolitana.

GUEVARA, Rafael (2011), *El uso de la historia en el quehacer científico. Una mirada a las obras históricas del biólogo Beltrán y del fisiólogo Izquierdo*, México D.F., Ed. Universidad Nacional Autónoma de México.

GOULD, Stephen (2018), *La Montaña de Almejas de Leonardo*, Ciudad de México, (primera edición impresa en México), Ed. Crítica.

IXBA, Elizer (2013), *La Creación del libro de texto gratuito en México (1959) y su impacto en la industria editorial de su tiempo. Autores y editorialistas de ascendencia española, Vol. 18, Núm. 59, México D.F.*, Ed. Revista Mexicana de Investigación Educativa.

LOYO, Aurora (2011), «Caminos entreverados: cultura y educación en Jaime Torres Bodet», en Rebeca Barriga (ed.), *Entre Paradojas: a 50 años de los libros de texto gratuitos*, México D.F., Ed. El Colegio de México, Secretaría de Educación Pública y Comisión Nacional del Libros de Texto Gratuitos.

MELGAR, Mario (1998), «Las Reformas al Artículo Tercero Constitucional», Serie G: Estudios Doctrinales, Número 194 en *Ochenta años de vida constitucional en México*, Cámara de Diputados LVIII Legislatura, Comité de Biblioteca e Informática, México D.F., Ed. Universidad Nacional Autónoma de México, Instituto de Investigaciones Jurídicas.

MENESES, Ernesto et al. (1998), «Consideraciones Finales», Cap. XVI (2ª reimpresión) en *Tendencias educativas oficiales en México 1911-1934. La problemática de la educación mexicana durante la revolución y los primeros lustros de la época posrevolucionaria*, México D.F., Ed. Centro de Estudios Educativos y Universidad Iberoamericana.

MENESES, Ernesto et al. (2007), «Un inesperado viraje», Cap. IX (2ª reimpresión) en Vol. III, *Tendencias educativas oficiales en México 1934-1964. La problemática de la educación mexicana durante el régimen cardenista y los cuatro regímenes subsiguientes*, México D.F., Ed. Centro de Estudios Educativas y Universidad Iberoamericana.

MORENO, Roberto (1989), *La polémica del darwinismo en México: siglo XIX* (2ª edición), México D.F., Ed. Universidad Nacional Autónoma de México.

MOTTS, Irene (1929), *Nociones de Botánica. Curso experimental para uso de las escuelas secundarias, normales y preparatorias*, México D.F., Profesora de la materia en la Escuela Nacional de Maestros (ed.), Tipografía Guerrero Hermanos.

MOTTS, Irene (1973), *La vida en la Ciudad de México en las primeras décadas del siglo XX*, México D.F., Ed. Porrúa S.A.

MOTTS, Irene y CALDERÓN, Imelda (1971), *Nociones de Biología. Para uso del segundo año de las escuelas secundarias. Segunda Parte*, (Vigésima edición) México D.F., Ed. Porrúa S.A.

PALACIOS, Mario (2011), *La oposición a la educación socialista durante el cardenismo (1934-1940). El caso de Toluca*, Vol. 16, Núm. 48, enero-marzo, México D.F., Ed. Revista Mexicana de Investigación Educativa.

SOTELO, Jesús (2013), «La Educación Socialista», Cap. IX en Fernando Solana, Cardiel y Bolaños (Coord.), *Historia de la Educación Pública en México (1876-1976),* (sexta reimpresión), México D.F., Ed. Fondo de Cultura Económica.

TORRES, Jaime (1969), *Años contra el tiempo. Memorias*, México D.F., Ed. Porrúa S.A.

UNIÓN NACIONAL DE PADRES DE FAMILIA (1940), *EL Problema Educacional*, México D.F., s/ed.

VALADÉS, José (2021), Historiografía Mexicana A. C., Episodio 83, comentarios y lectura en voz alta de Pedro César Beas, Texto [fragmento]: Valadés, J. (1995, diciembre), «Dos textos», (recopila Patricia Galeana), Revista de la Universidad, recuperado de https://bit.ly/3HxVu5X

VILLELA, Alicia y TORRENS, Erica (2018), *El tema de la evolución biológica en los libros de texto de la escuela socialista en México (1930-1940),* Argentina, Ed. Universidad Nacional de Tres de Febrero.

LA INFLUENCIA DEL EVOLUCIONISMO EUROPEO EN LA INVESTIGACIÓN BIOLÓGICA EN EL PANAMÁ DEL SIGLO XX

César A. Villarreal
Facultad de Ciencias Naturales y Exactas.
Universidad de Panamá.

INTRODUCIÓN

Los istmeños despertaron del sueño de bonanza que traería consigo la construcción del canal de Panamá a partir de tres eventos relacionados: los movimientos sociales promovidos por la Liga Inquilinaria en octubre 1925, el desplome de la banca de Nueva York en octubre de 1929 y de la Acción Comunal en enero de 1931 (Muñoz 1974, Pizzurno y Araúz, 1996: 115-171). La inauguración del canal en 1915, sin embargo, enfrentó a la comunidad istmeña con la solución de dos situaciones íntimamente ligadas: la lucha soberana por la abolición del enclave colonial llamado Zona del Canal, bajo mandato yanqui a perpetuidad y la preparación de connacionales para la administración tecnológica y científica del área canalera y sus aledaños. Empresa que habría de cristalizar con la fundación de la Universidad de Panamá el 7 de octubre de 1935. La institución, inicialmente, fue alojada en los mismos edificios que albergan hoy día al Instituto Nacional, hasta su traslado a su ubicación actual en 1953 (Del Vasto 2010: 45-47).

Terminada la *Gran Guerra* (1914-1918) y la construcción del canal el excedente de mano de obra trabajadora canalera, en especial afroantillanos, asiáticos y criollos, en fin, los *chocolates*, fueron expulsados de la ahora Zona del Canal hacia los tugurios del arrabal capitalino (Zumoff 2017, Pizzurno 2018); mientras que los sucesivos gobierno liberales ampliaban y embellecían la avenida Central de la capital hasta alcanzar los

Figura 1. Avenida 4 de julio, hoy avenida de los Mártires que separaba, y aún separa, la antigua Zona del Canal del barrio del Chorrillo (circa 1930).

nuevos suburbios burgueses de la Exposición y Bella Vista (Díaz 2001). El resultado fue que la gran masa obrera y las capas medias de los barrios de Santa Ana, el Chorrillo, Calidonia y Marañón, quedó emparedada entre los límites de la Zona, las playas de la bahía de Panamá y la avenida Central (Figura 1). Este estrato social pugnó, desde un primer momento, en organizar la primera universidad nacional, popular y democrática, la Universidad Popular de Acción Comunal, a su vez precursora de la actual Universidad de Panamá (Pizzurno, 1985: 43-46).

En el presente estudio se establece una comparación entre las contribuciones a la biología evolutiva y la investigación biológica del doctor Erich Graetz (1903-1984) y su efecto en la formación de las nuevas generaciones de panameños que recibieron su orientación y guía académica en la Universidad de Panamá y que nos prepararon para recibir el canal de Panamá en las mejores condiciones laborales posibles. En este trabajo se intenta contextualizar las contribuciones de este maestro mediante el análisis de los textos producidos por una de sus discípulas más insignes, Thelma María Velarde Latorre (1920-2018).

LA UNIVERSIDAD Y LA CREACIÓN DE LA FACULTAD DE CIENCIAS

La Universidad de Panamá, inicialmente, tuvo un sentido académico eminentemente pragmático, expresión de las condiciones sociales, políticas y económicas que determinaron su inicio. Este carácter pragmático se evidencia en el decreto de su creación:

«La Universidad Nacional de Panamá tendrá por base un colegio Central de Artes y Ciencias, en el que, mediante un sistema de estudios combinados, se ofrecerán los cursos siguientes: uno de cuatro años, de carácter eminentemente cultural, conducente a la licenciatura en Filosofía y Letras. Uno de cuatro años conducentes a la licenciatura en Artes, con especificación en Ciencia Política y Economía; uno de cinco años para las carreras de abogacía y judicatura, y conduce a la licenciatura en leyes, uno de cuatro años que conduce a la licenciatura en Comercio; un curso de tres años, que conduce a la licenciatura en Farmacia y otro de la misma duración para el ingreso en una escuela de Medicina y un año más de estudios conducente a la licenciatura en Arte, con especificación en alguna ciencia particular» (Arias y Pezet, 1935)

Como quiera que las necesidades de formación profesional, durante la segunda mitad los 1930, se dirigían a capacitar personal para el ejercicio de la educación secundaria la Universidad otorgó básicamente el título de Profesor de Segunda Enseñanza en Filosofía, Letras y Ciencias Naturales, sin el paso previo de la Licenciatura, situación que se prolongó hasta la década de los 1950 cuando el doctor Diego Domínguez Caballero propuso ante el Consejo General Universitario desligar el ejercicio profesional en alguna especialidad académica otorgando el título de Licenciado, con la posterior obtención del título de Profesor de Segunda Enseñanza (Domínguez 1978: 6, Herrera 1985: 160). El otorgamiento del título de Licenciado especializado por la Universidad solo fue posible gracias a la acción del doctor Hans Julius Wolf (1902-1983), quien, en 1937, en calidad de vocero de los profesores propuso ante el Consejo Profesores de la Universidad la creación de cuatro Facultades con sus secciones correspondientes, a saber: Facultad de Humanidades, de Ciencias Sociales y Económicas, de Derecho y Ciencias Políticas y de Ciencias, siendo el doctor Erich Graetz el primer decano de esta última (Pizzurno 1985: 52, Arias y Pezet *ibíd.*: 233, Adames *et al.*: 2003: 8-12).

El cuerpo inicial de profesores universitarios fue el resultado del arribo de connotados profesionales procedentes de Europa, mucho de los cuales huían de la barbarie nazifacista o de la atroz Guerra civil española; entre ellos figuran los doctores Erich Graetz, Richard F. Behrendt, Werner Bohnstedt, Paul Honigsheim, Hans Julius Wolff de Alemania, Franz Borkenau y Lawrence S. Malowan de Austria. Estos académicos llegaron al país gracias a la intervención del Comité de Emergencia para Ayuda de Académicos Extranjeros Desplazados con sede en Nueva York (Stinson 1982). Los emigrados de origen español lo conformaron, entre otros: Santiago Pi Suñer, José Garretas Sabadell, Mariano Gorriz Sánchez, Ginés Sánchez Balibrea, Demófilo De Buen, Jesús Vázquez Gayoso, Manuel Cano Llopis, Renato Ozores, Concha Peña, Lino Rodríguez Arias-Bustamante, Antonio Moles Caubet, Ángel Rubio Bocanegra, procedentes de diversos centros de estudio e investigación españoles. Estos médicos, cientistas sociales, biólogos y naturalistas europeos fecundaron los primeros treinta años de actividad científica en la Universidad de Panamá (Meding 2005: 865, Del Vasto *ibíd.*: 34, Figueroa 2022: 114, Figura 2).

Estas personalidades europeas, llegaron a suelo panameño mediante gestión realizada por el doctor Harmodio Arias Madrid (1886-1962). El doctor Arias, a su regreso de Inglaterra, donde se doctoró en leyes dedica sus quehaceres al ejercicio del derecho y a la enseñanza en la Facultad Nacional de Derecho y la Escuela de Derecho y Ciencias Políticas creada en 1918. Actividad esta que hubo de abandonar en 1920 al ser designado por el gobierno nacional para representar a Panamá en la I Asamblea de la Liga de Naciones y a otras actividades diplomáticas. El 22 de junio de 1926 en ocasión de la celebración en Panamá del Congreso Bolivariano que conmemoraba el Congreso Anfictiónico de 1826, el doctor Arias une sus esfuerzos a los de Octavio Méndez Pereira en el cual Harmodio Arias fue Vicepresidente y Méndez Pereira fue Presidente de la Comisión organizadora, se dictó el Decreto No. 50 que instituyó la Universidad Bolivariana. (Pizzurno *ibíd.*: 41). El proyecto no hubo de fructificar, pero deja muy en claro el interés de ambos estadistas en fundar una institución superior en el istmo unido a la preocupación de Arias en la neutralización del canal. Este doble interés, a saber, la lucha por el rescate de la soberanía sobre la Zona del Canal y el mejor usufructo de su riqueza será la guía del accionar universitario por los treinta años posteriores a la fundación de la Universidad (Del Vasto *ibíd.*: 43, 53-62).

Figura 2. Profesores de la Universidad Nacional de Panamá (1938). De izquierda a derecha, primera fila: Manuel F. Zárate, Ángel Rubio, Lawrence S. Malowan, Jeptha B. Duncan, José Dolores Moscote, Octavio Méndez Pereira (Rector), Frances Twomey, Nicolás Victoria, Enrique Ruíz, Julio Armando Lavergne, Daniel Q. Posin, Baltazar Isaza. Segunda fila: Carlos Merz, Guillermo García de Paredes, Alejandro Méndez Pereira, José Garreta, Braulio Vásquez, Juan Morales, Ernesto Icaza, Pedro Caballero, Francisco Céspedes. Tercera fila: Erich Graetz, Mario Molina, Publio Vásquez, Rubén Oro, Felipe Juan Escobar, Tomás Ballestas, Warner Bohnstedt, Profesor Lubán, Agustín Saz y Sánchez, Francisco González, Rafael Moscote, Cristóbal Rodríguez, Profesor Watson, Richard Behrendt.

LOS PRIMEROS AÑOS DE LA FACULTAD DE CIENCIAS

Las labores de la facultad se iniciaron con una variedad de disciplinas integradas por afinidad en departamentos, comprendiendo los departamento de Biología, Física, Matemáticas y Química y Farmacia. Dichas unidades iniciaron una importante actividad académica y científica recogidas en los primeros 19 volúmenes de la *Revista Universidad* e internacionalmente en un número plural de investigaciones realizadas por europeos emigrados en sucesivos números de *Ciencia, Revista hispanoamericana de ciencias puras y aplicadas* (Adames, *et al.*:2003, Pulgarín *et al.* :2004). En esta última destaca la labor científica del doctor Lawrence S. Malowan (n. 1882) químico farmacéutico de reconocida trayectoria internacional que le valió su membresía en la Real Sociedad de Londres (Adames *et al.*: 9, Panamá América 12, noviembre, 2003).

Los doctores Graetz, Malowan, Méndez y Posin, el ingeniero químico Manuel Zárate y el médico Ernesto Icaza iniciarán las actividades académicas de la Facultad de Ciencias; aunque nuestro interés inmediato se centrará en las figuras de Graetz y de una de sus discípulas a saber Thelma María Velarde Latorre.

ERICH GRAETZ FORMACIÓN DE UNA CARRERA DEDICADA A LAS CIENCIAS NATURALES.

El hijo del fabricante de lámparas Bernhard Albert Graetz y Ernestina Rosa Schöne de Graetz, Adolf Erich Graetz, nació en la ciudad de Berlín 15 de noviembre de 1903, tal y como consta en información, que en forma de copia fotostática y traducción del Certificado de Nacimiento del Registro Civil de Berlín N° 2956[1]; este documento recoge toda la información que poseemos de la infancia del ilustre maestro. Por otra parte, se tiene información más detallada de sus años juveniles cuando cursaba estudios conducentes al grado de Licenciado en Química y Zoología en la Universidad de Berlín de 1921-1928. Siendo aún estudiante en dicha institución realizó, por algunos meses, el análisis de las lipasas producidas por un cangrejos de río en el Acuario de la Estación Zoológica Anton Dohrn en Nápoles en 1927, los resultados los recogió en su primera publicación científica (Krüger y Graetz 1927).

El 14 de mayo de 1929 Graetz presentó la disertación sobre el aislamiento de fermentos de la digestión de caracoles y el descubrimiento de un fermento que disuelve la quitina gracias a la cual, la Universidad de Berlín le otorgó el grado de Doctor *magna cum laude* en Ciencias Naturales (Graetz 1929). De inmediato inició carrera como profesor asistente en el Instituto de Zoología de la misma universidad hasta 1935; encargándose, entre otras actividades, de los cursos de Fisiología General. En dicho Instituto se asoció al futuro neuroetólogo berlinés Hansjochem Autrum (1907-2003), quién entonces trabajaba en el estudio de la correlación existente entre las propiedades fisiológicas de las fibras musculares de las sanguijuelas y su contenido fibrilar (Barth 2004); situación feliz pues la tesis de docente de Graetz trataba sobre el mismo organismo. De esta asociación resultaron sendos escritos sobre la fisiología

[1] Archivos Erich Graetz de la Secretaría General de la Universidad. Panamá (ASG-UP, E. Graetz) N° 54.

digestiva de las sanguijuelas (Autrum y Graetz 1934, Graetz y Autrum, 1935). En 1933 Graetz presentó el examen como Docente Privado (*Privatdozent*) con las tesis: *Publicaciones sobre los fermentos de las sanguijuelas, Osmorregulación en los peces y Pasaje de iones por las membranas vivas.*[2]

El doctor Graetz a causa de su ascendencia judía se ve obligado en 1935 a buscar refugio del nazismo alemán en Panamá junto con los profesores Bohnstedt, Beherendt, Honigsheim y Malowan. No obstante, sus contratos fueron declarados nulos cinco años después, durante el ascenso al poder del régimen filogermánico del doctor Arnulfo Arias Madrid. El año siguiente, a la caída del régimen de Arias, se dio la situación ambigua de que todos estos profesores, no solo continuaron desposeídos de su ubicación académica, sino que debieron emigrar a otras partes o ser conducidos a campos de concentración por el régimen colonial estadounidense bajo sospecha de espionaje para las potencias del Eje. El doctor Graetz para esas fechas ya había contraído matrimonio con la abogada istmeña Gilda López y en igual situación se encontraba el profesor Malowan, de manera que ambos permanecieron en suelo panameño durante el resto de la segunda guerra mundial[3] (García 1985, Heckadon 2020: 463). El primer Rector de la Universidad de Panamá Octavio Méndez Pereira retornó al país en 1943 quién también hubo de retirarse de su cimera posición por dificultades con el presidente Arnulfo Arias y éste se encargó de regresar a Graetz y Malowan a la Universidad. En aquella ocasión, los estudiantes escoltaron a Graetz, desde su reclusorio, al *Alma Mater* de los jóvenes istmeños, la Universidad de Panamá (Colombia Villarreal *comunicación personal*).

LOS FECUNDOS AÑOS EN LA UNIVERSIDAD DE PANAMÁ

La vida universitaria de Graetz en Alemania resulta de síntesis fácil en comparación con su labor educativa en la Universidad de Panamá la cual fue más compleja, larga y fecunda; extendiéndose por 29 años de 1935-1964. Durante ese lapso publicó diez artículos científicos en la *Revista Universidad* y un libro al final de su carrera académica (Graetz 1964). El primer lustro de estadía en Panamá hubo de dedicarse a funciones docentes primarias que terminó abruptamente por las razones políticas antes mencionadas y que Graetz evidenció en el informe de trabajo del periodo 1936-1938, que describió así:

> En el periodo mencionado no hemos tenido oportunidad de ocuparnos en investigación de carácter práctico para fines agrícolas e industriales, porque hemos estado completamente ocupados en el desarrollo interno del laboratorio y en la preparación de material de enseñanza (Graetz 1940).

No obstante, esos años dieron a luz tres trabajos importantes: uno sobre la regulación del tamaño de los seres vivientes y otro acerca sus estudios sobre la abeja sin aguijón (*Trigona cupira*) y un escrito sobre la conveniencia de la formación de una

[2] Panamá (ASG-UP, E. Graetz) N° 63.
[3] Panamá (ASG-UP, E. Graetz) N° 63.

Escuela de Agricultura y Selvicultura (Graetz 1936, 1938, Behrendt *et al.*: 1936). Los dos primeros artículo científico de Graetz, describen sus principales preocupaciones académicas, la fisiología general y animal, la evolución orgánica y la naciente etología por un lado y el desarrollo del país de adopción por otro.

El primer artículo de Graetz se inicia explicando que el tamaño estable de diversas especies animales es el resultado evolutivo de dos procesos, la aparición inicial azarosa de individuos de tamaño variable y secundariamente la selección natural (SN) positiva del tamaño mejor ajustada al medio y la desaparición de cualquier otro menos adecuado en la lucha por la existencia. Según su argumento la contradicción existente entre el crecimiento cuadrático de la superficie animal con respecto a la longitud corporal y el crecimiento cúbico del volumen para idéntica variable se expresa como dificultades óseas para soportar el crecimiento volumétrico. Esta contradicción implica, para un animal de gran tamaño, una desviación más acentuada de recursos energéticos al tejido óseo que deberá soporta el peso de un animal grande en contraposición a la energía requerida para moverle; de manera que un animal pequeño responder mejor a las presiones selectivas que uno de gran tamaño. Termina el argumento reportando que Emil du Bois-Reymond (1818-1896) había demostrado experimentalmente que el esqueleto del ratón es más compacto que el del elefante. La cita a du Bois-Reymond no es fortuita, este autor junto con Santiago Ramón y Cajal (1852-1934), es uno de los primeros fisiólogos en aceptar el darwinismo (du Bois-Reymond 1883, Finkelstein 2013. 323-365). No obstante, Graetz no explica cómo se articulan, mecanísticamente, la fisiología y el proceso evolutivo. En un segundo giro, Graetz dedica su intelecto a analizar los organismos vivos más pequeños, los virus filtrables. Sugiere entonces que esta estructura, la más pequeña conocida y capaz de producir una enfermedad en el organismo que invade, puede ser una molécula proteica autocatalítica susceptible de descomponer un compuesto (ABC), también proteico, presente en el organismo hospedero. De dicha descomposición se liberará una fracción sin efecto alguno (C), una segunda (B) productora del efecto de la infección y una tercera (A) la fracción contagiosa, que propagará la infección a todo el cuerpo y a cualquier otros organismos que invada. Esta teoría explicaría la especie especificidad del virus y la noción de que la proteína es el agente reproductor de las características hereditarias; adelantándose de esta forma a una de las alternativas explicativas del origen de la transmisión hereditaria y que será resuelta a favor de los ácidos nucleicos una década después por Oswald Avery, Colin MacLeod y Maclyn McCarty (1944).

El escrito de 1938 versa sobre el estudio de los instintos en la abeja *Trigona cupira*, artículo importante pues allí define instintos de la siguiente forma:

> «Instinto es una cadena de reflejos; un reflejo es una respuesta automática, hecha posible por el sistema nervioso, a un estímulo externo, es decir, a un cambio en el ambiente externo del animal. De acuerdo con esta definición el animal entero debe ser una máquina de reflejos, sin voluntad propia; por consiguiente, todas las reacciones futuras del animal pueden conocerse de antemano» (Graetz 1938: 31).

Sin embargo, un animal aun cuando es capaz de orientarse de acuerdo con un estímulo dado, otro estímulo distinto puede interferir con la respuesta generada por el estímulo previo; muy en especial si se trata de un animal de nivel elevado; entonces, en estos organismos no se puede prever la respuesta de antemano. Ahora bien, si la experiencia generada por un estímulo, tal y como sugería Richard Semon (1859-1918), se incorpora como un *mneme* (memoria) al *engrama* nervioso del animal; entonces los patrones instintivos pueden ser modificados por las influencias ambientales (estímulos) y modificarse en generaciones subsiguientes (Semon, 1921: 256-265). La inclinación por la *herencia de los caracteres adquiridos* del biólogo berlinés es, sin embargo, cuestionada tímidamente por Graetz afirmando que el lamarckismo «no está probado todavía». El artículo no solo introduce el concepto de la invariancia de la conducta instintiva sino que expone mediante experimentos naturales la noción empírica de que la única forma de entender la conducta animal es estudiándole en condiciones naturales y sigue, paso a paso, las metodologías experimentales de campo propuestas por de Karl von Frisch (1976: 18-45) y Tinbergen (1972: 105-355) y el uso de las categorías que Konrad Lorenz definirá como el principio de doble determinación de la conductual instintiva: el estímulo desencadenador y el mecanismo desencadenador innato (Lorenz 1986: 107-143).

A su regreso a las aulas de la universidad, Graetz da a luz un artículo sobre la formación de subespecies mediante mutaciones sin valor adaptativo (1944). El artículo describe el hecho, entre otros, de que las poblaciones de colibríes andinos que habitan la cima de cada montaña de la cordillera se encuentran completamente aislados de otras tantas poblaciones por valles que actúan como barreras infranqueables; si en estas áreas geográficamente aisladas aparece una mutación sin valor selectivo, rápidamente el carácter se impone dando origen una raza geográfica nueva. Otro ejemplo que reseña es el caso de las zarigüeyas panameñas (*Didelphis marsupialis*) con tres subespecies, *D. m. etensis* en tierra firme, *D. m. batty*, en la isla de Coiba y *D. m. particeps* en isla San Miguel, las cuales que, aunque poseen caracteres que permiten su diferenciación, no parecen estar mejor adaptadas a su respectivo medio y todas comparten un antepasado común próximo. Concluyendo: «No veo ningún medio por el cual de esta masa heterocigota pueda desarrollarse una raza nueva que, para cumplir con el concepto de raza, deba ser homocigota, es decir pura», sin participación de la selección natural (1944: 166-167). El maestro propone entonces que debe existir una acción selectiva ejercida sobre una mutación fisiológica (no visible) con valor selectivo que se acoplar a una mutación nueva neutral de las formas existentes mezcladas (heterocigotas) separándolas como subespecies. Pero el artículo se hace deficitario al incluir una discusión sobre las razas puras naturales y las nuevas concepciones propias del neodarwinismo. Graetz afirma que las nuevas razas se forman solamente por la aparición de mutaciones en zonas aisladas en donde también habitan miembros de la raza vieja, supuestamente pura (homocigota) que se torna impura (heterocigota) por el arribo del mutante y permanecerá impura hasta que la selección elimine los individuos de la raza primigenia. El razonamiento, afirma Graetz, es teórica pues siempre habrá individuos mutantes o cromosomas aberrantes que aseguran la permanencia de caracteres *impuros*; en fin, no pueden existir razas puras. Es evidente que el razonamiento va dirigido a la concepción ideológica de la superioridad aria inherente al nazismo; en otros términos, nos encontramos en una posición que podríamos llamar de *cientificismo* inverso.

Al artículo sobre las mutaciones neutras le continua su estudio de las dificultades para el estudio de la enzima involucrada en la descomposición del almidón *in vivo* e *in vitro*, en especial la diferencia en la capacidad de desdoblar el almidón *procesado* (hervido) o intacto (Graetz 1945). Un año después especula sobre la muerte de los organismos vivientes y la contradicción entre la *eternidad* del protoplasma vivo a merced de la reproducción y la desaparición individual del organismo (Graetz, 1946). Graetz en compañía de Efraín Pérez Ch (1920-2005) publican un extenso estudio etnográfico del indio guaymi (Graetz y Pérez 1947), que hoy denominamos, apropiadamente, pueblo *ngäbe-buglé*; este escrito, hasta donde sabemos, es uno de los primero de su tipo realizado acerca de la cultura de esta comunidad que cada vez más es reconocida por los panameños como de estimable valor (Velásquez *et al.*: 2011).

El año 1947 fue importante para la educación biológica en Panamá, pues en esa fecha se comienza a impartir las asignaturas Evolución (Zoo 460b) y Genética (Zoo 450 a y b) por el ahora Profesor Titular Erich Graetz[4].

La década de 1950 fue especialmente fecunda para el estudioso pues durante ella Graetz (1954a y b) publica dos artículos importantes sobre la conducta animal, uno de carácter especulativo y otro experimental. En el primero de ellos explica cómo se originan los mecanismo de inhibición de una conducta instintiva ritualizada (*eg.* cortejo, conducta agonística *etc.*) de forma tal que los animales no se hacen daño, aun cuando luchen entre sí. Para ello vuelve a definir instintos en los siguientes términos

> «instinto está formado por cadena de reflejos; una cadena innata, que ni por experiencia puede cambiarse; pero existen dentro de esta cadena compleja, ciertos reflejos que pueden «facilitarse», como lo es posible en todos los reflejos. [...] Examinemos ahora la vida social del gallinero: el gallo regente (jefe) no permite la presencia cercana de los otros gallos, más débiles y los persigue hasta que éstos se refugian en un rincón. [...] Con esta conducta se evita una masacre en el gallinero, nociva para la supervivencia de la especie. Si un gallo jefe encuentra un gusano o cualquier comida apetecida, lo avisa con un sonido especial y como consecuencia se le acercan sus gallinas predilectas, que como fieles acompañantes se encuentran a los alrededores y se comen la presa anunciada. Mientras más deseada es la presa, más se abstendrá el gallo de comérsela, aunque él mismo esté hambriento. Pero no actúa en este caso por generosidad; sino que, una inhibición instintiva, no le permite aprovechar la oportunidad. [...] Como resultado de esta conducta, las gallinas ponedoras, que tienen mayor necesidad de una comida rica en proteínas, reciben una alimentación adicional y de esta manera se conserva más fácil la especie (Graetz 1954a: 220.»

En las dos situaciones aquí descritas, la inhibición instintiva se origina por selección natural favoreciendo la supervivencia de la especie.

---

[4] Panamá (ASG-UP, E. Graetz) N° 76

El segundo artículo de Graetz (1954b) describe, y discute, sus experimentos con el consumo de alcohol por las ratas, demostrando que el consumo de sustancias adictivas modifica importantemente la conducta animal y extrapola los resultados a la conducta humana. En aquel año se publica, también en la *Revista Universidad*, un comentario del prestigioso genetista norteamericano Amos Hersh (1891-1955) sobre el artículo de Graetz de 1944 ya discutido sobre la posibilidad de generar subespecies por mutaciones no adaptativas (Hersh 1954). En dicho comentario, el genetista pone en claro las diferencias que separan la proposición de que razas nuevas son susceptibles de aparición de dos formas, por mutaciones sin valor adaptativo por deriva genética y las que son el resultado de aparición por el desarrollo de rasgos que tienen valor adaptativo. Procediendo a continuación a describir los conceptos esenciales de la teoría sintética de la evolución (TSE) o neodarwinismo a saber: que la unidad de selección es el individuo, mientras que la unidad de evolución es la población, mientras que la unidad de cambio evolutivo es la mutación. Siendo entonces, la evolución cambio en la frecuencia relativa de genes entre poblaciones sometidas a aislamiento y el efecto de deriva genética; conceptos sintetizados en el influyente escrito de Sewall Wright de 1931 (Provine 2001: 160). Procediendo a enumerar diferentes casos que demuestran la veracidad de la deriva genética en poblaciones naturales. De esta forma Hersh resarce la intuición de Graetz en el sentido de que la SN es el factor dominante en el proceso de evolución orgánica y concluye:

> «En cualquier tiempo un factor u otro puede jugar el papel dominante. Algunas veces el factor dominante es la *deriva genética* especialmente en pequeñas poblaciones aisladas, pero claramente a la larga, la selección natural juega el papel dominante, pero no es necesariamente, el factor único» (Hersh 1954: 239)

GRAETZ, LA EVOLUCIÓN DE LA CONDUCTA Y LA ETOLOGÍA CLÁSICA

La otra ocupación a la que dedicó Graetz la última década de su labor académica fue la redacción de su obra capital *Fundamentos Biológicos de la Conducta Humana* (1964). El texto guarda el mismo encanto que causaron en nuestra generación las descripciones de la conducta animal por los padres de la etología clásica, Frisch, Tinbergen y Lorenz; pero al mismo tiempo deja un sabor de incompletud. En efecto, el libro describe la evolución de la conducta humana desde sus orígenes simiescos a la modernidad humana y del escepticismo que produce su futuro inmediato sin los sistemas inhibitorios que la conducta instintiva ha instituido en los primates no-humanos; mientras que ignora por completo la explicación de los mecanismos evolutivos que originan o suprimen los actos conductuales inhibitorios. El olvido es importante pues a lo largo de la revisión integral de su obra previa se sugiere la forma mediante la cual se ejercen los mecanismos selectivos propios del neodarwinismo que dan por resultado conductas adaptadas al medio en que el animal habita. Es nuestro entender que Graetz, en cierta medida, era incapaz de dar cuenta de cómo los procesos de mutación puntual o cromosomal dan origen a nuevos patrones de acción instintiva, correspondientes a las causas últimas o filogenéticas, distintas de las causas próximas o fisiológicas de la conducta *sensu* Lorenz (1986: 97-100, Brigandt 2005: 577-580). De manera que las causas del origen de los actos instintivas están radicalmente divorciadas de la experiencia individual del animal sometida a estimulación constante que puede modificar (aprendizaje), pero no cambiar su estructura rígida (innata). Salvo que se acepte que la experiencia individual de un animal puede cambiar la estructura del engrama y consiguientemente el instinto, cosa que Graetz rechaza pues el *lamarckismo no está probado* pero que tampoco puede explicar la TSE que propone que en la SN el agente selectivo (estímulos ambientales) favorecen los individuos poseedores de genotipos que permiten la mayor y mejor consecución relativa de recursos. La SN es, en este contexto creativa, porque lo que se selecciona es el conjunto de genes (genotipos) que llevan toda la historia evolutiva morfológica y conductual de la estirpe creando de nuevas versiones fenotípicas conductuales y de cualquier otro tipo. No hay pues inhibiciones conductuales eliminadas por el bien de una unidad superior al individuo o selección de grupo (Williams 1966), sino conjuntos genotípicos individuales sometidos a selección. Esta versión fuerte de la SN debe ser matizada por el hecho de que, en los animales de hábitos sociales, como el hombre, las mismas actividades sociales operan a su vez como agentes selectivos que favorecen aquellos rasgos que incrementan o disminuyen conductas rituales no agresivas (Axelrod 1984: 145).

La posición evolutiva simplista de Graetz difícilmente podría ser subsanada en el contexto evolutivo de 1940, cuando la TSE alcanza su máximo desarrollo, caracterizado por su centralidad en la teoría matemática de la genética de población de Haldane, Fisher y Wright, que deja a un lado a los naturalistas, tanto sistemáticos como etólogos; además la etología, la embriología, la ecología y la fisiología no formaban parte de la síntesis moderna (Provine 1971, Smocovitis 1996: 191-200).

LA PERDURABLE INFLUENCIA DEL MAESTRO

A mediados de la década de 1950 el doctor Graetz disminuye su actividad investigativa y de divulgación que va siendo substituida por sus estudios sobre la conducta de monos neotropicales y el propósito de convertir el bosque natural de cerro Campana en Reserva Biológica, sueño que ha de realizarse en 1966. Para la realización de esta actividad desplegó todo el entusiasmo que le era característico y que ha sido debidamente reseñado por Stanley Heckadon (*Ibíd.*: 461-469). Actividades como esta, sumada a la costumbre que tuvo de impartir sus clases a campo traviesa (Figura 3) o estudiar las culturas originarias ejercieron una perdurable influencia científica y cultural en el país. Según uno de sus discípulos: «Este recorrido y reconocimiento por las diferentes playas y lugares de nuestra geografía fue motivo para que le acusaran como hombre peligroso para la seguridad nacional» haciéndole sospechoso de espionaje durante la segunda guerra mundial (García 1985).

La influencia perdurable que Graetz ejerció en la educación nacional se manifiesta en los escritos de dos de sus discípulos: uno de ellos el profesor asistente de química en la Universidad de Panamá, Jorge A. García (1985) y del asistente de Zoología y exitoso empresario, Giovanni Carlucci (1991) de memorable recordación por su enfrentamiento a la dictadura militar entronizada en 1968; ambos educadores dan cuenta de la influencia que ejerció en ellos el maestro durante su andar por el país. Carlucci, por ejemplo, comenta que:

> Recuerdo a Graetz cuando intentaba hacer un «diccionario» de las expresiones de los monos que utilizaba para sus experimentos. Este fue su primer paso. Descifrar aquellas emociones, traducir los deseos y fobias de aquellos simios fue un trabajo que a Graetz tomó muchos años. Una vez armado con este diccionario le fue posible a Graetz iniciar los experimentos que deseaba.
> Cuando Erich Graetz me obsequió sus «Fundamentos», me fue difícil aceptar que el resultado de tantos años de experimentos pudiese sintetizarse en un libro de apenas unas doscientas y tantas páginas. (Carlucci 1991)

La importancia que para Graetz tuvo la construcción de lo que hoy conocemos como *etograma* o diccionario de actos instintivos de los patrones fijos de acción constituyen, en efecto, el paso inicial para la descripción y análisis de la conducta animal (Tinbergen 1951:25-29). La construcción del etograma de monos fue un paso importante en la obra de Graetz pues le permitió analizar la conducta humana desde la perspectiva etológica sintetizada en los *Fundamentos* (Graetz, 1964) y en su última artículo: Estudios sobre el tití centroamericano *Oedipomidas spixi* (Graetz 1968); el nombre empleado por Graetz en ese artículo para nombrar al mono tití de cara blanca no es utilizado en la actualidad cuando se prefiere al más apropiado de *Simia geoffroyi* (Estrada *et al.* 2006: 32-37).

Figura 3. El doctor Erich Graetz realizaba giras constantes al campo y playas con el propósito de colectar sanguijuelas, insectos, plantas o plancton con propósitos clasificatorios. Aquí le vemos acompañado por algunas de sus estudiantes, que más tarde serian exitosas profesoras de Química, Ciencias Naturales y Biología, de izquierda a derecha, Erich Graetz, Colombia Villarreal, Petronila Escobar y parcialmente oculta Emilia Pombo (Foto, colección de la profesora Villarreal, 1950).

El maestro falleció en 1984, sin regresar a los predios universitarios desde su retiro de las aulas como prometió una vez que la dictadura militar cercara la Universidad e instaurara un cuerpo policial de vigilancia hasta 1983. En agosto de 1985 los profesores del recién instaurado departamento de Fisiología bautizaron el laboratorio de Fisiología Animal de la Facultad de Ciencias con el nombre de *Laboratorio de Fisiología Dr. Erich Graetz.*

THELMA MARÍA VELARDE LATORRE

Nuestro interés en redactar este ensayo, como se expresó con anterioridad, es el de evaluar el impacto que las enseñanzas biológicas de Graetz ejercieron en la generaciones subsiguientes. Consideramos que el estudio de la obra producida una de sus discípulas permitiría una valoración más objetiva de dicha influencia, para tal propósito se seleccionó a la profesora Thelma Velarde Latorre, quién ejerció por muchos años la docencia de biología en el Instituto Nacional y que luego fungió como Inspectora nacional de Ciencias en el Ministerio de Educación; sumamos a su haber que editó cinco libros de texto y un manual de laboratorio de uso frecuente en el sistema educativo durante la segunda mitad del siglo XX.

Thelma Velarde nació en el año de 1920 en el seno de una familia venida a menos luego de la muerte temprana de su padre Everardo del Carmen Velarde Jaén (1878-1925), diplomático, visitador fiscal de la República, gobernador de la provincia de Los Santos, traductor del *Contrato Social* de J.J. Rousseau y diputado a la Asamblea. El resto de la familia la componían: su madre María Luisa Latorre Giraldes y seis hermanos más (Vargas 2013: 32-33). Huérfana a los cinco años, las estrecheces económicas hicieron difícil su infancia que transformaron aquella niña en la sólida mujer que más tarde fue. Como toda joven y aventajada estudiante de secundaria soñó con ser médica, opción que le fue vedada por ser mujer y la inexistencia de tal carrera en la Universidad de Panamá. La Facultad de Medicina se inauguró en 1951, bajo la dirección del Prof. Alejandro Méndez Pereira (Agrazal *et al.* 2021); por consiguiente, la carrera solo podía ser estudiada fuera del país, tal y como se ha reseñado para tantas otras pioneras de la ciencia y la medicina en Panamá (Rodríguez 2022). La futura profesora de Biología debió conformarse con estudiar en la Facultad de Ciencias para dedicarse a la enseñanza a nivel secundario.

La labor editorial de Thelma Velarde fue rica y variada iniciándose con la colaboración de dos profesoras pertenecientes a su generación: Fulvia Esther Escobar y Marciana O. de Vásquez. La profesora Escobar llegaría a ser profesora de Biología General en la Universidad de Panamá durante la década de 1970. Las tres profesoras mencionadas publican el *Texto de Biología*, en 1957, que constituye el primer libro de estudios para Bachilleres en Ciencias del sistema educativo secundario. El texto llegó a tener cuatro ediciones, siendo la última en 1968. Se ha tomado estas dos ediciones con propósitos comparativos y solo establecemos paralelismo en dos temas evolución y biología celular; en el primer caso porque es el tema que interesa para nuestros propósitos y el segundo porque mostró cambios significativos que se analizan a continuación.

El académico de la Legua doctor Aristides Royo (n. 1940) reporta que en 1952 siendo su profesora de Ciencias Naturales Cecilia de Obaldía impartía conferencias sobre evolución y les describe en los siguientes términos:

> Nos sentíamos arrobados por la gracia con que la profesora nos describía el universo, el origen de los seres humanos, las teorías de Darwin y su famoso viaje en el buque *Beagle* en el que llegó a Las Galápagos, así como las estaciones, los planetas y muchas cosas más que no se enseñaban en la primaria. Uno podía darse cuenta de cómo era la educación laica pues con toda naturalidad se nos explicaba cómo el ser humano era producto de una evolución de las especies que se remontaba al hombre de Neanderthal y otros especímenes que emparentaban a los humanos con los primates (Royo 2008: 65).

Puedo dar fe que la descripción de Royo es exacta pues tuve la misma experiencia al mismo nivel de estudios, seis años después. Sin embargo, la lectura crítica de los textos de Velarde *et al.* (1957 y 1958) demuestra la carencia de una exposición apropiada y específica de los procesos evolutivos; este se presenta de forma implícita a lo largo de la exposición de otros temas en especial ecología como se evidencia en el siguiente texto:

> Los animales herbívoros confían en general su defensa en la huida, de allí que sus patas sean finas y fuertes y estén terminadas por cascos y pezuñas que ofrecen sólido punto de apoyo durante la carrera. Otros tienen como medios de defensa sus cuernos. La coraza de la tortuga, cangrejos, langosta, etc., no es más que un medio de defensa y adaptación al ambiente. [...]
> Y así podemos mencionar muchos más, donde plantas y animales en la lucha por la existencia tratan de vencer las dificultades que le presenta el ambiente.» (Velarde, *et al.* 1957: 71).

El párrafo anterior hace evidente que para las profesoras el medio que rodea al animal determina el desarrollo de las características; es decir la adaptación es la causa del cambio no su resultado. Esta descripción cuasi predarwinista, nos impulsó a revisar la sección de genética. Allí notamos que la exposición del mendelismo es la más adecuada y estandarizada para la enseñanza a nivel secundario, no así cuando se expone el origen de la variación comprendiendo la mutación y adicionalmente la influencia de factores ambientales tal y como es expuesta por Lysenko. Esta afirmación nos hizo preguntar a uno de los discípulos directos de Graetz el botánico y genetista, Alberto Taylor sobre el tema quién me hizo saber que el lysenkoismo era tema de discusión corriente en Panamá durante los primeros años de postguerra. Señalándome a continuación que el exrector de la universidad doctor Bernardo Lombardo le confirmaba la exactitud de las proposiciones de Lysenko. Cabe reseñar que Lombardo fue discípulo de Rober Oppenheimer durante sus años de estudio en la Universidad de Berkeley y es considerado por nuestros físicos el padre de la Física en Panamá (Lombardo *et al.*: 2005).

La visión que derivamos con respecto a la biología celular es distinta pues existe un cambio radical en este tema entre la versión de 1957 y la de 1968 del *Texto de Biología.*

La 1ª edición del texto nos describe una célula derivada de la microscopía óptica cargada de imprecisiones como la del concepto de condrioma de la célula compuesto de variaciones incomprensible como *condriomitos*, *condriocontos* y *mitocondrias* (Fonfría y Calvo 2014); la 4ª edición, en cambio, nos presenta la imagen hoy en boga derivada de la microscopia electrónica. Entre una edición y otra se encuentra la intervención la organización norteamericana *Biological Science Curriculum Study* (BSCS) que en el marco de la Guerra Fría pretendía reformar el Curriculum de biología en todas las Américas en respuesta al lanzamiento en 1957 del Sputnik I por la antigua URSS. El resultado de esta acción en Panamá fue la celebración de un gran simposio de educadores de la biología en febrero-marzo de 1962 y que resultó en la distribución entre los educadores del nuevo modelo de célula y mitocondrial que se plasma en la última edición del *Texto* (Velarde *et al.*: 1968). En EE. UU. el BSCS produjo un cambio importante en la enseñanza de la síntesis evolutiva (Smocovitis *ibíd.*: 178-182), no así en Panamá dónde las profesoras no introdujeron reformas importantes en tal sentido.

CONCLUSIONES

En el presente texto se expone las contribuciones que hizo a la ciencia biológica panameña el doctor Erich Graetz, quien encontró en la Universidad de Panamá refugio de la persecución antisemita realizada por el nazismo alemán. Sus contribuciones científicas y escritos influyeron en la comunidad de biólogos que tomaron el camino de la fisiología como especialidad. Su preocupación por la evolución de la conducta animal y humana produjo investigaciones de gran valor no solo en el país sino internacionalmente. A pesar de su preocupación por el origen y evolución de la conducta animal no pudo resolverle; esta situación no es el resultado de un descuido de su parte, tratándose del catedrático de Genética y Fisiología General y Animal de la universidad, sino más bien de la teoría sintética que fue incapaz de integrar las áreas de su interés a la síntesis. Esta situación deficitaria provocó que los profesores a los que impartió dichas diciplinas no pudieran integrar la evolución al proceso de cambio de paradigma que sufría el mundo. La labor que inició Graetz impartiendo Genética, Fisiología y Evolución desde 1947 generó frutos; hoy día sendos Departamentos de Genética y Biología Molecular y el de Fisiología y Comportamiento animal se desarrollan en la universidad, en el último se ha organizado el Grupo de Investigación de Primatología, que hoy día ha hecho realidad uno de los sueños de Graetz entender las bases biológicas de la conducta humana.

BIBLIOGRAFÍA

Adames, Abdiel; Fernández, Bernardo; Flores, Eduardo; Gutiérrez, Juan José y Soler, Alfredo (2003), Ciencia Universidad y Nación (Cien Años de la República). *Tecnociencia*, 5(3),1-176.

Agrazal, Karla; Tejedor, Damaris y Añino, Yostin (2021), Un biólogo en la Facultad de Medicina: breve reseña biográfica de Alejandro Méndez Pereira, *Revista Médico Científica*, 34(2), 13-15.

ARIAS, Harmodio M. y PEZET, José (1935) [1985], Decreto No. 29 de 1935 por el cual se crea la Universidad Nacional de Panamá, *Revista Cultural Lotería.* Nos 354, 355: 233-235.

AVERY, Oswald T.; MACLEOD, Colin M. y MCCARTY, Maclyn (1944), Studies on the chemical nature of the substance inducing transformation of pneumococcal types: Induction of transformation by a desoxyribonucleic acid fraction isolated from pneumococcus type III, *J. Exp. Med.*, 79(2),137-58.

AUTRUM, Hansjochem y GRAETZ, Erich (1934), Vergleichende Untersuchungen zur Verdauungsphysiologie der egel I. die lipatischen Fermente von Hirudo und Haemopisde, *Z. vergl. Physiol*, 21, 429–439.

AXELROD, Robert (1984), *The Evolution of Cooperation*, Nueva York, Basic Books.

BARTH, Friedrich G. (2004) Hansjochem Autrum. 6 February 1907–23 August 2003, *J. Comp. Physiol. A.*, 190, 85–89.

BEHRENDT, Ricardo; ERICH, Graetz y MALLOWAN, Lawrence S. (1936), Proposiciones para el establecimiento de una Escuela de Agricultura y Selvicultura, en relación con la Universidad Nacional, *Universidad*, 2: 9-23.

BRIGANDT, Ingo (2005), The Instinct Concept of the Early Konrad Lorenz, *J. Hist. Biol*, 38, 571-608

CARLUCCI, Giovani, «Vigencia de Erich Graetz», Panamá, *El Siglo.* 6 de marzo de 1991.

DEL VASTO, César (2010). *Universidad de Panamá. Orígenes y Evolución.* Panamá, Editorial Novo Art.

DÍAZ S., Damaris (2001), *Génesis de la Ciudad Republicana. Entorno, sociedad y ocio en la ciudad de Panamá,* Panamá, Imprenta de la Universidad de Panamá.

DOMÍNGUEZ C., Diego (1978), Servicio a la universidad de Panamá, *Revista Cultural Lotería*, N° 263: 1-16.

DU BOIS-REYMOND, Emil (1883), Darwin and Copernicus, *Nature*, Vol. 27(702), 557-558.

ESTRADA, Alejandro; GARBER, Paul A.; PAVELKA, Mary S. M. y LUECKE, LeAndra (Eds.), (2006). *New Perspectives in the Study of Mesoamerican Primates: Distribution, Ecology, Behavior, and Conservation*, Cáp. 23: 563-584. Nueva York, Springer Science+Business Media, Inc.

FIGUEROA NAVARRO, Alfredo (2022), Premio Universidad 2021, *Tareas,* N° 170, 113-118.

FINKELSTEIN, Gabriel (2013), *Emil du Bois-Reymond: Neuroscience, Self, and Society in Nineteenth-Century Germany*, Cambridge, The MIT Press.

FONFRÍA D., José y CALVO de P., Pilar (2014), Medio siglo de discusión sobre el condrioma en la histología española, *Bol. R. Soc. Esp. Hist. Nat. Sec. Biol.*, 108, 137-150.

FRISCH, Karl von (1976), *Los insectos dueños del mundo*, Caracas, Montes de Ávila Editores, C.A.

GARCÍA, Jorge A., «Los grandes maestros de la Universidad: Erich Graetz», Panamá, *La Estrella de Panamá*,19 de agosto de 1985,

GRAETZ, Erich, (1929), *Über einigen Verdauungsfermente im Kropfsafte einheimischer Pulminaten*, Tesis de doctorado, Universidad de Berlín, en: Zoologische Jahrbücher, Bd. 46 Abt. F. allgemeine Zoologie und Physiologie.

–(1936), La limitación y regulación del tamaño en los seres vivientes. *Universidad*, 4, 13-17.

–(1938), Investigaciones sobre algunos instintos de la abeja sin aguijón *Trigona cupira*, *Universidad*, 12, 30-41.

–(1940), Trabajos realizados por el departamento de biología dentro de periodo de 1936-1938, *Universidad*,18, 211-212.

–(1944, ¿Pueden originarse nuevas sub-especies geográficas por mutación sin valor selectivo?, *Universidad*, 22, 163-170.

–(1945), Problemas sobre la digestión de almidón *in vitro* e *in vivo*. *Universidad*, 25, 169-174.

–(1946), La noción biológica de muerte, *Universidad*, 24, 147-156.

–(1954a), Inhibiciones sociales en animales superiores, 33, 219-223.

–(1954b), Algunas observaciones sobre el alcoholismo en las ratas blancas, *Universidad*. 33, 226-232.

GRAETZ, Erich (1964), *Fundamentos Biológicos de la Conducta Humana: Principios de la Psicología Biológica*, Panamá, Imprenta Cervantes. 84 pp.

GRAETZ, Erich (1968), Studien über das mittelamerikanische Krallenäffchen Oedipomidas spixi, *Sitzungsberichte der Gesellschaft Naturforschender Freunde zu Berlin*.

GRAETZ, Erich y AUTRUM, Hansjochem (1935) Vergleichende Untersuchungen zur Verdauungsphysiologie der Egel II Die Fermente der Eiweissverdauung bei Hirudo und Haemopis *Z. f. vergl. Physiologie*. 22, 273–283.

GRAETZ, Erich y PÉREZ, Efraín (1947) Apuntes etnográficos sobre el indio guaymi. *Universidad*. 26: 69-110.

HECKADON-MORENO, Stanley (2020), *Alexander Wetmore y las Aves de Panamá: Expediciones de 1944-1966,* Panamá, Editora Novo Art, S.A.

HERRERA, Francisco (1985), El aporte americano a la Universidad, *Revista Cultural Lotería,* Nos 354, 355, 152-162.

HERSH, Amos H. (1954), Comentarios sobre un artículo del Dr. Erich Graetz, *Universidad*, 35, 233-239.

KRÜGER, P. y Graetz, E. (1927) Über die lipatischen Fermente des Flußkrebses. *Sitzgsber. Ges. naturforsch. Freunde Berl.* 48–58.

LORENZ, Konrad (1986), Fundamentos de Etología, Barcelona, Ediciones Paidos.

LOMBARDO, Irene de Rodríguez; RODRÍGUEZ L., Bernardo E. y RODRÍGUEZ L., Mir (2005), Bernardo Lombardo: Padre de la Física en Panamá, *Revista Cultural Lotería,* No 458, 60-70.

MEDING, Holger M. (2005), Panama, en Thomas Adam (ed.), *Germany and the Americas: culture, politics, and history. A multidisciplinary Encyclopedia*. Vol. 1: 863-865, Santa Bárbara, Cal., ABC-CLIO.

MUÑOZ P., Armando (1974), La huelga inquilinaria de 1932, Panamá, Editorial Universitaria.

PIZZURNO GELÓS, Patricia (1985), Harmodio Arias y la Universidad, *Revista Cultural Lotería*, Nos 354, 355: 36-54.

PIZZURNO GELÓS, Patricia (2018), *El discurso eugenésico en Panamá. Herencia, pobreza y raza 1920-1960*, Panamá, Editorial Portobelo.

PIZZURNO GELÓS, Patricia y ARAÚZ, Celestino A. (1996), *Estudios sobre el Panamá Republicano (1903-1989)*, Panamá, Manfer S.A.

PROVINE, William B. (1971), [2001], *The Origin of Theoretical Population Genetics*, Chicago, University of Chicago Press.

PULGARÍN Antonio; CARAPETO, Cristina y COBOS, José M. (2004), Análisis bibliométrico de la literatura científica publicada en «Ciencia. Revista hispanoamericana de ciencias puras y aplicadas» (1940-1974). *Information Research, 9(4) paper 193* [Disponible, http://InformationR.net/ir/9-4/paper193.html].

RODRÍGUEZ B., Eugenia (Coordinadora) (2022), *Pioneras de la Ciencia en Panamá*, Panamá, Editora Novo Art, S.A.

ROYO, Aristides (2008), *El Instituto Nacional de Panamá, recuerdos y vivencias de una época*, Panamá, Círculo Editorial y de Lectura.

SEMON, Richard (1921), *The Mneme*, New York, The MacMillan Company.

SMOCOVITIS, Vassiliki B. (1996), *Unifying Biology: The Evolutionary Synthesis and Evolutionary Biology*, Princeton, Princeton University Press.

STINSON, John D. (1982), *Emergency Committee in Aid of Displaced Foreign Scholars records*, Manuscripts and Archives Division, The New York Public Library.

TINBERGEN, N. (1989) [1951], *The Study of Instinct*, Plunkett Lake Press. https://plunkettlakepress.com/

TINBERGEN, N. (1975) [1972], *Estudios de etología. I. Experimentos de campo 1932-1975*, Madrid. Alianza Editorial.

VARGAS V. Oscar (2013), Doctor Manuel Velarde de Urriola (1809-1871): Entre el derecho y la política. 1ª. Parte: El hombre y su contexto, *Revista Cultural Lotería*, No 510: 20-43.

VELARDE L., Thelma M., ESCOBAR, Fulvia Esther y VÁSQUEZ, Marciana O. de (1957), *Texto de Biología*, Adaptado al programa de IV año de bachillerato. 1ª Edición. Panamá, Editora Panamá América.

VELARDE L., Thelma M., ESCOBAR, Fulvia Esther y VÁSQUEZ, Marciana O. de (1968), *Texto de Biología*, Adaptado al programa de IV año de bachillerato, 4ª Edición, Panamá, Editora Panamá América.

VELÁSQUEZ R., Julia; MARTÍNEZ M., Mònica; QUINTERO S. Blas, SARSANEDA, Jorge (Compiladores) (2011), *Pueblos indígenas en Panamá: una bibliografía*, Panamá, Acción Cultural Ngóbe (ACUN).

WILLIAMS, George C. (1966), *Adaptation and Natural Selection: A Critique of Some Current Evolutionary* Thought, Princeton, Princeton University Press.

ZUMOFF, Jacob A. (2017), The 1925 Tenants' Strike in Panama, *The Americas*. 74(4): 513-546.

POSTURAS ANTE LA EVOLUCIÓN EN LA TEOLOGÍA CATÓLICA DE ENTREGUERRAS: UNA CONTESTACIÓN ESPAÑOLA A EVOLUTION AND THEOLOGY *DE ERNEST MESSENGER*

Jesús Ignacio Catalá-Gorgues
Universidad de Alcalá
Orcid: 0000-0001-5713-725X

CATOLICISMO Y EVOLUCIÓN A COMIENZOS DEL SIGLO XX

En 1970, cerca ya del fin de su vida, el jesuita francés René d'Ouince (1896-1973) declaraba con inequívoca amargura:

> Il est difficile aujourd'hui, à ceux qui n'ont pas connu cette époque, de soupçonner le malaise, pis encore, le climat de suspicion généralisée qui a sévi dans les milieux intellectuels catholiques, spécialement en France, depuis la condamnation du modernisme jusqu'au IIe concile du Vatican (Ouince, 1970: 85).

El valor de una opinión así se encuentra, desde luego, en su carácter testimonial: el autor había detectado personalmente ese «clima de sospecha general», sobre todo, en sus años de estudiante; y lo denunciaba, retrospectivamente, en un libro dedicado a estudiar a Pierre Teilhard de Chardin, tal vez el intelectual católico más debatido de las décadas centrales del siglo XX. El libro de Ouince pretendía situar al paleontólogo y teólogo en el contexto eclesial en que transcurrió su vida y su obra; habida cuenta de que Teilhard fue objeto de muchísima vigilancia, control y sospecha, en gran medida por su evolucionismo militante, no es extraño que Ouince cargara las tintas de un modo tan crudo contra la pesada y prolongada herencia del antimodernismo.

Lo cierto es que, a comienzos de los años treinta, la jerarquía católica no podía blandir ningún pronunciamiento condenatorio generalizado de las tesis evolucionistas. Un decreto del concilio provincial de Colonia de 1860 suele ser considerada la primera declaración oficial sobre el tema. En dicho decreto se condenaba la opinión de que el cuerpo humano derivaba de la transformación espontánea de un ser de naturaleza más imperfecta, por ser contraria a la Escritura y a la fe. Sin embargo, no había condena de la creencia en el proceso evolutivo aplicado al resto de los seres vivos, ni tampoco a la posibilidad de una evolución no espontánea del cuerpo humano (es decir, con una acción divina como causa primera, pero que pudiera expresarse a través de una causalidad secundaria manifestada evolutivamente). Se trataba, en definitiva, de garantizar un margen a la intervención de Dios (Hess y Allen, 2008: 73). Un concilio provincial, en todo caso, no tiene autoridad para proclamar nada con valor de declaración dogmática (Martínez, 2007), de modo que el decreto colonés no dejó de ser un pronunciamiento magisterial de rango menor. Instancias eclesiales más elevadas no entraron públicamente en la cuestión. Así, la enumeración de errores del *Syllabus* de Pío IX no menciona en ningún momento el evolucionismo (y ello, pese a que se publicó en 1864, con la traducción al italiano del *Origin of species* recién salida); tampoco aparece en la constitución dogmática *Dei Filius* sobre la fe católica del Concilio Vaticano I, aprobada en 1870, que condenaba la falsa ciencia, contraria a la doctrina cristiana; ni en las advertencias contenidas en la encíclica *Providentissimus Deus* (1893) de León XIII, que alertaba sobre la utilización de las ciencias naturales, en sí mismas glorificadoras de la acción divina, para esparcir dudas sobre la validez de la Sagrada Escritura (Hess y Allen, 2008: 74-75). Las cosas tampoco cambiaron cuando la Iglesia católica pasó por la «conmoción profunda» que, según Illanes y Saranyana (1995: 316-318), supuso la crisis provocada por el modernismo teológico, el cual mereció una condena sin paliativos por Pío X en el decreto *Lamentabili sane exitu* del Santo Oficio y en la encíclica *Pascendi Dominici gregis*, ambos de 1907. De hecho, en 1909, cuando la ofensiva antimodernista estaba en su apogeo, la Pontificia Comisión Bíblica, creada por León XIII en los meses postreros de su pontificado para defender la integridad de la fe católica en las cuestiones escriturales y emitir juicios en el caso de controversias graves entre los especialistas, abría la posibilidad de una interpretación alegórica de las narraciones bíblicas contenidas en los tres primeros capítulos del Génesis. La Comisión defendía la historicidad de fondo de los relatos, pero también la licitud de apartarse de la lectura literal por un ejercicio de racionalidad y un ajuste a los conocimientos científicos (que el autor sagrado, desde luego, no pretendía aportar[1]), de acuerdo con el uso de la alegoría. Había unas enseñanzas que no se podían poner en cuestión: la acción creadora de Dios al principio de los tiempos, la creación especial del hombre, la formación de Eva a partir de Adán, la unidad de la especie humana, el estado original de felicidad, el precepto de obediencia a Dios, la transgresión de dicho precepto por persuasión del diablo, la caída del

[1] «[...] in conscribendo primo Geneseos capite non fuerit sacri auctoris mens intimam adspettabilium rerum constitutionem ordinemque creationis completum scientifico more docere» (Pontificia Commissio Biblica, 1909).

estado de inocencia y la promesa del Redentor futuro (Pontificia Commissio Biblica, 1909). No se cuestionaba, pues, la posibilidad de una evolución orgánica, incluida la de la especie humana, siempre que se reservara su espacio a la intervención divina. Lógicamente, se necesitaba un esfuerzo teológico para conciliar estas verdades preceptivas con la teoría evolutiva; pero, de ningún modo, se proscribía tal esfuerzo. ¿Por qué, entonces, seguía existiendo un clima tan hostil a los autores católicos que se empeñaban en esa conciliación, si creemos en el testimonio de René d'Ouince?

Hay autores, como Brundell (2001), que postulan la existencia de una agenda antievolucionista durante los años finales de León XIII en el solio pontificio, promovida por los jesuitas que estaban al frente de la revista *La Civiltà Cattolica*, los cuales consiguieron influir en la Santa Sede hasta el punto de activar los procesos y condenas privadas a autores católicos evolucionistas como el dominico francés Marie-Dalmace Leroy, el sacerdote estadounidense, miembro de la Congregación de la Santa Cruz, John Augustine Zahm, y el benedictino inglés y obispo de Newport (Gales), John Hedley. Esta supuesta «política antievolucionista» ha sido impugnada por Artigas *et al.* (2010), quienes demuestran, además, la escasa consistencia de los argumentos de Brundell, quien comete una serie de errores de interpretación bastante evidentes. No hay duda, desde luego, de que los jesuitas de *La Civiltà Cattolica* se implicaron intensamente en combatir el proevolucionismo en el seno del catolicismo, pero no hay pruebas sobre una influencia sostenida sobre las decisiones de la Sagrada Congregación del Índice u otras congregaciones vaticanas. El caso aludido de John Hedley no implicó, de hecho, la intervención de ninguna instancia de la Santa Sede; todo lo que hubo fue una discusión pública con *La Civiltà Cattolica*, en el curso de la cual alguien interpretó, no acertadamente, que Hedley se retractaba de sus opiniones proevolucionistas[2]. Realmente, solo hay constancia de tres actuaciones de la Congregación del Índice contra católicos proevolucionistas, y son las que afectaron a los mencionados Leroy y Zahm, junto a un caso anterior que pasó desapercibido y que concernió al sacerdote italiano Raffaello Caverni. Todas ellas partieron de denuncias externas y el Santo Oficio nunca intervino. Y, desde luego, ni se generó una declaración doctrinal sobre el evolucionismo, ni se fue más allá de actuaciones –apenas publicitadas y relativamente leves en sus consecuencias disciplinarias– sobre casos muy concretos, con motivaciones y circunstancias particulares nada semejantes (Martínez, 2007; Artigas *et al.*, 2010, *passim*).

En los años posteriores, la situación creada por la condena de los postulados modernistas –esta, sí, pública, rotunda y de máximo nivel–, no favoreció, precisamente, la causa proevolucionista entre los católicos. Aquella reacción, tan a la defensiva y tan virulenta, alcanzó rápidamente sus objetivos: el movimiento modernista –en realidad, un puñado de partidarios sin programa, organización y apoyo popular– fue erradicado sin dilación ni matices. Tan pocos matices, de hecho, que las consecuencias acabaron afectando a un número bastante mayor de autores que, lejos de adherirse al

[2] La famosa condena a St George J. Mivart, por otro lado, no lo fue por sus ideas evolucionistas, sino por una serie de opiniones críticas sobre aspectos de la doctrina católica sin relación con esa clase de ideas, y por cuestionar la autoridad de la Iglesia (Artigas *et al.*, 2010).

modernismo, trataban de estimular una cierta apertura teológica, doctrinal y eclesial sin salirse de la ortodoxia (O'Leary, 2006: 119-120). El evolucionismo, ciertamente, no había sido condenado; pero su frecuente asociación con el materialismo, tan palmaria en algunos de los autores anticristianos más leídos y discutidos del último tercio del siglo XIX, lo hacía blanco de renovadas invectivas, ahora en la plenitud de la cruzada antimodernista. Así lo señala Harry W. Paul (1972), para quien las discusiones sobre determinados problemas en torno a la evolución, fundamentalmente filosóficos, pero también de tipo histórico, se fueron replanteando y actualizando durante décadas. Cuestiones antiguas provocaban nuevas respuestas bajo circunstancias cambiantes. De hecho, y sin la posibilidad de recurrir al magisterio eclesiástico para impugnar integralmente las doctrinas evolucionistas –a lo sumo, ese magisterio podía servir para impugnar las versiones materialistas y antifinalistas de la evolución–, hubo autores que optaron por recurrir a argumentos tomados de las ciencias naturales, estrategia que se fue consolidando a lo largo del primer tercio del siglo XX. Se hizo muy común, por ejemplo, el recurso a la autoridad de Hans Driesch, tras su conversión a una biología vitalista y su reivindicación de la entelequia aristotélica como reguladora del desarrollo orgánico, ligadas a una visión antidarwinista (Paul, 1972; O'Leary, 2006: 131). Un autor así era especialmente interesante para la causa católica más tradicional, condicionada por el peso de la escolástica neotomista en la formación del clero católico. No era raro reforzar los argumentos antievolucionistas de base científica con la consideración de su absurdidad filosófica, al pretender que lo más perfecto podía derivar de lo menos (Hess y Allen, 2008: 88). Así, Adolphe Tanquerey, autor de uno de los manuales de teología dogmática más estudiados en la época, concluía que un evolucionismo mitigado, aunque no pudiera ser considerado herético al no haber sido declarado como tal, era insostenible teológicamente e improbable filosóficamente, además de representar, desde el punto de vista científico, una hipótesis gratuita (Ouince, 1970: 89-90).

Esta postura no fue asumida por todos los autores católicos, pero sí que resultaba muy mayoritaria y, en todo caso, era la que habitualmente se enseñaba en los seminarios y se difundía entre los fieles. Además, fue una posición duradera. Como señala Appleby (1999), la entrada sobre la cuestión en el *Catholic Encyclopaedic Dictionary* de 1931, coordinado por el seglar inglés Donald Attwater, admitía la compatibilidad con la fe católica de un evolucionismo moderado, que señalaba un desarrollo natural de los animales y las plantas a partir de unos pocos tipos primitivos creados por Dios. Por supuesto, de este evolucionismo que se consideraba admisible estaba excluida nuestra especie, en razón de la singularidad absoluta del alma humana respecto a la de los animales. Pero, por otro lado, el redactor de la voz proclamaba que el evolucionismo absoluto era negado por la metafísica, pero también por la ciencia natural, que no había hallado prueba alguna de transformaciones verdaderas de unas especies en otras. Con esta mezcla de consideraciones filosóficas, científicas y teológicas, es obvio que lo que se pretendía era dejar en mínimos la credibilidad de cualquier hipótesis evolutiva.

Esta posición, en todo caso, no impidió que reputados autores católicos se ocuparan abiertamente, aunque con prudencia, de la compatibilidad de la evolución con la doctrina católica. Al fin y al cabo, no había un magisterio público específico, aunque sí pudiera quedar un recuerdo, más o menos difuso, de que personajes como Leroy y Zahm habían tenido problemas con la Congregación del Índice no hacía tantos años. El autor más comprometido en la defensa de esa compatibilidad en las primeras décadas del siglo XX, con mucho del furor antimodernista todavía activo, fue el canónigo belga Henry de Dorlodot (1855-1929), profesor de teología en Lovaina. Dorlodot empezó a obtener notoriedad en 1909, cuando, como representante de su universidad en la conmemoración del centenario del nacimiento de Darwin y el cincuentenario del *Origin of Species* que tuvo lugar en Cambridge, defendió públicamente que la fe católica era perfectamente armonizable, no ya con la evolución en general, sino, concretamente, con la teoría darwinista –por mucho que haya que matizar, como señala Lambert (2009), qué había realmente de darwinista en la línea argumental que fue desarrollando Dorlodot a lo largo de los años–. El discurso de Dorlodot, que contaba con la aprobación previa de sus superiores de Lovaina, fue acogido con satisfacción por un gran número de los presentes y generó loas en los meses siguientes. Eran tiempos en que, como ha estudiado Bowler (2001), la reivindicación de una armonía o reconciliación entre la ciencia y la religión estaba muy activa en los círculos intelectuales británicos, incluidos muchos autores decididamente no religiosos o, cuanto menos, alejados de las formas tradicionales de religiosidad. Pero también eran momentos en que los activistas del Sodalitium Pianum y sus avatares –como La Sapinière en la francofonía– estaban al acecho en los países de mayoría católica para denunciar cuantos autores y escritos hallaran sospechosos de modernismo. Si la respuesta británica a Dorlodot, católica y no católica, fue mayoritariamente positiva y hasta entusiasta, parece que en Bélgica no tardaron en hacerse ver y oír algunas críticas. Dorlodot reaccionó pronunciando una serie de conferencias, en las que sostenía que el mecanismo físico de la evolución no competía a la teología y que la teoría de Darwin, al no entrar en consideraciones sobre la causa primera de la vida, no era en absoluto una versión atea de la evolución y cualquier católico podía aceptarla. Se mostró crítico, además, con muchos autores católicos que, en su empeño antievolucionista, habían contribuido a dañar la percepción pública de su propia fe (O'Leary, 2006: 126-128). La obra de referencia de Dorlodot se tituló *Le Darwinisme aun point de vue de l'Orthodoxie Catholique, premier volume, l'origine des espèces*, publicado en Bruselas en 1921, aunque basado en una contribución previa que había tenido una difusión más bien escasa. El libro, aunque bien recibido en ciertos ambientes teológicos, como muestran las reseñas de algunas revistas, también fue atacado desde otros círculos, incluidas personalidades como el cardenal español Rafael Merry del Val, antiguo secretario de Estado con Pío X y ahora secretario del Santo Oficio, cargo al que lo promovió Benedicto XV y en el que continuaba bajo el pontificado de Pío XI. Dorlodot, en efecto, había sido denunciado y su caso empezó a estudiarse en Roma. Pero el temor a un escándalo –se sabía que Dorlodot iba a ser renuente a retractarse si se llegaba más lejos–, máxime en un contexto en que la evolución estaba normalizada en los ambientes científicos por mucho que se siguiera discutiendo sobre sus mecanismos, dejó el proceso detenido. El canónigo renunció tácitamente a continuar con su proyecto editorial, que incluía un segundo volumen, específicamente dedicado a la evolución humana, además de no dar curso a una traducción del libro al alemán.

Además, no volvió a hablar públicamente del tema hasta su muerte. El libro de 1921 pudo seguir circulando libremente, en su versión original y en la traducción inglesa. El caso Dorlodot muestra que el evolucionismo teísta estaba ganando popularidad en ciertos ambientes católicos, al tiempo que revelaba que las facciones antievolucionistas, aun siendo activas y seguramente mayoritarias, ya no estaban en condiciones de llevar las cosas tan lejos como tres décadas antes, ni siquiera a expensas de las inercias antimodernistas que aún actuaban (De Bont, 2005). De hecho, y por mucho que algunos pudieran estar tentados de considerar modernista a Dorlodot, no había argumento alguno que pudiera sostener tal juicio, ni en las obras, ni en las actitudes del canónigo (Defrance-Jublot, 2010).

En todo caso, esta resolución bastante en falso del caso Dorlodot dejaba pendiente la publicación de una obra que, siguiendo su estela, encarara el problema más espinoso: la evolución de la especie humana. Fue un teólogo británico, Ernest Messenger, quien asumió la tarea.

ERNEST C. MESSENGER Y EL PROBLEMA DE LA EVOLUCIÓN HUMANA

Ernest Charles Messenger (1888-1951) ingresó en la Iglesia católica a los veinte años. Suscitada en él la vocación ministerial, se formó como sacerdote en el seminario de St Edmund (Ware, Hertfordshire), el centro de enseñanza católico más antiguo de Inglaterra tras la Reforma anglicana. Se doctoró en filosofía *cum laude* en la Universidad de Lovaina y fue autor de varios libros sobre historia eclesiástica y sobre teología, publicados en Inglaterra, entre los que destacan *The reformation, the mass and the priesthood: a documented history with special reference to the question of Anglican orders* (Longmans, Green and Company, 1937) y *Two in one flesh: A strong plea for a more balanced view of sex and marriage* (Newman Press, 1948). Fue, además, colaborador regular del diario católico *The Universe*, en el que mantenía una sección semanal en la que daba respuesta a las preguntas que enviaban los lectores (Dauphin, 1952).

No hay duda de que la estancia en Lovaina fue crucial en el desarrollo intelectual de Messenger y en la opción por algunos de los temas de los que se ocupó en sus libros. Allí conoció a Henry de Dorlodot, bajo cuya influencia empezó a interesarse por las cuestiones evolucionistas y cuyo libro tradujo al inglés en 1922, cuando ya era profesor en su *alma mater* de St Edmund's College. La traducción de Messenger, de hecho, desencadenó definitivamente los intentos de condenar al sacerdote belga, pues dio a su libro una difusión que alarmó a algunos (Lambert, 2009).

Como discípulo de Dorlodot, Messenger asumió la responsabilidad de completar el proyecto del canónigo belga con un tratamiento extenso desde el punto de vista teológico de la cuestión de la evolución humana (Bowler, 2001, pp. 325-326; O'Leary, 2007, pp. 134ss). Fruto de ello fue la publicación del libro *Evolution and Theology: the problem of man's origin* (Messenger, 1931), que apareció con todos los requisitos de la censura eclesiástica, incluido el *imprimatur* episcopal a cargo del obispo de Northampton, Dudley Charles Cary-Elwes, a quien Messenger dedicó la obra. El censor, por su parte, fue el jesuita Cuthbert Lattey, profesor del Heythrop College de Londres, autor a su vez del prefacio, en el que confesaba no ser partidario de la evolución, al tiempo que consideraba muy conveniente para iluminar la cuestión que un católico fiel, como Messenger, hubiera escrito un libro evolucionista moderado conforme con las enseñanzas de la Iglesia.

En realidad, si quería lograr su objetivo, a Messenger no le quedaba otra que ser moderado al estilo que complacía a personajes como Lattey. Al intentar dar continuidad a la propuesta de su maestro, tenía que aventurarse en un terreno que exigía mucha prudencia. Messenger, desde luego, consideraba el hecho de la evolución de las especies como algo científicamente muy probable. Esta asunción la tenía tan clara, que ni se ocupaba de aportar argumentos científicos al respecto, ni hacía mención o memoria de las aportaciones de autores como Darwin, Lamarck u otros biólogos más recientes. Pero, cautelosamente, no afirmaba que existieran pruebas concluyentes de la evolución del hombre desde los animales, aunque sí buenos indicios. Y de que el mismo proceso evolutivo que se aplica al resto de especies pudiera explicar el surgimiento del cuerpo humano, decía que «as an inference, it is very attractive» (Messenger, 1931: 275). En todo caso, asumía sin reservas la idea de una intervención divina especial para la creación del alma humana a través de un proceso completamente diferente a la evolución.

Messenger defendía una lectura de la Escritura y de la Tradición que permitía asumir lo que consideraba suficientemente probado: el hecho de la evolución. La ciencia, es cierto, seguía discutiendo sobre el modo en que dicha evolución procedía, pero su existencia ya no era motivo de duda. Por ello,

> from the theological point of view, we consider that evolution in the only reasonable way of harmonizing our modern knowledge of the succession of the geological epochs, with their flora and fauna, with the Scriptural statement that the earth produced all the present-day species (Messenger, 1931: 274).

La vieja proclama de la armonía entre ciencia y fe –a fin de cuentas, el depósito fundamental de lo que se debe creer está en la Biblia– seguía usándose, pues, de modo explícito. Buena parte del libro estaba guiada por esa tentativa armonizadora. Messenger empezaba con las Escrituras, de las cuales sostenía que ni enseñaban ni desaprobaban la evolución del cuerpo humano. En cuanto a la doctrina de los Santos Padres, a la que dedicaba la mayor parte de su esfuerzo interpretativo –una estrategia ya adoptada por Dorlodot–, encontraba autores que daban argumentos favorables a esa posible evolución, al considerar que, aun parcialmente, concurrieron causas segundas en la formación del hombre. Su repaso continuaba, aunque más ligeramente, con los teólogos escolásticos, a los que veía muy condicionados por la ciencia de su época. Y admitía la hostilidad a la teoría evolutiva por parte de muchos teólogos contemporáneos, que él atribuía a lecturas demasiado literales de las Escrituras y a una comprensión sesgada de la patrística.

En todo caso, y como es propio del catolicismo, era preceptivo examinar también la posición actualizada del magisterio eclesiástico. ¿Qué comentaba Messenger al respecto, en relación con las polémicas evolucionistas? Es este un punto de particular interés, pues sostenía que dicho magisterio «has so far abstained from determining the question, which is therefore to all intents and purposes still an open one», al tiempo que, al aludir al referido antievolucionismo de otros teólogos, hallaba «an exaggerated notion of the effect of certain Roman acts, doctrinal and disciplinary» (Messenger, 1931: 275). Messenger, de hecho, dedicaba toda una sección (pp. 232-239) a los casos más resonantes de intervención de la autoridad eclesiástica bajo el pontificado de León XIII (Mivart, Leroy, Zahm, Geremia Bonomelli y el obispo Hedley). Dichos casos, junto al de Raffaello Caverni, como ya se ha comentado, son precisamente los que se estudian en la obra de referencia de Artigas, Glick y Martínez (2010) sobre las reacciones vaticanas frente a la evolución en el último cuarto del siglo XIX, en la cual, significativamente, se sostiene que el «libro clásico» de Messenger es, a propósito de esta casuística, «el mejor resumen que existía hasta la apertura de los archivos» del Santo Oficio Romano en 1998 (Artigas *et al.*, 2010: 29 y 385). De hecho, puede sostenerse que Messenger fue el primer autor que puso negro sobre blanco algo más que meros rumores sobre lo sucedido en dichos casos, que acabarían siendo los ejemplos clásicos recurrentemente citados en la historiografía sobre las reacciones vaticanas ante el evolucionismo. El libro de Messenger acabó siendo así una fuente secundaria de referencia casi obligada, aparte de su uso como fuente primaria en la exploración de su contribución a la controversia.

Como recomendación conclusiva a todo el libro, Messenger (1931: 280) escribía:

> we think it on the whole preferable for a Catholic to suspend his judgment on the matter at the present moment, or at least not to give any unqualified assent to the evolutionary hypothesis. And so we end on a note of interrogation: «Fecit»?

Tan moderada era la postura evolucionista de Messenger que, al final, casi que ni se expresaba como tal. Extraña conclusión, deliberadamente inconcluyente, después de un texto tan denso y documentado. Aunque quizás no fuera tan extraña, si recordamos la persistencia de las sospechas en torno a la evolución entre amplios sectores de la intelectualidad católica. El caso Dorlodot, si seguimos a De Bont (2005: 477), demostraría «the end of the logic of denunciation that had been so central in the evolution question for thirty years». Sin embargo, es difícil que Messenger pudiera cobijar demasiadas certezas sobre la cesación de tal actitud: bien al corriente estaba de lo que algunos habían intentado contra su maestro. Y, aún más: su propio libro estaba basado en el manuscrito inédito de Dorlodot (Defrance-Jublot, 2010), una versión del cual se conserva en los archivos del Santo Oficio, la cual fue editada por Groessens-Van Dyck y Lambert (Dorlodot, 2009). Por otro lado, el contexto británico en que se desenvolvía Messenger introducía ciertas peculiaridades. Por supuesto, y pese a la gran proyección pública que habían adquirido en el primer tercio del siglo intelectuales católicos como G.K. Chesterton o Hilaire Belloc, el catolicismo no dejaba de ser muy minoritario en Gran Bretaña, por lo que un teólogo de esa confesión tampoco iba a ser, a priori, una voz demasiado atendida. El país, por otro lado, había mantenido un importante movimiento en pro de la reconciliación de ciencia y religión que, como ya hemos comentado, resultaba transversal a autores religiosos y no religiosos, y que bien pudo haber modulado la actitud conciliadora de Messenger aun antes de su experiencia en

Lovaina. Hacia los años treinta, sin embargo, muchos intelectuales que entendían que el liberalismo y el racionalismo habían fracasado, hallaron en su creciente conservadurismo que la integridad con que el catolicismo había plantado cara a esas corrientes resultaba atractiva e, incluso, ejemplar (Bowler, 2001: 327). En este contexto cambiante, el libro de Messenger, pese al desvanecimiento de las actitudes más agresivas contra la evolución en el seno de la Iglesia católica, seguía teniendo a la vez un componente de oportunidad necesaria y una consideración de obra a contrapelo.

El libro fue comentado en varias revistas de distintos países. Algunas de estas reseñas fueron compiladas casi dos décadas después, próxima ya su muerte, por el propio Messenger (1951), en un volumen titulado *Theology and Evolution*, presentado en su subtítulo como *A sequel to Evolution and Theology* y que estaba dedicado a la memoria de Dorlodot. A medias actualización y a medias retrospectiva, un par de las reseñas allí reproducidas han sido estudiadas por O'Leary (2006: 136-137; cf. Messenger, 1951: 3-18). Se trata de las contribuciones de dos expertos en teología dogmática; uno de ellos, G.M. Rhodes, se declaraba escéptico con la creación del cuerpo de Adán solo a través de causas secundarias, y Messenger, desde luego, no le había hecho cambiar de opinión. El otro autor, R.W. Meagher, se mostró más elogioso, pero criticaba el uso de los escritos patrísticos para apoyar una hipótesis científica como era la evolución.

Otra reseña, también reproducida en Messenger (1951: 102-104), estuvo a cargo del teólogo de Lovaina Aloysius Janssens en *Divus Thomas*, una revista italiana. Este autor ponía en valor el enorme esfuerzo documental que había realizado Messenger, pero encontraba insatisfactorio, como otros reseñadores, el intento de explicar por causas naturales el origen del cuerpo femenino del masculino, y pensaba que quizás se exagerara con la posibilidad de que la ciencia pretendiera demostrar que el primer cuerpo humano se originó desde un cuerpo animal (Janssens, 1932). El libro halló eco en la universidad donde Messenger se había doctorado y tanta influencia había recibido de Dorlodot, pues también se ocupó de reseñarlo J. Bittremieux en *Ephemerides Theologicae Lovanienses*, quien le hizo varias críticas metodológicas y a ciertas interpretaciones del pensamiento tomista, pero que se alineaba con el postulado general del libro, al que consideraba la obra que con mayor amplitud y profundidad había abordado la cuestión evolutiva en relación con el catolicismo (Bittremieux, 1932, en Messenger, 1951). Y también en una revista de Lovaina, la *Nouvelle revue théologique* escribió su largo ensayo sobre el libro de Messenger, desde una perspectiva más filosófica, el jesuita A. Brisbois (1932, en Messenger, 1951), en el que concluía que era ya tiempo de superar la hostilidad de tantos teólogos católicos hacia la evolución, comprensible por haberse usado esta abusivamente en el pasado para contradecir la fe y las Escrituras.

No compilada en el volumen de 1951, se encuentra la abiertamente elogiosa nota breve del sacerdote y antropólogo cultural estadounidense John M. Cooper en *The Catholic Historical Review*, en la que afirmaba que «we get for the first time a satisfactory mapping of the main course of the stream of historic Catholic thought on the question of the evolution of life, of living things, and of man» (Cooper, 1932: 259), al tiempo que emplazaba a los científicos católicos competentes en la cuestión a realizar un esfuerzo paralelo para esclarecer el estado actual de los estudios evolutivos. Y en una nota conjunta sobre el libro de Messenger y de *La création et l'évolution* del sacerdote francés J. Paquier (1932), D.P. de Vooght (1932), en *Recherches de théologie ancienne et médiévale* (y tampoco incluida en Messenger, 1951), consideraba que aquel era una obra de lectura obligada, esclarecedora de cómo el evolucionismo mitigado es perfectamente compatible con el catolicismo, aunque echara en falta una demostración de la falsedad científica del evolucionismo radical para que el gran valor teológico de la obra se trasladara también a la apologética. La otra obra reseñada también optaba por el evolucionismo mitigado, aunque su intención era más divulgadora. La nota se completaba con unos comentarios sobre un volumen colectivo titulado simplemente *Man* (MacGillivray, ed., 1931), que recogía contribuciones presentadas en la Summer School of Catholic Studies de Cambridge, una de las cuales era del propio Messenger. Por su parte, el célebre biblista dominico Marie-Joseph Lagrange (L., 1932, en Messenger, 1951) se mostró mucho menos conciliador, considerando excesivamente generosa con la ciencia la primera parte del libro de Messenger, y demasiado especulativa, desde el punto de vista teológico, la segunda.

Para concluir con este repaso a las reacciones al libro de Messenger, hay que mencionar la reseña desfavorable publicada en *Irish Ecclesiastical Record* por el profesor de teología moral Michael Browne, futuro obispo de Galway, que sin embargo reconocía que se trataba de un trabajo teológico de primer nivel. La crítica de Browne enfatizaba, con razón, que Messenger hablaba de la teoría de la evolución como una unidad simple y sin matizar nada sobre su diversidad. Además, más allá de la lectura de las fuentes patrísticas que hacía Messenger, censuraba que atribuyera a algunos Padres un magisterio sobre una teoría que ni remotamente podían columbrar (Browne, 1932, en Messenger, 1951, 67-71)

LA CRÍTICA DEL JESUITA ESPAÑOL JOSÉ MARÍA IBERO A MESSENGER

La reseña de Browne es considerada por O'Leary (2009, p. 21) la expresión de interés más destacada que halló la propuesta de Messenger en Irlanda, donde, según dicho autor, apenas tuvo eco. Ni la lengua común ni el hecho de que el libro de Messenger se publicara con una llamativa estampación dorada en la portada que reproducía el sello del St Patrick's College de Maynooth (donde, por cierto, daba clases Browne) ayudó, parece ser, a su difusión. O'Leary interpreta esto, además de por la animadversión de partida a todo lo que oliera a inglés (y el evolucionismo, por la autoridad de Darwin, era considerado en Irlanda un producto típico de la potencia hasta hacía poco dominadora), por el hecho de que el catolicismo irlandés vinculaba la teoría de la evolución a las amenazas del materialismo y el secularismo, e incluso, en una simultaneidad notable, al comunismo y el capitalismo extremo.

Esa actitud no era muy diferente a la de algunos autores católicos españoles, herederos de una larga tradición que asociaba el materialismo impío con los evolucionismos de toda condición, ligados a ciertas influencias extranjerizantes para más abundamiento. Uno de ellos, el jesuita vasco José María Ibero (1870-1961), elaboró una respuesta al libro de Messenger (la más detallada y extensa que hemos podido hallar hasta ahora), que publicó en ocho entregas en la revista de divulgación científica *Ibérica*, en 1935. En total, el texto ocupa más de veinte páginas, lo cual, en el tamaño folio que exhibía la revista en esa época y con una letra apretada en texto a dos columnas, supone una aportación realmente larga (Ibero, 1935).

Ibero había sido durante años profesor de ciencias en el colegio máximo de Oña (Burgos), donde estaba el teologado provincial de los jesuitas de Castilla desde 1880. Sin embargo, la disolución de la Compañía en España como resultado de la aplicación de la legislación republicana llevó a Ibero a Bélgica, al Château de Marneffe (Bélgica), donde redactó el trabajo que aquí nos ocupa (Gaviña, 2001). Colaborador asiduo de *Ibérica* con numerosos artículos durante los años veinte y treinta dedicados a diferentes cuestiones, incluidas la paleontropología y la prehistoria, hizo de la oposición al evolucionismo en general, y muy especialmente a su aplicación a la especie humana, su tema favorito de reflexión y divulgación (Catalá-Gorgues, 2010, 2013).

La línea fundamental de discusión del libro de Messenger la centró Ibero en rebatir la lectura en clave abierta al evolucionismo de diferentes Padres de la Iglesia que proponía el inglés, la cual combatía a su vez con argumentos escolásticos de inspiración aristotélica-tomista. Previamente a esto, Ibero dedicó su primera entrega a impugnar la evolución orgánica en su conjunto, utilizando a la vez argumentos extraídos de la literatura científica (especialmente paleontológica, pero también citológica y genética) y de una aplicación de la doctrina tradicional del alma y sus tres facultades, que reducía la mínima posibilidad de evolución a los organismos con almas iguales, a la expresión génica y a la diferenciación celular. La censura de partida que planteaba Ibero era que Messenger resultaba esclavo, como otros evolucionistas, de asumir que la evolución *debía* ocurrir –hasta cuatro veces en la primera página la denuncia como una «idea preconcebida» (Ibero, 1935: 110), expresión que repetirá en otras partes del trabajo–, y de ahí que acomodara todas sus interpretaciones a ese apriorismo.

Ibero era especialmente crítico con Messenger en su admisión de la posibilidad de una generación espontánea para el origen de la vida, algo que ni siquiera admitirían, según su parecer, autores católicos que asumían un evolucionismo mitigado como el también jesuita Erich Wasmann. La lectura que hacía Messenger de los Santos Padres en relación con dicha cuestión le irritaba particularmente:

> La ola de la evolución le ha arrastrado [a Messenger] violentamente a playas desérticas e inhospitalarias. La conclusión verdadera de la encuesta es: el postulado laico de la generación espontánea lo rechazan unánimes todos los Santos Padres y Doctores escolásticos (Ibero, 1935: 143).

En los aspectos relativos a la Escritura, acusaba a Messenger de apartarse de lo que Ibero (1935: 185) consideraba «el sentido obvio y natural» del relato genesíaco, un asunto del cual se había ocupado poco antes el jesuita vasco en un artículo en la revista *Razón y Fe*, en el que criticaba abiertamente a los «evolucionistas católicos» por pretender leer alegóricamente el relato de la creación del hombre a partir del polvo de la tierra, en el sentido de que «tomó Dios el cuerpo de un chimpancé vivo, que al fin se compone de elementos terrestres, sustituyó en él el alma espiritual, nuevamente creada, en lugar de la animal, y quedó hecho el hombre», interpretación que consideraba no solo arbitraria, sino directamente «contraria a la frase bíblica en que expresamente se dice que el organismo nuevamente formado *empezó* a vivir con la infusión del alma espiritual» (Ibero, 1933: 368, cursivas en el original). Ciertamente, la denuncia de Messenger de las lecturas a su juicio excesivamente literales de muchos teólogos antievolucionistas anticipaba críticas como la de Ibero, quien le llega a acusar de algo tan grave como trabajar «por oscurecer el sentido literal obvio y llano» de la Biblia en lo relativo a la adopción de la hipótesis evolucionista para el origen del hombre (Ibero, 1935: 185).

Ibérica era una revista de divulgación científica, e Ibero, como colaborador asiduo, era bien consciente de ello. Lejos de quedarse en los argumentos exegéticos y de análisis y crítica textual, propios de la filosofía y la teología, trufó su respuesta a Messenger de informaciones tomadas de los desarrollos de la biología y la química de la época. Así, hay alusiones a ciertas cuestiones de embriología, a la bioquímica de los coloides, albuminoides y micelas, a la falta de regeneración del tejido nervioso e, incluso, a la determinación genética del sexo, aunque sostenía erróneamente que el cromosoma Y es el que determina el sexo femenino. Por otro lado, y pese a ese carácter divulgativo de la revista, Ibero no evitó incluir largas citas en latín de los Padres y los escolásticos, ni de discutir términos griegos y hebreos. También, significativamente, aportaba citas de la literatura científica en alemán.

El párrafo final con el que Ibero cerraba la última entrega de su crítica al libro de Messenger pretendía reducir a la irrelevancia la conclusión de este, relativa a recomendar suspender de momento el juicio del creyente católico en cuanto a la evolución:

> El consejo final de que se suspenda el juicio, sin querer cerrar el camino a la evolución [...], no es el legítimo de aquietar las conciencias perturbadas de los sabios. Dado que ya consta con certeza moral [...] la existencia de la tradición católica, no resta otro camino que el de abrazar doctrina tan consoladora y elevada. ¿No vamos en busca de la verdad en nuestros trabajos científicos? Pues, hallada la verdad, ¿por qué no abrazarla sinceramente? No hemos de traer la verdad a nuestras ideas preconcebidas, sino hemos de ir nosotros en pos de la verdad (Ibero, 1935: 314).

Acaba, por último, fundiendo la retórica del sacrificio por la ciencia con la experiencia martirial cristiana (algo nada insólito en otros contextos, si atendemos a Herzig, 2006), no sin notable hipérbole, en cuanto a las potenciales consecuencias (en el reconocimiento científico) que la denuncia del carácter preconcebido de la teoría evolutiva pudiera tener ante una comunidad de expertos demasiado proclive a aceptar tal preconcepción.

La estrategia y los modos de Ibero no eran abrazados, en todo caso, por todos sus correligionarios. Sin ir más lejos, y al ocuparse en las páginas de *Razón y Fe* del Congreso Internacional de Ciencias Antropológicas y Etnológicas (Londres, 1934), otro jesuita español, José Torra, profesor de antropología transterrado a Avigliana, en el Piamonte, comentaba, en medio de reiteradas muestras de oposición a lo que seguía denominando «transformismo», que le parecía «muy digna de alabanza» la posición de Messenger, y que sentía «discrepar quizás de la opinión del P. Ibero» expuesta en *Ibérica* (Torra, 1936: 33).

Más allá de constatar las profundas diferencias de opinión en el seno de la teología católica a propósito de la teoría evolutiva, y de cómo los tiempos de reclamar condenas ya quedaban muy atrás, la respuesta de Ibero al libro de Messenger es una muestra clara de cómo la distinción entre ciencia y religión es escasamente operativa en la discusión de casos como el que aquí se presenta (Harrison, 2015; Navarro, 2022). Para Messenger, como para Ibero, la evolución era una cuestión tan científica como teológica. La evolución ocupa, así, un espacio propio en el que ciencia y religión concurren. Y Messenger, desde luego, tenía una formación y profesaba como filósofo y teólogo, mientras que Ibero, además, se presentaba como un practicante y enseñante de la ciencia natural. Sus argumentos, tomados de la biología contemporánea para oponerse a la evolución, se presentaban en coherencia con el esfuerzo teológico que realizó para refutar la propuesta de Messenger. No ha lugar, pues, a separar discursivamente las diferentes dimensiones de la cuestión.

Por otro lado, habría que inquirir sobre las razones que llevaron a Ibero a un esfuerzo tan considerable para refutar un libro que, dado que no estaba traducido al español y cuyo contenido teológico no auguraba un interés más allá de unos círculos muy especializados, difícilmente podía suponer una amenaza a la postura más intransigentemente antievolucionista en la España de la Segunda República. Incluso, resulta llamativo que escogiera *Ibérica* y no una revista quizá más adecuada para una empresa así, como *Razón y Fe*, más generalista y formadora de opinión (Sanz de Diego, 1998), y de la cual también era colaborador, como se ha dicho. Es sabido que, a raíz de la disolución de la Compañía de Jesús en España en 1932 y de la diáspora de muchos de sus miembros por distintos países europeos, la revista *Ibérica* pasó a estar administrada por laicos y sacerdotes seculares de los círculos católicos catalanes. La presencia jesuita, sin embargo, debía mantenerse para que la revista no perdiera su sello propio, y de ahí, posiblemente, que autores como Ibero siguieran colaborando desde diferentes destinos en el extranjero. En todo caso, el propio clima ideológico del período republicano, con la polarización en torno a la cuestión religiosa, conllevó también un rearme doctrinal donde las expresiones más liberales del catolicismo, muchas de procedencia extranjera, tenían un acomodo crecientemente difícil en los medios clericales españoles.

Hemos de asumir, además, nuestro escaso conocimiento de los públicos a los que realmente llegaban los contenidos de *Ibérica*, una empresa divulgativa crónicamente deficitaria desde el punto de vista económico, pero al mismo tiempo extraordinariamente ambiciosa si atendemos a su calidad formal y de contenidos y a su periodicidad (Genescà-Sitjes, 2013). La pérdida de los archivos de la revista, en todo caso, siempre ha comprometido la reconstrucción de la historia de *Ibérica* antes de la Guerra Civil. Sabemos, eso sí, de su presencia en numerosas bibliotecas de centros de enseñanza, tanto de titularidad privada como pública; tal vez, en ese contexto, adquiera un sentido diferente la refutación de Ibero a la propuesta de Messenger de armonizar la teología católica con la evolución, como intento de hacer llegar las posiciones más severamente antievolucionistas allí donde, para muchos, se fraguaba la lucha más enconada en torno a la catolicidad de España.

BIBLIOGRAFÍA

APPLEBY, R. Scott (1999), «Exposing Darwin's 'hidden agenda': Roman Catholic responses to evolution, 1875-1925, en Ronald L. Numbers, John Stenhouse (eds.), *Disseminanting Darwinism: the Role of Place, Race, Religion, and Gender*, Cambridge, Cambridge University Press, pp. 173-207.

ARTIGAS, Mariano; GLICK, Thomas F.; MARTÍNEZ, Rafael A. (2010), *Seis católicos evolucionistas. El Vaticano frente a la Evolución*, Madrid, BAC [versión original en inglés: ARTIGAS M., GLICK T., MARTINEZ R. (2006), *Negotiating Darwin: the Vatican Confronts Evolution, 1877-1902*, Baltimore, Johns Hopkins University Press].

BITTREMIEUX, J. (1932), «[Revue de Messenger, 1931]», *Ephemerides Theologicae Lovanienses*, 9 [traducido al inglés en Messenger (ed.) (1951), pp. 67-71].

BRISBOIS, A. (1932), «[Revue de Messenger, 1931]», *Nouvelle revue théologique*, 59 [traducido al inglés en Messenger (ed.) (1951), pp. 109-123].

BOWLER, Peter J. (2001), *Reconciling Science and Religion: the Debate in Early-Twentieth-Century Britain*, Chicago, The University of Chicago Press.

BROWNE, Michael (1932), «Evolution and theology: another opinion», *Irish Ecclesiastical Record*, may [reproducido en Messenger (ed.) (1951), pp. 67-71].

BRUNDELL, Barry (2001), «Catholic Church politics and evolution theory, 1894-1902», *British Journal for the History of Science*, 34, pp. 81-95.

CATALÁ-GORGUES, Jesús I. (2010), «Notícies i idees sobre l'origen, antiguitat i evolució de l'home a la revista *Ibérica*», *Actes d'Història de la Ciència i de la Tècnica*, 3 (1), pp. 49-61.

CATALÁ-GORGUES, Jesús I. (2013), «Los jesuitas españoles ante el evolucionismo durante el período restauracionista (1875-1922)», en Rosaura Ruiz, Miguel Ángel Puig-Samper, Graciela Zamudio (eds.). *Darwinismo, biología y sociedad*, Aranjuez, Doce Calles, pp. 211-233.

COOPER, John M. (1932), «[Review of Messenger (1931)]», *The Catholic Historical Review*, 18 (2), pp. 259-260.

DAUPHIN, Hubert (1952), «Décès», *Revue d'histoire ecclèstique*, 47, pp. 446-447.

DE BONT, Raf (2005), «Rome and theistic evolutionism: the hidden strategies behind the 'Dorlodot affair', 1920-1926», *Annals of Science*, 62, pp. 457-478.

DE VOOGHT, D.P. (1932), «[Revue de Messenger (1931), Paquier (1932) et MacGillivray, ed., 1931]», *Recherches de théologie ancienne et médiévale*, 4, pp. 347-348.

DEFRANCE-Joublot, Fanny, «Le darwinisme au regard de l'orthodoxie catholique: un manuscrit exhumé», *Revue d'histoire des sciences humaines*, 22 (1), pp. 229-237.

DORLODOT, Henry de (2009), *L'origine de l'homme. Le darwinisme au point de vue de l'orthodoxie catholique. 2.* Edición crítica de Marie-Claire Groessens-Van Dyck y Dominique Lambert, Wavre, Mardaga.

GAVIÑA, R. (2001), «Ibero Orendain, José María», en Charles E. O'Neill, Joaquín M. Domínguez (dirs.), *Diccionario histórico de la Compañía de Jesús Biográfico-Temático*, Roma / Madrid, Institutum Historicum S.I. / Universidad Pontificia Comillas, vol. 2, p. 1990.

GENESCÀ-SITJES (2013), «*Ibérica* magazine (1913–2004) and the Ebro Observatory», *Contributions to Science*, 9, pp. 159-168.

HARRISON, Peter (2015), *The Territories of Science and Religion*, Chicago/London, The University of Chicago Press.

HERZIG, Rebecca (2006), *Suffering For Science: Reason and Sacrifice in Modern America*, New Brunswick, Rutgers University Press.

HESS, Peter M.J.; ALLEN, Paul (2008), *Catholicism and Science*, Westport CT, Greenwood Press.

IBERO, José María (1933), «El origen del hombre», *Razón y Fe*, 101, pp. 363-374

IBERO, José María (1935), «A propósito de un libro sobre el problema del origen del hombre», *Ibérica*, 44, pp. 110-112, 126-127, 140-143, 184-186, 221-223, 237-240, 285-287, 313-314.

ILLANES, José Luis; SARANYANA, Josep Ignasi (1995), *Historia de la Teología*, Madrid, Biblioteca de Autores Cristianos.

JANSSENS, Aloysius (1932), «[Revue de Messenger (1931)]», *Divus Thomas*, 35, pp. 326-328 [traducido al inglés en Messenger (ed.) (1951), pp. 102-104].

L. [LAGRANGE, Marie-Joseph], (1932), «[Revue de Junker (1932), Messenger (1931) et Paquier (1932)]», *Revue Biblique*, 41, 460-464 [traducido al inglés en Messenger (ed.) (1951), pp. 148-153].

LAMBERT, Dominique (2009), «Un acteur majeur de la réception du darwinisme à Louvain: Henry de Dorlodot», *Revue théologique de Louvain*, 40 (4), pp. 500-530.

MARTÍNEZ, Rafael A. (2007), «El Vaticano y la evolución. La recepción del darwinismo en el Archivo del Índice», *Scripta Theologica*, 39, pp. 529-549.

MESSENGER, Ernest C. (1931), *Evolution and Theology: the Problem of Man's Origin*, London, Burns Oates & Washbourne.

MESSENGER, Ernest C. (ed.) (1951), *Theology and Evolution (A Sequel to Evolution and Theology)*, London, Sands & Co.

NAVARRO, Jaume (2022), *Ciencia-religión y sus tradiciones inventadas*, Madrid, Tecnos.

O'LEARY, Don (2006), *Roman Catholicism and Modern Science: a History*, New York, Continuum.

O'LEARY, Don (2009), «From the *Origin* to *Humani Generis*: Ireland as a case study», en Louis Carouana (ed.), *Darwin and Catholicism: the Past and Present Dynamics of a Cultural Encounter*, London, T&T Clark, pp. 13-26.

OUINCE, René d' (1970), *Un prophète en procés. I: Teilhard de Chardin dans l'Église de son temps*, Paris, Aubier Montagne.

PAUL, Harry W. (1972), «Religion and Darwinism: varieties of Catholic reactions», en Thomas F. Glick (ed.), *The Comparative Reception of Darwinism*, Austin, University of Texas Press, pp. 403-436.

PONTIFICIA COMMISSIO BIBLICA (1909), *De charactere historico trium priorum capitum Geneseos* <https://www.vatican.va/roman_curia/congregations/cfaith/pcb_documents/rc_con_cfaith_doc_19090630_genesi_lt.html> [consulta: 6 de febrero de 2024].

SANZ DE DIEGO, Rafael M.ª (1998), «Una aportación regeneracionista de los jesuitas españoles: la revista *Razón y Fe*», *Anuario Filosófico*, 31, pp. 147-177.

TORRA y ALMENARA, José (1936), «El estudio actual de la Antropología», *Razón y Fe*, 111, pp. 21-36.

LA IMPULSIÓN EVOLUCIONISTA DE TEILHARD DE CHARDIN Y SU NUEVO AVATAR VENIDO DE AMÉRICA, ¿UNA APERTURA HACIA LA ECOLOGÍA?

Mercè Prats
Universidad de Reims

En las primeras líneas de *Trafalgar*, de Benito Pérez Galdós, el narrador intenta asentar su autoridad haciendo referencia a su familia. Como no es de ascendencia noble, se le ocurre referirse a su más ilustre ancestro:

> No tengo noticia de ninguno de mis ascendientes, si no es de Adán, cuyo parentesco me parece indiscutible. (Pérez Galdós, 1983: 71)

La historia de Adán y Eva sigue bien arraigada culturalmente. Defensor de la ciencia en general y conocedor del darwinismo, Galdós maneja, sin lugar a dudas, la ironía[1]. El pecado original, con todas sus implicaciones filosóficas y teológicas, sigue siendo causa de inquietud entre los creyentes a principios del siglo XX, sobre todo en los círculos científicos. En 1922, Pierre Teilhard de Chardin redacta una nota confidencial en la que intenta responder a un amigo acosado por las dudas (Teilhard, 1969). En dicha nota, Teilhard propone una nueva lectura del dogma del pecado original. El papel circula libremente hasta llegar al despacho del padre general de la Compañía de Jesús, en Roma, donde escandalizado lo considera como muy peligroso (Prats, 2022). Si la nota llegara a manos del Santo-Oficio, Teilhard – y la Compañía con él – podrían ser objeto de sanciones. Este incidente, lejos de ser banal, compromete la totalidad de la carrera del jesuita.

[1] Los personajes galdosianos mencionan al científico inglés. Por ejemplo, el párroco de Orbajosa pregunta al ingeniero Pepe Rey lo que opina sobre el darwinismo (Pérez Galdós, 2017).

Nacido el 1 de mayo de 1881 en una familia de fervientes católicos, Pierre Teilhard de Chardin recibe la formación clásica jesuita y prepara, a continuación, una tesis en paleontología (Prats, 2023). La guerra interrumpe sus estudios, sumergiéndolo en un universo completamente distinto. En el frente convive con hombres que, sin ser creyentes, viven la vida con un entusiasmo extraordinario. Teilhard reflexiona, escribe y, en su primera obra, *La vida cósmica*, lanza lo que será su *leitmotiv*:

> Esta es la palabra que deseo ante todo hacer oír: la reconciliación de Dios con el Mundo. (Teilhard, 1965a: 8)

Para el jesuita, no existe contradicción alguna entre su profundo amor por la vida y la esperanza en la vida eterna, a la que todo cristiano aspira. Pero un cierto espíritu evolucionista sopla entre las líneas de *La vida cósmica*. Mientras la revista jesuita *Études* rechaza la publicación, numerosos camaradas en el frente acogen el texto, maravillados. En las cartas a su prima y a su hermana, Teilhard pide que le remitan copias del texto, signo evidente de la difusión subterránea entre ávidos lectores (Teilhard, 1961). Él mismo encarna la idea de amor del mundo y amor de Dios conjugados, siendo jesuita y paleontólogo a la vez. En 1923, el Instituto Católico de París lo nombra profesor de geología y el Museo nacional de historia natural de París subvenciona su primera misión científica en China.

Pero a su regreso de China, es seriamente interrogado acerca de la pequeña nota sobre el pecado original. Optimista por naturaleza, cree que todo se arreglará. En realidad, las cosas van de mal en peor. Sus superiores deciden retirarlo de la circulación, a él y a sus escritos. El rector del Instituto Católico de París, contrariado ante la pérdida de uno de sus mejores profesores, exige que se le conceda al menos una misión científica y así se evite un escándalo. Teilhard es enviado de nuevo a China, esta vez exiliado. A partir de este momento, su vida será un sinfín de prohibiciones: se le prohíbe publicar sus escritos filosóficos y religiosos, enseñar, dar conferencias que no sean estrictamente científicas. Alejado de Francia, Teilhard construye su carrera científica, brillante – participa en el descubrimiento del Hombre de Pekín, forma parte de la *Croisière Jaune*, la misión que atraviesa Asia en 1931-1932 –, y vuelve sólo de manera esporádica a Francia, despertando expectativas entre sus amigos. El jesuita esquiva la ausencia de *imprimatur* distribuyendo sus escritos clandestinamente. Un pequeño círculo de lectores empieza a formarse, reclamando cada vez más copias.

De artesanal, la labor de duplicado se convierte, en los años 1930, en una pequeña industria. Manos amigas reproducen los documentos con la ayuda de une máquina duplicadora. Después de la Segunda Guerra mundial, un amigo apunta: «Si se quiere llenar un auditorio, aunque se rompan algunas sillas, basta con invitar a Jean-Paul Sartre o al padre Teilhard.» (Ouince, 1970: 149)

Increíble paralelismo entre el filósofo-escritor que dio origen al existencialismo y el jesuita-paleontólogo que verá derivar su nombre en teilhardismo. Dos «ismos», positivo y negativo de la misma preocupación: el problema de la existencia, en particular en un mundo que cambia rápidamente (Worms, 2009: 208). Inquietos ante tanto ruido, sus superiores lo alejan definitivamente de París. A partir de 1950, Teilhard se instala en Nueva York, donde muere, el 10 de abril de 1955, domingo de Pascua.

¿Cómo es posible que un pensamiento que surge de la espiritualidad del siglo XIX obtenga un éxito fenomenal en la Francia del siglo XX? ¿Cómo llega este pensamiento a Estados Unidos, abriéndose a nuevas perspectivas ecológicas? ¿Estamos en presencia de un nuevo avatar del teilhardismo?

Para despejar estos interrogantes, es necesario analizar cómo el nombre de Teilhard de Chardin deriva en «ismo» y se difunde con una increíble rapidez en Europa antes de abordar el teilhardismo visto desde América. Así podremos observar las nuevas perspectivas ecológicas introducidas por Thomas Berry, origen del neo-teilhardismo.

1. DE PIERRE TEILHARD DE CHARDIN AL TEILHARDISMO

Paradójicamente, la muerte del hombre libera su palabra. A los pocos días de su desaparición se empieza a especular sobre el futuro de su obra, en su doble vertiente, científica o religiosa. Sigamos estos tres aspectos de una figura que rápidamente se convierte en legendaria: el hombre, el científico y el jesuita.

a) Un hombre carismático

Teilhard es todo un personaje. Las circunstancias que rodean su muerte contribuyen a afianzar su fama. La desaparición repentina es interpretada como un signo: Teilhard era un hombre de acción. «¿Cómo podíamos haberlo imaginado envejeciendo[2]?» escribe el padre Vitton. El hecho de que muriera en la lejanía suscita críticas. El periodista Claude Delmas se pregunta: «¿Servirán de lección a Roma su dramático silencio y esta muerte en el exilio?» (Delmas, 13 de abril de 1955) La muerte el día de Pascua aparece como un guiño de la providencia. El padre d'Ouince, su superior en París exclama: «¡El Padre ha terminado la fiesta de la Resurrección en el cielo[3]!» Unos meses después, su prima Marguerite Teillard-Chambon da el último toque a la leyenda, que ya empieza a tomar forma, cuando explica que, «el 15 de marzo pasado, en una cena en el Consulado de Francia en Nueva York, delante de sobrinos que daban fe de ello, el padre Teilhard declaraba: 'Me gustaría morir el día de la Resurrección'.» (Aragonnès, junio 1955: 30) Que las palabras de dicho sobrino sean posteriores a la muerte de Teilhard es lo de menos. La leyenda está en marcha.

Sus amigos recuerdan un hombre de profunda mirada, de voz penetrante y de porte aristocrático. Su simple presencia imponía respeto. Era, sin lugar a dudas, un hombre carismático – si entendemos el carisma en el sentido weberiano: una dominación aceptada voluntariamente (Weber, 1971).

A estas cualidades se une el recuerdo de su brillante carrera científica.

---

[2] Carta del padre Vitton a Jeanne Mortier, el 18 de abril de 1955, Fondation Teilhard de Chardin (FTdC).

[3] Carta de René d'Ouince a Jeanne Mortier, el 11 de abril de 1955, FTdC.

b) Un científico prestigioso

El prestigio de Teilhard en el campo científico constituye el argumento utilizado por sus amigos para publicar su obra. Saben que el Santo Oficio se lo pensará dos veces antes de condenar la obra del jesuita-paleontólogo. Al poco de conocerse la noticia de su muerte, la prensa empieza a agitar et recuerdo del caso Galileo[4]. Preocupado por las dificultades a las que se sabía se verían confrontados sus herederos, Teilhard dejó instrucciones muy claras en su testamento. Dejando de lado a su familia – la familia Teilhard de Chardin y la familia jesuita – nombró a Jeanne Mortier, su secretaria, como heredera. Libre de todo vínculo con la Compañía de Jesús, su ayudante podía publicar la obra libremente.

La Compañía intenta negociar con ella, en vano. Tanto ella como sus colaboradores se consideran como continuadores de la vocación de Teilhard[5]. En ausencia del maestro, interpretan lo que podría haber sido su voluntad. Pero la acción de Jeanne Mortier llena de inquietud a los clérigos más cercanos a Teilhard como Henri de Lubac o Bruno de Solages. Los dos prelados habían intentado que *El fenómeno humano* obtuviera el *imprimatur*, imponiendo a Teilhard numerosas rectificaciones. En otoño de 1955, Bruno de Solages, rector del Instituto Católico de Toulouse, aconseja prudencia a Mortier:

> No es un buen momento para publicar. En caso de que se publique algo, debemos empezar por *El fenómeno humano.* [...] Hablaremos de todo esto, espero, en persona, en París, cuando venga a visitarla, probablemente en octubre[6].

Bruno de Solages intenta encauzar la acción de la heredera y le indica una dirección precisa: poner al científico en primer plano. *El fenómeno humano*, escrito entre 1938 y 1940, es la obra más apreciada por los lectores interesados por la ciencia. Teilhard despliega su visión de un movimiento ascendente de la materia a la vida, de la vida al hombre, del hombre al espíritu, del espíritu a la comunidad humana, y la convergencia del Todo en un punto que él llama Omega. Es evidente que la obra va más allá de lo que puede llamarse científico, pero el propio Teilhard lleva cierta responsabilidad en esta confusión cuando, en 1947, añade al manuscrito un aviso que dice que la obra debe leerse «como una memoria científica» (Teilhard, 1955: 25). El libro se publica en octubre de 1955 y, con su coartada de libro científico, escapa a toda condena, siendo además un increíble éxito editorial.

Aunque la imagen del científico sea esencial, para Jeanne Mortier, el lado místico de la obra debería ser conocido. Su próxima causa será la publicación de *El medio divino*, el libro que Teilhard escribe entre 1926 y 1928.

---

[4] Dos ejemplos de artículos que agitan la amenaza de un nuevo caso Galileo: Claude Delmas, «In memoriam», *Combat*, 13 de abril de 1955; Paul Rivet, «Mon ami Teilhard de Chardin», *France Observateur*, 21 de abril de 1955.

[5] Carta de Jeanne Mortier al padre Villain, el 12 de mayo de 1955, Archives jésuites de la province de France (ASJF), TdC 6-4.1.

[6] Carta de Bruno de Solages a Jeanne Mortier, el 24 de abril de 1955, FTdC.

c) Una mística ignorada

La publicación de *El medio divino* conlleva ciertos problemas que *El fenómeno humano* no planteaba. Por un lado, es una obra que no puede defenderse como científica. Es claramente un libro de piedad, a la manera de *la Imitación de Cristo*, pero en una espiritualidad renovada que compromete colectivamente a la humanidad. Por otro lado, esta obra ha sido objeto de numerosas versiones por parte de su autor. Como los manuscritos circulan bajo mano, las distintas versiones coexisten. Jeanne Mortier y los padres de Lubac y de Solages, deberán ponerse de acuerdo, publicar una versión aceptable para todos.

Para los clérigos, la respuesta era obvia: «Soy de la opinión de que no tenemos derecho a corregir los textos del Padre Teilhard; pero sí tenemos el derecho y el deber de publicar todo lo que él añadió a sus textos durante su vida[7]. » Para Jeanne Mortier, no hay nada como la frescura del primer manuscrito. Mientras espera llegar a un acuerdo, Jeanne Mortier publica dos volúmenes de artículos científicos de Teilhard de Chardin, los tomos 2 y 3 de la obra. El compromiso sobre qué versión publicar de *El Medio divino* es realmente difícil de conseguir. Entre la versión de 1926 y la versión de 1932, Jeanne Mortier acaba publicando su propia versión. Los cambios son mínimos, pero existen. El objetivo de Teilhard era la invención de una nueva forma de apologética; los contradictores lo catalogan como un mal teólogo y minimizan los otros aspectos de su carrera.

Estos tres elementos, el hombre, el científico y el jesuita, constituyen el punto de partida del teilhardismo, una construcción a posteriori partiendo de la imagen legendaria del hombre, de un gran malentendido sobre la naturaleza científica de *El fenómeno humano*, de una confusión entre teología y apologética (Prats, 2019). Poner el acento en una u otra vertiente deconstruye el «ismo». Así proceden los adversarios, atacando unas veces al paleontólogo, otras al sacerdote y, sobre todo, disociando sus cualidades humanas de su producción escrita.

2. EL TEILHARDISMO VISTO DESDE AMÉRICA

Jeanne Mortier hace todo lo que está a su alcance para aumentar el número de lectores. Publicar en inglés aparece como una evidencia. Pero Teilhard de Chardin resulta difícil de traducir. Jeanne Mortier duda, cambia dos veces de traductor. La publicación se retrasa. *El fenómeno humano* no aparece en inglés hasta el año 1959. Como la obra ya ha franqueado las barreras romanas, la heredera no siente la necesidad de seguir el mismo orden de publicación que en Francia, consistente en intercalar dos volúmenes de artículos entre *El fenómeno humano* y *El medio divino*. *El medio divino* es publicado el año siguiente, en 1960.

La lectura de Teilhard alcanza su apogeo en Estados Unidos durante la era Kennedy. Mientras el teilhardismo está en su fase ascendente, Roma lanza, en 1962, un aviso, un *monitum* contra «las obras de Teilhard de Chardin y sus discípulos», lo

[7] Bruno de Solages a Jeanne Mortier, 24 de abril de 1955, FTdC.

cual no hace más que aumentar las ventas y atraer a nuevos lectores. El periodista John Kobler publica en 1963 en el *Washington Evening Post* un importante artículo (Kobler, 1963: 43-51). Esta publicación ilustrada, particularmente representativa de lo que se puede leer en la prensa americana, será nuestro hilo conductor (Sack, 2019).

La prensa americana observa la ola de teilhardismo, que no deja de crecer en Europa. La misma figura legendaria de Teilhard llega a los lectores americanos, con algunas divergencias. Los contradictores aparecen también en el artículo, junto a algunos adeptos de los que los amigos de Teilhard prescindirían de buena gana. Al panorama general se añade una mirada original, la lectura americana.

a) La leyenda teilhardiana llega a América

El hombre, el científico y el jesuita son también las tres facetas que constituyen el personaje legendario de los años 1960 desde el punto de vista americano. Su familia se presenta como el marco que permitió que floreciera su vocación, entre una madre piadosa que iba a misa cada mañana y un padre erudito, amante de la geología, la entomología y la paleontología. Siguiendo la fe de sus padres, Teilhard se hace jesuita. El articulo empieza por una descripción física de Teilhard:

> Era un espécimen físico soberbio, alto y nervudo, con el perfil de un halcón tallado en la roca, pero suavizado por una sonrisa luminosa y unos ojos brillantes de color azul grisáceo.

Teilhard era feliz en los salones parisinos donde podía difundir sus ideas. Si la Iglesia le pedía silencio, se sometía de buena gana, aceptando el martirio sin rechistar. Mientras sus superiores le denegaban las autorizaciones de publicar, Teilhard se negaba a rebelarse. El artículo lo describe como un santo, cuando no un héroe de guerra. Al parecer, Teilhard escribía, heroicamente, después de los combates. Sabemos sin embargo que los clérigos no combaten. La descripción póstuma de Teilhard lo magnifica.

También leemos, en esta versión americana, cómo amigos fieles le permitieron difundir la obra en la clandestinidad. Por un lado, Jeanne Mortier, cuyos armarios siguen llenos de obras inéditas. Por otro lado, sus amigos en el seno de la Iglesia insistieron en que corrigiese numerosas expresiones en sus escritos. Todos contribuyeron a la difusión del «teilhardismo» –la palabra aparece en el texto–. La leyenda de la profecía de su muerte se difunde también: su plegaria fue escuchada.

Después del hombre, Teilhard de Chardin también es presentado como un científico brillante. Su obra maestra es *El Fenómeno humano*.La evolución ilumina toda su investigación, pero también es una cuestión espinosa. La revista publica una fotografía de un telescopio, referencia completamente transparente al caso Galileo. En el siglo XX, el campo de la evolución – o más bien la cuestión de los orígenes – sigue siendo problemático para la Iglesia. Por tanto, en el pensamiento de Teilhard, la evolución no es una hipótesis sino una forma de leer la vida, una explicación de la espiritualización de la materia. Kobler, entusiasmado, identifica la fuente de esta efusión: el amor. Y así el artículo pasa de la ciencia a la mística.

El medio divino es su obra espiritual, lírica, cuyo contenido llevaría a los teólogos más estrictos a clasificarlo de hereje. Es una visión teñida de optimismo, adoptada en una época de desesperación. La portada de la revista presenta a la familia Nixon frente al Muro de Berlín. Son momentos muy tensos. La visión de Teilhard asegura que la humanidad se encontrará reunida un día. La guerra fría será superada, la humanidad puede tener fe en el futuro.

Pero dicha presentación no deja de lado a los polemistas.

b) La ola de teilhardismo conlleva seguidores y detractores

Con el tiempo, las repetidas sanciones alimentan un cierto esnobismo. Está muy de moda citar a Teilhard. El jesuita se ha convertido en un símbolo de modernidad dentro del cristianismo. Pero lo más curioso es que la memoria del profeta de la convergencia mundial suscite reacciones tan diversas.

Los polemistas más implacables son los seguidores del grupo Acción-Fátima, un círculo integrista. En la fotografía que se publica se les ve distribuyendo folletos en el exterior de una iglesia parisina. No aceptan la lectura evolucionista, ni la nueva lectura que Teilhard propone del pecado original, ni su misticismo aparentemente dudoso. Sobre todo, les preocupa la importancia creciente del progresismo.

Lejos de agradar a todo el mundo, la obra teilhardiana es cada vez más discutida, incluso entre los científicos. Algunos señalan la imposibilidad de verificar la existencia de la fe. Pero, concluye la revista, la ciencia no tiene respuesta para todo. La Iglesia debería adaptarse, modernizarse. Aunque, con esta afirmación, el autor del artículo muestra su preocupación ante la posibilidad de ver el pensamiento de Teilhard convertido en el caballo de Troya del marxismo (el miedo al comunismo, en América, es tangible). El artículo explica que *El fenómeno humano* se publicará próximamente en Moscú, con un prefacio de Roger Garaudy, antiguo senador comunista, director del Centro de Estudios Marxistas de París, «que viaja regularmente a Moscú por asuntos del Partido». Para el autor del artículo, un periodista americano, toda lectura marxista es una mala interpretación, una «perversión de la teoría evolucionista de Teilhard».

Pero la lectura americana –la difusión de la leyenda teilhardiana con su toque de polémica– aporta su toque personal, diferente del que se difunde en Francia.

c) Una nueva perspectiva

Cabe señalar algunas particularidades en la recepción americana de la obra, inducidas por su publicación unos años más tarde. Las decisiones romanas o las amistades femeninas de Teilhard se acogen de manera diferente.

El pensamiento de Teilhard llega a América con un cierto desfase debido a la traducción tardía. *The Phenomenon of Man*, título en inglés, fue introducido por un prefacio de Julian Huxley en el que Teilhard es presentado como la figura que obligó a los teólogos a interesarse por las nuevas teorías de la evolución. Su influencia es cada vez mayor, aunque, cosa curiosa, la Asociación de Amigos de Teilhard en América se oculta bajo un nombre enigmático: *The Human Energetics Research Institute* (McCulloch, 1979). Hay que esperar al año 1975, año en que Thomas Berry toma la presidencia, para verlos exhibir el nombre de «Amigos de Teilhard» con orgullo. En los 1960, después del *monitum*, la prudencia estaba a la orden del día. El padre Francoeur, jesuita devoto de la memoria de Teilhard, tendría que haber sido el presidente de la asociación, pero en aras de la discreción, un laico asume la función.

Otra diferencia notable reside en la recepción de *Humani generis*. La encíclica, publicada en 1950 por Pío XII, es vista como un alivio: «La Iglesia autoriza explícitamente a los estudiosos a explorar la evolución, aunque sólo como hipótesis no demostrada». Esto no es en absoluto lo que se lee en Francia, donde se considera a Pío XII como el avatar de Pío X y su lucha contra el modernismo. Quizás, en un contexto de ansiedad casi palpable de guerra fría, sea necesaria una lectura de este tipo. En el artículo leemos: «¿Y qué pasa con la evolución si una Tercera Guerra Mundial aniquila a la humanidad?». Los escritos de Teilhard aportarían una visión de esperanza, como la que llega con la apertura de un concilio por Juan XXIII y la sucesión tomada por Pablo VI. Teilhard de Chardin no fue mencionado en el Concilio, pero el artículo afirma que su espíritu flotaba sobre la ilustre asamblea. Su influencia va mucho más allá del catolicismo. En la universidad de Fordham, el profesor Louis Marks, doctor en biología, dirige un seminario sobre Teilhard de Chardin y se aventura a predecir: «El teilhardismo se convertirá en el nuevo sistema filosófico de la Iglesia».

La tercera novedad, venida de América, reside en la manera de abordar las amistades femeninas de Teilhard, sin pudor, sin alusiones dudosas. En el artículo leemos cómo, una vez terminado *El fenómeno humano*, Teilhard lo confía a una amiga americana, la señora John Wiley, cuando ésta iba a Estados Unidos con su marido, diplomático: «Nunca hasta que conocí al Padre Teilhard sentí tan profundamente la verdad de las palabras del Génesis: así creó Dios al hombre a su imagen, a imagen de Dios lo creó». También aparece Malvina Hoffman, autora de un busto de Teilhard de Chardin. Hoffman envió una cruz de flores el día del funeral. La presencia de sus amistades femeninas normaliza sus relaciones con ellas, mientras que, en Francia, no hablar de ellas en absoluto, les da un aire sospechoso.

¿Cómo evoluciona el teilhardismo después de la era Kennedy?

3.LAS NUEVAS PERSPECTIVAS ECOLÓGICAS VENIDAS DE AMÉRICA, ¿UN NEO-TEILHARDISMO?

Una forma de teilhardismo sobrevive en Estados Unidos de la mano del padre Thomas Berry[8]. Nacido en 1914 en el seno de una familia católica de Carolina del Norte, Berry sigue una formación en la que se le presenta la filosofía de Tomás de Aquino en prioridad, como lo recomienda la Iglesia. No hay que olvidar que el catolicismo es una religión minoritaria en Estados Unidos y que la posición defensiva es la más frecuentemente adoptada. Pero su experiencia de vida le lleva a adoptar una visión más abierta. Su primer contacto con los escritos de Teilhard, en forma de textos mimeografiados, le llega a través de su profesor en la Universidad Católica de

[8] La primera traducción en francés de Thomas Berry, *The Dream of the Earth*, con un prefacio de François Euvé, es Thomas Berry, *Le Rêve de la Terre*, Paris, Salvator, 2021.

Washington, el etnólogo John Montgomery Cooper (1881-1949) aunque la lectura asidua de la obra de Teilhard empieza en 1959, fecha de su traducción en inglés[9].

Las traducciones constituyen un filtro importante. Cuando los biógrafos de Berry se deciden a estudiar su obra, lo hacen a partir del inglés, lo que conduce inevitablemente a algunas confusiones. Tomaremos sólo un ejemplo, pero un ejemplo capital: Thomas Berry, el día de su 80 cumpleaños, anuncia a sus amigos: «*I am moving from the New Story to the Great Work*» (Tucker y Grim, 2019: 137) Sus biógrafos, John Grim y Mary Evelyn Tucker, vinculan esta expresión a la tradición medieval europea de la alquimia – *opus magnum* – y explican que Thomas Berry la encontró leyendo a Teilhard: «el término Gran Obra fue utilizado por Teilhard en su primer ensayo religioso *La vida cósmica* (1916)». En realidad, Berry nunca dijo que se estaba refiriendo a *La vida cósmica*. Es una deducción de Grim y Tucker. Si leemos el texto en francés, la «Gran Obra» de Teilhard era «*le grand travail*», una expresión muy prosaica[10]. Grim y Tucker intentan tejer una relación estrecha entre Teilhard y Berry. Con este propósito afirman que Berry fue el primero, en 1964, en dar una conferencia sobre Teilhard de Chardin en Estados Unidos. Esto es cierto, pero sería más preciso añadir que fue una semana dedicada a Teilhard, organizada por la Asociación de los Amigos de Teilhard de Chardin en América, y que fueron muchos los que hablaron de Teilhard, abarcando diferentes aspectos: el filósofo, el jesuita, el científico.

Lo que sabemos de cierto es que, entusiasmado por la lectura de la obra de Teilhard, Berry participa en el nacimiento de los Amigos de Teilhard en América, un pequeño grupo que se constituye en el seno de la Universidad de Fordham. En sus primeros años, la asociación hace hincapié en la cristología teilhardiana, tal y como se recoge en las actas de la sesión de 1972: «Hubo acuerdo en que la Asociación debía estar centrada en Cristo». Pero durante los años 1970, los miembros de la asociación escasean. Cuando Thomas Berry asume la presidencia, en 1975, está decidido a darle un nuevo impulso y anuncia que, «aunque el pensamiento de Teilhard sea cristiano, no se expresa mejor utilizando exclusivamente términos cristológicos». Si la asociación ya no se presenta como cristocéntrica, ¿cuál es la propuesta de Berry como presidente de los Amigos de Teilhard?

Berry adopta el impulso evolucionista de Teilhard. Pero rápidamente lamenta su falta de compromiso ecológico. Teilhard se convierte así en el punto de partida de una nueva espiritualidad.

a) Berry adopta el impulso evolucionista teilhardiano

Para Thomas Berry, todo es cuestión de perspectiva. La visión evolucionista que descubre en *El fenómeno humano* de Teilhard de Chardin – la historia del universo que empieza evocando al espíritu que emerge de la materia – lo marca profunda-

9 « Établis deux bons contacts à la Catholic University : F. Connoly et F. Coopers [sic] », carta de Pierre Teilhard de Chardin à Pierre Leroy, el 15 de abril de 1948 (Leroy, 1976: 28) ; Berry sigue las clases del profesor Cooper en la Universidad católica de Boston (Tucker, Grim y Angyal, 2019: 45).

10 « Le véritable appel du Cosmos, c'est une invitation à venir participer consciemment au grand travail qui se mène en lui : ce n'est point en redescendant le courant des choses que nous nous unirons à leur âme unique, mais en luttant avec elles, pour quelque Terme à venir. » (Teilhard, 1965a : 23).

mente y le conduce a escribir *The New Story*» (Berry, 1978: 8) No obstante, Berry se aleja de la cristología teilhardiana aunque cabe decir que, en el círculo de Fordham, no es el único.

Mientras Teilhard escribe en *El medio divino* que el espíritu está contenido en la materia, que nada es profano, el círculo de Berry ve las cosas de otro modo. He aquí las palabras de Teilhard:

> En virtud de la Creación, y más aún en virtud de la Encarnación, nada es profano aquí abajo, para quien sabe ver. Todo es sagrado, por el contrario, para quien distingue, en cada criatura, la partícula de ser elegido sometida a la atracción de Cristo. (Teilhard, 1957: 56)

Nada es profano... La expresión aparece en el volumen 2 de las publicaciones de los Amigos de Teilhard en América, los *Teilhard Studies*. En 1979, la referencia a Cristo desaparece: «Nada aquí abajo es profano para quien sabe ver...». La tendencia queda clara: reducir la presencia de Cristo en este círculo para ampliar la base. El pensamiento increíblemente plástico de Teilhard lo permite.

b) Berry critica la falta de compromiso ecológico de Teilhard

Pero, a pesar de la gran fecundidad que el grupo ve en el impulso evolucionista, Berry lamenta que Teilhard tuviera tan poco interés por la ecología:

> *We might have expected a certain feeling of concern for a planet that was obviously being damaged by the industrial process.* (Berry, 1982: 3)

No hay que olvidar que Teilhard murió en 1955. Antes de esta fecha, pocas voces denunciaban la degradación del planeta, incluso en Estados Unidos. La concienciación pública llega más tarde. Berry adopta el pensamiento de Teilhard como punto de partida, situándolo en toda una línea de pensadores católicos:

> *This anti-ecological attitude in western religious tradition has been critiqued by Lynn White Jr., one of the more outstanding historians of technology, in his essay on 'The Historical Origins of the Ecological Crisis'.* (Berry, 1982: 16)

La referencia al artículo de White es bien conocida, así como la historia de las diferentes personalidades que han hecho que se tome consciencia de las cuestiones ecológicas: Henry David Thoreau, John Muir, Rachel Carson, Aldo Leopold... Berry los cita a todos en su artículo de 1982. Es importante para él poder situar su propio pensamiento en este linaje y demostrar que representa la etapa siguiente, la que permitirá abandonar el antropocentrismo teilhardiano y hacer hincapié en el «biocentrismo». Es una cuestión de espacio –América– y es una cuestión de momento – la urgencia de la crisis ecológica. Según Berry, a Teilhard se le escaparon estas perspectivas: «Cuestiones que eran secundarias o tenuemente percibidas durante su vida se imponen ahora con creciente urgencia.» (Berry, 1982: 32)

c) Teilhard, punto de partida de una nueva espiritualidad

Si el Cristo que Teilhard había convertido en Omega tiende a desaparecer con Thomas Berry es porque la búsqueda de espiritualidad se traslada a la Tierra. El cambio definitivo se produce a partir del encuentro de Berry con Brian Swimme, en 1981, si creemos lo que Berry apunta en su autobiografía:

> While my meeting with the thought of Teilhard was decisive in my life, what I gained from him did not come to its full expression in my own mind until my meeting with Brian Swimme[11].

Su autobiografía es una de las pocas fuentes de que disponemos para estudiar a Berry, aunque conviene abordarla con prudencia. En la primavera del año 2022, en la Universidad de Angers, el profesor Bron Taylor explica que habría que buscar la imagen del auténtico Berry. Después de varios años estudiando el fenómeno del teilhardismo, la intervención de Bron Taylor produce una impresión de *déjà-vu.* Una gran cantidad de lectores afirma poseer al «verdadero Teilhard de Chardin, el auténtico». Con Thomas Berry, nos encontramos ante un fenómeno paralelo: la interpretación póstuma genera debate. Sus fieles seguidores afirman conocer al «verdadero Thomas Berry».En octubre del 2022, una entrevista en la Universidad de Georgetown con el profesor John Borelli me muestra otra de las facetas de Berry. Antiguo alumno, Borelli insiste: la visión de Grim y Tucker es parcial.

Ya tenemos tres visiones diferentes. Para el profesor Taylor, Berry era un activista, militante de la causa ecológica. Para Borelli, Berry estudiaba las religiones asiáticas sin hacer de la ecología su centro exclusivo. En los dos casos, Berry se aleja del catolicismo, sin desdeñarlo. Tucker y Grim defienden la cosmovisión de Berry, una visión innovadora que, lejos del antropomorfismo teilhardiano, conecta con la Tierra, una visión del futuro destinada a reunir a la humanidad. Con esta visión, Tucker y Grima hacen una lectura de Berry contestable pero raramente cuestionada, puesto que consiguen presentarse como los verdaderos herederos del maestro Berry, defendiendo una forma de neo-teilhardismo ecológico, por no decir ecuménico.

CONCLUSIÓN

El primer elemento que conviene subrayar es la circulación de ideas, las idas y venidas entre Europa y América, incluyendo escritos que sólo existen en forma de mimeografías. El teilhardismo se exporta. Tras la muerte de Teilhard de Chardin, en Nueva York el teilhardismo despega de forma extraordinaria. La publicación es un éxito editorial, fruto de la curiosidad suscitada por *El Fenómeno humano.* Este pensamiento proporcionó el optimismo necesario para superar los «treinta gloriosos años», años que tuvieron su parte de contradicciones.

Aunque las ideas circulen, se reciben de forma diferente en el mundo anglófono, sobre todo por el desfase temporal que imponen las traducciones. Las palabras escogidas por el traductor no siempre corresponden a lo que el autor quería decir.

[11] *Environmental Science and Public Policy Archives* (ESPPA), Harvard, Boston, Thomas Mary Berry (TMB), Series V, Bound manuscripts, Box 13, Goldenrod (sin fecha).

Hay también desfase temporal en la recepción, puesto que las traducciones llegan ulteriormente. La recepción de la obra en Estados Unidos brilla como una luz, un faro de esperanza en plena Guerra Fría, momento de tensión extrema.

Circulación, recepción desplazada y, finalmente, nueva espiritualidad. La cuestión que preocupa es el «lugar del hombre en la naturaleza», *la place de l'homme dans la nature*, título que Teilhard había dado inicialmente a *El fenómeno humano*[12]. La nueva espiritualidad propuesta por Thomas Berry a finales del siglo XX y principios del XXI se inspira en la visión optimista de Teilhard, en su mismo impulso de inspiración decimonónica de confianza ciega en el futuro.

Si las cuestiones de existencia eran las que preocupaban tras la Segunda Guerra Mundial, fueron rápidamente barridas por las cuestiones de estructura, las que rechazaban toda idea de progreso que denigrara a los pueblos primitivos, ya que, si hay evolución, hay primitivos a los que hay que llevar el progreso. En la visión de Teilhard, el hombre ocupaba un lugar especial en la naturaleza, era el «eje y la flecha de la evolución», como se puede leer en *El fenómeno humano.*

En la visión de Berry, el hombre pasa a formar parte de la naturaleza. Tucker y Grim ven, sobre todo, la posibilidad de una nueva forma de unir a la humanidad en una especie de movimiento ecuménico apoyado en la ecología. Las ideas viajan entre Europa y América, los dos centros culturales se observaban y se influyen mutuamente. Amor a Dios, Amor al Mundo fue la problemática lanzada por Teilhard de Chardin en *La vida cósmica*, en 1916. La consideración del hombre en su entorno, más que un existencialismo ecológico, se presenta como la transferencia de una búsqueda de espiritualidad al mundo, en una visión geocéntrica. Si el hombre forma parte de la naturaleza en lugar de dominarla, su compromiso será total. La principal influencia de América sería la consideración de la naturaleza, no por estricta racionalidad, sino por consideraciones morales.

Un neo-teilhardismo naciente, partiendo del impulso evolucionista de Teilhard, deja la puerta abierta a nuevas consideraciones ecológicas.

BIBLIOGRAFÍA

AVON, Dominique y ROCHER, Philippe (2001), *Les Jésuites et la société française, XIXe-XXe siècles. Des «humanités» à un nouvel « humanisme chrétien»,* Toulouse, Privat.

BOSCHETTI, Anna (2014), *Ismes. Du réalisme au postmodernisme*, Paris, CNRS éditions.

BUTON, Philippe (2001), «Marx, Lénine, Staline: même combat?», *Communisme: une utopie en sursis?* Larousse.

DOSSE, François (1991), *Histoire du structuralisme,* t. 1 (1945-1966), Paris, La Découverte.

GODINOT, Marc (2016), « De la géologie à l'évolution dans les travaux scientifiques de Teilhard », in CAPELLE-DUMONT, Philippe y EUVÉ, François (dir.), *Pierre Teilhard de Chardin face à ses contradicteurs*, Paris, Parole et silence, pp. 61-82.

FOUILLOUX, Étienne,

–(1998), *Une Église en quête de liberté. La Pensée catholique française entre modernisme et Vatican II 1914-1962*, Paris, Desclée de Brouwer.

[12] *Evidence as to Man's Place in Nature* era un libro de Thomas Henry Huxley, 1863.

–(2009), «Madiran (Jean) Jean Arfel», in JULLIARD, Jacques y WINOCK, Michel (dir.), *Dictionnaire des intellectuels français : les personnes, les lieux, les moments,* Paris, Seuil, pp. 888-889.

–(2016), Y-a-t-il une spiritualité jésuite ? XVIe-XXe siècles, LAHRA, [con MARTIN, Philippe].

–(2017), «Jacques Chevalier, Robert Garric, Marcel Légaut: trois profils normaliens », FOUILLOUX, Étienne y LERCH, Dominique (dir.), *Marcel Légaut. Un témoin pour le XXIe siècle*, Paris, Temps Présent, pp. 21-39.

HUREL, Arnaud (2011), *L'Abbé Breuil. Un préhistorien dans le siècle*, Paris, éditions du CNRS.

LAPLANCHE, François (2006), *La Crise de l'Origine. La science catholique des Évangiles et l'histoire au XXe siècle*, Paris, Albin Michel.

LEVILLAIN, Philippe (dir.) (1994), *Dictionnaire historique de la papauté*, Paris, Fayard.

SCHLEGEL, Jean-Louis (2012), *À la gauche du Christ. Les chrétiens de gauche en France de 1945 à nos jours,* Paris, Seuil.

PRATS, Mercè,

–(2019) *Le Teilhardisme. Réception, Adoption et Travestissement de la pensée de Pierre Teilhard de Chardin, à la croisée des sciences et de la foi, au cœur des « Trente glorieuses » en France (1955-1968),* tesis de historia contemporánea, Université de Reims Champagne-Ardenne.

–(2022) *Une parole attendue. La circulation des polycopiés de Pierre Teilhard de Chardin*, Paris, Salvator.

–(2023) *Pierre Teilhard de Chardin. Biographie*, Paris, Salvator.

VERDÈS-LEROUX, Jeannine (1987), *Le Réveil des Somnambules. Le Parti communiste, les intellectuels et la culture (1956-1985),* Paris, Fayard-Minuit.

WEBER, Max (1971), Économie et société. Les catégories de la sociologie, Paris, Plon.

WORMS, Frédéric (2009), *La Philosophie en France au XXe siècle. Moments,* Paris, Gallimard.

Fuentes

BARJON, Louis y LEROY, Pierre (1964), *La Carrière scientifique de Pierre Teilhard de Chardin*, Monaco, éditions du Rocher.

BERRY, Thomas,

–(1978) «The New Story», *Teilhard Studies*, n° 1, Winter.

–(1982) «Teilhard in the Ecological Age», *Teilhard Studies,* n° 7, Fall.

–(1992) *The Universe Story: From the Primordial Flaring Forth to the Ecozoic Era,* San Francisco, Harper [con SWIMME, Brian].

–(1999) *The Great Work: Our Way Into the Future,* New York, Harmony Bell Tower.

–(2014) *Thomas Berry: Selected Writings on the Earth Community* (selected by TUCKER, Mary Evelyn and GRIM, John], Modern Spiritual Masters Series, Maryknoll, NY, orbis Books.

–(2015) *The Dream of the Earth,* Berkeley, Counterpoint Press.

GRAY Donald P. (1979), « A New Creation Story», *Teilhard Studies,* n° 2, Spring.

GRIM, John y TUCKER, Mary Evelyn (2019), *Thomas Berry. A Biography*, Columbia University Press.

HOFFMAN, Malvina (1965), *Yesterday is Tomorrow. A Personal History,* New York, Crown Publishers.

LEROY, Pierre (1976), *Lettres familières de Pierre Teilhard de Chardin mon ami (1948-1955),* Paris, le Centurion.

MCCULLOCH, Winifred (1979), *A Short History of the American Teilhard Association*, Anima Productions.
MORTIER, Jeanne (1984), *Lettres à Jeanne Mortier*, Paris, Seuil.
PÉREZ GALDÓS, Benito,
–(1983) *Trafalgar, Episodios nacionales* [1873], ediciones cátedra.
–(2017) *Doña Perfecta* [1876], ediciones cátedra.
TEILHARD DE CHARDIN, Pierre
–(1955) *Le Phénomène humain* [1938-1940], Paris, Seuil.
–(1957) *Le Milieu divin*, [1926], Paris, Seuil.
–(1961) *Genèse d'une Pensée. Lettres (1914-1919),* Paris, Grasset.
–(1965a) Écrits du temps de la guerre, Paris, Grasset.
–(1965b) *Lettres à Léontine Zanta*, Paris, Desclée de Brouwer.
–(1969) « Note sur quelques représentations historiques possibles du Péché originel » [1922], *Comment je crois,* Paris, Seuil.
OINCE, René d' (1970), *Un Prophète en procès : Teilhard de Chardin,* Paris, Aubier.
SACK, Susan Kassman (2019), *America's Teilhard. Christ and Hope in the 1960s,* Washington, DC, The Catholic University of America Press.
TUCKER, Mary Evelyn (1985), «The Ecological Spirituality of Teilhard», *Teilhard Studies*, n° 13, Spring.

Prensa
ARAGONNÈS, Claude, « Le Voyageur et l'explorateur », *La Table ronde,* juin 1955.
BILLY, André, *Le Figaro littéraire,* 16 de abril de 1955.
CHOISY, Maryse, « Mon grand ami Teilhard de Chardin n'est plus », *Combat,* 18 de abril de 1955.
CUÉNOT, Claude, *Combat*, 12de mayo de 1955.
DELMAS, Claude, « In memoriam », *Combat,* 13 de abril de 1955.
GALY, Monique, « Pour le R. P. Teilhard de Chardin, la doctrine de saint Paul s'applique à l'ère atomique », *Samedi-Soir,* 21 de abril de 1955.
KOBLER, John, «Father Teilhard haunts the Catholic World», *The Saturday Evening Post*, 12 de octubre de 1963, pp. 43-51.
RIVET, Paul, « Mon ami Teilhard de Chardin », *France Observateur,* 21 de abril de 1955.

Archivos
ESPPA, Environmental Science and Public Policy Archives, Harvard, Boston.
TMB, Thomas Mary Berry, Series V, Bound manuscripts, Box 13, Goldenrod
ASJF, Archives jésuites province de France, fonds Teilhard de Chardin, Vanves, Francia.
CAECHL, Centre d'archives et d'études cardinal Henri de Lubac, Namur, Bélgica.
FTdC, Fondation Teilhard de Chardin, Institut de Paléontologie humaine, París, Francia.
IMEC, Institut mémoires de l'édition contemporaine, Caen, Francia
fonds Seuil.
fonds Grasset.
MEZENS, archives privées Bruno de Solages, Tarn, Francia.

ÁNGEL CABRERA, EL CREADOR Y DARWIN

Isabel Rey
(Museo Nacional de Ciencias Naturales – CSIC)

Alberto Gomis
(Universidad de Alcalá)

INTRODUCCIÓN. LA FORMACIÓN DE UN NATURALISTA AUTODIDACTA

Ángel Cabrera Latorre nació en Madrid, el 19 de febrero de 1879, en el seno de una familia anglicana. Su padre, Juan Bautista Cabrera Ivars (1837-1916), luego de abandonar la Orden de Clérigos Regulares de las Escuelas Pías, había fundado en 1868 la Iglesia Reformada Española (en la actualidad Iglesia Española Reformada Episcopal)[1]. Años más tarde, concretamente el 23 de septiembre de 1894, sería consagrado como el primer obispo de dicha Iglesia protestante (Ríos, 2020). Uno de los hermanos de Ángel, Fernando Cabrera Latorre (1875-1953), fue también obispo electo de esa misma Iglesia y organizó los tres primeros Congresos Evangélicos Españoles.

Cursó los estudios de bachillerato en el Instituto de Cardenal Cisneros, entre los años académicos 1892-93 y 1895-96. Según certificación, emitida por el Secretario del Instituto, con fecha 26 de septiembre de 1896, en esa fecha tenía aprobadas las diecisiete asignaturas que comprendía el plan vigente (el plan de 1880). Dos días después, el 28, Cabrera solicitó matricula en tres asignaturas de la Facultad de Derecho (Metafísica; Literatura general y española; Historia crítica de España), asignaturas que superó en

[1] Iglesia Española Reformada Episcopal Comunión Anglicana. Memoria de nuestro Primer Obispo en el aniversario de su muerte. En: https://www.catedralanglicana.es/web/2018/05/18/memoria-de-nuestro-primer-obispo-en-el-aniversario-de-su-muerte/, consultado el 3-I-2023.

la convocatoria ordinaria[2]. Ese mismo curso académico, 1896-97, había realizado en el Instituto de Cardenal Cisneros el último ejercicio del Grado de Bachiller. Obtuvo, con fecha 17 de noviembre de 1896, las calificaciones de «Aprobado» en sendos ejercicios de la Sección de Letras y de la Sección de Ciencias. El correspondiente título le fue expedido unos meses después, concretamente el 18 de marzo de 1897[3].

Antes de haber concluido los estudios de bachillerato había entrado en contacto con Ignacio Bolívar (1850-1944), a la sazón catedrático de Articulados de la Universidad Central y quien, en 1871, había sido el más joven de los socios promotores de la Sociedad Española de Historia Natural (Gomis *et al.*, 2021). El 4 de marzo de 1896, con diecisiete años cumplidos apenas dos semanas antes, Bolívar presentó a Cabrera a la Sociedad (SEHN, 1896: 30). Al año siguiente, y antes de cumplir los dieciocho, Cabrera defendió su primer trabajo en la Sociedad, en el que presentó unas observaciones sobre un chimpancé de ancas blancas (Cabrera, 1897). Aquella sesión fue presidida por Santiago Ramón y Cajal el 13 de enero de 1897. El propio Cajal presentó una comunicación antes que la de Cabrera, lo que explica que aparezcan, un trabajo detrás del otro, en el tomo de los *Anales de la Sociedad Española de Historia Natural* correspondiente a ese año (Gomis, 2004: 219-220). Desde su incorporación a la sociedad asistió asiduamente a todas las reuniones y fue muy activo en sus comunicaciones.

El sentirse atraído por el estudio de la naturaleza tendría que ver en que no continuara con la carrera de derecho y con que el curso siguiente, el 1897-1898, se matriculara en las cuatro asignaturas del primer curso de la Facultad de Ciencias (Análisis matemático (1er curso); Geometría; Química general; Mineralogía y Botánica). Sin embargo, no obtuvo en las mismas el éxito que sí había obtenido en la Facultad de Derecho. Este «fracaso» debió pesar en que abandonara los estudios de Ciencias durante un quinquenio y que no fuera hasta el curso 1902-1903 cuando intentara retomarlos en la modalidad de enseñanza no oficial. Entonces se matriculó en Zoología general; Mineralogía y Botánica; Complementos de Algebra y Geometría y Dibujo geométrico y artístico, obteniendo notable en las dos primeras y sobresaliente con derecho a matrícula de honor en la última. Aunque al curso siguiente volvió a matricularse en algunas asignaturas, sería entonces cuando definitivamente desistió de completar la carrera[4] y, de ahí, que le consideremos naturalista autodidacta.

Tras el primer abandono de los estudios de Ciencias, Ángel Cabrera se matriculó en la Facultad de Filosofía y Letras, completando esta licenciatura con unas califica-

[2] Las calificaciones obtenidas por Cabrera, en las tres asignaturas de la Facultad de Derecho, fueron: Metafísica: Notable; Literatura general y española: Sobresaliente; Historia crítica de España: Aprobado. *Expediente académico de Ángel Cabrera Latorre, alumno de la Facultad de Derecho de la Universidad Central Ángel Cabrera Latorre.* Archivo Histórico Nacional, Madrid (AHN), Universidades, 3734, Exp.17.

[3] *Expediente para la expedición del título de bachiller de Ángel Cabrera Latorre, natural de Madrid, alumno del Instituto del Cardenal Cisneros.* AHN, Universidades, 7179, Exp.34.

[4] *Expediente académico de Ángel Cabrera Latorre, alumno de la Facultad de Ciencias de la Universidad Central.* AHN, Universidades, 5368, Exp. 6.

ciones brillantes. El 20 de junio de 1900 verificó el examen del Grado de Licenciado en Filosofía y Letras obteniendo la calificación de sobresaliente[5].

A pesar de su licenciatura en Filosofía y Letras, las principales actividades profesionales de Cabrera se orientaron hacia el periodismo, la divulgación científica y el trabajo en el Museo de Ciencias Naturales (Rey, 2004). Al carecer de una titulación óptima, la vinculación con el Museo se llevó a cabo a través de diversas pensiones y nombramientos como agregado[6]. En 1902, al abrirse el Museo en el Palacio de Bibliotecas y Museo, y a petición de Francisco de Paula Martínez y Sáez, ayudó al arreglo de las colecciones de mamíferos (Cabrera, 1912: 12). Tarea que completó gracias a una pensión concedida en 1911, y ampliada el año siguiente (Barreiro, 1992: 321). Resultado de su trabajo fue el *Catálogo metódico de las colecciones de mamíferos del Museo de Ciencias Naturales de Madrid* (Cabrera, 1912).

Su trabajo de agregado en el Museo de Ciencias Naturales no cubría sus necesidades monetarias, como dice Miguel Medina en su artículo en *Alrededor del mundo* (Medina 1912: 491): «Los agregados son una especie de segundos conservadores sin sueldo, jóvenes entusiastas y laboriosos que trabajan por verdadero amor a la ciencia». Su forma de ganarse la vida fue como redactor jefe en esta misma revista desde 1902, cuyo propietario, Manuel Alhama, también era miembro de la Comunión Anglicana.

LAS REFERENCIAS A «EL CREADOR» EN SUS PRIMEROS TRABAJOS

El ambiente familiar y, en especial, su progenitor, debieron influir en la orientación religiosa que encontramos en sus primeros trabajos. Al respecto, Casado y Baratas (2004: 205) consideraron que no parecía descabellado asumir que la formación del joven Cabrera «dejara impreso en él un firme trasfondo de creencia y que éste aflorase en su producción divulgativa». Este trasfondo, por ejemplo, lo encontramos en algunos pasajes de sus *Narraciones zoológicas. La Historia Natural de los Animales al alcance de los niños*, obra que publica en 1909 (Cabrera, 1909), a la edad de treinta años, unos meses después de que naciera su primer hijo Ángel Lulio Cabrera (1908-1999). Ya en la introducción de la obra que titula «A los niños», y luego de explicar las muchas utilidades que reportan los animales a la vida cotidiana de las personas, escribe:

> Pero no debe estudiarse el mundo de los animales sólo por la utilidad que estos pueden proporcionarnos ó por lo interesante y entretenido de sus curiosas costumbres. Hay algo más alto, algo más sublime que debe movernos á la conside-

[5] Expediente académico de Ángel Cabrera Latorre, alumno de la Facultad de Filosofía y Letras de la Universidad Central, AHN, Universidades, 6406, Exp. 5.

[6] El primer nombramiento de Ángel Cabrera como Naturalista agregado, por parte de la Junta de Profesores del Museo de Ciencias Naturales, tuvo lugar el 21 de marzo de 1902. En el Residencia de Estudiantes se conserva la comunicación que Ignacio Bolívar hace al interesado, con fecha 1 de abril (*Comunicación que Ignacio Bolívar hace a Ángel Cabrera, el 1 de abril de 1902, de que la Junta de Profesores del Museo de Ciencias Naturales le ha nombrado naturalista agregado en su sesión del 21 de marzo de 1902*. Archivo Residencia de Estudiantes (ARE), Madrid) y en el Archivo del Museo se conserva una carta de Cabrera, del 28 de abril de ese año, donde agradece el nombramiento (*Carta de Cabrera al Sr. Director del Museo de Ciencias Naturales aceptando y agradeciendo el nombramiento de Naturalista agregado*. Archivo Museo Nacional de Ciencias Naturales, Madrid, «Fondo Museo», Serie Expedientes Personales, Caja 238-29).

ración de los seres vivos que nos rodean, y ese algo es el Creador de esos mismos seres, que es nuestro propio Creador (Cabrera, 1909: v).

Un poco más adelante, en esa misma página, señala a los niños, que «para conocer bien el poder de Dios, es preciso conocer antes sus obras, ó sea esa infinita variedad de seres que Él ha creado».

En el mismo volumen, y al final del capítulo I «Todo sirve», en donde narra la conversación que mantienen un pescador y un joven que llega hasta él con un libro en la mano, y en donde el joven le habla de las muchas cosas que le ha enseñado la zoología y, de manera muy especial, que todos los animales sirven, leemos:

> Por de pronto –añadió el pescador- ha servido para que usted me enseñe unas cuantas cosas que yo ignoraba, entre ellas que no debemos poner en duda la sabiduría del Creador, que no ha hecho nada inútil (Cabrera, 1909: 14).

Resulta interesante que, en ese capítulo, incorpore una ilustración de los «Sabios que se han distinguido en el estudio de los animales», entre los que aparece el retrato de Darwin, junto a los de Buffon, Cuvier y Jiménez de la Espada, los cuatro dibujados por el propio Cabrera, si bien a ninguno se les mencione en el texto.

> También en la página 33, capitulo IV, que lleva por título «Mías» dice:
>
> Mías era un orangután. No creáis, como mucha gente cree, que un orangután es cualquier mono grande. No; los verdaderos orangutanes sólo son ciertos monazos sin rabo, con los brazos muy largos, que viven en los bosques de Borneo y Sumatra. Los naturalistas los incluyen entre los cuadrúmanos más parecidos al hombre, que por eso han recibido el nombre de *antropomorfos*, lo cual quiere decir «en forma humana».

Aunque el creador está inmensamente presente, introduce pinceladas de conocimiento zoológico como descripción morfológica y localización geográfica de su hábitat.

Dos años más tarde, en 1911, en un amplio artículo que publica en el semanario *Por esos mundos* con el expresivo título de «Nuestros primos, según Darwin», Cabrera comienza apuntando que no va a hablar del transformismo, ni a defender a Darwin, Huxley y demás transformistas. Añade, a modo de pregunta: ¿A qué malgastar más tinta en discutir hipótesis acerca de las cuales, por lo mismo que de hipótesis no pasan, es cada uno muy dueño de tener su opinión particular? (Cabrera, 1911: 193).

Nos preguntamos si esta entrada podría ser entendida como una justificación, para no crear polémica por lo que a continuación escribió:

> Reconocerás, sin embargo, conmigo, á poco que sobre ello reflexiones, que si nó genealógicamente, al menos morfológicamente son los grandes monos muy próximos parientes nuestros. Por ancho que sea el abismo que separa al bestial gorila del Apolo de Belvedere, lo es mucho más el que media entre el mismo gorila y el diminuto titi brasileño, con ser monos el uno y el otro; y lo mismo el vulgo que los naturalistas más á la antigua, es decir, más enemigos de las teorías

> evolucionistas, no pueden resistir á la tentación de ver en los simios antropoideos algo de humano, atribuyéndoles hechos y rasgos de que, no ya una bestia, sino ni aun un hombre salvaje sería capaz. Con lo cual van los tales más allá que el viejo Darwin, quien ni dijo nunca eso que se le atribuye de que el hombre desciende del mono, ni sostuvo jamás el insostenible disparate científico de que, de dos especies que coexisten en una época misma, pueda ser una descendiente de la otra.

Párrafo en el que intentó explicar la similitud evidente entre primates antropomórficos y en el que hace una indudable defensa de Darwin, frente a los bulos que se le atribuían.

La colaboración de Cabrera, en este tipo de publicaciones de aparición semanal que tenían entre sus objetivos divulgar la ciencia, fue muy frecuente, y alcanzó su máxima expresión en la revista *Alrededor del Mundo*, en la que ya en 1902 firmaba un artículo sobre las curiosidades de la vida de los monos (Cabrera, 1902).

Precisamente en *Alrededor del Mundo*, en la fecha del 6 de septiembre de 1920, se publicó el artículo «Ventajas de no tener hocico. La última palabra sobre el origen del hombre», que no llevaba firma, pero, en ese momento Cabrera era el redactor jefe de dicha revista (Alrededor del Mundo, 1920), y en cuyo primer párrafo se decía:

> Cada cual puede creer acerca del origen de la especie humana lo que tenga por conveniente; pero los hombres de ciencia persisten en afirmar inexorablemente que no es sino el resultado de la evolución, y lo cierto es que los restos fósiles de hombre que se han encontrado hasta ahora, demuestran que, en cuanto a lo físico, el abismo entre el hombre primitivo y los grandes simios distaba mucho de ser muy considerable. Esto no quiere decir, como suponen los ignorantes, que el hombre desciende del mono; ningún evolucionista, ni el mismo Darwin, ha dicho jamás semejante desatino. Lo que los modernos naturalistas pretenden, es que el mono y el hombre tienen un antecesor común, que son, por decirlo así, primos hermanos, ramas de un mismo tronco. La cuestión estaba en averiguar que antecesor era ese, y por qué razón algunos de sus descendientes se habían elevado hasta el nivel moral e intelectual que el hombre ocupa, mientras otros continuaban siendo verdaderas bestias, como el mandril o el gorila.

En estos momentos, cada vez que escribe sobre primates antropomórficos, parece usar frases de descargo, para intentar no crear polémica sobre su posicionamiento sobre la creación y el origen de las especies; aunque bajo nuestro punto de vista son evidentemente evolucionistas como intentaremos poner de manifiesto en el apartado siguiente.

LAS REFERENCIAS A LA EVOLUCIÓN Y A DARWIN

Al tiempo que las referencias a «El Creador» fueron desapareciendo de sus escritos divulgativos, empezaron a aparecer citas a la evolución y a algunas obras de Darwin no sólo en escritos científicos. Así, en su monumental tomo sobre los mamíferos, dentro de la serie «Fauna Ibérica», al ocuparse de la cohorte *Edentata*, señala como el profesor americano Henry Fairfield Osborn «que trata de dar en su clasificación una idea de las diferentes fases evolutivas, desde la más sencilla y primitiva á la más especializada, incluye los *Xenarthra*, *Pholidota* y *Tubulidentata* entre los *Unguiculata* y separa de éstos á los *Primates*, formando con ellos una cohorte aparte», si bien Cabrera cree más lógico «dejar los *Primates* en el mismo grupo en que entran los *Insectívora*, con los que tienen indudable parentesco, y separar de unos y otros los tres órdenes comúnmente comprendidos bajo el nombre de desdentados, los cuales son por todos estilos tan diferentes de los demás mamíferos, que hasta cabe sospechar si constituirán un caso de evolución independiente y merecerán, por tanto, ser considerados como una infraclase distinta de los *Eutheria*» (Cabrera, 1914: 18, nota 3).

En la página 219, donde arranca el «Orden Primates», dice:

> (...) Comprende este orden el hombre y los animales corrientemente conocidos bajo el nombre de cuadrumanos, ó sean los monos y los lémures ó makís. Aunque por lo general se considera á estos mamíferos como los más perfeccionados, por su organización constituyen en realidad un grupo muy primitivo, presentando una porción de caracteres arcaicos, entre ellos la existencia de clavículas, los dedos en número de cinco, la marcha plantígrada ó semiplantígrada y la frecuente presencia en el carpo de un hueso colocado en el centro, y llamado por eso mismo central, que es muy característico de los euterios de tipo más antiguo.

En el libro *Manual de Mastozoología* el capítulo III, denominado «Paleontología Mastozoológica», publicado en 1922 dice sobre el origen de los mamíferos:

> (...) En estos tiempos, en que, demostrada con hechos irrefutables, la teoría evolucionista es universalmente aceptada por todos los hombres de ciencia, a las antiguas discusiones sobre la posibilidad o falsedad de la misma ha sucedido, por lo que a los mamíferos se refiere, una nueva contienda sobre qué seres fueron los antecesores de esta clase. Fundándose en ciertos caracteres anatómicos, tales como la estructura de las membranas fetales y la supuesta correspondencia entre el yunque del oído en los mamíferos y el hueso cuadrado en los anfibios o batracios, sostienen algunos autores que aquellos descienden de éstos, opinión que ha sido defendida por Huxley, Hubrecht y Kinsley, entre otros (Cabrera 1922: 100).

Y dos páginas más adelante, en el mismo *Manual* y al hablar de los centros de dispersión, señalaba que:

> Dos son los principios fundamentales de la evolución, tal como hoy se considera: el de la dispersión desde centros o puntos de origen común, de donde proceden por emigración las especies que habitan los más distintos climas, y el de la adaptación al medio, modificación de los caracteres morfológicos por la influencia del clima y del terreno (Cabrera, 1922: 102).
>
> O un poco más adelante:
>
> La adaptación al medio, que, con la extinción como única alternativa, acompaña necesariamente a la dispersión, no se verifica de un modo irregular y caprichoso, sino que está sujeta a leyes fijas. De ellas, dos son las principales: la ley de la irradiación adaptativa y la de la convergencia evolutiva. En virtud de la primera, dos o más especies con antecesores comunes ofrecen caracteres ente-

> ramente distintos, porque, habiéndose tenido que adaptar a medios diferentes, han evolucionado de diferente manera. Por el contrario, en virtud de la ley de la convergencia, especies que tienen un origen diferente presentan analogías morfológicas, por haberse adaptado a un mismo medio (Cabrera 1922: 105).

Resulta evidente que, sin declararse en ningún momento darwinista, durante este periodo de tiempo, desde 1914 a 1922, pierde el pudor al manifestar sus convicciones. No se puede hablar con términos científicos tan específicos, como los que se pueden leer en las citas anteriores, sin aceptar, comprender y comprometerse profundamente con la evolución de los seres vivos. Además, no opina sobre referencias oídas, sino que explica que ha leído a Thomas Henry Huxley (1825-1895), Ambrosius Arnold Willem Hubrecht (1853-1915) y Charles Kingsley (1819-1875).

LAS IDEAS SOBRE EVOLUCIÓN, VARIACIÓN Y HERENCIA DE ÁNGEL CABRERA EN 1926

La actividad científica de Ángel Cabrera podemos decir que se profesionaliza, a mediados de octubre de 1925, cuando llega a la ciudad de La Plata, en la República Argentina, para hacerse cargo de la jefatura del Departamento de Paleontología del Museo de dicha ciudad. A comienzos de ese año, el matemático Julio Rey Pastor había transmitido, a la Junta de Ampliación de Estudios e Investigaciones Científicas (JAE), el interés que le había manifestado el Director del Museo de La Plata, poco antes de embarcarse hacia España, de encontrar un joven ya formado para hacerse cargo de la misma[7]. La intervención de Ignacio Bolívar, vicepresidente de la JAE, había sido fundamental en la propuesta y aceptación de Cabrera. En carta que envía a José Castillejo, secretario de la JAE, el 20 de febrero de ese año le había señalado su creencia de que Cabrera podía dar cumplimiento al deseo del director de aquel Museo «y que fuera de él, no hay persona a quien proponer»[8].

Apenas un año llevaba Ángel Cabrera en la Argentina, cuando el 25 de septiembre de 1926 dictó, en la Asociación cultural de conferencias de Rosario, una conferencia sobre «Evolución, variación y herencia» (Cabrera, 1926), en la que mostró una completa puesta al día en lo relativo a los tres conceptos biológicos que abordó en su conferencia.

La publicación impresa de dicha conferencia comienza reproduciendo la siguiente frase de Jordan y Kellogg: «si no tuviéramos ya una teoría de la evolución por derivación de formas, nos veríamos obligados a inventarla, ante los hechos de la Paleontología» (Jordan y Kellogg 1907: 200). Además, en el primer párrafo de la

[7] Carta de Julio Rey Pastor al Sr. Presidente de la JAE, fechada el 25 de enero de 1925, donde señala el interés del Director del Museo de La Plata que desearían entrar en relación con un joven ya formado para hacerse cargo de la jefatura del Departamento de Paleontología. ARE, 00000034

[8] Carta de Ignacio Bolívar a José Castillejo, de 20 de febrero de 1925, donde le señala que Ángel Cabrera es la persona más preparada para hacerse cargo de la jefatura del Departamento de Paleontología del Museo de La Plata. ARE, 00000035

misma, hace referencia a una cita de Angelo Heilprin[9] publicada casi cuarenta años antes de ese momento «No hay en toda la historia del mundo orgánico un hecho más patente que el de la existencia, desde el principio hasta el fin, de una evolución progresiva desde las formas más inferiores a las más elevadas en la cadena de los seres que sucesivamente han poblado la superficie de la tierra» (Heilprin 1887: 133)[10]. Esta cita evidencia que Cabrera era ampliamente conocedor del trabajo de Heilprin; y por ello en los párrafos siguientes nos gustaría insistir en lo que suponía este conocimiento.

Heilprin consideraba la evolución, usando sus propias palabras, una doctrina tan firmemente establecida en aquel momento como lo era la teoría copernicana de la revolución planetaria, la teoría de la gravitación o la teoría ondulatoria de la luz (Heilprin, 1888: 2), y buscó pruebas con su trabajo en paleontología y geología para divulgarla y hacerla comprensible. En el prólogo de su libro *The geological evidences of evolution* (1888) afirmaba (traducción de los autores):

> [...] Mientras se ha hecho mucho para popularizar el tema de la Evolución, ya sea en la forma de exponer los principios de la doctrina, o de reunir las pruebas a favor de ella, hasta ahora no ha aparecido, según el conocimiento del autor, cualquier declaración colectiva o consecutiva de la evidencia que la geología y la paleontología presentan en apoyo de la transmutación orgánica. Con el fin de llenar parcialmente este vacío en la literatura del darwinismo, el autor ha preparado, a petición de muchos de sus amigos, las siguientes páginas.

En la primera página de ese mismo libro se puede leer:

> [...] Hace justo cincuenta años[11] se plantaron los gérmenes de una serie de especulaciones científicas cuyo desarrollo estaba destinado a marcar una época en la historia de la ciencia y a provocar una profunda revolución en las tendencias del pensamiento moderno. Fue entonces cuando Charles Darwin concibió por primera vez la idea de investigar ese misterio de los misterios, el origen de las especies, y fue entonces cuando sentó las bases de ese notable trabajo que unos veinte años más tarde estaba destinado a convulsionar el mundo científico. Han pasado casi treinta años desde que el «Origen de las Especies» vio por primera vez la luz del día, y aunque en sus inicios no encontró más que pocos adeptos a su propuesta general de que todas las formas orgánicas existentes no son más que modificaciones o derivados de formas aliadas o previamente existentes, en la actualidad cuenta con un número igualmente pequeño, o incluso menor, de oponentes. Puede decirse con seguridad que ninguna generalización científica

[9] Angelo Heilprin (1853-1907) fue un geógrafo, explorador y geólogo, de origen húngaro, que vivió en Estados Unidos, donde fue profesor de paleontología de invertebrados en la Academia de Ciencias Naturales de Filadelfia y profesor de geología del *Wagner Free Institute of Science*, y que como Cabrera tenía un buen dominio del dibujo y la pintura.

[10] «There is no fact more patent in the history of the organic world than that there has been from first to last a progressive evolution from lower to higher forms in the chain of beings that successively peopled the earth's surface». La cita aparece en la página 133, al comienzo de la segunda parte de la obra, cuyo capítulo lleva por título «Gelogical distribution. I. The succession of life. Faunas of the different geological periods».

[11] Cincuentas años antes, en 1837, Darwin garabateo el primer diagrama de un árbol evolutivo, que se puede observar en la página 37 de cuaderno de notas de Darwin (Figura DarwinArchive_1837_NotebookB_CUL-DAR121.-_038)

amplia, a no ser posiblemente la de la Correlación de Fuerzas, ha tenido nunca una aceptación tan rápida como la doctrina de la evolución o del transformismo.

Volviendo a la conferencia de Ángel Cabrera, este destaca como «teniendo en cuenta el inmenso número de investigadores que de entonces acá vienen consagrando sus afanes al estudio de las cuestiones relativas a la evolución biológica diríase que el fenómeno en sí, el hecho mismo de la evolución, ya no debería ser puesto en duda» (Cabrera, 1926: 1).

Expuesta su posición sobre el tema en que versará su conferencia y los sólidos argumentos que se mantienen en la comunidad científica sobre la evolución biológica, pone de manifiesto su profundo malestar, porque a nivel popular estos conceptos aun sigan provocando polémicas. Explica que no hacía mucho, se había aplaudido, en Buenos Aires y en otras capitales argentinas, a un religioso español cuyo exclusivo objeto era demostrar que la teoría de la evolución era falsa. Y para que nadie pudiera pensar que esa forma de pensar era cosa de determinada raza señala el caso, en esos momentos de actualidad, «del juez que en una ciudad de Estados Unidos (...) encausó a un profesor por el grave delito de defender ante sus alumnos las ideas de Darwin» (Cabrera, 1926: 1). Se refería Cabrera al tristemente conocido como «juicio del mono», que se siguió contra John Scopes, en el estado de Tennessee, donde se tenía como ilegal la enseñanza de cualquier teoría que negase la historia de la Divina Creación.

A lo largo de esta conferencia Cabrera intentó expresó de forma inequívoca su comprensión de los conceptos de evolución, variación y herencia. Así, en la página 4 de la conferencia, podemos leer una defensa apasionada de la evolución no como teoría sino como ley:

> [...] Realmente ya no debemos considerar la idea de la evolución como una teoría; hoy es un verdadero postulado, y así lo ha reconocido oficialmente el Consejo de la Asociación Americana para el Adelanto de la Ciencia en su cuarta reunión, celebrada en Boston en Diciembre de 1925, al incluir entre sus resoluciones aprobadas esta afirmación categórica «Ninguna generalización científica está más sólidamente apoyada por evidencias enteramente comprobadas que la de la evolución orgánica».

A largo de su lectura expone, taxativamente, que no hay material para discutir si existe o no la evolución:

> [...]El principal argumento a que comúnmente se acude para combatir la evolución, consiste en la fijeza de las especies, en su pretendida invariabilidad; pues bien, en todos los tiempos se ha admitido como cosa corriente que los caracteres de una especie pueden variar y como esa variación se debe a causas externas (Cabrera, 1926: 5).

Y da justificadas razones de dicha variabilidad, haciendo un recorrido histórico desde pasajes bíblicos y por varios autores, incluyendo a Francis Bacon, Georges-

Louis Leclerc conde de Buffon, Jean-Baptiste de Monet, caballero de Lamarck, Charles Darwin, Hugo de Vries, Gregor Mendel o William Bateson, entre otros.

Esta conferencia es un trabajo interesante pues, una vez que establece lo indiscutible de la evolución, pone de manifiesto las polémicas científicas, que existían en aquel periodo concreto de la historia, entre diferentes corrientes de pensamiento

> [...]Por lo que al principio de la evolución se refiere, hay que convenir en que su divulgación, sin la cual no podemos esperar que sea universalmente aceptado, ha sido considerablemente retardada por las interminables discusiones, por un lado, entre neolamarkianos y neodarwinistas, y por otro entre los partidarios de estas viejas escuelas y los modernos investigadores de la herencia. Y el caso es tanto más deplorable, cuanto que en realidad no se trata de teorías contrarias, como sus propios defensores suponen, sino de distintos modos de enfocar una misma cuestión, o mejor todavía, de manera de explicar distintos factores de un mismo problema (Cabrera, 1926: 8).

Y afirmaba:

> [...] Ahora bien, yo digo que, sin influencia del medio, sin herencia de los caracteres resultantes de esta influencia, sin leyes que gobiernen esta herencia y sin selección que fije los caracteres no hay evolución posible. Estos cuatro factores constituyen un conjunto, [...] cuyo resultado es la evolución; e inversamente, evolución no es el resultado de la influencia del medio, ni de la mutación, ni de la herencia, ni de la influencia del medio, sino de todo ello reunido (Cabrera, 1926: 9).

Cabrera terminaba la conferencia manifestando una optimista confianza en el progreso científico:

> [...] No sabemos aún la verdadera extensión de la Ley de Mendel, ni si hay otras leyes análogas por describir, ni si la selección natural se verifica también en proporciones fijas y determinadas... Pero creo que ninguna de estos problemas sea insoluble. Todo ello se investigará, todo se aclarará algún día, y entonces ya no se hablará de si existe o no existe la evolución; sólo se hablará de cómo se realiza la evolución y de cuáles son sus resultados.

Esta importante conferencia, creemos insuficientemente estudiada, aunque previamente referenciada por Pelayo (2018), es un enorme trabajo de síntesis del conocimiento al que se podía acceder en relación con la teoría de la evolución en sus diferentes formas de entenderla en ese momento, 1926. Cabrera es capaz de sintetizar y comunicar por medio de esta conferencia, dicho conocimiento de una forma sencilla y didáctica, como sólo él podía permitirse y para un auditorio no científico. Era un evolucionista darwinista convencido.

Seis años más tarde, en 1932, escribió un artículo que lleva por título «La incompatibilidad ecológica: una ley biológica interesante» (Cabrera, 1932)[12] en el que

[12] Trabajo presentado en la primera reunión Nacional de Geografía. Buenos Aires, 1931. Sección de Zoogeografía.

expuso con numerosos ejemplos lo que en la actualidad denominamos «principio de exclusión competitiva» o «ley o principio de Gause». Simpson[13], otro defensor de Darwin, la denominaba la «ley de Cabrera» (Simpson, 1936), ya que, según él, el naturalista español fue la primera persona en explicitar algo que había sido reconocido por otros autores, pero nunca puesto tan claramente por escrito (Bond, 1998).

En 1945, Cabrera publica en Buenos Aires, su obra *Caballos de América*, y en el primer párrafo del capítulo I «El origen americano de los caballos» deja constancia de su aceptación de los principios darwinistas de la selección natural, como mecanismos del proceso evolutivo:

> [...] Como resultado, a un tiempo, de los descubrimientos de la paleontología y de las modernas investigaciones biológicas, considerase hoy como un hecho bien probado que las especies animales actualmente existentes proceden de otras que existieron antes, las cuales, a su vez, se habrían derivado de otras anteriores a ellas. No es ya posible poner en duda que, en el transcurso de los tiempos, una especie puede experimentar un cambio más o menos profundo en alguno o algunos de sus caracteres, y es lógico pensar que si este cambio da a la tal especie una mayor aptitud para la vida, los individuos a los que el cambio afecte tendrán mayor probabilidad de sobrevivir en la lucha por la existencia y de reproducirse, legando a sus descendientes los nuevos caracteres, hasta que éstos lleguen a imponerse y un nuevo tipo substituye al que antes existía. La sucesión de estos cambios, que, a través de las edades, desde que la vida apareció sobre el planeta, ha venido a dar origen a las especies actuales, constituye lo que se llama evolución orgánica (Cabrera, 1945: 17).

Al comienzo del capítulo II de la misma obra, titulado «La extinción de los caballos indígenas», introduce la siguiente cita de Darwin:

> [...] Es ciertamente un acontecimiento maravilloso en la historia de los animales, que una especie nativa haya desaparecido para ser sucedida, en época posteriores, por las innumerables manadas introducidas por el colonizador español (Cabrera, 1945: 33).

Finalmente, en 1950 Cabrera publicó su última monografía en solitario, *Zoología pintoresca*. En esta obra hay una entrada en la página 60 dedicada a «la evolución orgánica», donde la explica sobradamente. Más adelante otra, con el título «Filogenias», donde comienza diciendo:

> Tan pronto como los hombres de ciencia tuvieron la certidumbre de que la evolución orgánica era un hecho, muchos de ellos, llevados del entusiasmo que siempre provoca lo nuevo, se dieron a la tarea de investigar la genealogía de las especies, ni más ni menos como si se tratase de averiguar el árbol genealógico de las familias ilustres. A esta clase de genealogía, basada en el estudio de la evolución, llámesele filogenia (Cabrera, 1950: 64).

---

[13] George Gaylord Simpson (1902-1984) es uno de los más influyentes paleontólogos y biólogos evolutivos del siglo XX. Hizo dos expediciones, en 1931 y 1933 a la Patagonia Argentina para estudiar paleontología y geología del Terciario y Ángel Cabrera fue la persona que le hizo de anfitrión durante esas estancias.

CONCLUSIONES

El título de esta comunicación «Ángel Cabrera, el Creador y Darwin», hace referencia a la posibilidad planteada por autores anteriores de que la formación del joven Cabrera, hubiera dejado impresa, en él, un trasfondo de creencias religiosas anglicanas[14]. Este trasfondo podemos encontrarlo en algunos relatos y en una pequeña parte de su producción divulgativa en la primera década del siglo XX. Pero es innegable el progreso del pensamiento de Cabrera, hasta asumir plenamente los conceptos de darwinismo y evolución.

Ángel Cabrera fue un erudito, siempre con acceso a grandes bibliotecas de Historia Natural. En España se sirvió de la mayor biblioteca existente sobre ciencias naturales, la reunida por la Real Sociedad Española de Historia Natural, de la que fue bibliotecario desde 1910 hasta 1920.

Su conocimiento sobre teoría genética se explica porque compartió tiempo y lugar con los protagonistas que facilitaron la llegada de dichas teorías a España (Rey & Gomis 2022). Compañero, consocio y amigo de José Fernández Nonídez y de Antonio de Zulueta (Rey *et al.* 2022), con el que compartio una relación desde 1905.

El estudio de los documentos de Cabrera y la búsqueda de si sus creencias o formación religiosa[15] aparece o tiene algún tipo de influencia a lo largo de su producción científica, nos ha permitido descubrir su profundo conocimiento sobre todas las ideas evolucionistas en ese momento.

Independientemente de sus creencias religiosas, que guardó para sí, fueran estas las que fueran, Ángel Cabrera fue un erudito de la zoología, con una prodigiosa capacidad de trabajo y lectura, capaz de combinar ideas y relacionar conocimientos sin prejuicios, lo que le facilitó una enorme visión del panorama científico de su época, que fue capaz de comunicarla a sus alumnos y público en general. Hoy en día sigue siendo muy actual.

ADENDA

La Iglesia de Inglaterra, denominada anglicana, que data del siglo XVI, emitió en septiembre de 2008 una especie de disculpa a Charles Darwin por distorsionar a las ideas planteadas en libros como *El origen de las especies* y *El origen del hombre* y asumir erróneamente que contradicen las creencias cristianas. Esta disculpa se publicó en la web de *The Church of England* por el reverendo Dr. Malcolm Brown, jefe de asuntos públicos de la iglesia, llamado Good Religion Needs Good Science (La buena religión necesita buena ciencia). En él explica que la teoría evolutiva y la religión son compatibles, y que aceptar la fe no significa rechazar la ciencia, o viceversa, «Por el bien de la integridad humana, y por lo tanto por el bien de una buena vida cristiana, es esencial un acercamiento entre Darwin y la fe cristiana», pero también argumentan que la fe y la ciencia deben discutirse en diferentes esferas.

---

[14] La iglesia anglicana rechazó el Darwinismo hasta entrado el siglo XXI.

[15] Aunque es relativamente común que en sus escritos haga referencias a la iglesia, el evangelio, los Santos, porque como buen protestante es conocedor de la Biblia, algo habitual durante su niñez y juventud. Por ejemplo (Cabrera, 1926: 8) «Así como 2 cismas son fatales para la expansión de las religiones, nada hay que perjudique tanto a los principios científicos como la disparidad de criterio entre quienes los sostienen».

AGRADECIMIENTOS

Al bibliotecario Alejandro Carlos Cottini y a la Biblioteca Argentina «Dr. Juan Alvarez» de la Municipalidad de Rosario, Argentina, por su amabilidad al enviarnos una copia del trabajo de Cabrera de 1926, y a todo el personal de la Biblioteca y el Archivo del MNCN, por su continua ayuda.

BIBLIOGRAFÍA

ALREDEDOR DEL MUNDO (1920), Ventajas de no tener hocico. La última palabra sobre el origen del hombre, *Alrededor del Mundo*, 1107 (6 septiembre 1920), 2 pp. s/n.

BARREIRO, Agustín J. (1992), *El Museo Nacional de Ciencias Naturales (1771-1935)*, Madrid, Ediciones Doce Calles.

BOND, Mariano (1998), Ángel Cabrera, *Museo. Revista del Museo de la Plata*, 2(11), pp. 17-24.

CABRERA, Ángel (1897), Observaciones sobre un chimpancé de ancas blancas (*Troglodytes leucroprimnus* Less), *Anales de la Sociedad Española de Historia Natural*, 26 (Actas), pp. 38-42.

–(1902), Curiosidades de la vida de los monos, *Alrededor del Mundo*, 173 (26 septiembre 1902), pp. 216-217.

–(1909), *Narraciones zoológicas, La Historia Natural de los Animales al alcance de los niños,* Barcelona, Hijos de Paluzie, editores.

–(1911), Nuestros primos, según Darwin. Verdades y mentiras sobre los grandes monos. *Por esos mundos*, 12, 193 (1-II-1911), pp. 193-202.

–(1912), *Catálogo metódico de las colecciones de mamíferos del Museo de Ciencias Naturales de Madrid,* Madrid, Junta para Ampliación de Estudios é Investigaciones Científicas.

–(1914), *Fauna Ibérica. Mamíferos*, Madrid, Junta para Ampliación de Estudios é Investigaciones Científicas.

–(1922), *Manual de Mastozoología,* Barcelona, Manuales Gallach.

–(1926), *Evolución, variación y herencia,* Asociación cultural de conferencias de Rosario, Ciclo de conferencias 1926, Publicación nº 4.

–(1932), La incompatibilidad ecológica: una ley biológica interesante, *Anales de la Sociedad Científica de Argentina*, 114, pp. 243-260.

–(1945), *Caballos de América,* Buenos Aires, Editorial Sudamericana.

–(1950), *Zoología pintoresca*, Barcelona, Editorial Ramón Sopena, S. A.

CASADO, Santos y Alfredo BARATAS (2004), «El divulgador Ángel Cabrera», en Helena de Felipe, Leoncio López-Ocón y Manuela Marín (eds.), *Ángel Cabrera: Ciencia y proyecto colonial en Marruecos,* Madrid, Consejo Superior de Investigaciones Científicas, pp. 199-213.

GOMIS, Alberto (2004), «Ángel Cabrera y la labor científica de la Real Sociedad Española de Historia Natural en el Norte de África», en Helena de Felipe, Leoncio López-Ocón y Manuela Marín (eds.), *Ángel Cabrera: Ciencia y proyecto colonial en Marruecos*, Madrid, Consejo Superior de Investigaciones Científicas, pp. 215-229.

GOMIS, Alberto; Ana RODRIGO; Soraya PEÑA DE CAMUS; Isabel REY e Isabel RÁBANO (2021), *La Real Sociedad Española de Historia Natural: 150 años haciendo historia,* Madrid, Real Sociedad Española de Historia Natural.

HEILPRIN, Angelo (1887), *The geographical and geological distribution of animals. The international scientific series*, vol. LVII, New York, D. Appleton and Company, https://doi.org/10.5962/bhl.title.1744.

–(1888), *The geological evidence of evolution*, Philadelphia, Published by the author, Academy of Natural Sciences. https://doi.org/10.5962/bhl.title.32546.

DARWIN, Charles R. (1837-1838), *Notebook B: [Transmutation of species]*. CUL-DAR121.- Edited by John van Wyhe (Darwin Online, http://darwin-online.org.uk/).

JORDAN, David Starr y Vernon Lyman KELLOGG (1907), *Evolution and Animal Life. An elementary discussion of facts, processes, laws and theories relating to the life and evolution of animals*, New York, D. Appleton and Company.

MEDINA, Miguel (1912), Madrid que estudia. El Museo Nacional de Ciencias Naturales. El Museo entre bastidores. Los laboratorios. El personal. Lo que se trabaja. *Alrededor del Mundo,* 707, pp. 489-491.

PELAYO, Francisco (2018). Las colecciones paleontológicas del museo de Historia Natural de la Plata y los evolucionistas Eduardo Boscá (1843-1924) y Ángel Cabrera (1879-1960), en: Gustavo Vallejo, Marisa Miranda; Rosaura Ruiz Gutierrez y Miguel A. Puig-Samper (eds.) *Darwin y el darwinismo desde el sur del sur*, pp. 211-226, Aranjuez, Ediciones Doce Calles.

REY FRAILE, Isabel (2004), «Aportaciones de Ángel Cabrera a la colección de mamíferos del Museo Nacional de Ciencias Naturales», en Helena de Felipe, Leoncio López-Ocón y Manuela Marín (eds.), *Ángel Cabrera: Ciencia y proyecto colonial en Marruecos*, Madrid, Consejo Superior de Investigaciones Científicas, pp. 239-246.

REY FRAILE, Isabel y Alberto GOMIS BLANCO (2022), «La entrada del mendelismo en España», en Carmelo Ruiz Rejón; Rafael Navajas Pérez; Roberto de la Herrán Moreno; Francisca Robles Rodríguez (eds.), *La herencia del mendelismo: La genética 200 años después del nacimiento de Gregor Mendel,* Granada, Editorial Universidad de Granada, pp. 355-370.

REY FRAILE, Isabel; Alba LÉRIDA; Mercedes PARÍS; José FERNÁNDEZ (2022), Antonio de Zulueta, sus colecciones científicas y el uso de estándares de color, *Aula Museo y Colecciones*, 9, pp. 113-133.

RÍOS SÁNCHEZ, Patrocinio (2020), Juan Bautista Cabrera Ivars: Introducción a la vida y obra de un reformador español del siglo XIX, Valls, Tarragona, Ediciones Noufront.

SEHN (1896), Sesión del 4 de marzo de 1896, *Anales de la Sociedad Española de Historia Natural, Actas*, 25, pp. 30-51.

SIMPSON, George G. (1936), Data on the relationships of local and continental mammalian faunas, *Journal of Paleontology*, 10 (5), pp. 410-414.

NEGACIONISMO, RELIGIÓN Y MORALIDAD EN LA ENSEÑANZA DE LA EVOLUCIÓN

Nelio Bizzo, Lucas Vivot,
Leonardo Araújo e Isabel Santos
University of São Paulo

INTRODUCCIÓN

En este texto discutiremos cómo la perspectiva evolutiva fue presentada por Charles Darwin a partir de ejemplos de comportamientos instintivos relacionados con la Filosofía Moral y la Teología Natural impartidas en universidades anglicanas, como Oxford y Cambridge. Esta discusión ha estado presente desde los primeros borradores de su teoría, como se puede comprobar en su manuscrito «Cuaderno B» (1837). En sus escritos, Darwin examinó aspectos cruciales que habían sido tratados durante su curso universitario en Cambridge, pero, al observar la naturaleza, notó signos claros de que tales comportamientos no se manifestaban de la forma esperada por la moral anglicana.

El tema aparece explícitamente en su obra. «The Origin Of Species» (1859), en el capítulo VII que trata del instinto. En este texto sostenemos que este tema fue abordado no sólo para abordar el instinto, sino también para ampliar los debates sobre filosofía moral. Darwin anuncia el capítulo afirmando que «los instintos son comparables a los hábitos, pero difieren en su origen». De hecho, afirma desde el principio que la comparación permite comprender con mucha precisión cómo se lleva a cabo una acción instintiva. El pensamiento analógico, en diferentes áreas, aunque ampliamente cuestionado en su momento, es la base filosófica del «largo» argumento darwiniano, lo que explicaría la objeción que recibió en su momento por parte de eruditos como William Whewell (White et al., 2021: 14).

Discute la gradación de los instintos, la variabilidad de los instintos, los instintos enseñados o inducidos, que según él podrían llamarse «domésticos», y los instintos naturales. Analiza ejemplos de comportamientos de pulgones y hormigas; cuco, emúes y avispas parásitas; hormigas esclavas; Abeja europea y su instinto de construcción de células, y también insectos asexuales. Darwin ya demostró que el instinto debía estar ligado a factores cognitivos, y que el instinto de una especie sólo beneficiaría a ella misma, y nunca a otras, como en el siguiente ejemplo de los pulgones:

> I removed all the ants from a group of about a dozen aphides on a dock- plant, and prevented their attendance during several hours. After this interval, I felt sure that the aphides would want to excrete. I watched them for some time through a lens, but not one excreted; I then tickled and stroked them with a hair in the same manner, as well as I could, as the ants do with their antennæ; but not one excreted. Afterwards I allowed an ant to visit them, and it immediately seemed, by its eager way of running about, to be well aware what a rich flock it had discovered; it then began to play with its antennæ on the abdomen first of one aphis and then of another; and each aphis, as soon as it felt the antennæ, immediately lifted up its abdomen and excreted a limpid drop of sweet juice, which was eagerly devoured by the ant. Even the quite young aphides behaved in this manner, showing that the action was instinctive, and not the result of experience. But as the excretion is extremely viscid, it is probably a convenience to the aphides to have it removed; and therefore probably the aphides do not instinctively excrete for the sole good of the ants. (Darwin, 1859: 210-211)

Darwin completa su pensamiento afirmando: «I do not believe that any animal in the world performs an action for the exclusive good of another of a distinct species» (Darwin, 1859: 211). La conducta de beneficiar a otra especie estaría asociada a aspectos morales que la teología anglicana atribuía a la influencia divina. Darwin, después de haber estudiado la bibliografía obligatoria de la teología de Oxbridge, sabía que ir en contra de los valores defendidos por los religiosos anglicanos, como la compasión, el amor por los demás y la solidaridad, podía resultar en una fuerte oposición a las bases de su teoría.

Darwin entendió los beneficios para las hormigas como una interacción que demostraba el uso del comportamiento instintivo de los pulgones, así como algunas especies se benefician de las estructuras físicas de otras especies. Estaba convencido, ante la falta de evidencia, de que los pulgones exhibían este comportamiento sin la intención de beneficiar a las hormigas.

Para Darwin, en la naturaleza, los pilares de la ética, la moral y los valores religiosos anglicanos eran contradictorios con la comprensión científica de las conductas instintivas. Y esto se puede ver en otro de sus libros: «The Descent of Man, and Selection in Relation to Sex» (1871) donde la moralidad aparece vinculada a la agencia, al juicio de las acciones presentes y pasadas, que son características reconocibles del ser humano.

Darwin cierra el capítulo sobre el instinto en «The Origin of Species» afirmando que los comportamientos instintivos no pueden leerse como «virtudes naturales» ni asociarse con intervenciones de una «creación especial» o acciones repetidas de un agente inteligente. Darwin no discute con los zoólogos, sino con la élite anglicana, cuestionando si tales comportamientos son ejemplos «virtuosos» resultantes de la acción de alguna entidad sobrenatural. Esta discusión trasciende la zoología y se vuelve teológica y filosófica. Darwin presenta hechos que exigen interpretación, desafiando la visión anglicana que entendía estos comportamientos como efectos de una causa final diseñada intencionalmente por un «diseñador inteligente» para alentar acciones virtuosas y reprender los comportamientos viles.

Si la discusión sobre el instinto estuviera en los escritos de Darwin sólo como una contribución o evidencia adicional de que su teoría sobre la selección natural era correcta, si fuera solo una parte de esta «ley general», ¿habría justificado un capítulo exclusivo sobre el tema? ¿O este capítulo VII pretendía cuestionar algunos de los dogmas religiosos más queridos por los anglicanos de su tiempo y reafirmar su creencia en un mundo vivo regido por leyes fijas, en la tradición newtoniana?

LA EVIDENCIA DEL NUEVO EPÍGRAFE

Planteadas estas cuestiones, traeremos algunos pasajes para ilustrar el por qué de la importancia de este tema para Darwin, a pesar de haber sido poco mencionado por historiadores y biólogos, y cómo sufrió algunas modificaciones a lo largo de las ediciones de «The Origin Of Species». Sugerimos aquí algunas reflexiones, que pueden tomarse como alusiones a aspectos morales de la teología anglicana, y más específicamente a los escritos del obispo anglicano Joseph Butler (1692 – 1752) en su libro, como se indica a continuación.

Además de la evidencia entre líneas de los extractos ya presentados, es importante mencionar que la primera edición sufrió importantes cambios luego de su publicación, lo que posiblemente se debió a las fuertes críticas que aparecieron poco después. En la segunda edición se incluyó una cita del obispo Butler, utilizada a modo de epígrafe, afirmando que lo natural no requiere milagros para que ocurra, precisamente porque está «determinado, establecido y fijo», como en el caso de los instintos.

Además de la notable inclusión de Joseph Butler, también es posible observar algunos términos que aluden al «Creador» y que no están presentes en la primera edición. En el capítulo final, ya en la primera edición, Darwin utiliza el verbo *to breathe* (soplar), que hace referencia a un pasaje bíblico del libro Génesis (capítulo 2, verso 7), sobre el origen de la vida que dice «y sopló en sus narices aliento de vida» («and breathed into his nostrils the breath of life»). La elección lingüística de Darwin al utilizar esta expresión en una de las últimas páginas de su obra no parece haber sido sin propósito, como dice Darwin:

> Therefore I should infer from analogy that probably all the organic beings which have ever lived on this earth have descended from some one primordial form, *into which life was first breathed*. (Darwin, 1859: 484, nuestro énfasis)

Y también en la página 490, una de las últimas frases del libro:

> There is grandeur in this view of life, with its several powers, *having been originally breathed into a few forms or into one*; and that, whilst this planet has gone cycling on according to the fixed law of gravity, from so simple a beginning endless forms most beautiful and most wonderful have been, and are being, evolved. (Darwin, 1859: 490, nuestro énfasis)

Si el uso de esta expresión no dejaba clara la alusión al pasaje bíblico, a partir de la segunda edición, en los dos extractos citados se trataba de una modificación que menciona explícitamente al «Creador», escrito como nombre propio:

> Therefore I should infer from analogy that probably all the organic beings which have ever lived on this earth have descended from some one primordial form, into which life was first breathed *by the Creator*. (Darwin, 1860: 484, nuestro énfasis)

El extracto de la página 490 también fue modificado:

> There is grandeur in this view of life, with its several powers, having been originally breathed *by the Creator* into a few forms or into one; and that, whilst this planet has gone cycling on according to the fixed law of gravity, from so simple a beginning endless forms most beautiful and most wonderful have been, and are being, evolved. (Darwin, 1860: 490, nuestro énfasis)

Estos discretos cambios apuntan a las concesiones de Darwin a los fundamentalistas religiosos de su tiempo. Sus observaciones, que más tarde serían reconocidas por revolucionar la forma en que la ciencia percibe el mundo, fueron recibidas como un ultraje a la idea de que todos los seres fueron creados de manera instantánea, independiente e inmutable. Todos los animales estarían continuamente influenciados por un agente inteligente, que gobernaría a las criaturas con recompensas, advertencias y castigos. Esta idea de gobierno natural estuvo muy presente en las obras del obispo Joseph Butler. En ediciones posteriores, sin embargo, Darwin se retractó de sus concesiones, eliminando varias inserciones del nombre propio «Creador», pero mantuvo algunas y el epígrafe de Butler.

DISEÑO INTELIGENTE: «*I CAN SEE NO EVIDENCE OF THIS*»

Este gobierno inteligente, presente en las obras de Butler, que administraría castigos y recompensas por el comportamiento de las personas de acuerdo con la moral anglicana, también ejerció influencia en el pensamiento de otros investigadores. Carl von Linné (1701 – 1778) incluyó en sus publicaciones descripciones botánicas asociadas a conductas sexuales, dejando implícita su percepción de que habría manifestaciones de una moral filosófica en las obras de la naturaleza.

Linné describió la anatomía de las flores y sus mecanismos reproductivos a partir de juicios morales utilizados para hombres y mujeres de la época, incluidas comparaciones funcionales. En 1749, Linné dice que «el estigma es la vulva, el estilo es la vagina, el germen es el ovario, el pericarpio es el ovario fecundado, la semilla es el óvulo» (Linné, 1749: 373). Y en otro pasaje también dice que «el cáliz es el lecho nupcial, la corola es el telón, los filetes son los vasos espermáticos, las anteras son los testículos, el polen es el principio fecundante» (Linné, 1749: 373). En uno de los volúmenes de sus obras, al hablar del surgimiento de nuevas especies, Linné establece conexiones entre la existencia de híbridos y la promiscuidad entre las partes femenina y masculina que podrían justificar la aparición de esta diversidad. Siguiendo los valores moralistas de la época, la botánica era una materia reservada a los hombres. Uno de los ejemplos más conocidos es la publicación del abuelo de Darwin, Erasmus Darwin (1731 – 1802), quien publicó, bajo seudónimo, versos considerados eróticos, y potencialmente escandalosos, sobre el sexo en las plantas (Browne, 1989).

Dado este conjunto de influencias que rodearon a Charles Darwin, su obra no podía dejar de estar influenciada por los preceptos morales de la época. La pregunta es: ¿habría cambiado de opinión sobre todo lo que veía en la naturaleza y el origen de las especies? En el extracto tomado de la carta que envió a su ídolo, Sir J. F. W. Herschel, Darwin parece responder claramente a la pregunta anterior cuando dice:

> One cannot look at this Universe with all living productions & man without believing that all has been intelligently designed; yet when I look to each individual organism, I can see no evidence of this. (Darwin, 1861)

Los sermones en los púlpitos anglicanos ejercieron una fuerte influencia en toda la sociedad, asignando a un agente inteligente la tarea de infundir continuamente benevolencia y amor por los demás en la humanidad. Sin embargo, la Corona inglesa, y la propia Iglesia Anglicana, como institución de poder, parecían estar exentas del castigo divino por los crímenes humanitarios que llevaron a cabo o promovieron. El genocidio indígena en las colonias británicas del Nuevo Mundo se convirtió en un negocio muy rentable, con pagos de buenas sumas de dinero por el cuero cabelludo de varones adultos indígenas (Seybolt, 1930). La Iglesia Anglicana admitió recientemente que mantuvo esclavizadas a más de 600 personas en una de sus propiedades en el Caribe (BBC News, 2006), incluso después de 1807, con la prohibición total del comercio de personas determinada por una ley del Parlamento británico. Con el fin de la esclavitud, la iglesia recibió una buena suma de dinero como compensación, sin ninguna transferencia a los trabajadores por los largos años de esclavitud.

Es importante enfatizar la conciencia del riesgo de anacronismo al juzgar actos pasados con valores presentes. Destacamos que los sermones del obispo Butler hablando de benevolencia ocurrieron al mismo tiempo que, en 1757, el Consejo de Massachusetts compraba cueros cabelludos, pagando a un asesino indígena un salario casi tres veces mayor que el pagado a los directores de las dos escuelas de la colonia de Massachusetts. (Seybolt, 1930: 527, #2). Cuando Darwin estudiaba la teología de Paley en su curso en la Universidad de Cambridge, aprendiendo cómo se debía practicar la generosidad a diario, la Iglesia de Inglaterra mantenía esclavizadas a cientos de personas en sus propiedades caribeñas. Todos los trabajadores de la planta azucarera anglicana Codrington en Barbados, propiedad de *Society for the Propagation of the Godspel in Foreign Parts* (SPG) tenían la palabra «*Society*» marcada en el pecho, como una cicatriz provocada por un hierro candente (BBC News, 2006).

Hay una marcada invisibilidad de la diferencia entre la moral predicada y la practicada por los anglicanos en la época de Darwin. Estos hechos nunca fueron mencionados en los tratados de los teólogos anglicanos de la época, que se limitaron a construir el racionalismo de la perfección en las obras del «diseñador inteligente». Darwin vio con sus propios ojos el horror de la esclavitud humana, pero documentó la competencia desenfrenada y la falta de misericordia en el mundo de los seres vivos, que la Teología Natural veía como una creación divina. Esto, por sí solo, sería suficiente para despertar el negacionismo científico en su momento.

LA BENEVOLENCIA COMO REGLA GENERAL DEL DISEÑO INTELIGENTE

La obra de Butler, que tenía como uno de sus pilares el «principio de benevolencia», tuvo una gran influencia en teólogos anglicanos como William Paley (1743-1805). Más tarde escribiría el libro. «Natural Theology; or, Evidences of the Existence and Attributes of the Deity» (1802), que se convirtió en lectura obligatoria durante más de 100 años en los cursos de Oxbridge, especialmente en el campo de la Ética y la relación entre ciencia y religión. Al inicio de esta obra exalta la existencia de un proyecto inteligente, que habría hecho el mundo a su semejanza, y demuestra cómo algunas perfecciones de la naturaleza son signos claros de la benevolencia de este Creador:

> Assuming the necessity of food for the support of animal life; it is requisite that the animal be provided with organ, fitted for the procuring, receiving and digesting of its food. It may be also necessary that the animal be impelled by its sensations to exert its organs, But the pain of hunger would do all this. *Why add pleasure to the act of eating, sweetness and relish to food?* Why a new and appropriate sense for the perception of pleasure? Why should the juice of a peach, applied to the palate, affect the part so differently from what it does when rubbed upon the palm of the hand? *This is a constitution which, so far as appears to me, can be resolved into nothing but the pure benevolence of the Creator. Eating is necessary; but the pleasure attending it is not necessary*: and that this pleasure depends, not only upon our being in possession of the sense of taste, which is different from every other, but upon a particular state the organ in which it resides, a felicitous adaptation of the organ to the object, will be confessed by any one who may happen to have experienced that vitiation of taste which frequently occurs in fevers, when every taste is irregular, and every one bad. (Paley, 1829: 270, nuestro énfasis)

Comer es una cuestión de supervivencia, pero para Paley, el Creador es tan benevolente que añade placer a este acto que nos mantiene vivos. Para el autor bastaba con mirar la naturaleza y allí estarían todas las pruebas de la existencia de Dios. Y no bastaba ver al Creador como autor de la naturaleza, sino que al mirar el mundo natural veríamos resaltada la benevolencia, incluso en los castigos aplicados por Él. Minimizarían todas las «cosas malas» practicadas por los seres humanos, como freno al mal uso de la benevolencia divina.

Darwin entró en contacto con estas ideas y fue influenciado por ellas en su carrera universitaria y en la atmósfera de la propia Cambridge. Sin embargo, al mirar la naturaleza a través de las gafas de un científico, Darwin cuestionó esta benevolencia desinteresada supuestamente estimulada por poderes divinos. Encontró pruebas de que la élite anglicana podía estar equivocada en los más diversos lugares que visitó, en innumerables observaciones documentadas en la bibliografía científica o por él mismo. De Paley aprendió a estudiar las conductas, basándose en su definición del instinto como «una propensión previa a la experiencia e independiente de la instrucción», abriendo el capítulo sobre el tema en su famoso libro. Pero Darwin adoptó una perspectiva funcional y objetiva, negando la premisa de que hubiera un propósito en la manifestación del comportamiento instintivo. Él escribió:

> An action, which we ourselves should require experience to enable us to perform, when performed by an animal, more especially by a very young one, without any experience, and when performed by many individuals in the same way, *without their knowing for what purpose it is performed*, is usually said to be instinctive. (Darwin, 1859: 207, nuestro énfasis)

Aquí vemos una clara ruptura con la Teología Natural expresada, al afirmar la independencia entre el ejercicio de la conducta y el conocimiento de su finalidad, por el ser mismo o por la entidad divina que supuestamente la guiaría, sublimando la causa final del proyecto inteligente. , según teólogos anglicanos como Butler y Paley.

William Paley comparó el ojo humano con un reloj mecánico y argumentó que, así como la complejidad funcional del reloj requiere de un relojero, la complejidad del ojo implica la existencia de un diseñador con conocimientos precisos de óptica:

> There cannot be design without a designer; contrivance without a contriver; order without choice; arrangement, without any thing capable of arranging; subservience and relation to a purpose, without that which could intend a purpose; means suitable to an end, and executing their office, in accomplishing that end, without the end ever having been contemplated, or the means accommodated to it. Arrangement, disposition of parts, subserviency of means to an end, relation of instruments to an use, imply the presence of intelligence and mind. (Paley, 1829: 10)

El estímulo a la benevolencia sería ejercido constantemente por este diseñador divinamente sabio, que acompañaría cada acto humano, pero no sólo el humano. Las madres humanas aman a sus hijos, pero esta benevolencia se puede observar en muchas especies de animales, lo que probaría la omnipresencia de este inteligente diseñador. Paley se pregunta si la gallina ama sus huevos o sabe qué hay dentro de ellos para cuidar tan bien su nido. Pero, ¿cómo podemos explicar el comportamiento reproductivo de los animales que nunca conocen a sus crías? El argumento es persuasivo al punto de explorar ejemplos que pueden contradecir la interpretación de conductas instintivas como desmotivadas, lo que implicaría un control externo sobre todos los actos, incluidos los reproductivos. Los animales tendrían instintos, pero las intenciones, los propósitos, las «causas finales», estarían en la mente del diseñador inteligente.

Paley admite excepciones, pero garantiza que son pocas y que podrían explicarse por una «probabilidad tolerable», es decir, el azar podría ejercer alguna influencia dependiendo de las circunstancias de algunos casos. Parece repetir el argumento de Aristóteles cuando habla del error del escultor al dar forma a la nariz de una estatua con un golpe equivocado. De nada sirve buscar un supuesto fin en una imperfección accidental, nos decía el Estagirita (que no admitía la existencia del azar).

Paley comienza a formular su respuesta al problema de la falta de propósito en el comportamiento citando el ejemplo de un pájaro que parasita los nidos de otro pájaro, ya muy conocido en aquella época, el cuco: la hembra, que nunca conoce a sus crías, pero deposita sus huevos con cuidado, uno a la vez, en los nidos de otras aves, y no en ningún lugar hueco. Luego cita al salmón, en su viaje río arriba para desovar, con total ignorancia de lo que están haciendo, ya que ninguno de estos peces encontrará jamás a su descendencia.

A continuación se menciona el cangrejo violeta de Jamaica (*Cardisoma guanhumi*). Las hembras realizan una larga marcha por las laderas de las montañas para desovar en la playa y regresan poco después sin noticias de su descendencia. Las polillas y las mariposas son otros ejemplos de madres que ni siquiera reconocen a sus propios hijos inmediatamente después de que los huevos eclosionan. Serían ejemplos elocuentes de conductas instintivas sin ningún motivo aparente, pero dirigidas por un ente inteligente con inequívocos propósitos de benevolencia.

COMPORTAMIENTOS INSTINTIVOS EN EL MUNDO REAL

En el capítulo VII de su libro, Darwin estudia el concepto de comportamiento benevolente, pero menciona ejemplos que contradicen directamente esta visión idílica del mundo viviente gobernado por una entidad sobrenatural benevolente.

Buena parte del capítulo está dedicada a describir el trabajo de observación de la esclavitud en las hormigas. Darwin, a diferencia de otros científicos de su época, no ofendió a su descriptor original (el ginebrino Jean-Pierre Huber, 1777-1840), acusado por muchos de proyectar supuestos prejuicios raciales sobre los insectos. Al contrario, lo menciona de manera muy elogiosa como «'a better observer even than his celebrated father», Francis Huber (1750-1831), quien, de hecho, se destacó por sus meticulosas observaciones, especialmente sobre las abejas, incluso con discapacidad visual severa. Darwin busca términos neutrales y sin prejuicios al discutir el caso, lo que no ocurrió en la traducción al inglés del libro de Huber realizada en 1820 (Darwin, 2018: 229, #30), lo que tuvo importantes consecuencias políticas para la discusión de la legislación británica, sobre la esclavitud (Minella, 2019; Bizzo & Vivot, 2023). Pero Darwin concluye su análisis del tema diciendo que no tendría problema en explicar la esclavitud de las hormigas como resultado de la acción de la selección natural (Darwin, 1859: 224). El descubrimiento se informó en 1810, es decir, después de la muerte de Paley, quien no comentó sobre la esclavitud de las hormigas en su libro. La esclavitud difícilmente aparecería en su libro como una virtud fomentada por un diseñador inteligente y benevolente.

Pero Darwin menciona al cuco, tan querido por Paley, quien elogió el comportamiento instintivo de la hembra mientras buscaba cuidadosamente un nido para poner sus huevos. Pero no mencionó el comportamiento instintivo del pequeño cachorro, desde el nacimiento. Darwin destaca esto, citando hechos bien conocidos por Paley y por él mismo. Además de que la historia natural del cuco era una de las más conocidas entre todas las aves de la época, aunque algo estereotipada e inexacta, Darwin se interesó especialmente por esta especie desde una edad temprana.

De hecho, todavía en Edimburgo, cuando empezó a estudiar medicina, tenía 17 años cuando asistió a una sesión de *Plinian Society* sobre essa ave (*Cuculus canorus*). Hay registros de que, en la sesión del 27 de marzo de 1827, participó en la discusión, con observaciones u opiniones personales sobre los hábitos de la especie, constituyendo posiblemente la primera comunicación pública de sus estudios ornitológicos (Frith, 2016: 9). El ave fue recolectada durante el viaje del Beagle y estaba ganando cada vez más atención en el *Royal Society* al menos desde 1788, cuando se describió el hábito parasitario de la hembra y su descendência (Jenner, 1788). Tan pronto como el huevo eclosiona, el recién nacido no duda en sacrificar a sus hermanos adoptivos arrojándolos fuera del nido hasta la muerte. Sin duda, Paley estaba familiarizado con estos registros, con descripciones no sólo de la matanza de las crías de las especies adoptadas, sino incluso de luchas despiadadas entre hermanos de cuco cuando se dejaban dos huevos en el mismo nido. ¿Fueron estos pájaros especialmente guiados para cometer infanticidio, e incluso fratricidio, para satisfacer algún benévolo propósito divino de un diseñador inteligente?

Otro caso verdaderamente impactante aparece poco después en el relato de Darwin, con la descripción del ciclo reproductivo de la pequeña avispa icneumón. La aplicación del comportamiento instintivo de este himenóptero en la agricultura se convirtió en una auténtica sensación en la década de 1830, con las primeras aplicaciones a gran escala de control biológico. La hembra pone sus huevos en larvas de polilla, que a menudo devoran hojas de col y otras plantas utilizadas para el consumo humano. Las pequeñas larvas de la avispa devoran lentamente el interior de las crías de la polilla, torturándolas sin piedad hasta la muerte, momento en el que completan su ciclo de vida y sufren una metamorfosis adquiriendo su forma adulta. ¿Sería este infanticidio tortuoso, sin piedad alguna, un comportamiento virtuoso y benévolo, alentado por un agente divino desde tiempos inmemoriales, incluso antes de la invención de la agricultura?

Se menciona el caso de las abejas europeas tal como se entendió en su momento, como si existiera una lucha incesante a muerte entre la abeja reina y sus hijas fértiles recién nacidas. El episodio se describe en un lenguaje que recuerda a lo que a menudo sucedía en la Torre de Londres en las disputas por el trono inglés durante la dinastía Tudor. ¿Podría el infanticidio (o matricidio) ser otro comportamiento inspirado por la benévola mente divina?

Al explorar este y otros ejemplos de instintos crueles y despiadados, Darwin cuestiona el papel de un «gobernante natural» en el universo con la benevolencia como el mayor valor incuestionable. Estas reflexiones desafiaron la filosofía moral anglicana, confrontando la noción de un diseño divino armonioso. Al final del capítulo, Darwin no cuestiona la existencia de Dios, sino que, por el contrario, dice que estos ejemplos de esclavitud en las hormigas, infanticidio, fratricidio y matricidio en diferentes especies, comprometen la imagen divina de la misericordia y la benevolencia. Estos comportamientos moralmente repulsivos se entenderían mejor como consecuencias naturales de la aplicación de una ley universal, en sus palabras, «leading to the advancement of all organic beings, namely, multiply, vary, let the strongest live and the weakest die.» (Darwin, 1859: 244)

IMPLICACIONES PARA LA ENSEÑANZA DE LA EVOLUCIÓN: NEGACIONISMO Y VALORES MORALES

A pesar de la importancia reconocida del conocimiento evolutivo, una serie de investigaciones han demostrado que comprender, e incluso aceptar la evolución biológica, todavía enfrenta muchos desafíos en la actualidad. En este texto queremos mostrar cómo se puede discutir el negacionismo evolucionista en la forma en que el propio Darwin nos enseñó en su libro más conocido, es decir, discutiendo cómo los valores morales, entendidos como convenciones sociales de una época, no pueden ser considerados en la construcción del conocimiento científico, incluso en el aula. Investigaciones recientes demuestran incluso que la religión no es el factor decisivo que, de forma aislada, define la aceptación de la evolución biológica, como veremos a continuación.

La evolución biológica es uno de los temas principales en la enseñanza de las ciencias en el que se detectan dificultades en la comprensión conceptual y parece común la presencia de concepciones conflictivas con la ciencia -por parte de estudiantes e incluso profesores- en la interpretación de los fenómenos evolutivos (Deadman, Kelly, 1978; Clough, Wood-Robinson, 1985; Bishop, Anderson, 1990; Bizzo, 1994; Gregory, 2009; Oliveira, 2022).

Los estudios con libros de texto de biología utilizados en Estados Unidos encontraron marcadas influencias del movimiento creacionista (Skoog, 1984). Cuatro de cada cinco libros de texto de ciencias publicados en el momento de la investigación incluían una sección sobre creación especial, al contrario de lo que ocurría con los libros más antiguos. En un estudio anterior, se analizaron libros de ciencia estadounidenses entre 1900 y 1977, y se encontró que sólo tres de los 93 libros incluidos en la muestra trataban sobre el creacionismo, y dos de estos libros presentaban un enfoque crítico del creacionismo (Skoog, 1979). La conclusión de Skoog (1984) advirtió sobre el crecimiento del movimiento creacionista y el daño que podría causar a la enseñanza de la biología en los Estados Unidos. Con el período conservador americano que siguió, esta tendencia se exacerbó, exportándose a otros países, con repercusiones muy fuertes en Brasil en los últimos años (Oliveira, Cook, 2019).

Un estudio muy influyente en la literatura de la década de 1990 involucró a 110 estudiantes universitarios en los Estados Unidos. Los autores aplicaron pruebas previas y posteriores, entre un período de educación formal sobre la evolución, acompañadas de entrevistas con voluntarios. El material didáctico utilizado en el curso fue elaborado especialmente para incluir datos previos a la prueba. Esto llevó a los autores a creer que los cambios serían notables, al menos en la comprensión de la teoría de la evolución. Sin embargo, los investigadores no encontraron cambios significativos en la comprensión y aceptación de la teoría de la evolución en la prueba posterior (Bishop, Anderson, 1990).

Estos aspectos de la comprensión conceptual siguen siendo influyentes en la literatura, incluidas convocatorias recientes para la presentación de trabajos sobre la enseñanza y el aprendizaje de la evolución biológica. Paralelamente, varios autores se han dedicado a investigar la aceptación de la teoría de la evolución entre los estudiantes, explorando los factores que pueden influir en este proceso.

Se han identificado varios obstáculos para la aceptación de la evolución, incluida la comprensión de la naturaleza de la ciencia, que desempeña un papel crucial en la comprensión de la teoría de la evolución. Los estudios empíricos han demostrado una asociación significativa entre la aceptación de la evolución, la comprensión de la teoría de la evolución, la religiosidad y aspectos de la naturaleza de la ciencia. Sin embargo, el peso de estos factores en la aceptación de la evolución varía, especialmente cuando se consideran modelos multifactoriales y diferentes realidades culturales (Dunk et al., 2019).

A pesar de la complejidad de los datos empíricos, existe una tendencia a asumir que la resistencia a la evolución está intrínsecamente ligada a la formación religiosa de los individuos, especialmente en Estados Unidos y Brasil (Coyne, 2012; Teixeira, 2019). Existe una tendencia en la literatura, aunque no unánime, que asocia la creencia en cualquier Dios (deísmo) como intrínsecamente antievolucionista (Coyne, 2012; Jensen, 2019). El razonamiento es que la afiliación religiosa y la participación en prácticas religiosas afectan la aceptación de la evolución.

De hecho, las creencias religiosas han sido destacadas como uno de los principales factores que contribuyen a la baja aceptación de la evolución, especialmente entre los estudiantes de Estados Unidos (Barnes et al., 2020; Dunk et al., 2019). Sin embargo, la heterogeneidad de los datos disponibles y las cuestiones metodológicas a la hora de recopilar opiniones sensibles impiden centrarse estrictamente en una variable aislada. En los modelos multifactoriales, la importancia de la religiosidad a la hora de aceptar la evolución se reduce sustancialmente (Dunk et al., 2019). En un estudio específico, se demostró que comprender la naturaleza de la ciencia es el factor más relevante, aunque no el único, asociado con la aceptación de la evolución, superando a la religiosidad y siendo cuatro veces más influyente que las medidas del conocimiento evolutivo (Dunk et al., 2017).

Jensen y colegas (2019) exploraron los efectos específicos de la afiliación religiosa y la religiosidad en la aceptación de la evolución. Los individuos de diferentes religiones expresan variaciones en su aceptación de la evolución en función de sus doctrinas religiosas y culturales, incluso dentro del mismo grupo religioso. Por ejemplo, entre los cristianos, la aceptación de la evolución varía considerablemente, desde el 58% entre los católicos hasta sólo el 8% entre los testigos de Jehová en Estados Unidos (Miller, Scott, Okamoto, 2006). El antagonismo entre religión y teoría de la evolución ha sido particularmente notorio en varias naciones latinoamericanas, donde se han registrado iniciativas para incluir el creacionismo en el currículo escolar (Silva et al., 2021).

La premisa de que un alto grado de religiosidad resulta automáticamente en la adhesión a tesis creacionistas o en un conflicto ineludible con el conocimiento evolutivo es cuestionable. Autores vinculados a la antropología enfatizan que el supuesto de incompatibilidad inherente entre religión y ciencia, así como la creencia de que un aumento de la religiosidad conduce inevitablemente a una disminución en la apreciación de la ciencia, limitan la comprensión de esta compleja relación (Evans, Evans, 2008). Según estos autores, es metodológicamente más apropiado considerar las religiones y las ciencias como entidades multifacéticas, contextualmente específicas y contingentes, en lugar de concebirlas como universales dotadas de una esencia inmutable.

También surgieron resultados complejos entre estudiantes y profesores de la misma afiliación religiosa en diferentes países (Clément, 2015; Yok et al., 2015; Oliveira et al., 2019). Estudios comparativos revelaron diferencias notables, como la aceptación de la evolución en los jóvenes de Galápagos, que fue similar a la muestra nacional brasileña y significativamente menor que la de los jóvenes italianos (Oliveira, 2015; Oliveira et al., 2016; Bizzo et al., 2018; Oliveira al., 2019). Utilizando la misma base de datos, de una representación nacional de Italia y Brasil, fue posible comparar cómo se comportan los jóvenes que profesan la misma religión en relación con la aceptación de hechos científicos bien establecidos y vinculados a la evolución. La diferencia entre los católicos italianos y los católicos brasileños es significativamente mayor que la diferencia entre los brasileños católicos y los brasileños cristianos de otras denominaciones, como los evangélicos históricos y los neopentecostales (Oliveira et al., 2022).

Los estudios estadísticos llevaron a la construcción de un Índice Intercultural, que permite evaluar la importancia relativa de la religión y factores socioculturales más amplios dentro de cada país. La perspectiva que se centra en la religión y la aceptación de la evolución presupone que debería haber pequeñas diferencias entre una misma denominación cristiana y estas serían mayores entre distintas denominaciones en el ámbito cristiano. Los resultados, que involucraron muestras representativas a nivel nacional con más de 5000 estudiantes, corroboran consistentemente la afirmación de que la religión no es, de forma aislada, el factor que determina la aceptación de la teoría de la evolución, apuntando a factores socioculturales más amplios que incluyen la religión, pero no se limitan a ella (Oliveira et al., 2022).

Charles Darwin posiblemente intuyó que la discusión de valores morales más amplios era un paso importante para que mentes desprejuiciadas pudieran admitir el conocimiento científico como premisas válidas para comprender el efecto de las leyes generales en la naturaleza. Este es sin duda un excelente ejemplo de «reconceptualización social de la ciencia» (Bizzo, 1994), destacando que la sociedad no es estrictamente racional al recibir los productos de la ciencia. El capítulo sobre el instinto (VII) aparece en su libro más extenso inmediatamente después del que analiza las dificultades de la teoría de la evolución (VI). ¿Podría ser esto una indicación de que enfrentar la negación de la ciencia en general, y de la evolución en particular, no puede requerir una discusión sobre valores éticos y morales?

REFERENCIAS

BARNES, Elizabeth, et al (2020), «Accepting evolution means you can't believe in God»: atheistic perceptions of evolution among college biology students. *CBE–Life Sciences Education*, 19(2).

BBC News (2006), Church apologizes for slave trade. Available at http://news.bbc.co.uk/2/hi/uk_news/4694896.stm.

BISHOP, Beth, ANDERSON, Charles (1990), Student conceptions of natural selection and its role in evolution. *Journal of research in science teaching*, 27(5), pp.415-427.

BIZZO, Nelio (1994), From Down House landlord to Brazilian high school students: what has happened to evolutionary knowledge on the way?. *Journal of Research in Science Teaching*, 31(5), pp.537-556.

BIZZO, Nelio (2019), What is the role of evidence in evolution education? A research program following students' narratives in Brazil and elsewhere. In: OLIVEIRA, A.; COOK, K. (Eds.). *Evolution Education and the Rise of the Creationist Movement in Brazil*. New York & London: Lexington Books, pp. 171-190.

BIZZO, Nelio, et al (2018), Opiniones de los estudiantes sobre evolución biológica: muestras nacionales de Italia y Brasil, y comparación con Galápagos. In: VALLEGO, G. et al. (Orgs). *Darwin y el Darwinismo desde el Sur del Sur*. Madrid: Doce Calles, pp. 419-429.

BIZZO, N., & VIVOT, L. M. (2023). Origin's Chapter VII. Darwin and the Instinct: Why Study Collective Behaviors Performed Without Knowledge of Their Purposes?. In *Understanding Evolution in Darwin's Origin The Emerging Context of Evolutionary Thinking* (pp. 291-305). Cham: Springer International Publishing.

BROWNE, Janet (1989), Botany for Gentlemen: Erasmus Darwin and «The Loves of the Plants». *Isis*, 80(4), pp. 593-621.

BUTLER, J., (1839).*The analogy of religion, natural and revealed, to the constitution and course of nature.* New stereotype ed. with a foreword by A. Barnes. New York: Robinson & Franklin; [1736].

CLÉMENT, Pierre (2015), Muslim teachers' conceptions of evolution in several countries. *Public Understanding of Science*, 24(4), pp.400-421.

CLOUGH, Engel, WOOD-ROBINSON, Colin (1985), How secondary students interpret instances of biological adaptation. *Journal of Biological Education*, 19(2), pp.125-130.

COYNE, Jerry A (2012) Science, religion, and society: the problem of evolution in America. *Evolution*, 66(8), pp.2654-2663.

DARWIN, Charles (1859), *On the origin of species by means of natural selection, or the preservation of favoured races in the struggle for life*. London: John Murray. [1st edition]

DARWIN, Charles (1860), *On the origin of species by means of natural selection, or the preservation of favoured races in the struggle for life*. London: John Murray. [2nd edition]

DARWIN, Charles (1861), Letter DCP-LETT-3154, available at: https://www.darwinproject.ac.uk/letter/?docId=letters/DCP-LETT-3154.xml&query=Herschel.

DARWIN, Charles (1871), *The descent of man, and selection in relation to sex.* London: Murray. [1st ed.]

DARWIN, C. (2018), *A Origem das Espécies.* São Paulo: Edipro.

DEADMAN, John Allan, KELLY, Peter Joseph (1978), What do secondary school boys understand about evolution and heredity before they are taught the topics?. *Journal of Biological Education*, 12(1), pp.7-15.

DUNK, Ryan, et al (2017), A multifactorial analysis of acceptance of evolution. *Evolution: Education and Outreach*, 10, pp.1-8.

DUNK, Ryan, et al (2019), Evolution education is a complex landscape. *Nature Ecology & Evolution*, 3(3):327-9.

EVANS, John H, EVANS, Michael S (2008), Religion and science: Beyond the epistemological conflict narrative. *Annu. Rev. Sociol*, 34, pp.87-105.

FRITH, Clifford B. (2016), *Charles Darwin's Life with Birds*. New York: Oxford University Press.

GREGORY, T. Ryan, (2009), Understanding natural selection: essential concepts and common misconceptions. *Evolution: Education and outreach*, 2(2), pp.156-175.

JENNER, Edward (1788), Observations on the Natural History of the Cuckoo. By Mr. Edward Jenner. In a Letter to John Hunter, Esq. F. R. S. *Philosophical Transactions of the Royal Society of London*, Vol. 78 (1788), pp. 219-237.

JENSEN, Jamie L., et al (2019), Religious affiliation and religiosity and their impact on scientific beliefs in the United States. *BioScience*, 69(4), pp.292-304.

LINNÉ, Carl von (1749), Amoenitates Academicæ. *Antehac Seorsim Editæ*. s/l, p. 373.

MILLER, Jon D, SCOTT, Eugenie C, OKAMOTO, Shinji (2006), Public acceptance of evolution. *Science*, 313(5788), pp.765-766.

MINELLA, Timothy, K. (2019), The enslaved ants and the peculiar institution. *Early American Studies* 17(2), p. 256-280.

OLIVEIRA, Alandeom W, COOK, Kristin L (2019), Evolution education and the rise of the creationist movement in Brazil. *Evolution education around the globe*, pp.119-136.

OLIVEIRA, Graciela S. (2015), Estudantes e a evolução biológica: conhecimento e aceitação no Brasil e Itália (Doctoral dissertation, Universidade de São Paulo).

OLIVEIRA, Graciela S, BIZZO, Nelio, PELLEGRINI, Giuseppe (2016), Evolução biológica e os estudantes: um estudo comparativo Brasil e Itália. *Ciência & Educação*, 22(3), pp.689-705.

OLIVEIRA, Graciela S., PELLEGRINI, Giuseppe, ARAÚJO, Leonardo A. L., BIZZO, Nelio (2022), Acceptance of evolution by high school students: Is religion the key factor? *PLoS ONE* 17(9): e0273929. https://doi.org/10.1371/journal.pone.0273929.

OLIVEIRA, Graciela S, MOTA, Helenadja S, GOUW, Ana S, BIZZO, Nelio (2019), Comparative Studies of Students' Beliefs and Understandings in Brazil, Italy and Galapagos Islands. In: OLIVEIRA, A.; COOK, K. (Eds.). *Evolution Education and the Rise of the Creationist Movement in Brazil*. New York & London: Lexington Books, pp. 191-208.

PALEY, W. (1802), *Natural Theology: or, Evidences of the Existence and Attributes of the Deity*. 12th edition London: Printed for J. Faulder.

SEYBOLT, R. F. (1930). Hunting Indians in Massachusetts: A Scouting Journal of 1758. *The New England Quarterly*, 3(3), 527–531. https://doi.org/10.2307/359401.

SILVA, Heslley M, et al (2021). Biology teachers' conceptions of Humankind Origin across secular and religious countries: an international comparison. *Evolution: Education and Outreach*, 14(1), pp.1-12.

SKOOG, Gerald (1979), Topic of evolution in secondary school biology textbooks: 1900-1977. *Science education*, 63(5), pp.621-640.

SKOOG, Gerald (1984), The coverage of evolution in high school biology textbooks published in the 1980s. *Science Education*, 68(2), pp.117-28.

TEIXEIRA, Pedro (2019), Acceptance of the theory of evolution by high school students in Rio de Janeiro, Brazil: scientific aspects of evolution and the biblical narrative. *International Journal of Science Education*, 41(4), pp.546-566.

YOK, Margaret C, et al (2015), Preliminary results on Malaysian teachers' conception of evolution. *Procedia-Social and Behavioral Sciences*, 167, pp.250-255.

WHITE, Roger M.; HODGE, Michael J.S. & RADICK, Gregory (2021), *Darwin's Argument by analogy: from artificial to natural selection.* Cambridge: Cambridge University Press.

Autores

*Autor correspondiente

Nelio Bizzo* es Profesor Titular Senior de la Universidad de São Paulo (USP, campus Butantan), Profesor Adjunto de la Universidad Federal de São Paulo (UNIFESP, campus Diadema) y Profesor Colaborador de la Universidad Federal del ABC (UFABC, campus Santo André). correo electrónico: Bizzo@USP.BR

Lucas Marino Vivot es doctorando en Educación por la Universidad Federal del ABC (UFABC) y es docente en Centro Universitario UniBTA y en Centro Universitario UFBRA.

Leonardo Augusto Luvison Araújo es Profesor Adjunto sustituto de la Universidad Federal de São Paulo (UNIFESP, campus Diadema).

Isabela Nogueira Basílio dos Santos es doctoranda en Educación en la Facultad de Educación de la Universidad de São Paulo (USP, campus Butantan).